F. NOŽIČKA / J. GUDDAT / H. HOLLATZ / B. BANK

THEORIE DER LINEAREN PARAMETRISCHEN OPTIMIERUNG

MATHEMATISCHE LEHRBÜCHER UND MONOGRAPHIEN

HERAUSGEGEBEN VON DER
AKADEMIE DER WISSENSCHAFTEN DER DDR
ZENTRALINSTITUT FÜR MATHEMATIK UND MECHANIK

I. ABTEILUNG
MATHEMATISCHE LEHRBÜCHER

BAND 24

THEORIE DER LINEAREN PARAMETRISCHEN OPTIMIERUNG

VON

F. NOŽIČKA · J. GUDDAT · H. HOLLATZ · B. BANK

AKADEMIE-VERLAG · BERLIN
1974

THEORIE DER LINEAREN PARAMETRISCHEN OPTIMIERUNG

Von

PROFESSOR DR. FRANTIŠEK NOŽIČKA
DR. JÜRGEN GUDDAT · DR. HORST HOLLATZ
DR. BERND BANK

Mit 16 Abbildungen

AKADEMIE-VERLAG · BERLIN
1974

Erschienen im Akademie-Verlag, 108 Berlin, Leipziger Straße 3—4

Lizenznummer: 202 · 100/563/74
Gesamtherstellung: VEB Druckerei „Thomas Müntzer", 582 Bad Langensalza
Bestellnummer: 761 763 0 (6057) · LSV 1084
Printed in GDR
EVP 52,—

VORWORT

In jeder Wissenschaft werden die anstehenden Probleme, Gesetzmäßigkeiten und Zusammenhänge in Begriffen formuliert, die dieser Disziplin eigen sind. Die Mathematik, die offenbar nicht zu den Naturwissenschaften gehört, besitzt eine Denkweise und Begriffsbildung, die in anderen Wissenschaften im allgemeinen nicht üblich sind. Auch neue Erkenntnisse werden auf einem anderen Weg gewonnen. Jedoch läßt sich die Mathematik in zahlreichen Gebieten anwenden, sofern es gelingt, ein in einem Zweig einer Wissenschaft oder ihrer Anwendungen interessierendes Problem mathematisch zu modellieren, d. h. das Problem mit mathematischen Begriffen und Zusammenhängen hinreichend genau zu beschreiben. Im allgemeinen stellen mathematische Modelle hochgradige Idealisierungen der Wirklichkeit dar.

Die in der linearen Optimierung untersuchten Modelle haben sich in der ökonomischen und technischen Praxis bewährt, weil sie trotz ihrer einfachen mathematischen Struktur in vielen Fällen eine befriedigende Widerspiegelung der Realität liefern, und weil die existierenden Lösungsverfahren dank der elektronischen Rechentechnik für Fachleute der unterschiedlichsten Disziplinen ein leicht verwendbares Handwerkszeug werden konnten. Die statischen linearen Optimierungsmodelle besitzen jedoch Nachteile: einerseits berücksichtigen sie nicht die Tatsache, daß die Anforderungen der Wirklichkeit eine gewisse Willkür in den Ausgangsdaten verlangen, und andererseits sind sie nicht in der Lage, dem Rechnung zu tragen, daß mehrere Varianten zur Aufstellung eines Modells existieren können, von welchen eine solche ausgewählt werden soll, die alle berücksichtigt. Derartige Fragestellungen führen in natürlicher Weise zur parametrischen Optimierung.

Im vorliegenden Buch wird eine Theorie linearer Optimierungsprobleme mit veränderlichen Koeffizienten in der Zielfunktion und im Begrenzungsvektor der linearen Restriktionen vorgestellt. Diese Theorie bildet eine Grundlage für eine Reihe im Werk beschriebener numerischer Verfahren zur Lösung der betrachteten Klassen von Aufgaben.

Die Entwicklung der hier dargestellten Theorie begann im Jahre 1967 mit den von F. Nožička vor Mathematik-Studenten der Humboldt-Universität zu Berlin gehaltenen Vorlesungen über parametrische Optimierung. Inzwischen sind die hier veröffentlichten Ergebnisse ein fester Bestandteil im Vorlesungszyklus „Optimierung“ an der Sektion Mathematik der Humboldt-Universität zu Berlin. Das Werk wendet sich an Mathematiker, Wirtschaftswissenschaftler, Ingenieure,

Rechentechniker sowie an Studierende der entsprechenden Fachrichtungen. Der Leser sollte über Grundkenntnisse der linearen Algebra, der analytischen Geometrie und der linearen Optimierung verfügen. Die Monographie baut auf dem 1972 im gleichen Verlag erschienenen Lehrbuch von NOŽIČKA, GUDDAT, HOLLATZ: Theorie der linearen Optimierung auf.

Mit dem angeführten Literaturverzeichnis von über 200 Arbeiten erheben wir keinerlei Anspruch auf Vollständigkeit.

Die Autoren möchten an dieser Stelle besonders Herrn Dr. H. WEINERT für die Zusammenstellung des Literaturverzeichnisses sowie Herrn Dr. K. TAMMER für die wertvolle Unterstützung bei der Korrektur danken. Unser herzlicher Dank gilt weiter dem Akademie-Verlag, Berlin für die freundliche Aufnahme des Werkes in die Reihe seiner mathematischen Lehrbücher und sein stetes Entgegenkommen und Eingehen auf unsere Wünsche.

Berlin, im Oktober 1973 Die Verfasser

INHALT

KAPITEL 1

EINLEITUNG

Die Theorie der linearen Optimierung kann bis auf zwei Problemstellungen als erschöpfend untersucht betrachtet werden. Die wesentlichen Fragestellungen innerhalb der linearen Optimierung sind die folgenden:

1° Existenz einer Lösung,
2° Eindeutigkeit der Lösung,
3° Lösungsverfahren,
4° Abschätzung der Schritte bei einem Lösungsverfahren,
5° Stabilitätsuntersuchungen.

Das Simplexverfahren kann die Antwort auf die ersten drei Problemstellungen geben. Das Problem einer nicht trivialen bzw. scharfen Abschätzung der Schritte bei einem Lösungsverfahren ist bisher ungelöst. Was die Stabilitätsuntersuchungen bzw. die Sensitivitätsanalyse bei linearen Optimierungsproblemen betrifft, so wurden Untersuchungen bereits durch die stochastische Optimierung durchgeführt. Die parametrische Optimierung ist jedoch in der Lage, das Problem der Stabilität global zu behandeln. In vielen Literaturstellen finden Stabilitätsuntersuchungen mit Hilfe der Simplexmethode statt, wodurch jedoch die betreffenden Stabilitätsbereiche nicht vollständig charakterisiert sind. An dieser Stelle sei bemerkt, daß das Problem der Stabilität der Lösung eines linearen Optimierungsproblems nur ein Teil der innerhalb der parametrischen Optimierung behandelten Problematik ist. Wir möchten zunächst auf einige weitere — auch für die praktische Anwendung interessante — Aufgabenstellungen hinweisen, die sich mit Hilfe der parametrischen Optimierung behandeln lassen:

1° lineare Optimierungsprobleme mit mehreren Zielfunktionen;
2° Übersicht über alle Lösungen einer Klasse überabzählbar vieler linearer Optimierungsprobleme;
3° Änderung der Lösungen in Abhängigkeit von Parametern in den Koeffizienten eines linearen Optimierungsproblems;
4° Einfluß von Störungen (Parameteränderungen) auf die Zielfunktionswerte.

In dem vorliegenden Buch sind nur solche Probleme der linearen parametrischen Optimierung behandelt, bei denen die Parameter in den Koeffizienten der Zielfunktion oder in den rechten Seiten der Restriktionen auftreten. Parameteränderungen in der Koeffizientenmatrix eines linearen Optimierungsproblems werden hier nicht untersucht. Einmal sind die Untersuchungen dazu noch nicht abgeschlossen, zum anderen würde eine Darstellung der bisher vorliegenden Resultate den Rahmen dieses Buches sprengen.

Eine der ältesten Arbeiten zur parametrischen Optimierung veröffentlichten Saaty und Gass [174] im Jahre 1957 über lineare Probleme mit einem Parameter in den Koeffizienten der Zielfunktion. Darin werden einige Eigenschaften dieses Optimierungsproblems beschrieben, und es wird bereits ein Lösungsverfahren konzipiert. Auch viele andere Bücher und Arbeiten enthalten Lösungsverfahren auf der Grundlage der Simplexmethode für Probleme mit einem Parameter in der Zielfunktion. Von linearen Problemen mit einem Parameter im Restriktionsvektor sind seit mehreren Jahren wichtige Eigenschaften bekannt. Man findet sie etwa in den Büchern von Gass [76] und Dinkelbach [49]. In Arbeiten von Nožička [210], [211] sowie Hollatz und Weinert [105] werden insbesondere die weiter unten formulierten Fragestellungen für doppelt — einparametrische Probleme hinreichend vollständig beantwortet. Die Entwicklung der mehrparametrischen Optimierung begann etwa im Jahre 1962 mit einer Veröffentlichung der Ergebnisse von Simons [185], wo die Konvexität der Lösbarkeitsmenge linearer Probleme mit mehreren Parametern in der Zielfunktion gezeigt wurde. Die Konvexität der Lösungsfunktion bewiesen 1963 Charnes und Cooper [36]. Eine qualitative Theorie findet man bei Sokolova-Grygorova [186]. Entsprechende Aussagen für lineare Optimierungsprobleme mit mehreren Parametern im Beschränkungsvektor findet man z. B. in einem Artikel von Bereanu [24] aus dem Jahre 1965.

In den folgenden Jahren erschienen zahlreiche Publikationen auf dem Gebiet der linearen und zum Teil auch nichtlinearen parametrischen Optimierung. Eine erste größere Zusammenfassung der vorliegenden Ergebnisse über lineare parametrische Probleme gab 1969 Dinkelbach mit seinem Buch „Sensitivitätsanalysen und parametrische Programmierung“ [49].

Den qualitativen Untersuchungen in den meisten erschienenen Aufsätzen und Büchern liegt das Simplexverfahren zugrunde. Zwangsläufig unterliegen alle derartig gewonnenen Aussagen den Schwierigkeiten, die bei Beweisführungen mit Hilfe der Simplexmethode im Falle der Entartung auftreten. In einigen Arbeiten wurde ein rein algebraischer Weg verfolgt, der in gewissen Spezialfällen zu Resultaten führte, im allgemeinen aber bisher keine qualitative Analyse lieferte.

Im vorliegenden Buch wird bei der Entwicklung einer Theorie der linearen parametrischen Optimierung ein grundsätzlich anderer Weg beschritten. Auf der Basis der elementaren Theorie konvexer Polyeder und insbesondere auf der Grundlage eines von F. Nožička [152] geführten geometrischen Beweises des Dualitätssatzes der linearen Optimierung werden Existenz — und Eindeutigkeitsfragen für die Lösungen linearer parametrischer Optimierungsprobleme beantwortet.

Im folgenden werden wir nun die wesentlichen Zielstellungen für alle in diesem Buch betrachteten parametrischen Optimierungsprobleme angeben. Um uns kurz und verständlich ausdrücken zu können, soll bereits an dieser Stelle der Begriff der Einteilung eines Polyeders eingeführt werden.

▌ D. 1.1 Es seien $\mathfrak{A}$ und $\mathfrak{A}^1, \ldots, \mathfrak{A}^N$ konvexe Polyeder. Wir sagen, das Mengensystem $\{\mathfrak{A}^1, \ldots, \mathfrak{A}^N\}$ ist eine *Einteilung der Menge* $\mathfrak{A}$, wenn folgende Bedingungen erfüllt sind:

(a) $\mathfrak{A} = \bigcup_{k=1}^{N} \mathfrak{A}^k$,

(b) $\operatorname{int} \mathfrak{A}^{k_1} \cap \operatorname{int} \mathfrak{A}^{k_2} = \emptyset, \quad (k_1 \neq k_2)$,

(c) $\dim \mathfrak{A} = \dim \mathfrak{A}^k \quad (k = 1, \ldots, N)$.

Hierin ist unter „int" das relative Innere zu verstehen. ▌

Wir formulieren nun die Ziele und Aufgabenstellungen:

1° Eigenschaften und Berechnung der Lösbarkeitsmenge eines linearen parametrischen Optimierungsproblems;
2° Geeignete Definition eines lokalen Stabilitätsbereiches, seine Eigenschaften und seine Berechnung;
3° Einteilung der Lösbarkeitsmenge in lokale Stabilitätsbereiche, Eigenschaften und Berechnung der Einteilung;
4° Charakterisierung der Einteilung im Inneren und auf dem Rande eines Stabilitätsbereiches, vor allem bezüglich der Menge der Optimalpunkte;
5° Geometrische Charakterisierung der Zielfunktion in den Optimalpunkten bei Änderung der Parameter;
6° Bedeutung der Einteilung für das duale parametrische Problem.

Eine wesentliche Rolle in der hier zu entwickelnden Theorie wird der lokale Stabilitätsbereich spielen. Bei der Definition dieses Begriffs wird von der wohlbekannten geometrischen Interpretation eines linearen Optimierungsproblems ausgegangen, wonach sich die Aufgabe, eine optimale Lösung zu finden, als Bestimmung einer Stützhyperebene an die gegebene polyedrische Restriktionsmenge auffassen läßt. Geometrisch interpretiert, bedeutet eine Änderung der Koeffizienten in der Zielfunktion eine Drehung der gesuchten Stützhyperebene. Eine Änderung des Begrenzungsvektors in den linearen Restriktionen bewirkt dagegen eine Parallelverschiebung der Seiten des Restriktionspolyeders. Unter einem lokalen Stabilitätsbereich zu einem festen Parameterpunkt werden wir im Fall von Änderungen in den Koeffizienten der Zielfunktion die Menge aller der Parameterpunkte verstehen, für welche die zugehörigen Optimalmengen (Menge aller optimalen Punkte) übereinstimmen. Bei veränderlichen rechten Seiten der Restriktionen wollen wir in einem lokalen Stabilitätsbereich zu einem festen Parameterpunkt die Parameterpunkte vereinigen, welche die Eigenschaft haben, daß die zugehörigen Optimalmengen durch eine Parallelverschiebung der zum betrachteten festen Parameterpunkt gehörenden Optimalmenge entstehen. Für Probleme, wo sowohl Änderungen der Zielfunktion als auch des Begrenzungsvektors auftreten, ist ein lokaler Stabilitätsbereich analog erklärt (vgl. [211]). Es wird sich zeigen, daß die Frage nach der Bestimmung eines lokalen Stabilitätsbereiches auf die Ermittlung der Lösbarkeitsmenge führt. Ein zentrales Ergebnis ist, daß eine eindeutige Einteilung der Lösbarkeitsmenge in lokale Stabilitätsbereiche existiert. Besondere Aufmerksamkeit wird den Eigenschaften eines lokalen Stabilitätsbereiches sowohl im Inneren als auch auf dem Rande bezüglich der Dimension der Optimalmengen gewidmet.

Das Buch besteht aus 11 Kapiteln. Die Theorie wird zunächst an einfachen einparametrischen Problemen vorgeführt (z. B. Kapitel 2, wo ein Parameter in der Zielfunktion auftritt). Die zentralen Kapitel sind Kapitel 6 und 8, wo einmal lineare Optimierungsprobleme mit veränderlichen Koeffizienten in der Zielfunktion bzw. in den rechten Seiten der Restriktionen und zum anderen lineare Optimierungsprobleme mit veränderlichen Koeffizienten in der Zielfunktion und im Beschränkungsvektor untersucht werden. Eigentlich sind für die gesamte Theorie die Untersuchungen in Kapitel 8 ausreichend. Durch Spezialisierung (lineare Transformationen und gewisse Zusatzuntersuchungen) kann man entsprechende Resultate für die ein- und mehrparametrische lineare Optimierung gewinnen (siehe Kapitel 5, 7, 9, 10). Für die Kapitel 2, 3 und 4 haben wir jedoch diesen Weg nicht beschritten. Das hat einerseits didaktische Gründe und andererseits wird der Leser feststellen, daß gewisse Aussagen verlorengehen würden. Wir möchten auch darauf hinweisen, daß ein wesentlicher Unterschied in den Lösungsverfahren zur Behandlung der einparametrischen und der mehrparametrischen Optimierungsprobleme besteht. Bei den einparametrischen Problemen sind die Verfahren Modifikationen der Simplexmethode, während sich die Lösungsmethoden für die Probleme aus Kapitel 6 bis 10 aus der dort entwickelten Theorie und der Methode der vollständigen Beschreibung ergeben.

Die von H. Hollatz entwickelten, im Kapitel 11 dargestellten Lösungsverfahren sind so konzipiert, daß sie die Bestimmung der Lösbarkeitsmenge, ihrer Einteilung in lokale Stabilitätsbereiche, der Optimalmengen sowie der Lösungsfunktion gestatten.

Wiederkehrende Begriffe werden, wenn ihr Inhalt aus bereits betrachteten einfacheren Problemen klar ist, nicht neu definiert. Die unterschiedliche Kennzeichnung der Symbole für derartige Begriffe ermöglicht ein einfaches Verweisen auf Resultate in anderen Kapiteln.

KAPITEL 2

LINEARE EINPARAMETRISCHE OPTIMIERUNG – PARAMETER IN DER ZIELFUNKTION

2.1. Einleitung und geometrische Interpretation

Es seien c_α, c'_α, $a_{r\alpha}$, b_r $(r = 1, \ldots, m; \alpha = 1, \ldots, n)$ gegebene reelle Zahlen mit den folgenden Eigenschaften:

$$b_r \geqq 0\,, \qquad r = 1, \ldots, m\,, \tag{V 2.1}$$

$$1 \leqq m < n\,; \tag{V 2.2}$$

der Rang der Matrix

$$\boldsymbol{A} = (a_{r\alpha})_{m,n} = \begin{pmatrix} a_{11} & \ldots & a_{1n} \\ \cdots & \cdots & \cdots \\ a_{m1} & \ldots & a_{mn} \end{pmatrix} \tag{V 2.3}$$

ist gleich m;
der Rang der Matrix

$$\begin{pmatrix} c_1 & \ldots & c_n \\ c'_1 & \ldots & c'_n \end{pmatrix} \tag{V 2.4}$$

ist gleich 2.

Wir stellen unseren Untersuchungen das folgende Grundproblem dieses Kapitels voraus:

$$P(0, \eta)\colon \max \{F(\boldsymbol{x}, \eta) \mid \boldsymbol{x} \in \mathfrak{M}\}\,, \qquad \eta \in E_1 \tag{2.1}$$

wobei

$$\left.\begin{aligned} F(\boldsymbol{x}, \eta) &= \sum_{\alpha=1}^{n} (c_\alpha + c'_\alpha\, \eta)\, x_\alpha \\ &(= (\mathbf{c} + \mathbf{c}'\, \eta)^T\, \boldsymbol{x}) \end{aligned}\right\} \tag{2.2}$$

und

$$\left.\begin{aligned} \mathfrak{M} = &\left\{\boldsymbol{x} \in E_n \mid \sum_{\alpha=1}^{n} a_{r\alpha}\, x_\alpha = b_r,\ r = 1, \ldots, m;\ x_\alpha \geqq 0,\ \alpha = 1, \ldots, n\right\} \\ &(= \{\boldsymbol{x} \in E_n \mid \boldsymbol{A}\,\boldsymbol{x} = \boldsymbol{b},\ \boldsymbol{x} \geqq \boldsymbol{o}\}) \end{aligned}\right\} \tag{2.3}$$

bedeuten.

Nach (2.1) ist durch $P(0, \eta)$ eine Klasse von unendlich vielen linearen Optimierungsaufgaben definiert. In diesem Kapitel werden wir später noch weitere parametrische Probleme mit einem Parameter in der Zielfunktion betrachten.

Eine geeignete geometrische Interpretation des Problems $P(0, \eta)$ birgt die Möglichkeit in sich, Hypothesen über die Struktur desselben aufzustellen, die wir weiter unten als Sätze formulieren und analytisch beweisen werden. Außerdem gewinnen wir dabei Vorstellungen zur Konstruktion von Lösungsverfahren.

Für feste Zahlen k und η stellt die Menge

$$R(\eta, k) = \left\{ \boldsymbol{x} \in E_n \mid \sum_{\alpha=1}^{n} (c_\alpha + c'_\alpha \eta)\, x_\alpha = k \right\} \tag{2.4}$$

eine bestimmte Hyperebene im Raum E_n dar. Der Vektor $\boldsymbol{n}(\eta)$ mit den Komponenten $c_\alpha + c'_\alpha \eta$ ($\alpha = 1, \ldots, n$) ist als Gradient von $F(\boldsymbol{x}, \eta)$ aus (2.2) ein Normalenvektor der Hyperebene $R(\eta, k)$, der auf Grund der Voraussetzung V 2.4 kein Nullvektor ist. Durchläuft der Parameter η das Intervall $(-\infty, \infty)$, so ändert sich der Vektor $\boldsymbol{n}(\eta)$. Er liegt dabei stets in der durch die Vektoren $\boldsymbol{c} = (c_1, \ldots, c_n)^T$ und $\boldsymbol{c}' = (c'_1, \ldots, c'_n)^T$ mit dem gemeinsamen Anfangspunkt $\tilde{\boldsymbol{x}} \in R(\eta, k)$ eindeutig bestimmten (zweidimensionalen) Ebene. Bei stetiger η-Änderung, $\eta \in E_1$, „neigt sich“ also die Hyperebene $R(\eta, k)$ in einer durch die Vektoren $\boldsymbol{c}$ und $\boldsymbol{c}'$ bestimmten Richtung. Die Menge $\mathfrak{M}$ aus (2.3) stellt ein konvexes Polyeder im Raum E_n dar. Es sei $\mathfrak{M} \neq \emptyset$; dann läßt sich für einen beliebigen Parameter $\tilde{\eta} \in E_1$ die gewöhnliche lineare Optimierungsaufgabe $P(0, \tilde{\eta})$ wie folgt geometrisch interpretieren (vgl. [152]): In der Schar paralleler Hyperebenen $R(\tilde{\eta}, k)$ ist die betreffende Stützhyperebene $R(\tilde{\eta}, k_0)$ an das Polyeder $\mathfrak{M}$ zu bestimmen (Abb. 1).

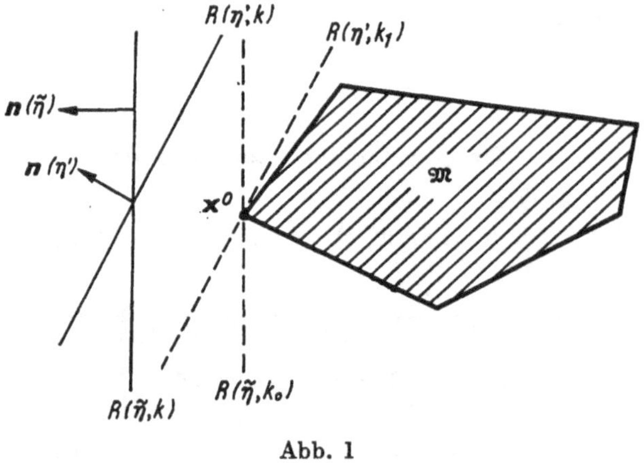

Abb. 1

Es sei $\eta' \in E_1$ ein von $\tilde{\eta}$ verschiedener Parameterwert; dann liegt mit

$$R(\eta', k) = \left\{ \boldsymbol{x} \in E_n \mid \sum_{\alpha=1}^{n} (c_\alpha + c'_\alpha \eta')\, x_\alpha = k \right\} \tag{2.5}$$

eine von $R(\tilde{\eta}, k)$ verschiedene Schar von Hyperebenen vor, welche die Zielfunktion $F(\boldsymbol{x}, \eta') = \sum_{\alpha=1}^{n} (c_\alpha + c'_\alpha \eta')\, x_\alpha$ geometrisch repräsentiert. Durch die Stützhyperebene $R(\eta', k_1)$ ist geometrisch die Lösung der linearen Optimierungsaufgabe $P(0, \eta')$ gegeben. In der Abb. 1 ist ein solcher (zweidimensionaler) Fall angedeutet, wobei die Ecke $\boldsymbol{x}^0 \in \mathfrak{M}$ für die Aufgaben $P(0, \tilde{\eta})$ und $P(0, \eta')$ der optimale Punkt ist. Man kann auf Grund des in Abb. 1 gezeigten Falls die Vermutung aussprechen: Für alle Optimierungsaufgaben $P(0, \eta^*)$ mit $\eta^* \in \in \langle \min \{\tilde{\eta}, \eta'\}, \max \{\tilde{\eta}, \eta'\}\rangle$ stellt die Ecke $\boldsymbol{x}^0 \in \mathfrak{M}$ den optimalen Punkt dar. Die geometrische Interpretation läßt sogar die Hypothese zu: es existiert zu jedem Parameterwert η^*, für welchen das Problem $P(0, \eta^*)$ einen optimalen Punkt $\boldsymbol{x}^0 \in \mathfrak{M}$ besitzt, im allgemeinen ein Intervall $I(\boldsymbol{x}^0)$[1]) von Parameterwerten mit den Eigenschaften:

1° $\eta^* \in I(\boldsymbol{x}^0)$;

2° $\boldsymbol{x}^0 \in \mathfrak{M}$ ist optimal für alle Aufgaben $P(0, \eta)$ mit $\eta \in I(\boldsymbol{x}^0)$;

3° $I(\boldsymbol{x}^0)$ ist als Intervall mit diesen Eigenschaften maximal.

Im Satz 2.1 werden die Hypothesen bewiesen. Man kann sich auch den Fall vorstellen (Abb. 2), wo für zwei verschiedene Werte $\tilde{\eta}$ und η' die entsprechenden Optimierungsaufgaben, falls sie überhaupt lösbar sind, zu zwei verschiedenen optimalen Punkten $\boldsymbol{x}^0$ und $\boldsymbol{x}^1$ aus $\mathfrak{M}$ führen.

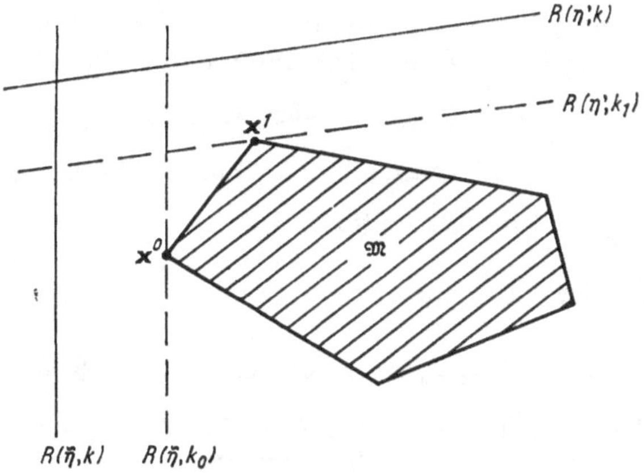

Abb. 2

Setzen wir nun voraus, daß es mindestens einen Parameterwert $\eta^* \in E_1$ gibt, für welchen die Aufgabe $P(0, \eta^*)$ lösbar ist, dann kommt für die Optimierungsprobleme $P(0, \eta)$, wobei η den E_1 durchläuft, nur eine endliche Anzahl optimaler Eckpunkte zu verschiedenen Parametern η in der Zielfunktion $F(\boldsymbol{x}, \eta)$ in betracht. Falls sich unsere Vermutung, daß zu jedem $\eta^* \in E_1$, für welches das Problem $P(0, \eta^*)$ eine Lösung besitzt, ein Intervall $I(\boldsymbol{x}^0)$ mit den Eigenschaften 1°, 2° und 3° existiert (beachte Fußnote [1])), als richtig erweist, so können wir weiter vermuten, daß es „rechts" (bzw. „links") von diesem Intervall $I(\boldsymbol{x}^0)$ ein Intervall I' gibt (I' kann einelementig sein), so daß alle Aufgaben $P(0, \eta)$ mit $\eta \in I'$ einen optimalen Punkt $\boldsymbol{x}^1 \in \mathfrak{M}$, $\boldsymbol{x}^0 \neq \boldsymbol{x}^1$ besitzen oder unlösbar sind. Offenbar bedeuten diese einfachen geometrischen Über-

[1]) Die Menge $I(\boldsymbol{x}^0)$ kann einelementig sein, d. h. ein „entartetes" Intervall.

legungen auf Grund eines zweidimensionalen Falls keine mathematische Begründung. Der nächste Abschnitt wird den notwendigen analytischen Beweisen der hier formulierten Hypothesen gewidmet sein.

▌ B. 2.1 Die Voraussetzungen V 2.1, V 2.2 und V 2.3 sind die üblichen, um die Simplexmethode anwenden zu können. Die Voraussetzung V 2.4 ist ebenfalls sofort verständlich, denn wäre V 2.4 nicht erfüllt, so hätte man die beiden folgenden Möglichkeiten zu betrachten:

Entweder

1° $\boldsymbol{c}' \in E_n$ ist der Nullvektor; dann ist aber $F(\boldsymbol{x}, \eta)$ aus (2.2) unabhängig von η, und es liegt eine gewöhnliche lineare Optimierungsaufgabe mit der Zielfunktion $F(\boldsymbol{x}) = \sum_{\alpha=1}^{n} c_\alpha x_\alpha$ und der Restriktionsmenge $\mathfrak{M}$ vor,

oder

2° $\boldsymbol{c} \in E_n$ hängt linear von $\boldsymbol{c}' \in E_n$ ab, d. h., es existiert eine reelle Zahl ϱ, so daß $c_\alpha = \varrho\, c'_\alpha$ $(\alpha = 1, \ldots, n)$ ist. Die Zielfunktion $F(\boldsymbol{x}, \eta)$ läßt sich dann in der Form $F(\boldsymbol{x}, \eta) = \vartheta \sum_{\alpha=1}^{n} c'_\alpha x_\alpha$ darstellen, wobei $\vartheta = \varrho + \eta$ ist. Für $\vartheta = 0$ ist jeder Punkt von $\mathfrak{M}$ optimal. Ein Punkt $\boldsymbol{x}^0 \in \mathfrak{M}$, der für die Aufgabe $\max\left\{\sum_{\alpha=1}^{n} c'_\alpha x_\alpha \mid \boldsymbol{x} \in \mathfrak{M}\right\}$ optimal ist, stellt auch für alle Probleme $\max\left\{\vartheta \sum_{\alpha=1}^{n} c'_\alpha x_\alpha \mid \boldsymbol{x} \in \mathfrak{M}\right\}$ mit $\vartheta \in (0, \infty)$ einen optimalen Punkt dar. Ist die Funktion $F(\boldsymbol{x}) = \sum_{\alpha=1}^{n} c'_\alpha x_\alpha$ über der Menge $\mathfrak{M}$ nach oben unbeschränkt, dann hat auch die Funktion $F(\boldsymbol{x}, \vartheta) = \vartheta\, F(\boldsymbol{x})$ für alle $\vartheta \in (0, \infty)$ diese Eigenschaft. Für $\vartheta \in (-\infty, 0)$ gelten analoge Aussagen,

oder

3° $\boldsymbol{c} \in E_n$ ist der Nullvektor (auch dieser Fall ist trivial). ▌

▌ B. 2.2 Für unsere weiteren Untersuchungen wollen wir stets voraussetzen, daß die Restriktionsmenge $\mathfrak{M}$ nicht die leere Menge ist. Bekanntlich ist $\mathfrak{M}$ dann ein konvexes Polyeder, das mindestens eine Ecke besitzt. Falls für einen festen Parameterwert $\eta^* \in E_1$ die Aufgabe $P(0, \eta^*)$ lösbar ist, so existiert immer eine Ecke $\boldsymbol{x}^0 \in \mathfrak{M}$, in der das Optimum angenommen wird (vgl. [152]). Mit dem Simplexverfahren kann man diese Ecke des Polyeders $\mathfrak{M}$ berechnen. Sie stellt in der Terminologie der Simplexmethode einen zulässigen Basispunkt dar, der optimal ist (vgl. [152]). Grundlage der rechnerischen Behandlung des Problems $P(0, \eta)$ werden das Simplexverfahren und die damit verbundenen Aussagen und Kriterien sein. Die im weiteren zu entwickelnde Theorie hingegen als qualitative Untersuchung der Klasse von Optimierungsproblemen, macht von der Simplexmethode jedoch keinen Gebrauch, d. h., für die Aufstellung der Theorie hätten wir die Voraussetzungen V 2.1, V 2.2 und V 2.3 fallen lassen können. ▮

2.2. Qualitative Untersuchungen

Es sei $\boldsymbol{x}^0 \in \mathfrak{M}$ eine Ecke, wobei $\mathfrak{M}$ das durch (2.3) definierte Polyeder ist, und für ein fixiertes η^* sei diese Ecke ein optimaler Punkt des Problems $P(0, \eta^*)$. Dann gilt die folgende Aussage:

▮ S. 2.1 *Die Menge*

$$I(\boldsymbol{x}^0) = \{\eta \in E_1 \mid F(\boldsymbol{x}^0, \eta) = \max_{\boldsymbol{x} \in \mathfrak{M}} F(\boldsymbol{x}, \eta)\} \tag{2.6}$$

ist konvex und abgeschlossen im E_1.[1]) ▮

▮ Bws. Es ist $I(\boldsymbol{x}^0) \neq \emptyset$, denn $\eta^* \in I(\boldsymbol{x}^0)$. Falls $I(\boldsymbol{x}^0)$ nur η^* enthält, d. h. $I(\boldsymbol{x}^0) = \{\eta^*\}$ ist, so ist nichts zu beweisen. Es seien deshalb η_1 und η_2 aus $I(\boldsymbol{x}^0)$, $\eta_1 \neq \eta_2$, und ϱ_1, ϱ_2 beliebige reelle Zahlen mit den Eigenschaften $\varrho_1 + \varrho_2 = 1$, $\varrho_1 \geqq 0$, $\varrho_2 \geqq 0$. Offenbar gilt:

$$F(\boldsymbol{x}^0, \eta_1) = \max_{\boldsymbol{x} \in \mathfrak{M}} F(\boldsymbol{x}, \eta_1); \quad \varrho_1 F(\boldsymbol{x}^0, \eta_1) = \max_{\boldsymbol{x} \in \mathfrak{M}} \varrho_1 F(\boldsymbol{x}, \eta_1);$$

$$F(\boldsymbol{x}^0, \eta_2) = \max_{\boldsymbol{x} \in \mathfrak{M}} F(\boldsymbol{x}, \eta_2); \quad \varrho_2 F(\boldsymbol{x}^0, \eta_2) = \max_{\boldsymbol{x} \in \mathfrak{M}} \varrho_2 F(\boldsymbol{x}, \eta_2);$$

der Leser überzeugt sich nun leicht davon, daß

$$F(\boldsymbol{x}, \varrho_1 \eta_1 + \varrho_2 \eta_2) \leqq F(\boldsymbol{x}^0, \varrho_1 \eta_1 + \varrho_2 \eta_2)$$

ist für alle $\boldsymbol{x} \in \mathfrak{M}$, d. h.

$$F(\boldsymbol{x}^0, \varrho_1 \eta_1 + \varrho_2 \eta_2) = \max_{\boldsymbol{x} \in \mathfrak{M}} F(\boldsymbol{x}, \varrho_1 \eta_1 + \varrho_2 \eta_2) .$$

Jeder Punkt $\eta = \varrho_1 \eta_1 + \varrho_2 \eta_2$ mit $\varrho_1 \geqq 0$, $\varrho_2 \geqq 0$, $\varrho_1 + \varrho_2 = 1$ sowie $\eta_1, \eta_2 \in I(\boldsymbol{x}^0)$ ist also ein Element von $I(\boldsymbol{x}^0)$, d. h. aber die Menge $I(\boldsymbol{x}^0)$ ist konvex.

Beim Beweis der Abgeschlossenheit von $I(\boldsymbol{x}^0)$ können wir von vornherein von den Fällen $I(\boldsymbol{x}^0) = \{\eta^*\}$ und $I(\boldsymbol{x}^0) = E_1$ absehen. $I(\boldsymbol{x}^0)$ ist dann als konvexe Teilmenge des E_1 entweder ein endliches oder unendliches Intervall und besitzt mindestens einen Randpunkt. O. B. d. A. sei $\hat{\eta}$ der Anfangspunkt von $I(\boldsymbol{x}^0)$; dann gelte $\hat{\eta} < \eta^*$. Für jeden Punkt $\boldsymbol{x} \in \mathfrak{M}$ und für alle $\eta \in (\hat{\eta}, \eta^*)$ ergibt sich, da $(\hat{\eta}, \eta^*) \subseteq I(\boldsymbol{x}^0)$ ist, $F(\boldsymbol{x}, \eta) \leqq F(\boldsymbol{x}^0, \eta)$. Infolge der Stetigkeit der Funktionen $F(\boldsymbol{x}, \eta)$ und $F(\boldsymbol{x}^0, \eta)$ bezüglich η, ergibt sich beim Grenzübergang $\eta \to \hat{\eta}^+$ die Relation

$$F(\boldsymbol{x}, \hat{\eta}) \leqq F(\boldsymbol{x}^0, \hat{\eta}) \qquad \text{für alle} \quad \boldsymbol{x} \in \mathfrak{M} .$$

Somit gehört aber $\hat{\eta}$ zur Menge $I(\boldsymbol{x}^0)$. ▮

[1]) Vgl. auch Bemerkung 2.3.

▌ B. 2.3 Die Menge $I(\boldsymbol{x}^0)$ ist also die Menge aller Parameterwerte $\eta \in E_1$, für welche die Zielfunktion $F(\boldsymbol{x}, \eta)$ ihr Maximum bezüglich des Polyeders $\mathfrak{M}$ in der betreffenden Ecke $\boldsymbol{x}^0 \in \mathfrak{M}$ annimmt. Aus dem Satz 2.1 geht hervor, daß die Menge $I(\boldsymbol{x}^0)$ entweder einelementig (d. h. $I(\boldsymbol{x}^0) = \{\eta^*\}$), ein abgeschlossenes endliches Intervall (d. h. $I(\boldsymbol{x}^0) = \langle \eta_1, \eta_2 \rangle$), ein unendliches von „links" abgeschlossenes Intervall (d. h. $I(\boldsymbol{x}^0) = \langle \eta_1, \infty)$) bzw. ein unendliches von „rechts" abgeschlossenes Intervall (d. h. $I(\boldsymbol{x}^0) = (-\infty, \eta_2\rangle$) ist, oder $I(\boldsymbol{x}^0)$ fällt mit dem Raum E_1 zusammen. $I(\boldsymbol{x}^0) = E_1$ tritt z. B. ein, wenn $\mathfrak{M} = \{\boldsymbol{x}^0\}$ ist. ▌

▌ D. 2.1 Die Menge $\mathfrak{A}_{0\eta}$ aller Parameter $\eta^* \in E_1$, für welche die linearen Optimierungsaufgaben $P(0, \eta^*)$ Lösungen besitzen, heißt *Lösbarkeitsmenge* des parametrischen Problems $P(0, \eta)$ (2.1). ▌

▌ S. 2.2 *Die Lösbarkeitsmenge $\mathfrak{A}_{0\eta}$ ist konvex und abgeschlossen im E_1.* ▌

▌ Bws. Die Aussage des Satzes ist offenbar richtig, wenn die Lösbarkeitsmenge leer, einelementig oder der Raum E_1 ist. Angenommen, $\eta_1, \eta_2 \in \mathfrak{A}_{0\eta}$ mit $\eta_1 < \eta_2$ sind Zahlen derart, daß $\bar{\eta} \notin \mathfrak{A}_{0\eta}$ ist, aber $\bar{\eta} \in (\eta_1, \eta_2)$ gilt; dann muß die Zielfunktion $F(\boldsymbol{x}, \bar{\eta})$ über dem Bereich $\mathfrak{M}$ nach oben unbeschränkt sein (da $\mathfrak{M} \neq \emptyset$). Es existiert dann aber eine Halbgerade

$$L = \{\boldsymbol{x} \in \mathfrak{M} \mid \boldsymbol{x} = \bar{\boldsymbol{x}} + t\,\boldsymbol{v}\,, \quad t \geqq 0\,, \quad \boldsymbol{v} \neq \boldsymbol{o}\}\,,$$

wobei $\bar{\boldsymbol{x}} \in \mathfrak{M}$ ist, entlang welcher die Zielfunktion $F(\boldsymbol{x}, \bar{\eta})$ streng monoton wächst. Für $\boldsymbol{x} \in L$ ist also

$$\begin{aligned} F(\boldsymbol{x}, \bar{\eta}) &= (\boldsymbol{c} + \boldsymbol{c}'\,\bar{\eta})^T\,(\bar{\boldsymbol{x}} + t\,\boldsymbol{v}) \\ &= (\boldsymbol{c} + \boldsymbol{c}'\,\bar{\eta})^T\,\bar{\boldsymbol{x}} + t\,(\boldsymbol{c} + \boldsymbol{c}'\,\bar{\eta})^T\,\boldsymbol{v} \end{aligned}$$

mit der Eigenschaft

$$(\boldsymbol{c} + \boldsymbol{c}'\,\bar{\eta})^T\,\boldsymbol{v} > 0\,,$$

d. h.

$$\boldsymbol{c}^T\,\boldsymbol{v} > -\,\bar{\eta}\,\boldsymbol{v}^T\,\boldsymbol{c}'\,. \tag{2.7}$$

Wir haben nun zwei Möglichkeiten zu untersuchen:

1° $\boldsymbol{v}^T\,\boldsymbol{c}' \leqq 0$. Für $\eta_1 < \bar{\eta}$ erhalten wir

$$-\,\bar{\eta}\,\boldsymbol{v}^T\,\boldsymbol{c}' \geqq -\,\eta_1\,\boldsymbol{v}^T\,\boldsymbol{c}'\,,$$

und für die Punkte der Halbgeraden L gilt dann wegen (2.7)

$$F(\boldsymbol{x}, \eta_1) = (\boldsymbol{c} + \boldsymbol{c}'\,\eta_1)^T\,\bar{\boldsymbol{x}} + t\,(\boldsymbol{c} + \boldsymbol{c}'\,\eta_1)^T\,\boldsymbol{v}$$

mit

$$(\boldsymbol{c} + \boldsymbol{c}'\,\eta_1)^T\,\boldsymbol{v} > 0\,.$$

Im Widerspruch zu unseren Voraussetzungen ist die Zielfunktion $F(\boldsymbol{x}, \eta_1)$ über $\mathfrak{M}$ nach oben unbeschränkt.

2° $\boldsymbol{c}^T \boldsymbol{v}' > 0$. Für $\eta_2 > \bar{\eta}$ erhalten wir analog

$$(\boldsymbol{c} + \boldsymbol{c}' \eta_2)^T \boldsymbol{v} > 0 ,$$

wodurch im Widerspruch zu $\eta_2 \in \mathfrak{A}_{0\eta}$ das Problem $P(0, \eta_2)$ unlösbar wäre.

Damit ist aber die Konvexität der Lösbarkeitsmenge bewiesen.

Der Beweis für die Abgeschlossenheit von $\mathfrak{A}_{0\eta}$ im E_1 ergibt sich folgendermaßen aus dem Satz 2.1: Zu jedem $\eta^* \in \mathfrak{A}_{0\eta}$ existiert eine optimale Ecke $\boldsymbol{x}^* \in \mathfrak{M}$, der eine abgeschlossene konvexe Menge $I(\boldsymbol{x}^*) \neq \emptyset$ nach (2.6) zugeordnet ist. Da die Anzahl der Ecken von $\mathfrak{M}$ endlich ist, kann die Anzahl der Ecken, die als optimale Punkte bei beliebiger Wahl von $\eta \in \mathfrak{A}_{0\eta}$ des jeweiligen Optimierungsproblems in Frage kommen, nur endlich sein. Seien dies die Ecken $\boldsymbol{x}^1, \ldots, \boldsymbol{x}^s \in \mathfrak{M}$; dann gilt

$$\mathfrak{A}_{0\eta} = \bigcup_{k=1}^{s} I(\boldsymbol{x}^k) .$$

Damit ist aber $\mathfrak{A}_{0\eta}$ als Vereinigung endlich vieler abgeschlossener Mengen selbst abgeschlossen. ▌

▌ S. 2.3 *Es sei $\eta = \eta^*$ ein Parameterwert, für welchen die Zielfunktion $F(\boldsymbol{x}, \eta^*)$ über der Menge $\mathfrak{M}$ nach oben unbeschränkt ist; dann existiert ein unendliches offenes Intervall I_∞ mit den Eigenschaften:*

1° $\eta^* \in I_\infty$;
2° *die Optimierungsaufgaben $P(0, \eta)$, $\eta \in I_\infty$ sind sämtlich unlösbar;*
3° *I_∞ ist bezüglich der Eigenschaften 1° und 2° maximal.* ▌

▌ Bws. Offenbar ist $\eta^* \in E_1 \backslash \mathfrak{A}_{0\eta}$; diese Menge $E_1 \backslash \mathfrak{A}_{0\eta}$ ist auf Grund des Satzes 2.2 eine offene Menge im E_1. Die Menge $E_1 \backslash \mathfrak{A}_{0\eta}$ besteht aus mindestens einem und höchstens zwei disjunkten offenen Intervallen (da $\mathfrak{A}_{0\eta}$ konvex und abgeschlossen im E_1 ist). Handelt es sich nur um ein Intervall, so gilt $I_\infty = E_1 \backslash \mathfrak{A}_{0\eta}$. Im Fall von zwei Intervallen fällt I_∞ mit demjenigen Intervall zusammen, das η^* enthält. ▌

▌ S. 2.4 *Es seien $\boldsymbol{x}^1$ und $\boldsymbol{x}^2$ zwei verschiedene Ecken des Polyeders $\mathfrak{M}$ und die Mengen $I(\boldsymbol{x}^1)$ und $I(\boldsymbol{x}^2)$ nach (2.6) seien nicht leer. Existiert ein $\eta^* \in \operatorname{int} [I(\boldsymbol{x}^1) \cap I(\boldsymbol{x}^2)]$, so sind $I(\boldsymbol{x}^1)$ und $I(\boldsymbol{x}^2)$ gleich.* ▌

▌ Bws. Wenn $\eta^* \in I(\boldsymbol{x}^2)$ ein innerer Punkt des Intervalls $I(\boldsymbol{x}^1)$ ist, so gilt

$$F(\boldsymbol{x}^1, \eta^*) = F(\boldsymbol{x}^2, \eta^*) . \tag{2.8}$$

Die Funktionen

$$f_1(\eta) = F(\boldsymbol{x}^1, \eta) , \qquad f_2(\eta) = F(\boldsymbol{x}^2, \eta) \tag{2.9}$$

beschreiben zwei Geraden

$$L_1 = \{(\eta, z) \mid z = f_1(\eta) , \quad \eta \in E_1\} ,$$
$$L_2 = \{(\eta, z) \mid z = f_2(\eta) , \quad \eta \in E_1\}$$

in der (η, z)-Ebene. Die beiden Geraden haben den Punkt (η^*, z^*) gemeinsam, wobei $z^* = f_1(\eta^*) = f_2(\eta^*)$ ist. Betrachten wir ein beliebiges abgeschlossenes Teilintervall $\langle \underline{\eta}, \bar{\eta} \rangle$ von $I(\boldsymbol{x}^1)$, wobei $\eta^* \in (\underline{\eta}, \bar{\eta})$ ist. $\langle \underline{\eta}, \bar{\eta} \rangle$ mit dieser Eigenschaft existiert wegen $\eta^* \in \operatorname{int} I(\boldsymbol{x}^1)$. Für die Funktionswerte $f_1(\underline{\eta})$ und $f_2(\underline{\eta})$ unterscheiden wir drei Fälle:

1° $f_1(\underline{\eta}) < f_2(\underline{\eta})$,

2° $f_1(\underline{\eta}) > f_2(\underline{\eta})$,

3° $f_1(\underline{\eta}) = f_2(\underline{\eta})$.

1° Es ist $f_1(\eta) < f_2(\eta)$ für alle $\eta \in \langle \underline{\eta}, \eta^*)$ (Abb. 3); nach (2.9) folgt

$$F(\boldsymbol{x}^1, \eta) < F(\boldsymbol{x}^2, \eta) , \qquad \eta \in \langle \underline{\eta}, \eta^*) .$$

Das widerspricht aber dem, daß

$$F(\boldsymbol{x}^1, \eta) = \max_{\boldsymbol{x} \in \mathfrak{M}} F(\boldsymbol{x}, \eta) \geqq F(\boldsymbol{x}^2, \eta)$$

für alle $\eta \in I(\boldsymbol{x}^1)$ gilt. Der Fall 1° kann also nicht eintreten.

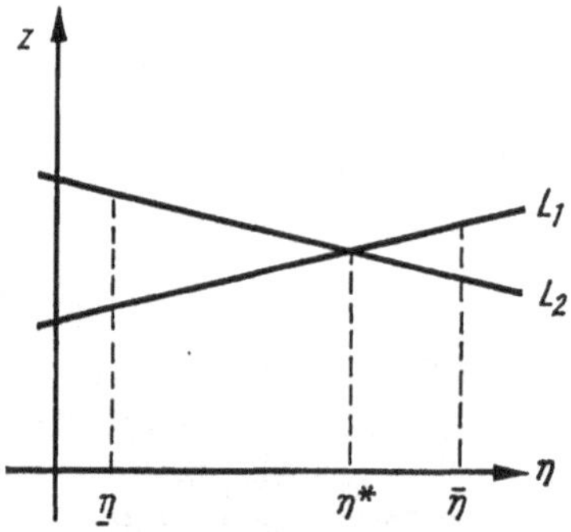

Abb. 3

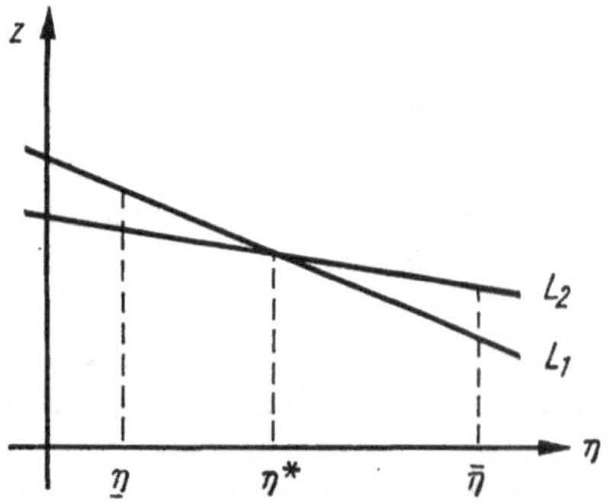

Abb. 4

2° In diesem Fall ist offensichtlich $f_1(\bar{\eta}) < f_2(\bar{\eta})$ (Abb. 4). Es gilt daher $f_1(\eta) < f_2(\eta)$ für alle $\eta \in (\eta^*, \bar{\eta}\rangle$; wegen (2.9) folgt somit

$$F(\boldsymbol{x}^1, \eta) < F(\boldsymbol{x}^2, \eta)$$

für alle $\eta \in (\eta^*, \eta\rangle$; das steht aber im Widerspruch zu

$$F(\boldsymbol{x}^1, \eta) = \max_{\boldsymbol{x} \in \mathfrak{M}} F(\boldsymbol{x}, \eta) \geqq F(\boldsymbol{x}^2, \eta)$$

für alle $\eta \in I(\boldsymbol{x}^1)$.

Es kann also nur der Fall 3° eintreten, d. h. aber $f_1(\eta) = f_2(\eta)$ für alle $\eta \in E_1 \supset \langle \underline{\eta}, \bar{\eta} \rangle$. Da aber $\langle \underline{\eta}, \bar{\eta} \rangle$ ein beliebiges Intervall aus $I(\boldsymbol{x}^1)$ ist und $I(\boldsymbol{x}^1)$ abgeschlossen ist, erhalten wir die Inklusion

$$I(\boldsymbol{x}^1) \subseteq I(\boldsymbol{x}^2) . \tag{2.10}$$

Mit $I(\boldsymbol{x}^1)$ liegt ein Intervall vor, nach Satz 2.1 und (2.10) muß die Menge $I(\boldsymbol{x}^2)$ ebenfalls ein Intervall sein; weiterhin ist $\eta^* \in \operatorname{int} I(\boldsymbol{x}^2)$. Stellt man nun analoge Überlegungen an, wobei jedoch die Rollen von $I(\boldsymbol{x}^1)$ und $I(\boldsymbol{x}^2)$ vertauscht werden, so erhält man die Inklusion $I(\boldsymbol{x}^2) \subseteq I(\boldsymbol{x}^1)$. Zusammen mit (2.10) ist daher die Gleichheit $I(\boldsymbol{x}^1) = I(\boldsymbol{x}^2)$ bewiesen. ▮

▮ B. 2.4 Betrachten wir zwei verschiedene Ecken $\boldsymbol{x}^1$ und $\boldsymbol{x}^2$ des Polyeders $\mathfrak{M}$, welchen nach (2.6) eindeutig zwei Mengen $I(\boldsymbol{x}^1)$ und $I(\boldsymbol{x}^2)$ zugeordnet sind. Falls diese Mengen beide nicht leer sind, so tritt für sie auf Grund von Satz 2.4 genau einer der drei Fälle

1° $I(\boldsymbol{x}^1) = I(\boldsymbol{x}^2)$,

2° $I(\boldsymbol{x}^1) \cap I(\boldsymbol{x}^2) = \emptyset$,

3° $I(\boldsymbol{x}^1) \cap I(\boldsymbol{x}^2) = \{\eta^0\}$

ein. Sind $I(\boldsymbol{x}^1)$ und $I(\boldsymbol{x}^2)$ zwei verschiedene Intervalle, so haben sie höchstens einen gemeinsamen Randpunkt η^0. Die beiden Intervalle können sich also nicht überlappen. ▮

▮ D. 2.2 Es sei $\eta^* \in E_1$ beliebig. Die Menge

$$\mathfrak{M}_{\text{opt}}(\eta^*) = \{\boldsymbol{x}^0 \in \mathfrak{M} \mid F(\boldsymbol{x}^0, \eta^*) = \max_{\boldsymbol{x} \in \mathfrak{M}} F(\boldsymbol{x}, \eta^*)\} \tag{2.11}$$

heißt *Optimalmenge* zum Parameterwert η^*. ▮

Die Optimalmenge $\mathfrak{M}_{\text{opt}}(\eta^*)$ bezeichnet also die Menge aller optimalen Punkte der Optimierungsaufgabe $P(0, \eta^*)$. Gehört der Parameterwert η^* der Lösbarkeitsmenge an, so ist $\mathfrak{M}_{\text{opt}}(\eta^*)$ nicht die leere Menge.

▮ S. 2.5 *Für den Fall, daß die Menge* $I(\boldsymbol{x}^0)$ *aus* (2.6) *ein Intervall ist, hat* $I(\boldsymbol{x}^0)$ *die folgenden Eigenschaften:*

1° $\mathfrak{M}_{\text{opt}}(\eta_1) = \mathfrak{M}_{\text{opt}}(\eta_2)$ *für alle* $\eta_1, \eta_2 \in \operatorname{int} I(\boldsymbol{x}^0)$.

2° *Bezeichnet man*

$$\mathfrak{M}_{\text{opt}}(\boldsymbol{x}^0) = \mathfrak{M}_{\text{opt}}(\eta) \tag{2.12}$$

für alle $\eta \in \operatorname{int} I(\boldsymbol{x}^0)$, *dann gilt* $\mathfrak{M}_{\text{opt}}(\eta) \neq \mathfrak{M}_{\text{opt}}(\boldsymbol{x}^0)$ *für alle* $\eta \in E_1 \backslash I(\boldsymbol{x}^0)$.

3° *Ist* η^0 *ein Randpunkt von* $I(\boldsymbol{x}^0)$, *so ist*

$$\mathfrak{M}_{\text{opt}}(\boldsymbol{x}^0) \subset \mathfrak{M}_{\text{opt}}(\eta^0) \, .$$ ▮

▮ Bws. 1° Nehmen wir an, es gibt zwei Parameterwerte $\eta_1, \eta_2 \in \operatorname{int} I(\boldsymbol{x}^0)$ $(\eta_1 < \eta_2)$ mit der Eigenschaft

$$\mathfrak{M}_{\text{opt}}(\eta_1) \neq \mathfrak{M}_{\text{opt}}(\eta_2) \, . \tag{2.13}$$

Beiden Mengen ist die Ecke $\boldsymbol{x}^0 \in \mathfrak{M}$ zugehörig. Nach der Annahme (2.13) existiert ein $\boldsymbol{x}^1 \in \mathfrak{M}$, das in einer der Mengen enthalten ist, aber nicht zur zweiten gehört. Es sei o. B. d. A. $\boldsymbol{x}^1 \in \mathfrak{M}_{\text{opt}}(\eta_1)$, $\boldsymbol{x}^1 \notin \mathfrak{M}_{\text{opt}}(\eta_2)$; daraus folgt

$$\left.\begin{aligned} F(\boldsymbol{x}^1, \eta_1) &= F(\boldsymbol{x}^0, \eta_1) = \max_{\boldsymbol{x}\in\mathfrak{M}} F(\boldsymbol{x}, \eta_1)\,, \\ F(\boldsymbol{x}^1, \eta_2) &< F(\boldsymbol{x}^0, \eta_2) = \max_{\boldsymbol{x}\in\mathfrak{M}} F(\boldsymbol{x}, \eta_2)\,. \end{aligned}\right\} \tag{2.14}$$

Die in der euklidischen (η, z)-Ebene definierten Geraden

$$L_0 = \{(\eta, z) \mid z = F(\boldsymbol{x}^0, \eta)\,, \quad \eta \in E_1\}\,,$$
$$L_1 = \{(\eta, z) \mid z = F(\boldsymbol{x}^1, \eta)\,, \quad \eta \in E_1\}$$

haben wegen (2.14) genau einen Schnittpunkt (η_1, z_1) mit $z_1 = F(\boldsymbol{x}^1, \eta_1) = F(\boldsymbol{x}^0, \eta_1)$ (Abb. 5).

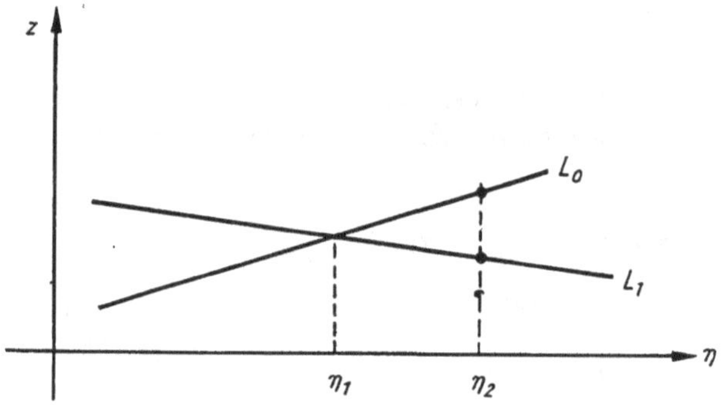

Abb. 5

Aus der Abb. 5 lesen wir ab

$$F(\boldsymbol{x}^1, \eta) < F(\boldsymbol{x}^0, \eta) \qquad \text{für} \quad \eta > \eta_1\,,$$
$$F(\boldsymbol{x}^1, \eta) > F(\boldsymbol{x}^0, \eta) \qquad \text{für} \quad \eta < \eta_1\,.$$

Nun ist aber $\eta_1 \in \operatorname{int} I(\boldsymbol{x}^0)$, daher existieren Punkte $\eta \in I(\boldsymbol{x}^0)$ mit $\eta < \eta_1$, für die $F(\boldsymbol{x}^0, \eta) < F(\boldsymbol{x}^1, \eta)$ ist. Das steht aber im Widerspruch zu der Tatsache, daß für alle Punkte $\eta \in I(\boldsymbol{x}^0)$ die Relation

$$F(\boldsymbol{x}, \eta) \leqq F(\boldsymbol{x}^0, \eta) \qquad \text{für alle} \quad \boldsymbol{x} \in \mathfrak{M}$$

erfüllt ist.

2° Es sei $\eta^* \in E_1 \backslash I(\boldsymbol{x}^0)$ ein beliebiger Parameter. Die Optimalmenge $\mathfrak{M}_{\text{opt}}(\eta^*)$ ist leer, falls $P(0, \eta^*)$ unlösbar ist; dann ist aber die Behauptung richtig. Setzen wir voraus, daß die Optimalmenge $\mathfrak{M}_{\text{opt}}(\eta^*)$ nicht leer ist. Der Punkt $\boldsymbol{x}^0 \in \mathfrak{M}$ gehört nicht zu $\mathfrak{M}_{\text{opt}}(\eta^*)$. Daraus und aus 1° ergibt sich dann die Behauptung 2°.

3° O. B. d. A. sei $\eta^0 \in I(\boldsymbol{x}^0)$ „linker“ Randpunkt des Intervalls $I(\boldsymbol{x}^0)$. Weiter sei $\boldsymbol{x}^*$ ein beliebiger Punkt der Optimalmenge $\mathfrak{M}_{\text{opt}}(\boldsymbol{x}^0)$. Dann gilt

$$F(\boldsymbol{x}^*, \eta) \geqq F(\boldsymbol{x}, \eta) \qquad \text{für alle} \quad \boldsymbol{x} \in \mathfrak{M} \quad \text{und} \quad \eta \in \operatorname{int} I(\boldsymbol{x}^0)\,.$$

Durch Grenzübergang $\eta \to \eta^{0+}$ erhalten wir

$$F(\boldsymbol{x}^*, \eta^0) \geqq F(\boldsymbol{x}, \eta^0) \qquad \text{für alle} \quad \boldsymbol{x} \in \mathfrak{M};$$

das bedeutet, daß $\boldsymbol{x}^* \in \mathfrak{M}$ zur Optimalmenge $\mathfrak{M}_{\text{opt}}(\eta^0)$ gehört. Damit ist aber $\mathfrak{M}_{\text{opt}}(\boldsymbol{x}^0)$ eine Teilmenge von $\mathfrak{M}_{\text{opt}}(\eta^0)$. Wir haben nun zu zeigen, daß $\mathfrak{M}_{\text{opt}}(\eta^0) = \mathfrak{M}_{\text{opt}}(\boldsymbol{x}^0)$ nicht möglich ist. Es sei $\mathfrak{M}^0$ die Menge aller Ecken des Polyeders $\mathfrak{M}$. Jedem $\boldsymbol{x}^\varrho \in \mathfrak{M}^0$ ist eindeutig die Menge $I(\boldsymbol{x}^\varrho)$ nach (2.6) zugeordnet, die auch leer sein kann. Die Lösbarkeitsmenge $\mathfrak{A}_{0\eta}$ läßt sich daher darstellen in der Form

$$\mathfrak{A}_{0\eta} = \bigcup_{\boldsymbol{x}^\varrho \in \mathfrak{M}^0} I(\boldsymbol{x}^\varrho)\,.$$

Auf Grund von Satz 2.2 sind zwei Fälle möglich

(a) η^0, der betrachtete Randpunkt von $I(\boldsymbol{x}^0)$, ist aus int $\mathfrak{A}_{0\eta}$,

(b) der Punkt η^0 ist Randpunkt der Lösbarkeitsmenge $\mathfrak{A}_{0\eta}$ („linker" Randpunkt).

(a) Es gibt eine von der Ecke $\boldsymbol{x}^0$ verschiedene Ecke $\boldsymbol{x}^{\varrho_0}$ des Polyeders $\mathfrak{M}$, für welche die Menge $I(\boldsymbol{x}^{\varrho_0})$ ebenfalls ein Intervall ist und die Eigenschaft

$$I(\boldsymbol{x}^0) \cap I(\boldsymbol{x}^{\varrho_0}) = \{\eta^0\}$$

hat (vgl. Satz 2.4 und Bemerkung 2.4). Daraus folgt, daß $\boldsymbol{x}^{\varrho_0}$ wohl zur Menge $\mathfrak{M}_{\text{opt}}(\eta^0)$ gehört, jedoch nicht zur Optimalmenge $\mathfrak{M}_{\text{opt}}(\boldsymbol{x}^0)$. Aus der bereits bewiesenen Inklusion $\mathfrak{M}_{\text{opt}}(\boldsymbol{x}^0) \subseteq \mathfrak{M}_{\text{opt}}(\eta^0)$ ergibt sich weiter, daß $\mathfrak{M}_{\text{opt}}(\boldsymbol{x}^0)$ echte Teilmenge von $\mathfrak{M}_{\text{opt}}(\eta^0)$ ist.

(b) Aus Satz 2.2 bzw. Satz 2.3 ergibt sich, daß die linearen Optimierungsprobleme $P(0, \eta)$ für alle $\eta \in (-\infty, \eta^0)$ unlösbar sind. Da der Restriktionsbereich $\mathfrak{M}$ nicht leer vorausgesetzt wurde, ist das Polyeder $\mathfrak{M}$ im E_n unbeschränkt. Das Polyeder $\mathfrak{M}$ besitzt immer Ecken und deren Anzahl ist endlich, deshalb gibt es eine Zahl $k > 0$ mit der Eigenschaft, daß alle Ecken des Polyeders $\mathfrak{M}$ im offenen Halbraum

$$H(k) = \left\{\boldsymbol{x} \in E_n \mid \sum_{\alpha=1}^{n} x_\alpha < k\right\}$$

enthalten sind. Die Menge

$$\mathfrak{M}_k = \mathfrak{M} \cap \overline{H(k)}$$

ist dann offenbar ein Polyeder im E_n mit den Eigenschaften

(α) $\mathfrak{M}_k \subset \mathfrak{M}$,

(β) $\mathfrak{M}_k$ ist beschränkt.

(γ) Die Menge $\mathfrak{M}^0$ der Ecken von $\mathfrak{M}$ ist eine echte Teilmenge der Menge $\mathfrak{M}_k^0$ der Ecken von $\mathfrak{M}_k$.

Die Ecken von $\mathfrak{M}_k$ aus $\mathfrak{M}_k^0 \backslash \mathfrak{M}^0$ liegen offenbar in der Randhyperebene $R(k) = \left\{\boldsymbol{x} \in E_n \mid \sum_{\alpha=1}^{n} x_\alpha = k\right\}$ des Halbraumes $\overline{H(k)}$. Wir betrachten nun das parametrische Optimierungsproblem max $\{F(\boldsymbol{x}, \eta) \mid \boldsymbol{x} \in \mathfrak{M}_k\}$, $\eta \in E_1$; dann ist die Lösbarkeitsmenge $\mathfrak{A}_k$ dieses Problems der ganze E_1, da $\mathfrak{M}_k$ kompakt und $F(\boldsymbol{x}, \eta)$ stetig ist für jedes $\eta \in E_1$. Der oben betrachtete Randpunkt η^0 von $\mathfrak{A}_{0\eta}$ ist ein innerer Punkt von $\mathfrak{A}_k$. Aus demselben Grund wie im Fall (a) existiert dann eine von $\boldsymbol{x}^0$ verschiedene Ecke $\boldsymbol{x}^*$ des Polyeders $\mathfrak{M}_k$, für die $I(\boldsymbol{x}^*)$ aus (2.6) ein Intervall mit der Eigenschaft

$$I(\boldsymbol{x}^0) \cap I(\boldsymbol{x}^*) = \{\eta^0\}$$

ist. Weiterhin gilt

$$\boldsymbol{x}^* \notin (\mathfrak{M}_k)_{\text{opt}}(\boldsymbol{x}^0)\,, \tag{2.15}$$

$$\boldsymbol{x}^* \in (\mathfrak{M}_k)_{\text{opt}}(\eta^0)\,, \tag{2.16}$$

wobei

$$(\mathfrak{M}_k)_{\text{opt}}(\boldsymbol{x}^0) = \{\hat{\boldsymbol{x}} \in \mathfrak{M}_k \mid F(\hat{\boldsymbol{x}}, \eta) = \max_{\boldsymbol{x} \in \mathfrak{M}_k} F(\boldsymbol{x}, \eta)\}\,, \quad \eta \in \operatorname{int} I(\boldsymbol{x}^0)$$

(analog zu (2.12) und Aussage 1°),

$$(\mathfrak{M}_k)_{\text{opt}}(\eta^0) = \{\hat{\boldsymbol{x}} \in \mathfrak{M}_k \mid F(\hat{\boldsymbol{x}}, \eta^0) = \max_{\boldsymbol{x} \in \mathfrak{M}_k} F(\boldsymbol{x}, \eta^0)\}$$

Optimalmengen gemäß Definition 2.2 sind. Da $F(\boldsymbol{x}^0, \eta^0) = F(\boldsymbol{x}^*, \eta^0)$ ist, folgt aus (2.16), daß

$$F(\boldsymbol{x}^*, \eta^0) = \max_{\boldsymbol{x} \in \mathfrak{M}_k} F(\boldsymbol{x}, \eta^0) = F(\boldsymbol{x}^0, \eta^0) = \max_{\boldsymbol{x} \in \mathfrak{M}} F(\boldsymbol{x}, \eta^0)$$

ist, d. h.

$$\boldsymbol{x}^* \in \mathfrak{M}_{\text{opt}}(\eta^0)\,. \tag{2.17}$$

Andererseits ergibt sich aus (2.15) und wegen $\mathfrak{M}_k \subset \mathfrak{M}$

$$F(\boldsymbol{x}^*, \eta) < \max_{\boldsymbol{x} \in \mathfrak{M}_k} F(\boldsymbol{x}, \eta) \leqq \max_{\boldsymbol{x} \in \mathfrak{M}} F(\boldsymbol{x}, \eta) \qquad \text{für} \quad \eta \in \operatorname{int} I(\boldsymbol{x}^0)$$

d. h.

$$\boldsymbol{x}^* \notin \mathfrak{M}_{\text{opt}}(\boldsymbol{x}^0)\,. \tag{2.18}$$

Da $\mathfrak{M}_{\text{opt}}(\boldsymbol{x}^0)$ eine Teilmenge der Optimalmenge $\mathfrak{M}_{\text{opt}}(\eta^0)$ ist, erhalten wir aus (2.17) und (2.18) die Behauptung. ∎

∎ B. 2.5 Aus der geometrischen Interpretation eines linearen Optimierungsproblems geht hervor, daß für einen festen Parameterwert $\eta^* \in \mathfrak{A}_{0\eta}$ die Optimalmenge $\mathfrak{M}_{\text{opt}}(\eta^*)$ die Abschließung einer bestimmten d-dimensionalen Seite S^d von $\mathfrak{M}$ $(0 \leqq d < n - m)$ oder das Polyeder $\mathfrak{M}$ selbst ist. In diesem Sinne lassen sich die Behauptungen 1°, 2° und 3° aus dem Satz 2.5 folgendermaßen interpretieren (vgl. [152]):

1° Für alle $\eta \in \operatorname{int} I(\boldsymbol{x}^0)$ stellt die Abschließung der Seite S^d die Menge aller optimalen Punkte des entsprechenden Problems dar.

2° Für jeden Parameter $\eta \notin I(\boldsymbol{x}^0)$ ist die Optimalmenge von $P(0, \eta)$ entweder leer, die Abschließung einer Seite $S^{d'}$ $(0 \leqq d' < n - m)$ des Polyeders $\mathfrak{M}$, die mit S^d nicht zusammenfällt, oder sie ist das Polyeder $\mathfrak{M}$ selbst.

3° Ist η^0 ein Randpunkt des Intervalls $I(\boldsymbol{x}^0)$, so ist die Optimalmenge von $P(0, \eta^0)$ entweder die Abschließung einer bestimmten Seite $S^{\tilde{d}}$ von $\mathfrak{M}$, wobei S^d mit der Seite $S^{\tilde{d}}$ inzident ist, oder das ganze Polyeder $\mathfrak{M}$. ▮

Die bisherigen Resultate der Untersuchungen gestatten es, den Hauptsatz für das parametrische Problem zu formulieren. Dazu sei vorausgesetzt, daß die Aufgabe $P(0, \eta)$ für mindestens zwei verschiedene Parameter η_1 und η_2 aus dem Raum E_1 lösbar ist, die Lösbarkeitsmenge auf Grund von Satz 2.2 also ein Intervall ist.

▮ S. 2.6 *Die Lösbarkeitsmenge* $\mathfrak{A}_{0\eta}$ *sei ein Intervall, dann existiert eine eindeutige Einteilung von* $\mathfrak{A}_{0\eta}$ [1]) *in Intervalle* $\mathfrak{A}^k_{0\eta}$ $(k = 1, \ldots, s;\ s \geqq 1)$, *wobei* $\operatorname{int} \mathfrak{A}^k_{0\eta} = (\eta_k, \eta_{k+1})$ *mit* $\eta_1 < \cdots < \eta_k < \eta_{k+1} < \cdots < \eta_{s+1}$ *sei und* η_1 *bzw.* η_{s+1} $-\infty$ *bzw.* ∞ *sein können, mit folgenden Eigenschaften:*

1° *Die Optimalmenge* $\mathfrak{M}_{\text{opt}}(\eta)$ *ist für alle* $\eta \in (\eta_k, \eta_{k+1})$ *gleich und stellt eine abgeschlossene d-dimensionale Seite* $\overline{S^d_k}$ $(0 \leqq d < n - m)$ *des Polyeders* $\mathfrak{M}$ *dar.*[2]) S^d_k *ist maximal bzgl. dieser Eigenschaft, d. h.* $\mathfrak{M}_{\text{opt}}(\eta) \neq \overline{S^d_k}$ *für* $\eta \notin (\eta_k, \eta_{k+1})$.[3])

2° *Die Optimalmenge* $\mathfrak{M}_{\text{opt}}(\eta_k)$ $\big($*bzw.* $\mathfrak{M}_{\text{opt}}(\eta_{k+1})\big)$ *ist entweder eine abgeschlossene Seite* $\overline{S^{d_k}_k}$ (*bzw.* $\overline{S^{d_{k+1}}_k}$) *mit der Eigenschaft*

$$d_k > d\,, \qquad \overline{S^d_k} \subset \overline{S^{d_k}_k} \qquad (\textit{bzw. } d_{k+1} > d\,, \qquad \overline{S^d_k} \subset \overline{S^{d_{k+1}}_k})\,,$$

oder sie ist das Polyeder $\mathfrak{M}$ *selbst.*

3° *Es gilt*

$$\mathfrak{M}_{\text{opt}}(\eta_k) \cap \mathfrak{M}_{\text{opt}}(\eta_{k+1}) = \mathfrak{M}_{\text{opt}}(\eta)\,, \qquad \eta \in (\eta_k, \eta_{k+1})$$

$$\mathfrak{M}_{\text{opt}}(\eta_k) \neq \mathfrak{M}_{\text{opt}}(\eta_{k+1})\,,$$

$$\mathfrak{M}_{\text{opt}}(\eta_l) \neq \mathfrak{M}_{\text{opt}}(\eta_k) \qquad \textit{für} \quad l \neq k\,, \quad l, k \in \{1, \ldots, s+1\}\,.$$ ▮

▮ Bws. Es sei $\mathfrak{M}^0$ die Menge aller Ecken vom Polyeder $\mathfrak{M}$. Jedem $\boldsymbol{x}^\nu \in \mathfrak{M}^0$ ist auf Grund von (2.6) eindeutig eine Menge $I(\boldsymbol{x}^\nu)$ zugeordnet, die leer, einelementig oder ein abgeschlossenes Intervall sein kann. Andererseits läßt sich jedem $\tilde{\eta} \in \mathfrak{A}_{0\eta}$ ($\mathfrak{A}_{0\eta} \neq \emptyset$, da $\mathfrak{A}_{0\eta}$ als Intervall vorausgesetzt wurde) eine Ecke $\boldsymbol{x}^\nu \in \mathfrak{M}^0$ zuordnen, die einen Optimalpunkt von $P(0, \tilde{\eta})$ darstellt. Man kann also

$$\mathfrak{A}_{0\eta} = \bigcup_{\boldsymbol{x}^\nu \in \mathfrak{M}^0} I(\boldsymbol{x}^\nu)$$

schreiben. Da $\mathfrak{A}_{0\eta}$ ein abgeschlossenes Intervall im E_1 ist (vgl. Satz 2.2), existiert mindestens eine Ecke $\boldsymbol{x}^\varrho \in \mathfrak{M}^0$, für welche $I(\boldsymbol{x}^\varrho)$ ein abgeschlossenes

[1]) Ist $\mathfrak{A}_{0\eta} = \{\eta^*\}$, so kann man auch von einer eindeutigen, jedoch trivialen Einteilung sprechen; $P(0, \eta)$ ist für alle $\eta \in (-\infty, \eta^*)$ und $\eta \in (\eta^*, \infty)$ unlösbar.

[2]) Für $d = 0$ ist $\overline{S^d_k}$ eine Ecke von $\mathfrak{M}$.

[3]) Für $\mathfrak{A}_{0\eta} = \{\eta^*\}$ ist $\mathfrak{M}_{\text{opt}}(\eta^*)$ eine abgeschlossene d-dimensionale Seite von $\mathfrak{M}$ mit $0 \leqq d < n - m$ oder das Polyeder $\mathfrak{M}$ selbst.

Intervall bildet. Sei nun $\hat{\mathfrak{M}}^0$ die Menge aller Ecken $\boldsymbol{x}^\varrho \in \mathfrak{M}^0$ mit dieser Eigenschaft. Zwei Intervalle $I(\boldsymbol{x}^{\varrho_1})$ und $I(\boldsymbol{x}^{\varrho_2})$ zu verschiedenen Ecken $\boldsymbol{x}^{\varrho_1}$ und $\boldsymbol{x}^{\varrho_2}$ aus $\hat{\mathfrak{M}}^0$ fallen entweder zusammen oder haben höchstens einen gemeinsamen Randpunkt (wegen Satz 2.4 und Bemerkung 2.4). Es gilt also

$$\mathfrak{A}_{0\eta} = \bigcup_{\boldsymbol{x}^\varrho \in \hat{\mathfrak{M}}^0} I(\boldsymbol{x}^\varrho) .$$

Die Menge $\hat{\mathfrak{M}}^0$ ist endlich, also auch die Menge $\mathfrak{R}$ aller Randpunkte der Intervalle $I(\boldsymbol{x}^\varrho)$ mit $\boldsymbol{x}^\varrho \in \hat{\mathfrak{M}}^0$. Falls $\mathfrak{R} = \emptyset$ ist, so existiert eine Ecke $\boldsymbol{x}^{\varrho_0} \in \hat{\mathfrak{M}}^0$, für die sich $I(\boldsymbol{x}^{\varrho_0}) = (-\infty, \infty)$ ergibt. Dann ist aber

$$\mathfrak{A}_{0\eta} = \mathfrak{A}^1_{0\eta} = I(\boldsymbol{x}^{\varrho_0}) = (-\infty, \infty) .$$

Da hier $\operatorname{int} I(\boldsymbol{x}^{\varrho_0}) = I(\boldsymbol{x}^{\varrho_0})$ gilt, ist auf Grund von Satz 2.5 (1°) und Bemerkung 2.5 für den Fall $s = 1$ der Hauptsatz bewiesen.

Sei $\mathfrak{R} \neq \emptyset$, so kann man die Elemente der eindeutig bestimmten Menge $\mathfrak{R}$ in einer monoton wachsenden Folge schreiben; o. B. d. A.

$$\eta_1 < \cdots < \eta_k < \eta_{k+1} < \cdots < \eta_{s+1} .$$

Aus dem Satz 2.5 und der Bemerkung 2.5 folgt, daß durch diese Folge eine eindeutige Einteilung von $\mathfrak{A}_{0\eta}$ bestimmt ist mit den Eigenschaften 1° und 2°. Zu beweisen bleibt noch die Behauptung 3°.

Es sei $\tilde{\boldsymbol{x}} \in \mathfrak{M}_{\text{opt}}(\eta_k) \cap \mathfrak{M}_{\text{opt}}(\eta_{k+1}) = \overline{S_k^{d_k}} \cap \overline{S_k^{d_{k+1}}}$ ein beliebiges Element. Daher folgt

$$F(\tilde{\boldsymbol{x}}, \eta_k) = \max_{\boldsymbol{x} \in \mathfrak{M}} F(\boldsymbol{x}, \eta_k) \qquad \text{und} \qquad F(\tilde{\boldsymbol{x}}, \eta_{k+1}) = \max_{\boldsymbol{x} \in \mathfrak{M}} F(\boldsymbol{x}, \eta_{k+1}) .$$

Für beliebiges $\eta \in (\eta_k, \eta_{k+1})$, d. h. $\eta = \beta\,\eta_k + (1-\beta)\,\eta_{k+1}$ mit $0 < \beta < 1$ erhalten wir

$$\begin{aligned} F(\boldsymbol{x}, \eta) &= \beta\, F(\boldsymbol{x}, \eta_k) + (1-\beta)\, F(\boldsymbol{x}, \eta_{k+1}) \leqq \\ &\leqq \beta\, F(\tilde{\boldsymbol{x}}, \eta_k) + (1-\beta)\, F(\tilde{\boldsymbol{x}}, \eta_{k+1}) = \\ &= F(\tilde{\boldsymbol{x}}, \beta\,\eta_k + (1-\beta)\,\eta_{k+1}) = F(\tilde{\boldsymbol{x}}, \eta) \end{aligned}$$

für alle $\boldsymbol{x} \in \mathfrak{M}$. Also ist $\tilde{\boldsymbol{x}} \in \mathfrak{M}_{\text{opt}}(\eta)$ für $\eta \in (\eta_k, \eta_{k+1})$ und daher

$$\mathfrak{M}_{\text{opt}}(\eta_k) \cap \mathfrak{M}_{\text{opt}}(\eta_{k+1}) = \mathfrak{M}_{\text{opt}}(\eta) , \qquad \eta \in (\eta_k, \eta_{k+1}) .$$

Angenommen, es wäre $\mathfrak{M}_{\text{opt}}(\eta_k) = \mathfrak{M}_{\text{opt}}(\eta_{k+1})$, so hätte man $\mathfrak{M}_{\text{opt}}(\eta) = \mathfrak{M}_{\text{opt}}(\eta_k)$ für beliebiges $\eta \in (\eta_k, \eta_{k+1})$, was aber zu 3° aus Satz 2.5 im Widerspruch stände. Entsprechend beweist man, daß für zwei verschiedene Punkte aus $\mathfrak{R}$ die Optimalmengen nicht gleich sind. ▌

▌ B. 2.6 Durch den Hauptsatz 2.6 ist eine qualitative Untersuchung des parametrischen Problems $P(0, \eta)$ gegeben. Der Beweis konnte auf Grund der Sätze 2.1 bis 2.5 geführt werden.

Da sich jede lineare Optimierungsaufgabe in eine solche überführen läßt, bei der die Restriktionen Gleichungsform haben, sind die Aussagen des Satzes 2.6 unabhängig von der Beschreibung des Polyeders $\mathfrak{M}$. Dieselben Aussagen hätten sich also herleiten lassen, wäre lediglich $\mathfrak{M} \neq \emptyset$ vorausgesetzt worden. Um jedoch ein geeignetes Lösungsverfahren zur praktischen Berechnung von konkreten Aufgaben der betrachteten Art konstruieren zu können, bei welchem die Simplexmethode Anwendung findet, sind die Voraussetzungen V 2.1, V 2.2 und V 2.3 wichtig.

▌ D. 2.3 Die Lösbarkeitsmenge $\mathfrak{A}_{0\eta}$ sei ein Intervall; dann heißt die Funktion

$$\varphi(\eta) = \max_{\boldsymbol{x} \in \mathfrak{M}} F(\boldsymbol{x}, \eta)$$

mit dem maximalen Definitionsbereich $\mathfrak{A}_{0\eta}$ *Lösungsfunktion* des parametrischen Problems $P(0, \eta)$. ▌

▌ S. 2.7 *Die Lösbarkeitsmenge $\mathfrak{A}_{0\eta}$ sei ein Intervall, dann ist die Lösungsfunktion $\varphi(\eta)$ konvex und stückweise linear über $\mathfrak{A}_{0\eta}$.*[1]) ▌

▌ Bws. Es seien $\eta_1, \eta_2 \in \mathfrak{A}_{0\eta}$ beliebig. Dann existieren Punkte $\boldsymbol{x}^1, \boldsymbol{x}^2 \in \mathfrak{M}$, so daß

$$F(\boldsymbol{x}^1, \eta_1) = \max \{F(\boldsymbol{x}, \eta_1) \mid \boldsymbol{x} \in \mathfrak{M}\} = \varphi(\eta_1)\,,$$
$$F(\boldsymbol{x}^2, \eta_2) = \max \{F(\boldsymbol{x}, \eta_2) \mid \boldsymbol{x} \in \mathfrak{M}\} = \varphi(\eta_2) \tag{2.20}$$

gilt. Es sei β eine beliebige reelle Zahl mit $0 \leqq \beta \leqq 1$. Wir betrachten

$$\begin{aligned}\varphi\,(\beta\,\eta_1 + (1-\beta)\,\eta_2) &= \max_{\boldsymbol{x} \in \mathfrak{M}} F(\boldsymbol{x}, \beta\,\eta_1 + (1-\beta)\,\eta_2)\\ &= \max_{\boldsymbol{x} \in \mathfrak{M}} \{\beta\,(\boldsymbol{c} + \boldsymbol{c}'\,\eta_1)^T\,\boldsymbol{x} + (1-\beta)\,(\boldsymbol{c} + \boldsymbol{c}'\,\eta_2)^T\,\boldsymbol{x}\}\\ &= \max_{\boldsymbol{x} \in \mathfrak{M}} \{\beta\,F(\boldsymbol{x}, \eta_1) + (1-\beta)\,F(\boldsymbol{x}, \eta_2)\}\,.\end{aligned}$$

Wegen (2.20) und da $0 \leqq \beta \leqq 1$ ist, ergibt sich

$$\begin{aligned}\max_{\boldsymbol{x} \in \mathfrak{M}} \{\beta\,F(\boldsymbol{x}, \eta_1) + (1-\beta)\,F(\boldsymbol{x}, \eta_2)\} &\leqq \beta \max_{\boldsymbol{x} \in \mathfrak{M}} F(\boldsymbol{x}, \eta_1) + (1-\beta) \max_{\boldsymbol{x} \in \mathfrak{M}} F(\boldsymbol{x}, \eta_2)\\ &= \beta\,\varphi(\eta_1) + (1-\beta)\,\varphi(\eta_2)\,,\end{aligned}$$

und daher ist

$$\varphi\,(\beta\,\eta_1 + (1-\beta)\,\eta_2) \leqq \beta\,\varphi(\eta_1) + (1-\beta)\,\varphi(\eta_2)\,.$$

Damit ist aber die Konvexität der Funktion $\varphi(\eta)$ über $\mathfrak{A}_{0\eta}$ bewiesen.

Ist $\mathfrak{A}_{0\eta} = \bigcup_{k=1}^{s} \mathfrak{A}_{0\eta}^k$ $(s \geqq 1)$ die Einteilung aus dem Satz 2.6, dann ist jedem offenen Intervall $\operatorname{int} \mathfrak{A}_{0\eta}^k$ $(k = 1, \ldots, s)$ eine Ecke $\boldsymbol{x}^{e_k} \in \mathfrak{M}$ zugeordnet,

---

[1]) Für das parametrische Problem $\min \{F(\boldsymbol{x}, \eta) | \boldsymbol{x} \in \mathfrak{M}\}$, $\eta \in E_1$ ist die Lösungsfunktion konkav über der entsprechenden Lösbarkeitsmenge.

d. h.

$$\varphi(\eta) = F(\boldsymbol{x}^{\varrho_k}, \eta) = (\boldsymbol{c} + \boldsymbol{c}' \eta)^T \boldsymbol{x}^{\varrho_k}$$

für $\eta \in \operatorname{int} \mathfrak{A}_{0\eta}^k$. Da die Konvexität von $\varphi(\eta)$ über $\mathfrak{A}_{0\eta}$ die Stetigkeit der Funktion über $\operatorname{int} \mathfrak{A}_{0\eta}$ impliziert, ist somit gezeigt, daß die Funktion $\varphi(\eta)$ über ihrem Definitionsbereich stückweise linear ist. ∎

2.3. Lösungsverfahren

Wir kommen zur Darstellung eines Lösungsverfahrens für das Problem

$$\max \{F(\boldsymbol{x}, \eta) \mid \boldsymbol{x} \in \mathfrak{M}\}, \quad \eta \in \langle \underline{\eta}, \overline{\eta} \rangle \tag{2.21}$$

unter den Voraussetzungen V 2.1 bis V 2.4.

Schritt 0:

$k := 1$; $\eta_{k-1} := \underline{\eta}$; man wähle ein ε mit $\varepsilon > 0$.

Schritt 1:

Man setze in (2.21) $\eta = \eta_{k-1} + \varepsilon$ und wende auf (2.21) die Simplexmethode an. Wenn (2.21) unlösbar, so Schritt 3, sonst sei $\boldsymbol{x}^k$ optimaler Basispunkt.

Schritt 2:

Man bestimme

$$\eta_k := \min [\overline{\eta}; \sup \{\eta \mid F(\boldsymbol{x}^k, \eta) = \max_{\boldsymbol{x} \in \mathfrak{M}} F(\boldsymbol{x}, \eta)\}]. \tag{2.22}$$

Der Punkt $\boldsymbol{x}^k$ ist optimal für (2.21) bezüglich aller $\eta \in \langle \eta_{k-1}, \eta_k \rangle$. Wenn $\eta_k = \overline{\eta}$, so Schritt 4, sonst $k := k + 1$ und Schritt 1.

Schritt 3:

Man bestimme

$$\eta^* := \min [\overline{\eta}; \sup \{\tilde{\eta} \mid (2.21) \text{ ist für } \eta = \eta_{k-1} + t(\tilde{\eta} - \eta_{k-1}) \ (0 \leqq t \leqq 1) \text{ unlösbar}\}]. \tag{2.23}$$

Für alle $\eta \in (\eta_{k-1}, \eta^*)$ ist (2.21) unlösbar. Wenn $\eta^* = \overline{\eta}$, so Schritt 4, sonst $\eta_{k-1} := \eta^*$ und Schritt 1.

Schritt 4:

Ende.

Die einzelnen Schritte des Verfahrens sollen nun genauer untersucht werden. Insbesondere wird sich zeigen, daß sie mit der Simplexmethode durchführbar sind, sofern diese leicht modifiziert wird. Wir gehen von einem zunächst beliebigen Basispunkt $\boldsymbol{x}^0 \in \mathfrak{M}$ aus. Ihm ist eine Darstellung von Basisvariablen durch Nichtbasisvariable zugeordnet:

$$x_{i_r} = d_{r0} - \sum_{i=1}^{n-m} d_{ri}\, x_{\alpha i}\,, \qquad r = 1, \ldots, m\,.$$

Die Zielfunktion von (2.21) möge in diesen Variablen

$$z = d_{-1,0} + \eta\, d_{00} - \sum_{i=1}^{n-m} (d_{-1,i} + \eta\, d_{0i})\, x_{\alpha_i}$$

lauten, wobei sich mit der Festsetzung $c_{\alpha_0} = c'_{\alpha_0} = 0$ beim Einsetzen der x_{i_r} in die Zielfunktion ergibt:

$$\left.\begin{aligned} d_{-1,i} &= \sum_{r=1}^{m} d_{ri}\, c_{\alpha_r} - c_{\alpha_i}\,, \\ d_{0i} &= \sum_{r=1}^{m} d_{ri}\, c'_{\alpha_r} - c'_{\alpha_i}\,. \end{aligned}\right\} \quad i = 0, 1, \ldots, n-m$$

Einer solchen Darstellung ordnen wir das folgende Tableau zu:

		x_{α_1}	$\cdots$	x_{α_i}	$\cdots$	$x_{\alpha_{n-m}}$
1	$d_{-1,0}$	$d_{-1,1}$	$\cdots$	$d_{-1,i}$	$\cdots$	$d_{-1,n-m}$
η	d_{00}	d_{01}	$\cdots$	d_{0i}	$\cdots$	$d_{0,n-m}$
x_{i_1}	d_{10}	d_{11}	$\cdots$	d_{1i}	$\cdots$	$d_{1,n-m}$
$\cdots$	$\cdots$	$\cdots$	$\cdots$	$\cdots$	$\cdots$	$\cdots$
x_{i_r}	d_{r0}	d_{r1}	$\cdots$	d_{ri}	$\cdots$	$d_{r,n-m}$
$\cdots$	$\cdots$	$\cdots$	$\cdots$	$\cdots$	$\cdots$	$\cdots$
x_{i_m}	d_{m0}	d_{m1}	$\cdots$	d_{mi}	$\cdots$	$d_{m,n-m}$
	$h_0(\eta)$	$h_1(\eta)$	$\cdots$	$h_i(\eta)$	$\cdots$	$h_{n-m}(\eta)$

. (2.24)

Hierin sind die Zahlen $h_i(\eta)$ $(i = 0, 1, \ldots, n-m)$ Hilfsgrößen, die sich nach

$$h_i(\eta) = d_{-1,i} + \eta\, d_{0i}\,, \qquad i = 0, 1, \ldots, n-m\,, \tag{2.25}$$

ergeben. Die letzte Zeile ist somit die übliche *charakteristische Zeile* des Simplextableaus, wenn η fest vorgegeben ist.

In dem oben angegebenen Verfahren gilt es, die Bestimmung von η_k gemäß (2.22) näher zu untersuchen. Es sei (2.24) ein optimales Endtableau für $\eta = \eta_{k-1}$, d. h.

$$\begin{aligned} h_i(\eta_{k-1}) &\geqq 0\,, \qquad i = 1, \ldots, n-m\,, \\ d_{r0} &\geqq 0\,, \qquad r = 1, \ldots, m\,, \end{aligned}$$

und $\boldsymbol{x}^k$ mit

$$x^k_{i_r} = d_{r0}\,, \quad r = 1, \ldots, m; \qquad x^k_{\alpha_i} = 0\,, \qquad i = 1, \ldots, n-m\,,$$

ist optimal für (2.21) bei $\eta = \eta_{k-1}$. Der Punkt $\boldsymbol{x}^k$ bleibt offenbar optimal für alle η, die dem System

$$h_i(\eta) \geqq 0\,, \qquad i = 1, \ldots, n-m\,,$$

d. h.

$$0 \leqq d_{-1,i} + \eta\, d_{0i}\,, \qquad i = 1, \ldots, n-m\,,$$

genügen, woraus

$$\underline{\eta}_{k-1} \leqq \eta \leqq \bar{\eta}_{k-1}$$

mit

$$\left.\begin{aligned} \underline{\eta}_{k-1} &= \max\left[\underline{\eta}\,;\, \sup\left\{-\frac{d_{-1,i}}{d_{0i}} \mid d_{0i} > 0\right\}\right], \\ \bar{\eta}_{k-1} &= \min\left[\bar{\eta}\,;\, \inf\left\{-\frac{d_{-1,i}}{d_{0i}} \mid d_{0i} < 0\right\}\right] \end{aligned}\right\} \tag{2.26}$$

folgt.[1]) In diesen Intervallgrenzen wurden $\underline{\eta}$ und $\bar{\eta}$ als Grenzen des vorgegebenen Intervalls T berücksichtigt, da wir uns nur für die Lösung innerhalb von T interessieren. Im Falle $\bar{\eta}_{k-1} = \bar{\eta}$ ist das Verfahren entsprechend Schritt 2 beendet. Wichtig ist also der Fall $\bar{\eta}_{k-1} < \bar{\eta}$. Wir bemerken, daß $\bar{\eta}_{k-1}$ im allgemeinen nicht mit der oberen η-Grenze η_k eines Einteilungsintervalls $\mathfrak{A}^k_{0\eta}$ aus Satz 2.6 übereinstimmen muß. Es gilt zunächst nur $\bar{\eta}_{k-1} \leqq \eta_k$. Liegt ein entarteter Basispunkt $\boldsymbol{x}^k$ vor, so entsprechen ihm mehrere Systeme von Basisvariablen, also im allgemeinen auch mehrere optimale Simplextableaus.

Wir nennen das Tableau

		$x_{\alpha_1^*}$	$\cdots$	$x_{\alpha_i^*}$	$\cdots$	$x_{\alpha_{n-m}^*}$
1	$d^*_{-1,0}$	$d^*_{-1,1}$	$\cdots$	$d^*_{-1,i}$	$\cdots$	$d^*_{-1,n-m}$
η	$d^*_{0,0}$	d^*_{01}	$\cdots$	d^*_{0i}	$\cdots$	$d^*_{0,n-m}$
$x_{i_1^*}$	d^*_{10}	d^*_{11}	$\cdots$	d^*_{1i}	$\cdots$	$d^*_{1,n-m}$
$\cdots$	$\cdots$	$\cdots$	$\cdots$	$\cdots$	$\cdots$	$\cdots$
$x_{i_r^*}$	d^*_{r0}	d^*_{r1}	$\cdots$	d^*_{ri}	$\cdots$	$d^*_{r,n-m}$
$\cdots$	$\cdots$	$\cdots$	$\cdots$	$\cdots$	$\cdots$	$\cdots$
$x_{i_m^*}$	d^*_{m0}	d^*_{m1}	$\cdots$	d^*_{mi}	$\cdots$	$d^*_{m,n-m}$
	$h_0^*(\eta)$	$h_1^*(\eta)$	$\cdots$	$h_i^*(\eta)$	$\cdots$	$h_{n-m}^*(\eta)$

(2.27)

zu Tableau (2.24) *benachbart*, falls (2.24) durch genau eine Simplextransformation in (2.27) überführt werden kann, wobei (2.27) wieder ein optimales Tableau ist, sofern (2.24) optimales Tableau war.

[1]) Das Infimum über der leeren Menge ist gleich ∞ und das Supremum über der leeren Menge gleich $-\infty$.

Der Entartungsfall bietet keine besonderen Schwierigkeiten im Rahmen des obigen Algorithmus. Es sei ε gemäß

$$0 < \varepsilon < \inf\left\{-\frac{h_i(\bar{\eta}_{k-1})}{d_{0i}} \mid d_{0i} < 0\,, \quad h_i(\bar{\eta}_{k-1}) > 0\right\}$$

gewählt. Dann gilt offenbar immer noch

$$h_i(\bar{\eta}_{k-1} + \varepsilon) = d_{-1,i} + \bar{\eta}_{k-1}\, d_{0i} + \varepsilon\, d_{0i} > 0\,,$$

sofern

$$h_i(\bar{\eta}_{k-1}) = d_{-1,i} + \bar{\eta}_{k-1}\, d_{0i} > 0$$

war. Es sei $I(\bar{\eta}_{k-1})$ die Menge aller Indizes s, für die

$$\bar{\eta}_{k-1} = -\frac{d_{-1,s}}{d_{0s}} \qquad (d_{0s} < 0)$$

gilt, d. h.

$$I(\bar{\eta}_{k-1}) = \left\{s \mid \bar{\eta}_{k-1} = -\frac{d_{-1,s}}{d_{0s}}, \quad d_{0s} < 0\right\}.$$

Für alle $s \in I(\bar{\eta}_{k-1})$ ist $h_s(\bar{\eta}_{k-1} + \varepsilon) < 0$ und für $i \notin I(\bar{\eta}_{k-1})$ haben wir $h_i(\bar{\eta}_{k-1} + \varepsilon) \geqq 0$. Für $\eta = \bar{\eta}_{k-1} + \varepsilon$ ist das Tableau (2.25) nicht mehr optimal. Wenn wir mit der s_*-ten Führungsspalte, die gemäß

$$s_* = \min\,[s \in I(\bar{\eta}_{k-1}) \mid d_{0s} = \min\,\{d_{0i} \mid d_{0i} < 0\}]$$

bestimmt wird, die Anwendung der Simplexmethode fortsetzen, gibt es zwei Möglichkeiten:

Fall 1: Für alle r ist $d_{rs_*} \leqq 0$ $(1 \leqq r \leqq m)$. Dann ist nach dem bekannten Kriterium das Problem (2.21) für $\eta = \bar{\eta}_{k-1} + \varepsilon$ unlösbar und nach Satz 2.6 für alle $\eta \in (\bar{\eta}_{k-1}, \infty)$ unlösbar.[1])

Fall 2: Es seien (2.27) ein zu (2.24) benachbartes optimales Tableau, das mit der s_*-ten Führungsspalte aus (2.24) gewonnen wurde, und $d_{k_* s_*}$ das entsprechende Zentralelement. Wir betrachten das System

$$h_i^*(\eta) = d_{-1,i}^* + \eta\, d_{0i}^* \geqq 0\,, \qquad i = 1, \ldots, n-m\,,$$

das nach den Regeln der Simplexmethode äquivalent ist zu

$$\begin{aligned} d_{-1,i}\, d_{k_* s_*} - d_{-1,s_*}\, d_{k_* i} + \eta\,(d_{0i}\, d_{k_* s_*} - d_{0s_*}\, d_{k_* i}) &\geqq 0\,, \qquad (i \neq s_*)\\ -(d_{-1,s_*} + \eta\, d_{0s_*}) &\geqq 0\,. \end{aligned}$$

Durch Einsetzen von $\eta = \bar{\eta}_{k-1}$ überzeugt man sich, daß $\bar{\eta}_{k-1}$ Lösung dieses Systems ist. Wegen der letzten Ungleichung jedoch ist $\bar{\eta}_{k-1}$ untere η-Intervallgrenze zu dem Tableau (2.27).

Bezüglich dieses Tableaus sind drei Fälle zu unterscheiden. Es seien x^{k_*} der aus dem Tableau (2.27) abzulesende optimale Basispunkt und $\bar{\eta}_{k-1}^*$ $(\bar{\eta}_{k-1}^* \geqq \bar{\eta}_{k-1})$ die aus dem Tableau berechnete obere η-Grenze.

[1]) Genauer: Der Wert der Zielfunktion ist für alle $\eta \in (\bar{\eta}_{k-1}, \infty)$ nach oben unbeschränkt.

Fall 2.1: Es gilt $x^{k_*} = x^k$.

In diesem Falle ist x^k ein entarteter Basispunkt und optimal für alle $\eta \in \langle \eta_{k-1}, \bar{\eta}^*_{k-1} \rangle$.

Fall 2.2: Es gilt $x^{k_*} \neq x^k$ und $h_0(\bar{\eta}^*_{k-1}) = h^*_0(\bar{\eta}^*_{k-1})$.

Wir zeigen, daß in diesem Falle x^k ebenfalls optimal für alle $\eta \in \langle \eta_{k-1}, \bar{\eta}^*_{k-1} \rangle$ ist.

Dazu genügt es, die Gleichung

$$F(x^k, \eta) = F(x^{k_*}, \eta)$$

für alle $\eta \in \langle \bar{\eta}_{k-1}, \bar{\eta}^*_{k-1} \rangle$ nachzuweisen. Die Gleichung $h_0(\bar{\eta}^*_{k-1}) = h^*_0(\bar{\eta}^*_{k-1})$ ist gleichbedeutend mit

$$F(x^k, \bar{\eta}^*_{k-1}) = F(x^{k_*}, \bar{\eta}^*_{k-1})$$

Da x^k und x^{k_*} beide für $\eta = \bar{\eta}_{k-1}$ optimal sind, folgt

$$F(x^k, \bar{\eta}_{k-1}) = F(x^{k_*}, \bar{\eta}_{k-1}) .$$

Die Funktionen

$$f_1(\eta) = F(x^k, \eta) , \qquad f_2(\eta) = F(x^{k_*}, \eta)$$

sind linear und haben die beiden Punkte $\bar{\eta}_{k-1}, \bar{\eta}^*_{k-1}$ gemeinsam; also ist $f_1(\eta) = f_2(\eta)$ für alle $\eta \in \langle \bar{\eta}_{k-1}, \bar{\eta}^*_{k-1} \rangle$, womit die Behauptung bewiesen ist.

Fall 2.3: Es gilt $x^{k_*} \neq x^k$ und $h_0(\bar{\eta}^*_{k-1}) \neq h^*_0(\bar{\eta}^*_{k-1})$. In diesem Falle ist klar, daß $\bar{\eta}_{k-1}$ die obere Intervallgrenze eines Einteilungsintervalls $I(x^k)$ der Einteilung aus dem Satz 2.6 ist.

Wir bemerken, daß nach endlich vielen Simplextransformationen ein zu x^k optimales Tableau gefunden sein muß, das die obere η-Grenze des Einteilungsintervalls $I(x^k)$ gemäß (2.26) liefert, da x^k nur endlich viele optimale Tableaus besitzt.

Bevor das obige Lösungsverfahren entsprechend der vorangegangenen Untersuchungen modifiziert wird, soll noch die Berechnung von η^* gemäß (2.23) betrachtet werden. Eine nähere Untersuchung des Schrittes 3 im Lösungsverfahren ist jedoch nur erforderlich im Falle $k = 1$, also zu Beginn des Verfahrens, wenn noch kein $\eta \in \mathfrak{A}_{0\eta}$ gefunden wurde. Gerät man nämlich mit einem anderen η_k in den Schritt 3 ($k > 1$), so ist nach Satz 2.6 das Problem (2.21) für alle $\eta \in (\eta_k, \infty)$ unlösbar, und die Berechnung nach (2.23) reduziert sich auf die Festsetzung $\eta^* := \bar{\eta}$. Es sei somit (2.24) ein Simplextableau, aus dem für $\eta = \underline{\eta}$ die Unlösbarkeit abgelesen werden kann, d. h. es existiert ein s mit $h_s(\underline{\eta}) < 0$ und $d_{rs} \leqq 0$ $(1 \leqq r \leqq m)$. Es sei $I^*(\underline{\eta})$ die Menge aller Indizes s mit dieser Eigenschaft, d. h.

$$I^*(\underline{\eta}) = \{s \mid h_s(\underline{\eta}) < 0 , \quad d_{rs} \leqq 0 , \quad r = 1, \ldots, m\} .$$

Bezüglich der Indexmenge $I^*(\underline{\eta})$ gibt es zwei Fälle.

Fall 1: Es existiert ein $s_* \in I^*(\underline{\eta})$ mit $d_{0s_*} \leqq 0$; dann kann durch keine Vergrößerung von η die Unlösbarkeit des Problems beseitigt werden. Wegen $d_{0s_*} \leqq 0$ und

$$d_{-1,s_*} + \underline{\eta}\, d_{0s_*} < 0\,, \quad d_{rs_*} \leqq 0\,, \quad r = 1, \ldots, m\,,$$

gilt auch

$$d_{-1,s_*} + \eta\, d_{0s_*} < 0$$

für alle $\eta \geqq \underline{\eta}$. Folglich ist in diesem Falle im Schritt 3 des Verfahrens $\eta^* = \underline{\eta}$.

Fall 2: Für alle $s \in I^*(\underline{\eta})$ ist $d_{0s} > 0$; dann sei

$$\eta^* = \min\left[\overline{\eta}\,; \max\left\{-\frac{d_{-1,s}}{d_{0s}} \mid s \in I^*(\underline{\eta})\right\}\right].$$

Für alle $\eta \in \langle\underline{\eta}, \eta^*)$ existiert nach Definition von η^* ein $s_* \in I^*(\underline{\eta})$ mit $d_{-1,s_*} + \eta\, d_{0s_*} < 0$, also kann mit keinem solchen η die Unlösbarkeit beseitigt werden, während im Falle $\eta^* < \overline{\eta}$ für alle $\eta \geqq \eta^*$ die Ungleichungen $h_s(\eta) \geqq 0$ für alle $s \in I^*(\eta)$ gelten, und man daher auf Problem (2.21) für $\eta = \eta^*$ wieder die Simplexmethode anwenden kann. Sollte man zu einem neuen Tableau gelangen, das die Unlösbarkeit des Problems liefert, hat man wiederum entsprechend Fall 1 und Fall 2 zu verfahren. Die Endlichkeit dieser Vorgehensweise folgt daraus, daß es nur endlich viele Systeme von Basisvariablen gibt, die oben erhaltenen η-Werte streng monoton wachsen und jedem System von Basisvariablen höchstens ein η-Wert zugeordnet wird.

Wir beschreiben nun auf Grund der obigen Untersuchungen das Lösungsverfahren mit der Modifizierung zu den Gleichungen (2.22) und (2.23) und nennen es $\boldsymbol{A}\,\boldsymbol{L}[P(0, \eta)]$.[1])

$\boldsymbol{A}\,\boldsymbol{L}[P(0, \eta)]$:

Schritt 0: $\quad k := 1; \quad \eta_{k-1} := \underline{\eta}; \quad v := 0$[2])

Schritt 1:

Man setze in (2.21) $\eta = \eta_{k-1}$ und wende auf (2.21) die Simplexmethode an. Es sei (2.24) ein Endtableau für $\eta = \eta_{k-1}$.
Wenn es ein s $(1 \leqq s \leqq n - m)$ mit $h_s(\eta_{k-1}) < 0$ und $d_{rs} \leqq 0$ $(1 \leqq r \leqq m)$ gibt, so Schritt 5, sonst

$$x_{i_r}^k := d_{r0}\,, \qquad r = 1, \ldots, m\,,$$

$$x_{\alpha_i}^k := 0\,, \qquad i = 1, \ldots, n - m,$$

$$q := d_{-1,0}; \qquad p := d_{00};$$

$$\overline{\eta}_{k-1} := \min\left[\overline{\eta}\,; \inf\left\{-\frac{d_{-1,i}}{d_{0i}} \mid d_{0i} < 0\right\}\right].$$

[1]) Mit diesem Symbol soll zum Ausdruck gebracht werden, daß es sich um ein Verfahren Algorithmus) für das parametrische Problem $P(0, \eta)$ handelt.

[2]) v hat nur zwei Werte; bei $v = 1$ ist die obere Intervallgrenze erreicht.

Schritt 2:

Wenn $\eta_{k-1} = \bar{\eta}$, so $v := 1$ und Schritt 4; man ersetze in $P(0, \eta_{k-1})$ aus (2.21) η_{k-1} durch $\bar{\eta}_{k-1}$ und die charakteristische Zeile durch

$$(h_0(\bar{\eta}_{k-1}), h_1(\bar{\eta}_{k-1}), \ldots, h_{n-m}(\bar{\eta}_{k-1}));$$

$$s_* := \min\left\{s \mid d_{0s} = \min\left\{d_{0i} \mid d_{0i} < 0, \quad \bar{\eta}_{k-1} = -\frac{d_{-1,i}}{d_{0i}}\right\}\right\};$$

$$p_0 := \inf\left\{\frac{d_{r0}}{d_{rs_*}} \mid d_{rs_*} > 0\right\};$$

Wenn $p_0 < \infty$, so sei $p_0 = \frac{d_{k_*0}}{d_{k_*s_*}}$; wenn $p_0 = \infty$, so Schritt 4.

Schritt 3:

Man berechne aus dem Tableau (2.24) ein benachbartes (optimales) Tableau mit dem Zentralelement $d_{k_*s_*}$. Es sei (2.24) wiederum dieses Tableau:

$$y_{i_r} := d_{r0}, \qquad r = 1, \ldots, m,$$

$$y_{\alpha_i} := 0, \qquad i = 1, \ldots, n - m;$$

$$\bar{\eta}^*_{k-1} := \min\left[\bar{\eta}; \inf\left\{-\frac{d_{-1,i}}{d_{0i}} \mid d_{0i} < 0\right\}\right];$$

Wenn $\boldsymbol{x}^k = \boldsymbol{y}$ oder $h_0(\bar{\eta}^*_{k-1}) = q + \bar{\eta}^*_{k-1}\, p$[1]), so $\bar{\eta}_{k-1} := \bar{\eta}^*_{k-1}$ und Schritt 2.

Schritt 4:

Der Vektor $\boldsymbol{x}^k$ ist optimal für alle $\eta \in \langle\eta_{k-1}, \bar{\eta}_{k-1}\rangle$; wenn $v = 1$, so Schritt 7; $\eta_k := \bar{\eta}_{k-1}$; $k := k + 1$; wenn $p_0 = \infty$, so Schritt 6; $\boldsymbol{x}^k := \boldsymbol{y}$; $\bar{\eta}_{k-1} := \bar{\eta}^*_{k-1}$; $q := d_{-1,0}$; $p := d_{00}$; Schritt 2.

Schritt 5:

Wenn es ein s_* $(1 \leqq s_* \leqq n - m)$ mit $h_{s_*}(\eta_{k-1}) < 0$ und $d_{rs_*} \leqq 0$ $(r = 0, 1, \ldots, m)$ gibt, so Schritt 6:

$$\eta^* := \min\left[\bar{\eta}; \max\left\{-\frac{d_{-1,s}}{d_{0s}} \mid h_s(\eta_{k-1}) < 0, \quad d_{rs} \leqq 0\ (1 \leqq r \leqq m)\right\}\right];$$

wenn $\eta^* = \bar{\eta}$, so $\eta_k := \eta_{k-1}$ und Schritt 6; $\eta_{k-1} := \eta^*$; Schritt 1.

Schritt 6:

Das Problem (2.21) ist für alle $\eta \in (\eta_k, \bar{\eta}\rangle$ unlösbar.

Schritt 7:

Ende.

Mit diesem Verfahren erhalten wir bei Anwendung auf das Problem (2.21) eine eindeutige Einteilung des Intervalls $\langle\eta, \bar{\eta}\rangle$ in endlich viele Teilintervalle und zu jedem Teilintervall $\langle\eta_{k-1}, \eta_k\rangle$ entweder genau einen Optimalpunkt

[1]) $h_0(\bar{\eta}^*_{k-1})$ ist das erste Element der charakteristischen Zeile im zuletzt berechneten Tableau.

oder (höchstens im ersten und letzten Teilintervall) die Aussage, daß das Problem in dem betreffenden Intervall unlösbar ist. Nach Satz 2.6 existiert aber zu jedem dieser Teilintervalle genau eine optimale Seite $\mathfrak{M}^k_{\text{opt}}(\eta)$, die sich für alle $\eta \in (\eta_{k-1}, \eta_k)$ nicht ändert. Es liegt nun nahe, das Lösungsverfahren so zu erweitern, daß wir neben der gesuchten eindeutigen Einteilung auch die entsprechenden optimalen Seiten erhalten. Dazu benutzen wir die Ergebnisse über die Eindeutigkeit und Mehrdeutigkeit der Lösung linearer Optimierungsprobleme (vgl. [152]). Wir geben die nötigen Resultate kurz an:

Es sei $\boldsymbol{x}^0$ ein optimaler Basispunkt des Problems

$$\max\left\{\sum_{\alpha=1}^{n} c_\alpha x_\alpha \mid \sum_{\alpha=1}^{n} a_{r\alpha} x_\alpha = b_r, \qquad r = 1, \ldots, m; \quad x_\alpha \geqq 0, \; \alpha = 1, \ldots, n\right\}$$

mit dem optimalen Tableau:

		x_{α_1}	$\cdots$	x_{α_i}	$\cdots$	$x_{\alpha_{n-m}}$
	d_{00}	d_{01}	$\cdots$	d_{0i}	$\cdots$	$d_{0,n-m}$
x_{i_1}	d_{10}	d_{11}	$\cdots$	d_{1i}	$\cdots$	$d_{1,n-m}$
$\cdots$	$\cdots$	$\cdots$	$\cdots$	$\cdots$	$\cdots$	$\cdots$
x_{i_r}	d_{r0}	d_{r1}	$\cdots$	d_{ri}	$\cdots$	$d_{r,n-m}$
$\cdots$	$\cdots$	$\cdots$	$\cdots$	$\cdots$	$\cdots$	$\cdots$
x_{i_m}	d_{m0}	d_{m1}	$\cdots$	d_{mi}	$\cdots$	$d_{m,n-m}$

. (**)

Hierbei ist wegen der Optimalität

$$d_{0i} \geqq 0, \qquad i = 1, \ldots, n - m.$$

Aus diesem Endtableau interessieren besonders die Menge I^0_{opt} der Indizes aller Elemente in der charakteristischen Zeile, die gleich Null sind und die Menge $I^0_{\boldsymbol{x}^0}$ der Indizes aller Werte von Basisvariablen, die gleich Null sind, d. h.

$$I^0_{\text{opt}} = \{s \mid d_{0s} = 0\} = \{s_1, \ldots, s_p\},$$

$$I^0_{\boldsymbol{x}^0} = \{r \mid d_{r0} = 0\} = \{r_1, \ldots, r_q\}.$$

Satz A. Es gilt

$$\mathfrak{M}_{\text{opt}} = \{\boldsymbol{x} \in E_n \mid x_{i_r} = d_{r0} - \sum_{s \in I^0_{\text{opt}}} d_{rs} x_{\alpha_s} \geqq 0, \qquad r = 1, \ldots, m;$$

$$x_{\alpha_s} \geqq 0, \quad s \in I^0_{\text{opt}}; \quad x_{\alpha_i} = 0, \quad i \in \{1, \ldots, n - m\} \backslash I^0_{\text{opt}}\}.$$

Satz B. Der Optimalpunkt $\boldsymbol{x}^0$ ist genau dann eindeutig bestimmt, wenn sämtliche Elemente der charakteristischen Zeile im Tableau (**) positiv sind, d. h.

$I^0_{\text{opt}} = \emptyset$ oder die Menge

$$\mathfrak{M}^* = \{x \in E_n \mid \sum_{s \in I^0_{\text{opt}}} d_{rs} x_{\alpha_s} \leqq 0\,, \qquad r \in I^0_{x^0}; \qquad x_{\alpha_s} \geqq 0\,, \qquad s \in I^0_{\text{opt}}\}$$

nur Punkte $x^* \in \mathfrak{M}$ enthält mit $x^*_{\alpha_s} = 0$ $(s \in I^0_{\text{opt}})$.

Satz C. Die Menge $\mathfrak{M}_{\text{opt}}$ ist dann und nur dann Abschließung einer d-dimensionalen Seite $(1 \leqq d \leqq n - m)$ von $\mathfrak{M}$, wenn I^0_{opt} mindestens d Indizes enthält (d. h. $p \geqq d$) und der Kegel

$$K = \left\{\left(x_{\alpha_1}, \ldots, x_{\alpha_{s_p}}\right)^T \in E_p \mid \sum_{\nu=1}^{p} d_{rs_\nu} x_{\alpha_{s_\nu}} \leqq 0\,, \quad r \in I^0_{x^0}; \right.$$
$$\left. x_{\alpha_{s_\nu}} \geqq 0\,, \quad \nu = 1, \ldots, p\right\}$$

die Dimension d hat (vgl. [152]).

Wegen Satz 2.6 ist es lediglich erforderlich, die Optimalbereiche $\mathfrak{M}_{\text{opt}}(\eta)$ in den Einteilungspunkten η_k zu bestimmen. Nach Satz A geschieht dies in folgender Weise: Es sei (2.24) ein optimales Tableau für Problem (2.21) bei $\eta = \eta_{k-1}$. Aus ihm entnehmen wir die Indexmengen

$$I^{k-1}_{\text{opt}} = \{s \mid h_s(\eta_{k-1}) = 0\}\,, \qquad I^{k-1}_{x^0} = \{r \mid d_{r0} = 0\}\,. \tag{2.28}$$

Nach Satz A ist

$$\mathfrak{M}_{\text{opt}}(\eta_{k-1}) = \{x \in E_n \mid x_{i_r} = d_{r0} - \sum_{s \in I^{k-1}_{\text{opt}}} d_{rs} x_{\alpha_s} \geqq 0\,, \qquad r = 1, \ldots, m;$$
$$x_{\alpha_s} \geqq 0\,, \quad s \in I^{k-1}_{\text{opt}}\,, \quad x_{\alpha_i} = 0\,, \quad i \in \{1, \ldots, n-m\} \backslash I^{k-1}_{\text{opt}}\}\,. \tag{2.29}$$

Somit hat man die Berechnungen von (2.29) bei Schritt 4 in dem obigen Verfahren durchzuführen. Hierbei ist $\mathfrak{M}_{\text{opt}}(\eta_{k-1})$ aus demjenigen optimalen Tableau abzulesen, aus dem η_{k-1} berechnet wurde. Der Satz C erlaubt es außerdem noch, die Dimension von $\mathfrak{M}_{\text{opt}}(\eta_{k-1})$ zu berechnen.

Im Zusammenhang mit den oben angegebenen Lösungsverfahren kann man auch leicht die Lösung des Problems

$$\max\,\{\max_{x \in \mathfrak{M}} F(x, \eta) \mid \eta \in \mathfrak{A}_{0\eta} \cap \langle \underline{\eta}, \bar{\eta} \rangle\}$$

finden. Das obige Verfahren liefert nämlich den Durchschnitt

$$T^* = \{\eta \mid \underline{\eta} \leqq \eta \leqq \bar{\eta}\} \cap \mathfrak{A}_{0\eta}$$

der nach Satz 2.2 ein abgeschlossenes Intervall ist, worauf wegen Satz 2.7 die Lösungsfunktion $\varphi(\eta)$ konvex und stetig ist und ihr Maximum in einem Endpunkt des Intervalls T^* annimmt.

Wir betrachten als Beispiel für den Algorithmus $\boldsymbol{A\,L}[P(0, \eta)]$ das Problem

$$\max\,\{F(x, \eta) \mid x \in \mathfrak{M}\}\,, \qquad \eta \in T = \{\eta \mid -2 \leqq \eta \leqq 2\}$$

mit

$$F(x, \eta) = (-1 + \eta)\,x_1 + (-2 + \eta)\,x_2 + (-3 + 2\,\eta)\,x_3 + (-1 - 2\,\eta)\,x_4$$

und $$\mathfrak{M} = \{x \in E_7 \mid \begin{aligned} x_1 - 2\,x_2 + x_3 - x_4 + x_5 &= 0\,, \\ 2\,x_1 + 3\,x_2 - x_3 + 2\,x_4 + x_6 &= 5\,, \\ -\,x_1 + 2\,x_2 + 3\,x_3 - 3\,x_4 + x_7 &= 5\,, \\ x_1, \ldots, x_7 &\geqq 0\,\}\,. \end{aligned}$$

Als Anfangstableau haben wir mit den Basisvariablen x_5, x_6, x_7:

		x_1	x_2	x_3	x_4
1	0	1	2	3	1
-2	0	-1	-1	-2	2
x_5	0	1	-2	1	-1
x_6	5	2	3	-1	$\boxed{2}$
x_7	5	-1	2	3	-3
	0	3	4	7	-3

.

Schritt 0: $k = 1$; $\eta_0 = -2$; $v = 0$.
Schritt 1: Das Endtableau lautet

			x_1	x_2	x_3	x_6
	1	$-\frac{5}{2}$	0	$\frac{1}{2}$	$\frac{7}{2}$	$-\frac{1}{2}$
$-\frac{1}{2}$	-2	-5	-3	-4	-1	-1
	x_5	$\frac{5}{2}$	2	$-\frac{1}{2}$	$\frac{1}{2}$	$\boxed{\frac{1}{2}}$
	x_4	$\frac{5}{2}$	1	$\frac{3}{2}$	$-\frac{1}{2}$	$\frac{1}{2}$
	x_7	$\frac{25}{2}$	2	$\frac{13}{2}$	$\frac{3}{2}$	$\frac{3}{2}$
		$\frac{15}{2}$	6	$\frac{17}{2}$	$\frac{11}{2}$	$\frac{3}{2}$
		0	$\frac{3}{2}$	$\frac{5}{2}$	4	0

;

$$(x_1^1, \ldots, x_7^1) = \left(0,\ 0,\ 0,\ \frac{5}{2},\ \frac{5}{2},\ 0,\ \frac{25}{2}\right);$$

$$q = -\frac{5}{2}\,; \qquad p = -5; \qquad \bar{\eta}_0 = \min\left[2;\ \min\left\{0,\ \frac{1}{8},\ \frac{7}{2},\ -\frac{1}{2}\right\}\right] = -\frac{1}{2}\,.$$

Schritt 2: Die zu ersetzenden Größen sind bereits unter bzw. neben dem obigen Tableau angegeben;

$$s_* = 4; \quad p_0 = \frac{d_{10}}{d_{14}} = 5\,.$$

Schritt 3: Das benachbarte Tableau lautet

			x_1	x_2	x_3	x_5
	1	0	2	0	4	1
0	$-\frac{1}{2}$	0	1	-5	0	2
	x_6	5	4	-1	1	2
	x_4	0	-1	$\boxed{2}$	-1	-1
	x_7	5	-4	8	0	-3
		0	$\frac{3}{2}$	$\frac{5}{2}$	4	0
		0	2	0	4	1

;

$(y_1, \ldots, y_7) = (0, 0, 0, 0, 0, 5, 5)$;

$\bar{\eta}_0^* = \min [2; 0] = 0$.

da $x^1 \neq y$ folgt

Schritt 4: Der Vektor $\left(0, 0, 0, \frac{5}{2}, \frac{5}{2}, 0, \frac{25}{2}\right)^T$ ist optimal für alle $\eta \in \left\langle -2, -\frac{1}{2}\right\rangle$;

$$\eta_1 = -\frac{1}{2}; \quad k = 2; \quad (x_1^2, \ldots, x_7^2) = (0, 0, 0, 0, 0, 5, 5);$$

$$\bar{\eta}_1 = \bar{\eta}_0^* = 0; \qquad q = p = 0 .$$

Schritt 2: $s_* = 2; \quad p_0 = \frac{d_{20}}{d_{22}} = 0$.

Schritt 3:

			x_1	x_4	x_3	x_5
	1	0	2	0	4	1
$\frac{4}{3}$	0	0	$-\frac{3}{2}$	$\frac{5}{2}$	$-\frac{5}{2}$	$-\frac{1}{2}$
	x_6	5	$\boxed{\frac{7}{2}}$	$\frac{1}{2}$	$-\frac{1}{2}$	$-\frac{3}{2}$
	x_2	0	$-\frac{1}{2}$	$\frac{1}{2}$	$-\frac{1}{2}$	$-\frac{1}{2}$
	x_7	5	0	-4	4	1
		0	2	0	4	1
		0	0	$\frac{10}{3}$	$\frac{2}{3}$	$\frac{1}{3}$

;

$(y_1, \ldots, y_7) =$
$= (0, 0, 0, 0, 0, 5, 5)$;

$\bar{\eta}_1^* = \min \left[2; \frac{4}{3}, \frac{8}{5}, 2\right] =$
$= \frac{4}{3}$;

wegen $x^2 = y$ folgt $\bar{\eta}_1 = \frac{4}{3}$ und

Schritt 2: $s_* = 1; \; p_0 = \frac{d_{10}}{d_{11}} = \frac{10}{7}$.

Schritt 3:

			x_6	x_4	x_3	x_5
	1	$-\frac{20}{7}$	$-\frac{4}{7}$	$-\frac{2}{7}$	$\frac{26}{7}$	$\frac{1}{7}$
$\frac{13}{8}$	$\frac{4}{3}$	$\frac{15}{7}$	$\frac{3}{7}$	$\frac{19}{7}$	$-\frac{16}{7}$	$\frac{1}{7}$
	x_1	$\frac{10}{7}$	$\frac{2}{7}$	$\frac{1}{7}$	$\frac{1}{7}$	$\frac{3}{7}$
	x_2	$\frac{5}{7}$	$\frac{1}{7}$	$\frac{4}{7}$	$-\frac{3}{7}$	$-\frac{2}{7}$
	x_7	5	0	-4	$\boxed{4}$	1
		0	0	$\frac{10}{3}$	$\frac{2}{3}$	$\frac{1}{3}$
		$\frac{5}{8}$	$\frac{1}{8}$	$\frac{33}{8}$	0	$\frac{21}{8}$

$(y_1, \ldots, y_7) =$
$= \left(\frac{10}{7}, \frac{5}{7}, 0, 0, 0, 0, 5\right);$

$\bar{\eta}_1^* = \frac{13}{8}$

wegen $x^2 \neq y$ folgt

Schritt 4: Der Vektor $x^2 = (0, 0, 0, 0, 0, 5, 5)^T$ ist optimal für alle $\eta \in \left\langle -\frac{1}{2}, \frac{4}{3} \right\rangle$;

$$\eta_2 = \frac{4}{3}; \quad k = 3; \quad x^3 = \left(\frac{10}{7}, \frac{5}{7}, 0, 0, 0, 0, 5\right)^T;$$

$$\bar{\eta}_2 = \frac{13}{8}; \quad q = -\frac{20}{7}; \quad p = \frac{15}{7}.$$

Schritt 2: $s_* = 3$; $p_0 = \frac{d_{30}}{d_{33}} = \frac{5}{4}$

Schritt 3:

		x_6	x_4	x_7	x_5
1	$-\frac{15}{2}$	$-\frac{4}{7}$	$\frac{24}{7}$	$-\frac{13}{14}$	$-\frac{11}{14}$
$\frac{13}{8}$	5	$\frac{3}{7}$	$\frac{3}{7}$	$\frac{4}{7}$	$\frac{5}{7}$
x_1	$\frac{5}{4}$	$\frac{2}{7}$	$\frac{2}{7}$	$-\frac{1}{28}$	$\frac{11}{28}$
x_2	$\frac{5}{4}$	$\frac{1}{7}$	$\frac{1}{7}$	$\frac{3}{28}$	$-\frac{5}{28}$
x_3	$\frac{5}{4}$	0	-1	$\frac{1}{4}$	$\frac{1}{4}$
	$\frac{5}{8}$	$\frac{1}{8}$	$\frac{33}{8}$	0	$\frac{21}{8}$

;

$(y_1, \ldots, y_7) =$
$= \left(\frac{5}{4}, \frac{5}{4}, \frac{5}{4}, 0, 0, 0, 0\right);$

$\bar{\eta}_2^* = 2;$

Schritt 4: Der Vektor $\boldsymbol{x}^3 = \left(\frac{10}{7}, \frac{5}{7}, 0, 0, 0, 0, 0\right)^T$ ist optimal für alle $\eta \in \left\langle \frac{4}{3}, \frac{13}{8} \right\rangle$;

$$\eta_3 = \frac{13}{8}; \quad k = 4; \quad \boldsymbol{x}^4 = \left(\frac{5}{4}, \frac{5}{4}, \frac{5}{4}, 0, 0, 0, 0\right)^T;$$

$$\bar{\eta}_3 = 2; \quad q = -\frac{15}{2}; \quad p = 5 .$$

Schritt 2: Wegen $\bar{\eta}_3 = 2$ folgt $v = 1$ und

Schritt 4: Der Vektor $\boldsymbol{x}^4 = \left(\frac{5}{4}, \frac{5}{4}, \frac{5}{4}, 0, 0, 0, 0\right)^T$ ist optimal für alle $\eta \in \left\langle \frac{13}{8}, 2 \right\rangle$.

Schritt 7: Ende.

KAPITEL 3

LINEARE EINPARAMETRISCHE OPTIMIERUNG – PARAMETER IM RESTRIKTIONSVEKTOR

3.1. Problemstellung und geometrische Interpretation

Es seien $c_\alpha, a_{r\alpha}, b_r, b'_r$ $(r = 1, \ldots, m;\ \alpha = 1, \ldots, n)$ gegebene Zahlen mit folgenden Eigenschaften:

$$\sum_{\alpha=1}^{n} |c_\alpha| > 0; \qquad \sum_{r=1}^{m} |b'_r| > 0\,, \qquad \text{V 3.1}$$

$$1 \leqq m < n\,, \qquad \text{V 3.2}$$

der Rang der Matrix $\boldsymbol{A} = (a_{r\alpha})_{m,n}$ ist gleich m. V 3.3

Den Untersuchungen in diesem Kapitel liegt das parametrische Problem

$$P(\nu, 0){:} \quad \max \{F(\boldsymbol{x}) \mid \boldsymbol{x} \in \mathfrak{M}(\nu)\}\,, \qquad \nu \in E_1\,, \qquad (3.1)$$

zugrunde. Dabei sind

$$F(\boldsymbol{x}) = \sum_{\alpha=1}^{n} c_\alpha x_\alpha \;(= \boldsymbol{c}^T \boldsymbol{x}) \qquad (3.2)$$

die Zielfunktion und für festes $\nu \in E_1$

$$\mathfrak{M}(\nu) = \left\{\boldsymbol{x} \in E_n \mid \sum_{\alpha=1}^{n} a_{r\alpha} x_\alpha = b_r + \nu b'_r\,,\ r = 1, \ldots, m;\ x_\alpha \geqq 0,\ \alpha = 1, \ldots, n\right\}$$

$$(= \{\boldsymbol{x} \in E_n \mid \boldsymbol{A}\boldsymbol{x} = \boldsymbol{b} + \nu \boldsymbol{b}', \boldsymbol{x} \geqq \boldsymbol{o}\}) \qquad (3.3)$$

die Restriktionsmenge. Die Menge $\mathfrak{M}(\nu)$ ist für einen festen Parameterwert $\nu \in E_1$ ein Polyeder. Das parametrische Problem $P(\nu, 0)$ läßt sich ebenso wie das Problem $P(0, \eta)$ aus dem Kapitel 2 als eine Klasse von Optimierungsaufgaben interpretieren. Für festes $\nu^* \in E_1$ erhält man aus $P(\nu, 0)$ entweder ein lösbares lineares Optimierungsproble m$P(\nu^*, 0)$, oder dieses Problem ist unlösbar. Analog zur Definition 2.1 heißt die Menge aller Parameter $\nu^* \in E_1$, für welche die Aufgabe $P(\nu^*, 0)$ eine optimale Lösung besitzt, *Lösbarkeitsmenge* des Problems $P(\nu, 0)$ und wird mit $\mathfrak{A}_{\nu 0}$ bezeichnet. Offenbar gehören zu $\mathfrak{A}_{\nu 0}$ alle Parameter $\nu^* \in E_1$ und nur diese, für welche das Polyeder $\mathfrak{M}(\nu^*) \neq \emptyset$ und die Zielfunktion $F(\boldsymbol{x})$ über dem Polyeder $\mathfrak{M}(\nu^*)$ nach oben beschränkt sind.

Das Ziel unserer Betrachtungen besteht darin, qualitative Aussagen über das Problem $P(\nu, 0)$ treffen zu können, ähnlich wie schon im Kapitel 2 über das Problem $P(0, \eta)$, die eine Grundlage zur Konstruktion eines Lösungsverfahrens für konkrete Probleme der Art $P(\nu^*, 0)$ für alle ν^* aus einer gewissen Teilmenge des E_1 bilden. Insbesondere interessiert uns wieder eine eindeutige Einteilung der Lösbarkeitsmenge $\mathfrak{A}_{\nu 0}$ in Teilmengen, über welchen gewisse Eigenschaften invariant sind. Das betrifft u. a. die Mengen der optimalen

Punkte (die Optimalmengen $\mathfrak{M}_{opt}(\nu)$) und die Lösungsfunktion $\varphi(\nu)$ des Problems $P(\nu, 0)$. Die Mengen $\mathfrak{M}_{opt}(\nu)$ und die Lösungsfunktion $\varphi(\nu)$ definieren wir weiter unten.

Wir wollen auch für das Problem $P(\nu, 0)$ eine geometrische Interpretation geben. War beim Problem $P(0, \eta)$ der Gradient der Zielfunktion eine lineare Vektorfunktion $\boldsymbol{c}(\eta) = \boldsymbol{c} + \boldsymbol{c}'\,\eta$, $\eta \in E_1$, so trifft das hier für den Vektor der rechten Seiten der Restriktionen zu: $\boldsymbol{b}(\nu) = \boldsymbol{b} + \nu\,\boldsymbol{b}'$, $\nu \in E_1$ ($\boldsymbol{b}(\nu)$ ist auf Grund der Voraussetzung V 3.1 über dem E_1 nicht konstant). Wir betrachten nun im E_{n+1} (mit den Koordinaten $x_1, \ldots, x_n, x_{n+1}$) die Menge

$$\hat{\mathfrak{M}} = \left\{\begin{pmatrix}\boldsymbol{x}\\ x_{n+1}\end{pmatrix} \in E_{n+1} \mid \boldsymbol{A}\,\boldsymbol{x} - \boldsymbol{b}'\,x_{n+1} = \boldsymbol{b}\;,\;\; \boldsymbol{x} \geqq \boldsymbol{o}\right\}. \tag{3.4}$$

Die Menge $\hat{\mathfrak{M}}$ beschreibt im Raum E_{n+1} ein Polyeder, für dessen Dimension gilt: $\dim \hat{\mathfrak{M}} \leqq n - m + 1$ [1]).

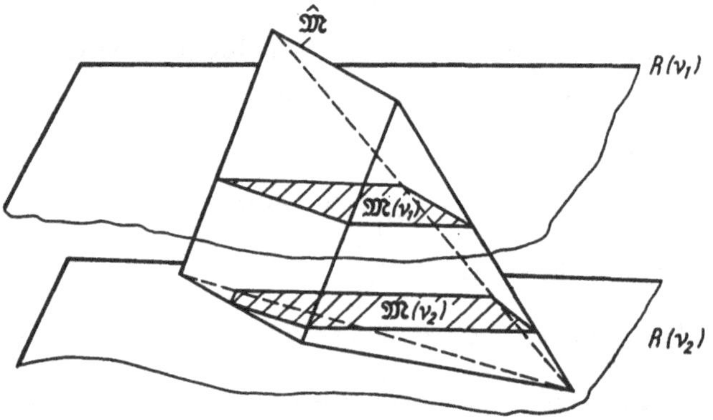

Abb. 6

Für festes $\tilde{\nu} \in E_1$ stellt die Menge

$$R(\tilde{\nu}) = \left\{\begin{pmatrix}\boldsymbol{x}\\ x_{n+1}\end{pmatrix} \in E_{n+1} \mid x_{n+1} = \tilde{\nu}\right\} \tag{3.5}$$

eine zur x_{n+1}-Achse des Raumes E_{n+1} senkrechte Hyperebene dar. Der Durchschnitt von $\hat{\mathfrak{M}}$ nach (3.4) und $R(\tilde{\nu})$ nach (3.5) ist dann offenbar das Polyeder $\mathfrak{M}(\tilde{\nu})$ aus (3.3), d. h.

$$\mathfrak{M}(\tilde{\nu}) = \hat{\mathfrak{M}} \cap R(\tilde{\nu})\,. \tag{3.6}$$

Die Abb. 6 zeigt einen solchen dreidimensionalen Fall für $\nu_1, \nu_2 \in E_1$ und $\nu_1 \neq \nu_2$. Sind $\nu_1, \nu_2 \in E_1$ mit $\nu_1 \neq \nu_2$ zwei Parameterwerte, dann stellen die Mengen $\mathfrak{M}(\nu_1)$ und $\mathfrak{M}(\nu_2)$ jeweils ein Polyeder in einem linearen Unterraum des E_n dar, wobei das eine Polyeder durch Parallelverschiebungen der Seiten größter Dimension des anderen Polyeders entsteht. Derartige Deformationen

[1]) Das gilt auf Grund der Voraussetzung V 3.3.

der Polyeder hängen offenbar vom Vektor $\boldsymbol{b}' = (b'_1, \ldots, b'_m)^T$ und vom Parameterwert $\nu \in E_1$ ab. Insbesondere kann ein Polyeder $\mathfrak{M}(\nu)$ durch derartige Deformationen leer werden.

Wir bemerken, daß auch hier wie schon oben im Kapitel 2 die Beschreibung der Restriktionsmenge in Gleichungsform nicht unbedingt erforderlich ist.

3.2. Qualitative Untersuchungen

Um für die Problemklasse $P(\nu, 0)$ ähnliche Ergebnisse zu erhalten wie für $P(0, \eta)$, wäre es denkbar, analog dem Vorgehen im Kapitel 2 zu verfahren. Es soll hier jedoch ein anderer Weg eingeschlagen werden, der nicht nur zu den gewünschten Resultaten führt, sondern der auch den engen Zusammenhang zwischen den parametrischen Problemen $P(0, \eta)$ und $P(\nu, 0)$ deutlich werden läßt.

Es sei wieder E_n der n-dimensionale euklidische Raum mit den kartesischen Koordinaten x_α $(\alpha = 1, \ldots, n)$. Für festes $\nu \in E_1$ betrachten wir das Restriktionspolyeder $\mathfrak{M}(\nu)$ nach (3.3) im E_n. Mit E_{m+1} bezeichnen wir den $(m+1)$-dimensionalen euklidischen Raum mit den kartesischen Koordinaten $y_1, \ldots, y_m$, y_{m+1}. Das Gleichungssystem

$$\left.\begin{aligned} y_r &= \sum_{\alpha=1}^{n} a_{r\alpha}\, x_\alpha\,, \qquad r = 1, \ldots, m\,, \\ y_{m+1} &= \sum_{\alpha=1}^{n} c_\alpha\, x_\alpha \end{aligned}\right\} \tag{3.7}$$

definiert eine lineare Abbildung

$$\boldsymbol{y} = \Phi(\boldsymbol{x}) \tag{3.8}$$

des Raumes E_n in den Raum E_{m+1}.

Die Matrix

$$\tilde{\boldsymbol{A}} = \begin{pmatrix} a_{11} & \ldots & a_{1n} \\ \ldots & \ldots & \ldots \\ a_{m1} & \ldots & a_{mn} \\ c_1 & \ldots & c_n \end{pmatrix} \tag{3.9}$$

hat den Rang $m + 1$ bzw. m, da die Teilmatrix $\boldsymbol{A} = (a_{r\alpha})_{m,n}$ laut Voraussetzung V 3.3 den Rang m hat.

▌ L. 3.1 *Die Menge*

$$K = \{\boldsymbol{y} \in E_{m+1} \mid \boldsymbol{y} = \Phi(\boldsymbol{x}),\, \boldsymbol{x} \geqq \boldsymbol{o}\} \tag{3.10}$$

ist ein polyedrischer Kegel im E_{m+1} *mit einem Scheitel im Punkt* $\boldsymbol{o} = (0, \ldots, 0)^T \in E_{m+1}$. *Für die Dimension des Kegels gilt*

$$\dim K = \begin{cases} m+1\,, & \textit{falls} \ \operatorname{rang} \tilde{\boldsymbol{A}} = m+1\,, \\ m\,, & \textit{falls} \ \operatorname{rang} \tilde{\boldsymbol{A}} = m\,. \end{cases}$$ ▌

▌ Bws. Die Menge K nach (3.10) enthält alle Halbgeraden

$$g(\alpha) = \{\boldsymbol{y} \in E_{m+1} \mid \boldsymbol{y} = \boldsymbol{a}^\alpha x_\alpha, x_\alpha \geqq 0\}\,, \qquad \alpha = 1, \ldots, n \tag{3.11}$$

wobei die Vektoren

$$\boldsymbol{a}^\alpha = (a_{1\alpha}, \ldots, a_{m\alpha}, c_\alpha)^T\,, \qquad \alpha = 1, \ldots, n \tag{3.12}$$

aus den Spalten der Matrix $\tilde{\boldsymbol{A}}$ nach (3.9) gebildet werden. Die Menge K entsteht daher aus allen nichtnegativen Linearkombinationen der Vektoren $\boldsymbol{a}^\alpha \in E_{m+1}$ $(\alpha = 1, \ldots, n)$, die alle den Punkt $\boldsymbol{o} \in E_{m+1}$ als Anfangspunkt besitzen. Die Menge K ist daher ein polyedrischer Kegel mit einem Scheitel $\boldsymbol{o} \in E_{m+1}$. Ist der Rang der Matrix $\tilde{\boldsymbol{A}}$ gleich $m + 1$, dann existieren im System (3.12) $m + 1$ linear unabhängige Vektoren; o. B. d. A. seien es die Vektoren $\boldsymbol{a}^1, \ldots, \boldsymbol{a}^{m+1}$, die offenbar zum Kegel K gehören. Daher ist $\dim K = m + 1$. Hat die Matrix $\tilde{\boldsymbol{A}}$ den Rang m, so existieren im System (3.12) keine $m + 1$ linear unabhängigen Vektoren aus dem E_{m+1}. Da der Rang von $\boldsymbol{A} = (a_{r\varkappa})_{m,n}$ aber m ist, existiert in $\boldsymbol{A}$ eine reguläre Teilmatrix, o. B. d. A. sei es die Matrix

$$\begin{pmatrix} a_{11} & \ldots & a_{1m} \\ \ldots & \ldots & \ldots \\ a_{m1} & \ldots & a_{mm} \end{pmatrix}.$$

Die Vektoren $\boldsymbol{a}^1, \ldots, \boldsymbol{a}^m$ aus (3.12) bilden daher ein System von m linear unabhängigen Vektoren aus dem E_{m+1}, die zu K gehören. Damit enthält der Kegel K wohl ein System von m linear unabhängigen Vektoren aber nicht von $m + 1$. Es gilt daher $\dim K = m$. ▌

▌ B. 3.1 Ist der Rang von $\tilde{\boldsymbol{A}}$ gleich $m + 1$, so kann es vorkommen, daß der Kegel K den ganzen Raum E_{m+1} überdeckt und deswegen keine Seite besitzt. Jeder Punkt des E_{m+1} läßt sich dann als Scheitel von K auffassen. Hat der Kegel einen d-dimensionalen Unterraum $L_d \subset E_{m+1}$ $(0 \leqq d < m + 1)$ als eine Seite, so ist jeder Punkt $y \in L_d$ ein Scheitel des Kegels K. Falls $d = 0$ ist, dann ist $\boldsymbol{o} \in E_{m+1}$ der einzige Scheitel von K. ▌

Es sei $\nu^* \in E_1$, ein fixierter Parameter; dann bezeichnen wir analog zur Definition 2.2 die Menge der optimalen Punkte der Aufgabe $P(\nu^*, 0)$ als Optimalmenge und schreiben

$$\mathfrak{M}_{\text{opt}}(\nu^*) = \{\boldsymbol{x}^0 \in \mathfrak{M}(\nu^*) \mid F(\boldsymbol{x}^0) = \max_{\boldsymbol{x} \in \mathfrak{M}(\nu^*)} F(\boldsymbol{x})\}\,. \tag{3.13}$$

▌ D. 3.1 Die Menge $\mathfrak{B}_\nu$ aller Parameter $\nu \in E_1$, für welche $\mathfrak{M}(\nu)$ aus (3.3) nicht die leere Menge ist, heißt *zulässige Parametermenge* des parametrischen Problems $P(\nu, 0)$, d. h.

$$\mathfrak{B}_\nu = \{\nu \in E_1 \mid \mathfrak{M}(\nu) \neq \emptyset\}\,. \tag{3.14}$$ ▌

▌ L. 3.2 *Falls der Rang der Matrix $\tilde{\boldsymbol{A}}$ aus (3.9) gleich m ist, und die Menge $\mathfrak{B}_\nu \neq \emptyset$ ist, dann gilt*

$$\mathfrak{M}_{\text{opt}}(\nu) = \mathfrak{M}(\nu) \qquad \textit{für alle } \nu \in \mathfrak{B}_\nu\,,$$

und es existieren Zahlen a und b mit der Eigenschaft

$$F(\boldsymbol{x}) = a + b\,\nu \quad \textit{für alle } \boldsymbol{x} \in \mathfrak{M}(\nu),\ \nu \in \mathfrak{B}_\nu\,. \quad \blacksquare$$

▌ Bws. Laut Voraussetzung haben die Matrizen $\tilde{\boldsymbol{A}}$ und $\boldsymbol{A}$ den gemeinsamen Rang m; daher existieren Zahlen β_r $(r = 1, \ldots, m)$ derart, daß $c_\alpha = \sum_{r=1}^{m} \beta_r a_{r\alpha}$ $(\alpha = 1, \ldots, n)$ ist. Wegen (3.3) erhalten wir

$$\sum_{\alpha=1}^{n} c_\alpha x_\alpha = \sum_{\alpha=1}^{n} \sum_{r=1}^{m} \beta_r a_{r\alpha} x_\alpha = \sum_{r=1}^{m} \beta_r \sum_{\alpha=1}^{n} a_{r\alpha} x_\alpha$$
$$= \sum_{r=1}^{m} \beta_r (b_r + b_r' \nu) = a + b\,\nu$$

für alle $\boldsymbol{x} \in \mathfrak{M}(\nu)$, $\nu \in \mathfrak{B}_\nu$ mit $a = \sum_{r=1}^{m} \beta_r b_r$ und $b = \sum_{r=1}^{m} \beta_r b_r'$. Für jedes $\nu \in \mathfrak{B}_\nu$ ist daher die Funktion $F(\boldsymbol{x})$ über dem Polyeder $\mathfrak{M}(\nu)$ konstant, und es folgt

$$\mathfrak{M}_{\text{opt}}(\nu) = \mathfrak{M}(\nu) \quad \text{für alle} \quad \nu \in \mathfrak{B}_\nu\,. \quad \blacksquare$$

Eine Folgerung aus dem Lemma 3.2 ist: Hat die Matrix $\tilde{\boldsymbol{A}}$ den Rang m, so fallen der zulässige Parameterbereich $\mathfrak{B}_\nu$ und die Lösbarkeitsmenge $\mathfrak{A}_{\nu 0}$ zusammen.

▌ L. 3.3 *Es sei $\bar{Z}_d$ die Abschließung einer Seite Z_d des Kegels K aus* (3.10)[1]). *Dann existiert eindeutig eine Indexmenge*

$$I(Z_d) \subseteq \{1, \ldots, n\}\,, \qquad I(Z_d) \neq \emptyset$$

derart, daß

$$\bar{Z}_d = \{\boldsymbol{y} \in E_{m+1} \mid \boldsymbol{y} = \Phi(\boldsymbol{x}),\ x_\alpha \geqq 0,\ \alpha \notin I(Z_d);\ x_\alpha = 0,\ \alpha \in I(Z_d)\} \quad (3.15)$$

gilt. ▌

▌ Bws. Ist $\dim Z_d = 0$, dann gilt offenbar $Z_d = \bar{Z}_d = Z_0 = \{\boldsymbol{o}\}$, wobei $\boldsymbol{o}$ der Scheitel von K ist. Keiner der Vektoren aus dem System (3.12) ist ein Nullvektor, daher folgt eindeutig:

$$\bar{Z}_0 = Z_0 = \{\boldsymbol{o}\} = \{\boldsymbol{y} \in E_{m+1} \mid \boldsymbol{y} = \Phi(\boldsymbol{x}),\ x_\alpha = 0,\ \alpha \in \{1, \ldots, n\}\}$$

als Spezialfall von (3.15). Ist Z_d eine Seite der Dimension $d \geqq 1$ des Kegels, so ist sie in einem linearen Unterraum $L_d \subseteq E_{m+1}$ der Dimension d enthalten. Die Vektoren $\boldsymbol{a}^1, \ldots, \boldsymbol{a}^n$ aus (3.12) enthalten alle Kantenvektoren des Kegels K. Damit gehören zur Seite Z_d genau s Vektoren $\boldsymbol{a}^{\alpha_1}, \ldots, \boldsymbol{a}^{\alpha_s}$ aus dem System (3.12) mit $s \geqq d$. Daraus erhalten wir

$$L_d = \left\{\boldsymbol{y} \in E_{m+1} \mid \boldsymbol{y} = \sum_{i=1}^{s} \boldsymbol{a}^{\alpha_i} x_{\alpha_i}\right\},$$
$$\bar{Z}_d = \left\{\boldsymbol{y} \in E_{m+1} \mid \boldsymbol{y} = \sum_{i=1}^{s} \boldsymbol{a}^{\alpha_i} x_{\alpha_i},\ \ x_{\alpha_i} \geqq 0,\ \ i = 1, \ldots, s\right\}. \quad (3.16)$$

---

[1]) Ist $\dim K = m + 1$ (bzw. m), so gilt $0 \leqq d \leqq m$ (bzw. $0 \leqq d \leqq m - 1$).

Setzt man

$$I(Z_d) = \{1, \ldots, n\} \setminus \{\alpha_1, \ldots, \alpha_s\},$$

so ergibt sich aus (3.16), (3.7) und (3.8) sofort (3.15). ▮

▮ L. 3.4 *Es sei* $\nu^* \in E_1$ *ein fester Parameterwert und* $\mathfrak{M}(\nu^*)$ *das Polyeder nach* (3.3) *sowie* $\mathfrak{M}_{\text{opt}}(\nu^*)$ *die entsprechende Optimalmenge nach* (3.13). *Weiter seien* K *der Kegel* (3.10) *und* Φ *die Abbildung* (3.8). *Sind nun* $L(\nu^*)$ *und* $U(\nu^*)$ *die folgenden Mengen*

$$L(\nu^*) = \{\boldsymbol{y} \in E_{m+1} \mid y_r = b_r + b_r' \nu^*, r = 1, \ldots, m; y_{m+1} = t \in (-\infty, +\infty)\} \tag{3.17}$$

$$U(\nu^*) = K \cap L(\nu^*), \tag{3.18}$$

dann gilt:

1° $U(\nu^*) = \Phi(\mathfrak{M}(\nu^*))$.

2° *Ist die Optimalmenge* $\mathfrak{M}_{\text{opt}}(\nu^*) \neq \emptyset$, *d. h.* $\nu^* \in \mathfrak{A}_{\nu 0}$, *so ist die Menge* $\Phi(\mathfrak{M}_{\text{opt}}(\nu^*))$ *einelementig, d. h.*

$$\boldsymbol{y}^* = \Phi(\mathfrak{M}_{\text{opt}}(\nu^*)) \in K .$$

Falls $\dim K = m + 1$ *ist, so ist* $\boldsymbol{y}^*$ *ein Randpunkt von* K. ▮

▮ Bws. 1° Aus (3.18) folgt wegen (3.7), (3.8), (3.10) und (3.17)

$$U(\nu^*) = \left\{\boldsymbol{y} \in E_{m+1} \mid y_r = \sum_{\alpha=1}^{n} a_{r\alpha} x_\alpha = b_r + b_r' \nu^*, \quad r = 1, \ldots, m; \right.$$
$$\left. y_{m+1} = \sum_{\alpha=1}^{n} c_\alpha x_\alpha = t \in (-\infty, \infty); \quad \boldsymbol{x} \geqq \boldsymbol{o}\right\} \tag{3.19}$$

und wegen der Definition von $\mathfrak{M}(\nu^*)$ folgt

$$U(\nu^*) = \{\boldsymbol{y} \in E_{m+1} \mid \boldsymbol{y} = \Phi(\boldsymbol{x}), \boldsymbol{x} \in \mathfrak{M}(\nu^*)\} ;$$

damit ist aber 1° bewiesen.

2° Aus 1° folgt sofort die Aussage

$$U(\nu^*) \neq \emptyset \Leftrightarrow \mathfrak{M}(\nu^*) \neq \emptyset .$$

Da der Kegel K und die Gerade $L(\nu^*)$ konvex und abgeschlossen sind, hat $U(\nu^*)$ als ihr Durchschnitt ebenfalls diese Eigenschaften. $U(\nu^*)$ ist eine Teilmenge der Geraden $L(\nu^*)$, und daher ist die Menge $U(\nu^*)$ entweder leer, einelementig, eine abgeschlossene Strecke, eine abgeschlossene Halbgerade oder die Gerade $L(\nu^*)$ selbst.

Es seien

$$\left.\begin{aligned} \tau_1 &= \inf_{\boldsymbol{x} \in \mathfrak{M}(\nu^*)} F(\boldsymbol{x}) \\ \text{und} \quad \tau_2 &= \sup_{\boldsymbol{x} \in \mathfrak{M}(\nu^*)} F(\boldsymbol{x}) . \end{aligned}\right\} \tag{3.20}$$

Ist nun $\nu^* \in \mathfrak{B}_\nu$, d. h. $\mathfrak{M}(\nu^*) \neq \emptyset$, so ergibt sich aus (3.19)

$$U(\nu^*) = \{\boldsymbol{y} \in E_{m+1} \mid y_r = b_r + b_r' \nu^*, r = 1, \ldots, m, y_{m+1} = t \in I^*\}, \tag{3.21}$$

wobei gilt:

$$\begin{aligned}
I^* &= \langle \tau_1, \tau_2 \rangle\,, && \text{falls } \tau_1, \tau_2 \text{ endlich mit } \tau_1 < \tau_2\,,\\
I^* &= \{\tau_1\}\,, && \text{falls } \tau_1, \tau_2 \text{ endlich mit } \tau_1 = \tau_2\,,\\
I^* &= \langle \tau_1, \infty)\,, && \text{falls } \tau_1 \text{ endlich und } \tau_2 = \infty\,,\\
I^* &= (-\infty, \tau_2\rangle\,, && \text{falls } \tau_1 = -\infty \text{ und } \tau_2 \text{ endlich}\,,\\
I^* &= (-\infty, \infty)\,, && \text{falls } \tau_1 = -\infty \text{ und } \tau_2 = \infty\,.
\end{aligned} \tag{3.22}$$

Gilt $\mathfrak{M}_{\text{opt}}(\nu^*) \neq \emptyset$, dann ist das Problem $P(\nu^*, 0)$ lösbar und daher $\tau_2 = \max\,\{F(\boldsymbol{x}) \mid \boldsymbol{x} \in \mathfrak{M}(\nu^*)\}$ endlich. Der Punkt $\boldsymbol{y}^* \in E_{m+1}$ mit den Koordinaten $y_r^* = b_r + b_r'\nu^*$ $(r = 1, \ldots, m)$, $y_{m+1}^* = \tau_2$ ist dann ein Randpunkt von $U(\nu^*)$. Für $t = \tau_2$ folgt aus (3.19)

$$\{\boldsymbol{y}^*\} = \left\{\boldsymbol{y} \in E_{m+1} \mid y_r = \sum_{\alpha=1}^{n} a_{r\alpha} x_\alpha = b_r + b_r'\nu^*,\ r = 1, \ldots, m;\right.$$
$$\left. y_{m+1} = \sum_{\alpha=1}^{n} c_\alpha x_\alpha = \max_{\boldsymbol{x} \in \mathfrak{M}(\nu^*)} F(\boldsymbol{x}),\ \boldsymbol{x} \geqq \boldsymbol{o}\right\},$$

d. h. aber

$$\{\boldsymbol{y}^*\} = \{\boldsymbol{y} \in E_{m+1} \mid \boldsymbol{y} = \Phi(\boldsymbol{x}),\ \boldsymbol{x} \in \mathfrak{M}_{\text{opt}}(\nu^*)\}\,,$$

oder, was dasgleiche bedeutet,

$$\boldsymbol{y}^* = \Phi(\mathfrak{M}_{\text{opt}}(\nu^*)) \in K\,.$$

Ist dim $K = m + 1$, so muß der Punkt $\boldsymbol{y}^*$ aus K als Durchstoßpunkt der Geraden $L(\nu^*)$ ein Randpunkt des Kegels K sein. ∎

∎ B. 3.2 Abb. 7 zeigt für einen Fall $E_{m+1} = E_3$ die Mengen K, $U(\nu^*)$, $L(\nu^*)$ sowie den Punkt $\boldsymbol{y}^*$ aus Lemma 3.4. Definiert man im E_{m+1} die Gerade

$$L_1 = \{\boldsymbol{y} \in E_{m+1} \mid y_r = b_r + b_r'\nu,\ r = 1, \ldots, m;\ y_{m+1} = 0,\ \nu \in E_1\}\,, \tag{3.23}$$

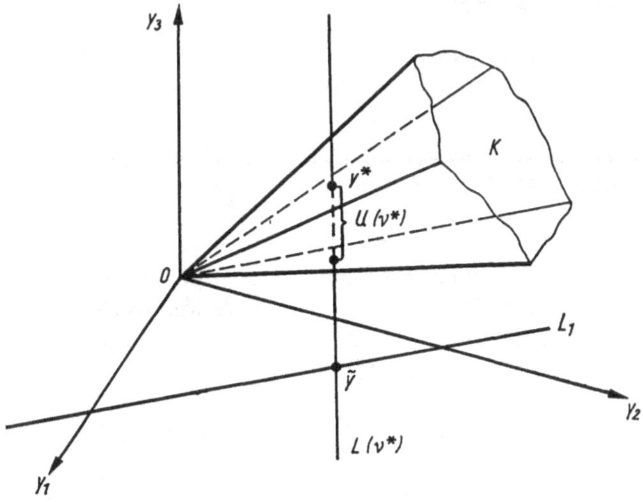

Abb. 7

so entspricht dem Parameterwert ν^* der Punkt $\tilde{y} \in L_1$ mit den Koordinaten

$$\tilde{y}_r = b_r + b'_r \nu^* = y_r^* \ (r = 1, \ldots, m), \ \tilde{y}_{m+1} = 0 ,$$

für den $L_1 \cap L(\nu^*) = \{\tilde{y}\}$ gilt. Im Beweis von Satz 3.1 werden diese Mengen benutzt. ▮

▮ B. 3.3 Es sei $\nu^* \in E_1$ beliebig, dann besitzt die lineare Optimierungsaufgabe $P(\nu^*, 0)$ die duale Aufgabe

$$\min \{G(\boldsymbol{u}, \nu^*) \mid \boldsymbol{u} \in \mathfrak{N}\} \tag{3.25}$$

mit der Zielfunktion

$$G(\boldsymbol{u}, \nu^*) = (\boldsymbol{b} + \boldsymbol{b}' \nu^*)^T \boldsymbol{u} \tag{3.26}$$

und der Restriktionsmenge (vgl. [152])

$$\mathfrak{N} = \{\boldsymbol{u} \in E_m \mid \boldsymbol{A}^T \boldsymbol{u} \geqq \boldsymbol{c}\} . \tag{3.27}$$

Nach dem Dualitätssatz der linearen Optimierung ist die Aufgabe $P(\nu^*, 0)$ genau dann lösbar, wenn das Problem (3.25) eine Lösung besitzt. Das folgende Lemma 3.5 gibt eine geometrische Interpretation des Zusammenhangs zwischen den optimalen Punkten des Paares dualer Aufgaben $P(\nu^*, 0)$ und (3.25). ▮

▮ L. 3.5 *Falls die Aufgabe $P(\nu^*, 0)$ lösbar ist, so gilt:*

1° *Für jedes feste $\boldsymbol{u} \in \mathfrak{N}$ liegt der Kegel K aus* (3.10) *im positiven abgeschlossenen Halbraum*

$$\overline{H^+(\boldsymbol{u})} \subset E_{m+1} ,$$

wobei

$$\overline{H^+}(\boldsymbol{u}) = \left\{\boldsymbol{y} \in E_{m+1} \mid \sum_{r=1}^{m} u_r y_r - y_{m+1} \geqq 0\right\} \tag{3.28}$$

ist, und die Randhyperebene

$$R(\boldsymbol{u}) = \left\{\boldsymbol{y} \in E_{m+1} \mid \sum_{r=1}^{m} u_r y_r - y_{m+1} = 0\right\} \tag{3.29}$$

hat.

2° *Ein Punkt $\boldsymbol{u}^0 \in \mathfrak{N}$ ist genau dann Optimalpunkt von* (3.25), *wenn die Hyperebene $R(\boldsymbol{u}^0)$ Stützhyperebene an den Kegel K ist und den Punkt $\boldsymbol{y}^* = \Phi(\mathfrak{M}_{\text{opt}}(\nu^*))$ enthält.* ▮

▮ Bws. 1° Aus dem Dualitätssatz der linearen Optimierung folgt unmittelbar: Wenn die Aufgabe $P(\nu^*, 0)$ lösbar ist, so ist $\mathfrak{N}$ aus (3.27) nicht leer. Es sei $\boldsymbol{u} \in \mathfrak{N}$ beliebig und $R(\boldsymbol{u})$ die Hyperebene nach (3.29). Für jeden Punkt $\boldsymbol{y} \in K$ ist auf Grund von (3.10), (3.7) und (3.27)

$$\sum_{r=1}^{m} u_r y_r - y_{m+1} = \sum_{r=1}^{m} u_r \sum_{\alpha=1}^{n} a_{r\alpha} x_\alpha - \sum_{\alpha=1}^{n} c_\alpha x_\alpha$$
$$= \sum_{\alpha=1}^{n} x_\alpha \left(\sum_{r=1}^{m} a_{r\alpha} u_r - c_\alpha\right) \geqq 0 ,$$

d. h.

$$K \subseteq \overline{H^+}(\boldsymbol{u}) \, .$$

2° Ist die Aufgabe $P(\nu^*, 0)$ lösbar, dann gilt:

$\mathfrak{M}_{\text{opt}}(\nu^*) \neq \emptyset$; und nach Bemerkung 3.3 ist aber auch

$$\mathfrak{N}_{\text{opt}}(\nu^*) = \{\boldsymbol{u}^0 \in \mathfrak{N} \mid G(\boldsymbol{u}^0, \nu^*) = \min_{\boldsymbol{u} \in \mathfrak{N}} G(\boldsymbol{u}, \nu^*)\}$$

nicht die leere Menge. Aus dem Dualitätssatz der linearen Optimierung folgt: Für jedes Paar $(\boldsymbol{u}^0, \boldsymbol{x}^0)$ mit $\boldsymbol{u}^0 \in \mathfrak{N}_{\text{opt}}(\nu^*)$, $\boldsymbol{x}^0 \in \mathfrak{M}_{\text{opt}}(\nu^*)$ sind die Zielfunktionswerte gleich, d. h. $G(\boldsymbol{u}^0, \nu^*) = F(\boldsymbol{x}^0)$, also $(\boldsymbol{b} + \boldsymbol{b}' \, \nu^*)^T \, \boldsymbol{u}^0 = \boldsymbol{c}^T \, \boldsymbol{x}^0$.

Da $\boldsymbol{x}^0 \in \mathfrak{M}(\nu^*)$ ist, folgt

$$(\boldsymbol{b} + \boldsymbol{b}' \, \nu^*)^T \, \boldsymbol{u}^0 = \boldsymbol{c}^T \, \boldsymbol{x}^0 = \boldsymbol{u}^{0\,T} \boldsymbol{A} \, \boldsymbol{x}^0 \tag{3.30}$$

(a) Sei $\boldsymbol{u}^0 \in \mathfrak{N}_{\text{opt}}(\nu^*)$ fixiert, $R(\boldsymbol{u}^0)$ die Hyperebene (3.29) für $\boldsymbol{u} = \boldsymbol{u}^0$ und $\boldsymbol{y}^* = \Phi(\mathfrak{M}_{\text{opt}}(\nu^*))$ aus Lemma 3.4, 2°. Da auch $\boldsymbol{y}^* = \Phi(\boldsymbol{x}^0)$ für jeden Punkt $\boldsymbol{x}^0 \in \mathfrak{M}_{\text{opt}}(\nu^*)$ gilt, folgt wegen (3.7) und (3.30)

$$\sum_{r=1}^{m} u_r^0 \, y_r^* - y_{m+1}^* = \sum_{r=1}^{m} u_r^0 \sum_{\alpha=1}^{n} a_{r\alpha} \, x_\alpha^0 - \sum_{\alpha=1}^{n} c_\alpha \, x_\alpha^0 = 0 \, ,$$

d. h. aber $\boldsymbol{y}^* \in R(\boldsymbol{u}^0)$. Da, wie schon gezeigt, $K \subseteq \overline{H^+}(\boldsymbol{u}^0)$ und $\boldsymbol{y}^* \in K$ gilt, ist $R(\boldsymbol{u}^0)$ Stützhyperebene an den Kegel im Punkt $\boldsymbol{y}^*$.

(b) Sei nun $\boldsymbol{u}^0 \in \mathfrak{N}$ ein beliebiger Punkt mit der Eigenschaft, daß die Hyperebene $R(\boldsymbol{u}^0)$ nach (3.29) Stützhyperebene an K ist und $\boldsymbol{y}^* \in R(\boldsymbol{u}^0)$. Also gilt

$$\begin{aligned} &\sum_{r=1}^{m} u_r^0 \, y_r - y_{m+1} \geqq 0 \qquad \text{für alle} \quad \boldsymbol{y} \in K \, , \\ &\sum_{r=1}^{m} u_r^0 \, y_r^* - y_{m+1}^* = 0 \, . \end{aligned} \tag{3.31}$$

Die Ungleichung (3.31) gilt für alle $\boldsymbol{u}^0 \in \mathfrak{N}$, wie unter 1° bewiesen wurde. Wegen (3.30) ergibt sich für jeden Punkt $\boldsymbol{x}^0 \in \mathfrak{M}_{\text{opt}}(\nu^*)$:

$$\boldsymbol{y}^* = \Phi(\boldsymbol{x}^0) \, ,$$

$$0 = \sum_{r=1}^{m} u_r^0 \, y_r^* - y_{m+1}^* = \boldsymbol{u}^{0\,T} \boldsymbol{A} \, \boldsymbol{x}^0 - \boldsymbol{c}^T \, \boldsymbol{x}^0 = (\boldsymbol{b} + \boldsymbol{b}' \, \nu^*)^T \, \boldsymbol{u}^0 - \boldsymbol{c}^T \, \boldsymbol{x}^0 \, ,$$

d. h. aber

$$\max_{\boldsymbol{x} \in \mathfrak{M}(\nu^*)} F(\boldsymbol{x}) = \boldsymbol{c}^T \, \boldsymbol{x}^0 = (\boldsymbol{b} + \boldsymbol{b}' \, \nu^*)^T \, \boldsymbol{u}^0 \, .$$

Aus (3.27) erhalten wir aber

$$\boldsymbol{c}^T \, \boldsymbol{x}^0 \leqq \boldsymbol{x}^{0\,T} \boldsymbol{A}^T \, \boldsymbol{u} = (\boldsymbol{b} + \boldsymbol{b}' \, \nu^*)^T \, \boldsymbol{u}$$

für alle $\boldsymbol{u} \in \mathfrak{N}$. Somit gilt

$$(\boldsymbol{b} + \boldsymbol{b}' \, \nu^*)^T \, \boldsymbol{u}^0 \leqq (\boldsymbol{b} + \boldsymbol{b}' \, \nu^*)^T \, \boldsymbol{u}$$

für alle $\boldsymbol{u} \in \mathfrak{N}$, daher aber $\boldsymbol{u}^0 \in \mathfrak{N}_{\text{opt}}(\nu^*)$. ∎

Die Lemmata 3.1 bis 3.5 verwenden wir für die Beweise der Sätze, die zur qualitativen Untersuchung des parametrischen Problems $P(\nu, 0)$ gehören.

S. 3.1 *Die zulässige Parametermenge $\mathfrak{V}_\nu$ ist konvex und abgeschlossen.*

Bws. Es seien $\nu^* \in E_1$ fixiert und K der Kegel (3.10). Weiterhin seien $L(\nu^*)$ und L_1 die durch (3.17) und (3.23) definierten Geraden. Die Menge

$$E = \{y \in E_{m+1} \mid y_r = b_r + b'_r \nu, r = 1, \ldots, m; y_{m+1} = t; \nu, t \in E_1\} \quad (3.32)$$

ist eine zweidimensionale Ebene im E_{m+1} und enthält die Geraden $L(\nu^*)$ und L_1 [1]).

Die Menge

$$D = K \cap E \quad (3.33)$$

ist als Durchschnitt der Ebene E und des konvexen Kegels K ein konvexes Polyeder, also konvex und abgeschlossen im E_{m+1}. Falls $D \neq \emptyset$, so gilt $\dim D \leq 2$ (siehe Abb. 8).

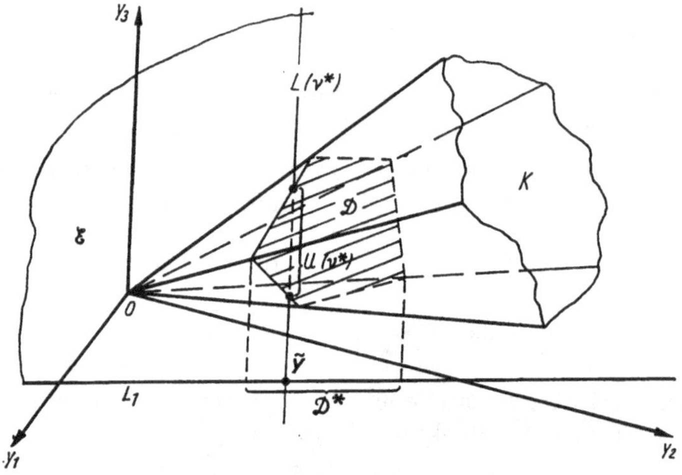

Abb. 8

Wir betrachten nun die Projektion von D in Richtung der Geraden $L(\nu^*)$ auf L_1, d. h.

$$D^* = \{y^* \in L_1 \cap L(\nu) \mid U(\nu) = K \cap L(\nu) \neq \emptyset\} . \quad (3.34)$$

Als Projektion von D ist D^* aber auch konvex und abgeschlossen in L_1. Ist $D^* \neq \emptyset$, so stellt diese Menge in L_1 entweder einen Punkt, eine abgeschlossene Strecke, eine abgeschlossene Halbgerade oder die Gerade L_1 selbst dar. Daher und aus (3.23) ergibt sich die eindeutige Existenz einer abgeschlossenen und

---

[1]) In V 3.1 wurde vorausgesetzt: $\sum_{r=1}^{m} |b'_r| > 0$.

konvexen Menge I_1 von Parametern $\nu \in E_1$ mit der Eigenschaft

$$D^* = \{y \in E_{m+1} \mid y_r = b_r + b_r' \nu, r = 1, \ldots, m; \nu \in I_1; y_{m+1} = 0\}. \quad (3.35)$$

Es bleibt noch zu zeigen, daß $I_1 = \mathfrak{B}_\nu$ ist. Sei $\nu^* \in I_1$ beliebig; so ist $\tilde{y} \in D^*$ mit $\tilde{y}_r = b_r + b_r' \nu^*$ $(r = 1, \ldots, m)$, $y_{m+1} = 0$.

Nach (3.34) ist daher $U(\nu^*) \neq \emptyset$. Nach dem Beweis von Lemma 3.4, 2° gilt

$$U(\nu^*) \neq \emptyset \Leftrightarrow \mathfrak{M}(\nu^*) \neq \emptyset, \quad (3.36)$$

daher folgt $I_1 \subseteq \mathfrak{B}_\nu$.

Ist andererseits $\nu^* \in \mathfrak{B}_\nu$ beliebig, also $\mathfrak{M}(\nu^*) \neq \emptyset$, so folgt aus (3.36) $U(\nu^*) \neq \emptyset$. Wegen (3.34) und (3.35) ist dann aber auch $\nu^* \in I_1$ also $\mathfrak{B}_\nu \subseteq I_1$. Die zulässige Parametermenge $\mathfrak{B}_\nu$ fällt also mit der Menge I_1 zusammen. Da I_1 aber konvex und abgeschlossen ist im E_1, haben wir die Behauptung des Satzes 3.1 bewiesen. ▌

▌ S. 3.2 *Existiert ein Parameter ν^* aus der zulässigen Parametermenge $\mathfrak{B}_\nu$, für welchen die Aufgabe $P(\nu^*, 0)$ keinen Optimalpunkt besitzt, so ist die Lösbarkeitsmenge $\mathfrak{A}_{\nu 0}$ des parametrischen Problems $P(\nu, 0)$ leer.* ▌

▌ Bws. Aus den Voraussetzungen $\nu^* \in \mathfrak{B}_\nu$ und $\mathfrak{M}_{\text{opt}}(\nu^*) = \emptyset$ folgt, daß die Funktion $F(x)$ über dem Polyeder $\mathfrak{M}(\nu^*)$ nach oben unbeschränkt ist, d. h.

$$\sup_{x \in \mathfrak{M}(\nu^*)} F(x) = \tau_2 = \infty. \quad (3.37)$$

Da $\mathfrak{M}(\nu^*) \neq \emptyset$ ergibt sich aus (3.36) und aus Lemma 3.4, 1°

$$U(\nu^*) = K \cap L(\nu^*) = \Phi(\mathfrak{M}(\nu^*)) \neq \emptyset.$$

Das konvexe Polyeder D nach (3.33) ist also nicht leer. Die Menge $U(\nu^*)$ hat nach (3.21) die Darstellung

$$U(\nu^*) = \{y \in E_{m+1} \mid y_r = b_r + b_r' \nu^*, r = 1, \ldots, m; y_{m+1} = t \in I^*\},$$

wobei für I^* auf Grund von (3.37) nur die Fälle $I^* = \langle \tau_1, \infty)$ oder $(-\infty, \infty)$ aus (3.22) möglich sind. Die Menge $U(\nu^*)$ ist daher entweder eine abgeschlossene Halbgerade aus dem linearen Unterraum $L(\nu^*)$ oder die Gerade $L(\nu^*)$ selbst. Es sei $\hat{y} = (\hat{y}_1, \ldots, \hat{y}_{m+1})^T \in U(\nu^*)$ ein beliebiger aber fester Punkt, dann liegt die Halbgerade

$$\hat{p} = \{y \in E_{m+1} \mid y_r = \hat{y}_r = y_r^* = b_r + b_r' \nu^*, r = 1, \ldots, m; y_{m+1} = t \geqq \hat{y}_{m+1}\}$$

in der Menge $U(\nu^*)$, und da $U(\nu^*) \subseteq D$ ist, enthält das Polyeder D die Halbgerade $\hat{p}$. Das Polyeder D ist also unbeschränkt. Es sei nun $\nu \in \mathfrak{B}_\nu$ beliebig, dann gilt offenbar

$$\mathfrak{M}(\nu) \neq \emptyset, \quad U(\nu) = \Phi(\mathfrak{M}(\nu)) \neq \emptyset, \quad U(\nu) \subseteq D. \quad (3.38)$$

Weiterhin ist nach (3.21)

$$U(\nu) = \{y \in E_{m+1} \mid y_r = b_r + b_r' \nu, r = 1, \ldots, m; y_{m+1} = t \in I\},$$

und für I kommt eine der Möglichkeiten aus (3.22) in Frage. Ist $\bar{\boldsymbol{y}} = (\bar{y}_1, \ldots, \bar{y}_{m+1})^T \in U(\nu)$ ein fixierter Punkt, dann hat die Halbgerade

$$p = \{\boldsymbol{y} \in E_{m+1} \mid y_r = b_r + b_r' \nu, r = 1, \ldots, m; y_{m+1} = t \geqq \bar{y}_{m+1}\}$$

einen Anfangspunkt, der zu D gehört und ist mit der Halbgeraden $\hat{p}$ gleichorientiert. Da D eine konvexe, abgeschlossene Menge im E_{m+1} ist, zu welcher die Halbgerade $\hat{p}$ gehört, enthält D auch alle Halbgeraden, deren Anfangspunkt in D liegt, und die mit $\hat{p}$ gleichorientiert sind, insbesondere auch p.[1]) Da nun aber auch $p \subseteq U(\nu)$ ist, folgt $I = \langle \tau_1, \infty)$ oder $I = (-\infty, \infty)$; d. h. aber nach (3.37) $\tau_2 = \infty$. Die Funktion $F(\boldsymbol{x})$ ist also nach oben unbeschränkt über $\mathfrak{M}(\nu)$. Da ν aber ein beliebiges Element aus $\mathfrak{B}_\nu$ war, ist die Lösbarkeitsmenge $\mathfrak{A}_{\nu 0}$ die leere Menge, denn für jedes $\nu \notin \mathfrak{B}_\nu$ ist $\mathfrak{M}(\nu) = \emptyset$. ▮

▮ S. 3.3 *Die Lösbarkeitsmenge $\mathfrak{A}_{\nu 0}$ ist konvex und abgeschlossen im E_1 und stimmt, falls sie nicht leer ist, mit der zulässigen Parametermenge $\mathfrak{B}_\nu$ überein.* ▮

▮ Bws. Falls $\mathfrak{A}_{\nu 0} \neq \emptyset$ ist, so existiert auf Grund von Satz 3.2 kein Parameter $\tilde{\nu} \in \mathfrak{B}_\nu$, für den die Aufgabe $P(\tilde{\nu}, 0)$ unlösbar ist. Für $\nu \notin \mathfrak{B}_\nu$ ist $\mathfrak{M}(\nu) = \emptyset$. Damit gilt aber $\mathfrak{A}_{\nu 0} = \mathfrak{B}_\nu$. Die Lösbarkeitsmenge $\mathfrak{A}_{\nu 0}$ hat somit die Eigenschaften der zulässigen Parametermenge, ist also konvex und abgeschlossen nach Satz 3.1. ▮

▮ B. 3.4 Die Sätze 3.1, 3.2 und 3.3 sind hier für Maximierungsaufgaben formuliert, lassen sich aber sofort auf Minimumprobleme übertragen. ▮

Analog zur parametrischen Aufgabenklasse $P(\nu, 0)$ aus (3.1) können wir das parametrische Problem definieren:

$$\bar{P}(\nu, 0)\colon \min \{F(\boldsymbol{x}) \mid \boldsymbol{x} \in \mathfrak{M}(\nu)\}, \qquad \nu \in E_1, \tag{3.39}$$

wobei $F(\boldsymbol{x})$ und $\mathfrak{M}(\nu)$ durch (3.2) und (3.3) gegeben sind.

▮ D. 3.2 Das parametrische Problem

$$D(0, \nu)\colon \min \{G(\boldsymbol{u}, \nu) \mid \boldsymbol{u} \in \mathfrak{N}\}, \qquad \nu \in E_1 \tag{3.40}$$

mit der Zielfunktion

$$G(\boldsymbol{u}, \nu) = (\boldsymbol{b} + \boldsymbol{b}' \nu)^T \boldsymbol{u} \tag{3.41}$$

und der Restriktionsmenge

$$\mathfrak{N} = \{\boldsymbol{u} \in E_m \mid A^T \boldsymbol{u} \geqq \boldsymbol{c}\} \tag{3.42}$$

heißt duales parametrisches Problem zu $P(\nu, 0)$. Entsprechend heißt das Problem

$$\bar{D}(0, \nu)\colon \max \{G(\boldsymbol{u}, \nu) \mid \boldsymbol{u} \in \bar{\mathfrak{N}}\}; \qquad \nu \in E_1 \tag{3.43}$$

---

[1]) Das ist eine bekannte Aussage aus der Theorie konvexer Mengen.

mit der Zielfunktion $G(\boldsymbol{u}, \nu)$ nach (3.41) und der Restriktionsmenge

$$\overline{\mathfrak{N}} = \{\boldsymbol{u} \in E_m \mid A^T \boldsymbol{u} \leqq \boldsymbol{c}\} \tag{3.44}$$

duales parametrisches Problem zu $\overline{P}(\nu, 0)$. ∎

Analog zur Definition 2.3, Seite 20, führen wir die entsprechenden *Lösungsfunktionen* ein:

$$\varphi(\nu) = \max_{\boldsymbol{x} \in \mathfrak{M}(\nu)} F(\boldsymbol{x}) , \quad \nu \in \mathfrak{A}_{\nu 0} \quad \text{bei} \quad P(\nu, 0) , \tag{3.45}$$

$$\overline{\varphi}(\nu) = \min_{\boldsymbol{x} \in \overline{\mathfrak{M}}(\nu)} F(\boldsymbol{x}) , \quad \nu \in \overline{\mathfrak{A}}_{\nu 0} \quad \text{bei} \quad \overline{P}(\nu, 0) , \tag{3.46}$$

$$\psi(\nu) = \min_{\boldsymbol{u} \in \mathfrak{N}} G(\boldsymbol{u}, \nu) , \quad \nu \in \mathfrak{A}_{\nu 0} \quad \text{bei} \quad D(0, \nu) , \tag{3.47}$$

$$\overline{\psi}(\nu) = \max_{\boldsymbol{u} \in \overline{\mathfrak{N}}} G(\boldsymbol{u}, \nu) , \quad \nu \in \overline{\mathfrak{A}}_{\nu 0} \quad \text{bei} \quad \overline{D}(0, \nu) . \tag{3.48}$$

∎ S. 3.4 *Die Lösbarkeitsmengen der dualen parametrischen Probleme* $P(\nu, 0)$ *und* $D(0, \nu)$ *sowie* $\overline{P}(\nu, 0)$ *und* $\overline{D}(0, \nu)$ *sind jeweils gleich. Für die Lösungsfunktionen gilt*

$$\varphi(\nu) = \psi(\nu) , \quad \nu \in \mathfrak{A}_{\nu 0} , \tag{3.49}$$

$$\overline{\varphi}(\nu) = \overline{\psi}(\nu) , \quad \nu \in \overline{\mathfrak{A}}_{\nu 0} . \tag{3.50}$$

∎

∎ Bws. Diese Aussagen erhält man unmittelbar aus dem Dualitätssatz der linearen Optimierung. ∎

∎ S. 3.5 *Sind die Lösbarkeitsmengen* $\mathfrak{A}_{\nu 0}$ *und* $\overline{\mathfrak{A}}_{\nu 0}$ *beide nicht leer, so gilt*

$$\mathfrak{A}_{\nu 0} = \overline{\mathfrak{A}}_{\nu 0} = \mathfrak{B}_\nu .$$ ∎

∎ Bws. Aus $\mathfrak{A}_{\nu 0} \neq \emptyset$ folgt nach S. 3.3 $\mathfrak{A}_{\nu 0} = \mathfrak{B}_\nu$ und wegen Bemerkung 3.4 auch aus $\overline{\mathfrak{A}}_{\nu 0} \neq \emptyset$ sofort $\overline{\mathfrak{A}}_{\nu 0} = \mathfrak{B}_\nu$. ∎

∎ S. 3.6 *Die Lösungsfunktion* $\varphi(\nu)$ *aus* (3.45) *ist konkav und stückweise linear über der Lösbarkeitsmenge* $\mathfrak{A}_{\nu 0}$, *ihrem maximalen Definitionsbereich.* ∎

∎ Bws. Für alle $\nu \in \mathfrak{A}_{\nu 0}$ gilt wegen (3.49)

$$\varphi(\nu) = -\min_{\boldsymbol{x} \in \mathfrak{M}(\nu)} \left(-F(\boldsymbol{x})\right) = -\max_{\boldsymbol{u} \in \mathfrak{N}} \left(-G(\boldsymbol{u}, \nu)\right) = \psi(\nu) .$$

Die Funktion

$$-\psi(\nu) = \max_{\boldsymbol{u} \in \mathfrak{N}} G^*(\boldsymbol{u}, \nu) \quad \text{mit} \quad G^*(\boldsymbol{u}, \nu) = -G(\boldsymbol{u}, \nu)$$

ist, wie im Satz 2.7 gezeigt wurde, konvex und stückweise linear über ihrem maximalen Definitionsbereich $\mathfrak{A}_{\nu 0}$. Daraus ergibt sich die Behauptung. ∎

B. 3.5 Die Funktionen $\varphi(\nu)$ und $\bar{\varphi}(\nu)$, die für $\mathfrak{A}_{\nu 0} \neq \emptyset$ und $\bar{\mathfrak{A}}_{\nu 0} \neq \emptyset$ definiert sind, lassen sich einfach geometrisch darstellen: Wir betrachten das Polyeder D aus (3.33), welches wir als Durchschnitt des Kegels K (3.10) und der Ebene E aus (3.32) erhalten haben. Fassen wir ν und t als kartesische Koordinaten der Ebene E auf, so können wir das in ihr liegende Polyeder D wie folgt beschreiben:

$$\begin{aligned} D &= K \cap E \\ &= \left\{ y \in E_{m+1} \mid y_r = \sum_{\alpha=1}^{n} a_{r\alpha} x_\alpha, \quad r = 1, \ldots, m; \; y_{m+1} = \sum_{\alpha=1}^{n} c_\alpha x_\alpha; \; x \geqq o \right\} \\ &\quad \cap \{ y \in E_{m+1} \mid y_r = b_r + b'_r \nu, \; r = 1, \ldots, m; \; y_{m+1} = t \} \\ &= \left\{ y \in E_{m+1} \mid y_r = \sum_{\alpha=1}^{n} a_{r\alpha} x_\alpha = b_r + b'_r \nu, \quad r = 1, \ldots, m; \right. \\ &\qquad \left. \nu \in \mathfrak{B}_\nu, \; y_{m+1} = t = \sum_{\alpha=1}^{n} c_\alpha x_\alpha, \quad t \in I(\nu) \right\} \\ &= \{ (\nu, t) \in E \mid \nu \in \mathfrak{B}_\nu, \; t \in I(\nu) \}. \end{aligned} \tag{3.51}$$

In (3.51) bedeutet $I(\nu)$ ein Intervall mit den Grenzen

$$\tau_1(\nu) = \inf_{x \in \mathfrak{M}(\nu)} F(x) \qquad \text{und} \qquad \tau_2 = \sup_{x \in \mathfrak{M}(\nu)} F(x),$$

die zu $I(\nu)$ gehören, falls sie endlich sind.

Sind $\mathfrak{A}_{\nu 0}$ und $\bar{\mathfrak{A}}_{\nu 0}$ nicht leer, so entspricht der Graph von $\varphi(\nu)$ dem „oberen Rand" des Polyeders D und der Graph von $\bar{\varphi}(\nu)$ dem „unteren Rand" von D (Abb. 9a). Ist $\bar{\mathfrak{A}}_{\nu 0} \neq \emptyset$, $\mathfrak{A}_{\nu 0} = \emptyset$, so entspricht der Graph von $\bar{\varphi}(\nu)$ dem „unteren Rand" von D, und $\varphi(\nu)$ ist nicht definiert, denn $\mathfrak{A}_{\nu 0}$ ist leer, und das unbeschränkte Polyeder D besitzt keinen „oberen Rand" (Abb. 9b). In der Abb. 9c wird der Fall $\mathfrak{A}_{\nu 0} \neq \emptyset$ und $\bar{\mathfrak{A}}_{\nu 0} = \emptyset$ gezeigt.

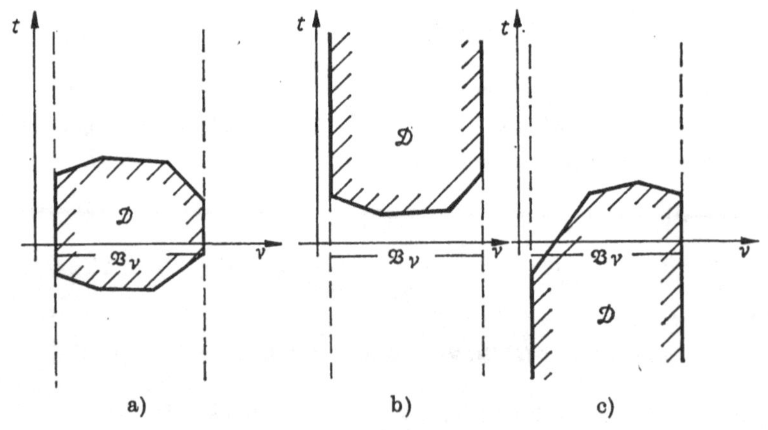

Abb. 9

B. 3.7 Die Optimalmenge $\mathfrak{M}_{\text{opt}}(\nu^*)$ ist für $\nu^* \in \mathfrak{A}_{\nu 0} \neq \emptyset$ entweder eine abgeschlossene Seite von $\mathfrak{M}(\nu^*)$ oder das Polyeder $\mathfrak{M}(\nu^*)$ selbst. Für die Dimension von $\mathfrak{M}_{\text{opt}}(\nu^*)$ gilt $0 \leqq \dim \mathfrak{M}_{\text{opt}}(\nu^*) \leqq n - m$, da $0 \leqq \dim \mathfrak{M}(\nu^*) \leqq n - m$ ist. Daher existiert eindeutig eine maximale Indexmenge $I_{\nu 0}(\nu^*) \subseteq \{1, \ldots, n\}$ mit

$$\mathfrak{M}_{\text{opt}}(\nu^*) = \{\boldsymbol{x} \in \mathfrak{M}(\nu^*) \mid x_\alpha = 0, \alpha \in I_{\nu 0}(\nu^*)\} . \tag{3.52}$$

Es ist

$$\{\boldsymbol{x} \in E_n \mid \boldsymbol{A}\,\boldsymbol{x} = \boldsymbol{b} + \boldsymbol{b}'\,\nu^*, x_\alpha = 0, \alpha \in I_{\nu 0}(\nu^*)\}$$

der lineare Unterraum des E_n kleinster Dimension, der $\mathfrak{M}_{\text{opt}}(\nu^*)$ enthält. ▌

D. 3.3 Die eindeutig bestimmte maximale Indexmenge $I_{\nu 0}(\nu^*)$ mit der Eigenschaft (3.52) heißt *charakteristische Indexmenge* der Optimalmenge $\mathfrak{M}_{\text{opt}}(\nu^*)$. ▌

S. 3.7 *Hat die Matrix* $\tilde{\boldsymbol{A}}$ (3.9) *den Rang* $m + 1$, *und ist die Lösbarkeitsmenge* $\mathfrak{A}_{\nu 0}$ *ein Intervall, dann existiert eine eindeutige Einteilung der Lösbarkeitsmenge*

$$\mathfrak{A}_{\nu 0} = \bigcup_{k=1}^{s} \mathfrak{A}^k_{\nu 0} \qquad (s \geqq 1) \tag{3.53}$$

mit den folgenden Eigenschaften:

1° *Die Randpunkte der Einteilungsintervalle* $\mathfrak{A}^k_{\nu 0}$ *sind diejenigen Punkte, in denen die Lösungsfunktion* $\varphi(\nu)$ *nicht differenzierbar ist.*

2° *Jedem Intervall* $\mathfrak{A}^k_{\nu 0}$ *ist eine Indexmenge* $I^k_{\nu 0} \neq \emptyset$ *zugeordnet, so daß für alle* $\nu \in \mathfrak{A}^k_{\nu 0}$

$$\mathfrak{M}_{\text{opt}}(\nu) = \{\boldsymbol{x} \in \mathfrak{M}(\nu) \mid x_\alpha = 0, \alpha \in I^k_{\nu 0}\} \tag{3.54}$$

gilt. $I^k_{\nu 0}$ *ist die charakteristische Indexmenge der Optimalmengen* $\mathfrak{M}_{\text{opt}}(\nu)$, *für* $\nu \in \operatorname{int} \mathfrak{A}^k_{\nu 0}$.

3° *Bei festem* $k \in \{1, \ldots, s\}$ *haben für alle* $\nu \in \operatorname{int} \mathfrak{A}^k_{\nu 0}$ *die Optimalmengen* $\mathfrak{M}_{\text{opt}}(\nu)$ *dieselbe Dimension.*

4° *Ist* ν_k *ein Randpunkt von* $\mathfrak{A}^k_{\nu 0}$ *und* $I_{\nu 0}(\nu_k)$ *die charakteristische Indexmenge von* $\mathfrak{M}_{\text{opt}}(\nu_k)$, *dann ist die Menge* $I^k_{\nu 0}$ *eine echte Teilmenge der charakteristischen Indexmenge* $I_{\nu 0}(\nu_k)$. *Es gilt*

$$\dim \mathfrak{M}_{\text{opt}}(\nu_k) \leqq \dim \mathfrak{M}_{\text{opt}}(\nu) , \qquad \nu \in \operatorname{int} \mathfrak{A}^k_{\nu 0} .$$

5° *Für jedes* $\nu^* \in \mathfrak{A}_{\nu 0}$ *mit* $\nu^* \notin \mathfrak{A}^k_{\nu 0}$ *und*

$$\mathfrak{M}_{\text{opt}}(\nu^*) = \{\boldsymbol{x} \in \mathfrak{M}(\nu) \mid x_\alpha = 0, \alpha \in I_{\nu 0}(\nu^*)\}$$

gilt

$$I_{\nu 0}(\nu^*) \not\subseteq I^k_{\nu 0} , \qquad I^k_{\nu 0} \not\subseteq I_{\nu 0}(\nu^*) .$$ [1] ▌

Bws. 1° Die Funktion $\varphi(\nu)$ ist eine stückweise lineare, konkave Funktion über ihrem Definitionsbereich $\mathfrak{A}_{\nu 0} = \mathfrak{B}_\nu$. Ihrem Graph entspricht in der (ν, t)-

[1] Es gibt also mindestens einen Index $\alpha_0 \in I^k_{\nu 0}$ mit $x_{\alpha_0} > 0$ für alle $\boldsymbol{x} \in \mathfrak{M}_{\text{opt}}(\nu^*)$ und mindestens einen Index $\beta_0 \in I_{\nu 0}(\nu^*)$ mit $x_{\beta_0} > 0$ für alle $\boldsymbol{x} \in \mathfrak{M}_{\text{opt}}(\nu)$ und $\nu \in \mathfrak{A}^k_{\nu 0}$ beliebig.

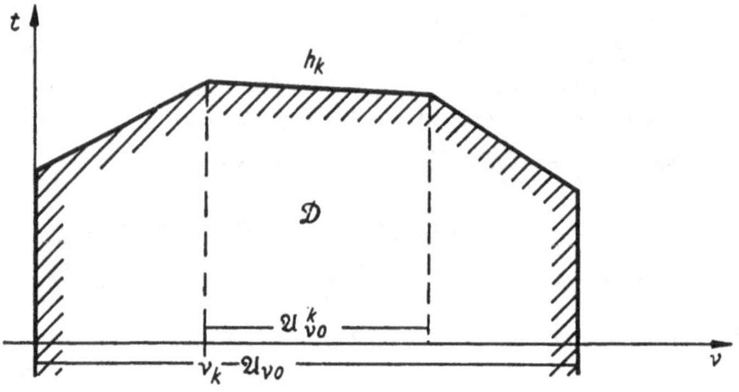

Abb. 10

Ebene E der „obere Rand“ des Polyeders D aus (3.51). Offenbar ist $\varphi(\nu)$ an denjenigen Stellen ν_k nicht differenzierbar, für welche die Punkte $(\nu_k, \varphi(\nu_k)) \in E$ Ecken von D darstellen (Abb. 10).

Da die Anzahl der Ecken von D endlich ist, und da $\mathfrak{A}_{\nu 0}$ höchstens zwei Randpunkte hat, läßt sich die Lösbarkeitsmenge in der durch (3.53) dargestellten Weise in endlich viele Intervalle $\mathfrak{A}^1_{\nu 0}, \ldots, \mathfrak{A}^s_{\nu 0}$ einteilen.

2° Über jedem Intervall $\mathfrak{A}^k_{\nu 0}$ $(k = 1, \ldots, s)$ ist die Funktion $\varphi(\nu)$ linear, und ihr Graph entspricht der abgeschlossenen Kante h_k des Polyeders D (Abb. 10). Die Kante h_k gehört aber auch zum Kegel K aus (3.10), da $D = K \cap E$ gilt, und nach Lemma 3.1 ist $\dim K = m + 1$. Der Kegel K hat also eine abgeschlossene Seite $\overline{Z}_d$, welche die Kante h_k von D enthält. Die abgeschlossene Seite $\overline{Z}_d$ kann man aber, wie aus Lemma 3.3 folgt, mit Hilfe der eindeutig bestimmten Indexmenge $I(Z_d)$ beschreiben, d. h.

$$\overline{Z}_d = \{\boldsymbol{y} \in E_{m+1} \mid \boldsymbol{y} = \Phi(\boldsymbol{x}),\, x_\alpha = 0,\, \alpha \in I(Z_d),\, x_\alpha \geqq 0,\, \alpha \notin I(Z_d)\}\,. \tag{3.55}$$

Wegen der Bemerkung 3.5 können wir die Kante h_k im E_{m+1} folgendermaßen beschreiben:

$$h_k = \{\boldsymbol{y} \in E_{m+1} \mid y_r = b_r + b'_r\,\nu,\, r = 1, \ldots, m;\, y_{m+1} = \varphi(\nu),\, \nu \in \mathfrak{A}^k_{\nu 0}\}\,. \tag{3.56}$$

Da $h_k \subseteq K$ gilt, folgt aus (3.10)

$$h_k = \{\boldsymbol{y} \in E_{m+1} \mid \boldsymbol{y} = \Phi(\boldsymbol{x}),\, \boldsymbol{x} \in \mathfrak{M}(\nu),\, y_{m+1} = \varphi(\nu),\, \nu \in \mathfrak{A}^k_{\nu 0}\} \tag{3.57}$$

und daher

$$h_k = \{\boldsymbol{y} \in E_{m+1} \mid \boldsymbol{y} = \Phi(\boldsymbol{x}),\, \boldsymbol{x} \in \mathfrak{M}_{\mathrm{opt}}(\nu),\, \nu \in \mathfrak{A}^k_{\nu 0}\}\,. \tag{3.58}$$

Aus (3.55) und (3.58) erhalten wir wegen $h_k \subseteq \overline{Z}_d$, für alle $\nu \in \mathfrak{A}^k_{\nu 0}$ die Aussage

$$\boldsymbol{x} \in \mathfrak{M}_{\mathrm{opt}}(\nu) \Rightarrow \boldsymbol{x} \in \mathfrak{M}(\nu)\,, \quad x_\alpha = 0\,, \quad \alpha \in I(Z_d)\,. \tag{3.59}$$

Sei nun andererseits $\boldsymbol{x} \in \mathfrak{M}(\nu^*)$ und $\nu^* \in \mathfrak{A}^k_{\nu 0}$ beliebig mit der Eigenschaft $x_\alpha = 0$, $\alpha \in I(Z_d)$; es gehört der Punkt $\boldsymbol{y} = \Phi(\boldsymbol{x})$ wegen (3.55) zur abgeschlossenen Seite $\overline{Z}_d$ des Kegels K. Nach (3.38) gilt aber $U(\nu^*) = \Phi(\mathfrak{M}(\nu^*)) \subseteq D$, und daher gehört $\boldsymbol{y}$ auch zu D. Daraus ergibt sich aber $\boldsymbol{y} \in \overline{Z}_d \cap D = h_k$. Auf Grund von (3.57) ist für den betrachteten Punkt $\boldsymbol{x} \in \mathfrak{M}(\nu^*)$

$$y_{m+1} = \sum_{\alpha=1}^{n} c_\alpha x_\alpha = \max_{\boldsymbol{x} \in \mathfrak{M}(\nu^*)} F(\boldsymbol{x}) ,$$

oder anders gesagt, $\boldsymbol{x}$ gehört zur Optimalmenge $\mathfrak{M}_{\text{opt}}(\nu^*)$. Dadurch ist aber auch folgende Aussage bewiesen: Für alle $\nu \in \mathfrak{A}^k_{\nu 0}$ ist

$$\boldsymbol{x} \in \mathfrak{M}(\nu) , \qquad x_\alpha = 0 , \qquad \alpha \in I(Z_d) \quad \Rightarrow \quad \boldsymbol{x} \in \mathfrak{M}_{\text{opt}}(\nu) . \tag{3.60}$$

Setzen wir $I^k_{\nu 0} = I(Z_d)$, so folgt aus (3.59) und (3.60) die Behauptung.

3° Für ein gewisses $\tilde{\nu} \in \operatorname{int} \mathfrak{A}^k_{\nu 0}$ sei d die Dimension der Optimalmenge $\mathfrak{M}_{\text{opt}}(\tilde{\nu})$ mit $0 \leqq d \leqq n - m$. Nach der bereits bewiesenen Aussage 2° existiert eine nicht leere Indexmenge $I^k_{\nu 0}$ mit der Eigenschaft

$$\mathfrak{M}_{\text{opt}}(\tilde{\nu}) = \{\boldsymbol{x} \in \mathfrak{M}(\tilde{\nu}) \mid x_\alpha = 0, \alpha \in I^k_{\nu 0}\} .$$

Wir bezeichnen

$$I^k = \{1, \ldots, n\} \setminus I^k_{\nu 0} . \tag{3.61}$$

Da das Polyeder $\mathfrak{M}(\tilde{\nu})$ die Darstellung (3.3) hat, ergibt sich daraus

$$\mathfrak{M}_{\text{opt}}(\tilde{\nu}) = \{\boldsymbol{x} \in E_n \mid x_\alpha = 0, \alpha \in I^k_{\nu 0}; x_\alpha \geqq 0, \alpha \in I^k; \boldsymbol{A}\,\boldsymbol{x} = \boldsymbol{b} + \boldsymbol{b}'\,\nu\} . \tag{3.62}$$

Die Indexmenge I^k möge l Indizes enthalten. Im $(l+1)$-dimensionalen Raum E_{l+1}, den wir mit den kartesischen Koordinaten x_α, $\alpha \in I^k$ und ν versehen, ist durch das System

$$\sum_{\alpha \in I^k} a_{r\alpha}\, x_\alpha - b'_r\, \nu = b_r , \quad r = 1, \ldots, m ; \quad x_\alpha \geqq 0 , \quad \alpha \in I^k , \quad \nu \in \mathfrak{A}^k_{\nu 0} \tag{3.63}$$

ein konvexes Polyeder M beschrieben. Der Durchschnitt dieses Polyeders mit der durch die Gleichung

$$\nu = \tilde{\nu} \tag{3.64}$$

im E_{l+1} erklärten Hyperebene stellt die Optimalmenge $\mathfrak{M}_{\text{opt}}(\tilde{\nu})$ aus (3.62) als Punktmenge im linearen Unterraum $\{\boldsymbol{x} \in E_n \mid x_\alpha = 0, \alpha \in I^k_{\nu 0}\}$ des Raumes E_n dar. Da nach Voraussetzung $\dim \mathfrak{M}_{\text{opt}}(\tilde{\nu}) = d$ ist, gibt es in der Menge $\mathfrak{M}_{\text{opt}}(\tilde{\nu})$ mindestens $d+1$ linear unabhängige Punkte $\boldsymbol{x}^i$ $(i = 1, \ldots, d+1)$, und jedes System von mehr als $d+1$ Punkten aus $\mathfrak{M}_{\text{opt}}(\tilde{\nu})$ enthält linear abhängige Punkte aus E_n. Daraus folgt aber, daß die Punkte $(x^i_\alpha, \tilde{\nu})^T_{\alpha \in I^k}$, $i = 1, \ldots$ $\ldots, d+1$ aus dem Durchschnitt des Polyeders M (3.63) und der Hyperebene (3.64) linear unabhängig im E_{l+1} sind. Es sei nun $\nu_1 \in \operatorname{int} \mathfrak{A}^k_{\nu 0}$ ein beliebiger Punkt mit $\nu_1 \neq \tilde{\nu}$; dann existiert ein Parameterwert $\nu^* \in \mathfrak{A}^k_{\nu 0}$ derart, daß ν_1 ein innerer Punkt des durch die Randpunkte $\tilde{\nu}$ und ν^* definierten abgeschlossenen Intervalls ist. Es sei $(x^*_\alpha, \nu^*)^T_{\alpha \in I^k}$ ein beliebiger Punkt des Durchschnitts von M (3.63) und der Hyperebene $\nu = \nu^*$ im E_{l+1}.[1]) Da M konvex ist, enthält es jede abgeschlossene Strecke

$$S_i = \{(x_\alpha, \nu)^T_{\alpha\in I^k} \in E_{l+1} \mid x_\alpha = x^*_\alpha + t\,(x^i_\alpha - x^*_\alpha),\ \alpha \in I^k;$$
$$\nu = \nu^* + t\,(\tilde{\nu} - \nu^*),\ 0 \leqq t \leqq 1\}$$

($i = 1, \ldots, d + 1$) mit den Randpunkten $(x^i_\alpha, \tilde{\nu})^T_{\alpha\in I^k}$ und $(x^*_\alpha, \nu^*)^T_{\alpha\in I^k}$. Da ν_1 ein innerer Punkt des durch die Randpunkte $\tilde{\nu}$ und ν^* gebildeten abgeschlossenen Intervalls ist, existiert eindeutig eine Zahl $t_1 \in (0, 1)$ derart, daß

$$\nu_1 = \nu^* + t_1\,(\tilde{\nu} - \nu^*)$$

ist. Mit $(y^i_\alpha, \nu_1)^T_{\alpha\in I^k}$ bezeichnen wir den Durchschnittspunkt der Strecke S_i ($i = 1, \ldots, d + 1$) mit der durch die Gleichung $\nu = \nu_1$ im E_{l+1} erklärten Hyperebene. Offenbar ist

$$y^i_\alpha = x^*_\alpha + t_1\,(x^i_\alpha - x^*_\alpha)\,, \qquad \alpha \in I^k\,. \tag{3.65}$$

Wären nun die Punkte $(y^i_\alpha, \nu_1)^T_{\alpha\in I^k}$, $i = 1, \ldots, d + 1$ linear abhängig im E_{l+1}, so würde es Zahlen ϱ_i ($i = 1, \ldots, d + 1$) geben, so daß gilt

$$\sum_{i=1}^{d+1} |\varrho_i| > 0\,, \qquad \sum_{i=1}^{d+1} \varrho_i = 0\,, \qquad \sum_{i=1}^{d+1} \varrho_i\, y^i_\alpha = 0\,, \qquad \alpha \in I^k\,. \tag{3.66}$$

Aus (3.66) und (3.65) würde dann folgen

$$\sum_{i=1}^{d+1} \varrho_i\,(x^*_\alpha + t_1\,(x^i_\alpha - x^*_\alpha)) = x^*_\alpha\,(1 - t_1) \sum_{i=1}^{d+1} \varrho_i + t_1 \sum_{i=1}^{d+1} \varrho_i\, x^i_\alpha = 0\,, \qquad \alpha \in I^k\,.$$

Wegen $0 < t_1 < 1$ würde sich also ergeben

$$\sum_{i=1}^{d+1} \varrho_i\, x^i_\alpha = 0\,, \qquad \alpha \in I^k\,, \qquad \sum_{i=1}^{d+1} \varrho_i = 0\,, \qquad \sum_{i=1}^{d+1} |\varrho_i| > 0\,;$$

das hieße aber, die Punkte $(x^i_\alpha, \tilde{\nu})^T_{\alpha\in I^k}$ ($i = 1, \ldots, d + 1$) sind linear abhängig im E_{l+1}, was aber offenbar ein Widerspruch zur Voraussetzung $\dim \mathfrak{M}_{\text{opt}}(\tilde{\nu}) = d$ ist. Die Punkte $(y^i_\alpha, \nu_1)^T_{\alpha\in I^k}$ ($i = 1, \ldots, d + 1$), die zum Durchschnitt von M nach (3.63) und der Hyperebene $\nu = \nu_1$ im E_{l+1} gehören, sind also linear unabhängig im E_{l+1}. Daraus folgt sofort, daß die Punkte $\boldsymbol{x}^1, \ldots, \boldsymbol{x}^{d+1}$ mit den Koordinaten $x^i_\alpha = 0$, $\alpha \in I^k_{\nu 0}$, und $x^i_\alpha = y^i_\alpha \geqq 0$, $\alpha \in I^k$, mit $\sum_{\alpha\in I^k} a_{r\alpha}\, x^i_\alpha - b'_r\, \nu_1 = b_r$ ($r = 1, \ldots, m$) linear unabhängig im E_n sind. Für die Optimalmenge $\mathfrak{M}_{\text{opt}}(\nu_1)$ erhalten wir eine zu $\mathfrak{M}_{\text{opt}}(\tilde{\nu})$ aus (3.62) analoge Beschreibung

$$\mathfrak{M}_{\text{opt}}(\nu_1) = \{\boldsymbol{x} \in E_n \mid x_\alpha = 0,\ \alpha \in I^k_{\nu 0},\ x_\alpha \geqq 0,\ \alpha \in I^k;\ \boldsymbol{A}\,\boldsymbol{x} = \boldsymbol{b} + \boldsymbol{b}'\,\nu_1\}\,.$$

[1]) Dieser Durchschnitt ist nicht leer; denn aus $\nu^* \in \mathfrak{A}^k_{\nu 0}$ folgt $\mathfrak{M}(\nu^*) \neq \emptyset$, und nach (3.63), (3.59) und (3.60) hat er die Darstellung

$$\{\boldsymbol{x} \in E_n \mid \sum_{\alpha\in I^k} a_{r\alpha}\, x_\alpha - b'_r\, \nu^* = b_r,\ r = 1, \ldots, m;\ x_\alpha = 0,\ \alpha \in I^k_{\nu 0},\ x_\alpha \geqq 0,\ \alpha \in I^k\}\,.$$

Da die linear unabhängigen Punkte $x^1, \ldots, x^{d+1}$, die wir aus $(y^i_\alpha, \nu_1)^T_{\alpha \in I^k}$ $(i = 1, \ldots, d+1)$ oben gebildet haben, zu $\mathfrak{M}_{\text{opt}}(\nu_1)$ gehören, ist

$$\dim \mathfrak{M}_{\text{opt}}(\nu_1) \geqq \dim \mathfrak{M}_{\text{opt}}(\tilde{\nu}) = d .$$

Nehmen wir an, daß $\dim \mathfrak{M}_{\text{opt}}(\nu_1) > d$ ist. Da ν_1 und $\tilde{\nu}$ aus int $\mathfrak{A}^k_{\nu 0}$ sind, existiert ein Parameter $\nu^{**} \in \mathfrak{A}^k_{\nu 0}$ so daß $\tilde{\nu}$ ein innerer Punkt des durch die Randpunkte ν_1 und ν^{**} definierten abgeschlossenen Intervalls ist. Verfahren wir nun wieder analog wie oben, so kommen wir zu dem Resultat, daß $\dim \mathfrak{M}_{\text{opt}}(\tilde{\nu}) \geqq \dim \mathfrak{M}_{\text{opt}}(\nu_1)$ gilt, was aber im Widerspruch zur Voraussetzung $\dim \mathfrak{M}_{\text{opt}}(\nu_1) > \dim \mathfrak{M}_{\text{opt}}(\tilde{\nu})$ stünde. Da $\nu_1 \in$ int $\mathfrak{A}^k_{\nu 0}$ beliebig war, ist somit die Aussage 3° des Satzes bewiesen.

4° Es sei ν_k ein Randpunkt von $\mathfrak{A}^k_{\nu 0}$ und ν^* ein beliebiger Punkt aus int $\mathfrak{A}^k_{\nu 0}$. Dann existiert ein Punkt $\hat{\nu} \in \mathfrak{A}^k_{\nu 0}$, so daß ν^* ein innerer Punkt des durch die Randpunkte ν_k und $\hat{\nu}$ definierten abgeschlossenen Intervalls ist. Ähnlich wie im Beweis von 3° läßt sich nun zeigen, daß

$$\dim \mathfrak{M}_{\text{opt}}(\nu_k) \leqq \dim \mathfrak{M}_{\text{opt}}(\nu) , \qquad \nu \in \text{int } \mathfrak{A}^k_{\nu 0}$$

ist, was den zweiten Teil von 4° beweist. Für den Randpunkt $\nu_k \in \mathfrak{A}^k_{\nu 0}$ ergibt sich aus (3.58), daß der Punkt

$$y^k = \Phi(\mathfrak{M}_{\text{opt}}(\nu_k)) \tag{3.67}$$

Randpunkt der abgeschlossenen Kante h_k vom Polyeder D ist. Die Kante h_k ist aber eine Teilmenge der abgeschlossenen Seite $\overline{Z}_d$ vom Kegel K und läßt sich durch $h_k = \overline{Z}_d \cap E$ (wo E die Ebene (3.32) bedeutet) darstellen. Somit ist y^k aber auch ein Randpunkt einer Seite Z_{d_*} (mit $d_* < d$) des Kegels K, welche mit der Seite Z_d inzident ist, d. h. $\overline{Z}_{d_*} \subset \overline{Z}_d$. Aus Lemma 3.3 folgt die eindeutige Existenz einer Indexmenge $I(Z_{d_*}) \neq \emptyset$, so daß

$$\overline{Z}_{d_*} = \{y \in E_{m+1} \mid y = \Phi(x),\, x_\alpha = 0,\, \alpha \in I(Z_{d_*}),\, x_\alpha \geqq 0,\, \alpha \notin I(Z_{d_*})\} \tag{3.68}$$

ist. Für die Indexmenge $I^k_{\nu 0} = I(Z_d)$ aus 2° dieses Satzes muß dann aber wegen $\overline{Z}_{d_*} \subset \overline{Z}_d$ und $d_* < d$ gelten, daß $I^k_{\nu 0}$ echte Teilmenge von $I^*(Z_{d_*})$ ist, d. h. $I^k_{\nu 0} \subset I(Z_{d_*})$, denn aus $I^k_{\nu 0} = I(Z_{d_*})$ würde $Z_d = Z_{d_*}$ folgen, was ein Widerspruch wäre. Da, wie bereits gezeigt, $y^k \in Z_{d_*}$ ist, ergibt sich aus (3.67) und (3.68) die Aussage

$$x \in \mathfrak{M}_{\text{opt}}(\nu_k) \Rightarrow x_\alpha = 0 , \qquad \alpha \in I(Z_{d_*}) . \tag{3.69}$$

Ist andererseits $I_{\nu 0}(\nu_k)$ die charakteristische Indexmenge der Optimalmenge $\mathfrak{M}_{\text{opt}}(\nu_k)$, so gilt

$$\mathfrak{M}_{\text{opt}}(\nu_k) = \{x \in \mathfrak{M}(\nu_k) \mid x_\alpha = 0,\, \alpha \in I_{\nu 0}(\nu_k)\} .$$

Da $I_{\nu 0}(\nu_k)$ als charakteristische Indexmenge maximal ist, folgt aus (3.69) $I^k_{\nu 0} \subset I(Z_{d_*})$. Da aber $I^k_{\nu 0} = I(Z_d) \neq \emptyset$ und $I^k_{\nu 0} \subset I(Z_{d_*})$ ist, folgt daraus $I^k_{\nu 0} \subset I_{\nu 0}(\nu_k)$, d. h., $I^k_{\nu 0}$ ist eine echte Teilmenge der charakteristischen Indexmenge $I_{\nu 0}(\nu_k)$.

Damit ist aber 4° bewiesen und weiterhin ist gezeigt, daß $I^k_{\nu 0}$ charakteristische Indexmenge der Optimalmengen $\mathfrak{M}_{\text{opt}}(\nu)$ für alle $\nu \in \text{int}\, \mathfrak{A}^k_{\nu 0}$ ist.

5° Für $\nu^* \in \mathfrak{A}_{\nu 0} \setminus \mathfrak{A}^k_{\nu 0}$ gilt

$$\mathfrak{M}_{\text{opt}}(\nu^*) = \{\boldsymbol{x} \in \mathfrak{M}(\nu^*) \mid x_\alpha = 0, \alpha \in I_{\nu 0}(\nu^*)\}$$

wobei $I_{\nu 0}(\nu^*)$ die charakteristische Indexmenge zu $\mathfrak{M}_{\text{opt}}(\nu^*)$ ist. Weiterhin ist

$$\boldsymbol{y}^* = \Phi(\mathfrak{M}_{\text{opt}}(\nu^*)) \notin \overline{Z}_d\,, \tag{3.70}$$

$\overline{Z}_d$ aus (3.55), denn wegen $h_k = \overline{Z}_d \cap E$ müßte sonst der Punkt $\boldsymbol{y}^*$ auch zur Kante h_k des Polyeders D gehören, wozu aber nach (3.57) $\nu^* \in \mathfrak{A}^k_{\nu 0}$ notwendig wäre. Aus (3.55) folgt daher $I(Z_d) = I^k_{\nu 0} \subsetneqq I_{\nu 0}(\nu^*)$. Da $\nu^* \in \mathfrak{A}_{\nu 0}$ aber $\nu^* \notin \mathfrak{A}^k_{\nu 0}$ ist, liegt ν^* in einem Intervall $\mathfrak{A}^l_{\nu 0}$ $(l \neq k)$, $\mathfrak{A}^l_{\nu 0}$ hat mit $\mathfrak{A}^k_{\nu 0}$ höchstens einen gemeinsamen Randpunkt; das kann aber nicht ν^* sein, da $\nu^* \notin \mathfrak{A}^k_{\nu 0}$ ist. Auf Grund von 2° und 4° folgt für die charakteristische Indexmenge zu $\mathfrak{M}_{\text{opt}}(\nu)$ für alle $\nu \in \text{int}\, \mathfrak{A}^l_{\nu 0} : I^l_{\nu 0} \subsetneqq I_{\nu 0}(\nu^*)$. Wäre nun $I_{\nu 0}(\nu^*)$ echte Teilmenge von $I^k_{\nu 0} = I(Z_d)$, so wäre auch $I^l_{\nu 0} = I(Z_{\tilde{d}})$ echte Teilmenge von $I^k_{\nu 0}$ und daher wäre die Seite $Z_{\tilde{d}}$ $(0 \leqq \tilde{d})$ des Kegels K, deren Abschließung den Punkt $\boldsymbol{y}^* = \Phi(\mathfrak{M}_{\text{opt}}(\nu^*))$ enthält, mit der Seite Z_d aus (3.55) inzident, also müßte der Punkt $\boldsymbol{y}^*$ im Widerspruch zu (3.70) in $\overline{Z}_d$ liegen. Damit ist aber auch 5° und daher der Satz 3.7 bewiesen. ∎

∎ B. 3.7 Die Aussagen des Satzes 3.7 lassen sich anschaulich geometrisch interpretieren. Sei $\nu^* \in \mathfrak{A}_{\nu 0}$, also die Aufgabe $P(\nu^*, 0)$ lösbar. Wir betrachten nun den Fall, wo

$$\mathfrak{M}_{\text{opt}}(\nu^*) = \{\boldsymbol{x} \in \mathfrak{M}(\nu^*) \mid x_\alpha = 0, \alpha \in I_{\nu 0}(\nu^*)\}$$

eine abgeschlossene Seite von $\mathfrak{M}(\nu^*)$ repräsentiert. Die Optimalmenge gehört zu

$$\mathfrak{L}(\nu^*) = \{\boldsymbol{x} \in E_n \mid \boldsymbol{A}\,\boldsymbol{x} = \boldsymbol{b} + \boldsymbol{b}'\,\nu^*;\, x_\alpha = 0, \alpha \in I_{\nu 0}(\nu^*)\}\,,$$

demjenigen linearen Unterraum kleinster Dimension des E_n, der $\mathfrak{M}_{\text{opt}}(\nu^*)$ enthält. Der lineare Unterraum

$$\mathfrak{L}(\nu) = \{\boldsymbol{x} \in E_n \mid \boldsymbol{A}\,\boldsymbol{x} = \boldsymbol{b} + \boldsymbol{b}'\,\nu;\, x_\alpha = 0, \alpha \in I_{\nu 0}(\nu^*)\}$$

mit $\nu \neq \nu^*$ hat dieselbe Dimension wie $\mathfrak{L}(\nu^*)$ und ist zu diesem parallel.[1])

Aus 2° bis 5° des Satzes 3.7 erhalten wir: Für jedes $\nu \in \mathfrak{A}^k_{\nu 0}$ sind die abgeschlossenen Seiten $\mathfrak{M}_{\text{opt}}(\nu)$ der Polyeder $\mathfrak{M}(\nu)$ parallel zueinander. Für alle $\nu \in \text{int}\, \mathfrak{A}^k_{\nu 0}$ haben die Polyeder $\mathfrak{M}_{\text{opt}}(\nu)$ dieselbe Dimension. Für einen Randpunkt $\nu_k \in \mathfrak{A}^k_{\nu 0}$ ist $\dim \mathfrak{M}_{\text{opt}}(\nu_k) \leqq \dim \mathfrak{M}_{\text{opt}}(\nu)$ für $\nu \in \text{int}\, \mathfrak{A}^k_{\nu 0}$. Falls $\tilde{\nu} \in \mathfrak{A}_{\nu 0} \setminus \mathfrak{A}^k_{\nu 0}$

---

[1]) Wegen $\nu \neq \nu^*$ und $\sum_{r=1}^{m} |b'_r| > 0$ ist $\mathfrak{L}(\nu^*) \cap \mathfrak{L}(\nu) = \emptyset$. Seien $\boldsymbol{x}^* \in \mathfrak{L}(\nu^*)$ und $\boldsymbol{x}^1 \in \mathfrak{L}(\nu)$ fixierte Punkte; dann gilt für die Punkte $\tilde{\boldsymbol{x}} = \boldsymbol{x} + \boldsymbol{x}^1 - \boldsymbol{x}^*$ mit $\boldsymbol{x} \in \mathfrak{L}(\nu^*)$

$$\boldsymbol{A}\,\tilde{\boldsymbol{x}} = \boldsymbol{A}\,\boldsymbol{x} + \boldsymbol{A}\,\boldsymbol{x}^1 - \boldsymbol{A}\,\boldsymbol{x}^* = \boldsymbol{b} + \boldsymbol{b}'\,\nu\,.$$

Der Raum $\mathfrak{L}(\nu)$ entsteht also durch Parallelverschiebung aus $\mathfrak{L}(\nu^*)$.

ist, so stellt $\mathfrak{M}_{\text{opt}}(\tilde{\nu})$ eine abgeschlossene Seite von $\mathfrak{M}(\tilde{\nu})$ dar, die nicht durch Parallelverschiebung einer abgeschlossenen Seite $\mathfrak{M}_{\text{opt}}(\nu)$, $\nu \in \text{int}\, \mathfrak{A}^k_{\nu 0}$ im oben beschriebenen Sinne entsteht. ▮

▮ S. 3.8 *Sei die Matrix* $\tilde{A}$ (3.9) *vom Range* m *und die Lösbarkeitsmenge ein Intervall, so gilt:*

1° $\mathfrak{M}_{\text{opt}}(\nu) = \mathfrak{M}(\nu)$ *für alle* $\nu \in \mathfrak{A}_{\nu 0}$,

2° $\dim \mathfrak{M}_{\text{opt}}(\nu) = \dim \mathfrak{M}(\nu) = d$ *für alle* $\nu \in \text{int}\, \mathfrak{A}_{\nu 0}$,

3° *In einem Randpunkt* ν_0 *von* $\mathfrak{A}_{\nu 0}$ *ist*

$$\dim \mathfrak{M}(\nu_0) = \dim \mathfrak{M}_{\text{opt}}(\nu_0) \leqq \dim \mathfrak{M}(\nu)$$

für $\nu \in \text{int}\, \mathfrak{A}_{\nu 0}$. ▮

▮ Bws. Für die Behauptung 1° liefert Lemma 3.2 sofort den Beweis. Analog zu 3° und dem entsprechenden Teil aus 4° des Satzes 3.7 lassen sich 2° und 3° beweisen (dabei ist $\mathfrak{A}^k_{\nu 0}$ durch $\mathfrak{A}_{\nu 0}$ zu ersetzen). ▮

▮ B. 3.8 Man kann auch unter den Voraussetzungen des Satzes 3.8 von einer eindeutigen Einteilung (3.53) der Lösbarkeitsmenge $\mathfrak{A}_{\nu 0}$ sprechen. Diese Einteilung ist jedoch trivial, denn sie besteht nur aus dem Intervall $\mathfrak{A}_{\nu 0}$. Setzt man in (3.53) $s = 1$ und läßt $I^1_{\nu 0} = \emptyset$ zu, so gelten auch in diesem Fall die Aussagen aus dem Satz 3.7 über die Einteilung (3.53). ▮

▮ S. 3.9 *Ist* $\mathfrak{A}_{\nu 0}$ *ein Intervall und existiert ein Parameter* $\nu^* \in \text{int}\, \mathfrak{A}_{\nu 0}$, *für welchen* $\mathfrak{M}_{\text{opt}}(\nu^*) = \mathfrak{M}(\nu^*)$ *gilt, so ist auch*

$$\mathfrak{M}_{\text{opt}}(\nu) = \mathfrak{M}(\nu) \quad \textit{für alle} \quad \nu \in \mathfrak{A}_{\nu 0}\,. \tag{3.71}$$

▮

▮ Bws. Aus $\nu^* \in \text{int}\, \mathfrak{A}_{\nu 0}$ mit $\mathfrak{M}_{\text{opt}}(\nu^*) = \mathfrak{M}(\nu^*)$ folgt, daß $F(\boldsymbol{x}) = \boldsymbol{c}^T \boldsymbol{x}$ über $\mathfrak{M}(\nu^*)$ konstant ist.

Daraus erhält man sofort

$$\max_{\boldsymbol{x} \in \mathfrak{M}(\nu^*)} F(\boldsymbol{x}) = \min_{\boldsymbol{x} \in \mathfrak{M}(\nu^*)} F(\boldsymbol{x})\,. \tag{3.72}$$

Aus Satz 3.5 ergibt sich daher, daß die beiden Aufgaben $P(\nu, 0)$ und $\overline{P}(\nu, 0)$ für alle $\nu \in \mathfrak{A}_{\nu 0}$ lösbar sind, d. h. also $\mathfrak{A}_{\nu 0} = \overline{\mathfrak{A}}_{\nu 0}$. Die Lösungsfunktionen $\varphi(\nu)$ bzw. $\overline{\varphi}(\nu)$ (aus (3.45) bzw. (3.46)) sind konkav bzw. konvex über ihrem gemeinsamen Definitionsbereich $\mathfrak{A}_{\nu 0}$, wie in Satz 3.6 gezeigt wurde. Offenbar ist

$$\varphi(\nu) \geqq \overline{\varphi}(\nu) \quad \text{für alle} \quad \nu \in \mathfrak{A}_{\nu 0}\,. \tag{3.73}$$

Aus (3.72) ergibt sich für $\nu^* \in \text{int}\, \mathfrak{A}_{\nu 0}$

$$\varphi(\nu^*) = \overline{\varphi}(\nu^*)\,.$$

Nehmen wir an, es gibt einen Parameterwert $\tilde{\nu} \in \mathfrak{A}_{\nu 0}$, für welchen

$$\varphi(\tilde{\nu}) > \overline{\varphi}(\tilde{\nu}) \tag{3.74}$$

ist. Da $\nu^* \in \operatorname{int} \mathfrak{A}_{\nu 0}$ vorausgesetzt wurde, existiert ein $\hat{\nu} \in \mathfrak{A}_{\nu 0}$ derart, daß ν^* ein innerer Punkt des abgeschlossenen Intervalls Λ mit den Randpunkten $\hat{\nu}$ und $\tilde{\nu}$ ist. Bezeichnen wir mit g_1 bzw. g_2 die Graphen der Funktionen $\varphi(\nu)$ bzw. $\overline{\varphi}(\nu)$ in der mit den kartesischen Koordinaten ν und t versehenen Ebene E, d. h.

$$g_1 = \{(\nu, t) \in E \mid t = \varphi(\nu), \nu \in \mathfrak{A}_{\nu 0}\},$$

$$g_2 = \{(\nu, t) \in E \mid t = \overline{\varphi}(\nu), \nu \in \mathfrak{A}_{\nu 0}\}.$$

Die Mengen

$$p_1 = \left\{(\nu, t) \in E \mid t = \varphi(\tilde{\nu}) + \frac{\varphi(\hat{\nu}) - \varphi(\tilde{\nu})}{\hat{\nu} - \tilde{\nu}} (\nu - \tilde{\nu}), \quad \nu \in \Lambda\right\}$$

und

$$p_2 = \left\{(\nu, t) \in E \mid t = \overline{\varphi}(\tilde{\nu}) + \frac{\overline{\varphi}(\hat{\nu}) - \overline{\varphi}(\tilde{\nu})}{\hat{\nu} - \tilde{\nu}} (\nu - \tilde{\nu}), \quad \nu \in \Lambda\right\}$$

sind Strecken in E. Dabei sind die Punkte $(\tilde{\nu}, \varphi(\tilde{\nu}))$, $(\hat{\nu}, \varphi(\hat{\nu}))$ aus g_1 die Randpunkte von p_1; $(\tilde{\nu}, \overline{\varphi}(\tilde{\nu}))$, $(\hat{\nu}, \overline{\varphi}(\hat{\nu}))$, aus g_2 sind die Randpunkte von p_2. Da die Funktionen $\varphi(\nu)$ konkav und $\overline{\varphi}(\nu)$ konvex über $\mathfrak{A}_{\nu 0}$ sind, dürfen wir schreiben

$$\varphi(\nu) \geqq \varphi(\tilde{\nu}) + \frac{\varphi(\hat{\nu}) - \varphi(\tilde{\nu})}{\hat{\nu} - \tilde{\nu}} (\nu - \tilde{\nu}), \quad \nu \in \Lambda$$

$$\overline{\varphi}(\nu) \leqq \overline{\varphi}(\tilde{\nu}) + \frac{\overline{\varphi}(\hat{\nu}) - \overline{\varphi}(\tilde{\nu})}{\hat{\nu} - \tilde{\nu}} (\nu - \tilde{\nu}), \quad \nu \in \Lambda.$$

Da $\nu^* \in \operatorname{int} \Lambda$ mit $\varphi(\nu^*) = \overline{\varphi}(\nu^*)$ ist, ergibt sich

$$\varphi(\tilde{\nu}) + \frac{\overline{\varphi}(\hat{\nu}) - \varphi(\tilde{\nu})}{\hat{\nu} - \tilde{\nu}} (\nu^* - \tilde{\nu}) \leqq \overline{\varphi}(\tilde{\nu}) + \frac{\overline{\varphi}(\hat{\nu}) - \overline{\varphi}(\tilde{\nu})}{\hat{\nu} - \tilde{\nu}} (\nu^* - \tilde{\nu})$$

und nach Umformung

$$\left(1 - \frac{\nu^* - \tilde{\nu}}{\hat{\nu} - \tilde{\nu}}\right) (\varphi(\tilde{\nu}) - \overline{\varphi}(\tilde{\nu})) \leqq - \frac{\nu^* - \tilde{\nu}}{\hat{\nu} - \tilde{\nu}} (\varphi(\hat{\nu}) - \overline{\varphi}(\hat{\nu})). \tag{3.75}$$

Es muß

$$0 < \frac{\nu^* - \tilde{\nu}}{\hat{\nu} - \tilde{\nu}} < 1 \tag{3.76}$$

sein, da $\nu^* \in \operatorname{int} \Lambda$ ist. Wegen (3.74) und (3.76) ist die linke Seite von (3.75) positiv, daher aber auch die rechte. Dann muß aber auf Grund von (3.76) $-\varphi(\hat{\nu}) + \overline{\varphi}(\hat{\nu}) > 0$ sein, d. h. $\overline{\varphi}(\hat{\nu}) > \varphi(\hat{\nu})$ im Widerspruch zu (3.73). Also ist $\varphi(\nu) = \overline{\varphi}(\nu)$ für alle $\nu \in \mathfrak{A}_{\nu 0}$, d. h.

$$\max_{\boldsymbol{x} \in \mathfrak{M}(\nu)} F(\boldsymbol{x}) = \min_{\boldsymbol{x} \in \mathfrak{M}(\nu)} F(\boldsymbol{x}) \qquad \text{für alle} \quad \nu \in \mathfrak{A}_{\nu 0}.$$

Daraus ergibt sich aber sofort (3.71). ∎

Die bisherigen Ergebnisse der Untersuchungen gestatten es, den Hauptsatz des Kapitels 3 zu formulieren.

▮ S. 3.10 *Ist die Lösbarkeitsmenge* $\mathfrak{A}_{\nu 0}$ *des parametrischen Problems* $P(\nu, 0)$ *ein Intervall*[1]), *so existiert entweder*

1° *eine von* $\nu \in \mathfrak{A}_{\nu 0}$ *unabhängige charakteristische Indexmenge* $I_{\nu 0} \subseteq \{1, \ldots, n\}$, *die möglicherweise leer ist, so daß*

$$\mathfrak{M}_{\text{opt}}(\nu) = \{x \in \mathfrak{M}(\nu) \mid x_\alpha = 0, \alpha \in I_{\nu 0}\}, \qquad \nu \in \mathfrak{A}_{\nu 0}$$

gilt, oder

2° *es gibt eine eindeutige Einteilung des Intervalls* $\mathfrak{A}_{\nu 0}$ *mit den Eigenschaften aus Satz* 3.7.

3° *Die Einteilung* (3.53) *stellt für das duale parametrische Problem* $D(0, \nu)$ (3.40) *die entsprechende Einteilung aus dem Satz* 2.6 *dar und besitzt die dort angeführten Eigenschaften.* ▮

▮ Bws. Die Aussagen 1° und 2° sind wegen der obigen Sätze 3.7, 3.8 sowie B. 3.8 trivial. Zum Beweis von 3° stützen wir uns auf den Satz 3.4. Für die Lösungsfunktionen von $P(\nu, 0)$ bzw. $D(0, \nu)$ gilt (3.49). Weder $P(\nu, 0)$ noch $D(0, \nu)$ sind für $\nu \in E_1 \setminus \mathfrak{A}_{\nu 0}$ lösbar. Bezeichnen wir mit N_1 die Menge der Parameter $\nu_k \in \mathfrak{A}_{\nu 0}$ $(k = 1, \ldots, s + 1)$, welche die Einteilung von $\mathfrak{A}_{\nu 0}$ für das Problem $P(\nu, 0)$ bestimmen, und mit N_2 die Menge der Punkte aus $\mathfrak{A}_{\nu 0}$, welche die Einteilung von $\mathfrak{A}_{\nu 0}$ für $D(\nu, 0)$ festlegen, so genügt es zum Beweis von 3° offenbar, die Gleichheit von N_1 und N_2 zu zeigen. Zunächst beweisen wir, daß

$$N_1 \subseteq N_2 \tag{3.77}$$

gilt. Nehmen wir dazu an, es existiert ein $\bar{\nu} \in \operatorname{int} \mathfrak{A}_{\nu 0}$ mit $\bar{\nu} \in N_1$, aber $\bar{\nu} \notin N_2$. Der Parameter $\bar{\nu} \in N_1$ ist auf Grund von Satz 3.7, 1° und (3.49) ein innerer Punkt von $\mathfrak{A}_{\nu 0}$, in welchem die stückweise lineare Funktion $\psi(\nu)$ nicht differenzierbar ist. In jedem Intervall $(\bar{\nu} - \varepsilon, \bar{\nu} + \varepsilon) \subseteq \mathfrak{A}_{\nu 0}$ ist die Funktion $\psi(\nu) = \varphi(\nu)$ stückweise linear. Aus $\bar{\nu} \in \operatorname{int} \mathfrak{A}_{\nu 0}, \bar{\nu} \notin N_2$ folgt, daß $\bar{\nu}$ aus dem Inneren eines Einteilungsintervalls I^k der zu $D(0, \nu)$ gehörenden Einteilung von $\mathfrak{A}_{\nu 0}$ ist. Nach Satz 2.6 stimmen die Optimalmengen

$$\mathfrak{N}_{\text{opt}}(\nu) = \{u^0 \in \mathfrak{N} \mid G(u^0, \nu) = \min_{u \in \mathfrak{N}} G(u, \nu)\}$$

für alle $\nu \in \operatorname{int} I^k$ überein. Da $\bar{\nu} \in \operatorname{int} I^k$ ist, gilt daher

$$\mathfrak{N}_{\text{opt}}(\nu) = \mathfrak{N}_{\text{opt}}(\bar{\nu}) \quad \text{für alle} \quad \nu \in \operatorname{int} I^k .$$

Sei $u^0 \in \mathfrak{N}_{\text{opt}}(\bar{\nu})$ ein fester Punkt; es ergibt sich

$$\varphi(\nu) = \psi(\nu) = G(u^0, \nu) = \min_{u \in \mathfrak{N}} G(u, \nu) = (b + b' \nu)^T u^0$$

für alle $\nu \in \operatorname{int} I^k$, d. h., daß die Funktion $\psi(\nu)$ linear über $\operatorname{int} I^k$ ist. Wegen $\bar{\nu} \in \operatorname{int} I^k$ existiert aber ein $\varepsilon > 0$, so daß die Funktion $\psi(\nu)$ linear über

[1]) Falls $\mathfrak{A}_{\nu 0} = \{\nu^*\}$ ist, so gilt sinngemäß alles, was in den Fußnoten [1]) und [2]) beim Satz 2.6 gesagt ist.

$(\bar{\nu} - \varepsilon, \bar{\nu} + \varepsilon) \subseteq \text{int } I^k$ ist, das ist aber ein Widerspruch dazu, daß $\psi(\nu)$ über keinem Intervall $(\bar{\nu} - \varepsilon, \bar{\nu} + \varepsilon)$ linear sein könne. Daraus folgt aber: $\bar{\nu} \in N_2$. Falls das Intervall $\mathfrak{A}_{\nu 0}$ endliche Grenzen hat, gehören diese sowohl zur Menge N_1 als auch zu N_2, also gilt (3.77).

Es sei nun $\mathfrak{A}_{\nu 0}^l \subseteq \mathfrak{A}_{\nu 0}$ ein Einteilungsintervall von (3.53) für das Problem $P(\nu, 0)$. Der Punkt

$$\boldsymbol{y}^* = \Phi(\mathfrak{M}_{\text{opt}}(\nu^*))$$

ist für einen festen Parameter $\nu^* \in \text{int } \mathfrak{A}_{\nu 0}^l$ ein Punkt aus dem Inneren der abgeschlossenen Kante h_l des Polyeders D (3.51), wobei nach (3.58) gilt

$$h_l = \{\boldsymbol{y} \in E_{m+1} \mid \boldsymbol{y} = \Phi(\boldsymbol{x}),\ \boldsymbol{x} \in \mathfrak{M}_{\text{opt}}(\nu),\ \nu \in \mathfrak{A}_{\nu 0}^l\}\,.$$

Folgende zwei Fälle müssen wir betrachten:

(a) $h_l \subseteq \bar{Z}_d$, wobei $\bar{Z}_d$ eine bestimmte abgeschlossene Seite des Kegels K (3.10) ist, und es gilt $h_l \cap \bar{Z}_d \neq \emptyset$.

(b) h_l enthält innere Punkte des Kegels K.[1])

Ein Punkt $\boldsymbol{u}^\circ \in \mathfrak{N}$ ist nach Lemma 3.5 genau dann optimal für die Aufgabe $D(0, \nu^*)$, wenn die Hyperebene $R(\boldsymbol{u}^\circ)$ nach (3.29) eine Stützhyperebene an den Kegel K ist mit $\boldsymbol{y}^* = \Phi(\mathfrak{M}_{\text{opt}}(\nu^*)) \in R(\boldsymbol{u}^0)$. Im Fall (a) berührt eine derartige Stützhyperebene den Kegel K entlang der abgeschlossenen Seite $\bar{Z}_d$; im Fall (b) existiert genau eine derartige Hyperebene im E_{m+1}, und sie enthält den Kegel K. Alle Stützhyperebenen $R(\boldsymbol{u}^0)$ an K mit $\boldsymbol{y}^* \in R(\boldsymbol{u}^0)$ sind offensichtlich für alle Punkte $\boldsymbol{y} \in \text{int } \bar{Z}_d = Z_d$ dieselben (bzw. für alle $\boldsymbol{y} \in \text{int } K$). Damit ist aber auch für alle $\boldsymbol{y} = \Phi(\mathfrak{M}_{\text{opt}}(\nu)) \subseteq h_l$, $\nu \in \text{int } \mathfrak{A}_{\nu 0}^l$ die Menge der Stützhyperebenen $R(\boldsymbol{u}^0)$ mit $\boldsymbol{y} \in R(\boldsymbol{u}^0)$ unabhängig davon, wie man ν aus int $\mathfrak{A}_{\nu 0}^l$ wählt. Aus dem Lemma 3.5 folgt deshalb weiter, daß die Mengen

$$\mathfrak{N}_{\text{opt}}(\nu) = \{\boldsymbol{u}^0 \in \mathfrak{N} \mid G(\boldsymbol{u}^0, \nu) = \min_{\boldsymbol{u} \in \mathfrak{N}} G(\boldsymbol{u}, \nu)\}\,, \qquad \nu \in \text{int } \mathfrak{A}_{\nu 0}^l$$

untereinander alle gleich sind. Weil $\nu^* \in \text{int } \mathfrak{A}_{\nu 0}^l$ vorausgesetzt wurde, gilt daher

$$\mathfrak{N}_{\text{opt}}(\nu) = \mathfrak{N}_{\text{opt}}(\nu^*) \quad \text{für alle} \quad \nu \in \text{int } \mathfrak{A}_{\nu 0}^l\,. \tag{3.78}$$

Wir nehmen nun an, daß ein Punkt $\bar{\nu} \in \mathfrak{A}_{\nu 0}$ existiert, für welchen gilt

$$\bar{\nu} \in \text{int } \mathfrak{A}_{\nu 0}^l\,, \qquad \bar{\nu} \in N_2\,, \qquad \bar{\nu} \notin N_1\,. \tag{3.79}$$

Die Randpunkte des Intervalls $\mathfrak{A}_{\nu 0}^l$ sind, falls sie existieren, wegen $N_1 \subseteq N_2$ Elemente von N_2. Da der Punkt $\bar{\nu}$ mit den Eigenschaften (3.79) zwischen den Randpunkten von $\mathfrak{A}_{\nu 0}^l$ liegt, zerfällt $\mathfrak{A}_{\nu 0}^l$ mindestens in zwei Teilintervalle, die zur Einteilung von $\mathfrak{A}_{\nu 0}$ für das Dualproblem $D(0, \nu)$ gehören. Der Punkt $\bar{\nu}$ aus (3.79) ist dann aber Randpunkt zweier derartiger Teilintervalle I' und I''.

---

[1]) Der Fall (b) kommt nur in Frage, wenn $\tilde{A}$ (3.9) vom Range m ist, d. h. dim $K = m$ (vgl. Beweis für Satz 3.7, 2°).

Nach Satz 2.6, 2° gilt

$$\mathfrak{N}_{\text{opt}}(\nu) = \mathfrak{N}_{\text{opt}}(\nu') \qquad \text{für alle } \nu \in \operatorname{int} I'$$

und festes $\nu' \in \operatorname{int} I'$. Jedes $\nu'' \notin \operatorname{int} I'$ hingegen und insbesondere jedes $\nu'' \in \operatorname{int} I''$ führt auf $\mathfrak{N}_{\text{opt}}(\nu'') \neq \mathfrak{N}_{\text{opt}}(\nu')$, was aber, da ν' und ν'' aus dem Inneren von $\mathfrak{A}^l_{\nu 0}$ sind, ein Widerspruch zu (3.78) bedeutet. Ein Fall (3.79) kann also nicht auftreten. Das Intervall $\mathfrak{A}^l_{\nu 0}$ wurde als beliebiges Einteilungsintervall aus (3.53) für $P(\nu, 0)$ vorausgesetzt, mit (3.77) folgt daher, daß die Mengen N_1 und N_2 gleich sind. Damit ist aber der Satz 3.10 bewiesen. ▮

Wir wollen noch zeigen, wie man die zulässige Parametermenge $\mathfrak{B}_\nu$ bestimmen kann; bekanntlich fällt sie mit der Lösbarkeitsmenge $\mathfrak{A}_{\nu 0}$ zusammen, falls es einen Parameter $\tilde{\nu} \in E_1$ gibt, für welchen die Aufgabe $P(\tilde{\nu}, 0)$ lösbar ist. Wir betrachten dazu im Raum E_{n+1}, in dem $x_1, \ldots, x_n, \nu$ kartesische Koordinaten sind, die Menge

$$\hat{\mathfrak{M}} = \left\{ \begin{pmatrix} \boldsymbol{x} \\ \nu \end{pmatrix} \in E_{n+1} \mid \boldsymbol{A}\,\boldsymbol{x} - \boldsymbol{b}'\,\nu = \boldsymbol{b}\,, \quad \boldsymbol{x} \geqq \boldsymbol{o};\, \nu \in E_1 \right\}. \tag{3.80}$$

Weiterhin definieren wir

$$\nu^1 = \inf_{\binom{\boldsymbol{x}}{\nu} \in \hat{\mathfrak{M}}} \nu\,, \qquad \nu^2 = \sup_{\binom{\boldsymbol{x}}{\nu} \in \hat{\mathfrak{M}}} \nu\,. \tag{3.81}$$

▮ S. 3.11 *Falls*

$$\hat{\mathfrak{M}} \neq \emptyset \tag{3.82}$$

ist, so gilt

$$\mathfrak{B}_\nu = \begin{cases} \langle \nu^1, \nu^2 \rangle\,, & \textit{falls } \nu^1, \nu^2 \textit{ endlich, } \nu^1 < \nu^2\,, \\ \{\nu^1\}\,, & \textit{falls } \nu^1 = \nu^2 \textit{ und endlich}\,, \\ (-\infty, \nu^2\rangle\,, & \textit{falls } \nu^1 = -\infty,\ \nu^2 \textit{ endlich}\,, \\ \langle \nu^1, \infty)\,, & \textit{falls } \nu^2 = \infty,\ \nu^1 \textit{ endlich}\,, \\ (-\infty, \infty)\,, & \textit{sonst}\,. \end{cases} \tag{3.83}$$

▮

▮ Bws. Sind ν^1, ν^2 endlich, so gilt

$$\nu^1 = \min_{\binom{\boldsymbol{x}}{\nu} \in \hat{\mathfrak{M}}} \nu\,, \qquad \nu^2 = \max_{\binom{\boldsymbol{x}}{\nu} \in \hat{\mathfrak{M}}} \nu\,,$$

d. h., es existieren Punkte $\boldsymbol{x}^1, \boldsymbol{x}^2 \in E_n$ mit $(\boldsymbol{x}^i, \nu^i) \in \hat{\mathfrak{M}}$ für $i = 1, 2$. Nach (3.80) gilt

$$\boldsymbol{A}\,\boldsymbol{x}^i = \boldsymbol{b} + \boldsymbol{b}'\,\nu^i\,, \qquad \boldsymbol{x}^i \geqq \boldsymbol{o}\,, \qquad i = 1, 2\,.$$

Wegen (3.3) heißt das aber $\boldsymbol{x}^1 \in \mathfrak{M}(\nu^1)$ und $\boldsymbol{x}^2 \in \mathfrak{M}(\nu^2)$, also $\mathfrak{M}(\nu^i) \neq \emptyset$ für $i = 1, 2$. Die zulässige Parametermenge $\mathfrak{B}_\nu = \{\nu \in E_1 \mid \mathfrak{M}(\nu) \neq \emptyset\}$ enthält also ν^1 und ν^2. Wegen Satz 3.1 ist aber auch $\langle \nu^1, \nu^2 \rangle \subseteq \mathfrak{B}_\nu$ (bzw. $\nu^1 \in \mathfrak{B}_1$, falls $\nu^1 = \nu^2$). Nehmen wir an, daß es einen Parameter $\nu^* \in \mathfrak{B}_\nu$ gibt mit der Eigenschaft $\nu^* \notin \langle \nu^1, \nu^2 \rangle$ (bzw. $\nu^* \neq \nu^1$ falls $\nu^1 = \nu^2$). Es sei $\boldsymbol{x}^* \in \mathfrak{M}(\nu^*)$ ein beliebiger Punkt, und es gilt

$$\boldsymbol{A}\,\boldsymbol{x}^* = \boldsymbol{b} + \boldsymbol{b}'\,\nu^*\,, \qquad \boldsymbol{x} \geqq \boldsymbol{o}\,,$$

daher gehört $\begin{pmatrix} \boldsymbol{x}^* \\ \nu^* \end{pmatrix}$ zu $\hat{\mathfrak{M}}$ nach (3.80). Die Zielfunktion $f = \nu$, die über $\hat{\mathfrak{M}}$ betrachtet wird, nimmt im Punkt $\begin{pmatrix} \boldsymbol{x}^* \\ \nu^* \end{pmatrix} \in \hat{\mathfrak{M}}$ den Wert ν^* an, der aber auf Grund unserer Voraussetzungen nicht zwischen dem Minimum ν^1 und dem Maximum ν^2 der Funktion $f = \nu$ liegt, was aber offenbar ein Widerspruch ist. Daher gilt $\langle \nu^1, \nu^2 \rangle = \mathfrak{B}_\nu$, falls $\nu^1 < \nu^2$ ist, und $\mathfrak{B}_\nu = \langle \nu^1 \rangle$, wenn $\nu^1 = \nu^2$ gilt. Die verbleibenden Fälle aus (3.83) beweist man analog. ▮

▮ B. 3.10 Ist eine konkrete Aufgabe vom Typ $P(\nu, 0)$ gegeben, so kann man mit der im Satz 3.11 formulierten Aussage, die zulässige Parametermenge $\mathfrak{B}_\nu$ bestimmen, falls bekannt ist, ob $\hat{\mathfrak{M}} \neq \emptyset$ ist und ein Basispunkt $(\boldsymbol{x}^{0\,T}, \nu_0)$ existiert. Man löst dann nämlich folgende Optimierungsaufgaben

$$\min \left\{ \nu \mid \begin{pmatrix} \boldsymbol{x} \\ \nu \end{pmatrix} \in \hat{\mathfrak{M}} \right\}$$

und

$$\max \left\{ \nu \mid \begin{pmatrix} \boldsymbol{x} \\ \nu \end{pmatrix} \in \hat{\mathfrak{M}} \right\}$$

mit der gewöhnlichen Simplexmethode. Stellt sich heraus, daß eines der beiden Probleme (bzw. beide) nicht lösbar ist, so setzt man entweder $\nu^1 = -\infty$ oder $\nu^2 = \infty$ (bzw. $\nu^1 = -\infty$ und $\nu^2 = \infty$). Ist für einen beliebigen Parameter $\tilde{\nu} \in \mathfrak{B}_\nu$ die Aufgabe $P(\tilde{\nu}, 0)$ lösbar, so ist die derartig bestimmte Menge von Parametern die Lösbarkeitsmenge $\mathfrak{A}_{\nu 0}$.

3.3. Lösungsverfahren

Der Satz 3.10 ist nicht nur ein wichtiges Resultat für parametrische lineare Optimierungsprobleme mit einem Parameter im Restriktionsvektor, sondern er zeigt auch die enge Verknüpfung eines Paares dualer einparametrischer Probleme. Insbesondere folgt aus ihm, daß die Bestimmung der eindeutigen Einteilung der Lösbarkeitsmenge $\mathfrak{A}_{\nu 0}$ auf die Ermittlung der entsprechenden Einteilung für das duale parametrische Problem $D(0, \nu)$ zurückgeführt werden kann. Daher ist hier das in 2.3 dargestellte Lösungsverfahren vom Prinzip her anwendbar, jedoch mit Hilfe der dualen Simplexmethode. Wir gehen sogleich zur Beschreibung des Verfahrens über.

Ausgangspunkt sei das Problem

$$\max \{ \boldsymbol{c}^T \boldsymbol{x} \mid \boldsymbol{A}\,\boldsymbol{x} \leqq \boldsymbol{b} + \boldsymbol{b}'\,\nu, \boldsymbol{x} \geqq \boldsymbol{o} \} \tag{3.84}$$

mit $\underline{\nu} \leqq \nu \leqq \bar{\nu}$. Es ist klar, daß man jedes Problem in Gleichungsform auf diese Gestalt bringen kann. Dem Problem (3.84) stellen wir das Dualproblem mit

Schlupfvariablen

$$\min\left\{\sum_{r=1}^{m}(b_r + b'_r\,\nu)\,u_r \;\middle|\; \sum_{r=1}^{m} a_{r\alpha}\,u_r - u_{m+\alpha} = c_\alpha,\ \alpha = 1,\ldots,n;\right.$$
$$\left. u_r \geqq 0,\ r = 1,\ldots,m;\ u_{m+\alpha} \geqq 0,\ \alpha = 1,\ldots,n\right\} \quad (3.85)$$

gegenüber.

Es sei $u^0 = (u_1^0, \ldots, u_{m+n}^0)^T$ ein beliebiger (zulässiger) Basispunkt von (3.85) mit den Basisvariablen $u_{j_1}, \ldots, u_{j_n}$. Wenn wir die Restriktionen in (3.85) nach diesen Variablen auflösen und in die Zielfunktion (die wir mit u_0 bezeichnen) einsetzen, erhalten wir

$$u_{j\alpha} = d_{0\alpha} - \sum_{r=1}^{m} d_{r\alpha}\,u_{i_r}\,, \qquad \alpha = 1,\ldots,n\,,$$

$$u_0 = (d_{0,\,-1} - \nu\,d_{00}) - \sum_{r=1}^{m}(d_{r,\,-1} - \nu\,d_{r0})\,u_{i_r}\,.$$

Falls $d_{r,\,-1} - \nu_0\,d_{r0} \geqq 0$ $(r = 1,\ldots,m)$ gilt, so ist der Punkt $x^0 \in E_{n+m}$ mit

$$x_{i_r}^0 = d_{r,\,-1} - \nu_0\,d_{r0}\,, \qquad r = 1,\ldots,m\,,$$
$$x_{j\alpha}^0 = 0\,, \qquad \alpha = 1,\ldots,n\,,$$

ein zulässiger Basispunkt von (3.84) für $\nu = \nu_0$, falls man in (3.84) ebenfalls Schlupfvariablen einführt. Zu x^0 gehört das Basisvariablensystem $\{x_{i_1}, \ldots, x_{i_m}\}$. Überdies ist $x^0 \in E_{m+n}$ wegen $d_{0\alpha} \geqq 0$ $(\alpha = 1,\ldots,n)$ auch optimal für (3.84) bei $\nu = \nu_0$. Deshalb ordnen wir x^0 das folgende Tableau zu:

	1	ν	x_{α_1}	x_{α_2}	$\cdots$	x_{α_n}	
	$d_{0,\,-1}$	d_{00}	d_{01}	d_{02}	$\cdots$	d_{0n}	$l_0(\nu)$
x_{i_1}	$d_{1,\,-1}$	d_{10}	d_{11}	d_{12}	$\cdots$	d_{1n}	$l_1(\nu)$
x_{i_2}	$d_{2,\,-1}$	d_{20}	d_{21}	d_{22}	$\cdots$	d_{2n}	$l_2(\nu)$
....	.....	....	....	....	....	....	.....
x_{i_m}	$d_{m,\,-1}$	d_{m0}	d_{m1}	d_{m2}	$\cdots$	d_{mn}	$l_m(\nu)$

(3.86)

Hierin bilden die $d_{01}, \ldots, d_{0n}$ die charakteristische Zeile, und es ist

$$l_r(\nu) = d_{r,\,-1} - \nu\,d_{r0}\,, \qquad r = 0, 1, \ldots, m\,.$$

Da u^0 ein zulässiger Basispunkt für (3.85) war, ist $d_{0\alpha} \geqq 0$ $(\alpha = 1,\ldots,n)$. Wenn $I(u^0)$ das größte Parameterintervall ist, innerhalb dessen u^0 optimal für (3.85) bleibt, so folgt aus Satz 3.10 und Satz 3.7, daß dieses Intervall zur Einteilung von $\mathfrak{A}_{\nu 0}$ gehört und ihm die Indexmenge $\{\alpha \mid u_\alpha^0 > 0\}$ als charakteristische Indexmenge zugeordnet ist. Unter Berücksichtigung von Satz 3.10 und den Darlegungen zum Lösungsverfahren $A\,L[P(0, \eta)]$ in 2.3 ergibt sich ein analoges Verfahren zur Bestimmung der eindeutigen Einteilung von $\mathfrak{A}_{\nu 0}$.

Wegen der vorhandenen Dualität kann das Verfahren — wir nennen es $\boldsymbol{A}\,\boldsymbol{L}[P(\nu, 0)]$ — ohne weitere Erklärung angegeben werden.

$\boldsymbol{A}\,\boldsymbol{L}[P(\nu, 0)]$:

Schritt 0:

$k := 1;\ \nu_{k-1} := \underline{\nu};\quad v := 0\,.$

Schritt 1:

Man setze in (3.84) $\nu = \nu_{k-1}$ und wende auf (3.84) die (duale) Simplexmethode an. Es sei (3.86) ein Endtableau für $\nu = \nu_{k-1}$.
Wenn es ein r $(1 \leqq r \leqq m)$ mit $l_r(\nu_{k-1}) < 0$ und $d_{r\alpha} \geqq 0$ $(1 \leqq \alpha \leqq n)$ gibt, so Schritt 5, sonst

$$u_{j_\alpha}^k := d_{0\alpha}\,, \qquad \alpha = 1, \ldots, n\,,$$

$$u_{i_r}^k := 0\,, \qquad r = 1, \ldots, m\,,$$

$$q := d_{0,\,-1}; \quad p := d_{00};$$

$$\bar{\nu}_{k-1} := \min\left[\bar{\nu};\ \inf\left\{\frac{d_{r,\,-1}}{d_{r0}} \mid d_{r0} > 0\right\}\right].$$

Schritt 2:

Wenn $\bar{\nu}_{k-1} = \bar{\nu}$, so $v := 1$ und Schritt 4;
man ersetze in (3.86) ν_{k-1} durch $\bar{\nu}_{k-1}$ und die Spalte

$$(l_0(\nu_{k-1}), \ldots, l_m(\nu_{k-1}))^T$$

durch

$$(l_0(\bar{\nu}_{k-1}), \ldots, l_m(\bar{\nu}_{k-1}))^T;$$

$$k_* := \min\left\{r \mid d_{r0} = \max\left\{d_{i0} \mid d_{i0} > 0\,,\quad \bar{\nu}_{k-1} = \frac{d_{i,\,-1}}{d_{i0}}\right\}\right\};$$

$$p_0 := \inf\left\{\frac{d_{0s}}{|d_{k_*s}|} \mid d_{k_*s} < 0\right\};$$

wenn $p_0 < \infty$, so sei $p_0 = \dfrac{d_{0s_*}}{d_{k_*s_*}}$; wenn $p_0 = \infty$, so Schritt 4.

Schritt 3:

Man berechne aus (3.86) ein benachbartes Tableau mit dem Zentralelement $d_{k_*s_*}$. Es sei (3.86) wiederum dieses Tableau;

$$w_{j_\alpha} := d_{0\alpha}\,, \qquad \alpha = 1, \ldots, n\,,$$

$$w_{i_r} := 0\,, \qquad r = 1, \ldots, m;$$

$$\bar{\nu}_{k-1}^* := \min\left[\bar{\nu};\ \inf\left\{\frac{d_{r,\,-1}}{d_{r0}} \mid d_{r0} > 0\right\}\right];$$

wenn $\boldsymbol{u}^k = \boldsymbol{w}$ oder $l_0(\nu_{k-1}^*) = q + \bar{\nu}_{k-1}^*\,p$, so $\bar{\nu}_{k-1} := \bar{\nu}_{k-1}^*$ und Schritt 2.

Schritt 4:

Es sei $I(u^k) = \{\alpha \mid u_\alpha^k > 0\}$.

Für alle $\nu \in \langle \nu_{k-1}, \bar{\nu}_{k-1} \rangle$ gilt

$$\mathfrak{M}_{\text{opt}}(\nu) = \Big\{ x \in E_{n+m} \mid \sum_{\alpha=1}^{n} a_{r\alpha} x_\alpha + x_{n+r} = b_r + b_r' \nu, \qquad r = 1, \ldots, m;$$
$$x_\alpha \geqq 0, \quad \alpha = 1, \ldots, n+m; \quad x_\alpha = 0, \quad \alpha \in I(u^k) \Big\};$$

wenn $v = 1$, so Schritt 7; $\nu_k := \bar{\nu}_{k-1}$; $k := k + 1$;
wenn $p_0 = \infty$, so Schritt 6;
$u^k := w$; $\bar{\nu}_{k-1} := \bar{\nu}_{k-1}^*$; $q := d_{0,-1}$; $p := d_{00}$; Schritt 2.

Schritt 5:

Wenn es ein k_* $(1 \leqq k_* \leqq m)$ mit $l_{k_*}(\nu_{k-1}) < 0$ und $d_{k_*\alpha} \geqq 0$ $(\alpha = 0, 1, \ldots, n)$ gibt, so Schritt 6;

$$\nu^* := \min \left[\bar{\nu}; \sup \left\{ \frac{d_{r,-1}}{d_{r0}} \mid l_r(\nu_{k-1}) < 0; \qquad d_{r\alpha} \geqq 0, \quad \alpha = 1, \ldots, n \right\} \right];$$

wenn $\nu^* = \bar{\nu}$, so $\nu_k := \nu_{k-1}$ und Schritt 6; $\nu_{k-1} := \nu^*$; Schritt 1.

Schritt 6:

Das Problem (3.84) ist für alle $\nu \in (\nu_k, \bar{\nu} \rangle$ unlösbar.

Schritt 7:

Ende.

Das folgende Beispiel zeigt einen möglichen Ablauf des Algorithmus.

Wir wenden $\boldsymbol{A}\,\boldsymbol{L}[P(\nu, 0)]$ auf das Problem

$$\max \{2x_1 - 3x_2 - x_3 - 19x_4 \mid x_1 - 2x_2 + x_3 - x_4 \leqq 1 - \nu,$$
$$2x_1 + 3x_2 - x_3 + 2x_4 \leqq 2 + 3\nu,$$
$$-x_1 + 2x_2 + 3x_3 - 3x_4 \leqq 3 + 2\nu,$$
$$x_1, x_2, x_3, x_4 \geqq 0\}$$

mit $-2 \leqq \nu \leqq 2$ an.

Das Anfangstableau mit den Schlupfvariablen x_5, x_6, x_7 als Basisvariablen lautet

	1	−2	x_1	x_2	x_3	x_4	
	0	0	−2	3	3	19	0
x_5	1	1	1	−2	1	−1	3
x_6	2	−3	[2]	3	−1	2	−4
x_7	3	−2	−1	2	3	−3	−1

.

Schritt 0: $k = 1$; $\nu_0 = -2$; $v = 0$.
Schritt 1: Wir bestimmen ein Endtableau.

	1	-2	x_6	x_2	x_3	x_4	
	2	-3	1	6	2	21	-4
x_5	0	$\frac{5}{2}$	$-\frac{1}{2}$	$-\frac{7}{2}$	$\frac{3}{2}$	-2	5
x_1	1	$-\frac{3}{2}$	$\frac{1}{2}$	$\frac{3}{2}$	$\boxed{-\frac{1}{2}}$	1	-2
x_7	4	$-\frac{7}{2}$	$\frac{1}{2}$	$\frac{7}{2}$	$\frac{5}{2}$	-2	-3

;

	1	-2	x_6	x_2	x_1	x_4	
	6	-9	3	12	4	25	-12
x_5	3	-2	1	1	3	1	-1
x_3	-2	3	-1	-3	-2	-2	4
x_7	9	-11	3	11	5	3	-13

.

Es existieren im Endtableau zwei Zeilen, die die Unlösbarkeit anzeigen, also
Schritt 5: Wegen $d_{10} < 0$, $d_{30} < 0$ folgt

$$\nu^* = \min\left[2; \max\left\{-\frac{3}{2};\ -\frac{9}{11}\right\}\right] = -\frac{9}{11} \qquad \nu_0 = -\frac{9}{11}$$

Schritt 1: Wir ersetzen im letzten Tableau den ν-Wert durch den neuen Wert $\nu_0 = -\frac{9}{11}$, entsprechend der Definition von $l_r(\nu)$ auch die letzte Spalte des Tableaus und erhalten das optimale Tableau

		$\boxed{-\frac{2}{3}}$						
	1	$-\frac{9}{11}$	x_6	x_2	x_1	x_4		
	6	-9	3	12	4	25	$-\frac{15}{11}$	0
x_5	3	-2	1	1	3	1	$\frac{15}{11}$	$\frac{5}{3}$
x_3	-2	3	-1	-3	$\boxed{-2}$	-2	$\frac{5}{11}$	0
x_7	9	-11	3	11	5	3	0	$\frac{5}{3}$

;

$(u_1^1, \ldots, u_7^1) = (4, 12, 0, 25, 0, 3, 0)$; $q = 6$; $p = -9$; $\qquad \bar{\nu}_{k-1} = -\frac{2}{3}$.

Schritt 2: Die zu ersetzenden Größen sind bereits dem letzten Tableau beigefügt: $k_* = 2$; $p_0 = \frac{d_{03}}{|d_{23}|} = 2$.

Schritt 3:

		0						
	1	$-\frac{2}{3}$	x_6	x_2	x_3	x_4		
	2	-3	1	6	2	21	0	2
x_5	0	$\frac{5}{2}$	$-\frac{1}{2}$	$\boxed{-\frac{7}{2}}$	$\frac{3}{2}$	-2	$\frac{5}{3}$	0
x_1	1	$-\frac{3}{2}$	$\frac{1}{2}$	$\frac{3}{2}$	$-\frac{1}{2}$	1	0	1
x_7	4	$-\frac{7}{2}$	$\frac{1}{2}$	$\frac{7}{2}$	$\frac{5}{2}$	-2	$\frac{5}{3}$	4

;

$$(w_1, \ldots, w_7) = (0, 6, 2, 21, 0, 1, 0); \quad \bar{\nu}_0^* = 0;$$

Schritt 4: Es gilt

$$\begin{aligned} \mathfrak{M}_{\text{opt}}(\nu) = \{x \in E_7 \mid x_3 + x_5 &= 1 - \nu\,, \\ -x_3 \qquad &= 2 + 3\,\nu\,, \\ 3\,x_3 + x_7 &= 3 + 2\,\nu\,, \\ x_3, x_5, x_7 &\geqq 0; \\ x_1 = x_2 = x_4 = x_6 &= 0\} \end{aligned}$$

für alle $\nu \in \left\langle -\frac{9}{11}, -\frac{2}{3} \right\rangle$.

Da $I(u^1)$ genau 4 Indizes enthält (nichtentarteter Basispunkt!) kann man $\mathfrak{M}_{\text{opt}}(\nu)$ aus dem Tableau, das zu den Basisvariablen x_3, x_5, x_7 gehört, direkt ablesen:

$$\begin{aligned} \mathfrak{M}_{\text{opt}}(\nu) = \{x \in E_7 \mid x_3 = -2 - 3\,\nu; \quad x_5 = 3 + 2\,\nu; \quad x_7 = 9 + 11\,\nu; \\ x_1 = x_2 = x_4 = x_6 = 0\} \end{aligned}$$

Für alle $\nu \in \left\langle -\frac{9}{11}, -\frac{2}{3} \right\rangle$;

$$\nu_1 = -\frac{2}{3}; \quad k = 2; \quad (u_1^2, \ldots, u_7^2) = (0, 6, 2, 21, 0, 1, 0);$$

$$\bar{\nu}_1 = 0; \quad q = 2; \quad p = -3\,.$$

Schritt 2: Die zu ersetzenden Größen sind dem letzten Tableau bereits beigegeben; $k_* = 1$; $p_0 = \frac{d_{02}}{|d_{12}|} = \frac{12}{7}$;

Schritt 3:

	1	0	x_6	x_5	x_3	x_4	
	2	$-\frac{18}{7}$	$\frac{13}{7}$	$\frac{12}{7}$	$\frac{32}{7}$	$\frac{123}{7}$	2
x_2	0	$-\frac{5}{7}$	$\frac{1}{7}$	$-\frac{2}{7}$	$-\frac{3}{7}$	$\frac{4}{7}$	0
x_1	1	$-\frac{3}{7}$	$\frac{2}{7}$	$\frac{3}{7}$	$\frac{1}{7}$	$\frac{1}{7}$	1
x_7	4	-1	0	1	4	-4	4

;

$$(w_1, \ldots, w_7) = \left(0,\ 0,\ \frac{32}{7}, \frac{123}{7}, \frac{12}{7}, \frac{13}{7}, 0\right); \qquad \bar{\nu}_1^* = 2;$$

Schritt 4: Es gilt

$$\begin{aligned} \mathfrak{M}_{\text{opt}}(\nu) = \{\boldsymbol{x} \in E_7 \mid\ & x_1 + x_5 = 1 - \nu\,, \\ & 2\,x_1 \qquad = 2 + 3\,\nu\,, \\ & -x_1 + x_7 = 3 + 2\,\nu\,, \\ & x_1, x_5, x_7 \geqq 0 \\ & x_2 = x_3 = x_4 = x_6 = 0\} \end{aligned}$$

bzw.

$$\mathfrak{M}_{\text{opt}}(\nu) = \left\{\boldsymbol{x} \in E_7 \mid x_1 = 1 + \frac{3}{2}\nu;\quad x_5 = -\frac{5}{2}\nu;\quad x_7 = 4 + \frac{7}{2}\nu;\right.$$
$$\left. x_2 = x_3 = x_4 = x_6 = 0\right\}$$

für alle $\nu \in \left\langle -\frac{2}{3}, 0\right\rangle$; $\nu_2 = 0$; $k = 3$; $\boldsymbol{u}^3 = \left(0,\ 0,\ \frac{32}{7}, \frac{123}{7}, \frac{12}{7}, \frac{13}{7}, 0\right)^T$;
$\bar{\nu}_2 = 2$; $q = 2$; $p = -\frac{18}{7}$,

Schritt 2: Wegen $\nu_2 = 2$ folgt $v = 1$ und

Schritt 4: Es gilt

$$\mathfrak{M}_{\text{opt}}(\nu) = \left\{\boldsymbol{x} \in E_7 \mid x_1 = 1 + \frac{3}{7}\nu;\quad x_2 = \frac{5}{7}\nu;\quad x_7 = 4 + \nu;\right.$$
$$\left. x_3 = x_4 = x_5 = x_6 = 0\right\}$$

für alle $\nu \in \langle 0, 2\rangle$; wegen $v = 1$ folgt

Schritt 7: Ende.

KAPITEL 4

LINEARE PARAMETRISCHE OPTIMIERUNG – ZWEI VONEINANDER UNABHÄNGIGE PARAMETER IN DER ZIELFUNKTION UND IM RESTRIKTIONSVEKTOR

4.1. Einleitung

In diesem Kapitel soll das parametrische Problem

$$P(\nu, \eta): \max \{F(\boldsymbol{x}, \eta) \mid \boldsymbol{x} \in \mathfrak{M}(\nu)\}, \quad (\nu, \eta) \in E_2 \tag{4.1}$$

mit der Zielfunktion $F(\boldsymbol{x}, \eta)$ nach (2.2), d. h.

$$F(\boldsymbol{x}, \eta) = \sum_{\alpha=1}^{n} (c_\alpha + c'_\alpha \eta)\, x_\alpha \left(= (\boldsymbol{c} + \boldsymbol{c}'\eta)^T \boldsymbol{x}\right) \tag{4.2}$$

und der parametrischen Restriktionsmenge $\mathfrak{M}(\nu)$ nach (3.3), d. h.

$$\mathfrak{M}(\nu) = \left\{\boldsymbol{x} \in E_n \mid \sum_{\alpha=1}^{n} a_{r\alpha} x_\alpha = b_r + b'_r \nu,\ r = 1, \ldots, m;\ x_\alpha \geqq 0,\ \alpha = 1, \ldots, n\right\}$$

$$\left(= \{\boldsymbol{x} \in E_n \mid \boldsymbol{A}\boldsymbol{x} = \boldsymbol{b} + \boldsymbol{b}'\nu,\ \boldsymbol{x} \geqq \boldsymbol{o}\}\right), \tag{4.3}$$

$\nu \in E_1$, Gegenstand qualitativer Untersuchungen sein.

Der Rang der Matrix $\boldsymbol{A} = (a_{r\alpha})_{m,n}$ sei gleich m; V 4.1

$$1 \leqq m < n; \qquad \text{V 4.2}$$

die Parameter $\nu \in E_1$ und $\eta \in E_1$ sind voneinander unabhängig. V 4.3

Entsprechend unseren Vereinbarungen bezeichnen wir mit $\mathfrak{A}_{\nu\eta}$ die Menge aller Paare $(\nu, \eta) \in E_2$, für welche $P(\nu, \eta)$ lösbar ist, d. h., $\mathfrak{A}_{\nu\eta}$ ist die Lösbarkeitsmenge von $P(\nu, \eta)$ (vgl. D. 2.1).

$$\mathfrak{B}_\nu = \{\nu \in E_1 \mid \mathfrak{M}(\nu) \neq \emptyset\} \tag{4.4}$$

ist wieder die zulässige Parametermenge von $P(\nu, \eta)$ (D. 3.1) für das Restriktionspolyeder $\mathfrak{M}(\nu)$. In Analogie zur Definition D. 3.2 bildet die Aufgabenklasse

$$D(\eta, \nu): \quad \min \{G(\boldsymbol{u}, \nu) \mid \boldsymbol{u} \in \mathfrak{N}(\eta)\}, \quad (\nu, \eta) \in E_2, \tag{4.5}$$

wobei

$$G(\boldsymbol{u}, \nu) = \sum_{r=1}^{m} (b_r + b'_r \nu)\, u_r \left(= (\boldsymbol{b} + \boldsymbol{b}'\nu)^T \boldsymbol{u}\right) \tag{4.6}$$

die Zielfunktion ist, und durch

$$\mathfrak{N}(\eta) = \left\{\boldsymbol{u} \in E_m \mid \sum_{\alpha=1}^{n} a_{r\alpha} u_r \geqq c_\alpha + c'_\alpha \eta, \quad \alpha = 1, \ldots, n\right\}$$

$$\left(= \{\boldsymbol{u} \in E_m \mid \boldsymbol{A}\boldsymbol{u} \geqq \boldsymbol{c} + \boldsymbol{c}'\eta\}\right) \tag{4.7}$$

das Restriktionspolyeder erklärt wird, das zu $P(\nu, \eta)$ duale parametrische Problem. Die Menge

$$\mathfrak{B}_\eta = \{\eta \in E_1 \mid \mathfrak{N}(\eta) \neq \emptyset\} \tag{4.8}$$

ist die zulässige Parametermenge für das Dualproblem $D(\eta, \nu)$. Weil für jedes feste Paar $(\nu, \eta) \in E_2$ die Aufgaben $P(\nu, \eta)$ und $D(\eta, \nu)$ im Sinne der Theorie der linearen Optimierung zueinander duale Probleme darstellen, stimmen die Lösbarkeitsmengen von $P(\nu, \eta)$ und $D(\eta, \nu)$ überein, d. h., $\mathfrak{A}_{\nu\eta}$ ist auch Lösbarkeitsmenge von $D(\eta, \nu)$. Die Optimalmengen $\mathfrak{M}_{\text{opt}}(\nu^*, \eta^*)$ bzw. $\mathfrak{N}_{\text{opt}}(\nu^*, \eta^*)$ definieren wir für festes $(\nu^*, \eta^*) \in \mathfrak{A}_{\nu\eta}$ wie folgt:
Ist $(\nu^*, \eta^*) \in \mathfrak{A}_{\nu\eta} \neq \emptyset$, so gilt

$$\mathfrak{M}_{\text{opt}}(\nu^*, \eta^*) = \{\boldsymbol{x}^0 \in \mathfrak{M}(\nu^*) \mid F(\boldsymbol{x}^0, \eta^*) = \max_{\boldsymbol{x} \in \mathfrak{M}(\nu^*)} F(\boldsymbol{x}, \eta^*)\}, \tag{4.9}$$

$$\mathfrak{N}_{\text{opt}}(\nu^*, \eta^*) = \{\boldsymbol{u}^0 \in \mathfrak{N}(\eta^*) \mid G(\boldsymbol{u}^0, \nu^*) = \min_{\boldsymbol{u} \in \mathfrak{N}(\eta^*)} G(\boldsymbol{u}, \nu^*)\}. \tag{4.10}$$

Schließlich führen wir noch die über $\mathfrak{A}_{\nu\eta}$ definierten Lösungsfunktionen

$$\varphi(\nu, \eta) = \max_{\boldsymbol{x} \in \mathfrak{M}(\nu)} F(\boldsymbol{x}, \eta) \tag{4.11}$$

bzw.

$$\psi(\nu, \eta) = \min_{\boldsymbol{u} \in \mathfrak{N}(\eta)} G(\boldsymbol{u}, \nu) \tag{4.12}$$

für die Probleme $P(\nu, \eta)$ bzw. $D(\eta, \nu)$ ein. Die Lösbarkeitsmenge $\mathfrak{A}_{\nu\eta}$ ist der maximale Definitionsbereich beider Funktionen.

4.2. Qualitative Untersuchungen

▌ S. 4.1 *Ist* $\mathfrak{A}_{\nu\eta} \neq \emptyset$, *so stellt* $\mathfrak{A}_{\nu\eta}$ *das kartesische Produkt von* $\mathfrak{B}_\nu$ (4.4) *und* $\mathfrak{B}_\eta$ (4.8) *dar, d. h.*

$$\mathfrak{A}_{\nu\eta} = \mathfrak{B}_\nu \times \mathfrak{B}_\eta\,.^{1)} \tag{4.13}$$ ▌

▌ Bws. Für jeden Punkt $(\tilde{\nu}, \tilde{\eta}) \notin \mathfrak{B}_\nu \times \mathfrak{B}_\eta$ muß offenbar $\tilde{\nu} \notin \mathfrak{B}_\nu$ oder $\tilde{\eta} \notin \mathfrak{B}_\eta$ sein. Falls $\tilde{\nu} \notin \mathfrak{B}_\nu$ ist, so ist wegen (4.4) $\mathfrak{M}(\tilde{\nu}) = \emptyset$, d. h. $(\tilde{\nu}, \eta) \notin \mathfrak{A}_{\nu\eta}$ für alle $\eta \in E_1$. Ist $\tilde{\eta} \notin \mathfrak{B}_\eta$, so ist das duale Problem $D(\tilde{\eta}, \nu)$ unlösbar für alle $\nu \in E_1$, denn $\mathfrak{N}(\tilde{\eta}) = \emptyset$. Da $\mathfrak{A}_{\nu\eta}$ auch Lösbarkeitsmenge von $D(\eta, \nu)$ ist, folgt $(\nu, \tilde{\eta}) \notin \mathfrak{A}_{\nu\eta}$ für alle $\nu \in E_1$. Damit ist aber die folgende Implikation bewiesen:

$$(\nu, \eta) \notin \mathfrak{B}_\nu \times \mathfrak{B}_\eta \Rightarrow (\nu, \eta) \notin \mathfrak{A}_{\nu\eta}\,, \tag{4.14}$$

d. h. $\mathfrak{A}_{\nu\eta} \subseteq \mathfrak{B}_\nu \times \mathfrak{B}_\eta$.
Es seien $(\tilde{\nu}, \tilde{\eta}) \in \mathfrak{B}_\nu \times \mathfrak{B}_\eta$ beliebig und $(\nu^*, \eta^*) \in \mathfrak{A}_{\nu\eta}$. Die Aufgabe $P(\nu^*, \eta^*)$ ist dann lösbar, und $P(\nu, \eta^*)$ ist auf Grund von Satz 3.3 für alle $\nu \in \mathfrak{B}_\nu$ lösbar, also auch für $\nu = \tilde{\nu}$. Nach dem Dualitätssatz hat dann aber auch die Aufgabe

[1] Die Mengen $\mathfrak{B}_\nu$ und $\mathfrak{B}_\eta$ sind nach Satz 3.1 konvex und abgeschlossen im E_1. Da $\mathfrak{A}_{\nu\eta} \neq \emptyset$ ist, so muß $\mathfrak{B}_\nu$ (bzw. $\mathfrak{B}_\eta$) entweder einelementig oder ein abgeschlossenes endliches bzw. unendliches Intervall im E_1 sein.

$D(\eta^*, \tilde{\nu})$ einen optimalen Punkt. Daher ist aber auch $D(\eta, \tilde{\nu})$ für alle $\eta \in \mathfrak{B}_\eta$ lösbar (Satz 3.3), insbesondere auch für $\eta = \tilde{\eta} \in \mathfrak{B}_\eta$. D. h. aus $(\tilde{\nu}, \tilde{\eta}) \in \mathfrak{B}_\nu \times \mathfrak{B}_\eta$ folgt $(\tilde{\nu}, \tilde{\eta}) \in \mathfrak{A}_{\nu\eta}$, also $\mathfrak{B}_\nu \times \mathfrak{B}_\eta \subseteq \mathfrak{A}_{\nu\eta}$. Mit (4.14) ergibt das aber die Behauptung. ∎

∎ B. 4.1 Die Beschreibung der Restriktionsmenge $\mathfrak{M}(\nu)$ (4.3) in Gleichungsform spielt offensichtlich für die Aussage des Satzes 4.1 keine Rolle, denn ein lineares Optimierungsproblem mit gemischten Restriktionen (d. h. Gleichungen und Ungleichungen) läßt sich bekanntlich durch Einführung sogenannter Schlupfvariablen auf ein äquivalentes Problem überführen, bei dem die Nebenbedingungen Gleichungen sind. ∎

∎ B. 4.2 Falls $\mathfrak{A}_{\nu\eta} \neq \emptyset$ ist und die Menge $\mathfrak{B}_\nu$ einelementig, d. h. $\mathfrak{B}_\nu = \{\nu^*\}$, so liegt mit $P(\nu^*, \eta)$ eine parametrische Aufgabe des Typs vor, der im zweiten Kapitel behandelt wurde. Dort findet man für diesen Fall auch die entsprechende qualitative Untersuchung. Ist dagegen $\mathfrak{B}_\eta = \{\eta^*\}$, so ist für die Aufgabe $P(\nu, \eta^*)$ die Theorie dem Kapitel 3 zu entnehmen. In beiden Fällen wird die Menge $\mathfrak{A}_{\nu\eta}$ eindimensional, und wir setzen $\mathfrak{A}_{\nu\eta} = \mathfrak{A}_{0\eta}$ im ersten und $\mathfrak{A}_{\nu\eta} = \mathfrak{A}_{\nu 0}$ im zweiten Fall. In diesem Kapitel geht es um Untersuchungen für den Fall, daß die Lösbarkeitsmenge $\mathfrak{A}_{\nu\eta}$ zweidimensional ist. ∎

∎ B. 4.3 Für festes $(\nu^*, \eta^*) \in \mathfrak{A}_{\nu\eta} \neq \emptyset$ stellt die Optimalmenge $\mathfrak{M}_{\text{opt}}(\nu^*, \eta^*)$ aus (4.9) entweder eine bestimmte abgeschlossene Seite des Polyeders $\mathfrak{M}(\nu^*)$ bzw. das Polyeder $\mathfrak{M}(\nu^*)$ selbst dar. Wegen (4.3) existiert daher eindeutig eine charakteristische Indexmenge $I_{\nu\eta}(\nu^*, \eta^*) \subseteq \{1, \ldots, n\}$ (vgl. D. 3.3), so daß gilt

$$\mathfrak{M}_{\text{opt}}(\nu^*, \eta^*) = \{x \in \mathfrak{M}(\nu^*) \mid x_\alpha = 0, \ \alpha \in I_{\nu\eta}(\nu^*, \eta^*)\}, \tag{4.15}$$

und

$$L(\nu^*) = \{x \in E_n \mid A x = b + b' \nu^*, \ x_\alpha = 0, \ \alpha \in I_{\nu\eta}(\nu^*, \eta^*)\} \tag{4.16}$$

ist derjenige lineare Unterraum kleinster Dimension, der $\mathfrak{M}_{\text{opt}}(\nu^*, \eta^*)$ enthält. Als charakteristische Indexmenge ist $I_{\nu\eta}(\nu^*, \eta^*)$ die maximale Teilmenge aus $\{1, \ldots, n\}$ mit der Eigenschaft (4.15), d. h., falls $I_{\nu\eta}(\nu^*, \eta^*) \neq \{1, \ldots, n\}$ ist, existiert ein Punkt

$$x^0 \in \mathfrak{M}_{\text{opt}}(\nu^*, \eta^*), \quad x_\alpha^0 > 0, \quad \alpha \in \{1, \ldots, n\} \setminus I_{\nu\eta}(\nu^*, \eta^*). \tag{4.17}$$

Jedem Punkt $(\nu^*, \eta^*) \in \mathfrak{A}_{\nu\eta}$ ist eindeutig eine charakteristische Indexmenge $I_{\nu\eta}(\nu^*, \eta^*)$ zugeordnet. ∎

Wir beweisen zunächst einige Hilfssätze, die uns die qualitative Untersuchung erleichtern und die Ergebnisse deutlich werden lassen.

Es seien $\mathfrak{A}_{\nu\eta} \neq \emptyset$ und $(\nu^*, \eta^*) \in \mathfrak{A}_{\nu\eta}$ ein beliebiger Punkt. Wir definieren die Mengen

$$\mathfrak{L}(\nu) = \{x \in \mathfrak{M}(\nu) \mid x_\alpha = 0, \ \alpha \in I_{\nu\eta}(\nu^*, \eta^*)\}, \quad \nu \in E_1, \tag{4.18}$$

$$A(\nu^*, \eta^*) = \{\nu \in E_1 \mid \mathfrak{L}(\nu) \neq \emptyset\}. \tag{4.19}$$

Wegen (4.15) gilt

$$\mathfrak{L}(\nu^*) = \mathfrak{M}_{\text{opt}}(\nu^*, \eta^*) \neq \emptyset ,$$

d. h. $A(\nu^*, \eta^*) \neq \emptyset$. Für festes $\tilde{\nu} \in A(\nu^*, \eta^*)$ stellt $\mathfrak{L}(\tilde{\nu})$ eine bestimmte abgeschlossene Seite von $\mathfrak{M}(\tilde{\nu})$ bzw. $\mathfrak{M}(\tilde{\nu})$ selbst dar, und wegen (4.15) und (4.18) gilt

$$\dim \mathfrak{L}(\tilde{\nu}) \leqq \dim \mathfrak{M}_{\text{opt}}(\nu^*, \eta^*) .$$

Aus (4.19) ergibt sich sofort

$$\nu \notin A(\nu^*, \eta^*) \Rightarrow \mathfrak{L}(\nu) = \emptyset .$$

Betrachten wir die Klasse von Aufgaben (bei festem $\eta^* \in \mathfrak{B}_\eta$)

$$\max \{F(\boldsymbol{x}, \eta^*) \mid \boldsymbol{x} \in \mathfrak{M}(\nu)\} , \qquad (\nu, \eta^*) \in \mathfrak{A}_{\nu\eta} ,$$

so liegt ein parametrisches Problem der Form $P(\nu, 0)$ aus dem Kapitel 3 vor. Nach Bemerkung 4.2 gilt

$$\mathfrak{A}_{\nu 0} = \{\nu \in E_1 \mid (\nu, \eta^*) \in \mathfrak{A}_{\nu\eta} , \qquad \eta^* \in \mathfrak{B}_\eta \text{ fest}\} = \mathfrak{B}_\nu$$

für die Lösbarkeitsmenge $\mathfrak{A}_{\nu 0}$ von $P(\nu, 0)$. Da $\mathfrak{A}_{\nu 0} \neq \emptyset$ ist $\big((\nu^*, \eta^*) \in \mathfrak{A}_{\nu\eta}\big)$, ist auch $\mathfrak{A}_{\nu 0} = \mathfrak{B}_\nu$. Besteht $\mathfrak{B}_\nu = \mathfrak{A}_{\nu 0}$ nur aus einem Element, d. h. $\mathfrak{B}_\nu = \{\nu^*\}$, dann ist $\mathfrak{M}(\nu) = \emptyset$ für alle $\nu \neq \nu^*$. In diesem Fall ist daher auch $A(\nu^*, \eta^*)$ einelementig, d. h. $A(\nu^*, \eta^*) = \{\nu^*\}$. Andernfalls ist $\mathfrak{B}_\nu = \mathfrak{A}_{\nu 0}$ nach Satz 3.3 ein abgeschlossenes endliches bzw. unendliches Intervall im E_1. Nach Satz 3.7 existiert dann eine eindeutige Einteilung von $\mathfrak{A}_{\nu 0}$ in Intervalle, d. h. nach (3.53) $\mathfrak{A}_{\nu 0} = \bigcup_{k=1}^{s} \mathfrak{A}_{\nu 0}^k$ $(s \geqq 1)$. Über diese Einteilung gelten die Aussagen 2° bis 5° des Satzes 3.7. Für $\nu^* \in A(\nu^*, \eta^*)$ müssen wir zwei Fälle unterscheiden:

(a) Der Punkt ν^* ist Randpunkt eines Einteilungsintervalls $\mathfrak{A}_{\nu 0}^{k^*}$ von $\mathfrak{A}_{\nu 0}$; dann folgt aus Satz 3.7 und (4.18), daß $\mathfrak{L}(\nu) = \emptyset$ ist für alle $\nu \neq \nu^*$.

(b) Ist ν^* kein Randpunkt eines der Einteilungsintervalle $\mathfrak{A}_{\nu 0}^k$ $(k = 1, \ldots, s)$, so muß ν^* innerer Punkt eines bestimmten Intervalls $\mathfrak{A}_{\nu 0}^l$ aus (3.53) sein, also $\nu^* \in \operatorname{int} \mathfrak{A}_{\nu 0}^l$ $(1 \leqq l \leqq s)$. Wegen (4.18) erhalten wir dann aus dem Satz 3.7 (2° bis 5°)

$$\mathfrak{L}(\nu) = \mathfrak{M}_{\text{opt}}(\nu, \eta^*) = \{\boldsymbol{x} \in \mathfrak{M}(\nu) \mid x_\alpha = 0,\ \alpha \in I_{\nu\eta}(\nu^*, \eta^*)\} \neq \emptyset , \quad \nu \in \mathfrak{A}_{\nu 0}^l .$$

Falls $I_{\nu\eta}(\nu^*, \eta^*) \neq \{1, \ldots, n\}$ ist, gibt es für jedes $\nu \in \operatorname{int} \mathfrak{A}_{\nu 0}^l$ daher mindestens einen Punkt

$$\tilde{\boldsymbol{x}} \in \mathfrak{L}(\nu) , \quad \tilde{x}_\alpha > 0 , \quad \alpha \in \{1, \ldots, n\} \backslash I_{\nu\eta}(\nu^*, \eta^*) .$$

Für $\hat{\nu} \notin \mathfrak{A}_{\nu 0}^l$, $\hat{\nu} \in \mathfrak{A}_{\nu 0} = \mathfrak{B}_\nu$ mit

$$\mathfrak{M}_{\text{opt}}(\hat{\nu}, \eta^*) = \{\boldsymbol{x} \in \mathfrak{M}(\hat{\nu}) \mid x_\alpha = 0,\ \alpha \in I_{\nu\eta}(\hat{\nu}, \eta^*)\}$$

gilt weder $I_{\nu\eta}(\hat{\nu}, \eta^*) \subseteq I_{\nu\eta}(\nu^*, \eta^*)$ noch die Umkehrung, d. h. aber $\mathfrak{L}(\nu) = \emptyset$ für $\nu \notin \mathfrak{A}^l_{\nu 0}$. Daraus folgt aber wegen (4.19) $A(\nu^*, \eta^*) = \mathfrak{A}^l_{\nu 0}$.
Aus den Aussagen 3° und 4° des Satzes 3.7 ergibt sich, daß die Mengen $\mathfrak{L}(\nu_1)$ und $\mathfrak{L}(\nu_2)$ mit $\nu_1, \nu_2 \in \operatorname{int} \mathfrak{A}^l_{\nu 0} = \operatorname{int} A(\nu^*, \eta^*)$ dieselbe Dimension haben, und es gilt

$$\dim \mathfrak{L}(\nu_1) = \dim \mathfrak{L}(\nu_2) = \dim \mathfrak{L}(\nu^*) = \dim \mathfrak{M}_{\text{opt}}(\nu^*, \eta^*) .$$

In einem Randpunkt $\bar{\nu} \in A(\nu^*, \eta^*)$, falls ein solcher existiert, gilt

$$\dim \mathfrak{L}(\bar{\nu}) = \dim \mathfrak{M}_{\text{opt}}(\bar{\nu}, \eta^*) \leqq \dim \mathfrak{L}(\nu^*) ,$$

$$\mathfrak{L}(\bar{\nu}) = \{x \in \mathfrak{M}(\bar{\nu}) \mid x_\alpha = 0 , \quad \alpha \in I_{\nu\eta}(\bar{\nu}, \eta^*)\} ,$$

wobei $I_{\nu\eta}(\nu^*, \eta^*)$ eine echte Teilmenge von $I_{\nu\eta}(\bar{\nu}, \eta^*)$ ist.

Die letzten Aussagen folgen ebenfalls aus dem Satz 3.7. Wir stellen die gewonnenen Resultate in folgendem Hilfssatz zusammen.

▌ L. 4.1 *Es sei* $(\nu^*, \eta^*) \in \mathfrak{A}_{\nu\eta}$ *ein festes Paar, dann gelten die Aussagen:*

1° *Die Menge* $A(\nu^*, \eta^*)$ *ist entweder einelementig, d. h.* $A(\nu^*, \eta^*) = \{\nu^*\}$, *oder ein abgeschlossenes endliches bzw. unendliches Intervall im* E_1 *mit* $\nu^* \in \operatorname{int} A(\nu^*, \eta^*)$.

2° *Ist* $A(\nu^*, \eta^*)$ *ein Intervall, so ist*

$$\dim \mathfrak{L}(\nu) = \dim \mathfrak{L}(\nu^*) , \qquad \nu \in \operatorname{int} A(\nu^*, \eta^*) .$$

Wenn $I_{\nu\eta}(\nu^*, \eta^*) \neq \{1, \ldots, n\}$ *ist, so existiert zu jedem* $\nu \in \operatorname{int} A(\nu^*, \eta^*)$ *ein Punkt*

$$x \in \mathfrak{L}(\nu) , \quad x_\alpha > 0 , \quad \alpha \in \{1, \ldots, n\} \setminus I_{\nu\eta}(\nu^*, \eta^*) ,$$

d. h. $I_{\nu\eta}(\nu^*, \eta^*)$ *ist für* $\mathfrak{M}_{\text{opt}}(\nu, \eta^*)$, $\nu \in \operatorname{int} A(\nu^*, \eta^*)$, *charakteristische Indexmenge.*
Für alle $\nu \in A(\nu^*, \eta^*)$ *gilt*

$$\mathfrak{L}(\nu) = \mathfrak{M}_{\text{opt}}(\nu, \eta^*) .$$

Gibt es einen Randpunkt $\bar{\nu} \in A(\nu^*, \eta^*)$, *so ist*

$$\dim \mathfrak{L}(\bar{\nu}) \leqq \dim \mathfrak{L}(\nu^*) ,$$

und für jedes $x \in \mathfrak{L}(\bar{\nu})$ *gilt* $x_\alpha = 0$, $\alpha \in I_{\nu\eta}(\bar{\nu}, \eta^*)$, *wobei* $I_{\nu\eta}(\nu^*, \eta^*)$ *eine echte Teilmenge von* $I_{\nu\eta}(\bar{\nu}, \eta^*)$ *ist, also* $I_{\nu\eta}(\nu^*, \eta^*) \subset I_{\nu\eta}(\bar{\nu}, \eta^*)$.

3° *Ist* $A(\nu^*, \eta^*) = \{\nu^*\}$, *so muß* ν^* *Randpunkt eines bestimmten Einteilungsintervalls* $\mathfrak{A}^k_{\nu 0}$ *aus* (3.53) *sein. Liegt dagegen mit* $A(\nu^*, \eta^*)$ *ein Intervall vor, so ist* $A(\nu^*, \eta^*)$ *identisch mit demjenigen Einteilungsintervall* $\mathfrak{A}^l_{\nu 0}$ *aus* (3.53) *mit* $\nu^* \in \operatorname{int} \mathfrak{A}^l_{\nu 0}$. ▌

Wir treffen für ein festes Paar $(\nu^*, \eta^*) \in \mathfrak{A}_{\nu\eta}$ folgende Definitionen:

$$Q(\nu^*, \eta^*) = \{(\nu, \eta) \in \mathfrak{A}_{\nu\eta} \mid \nu \in A(\nu^*, \eta^*),\ \mathfrak{L}(\nu) \subseteq \mathfrak{M}_{\text{opt}}(\nu, \eta)\}; \tag{4.20}$$

$$\mathfrak{M}^*(\nu) = \{\boldsymbol{x} \in E_n \mid \boldsymbol{A}\,\boldsymbol{x} = \boldsymbol{b} + \boldsymbol{b}'\,\nu,\ x_\alpha \geqq 0,\ \alpha \in I_{\nu\eta}(\nu^*, \eta^*)\}; \tag{4.21}$$

$$\mathfrak{B}_\nu^* = \{\nu \in E_1 \mid \mathfrak{M}^*(\nu) \neq \emptyset\}; \tag{4.22}$$

$$P^*(\nu, \eta):\quad \max\,\{F(\boldsymbol{x}, \eta) \mid \boldsymbol{x} \in \mathfrak{M}^*(\nu)\},\ (\nu, \eta) \in E_2; \tag{4.23}$$

$$\mathfrak{N}^*(\eta) = \Big\{\boldsymbol{u} \in E_m \mid \sum_{r=1}^{m} a_{r\alpha}\,u_r \geqq c_\alpha + c'_\alpha\,\eta,\ \alpha \in I_{\nu\eta}(\nu^*, \eta^*);$$
$$\sum_{r=1}^{m} a_{r\alpha}\,u_r = c_\alpha + c'_\alpha\,\eta,\ \alpha \notin I_{\nu\eta}(\nu^*, \eta^*)\Big\}; \tag{4.24}$$

$$\mathfrak{B}_\eta^* = \{\eta \in E_1 \mid \mathfrak{N}^*(\eta) \neq \emptyset\}; \tag{4.25}$$

$$D^*(\eta, \nu):\quad \min\,\{G(\boldsymbol{u}, \nu) \mid \boldsymbol{u} \in \mathfrak{N}^*(\eta)\},\qquad (\nu, \eta) \in E_2\,. \tag{4.26}$$

▌B. 4.4 In (4.23) ist $F(\boldsymbol{x}, \eta)$ aus (4.2) die Zielfunktion; in (4.26) ist die Zielfunktion $G(\boldsymbol{u}, \nu)$ aus (4.6). Für jedes Paar $(\nu, \eta) \in E_2$ sind die Probleme (4.23) und (4.26) im Sinne der linearen Optimierung zueinander dual, d. h., $P^*(\nu, \eta)$ und $D^*(\eta, \nu)$ sind zueinander duale parametrische Probleme. Die Menge $\mathfrak{A}_{\nu\eta}^*$ aller Paare $(\nu, \eta) \in E_2$, für die $P^*(\nu, \eta)$ optimale Punkte besitzt, ist die gemeinsame Lösbarkeitsmenge von $P^*(\nu, \eta)$ und $D^*(\eta, \nu)$. Aus dem Satz 3.1 folgt, daß die Mengen $\mathfrak{B}_\nu^*$ (4.22) und $\mathfrak{B}_\eta^*$ (4.25) konvex und abgeschlossen im E_1 sind. ▌

▌L. 4.2 *Es gilt:*

$$(\nu, \eta) \in Q(\nu^*, \eta^*) \Leftrightarrow \nu \in A(\nu^*, \eta^*)\,,$$
$$\max\,\{F(\boldsymbol{x}, \eta) \mid \boldsymbol{x} \in \mathfrak{M}^*(\nu)\}\ \textit{ist lösbar}\,. \tag{4.27}$$ ▌

▌Bws. 1° Wir zeigen, daß die Implikation

$$(\nu, \eta) \in Q(\nu^*, \eta^*) \Rightarrow \nu \in A(\nu^*, \eta^*)\,,\ \max\,\{F(\boldsymbol{x}, \eta) \mid \boldsymbol{x} \in \mathfrak{M}^*(\nu)\}\ \text{ist lösbar} \tag{4.28}$$

richtig ist. Ist $(\nu, \eta) \in Q(\nu^*, \eta^*)$ ein beliebiger Punkt, so muß wegen (4.20) $\nu \in A(\nu^*, \eta^*)$ sein, d. h. auf Grund von (4.19)

$$\left.\begin{aligned} &\emptyset \neq \mathfrak{L}(\nu) \subseteq \mathfrak{M}_{\text{opt}}(\nu, \eta) \Rightarrow \max\,\{F(\boldsymbol{x}, \eta) \mid \boldsymbol{x} \in \mathfrak{M}(\nu)\}\ \text{ist lösbar},\\ &\boldsymbol{x}^0 \in \mathfrak{L}(\nu) \Rightarrow F(\boldsymbol{x}^0, \eta) = \max_{\boldsymbol{x} \in \mathfrak{M}(\nu)} F(\boldsymbol{x}, \eta)\,. \end{aligned}\right\} \tag{4.29}$$

Offenbar gilt $\mathfrak{L}(\nu) \subseteq \mathfrak{M}^*(\nu)$; $\mathfrak{L}(\nu)$ liegt im linearen Unterraum $L(\nu)$ des E_n,

$$L(\nu) = \{\boldsymbol{x} \in E_n \mid \boldsymbol{A}\,\boldsymbol{x} = \boldsymbol{b} + \boldsymbol{b}'\,\nu,\ x_\alpha = 0,\ \alpha \in I_{\nu\eta}(\nu^*, \eta^*)\}\,, \tag{4.30}$$

daher folgt

$$\emptyset \neq \mathfrak{L}(\nu) \subseteq L(\nu) \subseteq \mathfrak{M}^*(\nu)\,. \tag{4.31}$$

Von uns sind jetzt zwei Fälle zu betrachten:

(a) Ist $A(\nu^*, \eta^*)$ ein Intervall und $\nu \in \operatorname{int} A(\nu^*, \eta^*)$, oder wenn $A(\nu^*, \eta^*) = \{\nu^*\}$ ist, so $\nu = \nu^*$, dann ergibt sich aus Lemma 4.1

$$\dim \mathfrak{L}(\nu) = \dim \mathfrak{L}(\nu^*) = \dim \mathfrak{M}_{\text{opt}}(\nu^*, \eta^*) . \tag{4.32}$$

Weil (4.15), (4.16) und (4.30) bestehen, gilt auch

$$\dim \mathfrak{M}_{\text{opt}}(\nu^*, \eta^*) = \dim L(\nu^*) = \dim L(\nu) . \tag{4.33}$$

(4.31), (4.32) und (4.33) implizieren aber

$$\mathfrak{L}(\nu) \subseteq L(\nu) , \qquad \dim \mathfrak{L}(\nu) = \dim L(\nu) . \tag{4.34}$$

Daher ist aber $L(\nu)$ derjenige lineare Unterraum des E_n kleinster Dimension, der die abgeschlossene Seite $\mathfrak{L}(\nu)$ des Polyeders $\mathfrak{M}(\nu)$ enthält. Der Bemerkung 4.3 entnehmen wir, daß ein Punkt

$$\boldsymbol{x}^0 \in \mathfrak{L}(\nu) , \qquad x_\alpha^0 > 0 , \qquad \alpha \in \{1, \ldots, n\} \backslash I_{\nu\eta}(\nu^*, \eta^*)$$

existiert. Damit genügt $\boldsymbol{x}^0$ dem System

$$\left.\begin{array}{ll} \boldsymbol{A}\,\boldsymbol{x} = \boldsymbol{b} + \boldsymbol{b}'\,\nu , & \\ x_\alpha = 0 , & \alpha \in I_{\nu\eta}(\nu^*, \eta^*) , \\ x_\alpha > 0 , & \alpha \in \{1, \ldots, n\} \backslash I_{\nu\eta}(\nu^*, \eta^*) . \end{array}\right\} \tag{4.35}$$

Ein beliebiger Punkt $\hat{\boldsymbol{x}} \in \mathfrak{M}^*(\nu)$ erfüllt

$$\begin{array}{ll} \boldsymbol{A}\,\boldsymbol{x} = \boldsymbol{b} + \boldsymbol{b}'\,\nu , & \\ x_\alpha \geqq 0 , & \alpha \in I_{\nu\eta}(\nu^*, \eta^*) . \end{array} \tag{4.36}$$

Ein Punkt $\boldsymbol{x}^0 \in \mathfrak{L}(\nu)$ gehört wegen (4.31) auch zu $\mathfrak{M}^*(\nu)$. Die Menge $\mathfrak{M}^*(\nu)$ ist ein konvexes Polyeder, enthält daher mit $\boldsymbol{x}^0$ und $\hat{\boldsymbol{x}}$ auch die Verbindungsstrecke

$$\sigma(\boldsymbol{x}^0, \hat{\boldsymbol{x}}) = \{\boldsymbol{x} \in E_n \mid \boldsymbol{x} = \boldsymbol{x}^0 + t\,(\hat{\boldsymbol{x}} - \boldsymbol{x}^0),\ 0 \leqq t \leqq 1\} .$$

Aus (4.35) und (4.36) folgt die Existenz eines $\tilde{t} \in (0, 1\rangle$, so daß

$$\begin{array}{ll} \tilde{x}_\alpha = x_\alpha^0 + \tilde{t}\,(\hat{x}_\alpha - x_\alpha^0) = \tilde{t}\,\hat{x}_\alpha , & \alpha \in I_{\nu\eta}(\nu^*, \eta^*) , \\ \tilde{x}_\alpha = x_\alpha^0 + \tilde{t}\,(\hat{x}_\alpha - x_\alpha^0) > 0 , & \alpha \notin I_{\nu\eta}(\nu^*, \eta^*) \end{array}$$

gilt, wobei für $\tilde{\boldsymbol{x}} \in \mathfrak{M}^*(\nu)$

$$\boldsymbol{A}\,\tilde{\boldsymbol{x}} = \boldsymbol{b} + \boldsymbol{b}'\,\nu$$

ist. Deswegen ist $\tilde{\boldsymbol{x}}$ mit $\tilde{\boldsymbol{x}} \neq \boldsymbol{x}^0$ auch ein Element des Polyeders $\mathfrak{M}(\nu)$ aus (4.3). Wäre nun

$$F(\hat{\boldsymbol{x}}, \eta) > F(\boldsymbol{x}^0, \eta) ,$$

so müßte auch

$$F(\tilde{\boldsymbol{x}}, \eta) = F(\boldsymbol{x}^0, \eta) + \tilde{t}\,F(\hat{\boldsymbol{x}}, \eta) - \tilde{t}\,F(\boldsymbol{x}^0, \eta) > F(\boldsymbol{x}^0, \eta)$$

sein. Wegen (4.29) hieße das aber

$$F(\tilde{x}, \eta) > \max_{x \in \mathfrak{M}(\nu)} F(x, \eta) \tag{4.37}$$

und wäre, da $\tilde{x} \in \mathfrak{M}(\nu)$ ist, offenbar ein Widerspruch zur Optimalität von $x^0 \in \mathfrak{M}(\nu)$. Daher muß $F(\hat{x}, \eta) \leq F(x^0, \eta)$ für alle $\hat{x} \in \mathfrak{M}^*(\nu)$ sein. Der Punkt $x^0 \in \mathfrak{L}(\nu)$, der (4.35) erfüllt, ist also ein optimaler Punkt der Aufgabe $P^*(\nu, \eta)$.

(b) Ist $A(\nu^*, \eta^*)$ ein Intervall und hat $A(\nu^*, \eta^*)$ einen Randpunkt $\tilde{\nu}$, so wissen wir bereits aus dem Fall (a), daß die Aufgabe $P^*(\nu, \eta)$ für alle $\nu \in$ $\in \operatorname{int} A(\nu^*, \eta^*)$ lösbar ist. Nach dem Satz 3.3 ist die Menge aller $\nu \in E_1$, für welche (bei festem η) die Aufgabe $P^*(\nu, \eta)$ eine optimale Lösung besitzt, konvex und abgeschlossen. Sie muß daher jeden Randpunkt von $A(\nu^*, \eta^*)$ enthalten, also auch $\tilde{\nu}$.

Damit ist aber die Implikation (4.28) bewiesen.

2° Zeigen wir noch, daß auch die Implikation

$$\nu \in A(\nu^*, \eta^*)\,,\ \max\,\{F(x, \eta) \mid x \in \mathfrak{M}^*(\nu)\} \text{ ist lösbar} \Rightarrow (\nu, \eta) \in Q(\nu^*, \eta^*) \tag{4.38}$$

gilt. Sei $(\nu, \eta) \in E_2$ ein beliebiges Paar mit $\nu \in A(\nu^*, \eta^*)$ und $P^*(\nu, \eta)$ lösbar; dann erhalten wir sofort, da $\mathfrak{M}(\nu) \subseteq \mathfrak{M}^*(\nu)$ ist,

$$\mathfrak{L}(\nu) \neq \emptyset\,, \qquad \max\,\{F(x, \eta) \mid x \in \mathfrak{M}(\nu)\} \text{ lösbar,}$$

d. h. $(\nu, \eta) \in \mathfrak{A}_{\nu\eta}$. Die Menge $L(\nu)$ aus (4.30) stellt offensichtlich eine Seite kleinster Dimension des Polyeders $\mathfrak{M}^*(\nu)$ dar und ist bzgl. dieser Eigenschaft eindeutig. Da $P^*(\nu, \eta)$ als lösbar vorausgesetzt wurde, folgt aus Satz 3.7, daß jedes $x \in L(\nu)$ optimaler Punkt von $P^*(\nu, \eta)$ ist. Jedes $x^0 \in \mathfrak{L}(\nu)$ ist daher ebenfalls optimal für $P^*(\nu, \eta)$, denn es ist $\mathfrak{L}(\nu) \subseteq L(\nu)$. Wegen $\mathfrak{L}(\nu) \subseteq \mathfrak{M}(\nu)$ $\subseteq \mathfrak{M}^*(\nu)$ stellt jedes $x^0 \in \mathfrak{L}(\nu)$ auch einen optimalen Punkt für die Aufgabe $P(\nu, \eta)$ dar. Das impliziert aber $\mathfrak{L}(\nu) \subseteq \mathfrak{M}_{\text{opt}}(\nu, \eta)$, und daher gilt

$$\begin{aligned} &\nu \in A(\nu^*, \eta^*)\,, \quad \max\,\{F(x, \eta) \mid x \in \mathfrak{M}^*(\nu)\} \text{ ist lösbar} \\ &\qquad \Rightarrow \nu \in A(\nu^*, \eta^*)\,, \quad (\nu, \eta) \in \mathfrak{A}_{\nu\eta}\,, \quad \mathfrak{L}(\nu) \subseteq \mathfrak{M}_{\text{opt}}(\nu, \eta)\,. \end{aligned}$$

Damit ist aber wegen (4.20) auch (4.38) richtig, (4.28) und (4.38) ergeben zusammen aber die Behauptung (4.27). ∎

▌ L. 4.3 1° *Die Lösbarkeitsmenge* $\mathfrak{A}^*_{\nu\eta}$ *des Problems* $P^*(\nu, \eta)$ *ist nicht leer und gleich dem kartesischen Produkt von* $\mathfrak{B}^*_\nu$, $\mathfrak{B}^*_\eta$ *(4.22), (4.25), d. h.*

$$\mathfrak{A}^*_{\nu\eta} = \mathfrak{B}^*_\nu \times \mathfrak{B}^*_\eta \neq \emptyset\,. \tag{4.39}$$

2° *Es gilt*

$$\mathfrak{B}^*_\eta = B(\nu^*, \eta^*) \underset{\text{Df}}{=} \{\eta \in E_1 \mid \mathfrak{M}_{\text{opt}}(\nu^*, \eta^*) \subseteq \mathfrak{M}_{\text{opt}}(\nu^*, \eta)\}\,. \tag{4.40}$$

3° *Ist $B(\nu^*, \eta^*)$ einelementig, d. h. $B(\nu^*, \eta^*) = \{\eta^*\}$, so ist η^* Randpunkt eines bestimmten Einteilungsintervalls $\mathfrak{A}_{0\eta}^{k*}$ der Einteilung für die Aufgabe*

$$\max \{F(x, \eta) \mid x \in \mathfrak{M}(\nu^*)\}, \qquad \eta \in \mathfrak{A}_{0\eta}, \tag{4.41}$$

$$\mathfrak{A}_{0\eta} = \{\eta \in E_1 \mid (\nu^*, \eta) \in \mathfrak{A}_{\nu\eta}, \qquad \nu^* \in \mathfrak{B}_\nu \; fest\} \neq \emptyset. \tag{4.42}$$

Falls $B(\nu^*, \eta^*)$ ein Intervall ist, so ist $B(\nu^*, \eta^*)$ gleich demjenigen Einteilungsintervall $\mathfrak{A}_{0\eta}^l$ mit $\eta^* \in \operatorname{int} \mathfrak{A}_{0\eta}^l$.

4° *Die zulässige Parametermenge $\mathfrak{B}_\nu^*$ (4.22) enthält die Menge $A(\nu^*, \eta^*)$ (4.19), d. h. $A(\nu^*, \eta^*) \subseteq \mathfrak{B}_\nu^*$.* ▮

▮ Bws. Die Menge $Q(\nu^*, \eta^*)$ aus (4.20) enthält (ν^*, η^*), ist also nicht leer, nach Lemma 4.2 gilt $Q(\nu^*, \eta^*) \subseteq \mathfrak{A}_{\nu\eta}^*$, d. h. $\mathfrak{A}_{\nu\eta}^* \neq \emptyset$. Die Aussage 1° dieses Lemmas folgt unmittelbar, wenn man den Satz 4.1 auf das Problem $P^*(\nu, \eta)$ (4.23) anwendet. Ist $\nu \in A(\nu^*, \eta^*)$, so folgt $\mathfrak{L}(\nu) \neq \emptyset$, und aus (4.31) ergibt sich deswegen $\mathfrak{M}^*(\nu) \neq \emptyset$. Aus der Definition von $\mathfrak{B}_\nu^*$ (4.22) ergibt sich daher die Aussage 4°, d. h. $A(\nu^*, \eta^*) \subseteq \mathfrak{B}_\nu^*$.

Wir beweisen jetzt die Behauptung 2°. Es sei $\eta \in \mathfrak{B}_\eta^*$. Da $\nu^* \in A(\nu^*, \eta^*) \subseteq \mathfrak{B}_\nu^*$ ist, liegt das Paar (ν^*, η) in der Lösbarkeitsmenge $\mathfrak{A}_{\nu\eta}^* = \mathfrak{B}_\nu^* \times \mathfrak{B}_\eta^*$. Da aber auch $\mathfrak{L}(\nu^*) \neq \emptyset$ ist, folgt aus (4.27) $(\nu^*, \eta) \in Q(\nu^*, \eta)$. Damit ist aber wegen (4.20) $\emptyset \neq \mathfrak{L}(\nu^*) \subseteq \mathfrak{M}_{\text{opt}}(\nu^*, \eta)$. Weil nach Lemma 4.1, 2° $\mathfrak{L}(\nu^*) = \mathfrak{M}_{\text{opt}}(\nu^*, \eta^*)$ ist, so muß

$$\mathfrak{M}_{\text{opt}}(\nu^*, \eta^*) \subseteq \mathfrak{M}_{\text{opt}}(\nu^*, \eta)$$

sein, d. h. aber wegen der Definition von $B(\nu^*, \eta^*)$ in (4.40), daß $\mathfrak{B}_\eta^* \subseteq B(\nu^*, \eta^*)$ ist.

Sei nun $\eta \in B(\nu^*, \eta^*)$ beliebig. Der Punkt $(\nu^*, \eta) \in \mathfrak{A}_{\nu\eta}$ mit $\nu^* \in A(\nu^*, \eta^*)$ hat dann die Eigenschaft

$$\mathfrak{M}_{\text{opt}}(\nu^*, \eta^*) = \mathfrak{L}(\nu^*) \subseteq \mathfrak{M}_{\text{opt}}(\nu^*, \eta),$$

also nach (4.20) $(\nu^*, \eta) \in Q(\nu^*, \eta^*)$. Aus (4.27) ergibt sich daher die Lösbarkeit von $P^*(\nu^*, \eta)$, also gehört (ν^*, η) zu $\mathfrak{A}_{\nu\eta}^* = \mathfrak{B}_\nu^* \times \mathfrak{B}_\eta^*$, daher muß $\eta \in \mathfrak{B}_\eta^*$ sein. Wegen $\mathfrak{B}_\eta^* \subseteq B(\nu^*, \eta^*)$ folgt daraus die Behauptung 2°, d. h. $\mathfrak{B}_\eta^* = B(\nu^*, \eta^*)$ (4.40).

Zu beweisen bleibt noch die Aussage 3°. Sei $B(\nu^*, \eta^*) = \{\eta^*\}$, so folgt aus (4.40), daß η^* zu $\mathfrak{A}_{0\eta}$, (4.42), gehört. Wäre nun η^* kein Randpunkt eines bestimmten Einteilungsintervalls $\mathfrak{A}_{0\eta}^{k*}$ von $\mathfrak{A}_{0\eta}$ für das Problem (4.41), so müßte für alle $\eta \in \operatorname{int} \mathfrak{A}_{0\eta}^{k*}$, wobei $\eta^* \in \operatorname{int} \mathfrak{A}_{0\eta}^{k*}$ ist, das Problem (4.41) lösbar sein, und es würde gelten $\mathfrak{M}_{\text{opt}}(\nu^*, \eta^*) \subseteq \mathfrak{M}_{\text{opt}}(\nu^*, \eta)$. Wegen (4.40) hieße das aber, daß $B(\nu^*, \eta^*)$ nicht nur ein einziges Element enthalten kann. Ist andererseits η^* Randpunkt eines Einteilungsintervalls $\mathfrak{A}_{0\eta}^{k*}$, so folgt aus den Aussagen 1° bis 3° von Satz 2.6 und aus (4.40), daß $B(\nu^*, \eta^*) = \{\eta^*\}$ gelten muß. Daraus folgt, wenn $B(\nu^*, \eta^*)$ ein Intervall ist, daß η^* innerer Punkt eines bestimmten Intervalls $\mathfrak{A}_{0\eta}^l$ der Einteilung ist. Das Einteilungsintervall $\mathfrak{A}_{0\eta}^l$ hat die Eigenschaften 1° bis 3° aus Satz 2.6 und daraus ergibt sich, daß $B(\nu^*, \eta^*)$ mit $\mathfrak{A}^l_{0\,\eta}$ identisch ist. Damit ist aber Lemma 4.3 bewiesen. ∎

∎ S. 4.2 *Es sei* $(\nu^*, \eta^*) \in \mathfrak{A}_{\nu\eta}$ *ein fixiertes Paar; dann lassen sich folgende Aussagen treffen:*

1° *Die Menge* $Q(\nu^*, \eta^*)$ (4.20) *ist das kartesische Produkt der Mengen* $A(\nu^*, \eta^*)$ (4.19) *und* $B(\nu^*, \eta^*)$ (4.40), *d. h.*

$$Q(\nu^*, \eta^*) = A(\nu^*, \eta^*) \times B(\nu^*, \eta^*)\,. \tag{4.43}$$

2° *Ist* $Q(\nu^*, \eta^*)$ *ein abgeschlossenes zweidimensionales Intervall im* E_2, *so muß* $(\nu^*, \eta^*) \in \operatorname{int} Q(\nu^*, \eta^*)$ *sein. Die folgenden Bedingungen werden von allen Paaren* $(\nu, \eta) \in \operatorname{int} Q(\nu^*, \eta^*)$ *erfüllt:*

$$\left.\begin{array}{ll}\text{(a)} & \mathfrak{L}(\nu) = \mathfrak{M}_{\text{opt}}(\nu, \eta)\,; \\ \text{(b)} & \dim \mathfrak{M}_{\text{opt}}(\nu, \eta) = \dim \mathfrak{M}_{\text{opt}}(\nu^*, \eta^*)\,.\end{array}\right\} \tag{4.44}$$

3° *Für beliebiges* $(\nu, \eta) \in \operatorname{int} Q(\nu^*, \eta^*)$ *ist*

$$Q(\nu, \eta) = Q(\nu^*, \eta^*)\,.$$

4° *Die Menge* $\operatorname{int} Q(\nu^*, \eta^*)$ *ist maximal bzgl. der Eigenschaften* (4.44).

5° *Ist* $A(\nu^*, \eta^*)$ $\big($*bzw.* $B(\nu^*, \eta^*)\big)$ *ein Intervall, so gilt* $\nu^* \in A(\nu^*, \eta^*)$ $\big($*bzw.* $\eta^* \in B(\nu^*, \eta^*)\big)$. *Die Menge* $A(\nu^*, \eta^*)$ $\big($*bzw.* $B(\nu^*, \eta^*)\big)$ *ist mit demjenigen* $\mathfrak{A}^l_{\nu\,0}$ *aus der Einteilung* (3.53) *für die Aufgabe (bei festem* η)

$$\max\,\{F(\boldsymbol{x}, \eta) \mid \boldsymbol{x} \in \mathfrak{M}(\nu)\}\,, \qquad \nu \in \mathfrak{A}_{\nu\,0}\,, \qquad \eta \in B(\nu^*, \eta^*) \tag{4.45}$$

(*bzw.* $\mathfrak{A}^l_{0\,\eta}$ *aus Satz* 2.6 *für das Problem*

$$\max\,\{F(\boldsymbol{x}, \eta) \mid \boldsymbol{x} \in \mathfrak{M}(\nu)\}\,, \qquad \eta \in \mathfrak{A}_{0\,\eta}\,, \qquad \nu \in A(\nu^*, \eta^*)\ \textit{fest}) \tag{4.46}$$

identisch, für das $\nu^* \in \operatorname{int} \mathfrak{A}^l_{\nu\,0}$ (*bzw.* $\eta^* \in \operatorname{int} \mathfrak{A}^l_{0\,\eta}$) *ist, und hat die Eigenschaften* 2° *bis* 4° *aus dem Satz* 3.7 (*bzw.* 1° *bis* 3° *aus dem Satz* 2.6). *Falls* $A(\nu^*, \eta^*) = \{\nu^*\}$ (*bzw.* $B(\nu^*, \eta^*) = \{\eta^*\}$) *ist, so muß* ν^* (*bzw.* η^*) *Randpunkt eines bestimmten Intervalls* $\mathfrak{A}^{k^*}_{\nu\,0}$ *aus* (3.53) (*bzw.* $\mathfrak{A}^{k^*}_{0\,\eta}$ *aus Satz* 2.6) *sein.* ∎

∎ Bws. Die Mengen $A(\nu^*, \eta^*)$ (4.19) und $B(\nu^*, \eta^*)$ (4.40) sind nicht leer und konvex sowie abgeschlossen im E_1; das ist eine Folgerung aus den Aussagen 1° von Lemma 4.1 und 2° von Lemma 4.3. Wegen Lemma 4.2, (4.27) gilt für $Q(\nu^*, \eta^*)$ aus (4.20) auch die Schreibweise

$$Q(\nu^*, \eta^*) = \{(\nu, \eta) \in E_2 \mid \nu \in A(\nu^*, \eta^*),\ (\nu, \eta) \in \mathfrak{A}^*_{\nu\eta}\}\,.$$

Nach (4.39) folgt

$$Q(\nu^*, \eta^*) = \{(\nu, \eta) \in E_2 \mid \nu \in A(\nu^*, \eta^*),\ (\nu, \eta) \in \mathfrak{B}^*_\nu \times \mathfrak{B}^*_\eta\}\,,$$

wobei $\mathfrak{B}_\nu^*$ aus (4.22) und $\mathfrak{B}_\eta^*$ aus (4.25) sind. Im Lemma 4.3 zeigten wir $A(\nu^*, \eta^*) \subseteq \mathfrak{B}_\nu^*$ und $B(\nu^*, \eta^*) = \mathfrak{B}_\eta^*$. Somit erhalten wir

$$Q(\nu^*, \eta^*) = \{(\nu, \eta) \in E_2 \mid (\nu, \eta) \in A(\nu^*, \eta^*) \times B(\nu^*, \eta^*)\},$$

d. h. $Q(\nu^*, \eta^*) = A(\nu^*, \eta^*) \times B(\nu^*, \eta^*)$; das beweist aber 1°.

Ist $Q(\nu^*, \eta^*)$ ein zweidimensionales Intervall im E_2, so folgt aus $Q(\nu^*, \eta^*) = A(\nu^*, \eta^*) \times B(\nu^*, \eta^*)$, daß $A(\nu^*, \eta^*)$ und $B(\nu^*, \eta^*)$ abgeschlossene Intervalle im E_1 sind. Nach Lemma 4.1, 1° gilt $\nu^* \in \operatorname{int} A(\nu^*, \eta^*)$ und wegen Lemma 4.3, 3° ist auch $\eta^* \in \operatorname{int} B(\nu^*, \eta^*)$, das besagt aber insgesamt $(\nu^*, \eta^*) \in \operatorname{int} Q(\nu^*, \eta^*)$. Aus Lemma 4.1 folgt

$$\dim \mathfrak{L}(\nu) = \dim \mathfrak{L}(\nu^*) = \dim \mathfrak{M}_{\text{opt}}(\nu^*, \eta^*)$$

für alle $\nu \in \operatorname{int} A(\nu^*, \eta^*)$, sowie

$$\mathfrak{L}(\nu^*) = \mathfrak{M}_{\text{opt}}(\nu^*, \eta^*) . \tag{4.47}$$

Wegen Lemma 4.3, 3° ergibt sich aus Satz 2.6 über das Intervall $B(\nu^*, \eta^*)$ die Aussage

$$\mathfrak{M}_{\text{opt}}(\nu^*, \eta^*) = \mathfrak{M}_{\text{opt}}(\nu^*, \eta) , \qquad \eta \in \operatorname{int} B(\nu^*, \eta^*);$$

daraus folgt aber nach (4.15)

$$\mathfrak{M}_{\text{opt}}(\nu^*, \eta) = \{\boldsymbol{x} \in \mathfrak{M}(\nu^*) \mid x_\alpha = 0,\ \alpha \in I_{\nu\eta}(\nu^*, \eta^*)\} , \qquad \eta \in \operatorname{int} B(\nu^*, \eta^*) .$$

Für festes $\eta \in \operatorname{int} B(\nu^*, \eta^*)$ gilt auf Grund von Lemma 4.1, 3°:

$$\mathfrak{M}_{\text{opt}}(\nu, \eta) = \{\boldsymbol{x} \in \mathfrak{M}(\nu) \mid x_\alpha = 0,\ \alpha \in I_{\nu\eta}(\nu^*, \eta^*)\} , \qquad \nu \in \operatorname{int} A(\nu^*, \eta^*);$$

wegen (4.18) ergibt sich daraus

$$\mathfrak{L}(\nu) = \mathfrak{M}_{\text{opt}}(\nu, \eta) , \qquad (\nu, \eta) \in \operatorname{int} A(\nu^*, \eta^*) \times \operatorname{int} B(\nu^*, \eta^*) ,$$

d. h. (4.44)a. Da nach Lemma 4.1, 2° auch

$$\mathfrak{L}(\nu) = \{\boldsymbol{x} \in \mathfrak{M}(\nu) \mid x_\alpha = 0,\ \alpha \in I_{\nu\eta}(\nu^*, \eta^*)\} , \qquad \nu \in \operatorname{int} A(\nu^*, \eta^*)$$

gilt, wobei $I_{\nu\eta}(\nu^*, \eta^*)$ charakteristische Indexmenge für $\mathfrak{L}(\nu)$ ist, ist aber damit die Aussage 2° bewiesen.

Die Aussage 5° ergibt sich unmittelbar aus 3° von Lemma 4.1 und 3° von Lemma 4.3. Wir beweisen nun die Behauptung 3° des Satzes. Es sei $(\tilde{\nu}, \tilde{\eta}) \in \operatorname{int} Q(\nu^*, \eta^*)$, und wir definieren die Menge $Q(\tilde{\nu}, \tilde{\eta})$ analog zu (4.20), d. h.

$$Q(\tilde{\nu}, \tilde{\eta}) = \{(\nu, \eta) \in \mathfrak{A}_{\nu\eta} \mid \nu \in A(\tilde{\nu}, \tilde{\eta}),\ \tilde{\mathfrak{L}}(\nu) \subseteq \mathfrak{M}_{\text{opt}}(\nu, \eta)\} \tag{4.49}$$

mit

$$\tilde{\mathfrak{L}}(\nu) = \{\boldsymbol{x} \in \mathfrak{M}(\nu) \mid x_\alpha = 0,\ \alpha \in I_{\nu\eta}(\tilde{\nu}, \tilde{\eta})\} ,$$
$$A(\tilde{\nu}, \tilde{\eta}) = \{\nu \in E_1 \mid \tilde{\mathfrak{L}}(\nu) \neq \emptyset\} ,$$

(analog zu (4.18) und (4.19)). Die Menge $I_{\nu\eta}(\tilde{\nu}, \tilde{\eta})$ ist charakteristische Indexmenge für $\mathfrak{M}_{\text{opt}}(\tilde{\nu}, \tilde{\eta})$, also maximal bezüglich (4.49). Da $(\tilde{\nu}, \tilde{\eta}) \in \operatorname{int} Q(\nu^*, \eta^*)$ ist, gilt wegen (4.44)

$$\mathfrak{L}(\tilde{\nu}) = \mathfrak{M}_{\text{opt}}(\tilde{\nu}, \eta) , \qquad I_{\nu\eta}(\tilde{\nu}, \eta) = I_{\nu\eta}(\nu^*, \eta^*) .$$

Daher ist aber

$$\tilde{\mathfrak{L}}(\tilde{\nu}) = \{\boldsymbol{x} \in \mathfrak{M}(\tilde{\nu}) \mid x_\alpha = 0,\ \alpha \in I_{\nu\eta}(\tilde{\nu}, \tilde{\eta})\}$$
$$= \{\boldsymbol{x} \in \mathfrak{M}(\tilde{\nu}) \mid x_\alpha = 0\ ,\ \alpha \in I_{\nu\eta}(\nu^*, \eta^*)\} = \mathfrak{L}(\tilde{\nu})\ ,$$

d. h.

$$A(\tilde{\nu}, \tilde{\eta}) = \{\nu \in E_1 \mid \mathfrak{L}(\nu) \neq \emptyset\} = A(\nu^*, \eta^*)\ .$$

Dieses Ergebnis impliziert aber

$$Q(\tilde{\nu}, \tilde{\eta}) = Q(\nu^*, \eta^*)\ , \qquad (\tilde{\nu}, \tilde{\eta}) \in \operatorname{int} Q(\nu^*, \eta^*)\ ,$$

d. h. die Behauptung 3°.

Zu beweisen bleibt noch 4°. Dazu müssen wir zeigen, daß kein Punkt auf dem Rande von $Q(\nu^*, \eta^*)$ und auch kein Punkt aus $\mathfrak{A}_{\nu\eta}$, der nicht zu $Q(\nu^*, \eta^*)$ gehört, die Bedingungen (4.44) erfüllen. Es sei $(\nu, \eta) \notin Q(\nu^*, \eta^*)$ aber aus $\mathfrak{A}_{\nu\eta}$; dann ist wohl $\mathfrak{M}_{\text{opt}}(\nu, \eta) \neq \emptyset$, doch dann ist $\nu \notin A(\nu^*, \eta^*)$ (also $\mathfrak{L}(\nu) = \emptyset$) oder $\mathfrak{L}(\nu) \subsetneq \mathfrak{M}_{\text{opt}}(\nu, \eta)$. Man sieht sofort ein, daß in beiden Fällen (4.44) verletzt wird, denn die Gleichheit $\mathfrak{L}(\nu) = \mathfrak{M}_{\text{opt}}(\nu, \eta)$ gilt weder im ersten noch im zweiten Fall.

Wir zeigen nun, daß auch kein Punkt des Randes von $Q(\nu^*, \eta^*)$ die Bedingungen (4.44) erfüllen kann. Es sei $(\bar{\nu}, \bar{\eta}) \in Q(\nu^*, \eta^*)$ ein Randpunkt, so muß wegen (4.20)

$$\emptyset \neq \mathfrak{L}(\bar{\nu}) \subseteq \mathfrak{M}_{\text{opt}}(\bar{\nu}, \bar{\eta}) \tag{4.50}$$

sein.

Für einen Randpunkt $(\bar{\nu}, \bar{\eta})$ von $Q(\nu^*, \eta^*)$ kommen folgende drei Möglichkeiten in Frage:

(α) $\bar{\nu} \in A(\nu^*, \eta^*) \backslash \operatorname{int} A(\nu^*, \eta^*)\ , \quad \bar{\eta} \in \operatorname{int} B(\nu^*, \eta^*)$;

(β) $\bar{\nu} \in \operatorname{int} A(\nu^*, \eta^*)\ , \quad \bar{\eta} \in B(\nu^*, \eta^*) \backslash \operatorname{int} B(\nu^*, \eta^*)$;

(γ) $\bar{\nu} \in A(\nu^*, \eta^*) \backslash \operatorname{int} A(\nu^*, \eta^*)\ , \quad \bar{\eta} \in B(\nu^*, \eta^*) \backslash \operatorname{int} B(\nu^*, \eta^*)$.

Im Fall (α) betrachten wir die Aufgabe (4.45) mit $\bar{\eta} \in \operatorname{int} B(\nu^*, \eta^*)$ fest. Für alle $\nu \in \operatorname{int} A(\nu^*, \eta^*)$ gehört der Punkt $(\nu, \bar{\eta})$ zu $\operatorname{int} Q(\nu^*, \eta^*)$ und nach (4.44) gilt

$$\left.\begin{aligned} \mathfrak{L}(\nu) &= \mathfrak{M}_{\text{opt}}(\nu, \bar{\eta})\,; \\ \dim \mathfrak{M}_{\text{opt}}(\nu, \bar{\eta}) &= \dim \mathfrak{M}_{\text{opt}}(\nu^*, \eta^*)\,; \\ \mathfrak{M}_{\text{opt}}(\nu, \bar{\eta}) &= \{\boldsymbol{x} \in \mathfrak{M}(\nu) \mid x_\alpha = 0,\ \alpha \in I_{\nu\eta}(\nu, \bar{\eta})\}\ , \end{aligned}\right\} \tag{4.51}$$

wobei $I_{\nu\eta}(\nu, \bar{\eta}) = I_{\nu\eta}(\nu^*, \eta^*)$ ist.

Für einen Punkt $(\nu', \bar{\eta}) \in \mathfrak{A}_{\nu\eta}$ mit $\nu' \notin A(\nu^*, \eta^*)$ ist nach (4.19) $\mathfrak{L}(\nu') = \emptyset$ und die Menge $\mathfrak{M}_{\text{opt}}(\nu', \bar{\eta})$ hat die folgende Darstellung:

$$\mathfrak{M}_{\text{opt}}(\nu', \bar{\eta}) = \{\boldsymbol{x} \in \mathfrak{M}(\nu') \mid x_\alpha = 0,\ \alpha \in I_{\nu\eta}(\nu', \bar{\eta})\}\ . \tag{4.52}$$

Für die charakteristische Indexmenge $I_{\nu\eta}(\nu', \bar{\eta})$ gilt offenbar $I_{\nu\eta}(\nu', \bar{\eta}) \neq I_{\nu\eta}(\nu^*, \eta^*)$. Der Punkt $\bar{\nu}$ ist daher Randpunkt eines Einteilungsintervalls aus der Einteilung (3.53) der Lösbarkeitsmenge für die Aufgaben (4.45) bei festem $\bar{\eta}$. Nach

Satz 3.7 gilt dann wegen (4.51)

$$\left.\begin{aligned} \dim \mathfrak{M}_{\text{opt}}(\bar{\nu}, \bar{\eta}) &\leqq \dim \mathfrak{M}_{\text{opt}}(\nu, \bar{\eta}) \\ &= \dim \mathfrak{M}_{\text{opt}}(\nu^*, \eta^*)\,, \quad \nu \in \operatorname{int} A(\nu^*, \eta^*)\,; \\ \mathfrak{M}_{\text{opt}}(\bar{\nu}, \bar{\eta}) &= \{x \in \mathfrak{M}(\bar{\nu}) \mid x_\alpha = 0,\ \alpha \in I_{\nu\eta}(\bar{\nu}, \bar{\eta})\}\,, \end{aligned}\right\} \tag{4.53}$$

wobei $I_{\nu\eta}(\nu^*, \eta^*) \subset I_{\nu\eta}(\bar{\nu}, \bar{\eta})$ ist.

Für fixiertes $\nu \in \operatorname{int} A(\nu^*, \eta^*)$ ergibt die Aussage 3° dieses Satzes, da $\bar{\eta} \in$ $\in \operatorname{int} B(\nu^*, \eta^*)$ ist, $Q(\nu, \bar{\eta}) = Q(\nu^*, \eta^*)$. Nach Lemma 4.1, 2° folgt daher

$$\mathfrak{L}(\bar{\nu}) = \mathfrak{M}_{\text{opt}}(\bar{\nu}, \bar{\eta})\,. \tag{4.54}$$

Für einen Randpunkt vom Typ (α) gelten daher die Bedingungen (4.53) und (4.54). Aus der zweiten Bedingung von (4.53) folgt, daß der Punkt $(\bar{\nu}, \bar{\eta})$ die Bedingungen (4.44) insgesamt nicht befriedigt.

Es sei nun $(\bar{\nu}, \bar{\eta})$ ein Randpunkt vom Typ (β). Wir betrachten jetzt die Aufgabe (4.46) bei festem $\bar{\nu} \in \operatorname{int} A(\nu^*, \eta^*)$. Für $\eta \in \operatorname{int} B(\nu^*, \eta^*)$ ist dann $(\bar{\nu}, \eta) \in \operatorname{int} Q(\nu^*, \eta^*)$ und nach (4.44) gilt

$$\left.\begin{aligned} \mathfrak{L}(\bar{\nu}) &= \mathfrak{M}_{\text{opt}}(\bar{\nu}, \eta)\,, \\ \dim \mathfrak{M}_{\text{opt}}(\bar{\nu}, \eta) &= \dim \mathfrak{M}_{\text{opt}}(\nu^*, \eta^*)\,, \\ \mathfrak{M}_{\text{opt}}(\bar{\nu}, \eta) &= \{x \in \mathfrak{M}(\bar{\nu}) \mid x_\alpha = 0,\ \alpha \in I_{\nu\eta}(\nu^*, \eta^*)\} \end{aligned}\right\} \tag{4.55}$$

und daher ist $\mathfrak{M}_{\text{opt}}(\bar{\nu}, \eta)$ von $\eta \in \operatorname{int} B(\nu^*, \eta^*)$ unabhängig. Für $(\bar{\nu}, \eta') \in \mathfrak{A}_{\nu\eta}$ und $\eta' \notin B(\nu^*, \eta^*)$ ist $(\bar{\nu}, \eta') \notin Q(\nu^*, \eta^*)$; da aber $\mathfrak{L}(\bar{\nu}) \neq \emptyset$ ist, muß nach (4.20) $\mathfrak{L}(\bar{\nu}) \not\subseteq \mathfrak{M}_{\text{opt}}(\bar{\nu}, \eta')$ gelten. Also ist

$$\mathfrak{M}_{\text{opt}}(\bar{\nu}, \eta') \neq \mathfrak{M}_{\text{opt}}(\bar{\nu}, \eta)\,, \qquad \eta \in \operatorname{int} B(\nu^*, \eta^*)\,.$$

Aus dem Satz 2.6 ergibt sich daher, daß der Punkt $\bar{\eta} \in B(\nu^*, \eta^*) \setminus \operatorname{int} B(\nu^*, \eta^*)$ Randpunkt eines Einteilungsintervalls der Einteilung für die Lösbarkeitsmenge der Aufgabe (4.46) bei festem $\bar{\nu}$ ist, d. h.

$$\left.\begin{aligned} \dim \mathfrak{M}_{\text{opt}}(\bar{\nu}, \bar{\eta}) &> \dim \mathfrak{M}_{\text{opt}}(\bar{\nu}, \eta)\,, \qquad \eta \in \operatorname{int} B(\nu^*, \eta^*)\,, \\ \mathfrak{M}_{\text{opt}}(\nu, \eta) &\subset \mathfrak{M}_{\text{opt}}(\bar{\nu}, \bar{\eta})\,, \qquad \eta \in \operatorname{int} B(\nu^*, \eta^*)\,, \\ \mathfrak{M}_{\text{opt}}(\bar{\nu}, \bar{\eta}) &= \{x \in \mathfrak{M}(\bar{\nu}) \mid x_\alpha = 0,\ \alpha \in I_{\nu\eta}(\bar{\nu}, \bar{\eta})\}\,, \end{aligned}\right\} \tag{4.56}$$

wobei $I_{\nu\eta}(\bar{\nu}, \bar{\eta}) \subset I_{\nu\eta}(\nu^*, \eta^*)$ ist.

Aus (4.47), (4.55) und (4.56) resultiert

$$\dim \mathfrak{M}_{\text{opt}}(\bar{\nu}, \bar{\eta}) > \dim \mathfrak{M}_{\text{opt}}(\nu^*, \eta^*) = \dim \mathfrak{L}(\nu^*)\,;$$

da aber nach Lemma 4.1, 2° $\dim \mathfrak{L}(\bar{\nu}) = \dim \mathfrak{L}(\nu^*)$ ist, folgt

$$\dim \mathfrak{M}_{\text{opt}}(\bar{\nu}, \bar{\eta}) > \dim \mathfrak{L}(\bar{\nu})\,.$$

Wegen $(\bar{\nu}, \bar{\eta}) \in Q(\nu^*, \eta^*)$ ist $\mathfrak{L}(\bar{\nu}) \subseteq \mathfrak{M}_{\text{opt}}(\bar{\nu}, \bar{\eta})$; aus der letzten Ungleichung folgt aber

$$\mathfrak{L}(\bar{\nu}) \subset \mathfrak{M}_{\text{opt}}(\bar{\nu}, \bar{\eta})\,. \tag{4.57}$$

Da für einen Randpunkt $(\bar{\nu}, \bar{\eta})$ vom Typ (β) (4.56) und (4.57) gelten, kann ein solcher Punkt nicht die Bedingungen (4.44) erfüllen.
Ist $(\bar{\nu}, \bar{\eta})$ ein Randpunkt der Menge $Q(\nu^*, \eta^*)$ vom Typ (γ), so muß er eine Ecke von $Q(\nu^*, \eta^*)$ sein. Wir beweisen zunächst, daß die Menge $Q(\bar{\nu}, \bar{\eta})$, welche wir analog zu (4.20) mit

$$\bar{\mathfrak{L}}(\nu) = \{x \in \mathfrak{M}(\nu) \mid x_\alpha = 0,\ \alpha \in I_{\nu\eta}(\bar{\nu}, \bar{\eta})\}\,,$$
$$A(\bar{\nu}, \bar{\eta}) = \{\nu \in E_1 \mid \bar{\mathfrak{L}}(\nu) \neq \emptyset\}$$

erklären, kein zweidimensionales Intervall sein kann. Wäre das nämlich der Fall, so würde ein Punkt $(\hat{\nu}, \hat{\eta}) \in Q(\bar{\nu}, \bar{\eta})$ existieren mit $(\hat{\nu}, \hat{\eta}) \in \operatorname{int} Q(\nu^*, \eta^*)$. Weil die Aussage 3° besteht, hieße das $Q(\hat{\nu}, \hat{\eta}) = Q(\nu^*, \eta^*)$. Der Punkt $(\bar{\nu}, \bar{\eta})$ würde dann zu $\operatorname{int} Q(\hat{\nu}, \hat{\eta})$ gehören, was $Q(\bar{\nu}, \bar{\eta}) = Q(\hat{\nu}, \hat{\eta})$ bedeuten würde. Ingesamt hieße das $Q(\bar{\nu}, \bar{\eta}) = Q(\nu^*, \eta^*)$, was aber wegen der Eigenschaft von $(\bar{\nu}, \bar{\eta})$, nämlich Randpunkt von $Q(\nu^*, \eta^*)$ zu sein, offenbar falsch wäre. Daher muß die Menge $Q(\bar{\nu}, \bar{\eta})$ entweder

1. ein eindimensionales Intervall sein, oder
2. $Q(\bar{\nu}, \bar{\eta}) = \{(\bar{\nu}, \bar{\eta})\}$.

Da nach (4.43) $Q(\bar{\nu}, \bar{\eta}) = A(\bar{\nu}, \bar{\eta}) \times B(\bar{\nu}, \bar{\eta})$ ist, wobei $B(\bar{\nu}, \bar{\eta})$ analog zu (4.40) erklärt wird, gibt es im Fall 1. zwei Möglichkeiten. Entweder ist

1.1 $A(\bar{\nu}, \bar{\eta})$ ein Intervall und $B(\bar{\nu}, \bar{\eta})$ einelementig, oder es ist
1.2 $A(\bar{\nu}, \bar{\eta})$ einelementig und $B(\bar{\nu}, \bar{\eta})$ ein Intervall.

1.1. Das Intervall $A(\bar{\nu}, \bar{\eta}$ ist identisch mit einem Einteilungsintervall $\mathfrak{A}^l_{\nu 0}$ der Einteilung der Lösbarkeitsmenge für die Aufgabe $\max\{F(x, \bar{\eta}) \mid x \in \mathfrak{M}(\nu)\}$ und es ist $B(\bar{\nu}, \bar{\eta}) = \{\bar{\eta}\}$, wobei $\bar{\eta}$ Randpunkt eines Einteilungsintervall $\mathfrak{A}^{\bar{k}}_{0\eta}$ der Einteilung für die Lösbarkeitsmenge des Problems $\max\{F(x, \eta) \mid x \in \mathfrak{M}(\bar{\nu})\}$ sein muß; nach 5° gilt $\bar{\nu} \in \operatorname{int} A(\bar{\nu}, \bar{\eta})$. Da $\bar{\eta} \in \mathfrak{A}^{\bar{k}}_{0\eta}$ und $\bar{\eta} \in B(\nu^*, \eta^*) \setminus \operatorname{int} B(\nu^*, \eta^*)$ ist, muß $B(\nu^*, \eta^*) \cap \mathfrak{A}^{\bar{k}}_{0\eta} \neq \emptyset$ sein. $\mathfrak{A}^{\bar{k}}_{0\eta}$ sei dasjenige Einteilungsintervall, von dem $\bar{\eta}$ Randpunkt ist, für welches $B(\nu^*, \eta^*) \cap \operatorname{int} \mathfrak{A}^{\bar{k}}_{0\eta}$ nicht leer ist.
Dann gilt

$$\left.\begin{aligned} &\dim \mathfrak{M}_{\mathrm{opt}}(\bar{\nu}, \bar{\eta}) = \dim \mathfrak{M}_{\mathrm{opt}}(\nu, \bar{\eta})\,, \quad \nu \in \operatorname{int}[A(\nu^*, \eta^*) \cap A(\bar{\nu}, \bar{\eta})]\,,\\ &\mathfrak{M}_{\mathrm{opt}}(\nu, \bar{\eta}) = \{x \in \mathfrak{M}(\nu) \mid x_\alpha = 0,\ \alpha \in I_{\nu\eta}(\bar{\nu}, \bar{\eta})\}\,,\\ &\text{wobei } I_{\nu\eta}(\bar{\nu}, \bar{\eta}) = I_{\nu\eta}(\nu, \bar{\eta}) \quad \text{für} \quad \nu \in \operatorname{int}[A(\nu^*, \eta^*) \cap A(\bar{\nu}, \bar{\eta})] \end{aligned}\right\} \tag{4.58}$$

$\big(I_{\nu\eta}(\bar{\nu}, \bar{\eta})$ bzw. $I_{\nu\eta}(\nu, \bar{\eta})$ sind charakteristische Indexmengen für $\mathfrak{M}_{\mathrm{opt}}(\bar{\nu}, \bar{\eta})$ bzw. $\mathfrak{M}_{\mathrm{opt}}(\nu, \bar{\eta})\big)$.

Weiterhin ist

$$\left.\begin{aligned} &\dim \mathfrak{M}_{\mathrm{opt}}(\bar{\nu}, \bar{\eta}) > \dim \mathfrak{M}_{\mathrm{opt}}(\nu, \eta)\,, \qquad \eta \in \operatorname{int}[B(\nu^*, \eta^*) \cap \mathfrak{A}^{\bar{k}}_{0\eta}]\\ &I_{\nu\eta}(\bar{\nu}, \bar{\eta}) \subset I_{\nu\eta}(\bar{\nu}, \eta)\,, \qquad \eta \in \operatorname{int}[B(\nu^*, \eta^*) \cap \mathfrak{A}^{k}_{0\eta}]\,, \end{aligned}\right\} \tag{4.59}$$

wobei $I(\bar{\nu}, \eta)$ charakteristische Indexmenge für $\mathfrak{M}_{\mathrm{opt}}(\bar{\nu}, \eta)$ ist.

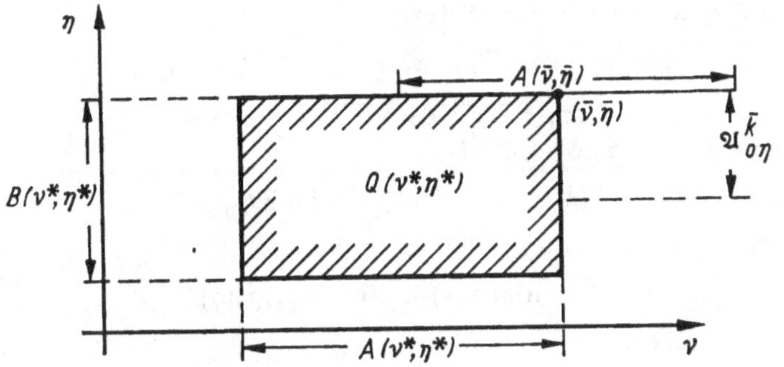

Abb. 11

Ein Punkt $(\nu, \bar{\eta})$ mit $\nu \in \operatorname{int}[A(\nu^*, \eta^*) \cap A(\bar{\nu}, \bar{\eta})]$ hat offenbar die Eigenschaft, daß $\nu \in \operatorname{int} A(\nu^*, \eta^*)$ sowie $\bar{\eta} \in B(\nu^*, \eta^*) \backslash \operatorname{int} B(\nu^*, \eta^*)$ gilt, und er erfüllt die Beziehungen (4.56) und (4.57) ($\bar{\nu}$ ist dabei durch ν zu ersetzen), d. h.

$$\left.\begin{aligned} \dim \mathfrak{M}_{\text{opt}}(\nu, \bar{\eta}) &> \dim \mathfrak{M}_{\text{opt}}(\nu, \eta)\,, \qquad \eta \in \operatorname{int} B(\nu^*, \eta^*) \\ \mathfrak{M}_{\text{opt}}(\nu, \eta) &\subset \mathfrak{M}_{\text{opt}}(\nu, \bar{\eta})\,, \qquad \eta \in \operatorname{int} B(\nu^*, \eta^*) \\ \mathfrak{M}_{\text{opt}}(\nu, \bar{\eta}) &= \{x \in \mathfrak{M}(\nu) \mid x_\alpha = 0,\ \alpha \in I_{\nu\eta}(\nu, \bar{\eta})\}\,, \end{aligned}\right\} \tag{4.60}$$

$$\text{wobei } I_{\nu\eta}(\nu, \bar{\eta}) \subset I_{\nu\eta}(\nu^*, \eta^*) \text{ ist;}$$

$$\mathfrak{L}(\nu) \subset \mathfrak{M}_{\text{opt}}(\nu, \bar{\eta})\,.$$

Ein Punkt $(\bar{\nu}, \eta)$ mit $\eta \in \operatorname{int}[B(\nu^*, \eta^*) \cap \mathfrak{A}_{0\eta}^{\bar{k}}]$ dagegen erfordert, daß $\bar{\nu} \in A(\nu^*, \eta^*) \backslash \operatorname{int} A(\nu^*, \eta^*)$ und $\eta \in \operatorname{int} B(\nu^*, \eta^*)$ sein muß. Dieser Punkt erfüllt die Bedingungen (4.53) und (4.54), wobei $\bar{\eta}$ durch η zu ersetzen ist, d. h.

$$\left.\begin{aligned} \dim \mathfrak{M}_{\text{opt}}(\bar{\nu}, \eta) &\leqq \dim \mathfrak{M}_{\text{opt}}(\nu, \eta) = \dim \mathfrak{M}_{\text{opt}}(\nu^*, \eta^*)\,, \quad \nu \in \operatorname{int} A(\nu^*, \eta^*)\,, \\ \mathfrak{M}_{\text{opt}}(\bar{\nu}, \eta) &= \{x \in \mathfrak{M}(\bar{\nu}) \mid x_\alpha = 0,\ \alpha \in I_{\nu\eta}(\bar{\nu}, \eta)\}\,, \end{aligned}\right\} \tag{4.61}$$

$$\text{wobei } I_{\nu\eta}(\nu^*, \eta^*) \subset I_{\nu\eta}(\bar{\nu}, \eta) \text{ ist;}$$

$$\mathfrak{L}(\bar{\nu}) = \mathfrak{M}_{\text{opt}}(\bar{\nu}, \eta)\,, \qquad \eta \in \operatorname{int} B(\nu^*, \eta^*)\,.$$

Aus (4.58), (4.59), (4.60) und (4.61) folgt

$$\dim \mathfrak{M}_{\text{opt}}(\bar{\nu}, \eta) \leqq \dim \mathfrak{M}_{\text{opt}}(\nu^*, \eta^*) < \dim \mathfrak{M}_{\text{opt}}(\nu, \bar{\eta}) = \dim \mathfrak{M}_{\text{opt}}(\bar{\nu}, \bar{\eta})\,,$$

$$\text{für } \nu \in \operatorname{int}[A(\nu^*, \eta^*) \cap A(\bar{\nu}, \bar{\eta})]\,, \qquad \eta \in \operatorname{int}[B(\nu^*, \eta^*) \cap \mathfrak{A}_{0\eta}^{\bar{k}}];$$

$$I_{\nu\eta}(\bar{\nu}, \bar{\eta}) = I_{\nu\eta}(\nu, \bar{\eta}) \subset I_{\nu\eta}(\nu^*, \eta^*) \subset I_{\nu\eta}(\bar{\nu}, \eta)\,.$$

Daraus wiederum folgt

$$\left.\begin{aligned} \dim \mathfrak{M}_{\text{opt}}(\nu^*, \eta^*) &< \dim \mathfrak{M}_{\text{opt}}(\bar{\nu}, \bar{\eta})\,, \\ I(\bar{\nu}, \bar{\eta}) &\subset I_{\nu\eta}(\nu^*, \eta^*)\,. \end{aligned}\right\} \tag{4.62}$$

Wegen (4.18) erhalten wir aus (4.62)

$$\begin{aligned} \mathfrak{L}(\bar{\nu}) &= \{\boldsymbol{x} \in \mathfrak{M}(\bar{\nu}) \mid x_\alpha = 0,\ \alpha \in I_{\nu\eta}(\nu^*, \eta^*)\} \\ &\subset \{\boldsymbol{x} \in \mathfrak{M}(\bar{\nu}) \mid x_\alpha = 0\,,\ \alpha \in I_{\nu\eta}(\bar{\nu}, \bar{\eta})\} \end{aligned} \tag{4.63}$$

Nach Lemma 4.1, 2° und (4.47) ist

$$\dim \mathfrak{L}(\bar{\nu}) \leqq \dim \mathfrak{L}(\nu^*) = \dim \mathfrak{M}_{\text{opt}}(\nu^*, \eta^*)\,.$$

Wegen (4.62) ergibt sich dann aber

$$\dim \mathfrak{L}(\bar{\nu}) < \dim \mathfrak{M}_{\text{opt}}(\bar{\nu}, \bar{\eta})$$

und mit (4.63) folgt weiter

$$\mathfrak{L}(\bar{\nu}) \subset \mathfrak{M}_{\text{opt}}(\bar{\nu}, \bar{\eta})\,. \tag{4.64}$$

Aus (4.62) und (4.64) resultiert aber sofort die Aussage, daß im Falle 1.1 die Bedingungen (4.44) nicht erfüllt sind.

1.2. Die Menge $B(\bar{\nu}, \bar{\eta})$ ist identisch mit einem Intervall $\mathfrak{A}_{0\eta}^k$ aus Satz 2.6 und $\bar{\eta} \in \text{int}\, B(\bar{\nu}, \bar{\eta})$. Die Menge $A(\bar{\nu}, \bar{\eta})$ ist einelementig, d. h. $A(\bar{\nu}, \bar{\eta}) = \{\bar{\nu}\}$, wobei $\bar{\nu}$ Randpunkt eines Einteilungsintervalls $\mathfrak{A}_{\nu 0}^{l}$ ist. Dabei sei $\mathfrak{A}_{\nu 0}^{\bar{l}}$ dasjenige Intervall mit $A(\nu^*, \eta^*) \cap \text{int}\, \mathfrak{A}_{\nu 0}^{\bar{l}} \neq \emptyset$. Dann gilt

$$\left.\begin{aligned} \dim \mathfrak{M}_{\text{opt}}(\bar{\nu}, \bar{\eta}) &\leqq \dim \mathfrak{M}_{\text{opt}}(\nu, \eta)\,, \qquad \nu \in \text{int}\,[A(\nu^*, \eta^*) \cap \mathfrak{A}_{\nu 0}^{\bar{l}}]\,; \\ \mathfrak{M}_{\text{opt}}(\bar{\nu}, \bar{\eta}) &= \{\boldsymbol{x} \in \mathfrak{M}(\bar{\nu}) \mid x_\alpha = 0,\ \alpha \in I_{\nu\eta}(\bar{\nu}, \bar{\eta})\}\,, \end{aligned}\right\} \tag{4.65}$$

wobei $I_{\nu\eta}(\nu, \bar{\eta}) \subset I_{\nu\eta}(\nu, \bar{\eta})$ ist für $\nu \in \text{int}\,[A(\nu^*, \eta^*) \cap \mathfrak{A}_{\nu 0}^{\bar{l}}]$. ($I_{\nu\eta}(\bar{\nu}, \bar{\eta})$ und $I_{\nu\eta}(\nu, \bar{\eta})$ sind charakteristische Indexmengen der entsprechenden Optimalmengen.)

Weiterhin gilt

$$\begin{aligned} \mathfrak{M}_{\text{opt}}(\bar{\nu}, \bar{\eta}) &= \mathfrak{M}_{\text{opt}}(\bar{\nu}, \eta)\,, \qquad \eta \in \text{int}\,[B(\nu^*, \eta^*) \cap B(\bar{\nu}, \bar{\eta})]\,; \\ \dim \mathfrak{M}_{\text{opt}}(\nu, \eta) &= \dim \mathfrak{M}_{\text{opt}}(\bar{\nu}, \eta)\,, \qquad \eta \in \text{int}\,[B(\nu^*, \eta^*) \cap B(\bar{\nu}, \bar{\eta})]\,; \\ I_{\nu\eta}(\bar{\nu}, \bar{\eta}) &= I_{\nu\eta}(\bar{\nu}, \eta)\,, \qquad \eta \in \text{int}\,[B(\nu^*, \eta^*) \cap B(\bar{\nu}, \bar{\eta})]\,. \end{aligned}$$

In einer ähnlichen Weise wie im Fall 1.1 ergibt sich für $\nu \in \text{int}\,[A(\nu^*, \eta^*) \cap \mathfrak{A}_{\nu 0}^{\bar{l}}]$ und $\eta \in \text{int}\,[B(\nu^*, \eta^*) \cap B(\bar{\nu}, \bar{\eta})]$,

$$\dim \mathfrak{M}_{\text{opt}}(\bar{\nu}, \bar{\eta}) = \dim \mathfrak{M}_{\text{opt}}(\bar{\nu}, \eta) \leqq \dim \mathfrak{M}_{\text{opt}}(\nu^*, \eta^*) < \dim \mathfrak{M}_{\text{opt}}(\nu, \bar{\eta})\,;$$

$$I_{\nu\eta}(\nu, \bar{\eta}) \subset I_{\nu\eta}(\nu^*, \eta^*) \subset I_{\nu\eta}(\bar{\nu}, \eta) = I_{\nu\eta}(\bar{\nu}, \bar{\eta})\,, \qquad \eta \in \text{int}\,[B(\nu^*, \eta^*) \cap B(\bar{\nu}, \bar{\eta})]\,,$$

und daher folgt

$$\dim \mathfrak{M}_{\text{opt}}(\nu, \bar{\eta}) \leqq \dim \mathfrak{M}_{\text{opt}}(\nu^*, \eta^*)\,, \qquad I_{\nu\eta}(\nu^*, \eta^*) \subset I_{\nu\eta}(\bar{\nu}, \bar{\eta})\,. \tag{4.66}$$

Mit (4.66) erhalten wir aus (4.18)

$$\mathfrak{M}_{\text{opt}}(\bar{\nu}, \bar{\eta}) \subseteq \mathfrak{L}(\nu)\,. \tag{4.67}$$

Es ist $(\bar{\nu}, \bar{\eta}) \in Q(\nu^*, \eta^*)$ und deswegen nach (4.20) $\mathfrak{L}(\nu) \subseteq \mathfrak{M}_{\text{opt}}(\bar{\nu}, \bar{\eta})$. Aus (4.67) folgt daher

$$\mathfrak{L}(\bar{\nu}) = \mathfrak{M}_{\text{opt}}(\bar{\nu}, \bar{\eta})\,. \tag{4.68}$$

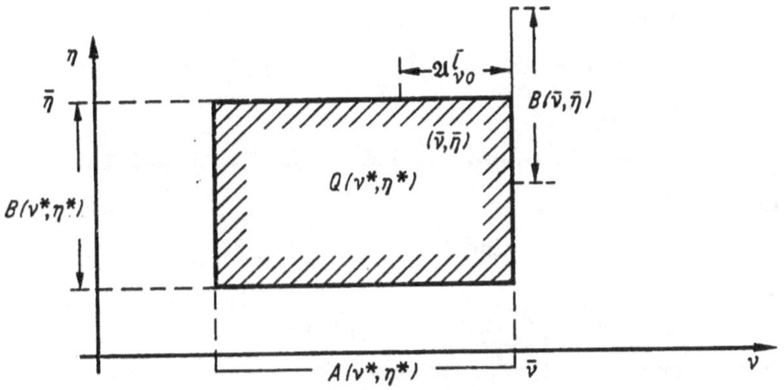

Abb. 12

Aus (4.66) ist zu ersehen, daß auch im Fall 1.2 die Bedingungen (4.44) nicht erfüllt sind.

2. Ist die Menge $Q(\bar{\nu}, \bar{\eta})$ einelementig, d. h. $Q(\bar{\nu}, \bar{\eta}) = \{(\bar{\nu}, \bar{\eta})\}$, so existieren eindeutig Einteilungsintervalle $\mathfrak{A}^{\bar{l}}_{\nu 0}$ und $\mathfrak{A}^{\bar{k}}_{0\eta}$ aus Satz 3.7 bzw. Satz 2.6, für die gilt: $\bar{\nu} \in \mathfrak{A}^{\bar{l}}_{\nu 0} \backslash \mathrm{int}\, \mathfrak{A}^{\bar{l}}_{\nu 0}$, $\bar{\eta} \in \mathfrak{A}^{\bar{k}}_{0\eta} \backslash \mathrm{int}\, \mathfrak{A}^{\bar{k}}_{0\eta}$ sowie $\mathrm{int}\,[A(\nu^*, \eta^*) \cap \mathfrak{A}^{\bar{l}}_{\nu 0}] \neq \emptyset$ und $\mathrm{int}\,[B(\nu^*, \eta^*) \cap \mathfrak{A}^{\bar{k}}_{0\eta}] \neq \emptyset$. Für $\nu \in \mathrm{int}\,[A(\nu^*, \eta^*) \cap \mathfrak{A}^{\bar{l}}_{\nu 0}]$ und $\eta \in \mathrm{int}\,[B(\nu^*, \eta^*) \cap \mathfrak{A}^{\bar{k}}_{0\eta}]$ gelten die Bedingungen (4.60) und (4.61) sowie (4.59) und (4.65), und aus ihnen ergibt sich

$$\left.\begin{aligned} \dim \mathfrak{M}_{\mathrm{opt}}(\bar{\nu}, \eta) &\leqq \dim \mathfrak{M}_{\mathrm{opt}}(\nu^*, \eta^*) < \dim \mathfrak{M}_{\mathrm{opt}}(\nu, \bar{\eta});\\ \dim \mathfrak{M}_{\mathrm{opt}}(\bar{\nu}, \eta) &< \dim \mathfrak{M}_{\mathrm{opt}}(\bar{\nu}, \bar{\eta}) \leqq \dim \mathfrak{M}_{\mathrm{opt}}(\nu, \bar{\eta});\\ I_{\nu\eta}(\nu, \bar{\eta}) &\subset I_{\nu\eta}(\nu^*, \eta^*) \subset I_{\nu\eta}(\bar{\nu}, \eta);\\ I_{\nu\eta}(\nu, \bar{\eta}) &\subset I_{\nu\eta}(\bar{\nu}, \bar{\eta}) \subset I_{\nu\eta}(\bar{\nu}, \eta) \end{aligned}\right\} \tag{4.69}$$

für $\nu \in \mathrm{int}\,[A(\nu^*, \eta^*) \cap \mathfrak{A}^{\bar{l}}_{\nu 0}]$, $\quad \eta \in \mathrm{int}\,[B(\nu^*, \eta^*) \cap \mathfrak{A}^{\bar{k}}_{0\eta}]$.

Aus (4.69) ist ersichtlich, daß man hier keine Aussagen über das Verhältnis der Dimensionen von $\mathfrak{M}_{\mathrm{opt}}(\nu^*, \eta^*)$ und $\mathfrak{M}_{\mathrm{opt}}(\bar{\nu}, \bar{\eta})$ treffen kann. Auch läßt sich nicht sagen, wie die Indexmengen $I_{\nu\eta}(\nu^*, \eta^*)$ und $I_{\nu\eta}(\bar{\nu}, \bar{\eta})$ zueinander stehen. In (4.69) sind lediglich Schranken angegeben, die durch den Charakter der Optimalmengen $\mathfrak{M}_{\mathrm{opt}}(\bar{\nu}, \eta)$ und $\mathfrak{M}_{\mathrm{opt}}(\nu, \bar{\eta})$ in hinreichend kleiner Umgebung des Punktes $(\bar{\nu}, \bar{\eta})$ festgelegt sind.

Nach Lemma 4.1, 2° gilt

$$\mathfrak{L}(\nu) = \mathfrak{M}_{\mathrm{opt}}(\nu, \eta^*), \qquad \nu \in A(\nu^*, \eta^*).$$

Für beliebiges $\nu_1 \in \mathrm{int}\,[A(\nu^*, \eta^*) \cap \mathfrak{A}^{\bar{l}}_{\nu 0}]$ und beliebiges $\eta_1 \in \mathrm{int}\,[B(\nu^*, \eta^*) \cap \mathfrak{A}^{\bar{k}}_{0\eta}]$ muß $\nu_1 \in \mathrm{int}\, A(\nu^*, \eta^*)$ und $\eta_1 \in \mathrm{int}\, B(\nu^*, \eta^*)$ sein, d. h. aber $(\nu_1, \eta_2) \in \mathrm{int}\, Q(\nu^* \eta^*)$. Nach 3° folgt dann aber $Q(\nu_1, \eta_1) = Q(\nu^*, \eta^*)$. Daraus ergibt sich wiederum nach Lemma 4.1, 2°

$$\mathfrak{L}(\nu) = \mathfrak{M}_{\mathrm{opt}}(\nu, \eta_1)\,, \qquad \nu \in A(\nu^*, \eta^*)\,,$$

daher gilt aber auch

$$\mathfrak{L}(\bar{\nu}) = \mathfrak{M}_{\mathrm{opt}}(\bar{\nu}, \eta)\,, \qquad \eta \in \operatorname{int}\,[B(\nu^*, \eta^*) \cap \mathfrak{A}^{\bar{k}}_{0\,\eta}]\,.$$

Damit und mit (4.69) folgt

$$\dim \mathfrak{L}(\bar{\nu}) = \dim \mathfrak{M}_{\mathrm{opt}}(\bar{\nu}, \eta) < \dim \mathfrak{M}_{\mathrm{opt}}(\bar{\nu}, \bar{\eta})\,,$$

und weil

$$\mathfrak{L}(\bar{\nu}) \subseteq \mathfrak{M}_{\mathrm{opt}}(\bar{\nu}, \bar{\eta})$$

ist, denn $(\bar{\nu}, \bar{\eta})$ gehört zu $Q(\nu^*, \eta^*)$, muß

$$\mathfrak{L}(\bar{\nu}) \subset \mathfrak{M}_{\mathrm{opt}}(\bar{\nu}, \bar{\eta}) \tag{4.70}$$

sein.

Aus (4.70) sieht man aber, daß auch im Fall 2. die Bedingungen (4.44) nicht erfüllt sind.

Wir haben aber damit gezeigt, daß kein Punkt des Randes von $Q(\nu^*, \eta^*)$ und kein Punkt aus $\mathfrak{A}_{\nu\eta}$, der nicht zu $Q(\nu^*, \eta^*)$ gehört, die Bedingungen (4.44) erfüllt. Die Menge int $Q(\nu^*, \eta^*)$ ist also maximal bezüglich der Eigenschaften (4.44). Damit ist die Aussage 4° bewiesen, und daher auch der Satz 4.2. ▌

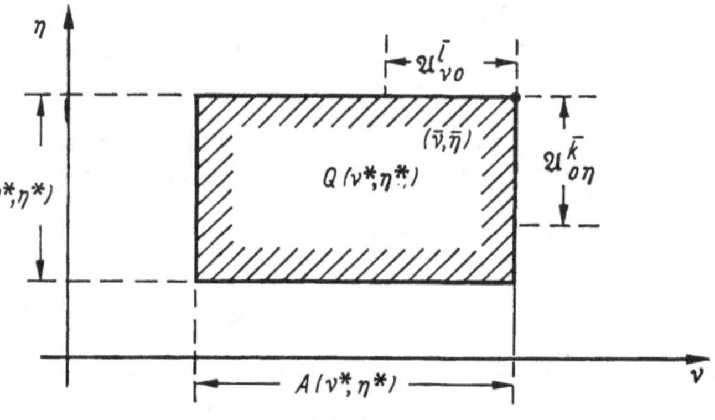

Abb. 13

▌ B. 4.5 Im Beweis des Satzes 4.2 haben wir mehr gezeigt, als erforderlich gewesen wäre. Dadurch haben wir aber die Optimalmengen $\mathfrak{M}_{\mathrm{opt}}(\nu, \eta)$ in den Randpunkten der Menge $Q(\nu^*, \eta^*)$ in hinreichender Weise charakterisiert, und daher können wir sie mit den Optimalmengen für $(\nu, \eta) \in \operatorname{int} Q(\nu^*, \eta^*)$ vergleichen. Im Satz 4.3 wird das zum Ausdruck kommen. ▌

▌ B. 4.6 Eine Folgerung der Aussage 3° des Satzes 4.2 ist, daß für zwei beliebige Punkte (ν_1, η_1) und (ν_2, η_2) aus $\mathfrak{A}_{\nu\eta}$ mit $Q(\nu_1, \eta_1) \neq Q(\nu_2, \eta_2)$ die Mengen

$Q(\nu_1, \eta_1)$ und $Q(\nu_2, \eta_2)$ höchstens gemeinsame Randpunkte besitzen, d. h. entweder

$$Q(\nu_1, \eta_1) \cap Q(\nu_2, \eta_2) = \emptyset$$

oder

$$\big(Q(\nu_1, \eta_1) \cap Q(\nu_2, \eta_2)\big) \subseteq Q(\nu_1, \eta_1) \setminus \mathrm{int}\, Q(\nu_1, \eta_1);$$

sie „überlappen" sich also nicht.

Der Satz 4.2 und die Bemerkung 4.6 gestatten die folgende Definition.

D. 4.1 Die Menge $Q(\nu^*, \eta^*)$ aus (4.20) heißt *lokaler Stabilitätsbereich* des Parameterpunktes $(\nu^*, \eta^*) \in \mathfrak{A}_{\nu\eta}$.

Wegen (4.20) ist offenbar jeder Punkt der abgeschlossenen Seite $\mathfrak{L}(\nu)$ des Polyeders $\mathfrak{M}(\nu)$, welche die Eigenschaft

$$\emptyset \neq \mathfrak{L}(\nu) \subseteq \mathfrak{M}_{\mathrm{opt}}(\nu, \eta)$$

besitzt, optimal für das lineare Optimierungsproblem $P(\nu, \eta)$, $(\nu, \eta) \in Q(\nu^*, \eta^*)$. Der lokale Stabilitätsbereich $Q(\nu^*, \eta^*)$ ist nach Satz 4.2 die größte Menge mit dieser Eigenschaft.

S. 4.3 *Die Lösbarkeitsmenge $\mathfrak{A}_{\nu\eta}$ sei ein zweidimensionales Intervall*[1]*), dann existiert eine eindeutige Einteilung von $\mathfrak{A}_{\nu\eta}$ in endlich viele zweidimensionale abgeschlossene Intervalle $\mathfrak{A}^k_{\nu\eta}$ $(k = 1, \ldots, s;\ s \geqq 1)$ mit folgenden Eigenschaften:*

1° *Die Einteilungsintervalle $\mathfrak{A}_{\nu\eta}$ $(k = 1, \ldots, s)$ sind lokale Stabilitätsbereiche.*

2° *Jedem lokalen Stabilitätsbereich $\mathfrak{A}^k_{\nu\eta}$ ist eindeutig eine charakteristische Indexmenge $I^k_{\nu\eta}$ zugeordnet mit*

$$\left.\begin{array}{lll} \text{(a)} & \mathfrak{L}^k(\nu) = \mathfrak{M}_{\mathrm{opt}}(\nu, \eta)\,, & (\nu, \eta) \in \mathrm{int}\, \mathfrak{A}^k_{\nu\eta}\,, \\ \text{(b)} & \dim \mathfrak{M}_{\mathrm{opt}}(\nu, \eta) = \mathrm{const}\,, & (\nu, \eta) \in \mathrm{int}\, \mathfrak{A}^k_{\nu\eta}\,, \end{array}\right\} \quad (4.71)$$

wobei

$$\mathfrak{L}^k(\nu) = \{x \in \mathfrak{M}(\nu) \mid x_\alpha = 0,\ \alpha \in I^k_{\nu\eta}\} \quad (4.72)$$

ist.

3° 1 *Ist h^k_ν eine zur ν-Achse des E_2 parallele (offene) Kante von $\mathfrak{A}^k_{\nu\eta}$, so gelten für beliebiges $(\bar\nu, \bar\eta) \in h^k_\nu$ die Aussagen:*

$$\left.\begin{array}{lll} \text{(a)} & \mathfrak{L}^k(\bar\nu) \subset \mathfrak{M}_{\mathrm{opt}}(\bar\nu, \bar\eta)\,, & \\ \text{(b)} & \dim \mathfrak{M}_{\mathrm{opt}}(\bar\nu, \bar\eta) > \dim \mathfrak{M}_{\mathrm{opt}}(\nu, \eta)\,, & (\nu, \eta) \in \mathrm{int}\, \mathfrak{A}^k_{\nu\eta}\,, \\ \text{(c)} & \mathfrak{M}_{\mathrm{opt}}(\bar\nu, \eta) \subseteq \mathfrak{M}_{\mathrm{opt}}(\bar\nu, \bar\eta)\,, & (\bar\nu, \eta) \in \mathrm{int}\, \mathfrak{A}^k_{\nu\eta}\,, \\ \text{(d)} & \mathfrak{M}_{\mathrm{opt}}(\bar\nu, \bar\eta) = \{x \in \mathfrak{M}(\bar\nu) \mid x_\alpha = 0,\ \alpha \in I_{\nu\eta}(\bar\nu, \bar\eta)\} & \end{array}\right\} \quad (4.73)$$

mit $I_{\nu\eta}(\bar\nu, \bar\eta) \subset I^k_{\nu\eta}$.

---

[1]) Über die anderen Fälle gibt Bemerkung 4.2 Auskunft.

3° 2 *Ist h_η^k eine zur η-Achse des E_2 parallele (offene) Kante von $\mathfrak{A}_{\nu\eta}^k$, so gelten für beliebiges $(\bar\nu, \bar\eta) \in h_\eta^k$ die Aussagen*

$$\left.\begin{array}{ll} \text{(a)} & \mathfrak{L}^k(\bar\nu) = \mathfrak{M}_{\text{opt}}(\bar\nu, \bar\eta)\,, \\ \text{(b)} & \dim \mathfrak{M}_{\text{opt}}(\bar\nu, \bar\eta) \leqq \dim \mathfrak{M}_{\text{opt}}(\nu, \eta)\,, \qquad (\nu, \eta) \in \operatorname{int} \mathfrak{A}_{\nu\eta}^k\,, \\ \text{(c)} & \mathfrak{M}_{\text{opt}}(\bar\nu, \bar\eta) = \{x \in \mathfrak{M}(\bar\nu) \mid x_\alpha = 0,\ \alpha \in I_{\nu\eta}(\bar\nu, \bar\eta)\} \end{array}\right\} \tag{4.74}$$

mit $I_{\nu\eta}^k \subset I_{\nu\eta}(\bar\nu, \bar\eta)$.

3° *Ist $(\bar\nu, \bar\eta)$ eine Ecke von $\mathfrak{A}_{\nu\eta}^k$, dann gelten entweder*

$$\left.\begin{array}{ll} \text{(a)} & \mathfrak{L}^k(\bar\nu) \subset \mathfrak{M}_{\text{opt}}(\bar\nu, \bar\eta)\,, \\ \text{(b)} & \dim \mathfrak{M}_{\text{opt}}(\bar\nu, \bar\eta) > \dim \mathfrak{M}_{\text{opt}}(\nu, \eta)\,, \qquad (\nu, \eta) \in \operatorname{int} \mathfrak{A}_{\nu\eta}^k\,, \\ \text{(c)} & \mathfrak{M}_{\text{opt}}(\bar\nu, \bar\eta) = \{x \in \mathfrak{M}(\bar\nu) \mid x_\alpha = 0,\ \alpha \in I_{\nu\eta}(\bar\nu, \bar\eta)\} \end{array}\right\} \tag{4.75}$$

mit $I_{\nu\eta}(\bar\nu, \bar\eta) \subset I_{\nu\eta}^k$.

oder

$$\left.\begin{array}{ll} \text{(a)} & \mathfrak{L}^k(\bar\nu) = \mathfrak{M}_{\text{opt}}(\bar\nu, \bar\eta)\,, \\ \text{(b)} & \dim \mathfrak{M}_{\text{opt}}(\bar\nu, \bar\eta) \leqq \dim \mathfrak{M}_{\text{opt}}(\nu, \eta)\,, \qquad (\nu, \eta) \in \operatorname{int} \mathfrak{A}_{\nu\eta}^k\,, \\ \text{(c)} & \mathfrak{M}_{\text{opt}}(\bar\nu, \bar\eta) = \{x \in \mathfrak{M}(\bar\nu) \mid x_\alpha = 0\,, \quad \alpha \in I_{\nu\eta}(\bar\nu, \bar\eta)\} \end{array}\right\} \tag{4.76}$$

mit $I_{\nu\eta}^k \subset I_{\nu\eta}(\bar\nu, \bar\eta)$

oder

$$\mathfrak{L}^k(\bar\nu) \subset \mathfrak{M}_{\text{opt}}(\bar\nu, \bar\eta) \tag{4.77}$$

und Aussagen über Zusammenhänge der Dimensionen von $\mathfrak{M}_{\text{opt}}(\bar\nu, \bar\eta)$ und $\mathfrak{M}_{\text{opt}}(\nu, \eta)$, $(\nu, \eta) \in \operatorname{int} \mathfrak{A}_{\nu\eta}^k$ sowie über Beziehungen zwischen den charakteristischen Indexmengen $I_{\nu\eta}^k$ und $I_{\nu\eta}(\bar\nu, \bar\eta)$ sind nicht möglich.

4° *Ist $(\nu^*, \eta^*) \in \mathfrak{A}_{\nu\eta} \setminus \mathfrak{A}_{\nu\eta}^k$, so muß entweder $\mathfrak{L}^k(\nu^*) = \emptyset$ oder $\mathfrak{L}^k(\nu^*) \not\subseteq \mathfrak{M}_{\text{opt}}(\nu^*, \eta^*)$ sein.*
Falls $(\nu^*, \eta^*) \in \operatorname{int} \mathfrak{A}_{\nu\eta}^l$ und $\mathfrak{A}_{\nu\eta}^l \neq \mathfrak{A}_{\nu\eta}^k$ sind, so gilt für die charakteristische Indexmenge $I_{\nu\eta}(\nu^*, \eta^*)$ von $\mathfrak{M}_{\text{opt}}(\nu^*, \eta^*)$

$$I_{\nu\eta}(\nu^*, \eta^*) \not\subseteq I_{\nu\eta}^k\,, \qquad I_{\nu\eta}(\nu^*, \eta^*) \not\supseteq I_{\nu\eta}^k\,. \qquad \blacksquare$$

▌ Bws. Mit I^* bezeichnen wir die Menge aller Teilmengen I aus $\{1, \ldots, n\}$ mit der Eigenschaft, daß

$$\mathfrak{L}(\nu) = \{x \in \mathfrak{M}(\nu) \mid x_\alpha = 0,\ \alpha \in I\} \neq \emptyset \tag{4.78}$$

ist für mindestens ein $\nu \in \mathfrak{B}_\nu$. Offenbar ist I^* endlich. Definieren wir die Menge

$$I^{**} = \{I \in I^* \mid \mathfrak{L}(\nu) \subseteq \mathfrak{M}_{\text{opt}}(\nu, \eta),\ (\nu, \eta) \in \mathfrak{A}_{\nu\eta}\}\,,$$

die wegen $I^{**} \subseteq I^*$ ebenfalls endlich ist, so ist auch die Anzahl aller Mengen

$$\{(\nu, \eta) \in \mathfrak{A}_{\nu\eta} \mid \mathfrak{L}(\nu) \neq \emptyset\,,\ \mathfrak{L}(\nu) \subseteq \mathfrak{M}_{\text{opt}}(\nu, \eta)\}$$

endlich. Wegen (4.20) folgt daraus, daß es nur endlich viele verschiedene lokale Stabilitätsbereiche gibt. Bezeichnen wir diese mit $Q_1, \ldots, Q_{\bar{s}}$, dann gehört jedes $(\nu, \eta) \in \mathfrak{A}_{\nu\eta}$ einem Q_j mit $j \in \{1, \ldots, \bar{s}\}$ an. Da $\mathfrak{A}_{\nu\eta}$ als zweidimensionales abgeschlossenes Intervall vorausgesetzt wurde und wegen Bemerkung 4.6 die Mengen Q_j die Lösbarkeitsmenge $\mathfrak{A}_{\nu\eta}$ vollständig überdecken ohne sich zu „überlappen", existiert in $\{Q_1, \ldots, Q_{\bar{s}}\}$ eine Teilmenge zweidimensionaler Intervalle, die wir mit $\{\mathfrak{A}^1_{\nu\eta}, \ldots, \mathfrak{A}^s_{\nu\eta}\}$ $(s \leqq \bar{s})$ bezeichnen wollen, die eine Einteilung von $\mathfrak{A}_{\nu\eta}$ bildet (Abb. 14). Wir bezeichnen dann

$$\mathfrak{A}^k_{\nu\eta} = \{(\nu, \eta) \in \mathfrak{A}_{\nu\eta} \mid \mathfrak{L}^k(\nu) \neq \emptyset,\ \mathfrak{L}^k(\nu) \subseteq \mathfrak{M}_{\text{opt}}(\nu, \eta)\}\,, \tag{4.79}$$

$$\mathfrak{L}^k(\nu) = \{\boldsymbol{x} \in \mathfrak{M}(\nu) \mid x_\alpha = 0,\ \alpha \in I^k_{\nu\eta}\}\,, \tag{4.80}$$

wobei $I^k_{\nu\eta}$ charakteristische Indexmenge von $\mathfrak{M}_{\text{opt}}(\nu, \eta)$ ist für alle $(\nu, \eta) \in \text{int}\, \mathfrak{A}^k_{\nu\eta}$.

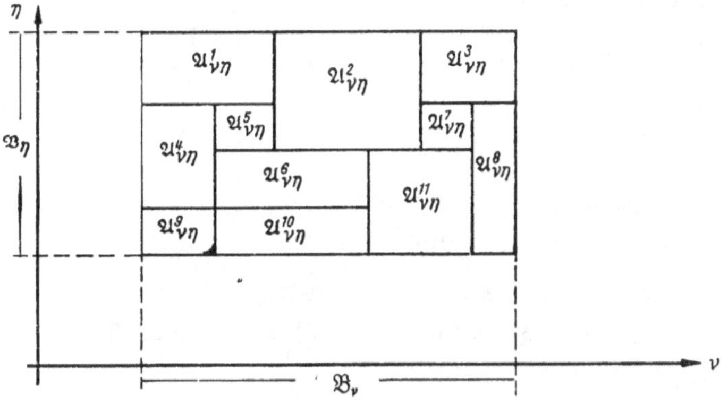

Abb. 14

Seien nun $\mathfrak{A}^k_{\nu\eta}$ ein beliebiger lokaler Stabilitätsbereich aus dieser Einteilung und (ν, η) ein beliebiger Punkt aus int $\mathfrak{A}^k_{\nu\eta}$, dann gelten die Bedingungen (4.44), wobei man (ν^*, η^*) durch (ν, η) zu ersetzen hat; daher ergibt sich sofort (4.71), (4.72).

Die Aussagen in 3° ergeben sich unmittelbar durch Symboländerungen aus den entsprechenden Relationen im Beweis der Aussage 4° vom Satz 4.2.

Aus (4.79) ergibt sich im Falle $(\nu^*, \eta^*) \in \mathfrak{A}_{\nu\eta} \backslash \mathfrak{A}^k_{\nu\eta}$ sofort: Entweder ist $\mathfrak{L}^k(\nu^*) = \emptyset$, oder es ist $\mathfrak{L}^k(\nu^*) \nsubseteq \mathfrak{M}_{\text{opt}}(\nu^*, \eta^*)$.

Wenn $I_{\nu\eta}(\nu^*, \eta^*)$ die charakteristische Indexmenge zur Optimalmenge $\mathfrak{M}_{\text{opt}}(\nu^*, \eta^*)$ ist — wegen $(\nu^*, \eta^*) \in \mathfrak{A}_{\nu\eta}$ folgt $\mathfrak{M}_{\text{opt}}(\nu^*, \eta^*) \neq \emptyset$ — dann gilt im Falle $\mathfrak{L}^k(\nu^*) = \emptyset$ mit $\mathfrak{L}^k(\nu^*)$ nach (4.80)

$$I^k_{\nu\eta} \nsubseteq I_{\nu\eta}(\nu^*, \eta^*)\,. \tag{4.81}$$

Ist dagegen wohl $\mathfrak{L}^k(\nu^*) \neq \emptyset$ aber $\mathfrak{L}^k(\nu^*) \nsubseteq \mathfrak{M}_{\text{opt}}(\nu^*, \eta^*)$, so ergibt sich ebenfalls (4.81).

Sei

$$\mathfrak{L}(\nu) = \{\boldsymbol{x} \in \mathfrak{M}(\nu) \mid x_\alpha = 0,\ \alpha \in I_{\nu\eta}(\nu^*, \eta^*)\}\,,$$

und setzen wir voraus, daß $(\nu^*, \eta^*) \in \operatorname{int} \mathfrak{A}^l_{\nu\eta}$ mit $\mathfrak{A}^l_{\nu\eta} \neq \mathfrak{A}^k_{\nu\eta}$ ist. Dann folgt für einen festen Punkt $(\nu_0 \eta_0) \in \operatorname{int} \mathfrak{A}^k_{\nu\eta}$ aus (4.71), (4.72)

$$\mathfrak{M}_{\text{opt}}(\nu_0, \eta_0) = \{\boldsymbol{x} \in \mathfrak{M}(\nu_0) \mid x_\alpha = 0,\ \alpha \in I^k_{\nu\eta}\}\,.$$

Wäre nun $(\nu_0, \eta_0) \in \mathfrak{A}^l_{\nu\eta}$, so würde sich aus 3° von Satz 4.2 $\mathfrak{A}^k_{\nu\eta} = \mathfrak{A}^l_{\nu\eta}$ ergeben, was aber wegen $(\nu^*, \eta^*) \in \operatorname{int} \mathfrak{A}^l_{\nu\eta}$, $\mathfrak{A}^l_{\nu\eta} \neq \mathfrak{A}^k_{\nu\eta}$ unmöglich ist. Daher ist $(\nu_0, \eta_0) \in \mathfrak{A}_{\nu\eta} \backslash \mathfrak{A}^l_{\nu\eta}$, und man erhält nun ähnlich wie oben

$$I_{\nu\eta}(\nu^*, \eta^*) \nsubseteq I^k_{\nu\eta}\,.$$

Mit (4.81) ergibt hieraus der zweite Teil der Aussage 4° dieses Satzes.

Zu beweisen bleibt uns noch die Eindeutigkeit der Einteilung. Angenommen, es gäbe eine von $\mathfrak{A}^k_{\nu\eta}$ $(k = 1, \ldots, s)$ verschiedene Einteilung der Lösbarkeitsmenge $\mathfrak{A}_{\nu\eta}$ mit den Eigenschaften 1°, 2°, 3° und 4°; dann müßte in dieser mindestens ein lokaler Stabilitätsbereich $\hat{\mathfrak{A}}^\varrho_{\nu\eta}$ mit keinem $\mathfrak{A}^k_{\nu\eta}$ $(k = 1, \ldots, s)$ identisch sein. Das würde aber bedeuten, daß mindestens ein $\mathfrak{A}^k_{\nu\eta}$ existiert mit $\operatorname{int} \hat{\mathfrak{A}}^\varrho_{\nu\eta} \cap \operatorname{int} \mathfrak{A}^k_{\nu\eta} \neq \emptyset$. Nach (4.71) hieße das aber bei fixiertem $(\nu^*, \eta^*) \in \operatorname{int} \mathfrak{A}^\varrho_{\nu\eta} \cap \operatorname{int} \mathfrak{A}^k_{\nu\eta}$

$$\left.\begin{aligned} &\mathfrak{L}^k(\nu) = \mathfrak{M}_{\text{opt}}(\nu, \eta) = \{\boldsymbol{x} \in \mathfrak{M}(\nu) \mid x_\alpha = 0,\ \alpha \in I^k_{\nu\eta}\}\,, \\ &\dim \mathfrak{M}_{\text{opt}}(\nu, \eta) = \dim \mathfrak{M}_{\text{opt}}(\nu^*, \eta^*) \end{aligned}\right\} \tag{4.82}$$

für alle $(\nu, \eta) \in \operatorname{int} \hat{\mathfrak{A}}^\varrho_{\nu\eta}$ und alle $(\nu, \eta) \in \operatorname{int} \mathfrak{A}^k_{\nu\eta}$. Da nach Satz 4.2, 4° sowohl $\hat{\mathfrak{A}}^\varrho_{\nu\eta}$ als auch $\mathfrak{A}^k_{\nu\eta}$ maximal bezüglich (4.82) sind, folgt $\hat{\mathfrak{A}}^\varrho_{\nu\eta} = \mathfrak{A}^k_{\nu\eta}$, was aber im Widerspruch zur Voraussetzung steht. ▮

▮ B. 4.7 Falls die Dimension des lokalen Stabilitätsbereiches $Q(\nu^*, \eta^*)$ des Parameterpunktes $(\nu^*, \eta^*) \in \mathfrak{A}_{\nu\eta}$ gleich 1 ist, so ist der lokale Stabilitätsbereich $Q(\nu^*, \eta^*)$ entweder eine abgeschlossene Strecke, eine abgeschlossene Halbgerade oder eine Gerade im E_2, die entweder zur η-Achse oder zur ν-Achse parallel ist. Versteht man in diesen Fällen unter $\operatorname{int} Q(\nu^*, \eta^*)$ alle inneren Punkte bezüglich der Topologie im E_1, so ist leicht einzusehen, daß auch hier die Bedingungen (4.44) aus Satz 4.2 Gültigkeit haben. ▮

▮ D. 4.2 Es sei $\mathfrak{A}^k_{\nu\eta}$ $(k = 1, \ldots, s)$ die Einteilung der Lösbarkeitsmenge $\mathfrak{A}_{\nu\eta}$, dann heißt die Menge

$$\mathfrak{A}_{\nu\eta} \setminus \bigcup_{k=1}^{s} \operatorname{int} \mathfrak{A}^k_{\nu\eta}$$

der *Graph der Einteilung*. Ein Punkt $(\nu, \eta) \in \mathfrak{A}_{\nu\eta}$, der Ecke mindestens eines lokalen Stabilitätsbereiches $\mathfrak{A}^k_{\nu\eta}$ ist, heißt *Knotenpunkt* der Einteilung. ▮

▮ L. 4.4 *Für den lokalen Stabilitätsbereich* $Q(\nu^*, \eta^*)$ *aus* (4.20) *gelte*

$$\dim Q(\nu^*, \eta^*) = 2\,.$$

Eine zur ν-Achse im E_2 parallele (offene) Kante h_ν von $Q(\nu^*, \eta^*)$ hat dann die Eigenschaft

$$\left.\begin{array}{ll} \bar{h}_\nu \subseteq Q(\nu_1, \eta_1)\,, & (\nu_1, \eta_1) \in h_\nu\,, \\ \dim Q(\nu_1, \eta_1) = 1\,. & \end{array}\right\} \tag{4.83}$$

Entsprechendes gilt für eine zur η-Achse im E_2 parallele (offene) Kante h_η von $Q(\nu^*, \eta^*)$. ∎

∎ Bws. Jeder Punkt $(\nu_1, \eta_1) \in h_\nu$ erfüllt (4.73) bei entsprechender Änderung der Symbole. Es sei $(\nu_1, \eta_1) \in h_\nu$ fixiert. Analog zu (4.18), (4.20) definieren wir

$$\mathfrak{L}_1(\nu) = \{\boldsymbol{x} \in \mathfrak{M}(\nu) \mid x_\alpha = 0,\ \alpha \in I_{\nu\eta}(\nu_1, \eta_1)\}\,, \tag{4.84}$$

$$Q(\nu_1, \eta_1) = \{(\nu, \eta) \in \mathfrak{A}_{\nu\eta} \mid \mathfrak{L}_1(\nu) \neq \emptyset,\ \mathfrak{L}_1(\nu) \subseteq \mathfrak{M}_{\mathrm{opt}}(\nu, \eta)\}\,, \tag{4.85}$$

wobei $I_{\nu\eta}(\nu_1, \eta_1)$ charakteristische Indexmenge der Optimalmenge $\mathfrak{M}_{\mathrm{opt}}(\nu_1, \eta_1)$ ist. Definiert man $A(\nu_1, \eta_1)$ und $B(\nu_1, \eta_1)$ analog zu (4.19) und (4.40), so ergibt sich aus Satz 4.2, 1°

$$Q(\nu_1, \eta_1) = A(\nu_1, \eta_1) \times B(\nu_1, \eta_1)\,.$$

Sowohl für $A(\nu_1, \eta_1)$ als auch für $B(\nu_1, \eta_1)$ bestehen die Möglichkeiten, einelementig oder ein abgeschlossenes eindimensionales Intervall zu sein. Wegen 5° aus Satz 4.2 ist $A(\nu_1, \eta_1)$ (bzw. $B(\nu_1, \eta_1)$) entweder ein Einteilungsintervall $\mathfrak{A}^l_{\nu 0}$ aus Satz 3.7 für (4.45) mit $\eta = \eta_1$ (bzw. $\mathfrak{A}^l_{0\eta}$ aus Satz 2.6 für (4.46) mit $\nu = \nu_1$) oder ein Randpunkt eines derartigen Einteilungsintervalls. Ist $A(\nu_1, \eta_1)$ (bzw. $B(\nu_1, \eta_1)$) ein Einteilungsintervall, so muß $\nu_1 \in \operatorname{int} A(\nu_1, \eta_1)$ (bzw. $\eta_1 \in \operatorname{int} B(\nu_1, \eta_1)$) sein, sonst gilt $A(\nu_1, \eta_1) = \{\nu_1\}$ (bzw. $B(\nu_1, \eta_1) = \{\eta_1\}$). Weder $\dim Q(\nu_1, \eta_1) = 2$ noch $\dim Q(\nu_1, \eta_1) = 0$ kann gelten. Wäre nämlich $\dim Q(\nu_1, \eta_1) = 2$, so hätten $Q(\nu_1, \eta_1)$ und $Q(\nu^*, \eta^*)$ gemeinsame innere Punkte im Sinne der Topologie im E_2, was aber $Q(\nu^*, \eta^*) = Q(\nu_1, \eta_1)$ hieße[1]. Wegen $(\nu_1, \eta_1) \in \operatorname{int} Q(\nu_1, \eta_1)$ und $(\nu_1, \eta_1) \in Q(\nu^*, \eta^*) \setminus \operatorname{int} Q(\nu^*, \eta^*)$ ist aber andererseits $Q(\nu_1, \eta_1) \setminus Q(\nu^*, \eta^*) \neq \emptyset$. Wäre $\dim Q(\nu_1, \eta_1) = 0$, so müßte $Q(\nu_1, \eta_1) = \{(\nu_1, \eta_1)\}$ sein, und aus (4.85) ergäbe sich, daß (ν_1, η_1) das einzige Paar mit

$$\mathfrak{L}_1(\nu) \neq \emptyset\,, \qquad \mathfrak{L}_1(\nu) \subseteq \mathfrak{M}_{\mathrm{opt}}(\nu, \eta)$$

ist. Das hieße aber

$$\mathfrak{L}_1(\nu_1) = \mathfrak{M}_{\mathrm{opt}}(\nu_1, \eta_1) \neq \emptyset$$

und

$$\mathfrak{L}_1(\nu) = \emptyset \qquad \text{oder} \qquad \mathfrak{L}_1(\nu) \nsubseteq \mathfrak{M}_{\mathrm{opt}}(\nu_1, \eta_1)\,, \qquad \nu \in A(\nu^*, \eta^*) \setminus \{\nu_1\}\,,$$

wobei $A(\nu^*, \eta^*)$ aus (4.19) ist. Wegen (4.85), (4.18) und (4.73) würde $\mathfrak{L}(\nu) \subseteq \mathfrak{L}_1(\nu)$ folgen. Da $(\nu, \eta_1) \in Q(\nu^*, \eta^*)$, $\nu \in A(\nu^*, \eta^*) \setminus \{\nu_1\}$ ist, wäre $\mathfrak{L}(\nu_1) \neq \emptyset$ für $\nu \in A(\nu^*, \eta^*)$. Es käme also nur die Möglichkeit

$$\emptyset \neq \mathfrak{L}_1(\nu) \nsubseteq \mathfrak{M}_{\mathrm{opt}}(\nu, \eta_1)\,, \qquad \nu \in A(\nu^*, \eta^*) \setminus \{\nu_1\}$$

[1]) Folgt aus Satz 4.2,3°.

in Frage. Aber auch das kann nicht sein, denn es gilt $\mathfrak{L}_1(\nu) \neq \emptyset$, $\nu \in A(\nu^*, \eta^*)$ und $\mathfrak{L}_1(\nu_1) = \mathfrak{M}_{\text{opt}}(\nu_1, \eta_1)$. Daher ist $\{\nu \in E_1 | \mathfrak{L}_1(\nu) \neq \emptyset\}$ ein bestimmtes Einteilungsintervall $\mathfrak{A}^l_{\nu 0}$ aus (3.53) zu (4.45) für $\eta = \eta_1$ mit $A(\nu^*, \eta^*) \subseteq \mathfrak{A}^l_{\nu 0}$.[1] Aus $(\nu_1, \eta_1) \in h_\nu$ folgt $\nu_1 \in \text{int } A(\nu^*, \eta^*)$, deswegen ist auch $\nu_1 \in \text{int } \mathfrak{A}^l_{\nu 0}$. Nach Satz 3.7 erhält man dann $\mathfrak{L}_1(\nu) = \mathfrak{M}_{\text{opt}}(\nu, \eta_1)$ für $\nu \in \text{int } \mathfrak{A}^l_{\nu 0}$. Weil diese Gleichheit aber auch für beliebiges $(\nu, \eta_1) \in h_\nu$ erfüllt ist, kann $\dim Q(\nu_1, \eta_1) = 0$ nicht gelten.

Wir erhalten daher $h_\nu \subseteq \mathfrak{A}^l_{\nu 0} \times \{\eta_1\}$. Wegen $\nu_1 \in \text{int } \mathfrak{A}^l_{\nu 0}$ gestattet der Satz 4.2, 3° die Folgerung $\mathfrak{A}^l_{\nu 0} \times \{\eta_1\} = Q(\nu_1, \eta_1)$. Aus der Abgeschlossenheit von $Q(\nu_1, \eta_1)$ folgt dann die Behauptung des Satzes. Für eine Kante h_η von $Q(\nu^*, \eta^*)$ verläuft der Beweis analog. ▌

▌ L. 4.5 *Die Lösbarkeitsmenge $\mathfrak{A}_{\nu\eta}$ sei ein Intervall. Ein Punkt $(\tilde{\nu}, \tilde{\eta}) \in \mathfrak{A}_{\nu\eta}$ ist genau dann ein Knotenpunkt der Einteilung $\mathfrak{A}^k_{\nu\eta}$ $(k = 1, \ldots, s)$ von $\mathfrak{A}_{\nu\eta}$, wenn ein Punkt $(\bar{\nu}, \bar{\eta}) \in \mathfrak{A}_{\nu\eta}$ mit*

1° $$\dim Q(\bar{\nu}, \bar{\eta}) = 1 ,$$

2° $$(\tilde{\nu}, \tilde{\eta}) \in Q(\bar{\nu}, \bar{\eta}) \setminus \text{int } Q(\bar{\nu}, \bar{\eta})$$

existiert. ▌

▌ Bws. Sei $(\tilde{\nu}, \tilde{\eta}) \in \mathfrak{A}_{\nu\eta}$ ein Knotenpunkt der Einteilung. Dann ist $(\tilde{\nu}, \tilde{\eta})$ eine Ecke eines lokalen Stabilitätsbereiches $\mathfrak{A}^k_{\nu\eta}$, $k \in \{1, \ldots, s\}$. Da nach Satz 4.3 $\dim \mathfrak{A}^k_{\nu\eta} = 2$ ist, existieren eine zur ν-Achse im E_2 parallele (offene) Kante h^k_ν und eine zur η-Achse im E_2 parallele (offene) Kante h^k_η von $\mathfrak{A}^k_{\nu\eta}$, so daß

$$h^k_\nu \cap h^k_\eta = \emptyset , \qquad \overline{h^k_\nu} \cap \overline{h^k_\eta} = \{\tilde{\nu}, \tilde{\eta}\}$$

gilt. Für beliebige Punkte $(\nu_1, \eta_1) \in h^k_\nu$ und $(\nu_2, \eta_2) \in h^k_\eta$ folgt aus Lemma 4.4

$$\dim Q(\nu_1, \eta_1) = \dim Q(\nu_2, \eta_2) = 1 ,$$

$$\overline{h^k_\nu} \subseteq Q(\nu_1, \eta_1) , \qquad \overline{h^k_\eta} \subseteq Q(\nu_2, \eta_2) .$$

Aus dem Beweis von Lemma 4.4 ergibt sich:

$$Q(\nu_1, \eta_1) = A(\nu_1, \eta_1) \times \{\eta_1\} , \qquad Q(\nu_2, \eta_2) = \{\nu_2\} \times B(\nu_2, \eta_2) , \tag{4.86}$$

wobei $A(\nu_1, \eta_2)$ (bzw. $B(\nu_2, \eta_2)$) identisch mit einem Einteilungsintervall $\mathfrak{A}^l_{\nu 0}$ (bzw. $\mathfrak{A}^i_{0\eta}$) der Einteilung der Lösbarkeitsmenge von $P(\nu, \tilde{\eta})$ (bzw. $P(\tilde{\nu}, \eta)$) ist. Daraus resultieren $\tilde{\nu} \in \mathfrak{A}^l_{\nu 0}$ und $\tilde{\eta} \in \mathfrak{A}^i_{0\eta}$. Wären nun $\tilde{\nu}$ und $\tilde{\eta}$ jeweils innere Punkte, so müßte nach Satz 4.2 der lokale Stabilitätsbereich

$$Q(\tilde{\nu}, \tilde{\eta}) = \mathfrak{A}^l_{\nu 0} \times \mathfrak{A}^i_{0\eta}$$

ein zweidimensionales Intervall sein, welches mit $\mathfrak{A}^k_{\nu\eta}$ gemeinsame innere Punkte hat. Wegen Satz 4.2, 3° würde das aber bedeuten, daß $Q(\tilde{\nu}, \tilde{\eta}) = \mathfrak{A}^k_{\nu\eta}$ ist. Das kann aber nicht sein, denn $(\tilde{\nu}, \tilde{\eta}) \in \mathfrak{A}^k_{\nu\eta} \setminus \text{int } \mathfrak{A}^k_{\nu\eta}$ ist kein innerer Punkt von $Q(\tilde{\nu}, \tilde{\eta}) = \mathfrak{A}^k_{\nu\eta}$. Deswegen muß also mindestens einer der Punkte $\tilde{\nu}$ und $\tilde{\eta}$ Randpunkt des entsprechenden Einteilungsintervalls sein. Aus (4.86) ergibt sich daher, daß $(\tilde{\nu}, \tilde{\eta})$ Randpunkt von $Q(\nu_1, \eta_1)$ oder $Q(\nu_2, \eta_2)$ sein muß.

---

[1]) vgl. Bemerkung 4.7.

Ist andererseits $(\bar{\nu}, \bar{\eta}) \in \mathfrak{A}_{\nu\eta}$ ein Punkt mit

$$\dim Q(\bar{\nu}, \bar{\eta}) = 1\,,$$

$$(\tilde{\nu}, \tilde{\eta}) \in Q(\nu, \bar{\eta}) \backslash \operatorname{int} Q(\bar{\nu}, \bar{\eta})\,,$$

so können zwei Fälle auftreten:

(a) $$Q(\bar{\nu}, \bar{\eta}) = \mathfrak{A}^{l}_{\nu 0} \times \{\bar{\eta}\}\,,$$

(b) $$Q(\bar{\nu}, \bar{\eta}) = \{\bar{\nu}\} \times \mathfrak{A}^{i}_{0\eta}\,.$$

Dabei sind $\mathfrak{A}^{l}_{\nu 0}$ bzw. $\mathfrak{A}^{i}_{0\eta}$ entsprechende, bestimmte Einteilungsintervalle aus Satz 3.2 bzw. Satz 2.6. Im Fall (a) ist der zur ν-Achse im E_2 parallele lokale Stabilitätsbereich entweder eine abgeschlossene Strecke, eine abgeschlossene Halbgerade oder eine Gerade. Im Fall (b) handelt es sich um entsprechende eindimensionale Mannigfaltigkeiten, die parallel zur η-Achse im E_2 sind.

Als Element von $\mathfrak{A}_{\nu\eta}$ gehört $(\tilde{\nu}, \tilde{\eta})$ zu mindestens einem lokalen Stabilitätsbereich $\mathfrak{A}^{k}_{\nu\eta}$ der Einteilung von $\mathfrak{A}_{\nu\eta}$. Wäre nun $(\tilde{\nu}, \tilde{\eta}) \in \operatorname{int} \mathfrak{A}^{k}_{\nu\eta}$, so müßte wegen Satz 4.2

$$Q(\tilde{\nu}, \tilde{\eta}) = \mathfrak{A}^{l_1}_{\nu 0} \times \mathfrak{A}^{i_1}_{0\eta}\,, \qquad \tilde{\nu} \in \operatorname{int} \mathfrak{A}^{l_1}_{\nu 0}\,, \qquad \tilde{\eta} \in \operatorname{int} \mathfrak{A}^{i_1}_{0\eta}$$

sein, wobei $\mathfrak{A}^{l_1}_{\nu 0}$ und $\mathfrak{A}^{i_1}_{0\eta}$ wieder Einteilungsintervalle aus Satz 3.7 und Satz 2.6 bezeichnen. Das stünde aber im Widerspruch zu $(\tilde{\nu}, \tilde{\eta}) \in Q(\bar{\nu}, \bar{\eta}) \backslash \operatorname{int} Q(\nu, \bar{\eta})$. Daher muß $(\tilde{\nu}, \tilde{\eta})$ Randpunkt mindestens eines lokalen Stabilitätsbereiches aus der Einteilung $\mathfrak{A}^{k}_{\nu\eta}$ $(k = 1, \ldots, s)$ sein; er sei wieder aus $\mathfrak{A}^{k}_{\nu\eta}$. Es bedarf keines Beweises, wenn $(\tilde{\nu}, \tilde{\eta})$ eine Ecke von $\mathfrak{A}^{k}_{\nu\eta}$ ist. Betrachten wir also den Fall (a), wo $(\tilde{\nu}, \tilde{\eta}) \in h^{k}_{\nu}$ ist (h^{k}_{ν} bezeichne eine (offene) Kante von $\mathfrak{A}^{k}_{\nu\eta}$). Nach Lemma 4.4 ist

$$(\tilde{\nu}, \tilde{\eta}) \in h^{k}_{\nu} \subseteq Q(\tilde{\nu}, \eta)\,;$$

also $(\tilde{\nu}, \tilde{\eta}) \in \operatorname{int} Q(\tilde{\nu}, \tilde{\eta})$. Da aber auch $(\tilde{\nu}, \tilde{\eta}) \in Q(\bar{\nu}, \bar{\eta})$ gilt, muß auf Grund von Satz 4.2, 3° $Q(\tilde{\nu}, \tilde{\eta}) = Q(\bar{\nu}, \bar{\eta})$ sein. Offenbar ist das aber ein Widerspruch zu $(\tilde{\nu}, \tilde{\eta}) \in Q(\bar{\nu}, \bar{\eta}) \backslash \operatorname{int} Q(\bar{\nu}, \bar{\eta})$ und $(\tilde{\nu}, \tilde{\eta}) \in \operatorname{int} Q(\tilde{\nu}, \tilde{\eta})$. Im Fall (a) kann daher $(\tilde{\nu}, \tilde{\eta})$ kein (innerer) Punkt einer mit der ν-Achse im E_2 parallelen (offenen) Kante eines lokalen Stabilitätsbereiches $\mathfrak{A}^{k}_{\nu\eta}$ sein. Der Punkt $(\tilde{\nu}, \tilde{\eta})$ muß also Ecke von $\mathfrak{A}^{k}_{\nu\eta}$ und damit Knotenpunkt der Einteilung sein. Im Fall (b) verläuft der Beweis ähnlich. ∎

▌ L. 4.6 *Gilt für ein Paar* $(\tilde{\nu}, \eta) \in \mathfrak{A}_{\nu\eta}$

$$\dim Q(\tilde{\nu}, \tilde{\eta}) = 0\,,$$

so ist $(\tilde{\nu}, \tilde{\eta})$ *ein Knotenpunkt der Einteilung* $\mathfrak{A}^{k}_{\nu\eta}$ $(k = 1, \ldots, s)$ *von* $\mathfrak{A}_{\nu\eta}$.

▌ Bws. Nach Bemerkung 4.6 und Satz 4.2, 2° gilt für einen beliebigen lokalen Stabilitätsbereich $\mathfrak{A}^{k}_{\nu\eta}$ der Einteilung $\mathfrak{A}^{1}_{\nu\eta}, \ldots, \mathfrak{A}^{s}_{\nu\eta}$

$$\dim Q(\nu, \eta) = 2\,, \qquad (\nu, \eta) \in \operatorname{int} \mathfrak{A}^{k}_{\nu\eta}\,.$$

Im Beweis von Lemma 4.4 haben wir aber gezeigt, daß eine (offene) Kante eines beliebigen lokalen Stabilitätsbereiches keinen Punkt $(\tilde{\nu}, \tilde{\eta})$ mit dim $Q(\tilde{\nu}, \tilde{\eta}) = 0$ enthalten kann.

Diese beiden Aussagen ergeben aber die Behauptung des Lemmas. ▮

▮ S. 4.4. *Es sei h_ν^k (bzw. h_η^k) eine zur ν-Achse im E_2 (bzw. zur η-Achse im E_2) parallele (offene) Kante eines beliebigen lokalen Stabilitätsbereiches $\mathfrak{A}_{\nu\eta}^k$ aus der Einteilung $\mathfrak{A}_{\nu\eta}^1, \ldots, \mathfrak{A}_{\nu\eta}^s$ von $\mathfrak{A}_{\nu\eta}$. Weiterhin seien $\mathfrak{L}_k(\nu)$ und $I_{\nu\eta}^k$ aus (4.71), (4.72). Dann ist der Kante h_ν^k (bzw. h_η^k) eindeutig eine charakteristische Indexmenge $I_{\nu\eta}^k(h_\nu^k)$ (bzw. $I_{\nu\eta}^k(h_\eta^k)$) mit den folgenden Eigenschaften zugeordnet:*

(a) $\mathfrak{M}_{\text{opt}}(\nu, \eta) = \{x \in \mathfrak{M}(\nu) \mid x_\alpha = 0,\ \alpha \in I_{\nu\eta}^k(h_\nu^k)\}$, $\quad (\nu, \eta) \in h_\nu^k$;

(b) dim $\mathfrak{M}_{\text{opt}}(\nu, \eta) = \text{const}$, $\quad (\nu, \eta) \in h_\nu^k$;

(c) $I_{\nu\eta}^k(h_\nu^k) \subset I_{\nu\eta}^k$;

bzw.

(a) $\mathfrak{M}_{\text{opt}}(\nu, \eta) = \{x \in \mathfrak{M}(\nu) \mid x_\alpha = 0,\ \alpha \in I_{\nu\eta}^k(h_\eta^k)\}$, $\quad (\nu, \eta) \in h_\eta^k$;

(b) dim $\mathfrak{M}_{\text{opt}}(\nu, \eta) = \text{const}$, $\quad (\nu, \eta) \in h_\eta^k$;

c) $I_{\nu\eta}^k \subset I_{\nu\eta}^k(h_\eta^k)$. ▮

▮ Bws. Der Beweis ergibt sich aus Lemma 4.4 und dessen Beweis, wenn man die Sätze 2.6 und 3.7 berücksichtigt. ▮

▮ B. 4.8 Die Lemmata 4.5 und 4.6 lassen sich zur Aufstellung des Graphen der Einteilung aus Satz 4.3 heranziehen. Das Lemma 4.4 ist zum Beweis von Satz 4.4 notwendig. ▮

▮ S. 4.5 *Die Lösungsfunktion $\varphi(\nu, \eta)$ (4.11) des parametrischen Problems $P(\nu, \eta)$ mit dem maximalen Definitionsbereich $\mathfrak{A}_{\nu\eta}$ hat folgende Eigenschaften:*

1° *$\varphi(\nu, \eta)$ ist stetig über $\mathfrak{A}_{\nu\eta}$.*

2° *Für festes $(\nu_1, \eta_1) \in \mathfrak{A}_{\nu\eta}$ ist die Funktion $\varphi(\nu, \eta_1)$ konkav über $\mathfrak{B}_\nu$ (4.4); die Funktion $\varphi(\nu_1, \eta)$ ist konvex über $\mathfrak{B}_\eta$ (4.8).*

3° *Jedem lokalen Stabilitätsbereich $\mathfrak{A}_{\nu\eta}^k$ aus der Einteilung $\mathfrak{A}_{\nu\eta}^1, \ldots, \mathfrak{A}_{\nu\eta}^s$ sind eindeutig Zahlen a_k, b_k, c_k und d_k zugeordnet mit*

$$\varphi(\nu, \eta) = a_k \nu \eta + b_k \nu + c_k \eta + d_k \tag{4.87}$$

für $(\nu, \eta) \in \mathfrak{A}_{\nu\eta}^k$. ▮

▮ Bws. Aus Satz 3.6 und Satz 2.7 ergibt sich die Aussage 2°. Seien $\mathfrak{A}_{\nu\eta}^k$ aus der Einteilung des Satzes 4.3 ein beliebiger lokaler Stabilitätsbereich und

$(\nu_1, \eta_1) \in \mathfrak{A}^k_{\nu\eta}$ fixiert, dann gilt wegen 1° und 3° von Satz 4.2

$$\mathfrak{A}^k_{\nu\eta} = Q(\nu_1, \eta_1) = \mathfrak{A}^l_{\nu 0} \times \mathfrak{A}^i_{0\eta}\,, \qquad \nu_1 \in \operatorname{int} \mathfrak{A}^l_{\nu 0}\,, \qquad \eta_1 \in \operatorname{int} \mathfrak{A}^i_{0\eta}\,,$$

wobei $\mathfrak{A}^l_{\nu 0}$ und $\mathfrak{A}^i_{0\eta}$ bestimmte Einteilungsintervalle aus Satz 3.7 und Satz 2.6 für die Aufgaben $P(\nu, \eta_1)$ und $P(\nu_1, \eta)$ sind, Für jedes $\eta_1 \in \operatorname{int} \mathfrak{A}^i_{0\eta}$ ist nach Satz 3.6 die Funktion $\varphi(\nu, \eta_1)$ linear über $\mathfrak{A}^l_{\nu 0}$. Dagegen ist bei jedem $\nu_1 \in \operatorname{int} \mathfrak{A}^l_{\nu 0}$ nach Satz 2.7 die Lösungsfunktion $\varphi(\nu_1, \eta)$ linear über $\mathfrak{A}^i_{0\eta}$. Daraus folgt aber unmittelbar (4.87). Die eindeutig bestimmten Zahlen a_k, b_k, c_k und d_k hängen

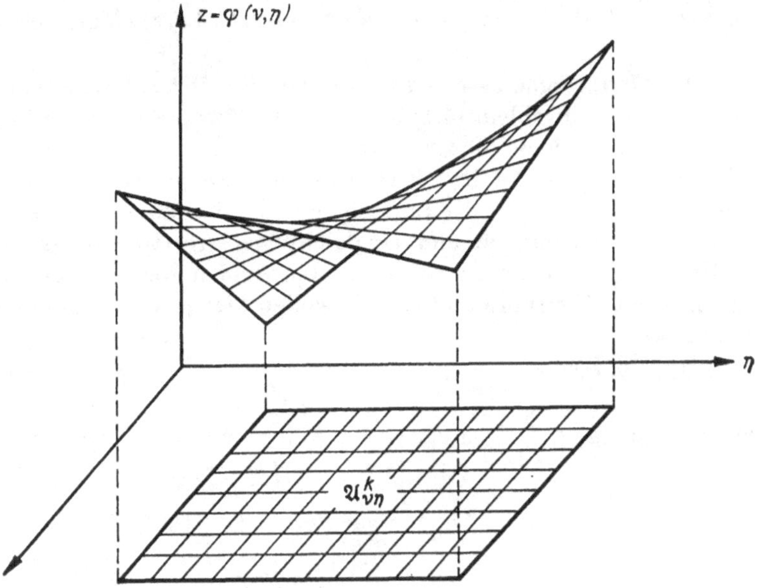

Abb. 15

vom lokalen Stabilitätsbereich $\mathfrak{A}^k_{\nu\eta}$ ab, es gilt also 3° (Abb. 15). Aus (4.87) folgt, daß $\varphi(\nu, \eta)$ über jeder Einteilungsmenge $\mathfrak{A}^k_{\nu\eta}$ $(k = 1, \ldots, s)$ stetig ist. Weil aber die Mengen $\mathfrak{A}^k_{\nu\eta}$ $(k = 1, \ldots, s)$ abgeschlossen sind und die Lösbarkeitsmenge $\mathfrak{A}_{\nu\eta}$ überdecken, folgt die Aussage 1°. ▮

▮ B. 4.9 Die Lösungsfunktion $\varphi(\nu, \eta)$ ist über int $\mathfrak{A}^k_{\nu\eta}$ $(k = 1, \ldots, s)$ harmonisch, d. h.

$$\frac{\partial^2 \varphi(\nu, \eta)}{\partial \nu^2} + \frac{\partial^2 \varphi(\nu, \eta)}{\partial \eta^2} = 0\,, \qquad (\nu, \eta) \in \operatorname{int} \mathfrak{A}^k_{\nu\eta};$$

über dem Rande von $\mathfrak{A}^k_{\nu\eta}$ ist $\varphi(\nu, \eta)$ stetig. Wird das Maximum (bzw. das Minimum) der harmonischen Funktion $\varphi(\nu, \eta)$ über $\mathfrak{A}^k_{\nu\eta}$ angenommen, so wird das Extremum in mindestens einem Punkt $(\bar{\nu}, \bar{\eta})$ des Randes von $\mathfrak{A}^k_{\nu\eta}$ erreicht. Besitzt $\mathfrak{A}^k_{\nu\eta}$ Ecken und existiert das Extremum von $\varphi(\nu, \eta)$ über $\mathfrak{A}^k_{\nu\eta}$, so gibt es mindestens eine Ecke von $\mathfrak{A}^k_{\nu\eta}$, in welcher die Funktion $\varphi(\nu, \eta)$ ihren über $\mathfrak{A}^k_{\nu\eta}$ extremalen Wert annimmt; denn entlang einer Kante dieses lokalen Stabilitätsbereiches ist $\varphi(\nu, \eta)$ eine lineare Funktion nur einer Veränderlichen (Folgerung aus Satz 2.7 und 3.6).

Um die Funktion $\varphi(\nu, \eta)$ über $\mathfrak{A}^k_{\nu\eta}$ berechnen zu können, genügt es offenbar, zwei Punkte (ν_1, η_1), $(\nu_2, \eta_2) \in \mathfrak{A}^k_{\nu\eta}$ mit $\nu_1 < \nu_2$, $\eta_1 < \eta_2$ zu betrachten. Die Werte der Funktion $\varphi(\nu, \eta)$ in den Punkten (ν_1, η_1), (ν_2, η_2), (ν_1, η_2), (ν_2, η_1) gestatten eine eindeutige Bestimmung der Zahlen a_k, b_k, c_k und d_k aus (4.87). Über die Lösungsfunktion $\psi(\nu, \eta)$ (4.12) des Dualproblems $D(\eta, \nu)$ gelten äquivalente Aussagen; insbesondere gelten auch zu Satz 4.5 analoge Aussagen. ▌

▌ B. 4.10 Die Hauptergebnisse der in diesem Kapitel entwickelten Theorie für das parametrische Problem (4.1) sind in den Sätzen 4.1 bis 4.5 formuliert. Bei der Entwicklung dieser Theorie gingen wir von der Voraussetzung aus, daß das Restriktionspolyeder in Gleichungsform gegeben ist. Die Ergebnisse lassen sich jedoch auf den Fall einer allgemeinen Beschreibung der Restriktionsmenge durch Gleichungen und Ungleichungen übertragen, da sich jedes lineare Optimierungsproblem in ein äquivalentes, bei welchem das Polyeder Gleichungsform hat, überführen läßt. Wir wollen hier jedoch auf einige Unterschiede hinweisen.

Es sei die Restriktionsmenge durch

$$\mathfrak{M}(\nu) = \Big\{ x \in E_n \mid \sum_{\alpha=1}^{n} a_{r\alpha} x_\alpha \leqq b_r + \nu b'_r, \qquad r = 1, \ldots, m_1;$$
$$\sum_{\alpha=1}^{n} a_{r\alpha} x_\alpha = b_r + \nu b'_r, \qquad r = m_1 + 1, \ldots, m;$$
$$x_\alpha \geqq 0, \qquad \alpha \in I^0 \subseteq \{1, \ldots, n\} \Big\} \tag{4.88}$$

beschrieben. Ist die Aufgabe $\max \{F(x, \eta) \mid x \in \mathfrak{M}(\nu)\}$ mit $\mathfrak{M}(\nu)$ aus (4.88) für $(\nu^*, \eta^*) \in E_2$ lösbar, dann ist die Optimalmenge $\mathfrak{M}_{\text{opt}}(\nu^*, \eta^*)$ entweder eine abgeschlossene Seite von $\mathfrak{M}(\nu)$ (4.88) oder das Polyeder $\mathfrak{M}(\nu)$ selbst. Eine abgeschlossene Seite von $\mathfrak{M}(\nu)$ ist dadurch charakterisiert, daß maximale Indexmengen $I^1_{\nu\eta}(\nu^*, \eta^*) \subseteq \{1, \ldots, m_1\}$ und $I^2_{\nu\eta}(\nu^*, \eta^*) \subseteq I^0$ existieren, so daß gilt:

$$\mathfrak{M}_{\text{opt}}(\nu^*, \eta^*) = \Big\{ x \in E_n \mid \sum_{\alpha=1}^{n} a_{r\alpha} x_\alpha = b_r + \nu^* b'_r, \qquad r \in I^1_{\nu\eta}(\nu^*, \eta^*) \text{ und } r \in \{m_1 + 1, \ldots, m\};$$
$$\sum_{\alpha=1}^{n} a_{r\alpha} x_\alpha \leqq b_r + \nu^* b'_r, \qquad r \in \{1, \ldots, m_1\} \setminus I^1_{\nu\eta}(\nu^*, \eta^*);$$
$$x_\alpha = 0, \qquad \alpha \in I^2_{\nu\eta}(\nu^*, \eta^*)$$
$$x_\alpha \geqq 0, \qquad \alpha \in I^0 \setminus I^2_{\nu\eta}(\nu^*, \eta^*) \Big\}.$$

Definieren wir für beliebiges ν

$$\mathfrak{L}(\nu) = \left\{ x \in \mathfrak{M}(\nu) \mid \sum_{\alpha=1}^{n} a_{r\alpha} x_\alpha = b_r + \nu b'_r , \qquad r \in I^1_{\nu\eta}(\nu^*, \eta^*); \right.$$
$$\left. x_\alpha = 0 , \qquad \alpha \in I^2_{\nu\eta}(\nu^*, \eta^*) \right\}$$

und den lokalen Stabilitätsbereich

$$Q(\nu^*, \eta^*) = \{(\nu, \eta) \in \mathfrak{A}_{\nu\eta} \mid \mathfrak{L}(\nu) \neq \emptyset , \ \mathfrak{L}(\nu) \subseteq \mathfrak{M}_{\text{opt}}(\nu, \eta)\} ,$$

so gilt Satz 4.2. Mit entsprechenden Änderungen gelten auch die Sätze 4.3 und 4.4. Die Sätze 4.1 und 4.5 gelten ohne Änderungen. ∎

4.3. Lösungsverfahren

Als Ziel eines Lösungsverfahrens betrachten wir hier die Berechnung der (zweidimensionalen) lokalen Stabilitätsbereiche $\mathfrak{A}^k_{\nu\eta}$ innerhalb eines vorgegebenen achsenparallelen Rechtecks P im E_2. Nach Satz 4.3 sind diese lokalen Stabilitätsbereiche achsenparallele Rechtecke. Wir gehen bei dem Algorithmus von einem Problem in Normalform aus:

$$\max \{F(x, \eta) \mid x \in \mathfrak{M}(\nu)\} \tag{4.89}$$

mit

$$F(x, \eta) = (c + c' \eta)^T x ,$$
$$\mathfrak{M}(\nu) = \{x \in E_n \mid A x \leqq b + b' \nu , \qquad x \geqq o\}$$

und

$$(\nu, \eta) \in P = \{(\eta, \nu) \mid \nu_1 \leqq \nu \leqq \nu_2 , \qquad \eta_1 \leqq \eta \leqq \eta_2\} .$$

Für Problem (4.89) sei nach Einführen von Schlupfvariablen eine Darstellung von Basisvariablen durch Nichtbasisvariable vorgegeben und eine entsprechende Darstellung der Zielfunktion:

$$\left.\begin{aligned} x_0 &= d_{00}(\eta, \nu) - \sum_{\alpha=1}^{n} (d_{-1,\alpha} + \eta d_{0\alpha}) x_{j_\alpha} , \\ x_{i_r} &= d_{r,-1} - \nu d_{r0} - \sum_{\alpha=1}^{n} d_{r\alpha} x_{j_\alpha} , \qquad r = 1, \ldots, m . \end{aligned}\right\} \tag{4.90}$$

Anfangs wird man

$$\begin{aligned} d_{00}(\eta, \nu) &= 0 , \quad & d_{-1,\alpha} &= - c_\alpha , \quad & d_{0\alpha} &= - c'_\alpha , \quad \alpha = 1, \ldots, n: \\ d_{r,-1} &= b_r , & d_{r0} &= b'_r , & r &= 1, \ldots, m; \\ d_{r\alpha} &= a_{r\alpha} , & \alpha &= 1, \ldots, n; & r &= 1, \ldots, m; \\ i_r &= n + r , & r &= 1, \ldots, m; & j_\alpha &= \alpha , \ \alpha = 1, \ldots, n \end{aligned}$$

setzen. Der Darstellung (4.90) ordnen wir ein Tableau zu:

		ν	x_{j_1}	x_{j_2}	$\cdots$	x_{j_n}
	*		$d_{-1,1}$	$d_{-1,2}$	$\cdots$	$d_{-1,n}$
η			d_{01}	d_{02}	$\cdots$	d_{0n}
x_{i_1}	$d_{1,-1}$	d_{10}	d_{11}	d_{12}	$\cdots$	d_{1n}
x_{i_2}	$d_{2,-1}$	d_{20}	d_{21}	d_{22}	$\cdots$	d_{2n}
$\cdots$	$\cdots$	$\cdots$	$\cdots$	$\cdots$	$\cdots$	$\cdots$
x_{i_m}	$d_{m,-1}$	d_{m0}	d_{m1}	d_{m2}	$\cdots$	d_{mn}

(4.91)

In diesem Tableau werden die Koeffizienten in (*) fortgelassen, da sie für das Verfahren ohne Belang sind. Als Optimalitätskriterium hat man bei vorgegebenem (ν, η) die Ungleichungen

$$\left.\begin{aligned} d_{-1,\alpha} + \eta\, d_{0\alpha} &\geqq 0\,, & \alpha &= 1, \ldots, n\,, \\ d_{r,-1} - \nu\, d_{r0} &\geqq 0\,, & r &= 1, \ldots, m\,. \end{aligned}\right\} \tag{4.92}$$

Falls die ersten Ungleichungen dieses Systems erfüllt sind, nennen wir das Tableau (4.91) optimal; falls das zweite System erfüllt ist, soll das Tableau zulässig heißen. Für das Problem (4.89) setzen wir eine gewisse Regularitätsbedingung voraus:

(R) Wenn für (ν^0, η^0) als Lösung von (4.92) Gleichungen im System auftreten, so existiert ein $\varepsilon > 0$ derart, daß eines der Paare $(\nu^0 + \varepsilon, \eta^0 + \varepsilon)$, $(\nu^0 - \varepsilon, \eta^0 + \varepsilon)$, $(\nu^0 + \varepsilon, \eta^0 - \varepsilon)$, $(\nu^0 - \varepsilon, \eta^0 - \varepsilon)$ wiederum Lösung ist, aber alle Ungleichungen streng erfüllt sind.

Diese Bedingung garantiert uns, daß das Tableau (4.91) durch eine beliebig kleine ε-Änderung der Parameter stets genau einen optimalen nicht entarteten Basispunkt liefert und die Optimalmengen für Parameterpunkte aus dem Innern der lokalen Stabilitätsbereiche einelementig sind. Somit kann man aus jedem optimalen und zulässigen Tableau einen lokalen Stabiltätsbereich gewinnen. Es wäre auch möglich, einen Algorithmus ohne diese Regularitätsbedingung anzugeben, der jedoch erheblich umfangreicher ausfallen würde als der unten angegebene.

In Analogie zu (2.26) stellen wir für die η- bzw. ν-Grenzen eines der gesuchten Rechtecke die Formeln

$$\underline{\eta} = \max\left\{\eta_1;\, \sup\left\{-\frac{d_{-1,\alpha}}{d_{0\alpha}} \mid d_{0\alpha} > 0\right\}\right\}, \tag{4.93}$$

$$\bar{\eta} = \min\left\{\eta_2;\, \inf\left\{-\frac{d_{-1,\alpha}}{d_{0\alpha}} \mid d_{0\alpha} < 0\right\}\right\}, \tag{4.94}$$

$$\underline{\nu} = \max\left\{\nu_1;\, \sup\left\{\frac{d_{r,-1}}{d_{r0}} \mid d_{r0} < 0\right\}\right\}, \tag{4.95}$$

$$\bar{\nu} = \min\left\{\nu_2;\, \inf\left\{\frac{d_{r,-1}}{d_{r0}} \mid d_{r0} > 0\right\}\right\} \tag{4.96}$$

auf und bilden folgende Indexmengen:

$$I(\underline{\eta}) = \left\{s \mid -\frac{d_{-1,s}}{d_{0s}} = \sup\left\{-\frac{d_{-1,\alpha}}{d_{0\alpha}} \mid d_{0\alpha} > 0\right\}\right\},$$

$$I(\bar{\eta}) = \left\{s \mid -\frac{d_{-1,s}}{d_{0s}} = \inf\left\{-\frac{d_{-1,\alpha}}{d_{0\alpha}} \mid d_{0\alpha} < 0\right\}\right\},$$

$$I(\underline{\nu}) = \left\{k \mid \frac{d_{k,-1}}{d_{0k}} = \sup\left\{\frac{d_{r,-1}}{d_{r0}} \mid d_{r0} < 0\right\}\right\},$$

$$I(\bar{\nu}) = \left\{k \mid \frac{d_{k,-1}}{d_{0k}} = \inf\left\{\frac{d_{r,-1}}{d_{r0}} \mid d_{r0} < 0\right\}\right\}.$$

Dann gilt das folgende Lemma.

▌ L. 4.7 *Das Tableau* (4.91) *sei für* $\eta = \eta^0$, $\nu = \nu^0$ *optimal und zulässig. Dann existiert genau ein* $s_0 \in I(\underline{\eta})$ $(I(\bar{\eta}))$ *bzw.* $k_0 \in I(\underline{\nu})$ $(I(\bar{\nu}))$ *derart, daß das Tableau* (4.91) *nach einem primalen bzw. dualen Austauschschritt mit der Spalte* s_0 *als Führungsspalte bzw. mit der Zeile* k_0 *als Führungszeile wieder optimal und zulässig ist, sofern überhaupt Austauschschritte ausgeführt werden können.* ▌

▌ Bws. Zunächst erklären wir, was unter einem primalen bzw. dualen Austauschschritt zu verstehen ist. Bei einem primalen Austauschschritt ist eine Führungsspalte s vorgegeben, und das Führungselement d_{ks} in Tableau (4.91) wird durch

$$\min\left\{\frac{d_{r,-1} - \nu^0 d_{r0}}{d_{rs}} \mid d_{rs} > 0\right\}$$

festgelegt.

Bei einem dualen Austauschschritt definiert nach Vorgabe einer Führungszeile k die Größe

$$\min\left\{\frac{d_{-1,\alpha} + \eta d_{0\alpha}}{d_{k\alpha}} \mid d_{k\alpha} < 0\right\}$$

das Zentralelement in (4.91) und die Führungsspalte. Die Transformation erfolgt in beiden Fällen nach den üblichen Regeln der Simplexmethode, wobei auch die ν-Spalte und η-Zeile der Transformation unterworfen werden. Zum Beweis des Lemmas genügt es, die Behauptung für $I(\underline{\eta})$ zu zeigen.

Für die Indexmenge $I(\underline{\eta})$ gibt es zwei sich ausschließende Möglichkeiten: Entweder ist für jedes $s \in I(\underline{\eta})$ ein primaler Austauschschritt möglich oder für kein $s \in I(\underline{\eta})$. Gibt es nämlich ein $s_0 \in I(\underline{\eta})$, für das kein primaler Austauschschritt möglich ist, d. h. gilt

$$d_{rs_0} \leqq 0\,, \qquad r = 1, \ldots, m\,,$$

so ist die Zielfunktion des Problems (4.89) für jedes $\eta \leqq \underline{\eta}$ und für jedes ν, für das eine zulässige Lösung existiert, über dem Restriktionsbereich nach oben unbeschränkt, also ist Problem (4.89) für alle $\eta \leqq \underline{\eta}$ und beliebiges ν unlösbar.

Somit können wir annehmen, daß für jedes $s \in I(\underline{\eta})$ ein primaler Austauschschritt möglich ist. Auf Grund der Bedingung (R) existiert ein $\varepsilon > 0$ derart, daß im Tableau (4.91) für $\nu = \nu^0 + \varepsilon$ oder $\nu = \nu^0 - \varepsilon$

$$d_{r,-1} - \nu\, d_{r0} > 0\,, \qquad r = 1, \ldots, m\,,$$

gilt. Wir können somit voraussetzen, daß bereits für ν^0 diese strengen Ungleichungen erfüllt sind. Zum Tableau (4.91) seien $\underline{\nu}, \bar{\nu}$ die nach (4.95) und (4.96) berechneten ν-Grenzen. Wir stellen uns vor, für jedes $s \in I(\underline{\eta})$ einen primalen Austauschschritt durchgeführt zu haben. Hierbei entstehe aus Tableau (4.91) ein Tableau $T^s(s \in I(\underline{\eta}))$. Für jedes $s \in I(\underline{\eta})$ seien $\underline{\nu}^s$ und $\bar{\nu}^s$ die ν-Grenzen zum Tableau T^s. Die offenen Intervalle

$$I^s = \{\nu \mid \underline{\nu}^s < \nu < \bar{\nu}^s\}$$

sind paarweise disjunkt, d. h.

$$I^{s_1} \cap I^{s_2} = \emptyset\,, \qquad s_1 \neq s_2;\, s_1, s_2 \in I(\underline{\eta}) \tag{4.97}$$

und es gilt

$$\{\nu \mid \underline{\nu} \leqq \nu \leqq \bar{\nu}\} \subseteq \bigcup_{s \in I(\underline{\eta})} \bar{I}^s\,. \tag{4.98}$$

Für $\eta = \underline{\eta} - \varepsilon$ (ε hinreichend klein, positiv) und beliebiges $\nu \in \bigcup_{s \in I(\underline{\eta})} I^s$ ist das Problem (4.89) eindeutig lösbar. Wegen (4.97) ist jedes $\nu \in \bigcup_{s \in I(\underline{\eta})} I^s$ aus genau einem Intervall I^s, und das zugehörende Tableau T^s liefert die optimale Lösung. Nach (4.98) muß $\nu^0 \in \bigcup_{s \in I(\underline{\eta})} \bar{I}^s$ gelten, und wegen

$$d_{r,-1} - \nu^0\, d_{r0} > 0\,, \qquad r = 1, \ldots, m$$

ist ν^0 aus genau einem Intervall I^{s_0} mit $s_0 \in I(\underline{\eta})$. ∎

Das soeben bewiesene Lemma sichert den eindeutigen Übergang insbesondere über eine η-Grenze, falls überhaupt ein solcher Übergang möglich ist. Um die Rechtecke $\mathfrak{A}^k_{\nu\eta}$ $(k = 1, \ldots, N)$ mit den entsprechenden (von ν abhängenden) optimalen Lösungen ermitteln zu können, benötigen wir noch weitere Untersuchungen. Dazu führen wir den Begriff des Umschaltpunktes ein.

▌ D. 4.3 Ein Punkt (ν^0, η^0) heißt *primaler Umschaltpunkt erster Art*, wenn für jedes hinreichend kleine $\varepsilon > 0$ das Problem (4.89) mit $\nu = \nu^0, \eta = \eta^0 + \varepsilon$ und $\nu = \nu^0, \eta = \eta^0 - \varepsilon$ verschiedene optimale Punkte besitzt.

Ein Punkt (ν^0, η^0) heißt *primaler Umschaltpunkt zweiter Art*, wenn für jedes hinreichend kleine $\varepsilon > 0$ das Problem (4.89) mit einem der Punkte $(\nu^0, \eta^0 + \varepsilon)$, $(\nu^0, \eta^0 - \varepsilon)$ lösbar ist, aber mit dem anderen unlösbar. Entsprechend heißt (ν^0, η^0) *dualer Umschaltpunkt erster Art*, wenn Problem (4.89) für $(\nu^0 + \varepsilon, \eta^0)$,

$(\nu^0 - \varepsilon, \eta^0)$ verschiedene optimale Punkte besitzt und *dualer Umschaltpunkt zweiter Art*, wenn es für einen der beiden Punkte lösbar, aber für den anderen unlösbar ist. ∎

Die Menge $U_p^1(\eta^0)$ aller (ν, η^0) von primalen Umschaltpunkten erster Art (bei festem η^0, freiem ν) enthält somit alle und nur die Punkte (ν, η^0), für die η^0 obere oder untere η-Grenze eines der gesuchten Rechtecke $\mathfrak{A}_{\nu\eta}^k$ ist. Die Menge $U_p^2(\eta^0)$ von primalen Umschaltpunkten zweiter Art enthält genau jene Punkte (ν, η^0), für die ein Überschreiten der η^0-Grenze (zu einem neuen optimalen Punkt) nicht möglich ist. Entsprechendes gilt für die Menge $U_d^1(\nu^0)$ aller dualen Umschaltpunkte (ν^0, η) erster Art und die Menge $U_d^2(\nu^0)$ aller dualen Umschaltpunkte (ν^0, η) zweiter Art.

Man sieht leicht folgende Eigenschaften:

1° Ist (ν^0, η^0) primaler Umschaltpunkt erster Art, so gibt es auf der Geraden $\eta = \eta^0$ keine primalen Umschaltpunkte zweiter Art. Ist umgekehrt (ν^0, η^0) primaler Umschaltpunkt zweiter Art, so gibt es auf der Geraden $\eta = \eta^0$ keine primalen Umschaltpunkte erster Art. Entsprechendes gilt für die dualen Umschaltpunkte.

2° Die Menge $U_d^2(\eta^0)$ aller primalen Umschaltpunkte zweiter Art ist dasjenige Intervall auf der Geraden $\eta = \eta^0$, das durch mindestens einen der Punkte (ν_1, η^0), (ν_2, η^0) oder einen anderen Punkt (ν^*, η^0) anstelle eines oder beider genannter Punkte begrenzt wird, wobei (ν^*, η^0) jeweils dualer Umschaltpunkt zweiter Art ist. Für die Menge $U_d^2(\eta^0)$ aller dualen Umschaltpunkte zweiter Art gilt eine analoge Aussage; beide berücksichtigen (P).

3° Für alle η mit $\eta_1 \leqq \eta \leqq \eta_2$ gilt:

(a) Es gibt höchstens zwei Elemente $\eta', \eta'' \in \langle \eta_1, \eta_2 \rangle$ derart, daß $U_p^2(\eta') \neq \emptyset$ und $U_p^2(\eta'') \neq \emptyset$ ist.

(b) Es gibt höchstens endlich viele η^0, so daß $U_p^1(\eta^0) \neq \emptyset$ ist. Entsprechend gibt es in $\langle \nu_1, \nu_2 \rangle$ höchstens zwei ν', ν'' mit $U_d^2(\nu') \neq \emptyset$ und $U_d^2(\nu'') \neq \emptyset$ und nur endlich viele ν^0 mit $U_d^1(\nu^0) \neq \emptyset$.

4° Es sei

$$\underline{\nu}(\eta^0) = \inf \{\nu \mid \nu \in U_p^1(\eta^0)\},$$

$$\bar{\nu}(\eta^0) = \sup \{\nu \mid \nu \in U_p^1(\eta^0)\}.$$

Im Intervall $(\underline{\nu}(\eta^0), \bar{\nu}(\eta^0))$ gibt es höchstens endlich viele duale Umschaltpunkte erster Art und keine dualen Umschaltpunkte zweiter Art. Analog gibt es im Intervall $(\underline{\eta}(\nu^0), \bar{\eta}(\nu^0))$ mit

$$\underline{\eta}(\nu^0) = \inf \{\eta \mid \eta \in U_d^1(\nu^0)\},$$

$$\bar{\eta}(\nu^0) = \sup \{\eta \mid \eta \in U_d^1(\nu^0)\}$$

höchstens endlich viele primale Umschaltpunkte erster Art und keine zweiter Art. Gilt $\underline{\nu}(\eta^0) > -\infty$, so ist $(\underline{\nu}(\eta^0), \eta^0)$ dualer Umschaltpunkt zweiter Art, entsprechend $(\bar{\nu}(\eta^0), \eta^0) \in U_d^2(\bar{\nu}(\eta^0))$, falls $\bar{\nu}(\eta^0) < \infty$ analog für $\underline{\eta}(\nu^0)$, $\bar{\eta}(\nu^0)$.

Aus den Eigenschaften 3° und 4° folgt:

Setzt man

$$\eta_* = \min \{\eta \mid U_p^1(\eta) \neq \emptyset\}$$

und

$$\eta^* = \max \{\eta \mid U_p^1(\eta) \neq \emptyset\} ,$$

so gibt es in $\langle \eta_*, \eta^* \rangle$ kein η^0 mit $U_p^2(\eta^0) \neq \emptyset$. Eine analoge Eigenschaft gilt für $U_d^1(\nu)$.

Nach Eigenschaft 3° existieren endlich viele $\eta^1, \ldots, \eta^s$ mit $U_p^1(\eta^\sigma) \neq \emptyset$, die man ordnen kann:

$$\eta^0 < \eta^1 < \cdots < \eta^{s-1} < \eta^s ,$$

wobei η^0 wie folgt definiert wird:

Man untersuche Problem (4.89) mit $\eta = \eta_1$. Existiert ein $\nu \in \langle \nu_1, \nu_2 \rangle$, so daß Problem (4.89) lösbar ist, so setze man $\eta^0 = \eta_1$. Anderenfalls ergibt das Endtableau, daß das Problem (4.89) für alle

$$\eta < \bar{\eta} = -\frac{d_{-1,\alpha}}{d_{\alpha 0}}, \qquad \text{falls } d_{0\alpha} > 0$$

bzw. für alle

$$\eta > \underline{\eta} = -\frac{d_{-1,\alpha}}{d_{0\alpha}}, \qquad \text{falls } d_{0\alpha} < 0$$

unlösbar ist. Ergibt sich $\underline{\eta} \leqq \eta_1$, so ist Problem (4.89) für alle $\eta \in \langle \eta_1, \eta_2 \rangle$ unlösbar. Erhält man dagegen $\eta_1 < \bar{\eta}$ so untersuche man Problem (4.89) mit $\eta = \bar{\eta} + \varepsilon$, $\varepsilon > 0$. Existiert ein $\nu \in \langle \nu_1, \nu_2 \rangle$, so daß Problem (4.89) lösbar ist, setze man $\eta^0 = \eta$, anderenfalls verfahre man, wie oben beschrieben. Da stets $\varepsilon > 0$ gewählt wird, hat man nach endlich vielen Schritten ein $\eta \in \langle \eta_1, \eta_2 \rangle$ gefunden, für das ein $\nu \in \langle \nu_1, \nu_2 \rangle$ existiert, so daß Problem (4.89), lösbar ist oder η_2 überschritten. Damit wäre Problem (4.89) dann vollständig untersucht. Auf die beschriebene Weise ist η^0 definiert.

Nimmt man an, daß Problem (4.89) in

$$\{(\nu, \eta) \mid \eta^0 \leqq \eta \leqq \eta^s, \nu^0 \leqq \nu \leqq \nu^T\} \subseteq P$$

lösbar ist, so verläuft der Lösungsalgorithmus zur Bestimmung aller $\mathfrak{A}^k_{\nu\eta}$-Bereiche innerhalb von $P = \langle \nu_1, \nu_2 \rangle \times \langle \eta_1, \eta_2 \rangle$ in folgender Weise.

Innerhalb des offenen Intervalls (ν^0, ν^T) hat Problem (4.89) für $\eta = \eta^0 + \varepsilon$ höchstens endlich viele duale Umschaltpunkte erster Art, die man beim Durchlaufen des Intervalls nach wachsender Größe erhält:

$$\nu^0 < \nu^1(\eta^0) < \cdots < \nu^\tau(\eta^0) < \cdots < \nu^t(\eta^0) < \nu^T .$$

Für jedes $(\nu^\tau(\eta^0) + \varepsilon, \eta^0 + \varepsilon)$ ist das zugeordnete optimale Endtableau nicht entartet und liefert genau eine optimale Lösung, so daß man nach (4.94) eine obere η-Grenze bestimmen kann. Damit sind die Bereiche

$$\{(\nu, \eta) \mid \eta^0 \leqq \eta \leqq \bar{\eta}(\nu^\tau)\ ,\ \nu^{\tau-1}(\eta^0) \leqq \nu \leqq \nu^\tau(\eta^0)\}\ , \qquad \tau = 1, \ldots, t\ ,$$

sämtliche Bereiche $\mathfrak{A}^k_{\nu\eta}$, die η^0 als untere η-Grenze besitzen. Für η^1 hat man offenbar

$$\eta^1 = \min_\tau \bar{\eta}(\nu^\tau)$$

zu wählen. Ist nun $I^*(\eta^1)$ die Menge aller τ, für die dieses Minimum angenommen wird, so stellt

$$U^1_p(\eta^1) = \{(\nu, \eta\} \mid \eta = \eta^1, \nu \in \bigcup_{\tau \in I^*(\eta^1)} \langle \nu^{\tau-1}(\eta^0), \nu^\tau(\eta^0) \rangle\}$$

die Menge der im zweiten Schritt zu durchlaufenden ν dar (analog zum ersten Schritt, jedoch in entgegengesetzter Richtung). Man erhält hierbei sämtliche Bereiche $\mathfrak{A}^k_{\nu\eta}$, die η^1 als untere Grenze besitzen. Für die Auswahl von η^2 sind die bisher noch nicht verwendeten oberen η-Grenzen mit zu berücksichtigen. Nach endlich vielen derartigen Schritten hat man entweder η_2 erreicht (d. h. $\eta^s = \eta_2$) oder ein $\eta^* \leqq \eta_2$, so daß $U^2_p(\eta^*) \neq \emptyset$ (d. h. $\eta^s = \eta^*$). Hiermit endet das Verfahren.

Der Lösungsalgorithmus — wir nennen ihn $\boldsymbol{A}\,\boldsymbol{L}[P(\nu, \eta)]$ — besteht also zusammenfassend auf folgenden Schritten:

$\boldsymbol{A}\,\boldsymbol{L}[P(\nu, \eta)]$:

Schritt 0: Speichern von (η_1, ν_1, ν_2) und (η_2, ν_1, ν_2) in einem Speicher H; $k := 1$; $r := 2$; $v := 1$.

Schritt 1: Holen des k-ten Tripels aus H auf (a, b, c). Wenn $a = \eta_2$ so Schritt 6, sonst $\eta := a + \varepsilon$.

Schritt 2: Löse Problem (4.89) mit $\nu := b + \varepsilon$, falls $\nu = 1$ sonst $\nu := b - \varepsilon$. Wenn (4.89) primal unlösbar[1]), so Schritt 4. Wenn (4.89) dual unlösbar[2]), so Schritt 5.

Berechne $\bar{\eta}$ nach (4.94); falls $v = 1$, berechne $\bar{\nu}$ nach (4.96) und $\underline{\nu} := b$, sonst berechne $\underline{\nu}$ nach (4.95) und $\bar{\nu} := b$.

Drucke $(a, \bar{\eta}, \underline{\nu}, \bar{\nu})$ und die aus dem Endtableau abzulesende Lösung. Unter den letzten $r - k$ Tripeln aus H suche man das erste Tripel (e, f, g) mit $\bar{\eta} \leqq e$. Wenn $\bar{\eta} < e$, so speichere $(\bar{\eta}, \underline{\nu}, \bar{\nu})$ unmittelbar vor (e, f, g) in H, $r := r + 1$ und Schritt 3, sonst gibt es unter allen Tripeln (e, f, g) aus H mit $\bar{\eta} = e$ drei Fälle[3]):

Fall 1: Es existieren zwei Tripel (e, f_1, g_1), (e, f_2, g_2) mit $\underline{\nu} = g_1$ und $\bar{\nu} = f_2$. Dann werden diese in H gelöscht, durch (e, f_1, g_2) ersetzt, $r := r + 1$ und Schritt 3.

---

[1]) d. h. die Zielfunktion ist nach oben unbeschränkt.
[2]) d. h. der Restriktionsbereich ist leer.
[3]) Diese drei Fälle sind in der angegebenen Reihenfolge abzuarbeiten.

Fall 2: Es existiert ein erstes Tripel (e, f, g) mit $\underline{\nu} \geqq g$. Ist $g = \underline{\nu}$, so wird (e, f, g) in H durch $(e, f, \bar{\nu})$ ersetzt, anderenfalls wird $(e, \underline{\nu}, \bar{\nu})$ unmittelbar vor (e, f, g) in H gespeichert und $r := r + 1$, Schritt 3.

Fall 3: Es existiert ein letztes Tripel (e, f, g) mit $f \geqq \bar{\nu}$. Ist $\bar{\nu} = f$, so wird (e, f, g) in H durch $(e, \underline{\nu}, g)$ ersetzt, sonst wird $(e, \underline{\nu}, \bar{\nu})$ unmittelbar nach (e, f, g) in H gespeichert und $r := r + 1$. Schritt 3.

Schritt 3: Wenn $\bar{\nu} < c$, so $b := \bar{\nu}$ und Schritt 2. Wenn $\underline{\nu} < b$, so $c := \underline{\nu}$ und Schritt 2. $k := k + 1$; sei (e, f, g) das k-te Tripel aus H; wenn $a < e$, so $v := -v$. Schritt 1.

Schritt 4: Wähle eine Unlösbarkeitsspalte, etwa die α_0-te. Wenn $d_{0\alpha_0} \leqq 0$, so Schritt 6, sonst $\eta := \frac{d_{-1,\alpha_0}}{d_{0\alpha_0}} + \varepsilon$ und Schritt 2.

Schritt 5: Wähle eine Unlösbarkeitszeile, etwa die r_0-te. Wenn $d_{r_0, 0} \leqq 0$, so Schritt 6, sonst: Wenn $v = 1$, so $b := \frac{d_{r_0, -1}}{d_{r_0 0}}$, sonst $c := \frac{d_{r_0, -1}}{d_{r_0 0}}$, Schritt 2.

Schritt 6: Ende.

Abschließend wird ein Beispiel gerechnet.

Es sei folgendes Problem zu behandeln:

$$\begin{aligned} \max \{(-1 + \eta) x_1 + (-2 + \eta) x_2 + (-3 + 3\eta) x_3 + (-1 - 2\eta) x_4 \mid \\ x_1 - 2x_2 + x_3 - x_4 \leqq 1 - \nu, \\ 2x_1 + 3x_2 - x_3 + 2x_4 \leqq 2 + 3\nu, \\ -x_1 + 2x_2 + 3x_3 - 3x_4 \leqq 3 + 2\nu, \\ x_1, x_2, x_3, x_4 \geqq 0 \quad \}, \end{aligned}$$

mit $-2 \leqq \eta \leqq 2$, $-2 \leqq \nu \leqq 2$.

Als Ausgangstableau haben wir

		[−2]	x_1	x_2	x_3	x_4	
			1	2	3	1	
[−2]			−1	−1	−2	2	
x_5	1	1	1	−2	1	−1	3
x_6	2	−3	2	3	−1	[2]	−4
x_7	3	−2	−1	2	3	−3	−1
			3	4	7	−3	

(4.99)

Hierin enthalten: die letzte Spalte die Werte der Basisvariablen mit dem aktuellen ν-Wert und die letzte Zeile die Werte der dualen Basisvariablen mit dem aktuellen η-Wert. In den zweifach umrandeten Feldern stehen die aktuellen ν, η-Werte.

Schritt 0: $H = \{(-2; -2; 2), (2; -2; 2)\}$; $k = 1$; $v = 1$.
Schritt 1: $(a, b, c) = (-2; -2; 2)$. Wegen $a < \eta_2$ folgt $\eta = a + \varepsilon = -2 + \varepsilon$.
Schritt 2: Wegen $v = 1$ haben wir $\nu = b + \varepsilon = -2 + \varepsilon$.

Wir lösen unser Problem mit diesen Parameterwerten und erhalten aus (4.99) nach einer Transformation das Tableau

		[-2]	x_1	x_2	x_3	x_6		
			0	$\frac{1}{2}$	$\frac{7}{2}$	$-\frac{1}{2}$		
[-2]			-3	-4	-1	1		[$-\frac{12}{13}$]
x_5	2	$-\frac{1}{2}$	2	$-\frac{1}{2}$	$\frac{1}{2}$	$\frac{1}{2}$	1	$\frac{20}{13}$
x_4	1	$-\frac{3}{2}$	1	$\frac{3}{2}$	[$-\frac{1}{2}$]	$\frac{1}{2}$	-2	$-\frac{5}{13}$
x_7	6	$-\frac{13}{2}$	2	$\frac{13}{2}$	$\frac{3}{2}$	$\frac{3}{2}$	-7	0
			6	$\frac{17}{2}$	$\frac{11}{2}$	$\frac{3}{2}$		(*)

(4.100)

mit einer Unlösbarkeitszeile. Nach Schritt 5 ist $r_0 = 3$ und wegen $v = 1$ ist $b = -\frac{12}{13}$. Wir haben nach Schritt 2 als neuen aktuellen ν-Wert $\nu = -\frac{12}{13} + \varepsilon$. Dies liefert uns die in (4.100) zugefügte neue Spalte (*) der Basiswerte. Die nächste Transformation liefert

		[$-\frac{12}{13}$]	x_1	x_2	x_4	x_6		
			7	11	7	3		
[-2]			-5	-7	-2	-2		[$-\frac{9}{11}$]
x_5	3	-2	3	1	1	1	$\frac{15}{13}$	$\frac{15}{11}$
x_3	-2	3	-2	-3	-2	-1	$\frac{10}{13}$	$\frac{5}{11}$
x_7	9	-11	5	11	3	3	$-\frac{15}{13}$	0
			17	25	11	7		

(4.101)

Nach Schritt 5 ist $r_0 = 3$ und $b = -\frac{9}{11}$. Mit diesem neuen aktuellen ν-Wert wird Tableau (4.101) optimal und zulässig (man vergleiche die neue $*$-Spalte). Nach (4.94) erhalten wir $\bar{\eta} = \frac{7}{5}$, und nach (4.96) $\bar{\nu} = -\frac{2}{3}$, während $\underline{\nu} = b = -\frac{9}{11}$ gesetzt wird. Somit haben wir als ersten Druck: Im Intervall $-2 \leqq \eta \leqq \frac{7}{5}$ und $-\frac{9}{11} \leqq \nu \leqq -\frac{2}{3}$ hat unser Ausgangsproblem die Lösung $x_1 = x_2 = x_4 = 0$, $x_3 = -2 - 3\nu$.

Das aus H in Frage kommende Tripel (e, f, g) mit $\bar{\eta} \leqq e$ lautet hier $(e, f, g) = (2; -2; 2)$, und wir haben $\bar{\eta} < e$, also $H = \left\{(-2; -2; 2), \left(\frac{7}{5}; -\frac{9}{11}; -\frac{2}{3}\right), (2, -2; -2)\right\}$, weil $(\bar{\eta}, \underline{\nu}, \bar{\nu}) = \left(\frac{7}{5}; -\frac{9}{11}; -\frac{2}{3}\right)$; $r = 3$. Wegen $\bar{\nu} < c\left(-\frac{2}{3} < 2\right)$ folgt gemäß Schritt 2 jetzt $b = -\frac{2}{3}$ und Schritt 2.

Aus (4.99) ergibt sich nach einer (dualen) Transformation

		$-\frac{2}{3}$	x_1	x_2	x_3	x_6	
			0	$\frac{1}{2}$	$\frac{7}{2}$	$-\frac{1}{2}$	
-2			-3	-4	-1	-1	
x_5	2	$-\frac{1}{2}$	2	$-\frac{1}{2}$	$\frac{1}{2}$	$\boxed{\frac{1}{2}}$	$\frac{5}{3}$
x_4	1	$-\frac{3}{2}$	1	$\frac{3}{2}$	$-\frac{1}{2}$	$\frac{1}{2}$	0
x_7	6	$-\frac{13}{2}$	2	$\frac{13}{2}$	$\frac{3}{2}$	$\frac{3}{2}$	$\frac{5}{3}$
			6	$\frac{17}{2}$	$\frac{11}{2}$	$\frac{3}{2}$	

(4.102)

Wiederum liegt Optimalität und Zulässigkeit vor, und wir erhalten als zweiten Druck: Im Bereich

$$\mathfrak{A}^2_{\nu\eta} = \left\{(\nu, \eta) \mid -2 \leqq \eta \leqq -\frac{1}{2}; -\frac{2}{3} \leqq \nu \leqq 2\right\}$$

gilt die Lösung

$$x_1 = x_2 = x_3 = 0; \quad x_4 = 1 + \frac{3}{2}\nu .$$

$$(\bar{\eta}, \underline{\nu}, \bar{\nu}) = \left(-\frac{1}{2}; -\frac{2}{3}; 2\right).$$

Nach Schritt 2 wird dieses Tripel als zweites in H gespeichert; $r = 4$. Nach Schritt 3 folgt $k = 2$; da für das k-te Tripel aus dem Speicher $a < e$ gilt, wird

$v = -1$, und wir haben mit Schritt 1 fortzufahren.

$$(a; b; c) = \left(-\frac{1}{2}; -\frac{2}{3}; 2\right).$$

Auf der η-Geraden $\eta = -\frac{1}{2}$ ist somit das ν-Intervall $-\frac{2}{3} \leqq \nu \leqq 2$ zu durchlaufen. Wir erhalten hierfür die nachfolgende Schrittfolge: (Die schon abgearbeiteten Tripel und das aktuelle Tripel (a, b, c) werden in H nicht mehr aufgeführt. Hierdurch ist $r - k$ stets gleich der Anzahl der Resttripel).

Aus $v = -1$ folgt $\nu = 2 - \varepsilon$. Tableau (4.102) mit den aktuellen η- und ν-Werten $\eta = -\frac{1}{2}$, $\nu = 2$ ergibt nach (primaler) Transformation

		2	x_1	x_2	x_3	x_5	
			2	0	4	1	
$-\frac{1}{2}$			1	-5	0	2	
x_6	4	-1	4	-1	1	2	6
x_4	-1	-1	-1	2	-1	**[-1]**	1
x_7	0	-5	-4	8	0	-3	11
			$\frac{3}{2}$	$\frac{5}{2}$	4	0	

mit $(\bar{\eta}, \underline{\nu}, \bar{\nu}) = (0; 1; 2)$;

$$\mathfrak{A}^3_{\nu\eta} = \left\{(\nu, \eta) \mid -\frac{1}{2} \leqq \eta \leqq 0; 1 \leqq \nu \leqq 2\right\}$$

und

$$x_1 = x_2 = x_3 = 0\,; \qquad x_4 = -1 + \nu\,;$$

$$H = \left\{(0; 1; 2), \left(\frac{7}{5}; -\frac{9}{11}; -\frac{2}{3}\right), (2; -2; 2)\right\};$$

$$r = 5\,; \qquad c = 1\,; \qquad \nu = 1 - \varepsilon\,;$$

		1	x_1	x_2	x_3	x_4	
			1	2	3	1	
$-\frac{1}{2}$			-1	-1	-2	2	
x_6	2	-3	2	3	-1	2	5
x_5	1	1	1	**[-2]**	1	-1	0
x_7	3	-2	-1	2	3	-3	5
			$\frac{3}{2}$	$\frac{5}{2}$	4	0	

$$(\bar{\eta}, \underline{\nu}, \bar{\nu}) = \left(1; -\frac{2}{3}; 1\right);$$

$$\mathfrak{A}^4_{\nu\eta} = \left\{(\nu, \eta) \mid -\frac{1}{2} \leqq \eta \leqq 1; -\frac{2}{3} \leqq \nu \leqq 1\right\};$$

$$x_1 = x_2 = x_3 = x_4 = 0$$

und

$$H = \left\{(0; 1; 2), \left(1; -\frac{2}{3}; 1\right), \left(\frac{7}{5}; -\frac{9}{11}; -\frac{2}{3}\right), (2; -2; 2)\right\}.$$

$r = 6$. Nach Schritt 3 folgt $k = 3$ und $v = 1$.

$(a, b, c) = (0; 1; 2)$, $\eta = 0 + \varepsilon$, $\nu = 1 + \varepsilon$ sowie

		1	x_1	x_5	x_3	x_4	
			2	1	4	0	
0			$-\frac{3}{2}$	$-\frac{1}{2}$	$-\frac{5}{2}$	$\frac{5}{2}$	
x_6	$\frac{7}{2}$	$-\frac{3}{2}$	$\frac{7}{2}$	$-\frac{3}{2}$	$-\frac{1}{2}$	$\frac{1}{2}$	5
x_2	$-\frac{1}{2}$	$-\frac{1}{2}$	$\boxed{-\frac{1}{2}}$	$-\frac{1}{2}$	$-\frac{1}{2}$	$-\frac{1}{2}$	0
x_7	4	-1	0	1	4	-4	5
			2	1	4	0	

$$(\bar{\eta}, \underline{\nu}, \bar{\nu}) = \left(\frac{4}{3}; 1; 2\right);$$

$$\mathfrak{A}^5_{\nu\eta} = \left\{\left(1; -\frac{2}{3}; 1\right), \left(\frac{4}{3}; 1; 2\right), \left(\frac{7}{5}; -\frac{9}{11}; -\frac{2}{3}\right), (2, -2; 2)\right\}$$

und

$$x_1 = x_3 = x_4 = 0; \qquad x_2 = -\frac{1}{2} + \frac{\nu}{2}.$$

$$H = \left\{\left(1; -\frac{2}{3}; 1\right), \left(\frac{4}{3}; 1; 2\right), \left(\frac{7}{5}; -\frac{9}{11}; -\frac{2}{3}\right), (2; -2; 2)\right\};$$

$r = 7$. Schritt 3 erfordert $k = 4$ und $v = 1$.

$(a, b, c) = \left(1; -\frac{2}{3}; 1\right)$, $\eta = 1 + \varepsilon$, $\nu = 1 - \varepsilon$ sowie

		1	x_2	x_5	x_3	x_4	
			4	−1	2	2	
1			−3	1	−1	1	
x_6	0	−5	7	**[−2]**	−3	−4	5
x_1	1	1	−2	1	1	−1	0
x_7	4	−1	0	1	4	−4	5
			1	0	1	3	

$$(\bar{\eta}, \underline{\nu}, \bar{\nu}) = \left(\frac{4}{3}; 0; 1\right)$$

$$\mathfrak{A}^6_{\nu\eta} = \left\{(\nu, \eta) \mid 1 \leqq \eta \leqq \frac{4}{3}; 0 \leqq \nu \leqq 1\right\}$$

und

$$x_1 = -1 - \nu; \qquad x_2 = x_3 = x_4 = 0.$$

Nach Fall 3 in Schritt 2 wird

$$H = \left\{\left(\frac{4}{3}; 0; 2\right), \left(\frac{7}{5}; -\frac{9}{11}; -\frac{2}{3}\right), (2; -2; 2)\right\}.$$

Ebenfalls nach Schritt 3 setzen wir $c = 0$ und $\nu = 0 + \varepsilon$. Dann ergibt sich aus

		0	x_2	x_6	x_3	x_4	
			$\frac{1}{2}$	$-\frac{1}{2}$	$\frac{7}{2}$	0	
1			$\frac{1}{2}$	$\frac{1}{2}$	$-\frac{5}{2}$	3	
x_5	0	$\frac{5}{2}$	**[$-\frac{7}{2}$]**	$-\frac{1}{2}$	$\frac{3}{2}$	−2	0
x_1	1	$-\frac{3}{2}$	$\frac{3}{2}$	$\frac{1}{2}$	$-\frac{1}{2}$	1	1
x_7	4	$-\frac{7}{2}$	$\frac{7}{2}$	$\frac{1}{2}$	$\frac{5}{2}$	−2	4
			1	0	1	3	

$$(\eta, \underline{\nu}, \nu) = \left(\frac{7}{5}; -\frac{2}{3}; 0\right);$$

$$\mathfrak{A}^7_{\nu\eta} = \left\{(\nu, \eta) \mid 1 \leqq \eta \leqq \frac{7}{5}; -\frac{2}{3} \leqq \nu \leqq 0\right\}$$

und

$$x_1 = 1 + \frac{3}{2}\nu\,, \qquad x_2 = x_3 = x_4 = 0\,.$$

Nach Fall 2 in Schritt 2 wird

$$H = \left\{\left(\frac{4}{3}\,;0;2\right), \left(\frac{7}{5}\,; -\frac{9}{11}\,;0\right), (2; -2; 2)\right\}$$

und aus Schritt 3 folgt $k = 5$ und $v = 1$.

$(a, b, c) = \left(\frac{4}{3}\,;0;2\right), \quad \eta = \frac{4}{3} + \varepsilon\,,$

$\nu = 0 + \varepsilon$ sowie

		0	x_5	x_6	x_3	x_4	
			$\frac{1}{7}$	$-\frac{4}{7}$	$\frac{26}{7}$	$-\frac{2}{7}$	
$\frac{4}{3}$			$\frac{1}{7}$	$\frac{3}{7}$	$-\frac{16}{7}$	$\frac{19}{7}$	
x_2	0	$-\frac{5}{7}$	$-\frac{2}{7}$	$\frac{1}{7}$	$\boxed{-\frac{3}{7}}$	$\frac{4}{7}$	0
x_1	1	$-\frac{3}{7}$	$\frac{3}{7}$	$\frac{2}{7}$	$\frac{1}{7}$	$\frac{1}{7}$	1
x_7	4	-1	1	0	4	-4	4
			$\frac{1}{3}$	0	$\frac{2}{3}$	$\frac{10}{3}$	

$$(\eta, \nu, \bar{\nu}) = \left(\frac{13}{8}\,;0;2\right);$$

$$\mathfrak{A}^{8}_{\nu\,\eta} = \left\{(\nu, \eta) \mid \frac{4}{3} \leqq \eta \leqq \frac{13}{8}\,; 0 \leqq \nu \leqq 2\right\}$$

und

$$x_1 = 1 + \frac{3}{7}\nu\,; \qquad x_2 = \frac{5}{7}\nu\,, \qquad x_3 = x_4 = 0\,.$$

$$H = \left\{\left(\frac{7}{5}\,; -\frac{9}{11}\,;0\right), \left(\frac{13}{8}\,;0;2\right), (2; -2; 2)\right\};$$

$r = 8$; $k = 6$ und $v = -1$.

$$(a, b, c) = \left(\frac{7}{5}\,; -\frac{9}{11}\,;0\right), \quad \eta = \frac{7}{5} + \varepsilon\,,$$

$\nu = 0 - \varepsilon$ sowie

		0	x_5	x_6	x_2	x_4	
			$-\frac{7}{3}$	$\frac{2}{3}$	$\frac{26}{3}$	$\frac{14}{3}$	
$\frac{7}{5}$			$\frac{5}{3}$	$-\frac{1}{3}$	$-\frac{16}{3}$	$-\frac{1}{3}$	
x_3	0	$\frac{5}{3}$	$\frac{2}{3}$	$-\frac{1}{3}$	$-\frac{7}{3}$	$-\frac{4}{3}$	0
x_1	1	$-\frac{2}{3}$	$\frac{1}{3}$	$\frac{1}{3}$	$\frac{1}{3}$	$\frac{1}{3}$	1
x_7	4	$-\frac{23}{3}$	$\boxed{-\frac{5}{3}}$	$\frac{4}{3}$	$\frac{28}{3}$	$\frac{4}{3}$	4
			0	$\frac{1}{5}$	$\frac{6}{5}$	$\frac{21}{5}$	

$$(\bar{\eta}, \underline{\nu}, \bar{\nu}) = \left(\frac{13}{8}; -\frac{12}{23}; 0\right) \qquad \mathfrak{A}^9_{\nu\eta} = \left\{(\nu, \eta) \mid \frac{7}{5} \leqq \eta \leqq \frac{13}{8}; -\frac{12}{23} \leqq \nu \leqq 0\right\}$$

und

$$x_1 = 1 + \frac{2}{3}\nu; \qquad x_3 = -\frac{5}{3}\nu; \qquad x_2 = x_4 = 0.$$

Nach Fall 3 in Schritt 2 wird

$$H = \left\{\left(\frac{13}{8}; -\frac{12}{23}; 2\right), (2; -2; 2)\right\}, \qquad c = -\frac{12}{23}, \qquad \nu = -\frac{12}{23} + \varepsilon \quad \text{sowie}$$

		$-\frac{12}{23}$	x_7	x_6	x_2	x_4	
			$-\frac{7}{5}$	$-\frac{6}{5}$	$-\frac{22}{5}$	$\frac{1}{5}$	
$\frac{7}{5}$			1	1	4	1	
x_3	$\frac{8}{5}$	$-\frac{7}{5}$	$\frac{2}{5}$	$\frac{1}{5}$	$\frac{7}{5}$	$-\frac{4}{5}$	$\frac{25}{28}$
x_1	$\frac{9}{5}$	$-\frac{11}{5}$	$\frac{1}{5}$	$\frac{3}{5}$	$\frac{11}{5}$	$\frac{3}{5}$	$\frac{15}{23}$
x_5	$-\frac{12}{5}$	$\frac{23}{5}$	$-\frac{3}{5}$	$-\frac{4}{5}$	$\boxed{-\frac{28}{5}}$	$-\frac{4}{5}$	0
			0	$\frac{1}{5}$	$\frac{6}{5}$	$\frac{21}{5}$	

$$(\bar{\eta}, \underline{\nu}, \bar{\nu}) = \left(2; -\frac{9}{11}; -\frac{12}{23}\right). \qquad \mathfrak{A}^{10}_{\nu\eta} = \left\{(\nu, \eta) \mid \frac{7}{5} \leqq \eta \leqq 2; -\frac{9}{11} \leqq \nu \leqq -\frac{12}{23}\right\}$$

und

$$x_1 = \frac{9}{5} + \frac{11}{5}\nu\,; \qquad x_3 = \frac{8}{5} + \frac{7}{5}\nu\,; \qquad x_2 = x_4 = 0\,.$$

In Schritt 2 tritt keiner der drei aufgeführten Fälle ein. Also folgt Schritt 3, ohne daß $(\bar{\eta}, \nu, \bar{\nu})$ Einfluß auf den Speicher H hat; $k = 7$ und $v = 1$.

$$(a, b, c) = \left(\frac{13}{8}\,; -\frac{12}{23}\,; 2\right); \qquad \eta = \frac{13}{8} + \varepsilon\,; \qquad \nu = -\frac{12}{23} + \varepsilon$$

Man erhält das Tableau

		$-\frac{12}{23}$	x_7	x_6	x_5	x_4
			$-\frac{13}{14}$	$-\frac{4}{7}$	$-\frac{11}{14}$	$\frac{24}{7}$
$\frac{13}{8}$			$\frac{4}{7}$	$\frac{3}{7}$	$\frac{5}{7}$	$\frac{3}{7}$
x_3	1	$-\frac{1}{4}$	$\frac{1}{4}$	0	$\frac{1}{4}$	-1
x_1	$\frac{6}{7}$	$-\frac{11}{28}$	$-\frac{1}{28}$	$\frac{2}{7}$	$\frac{11}{28}$	$\frac{2}{7}$
x_2	$\frac{3}{7}$	$-\frac{23}{28}$	$\frac{3}{28}$	$\frac{1}{7}$	$-\frac{5}{28}$	$\frac{1}{7}$

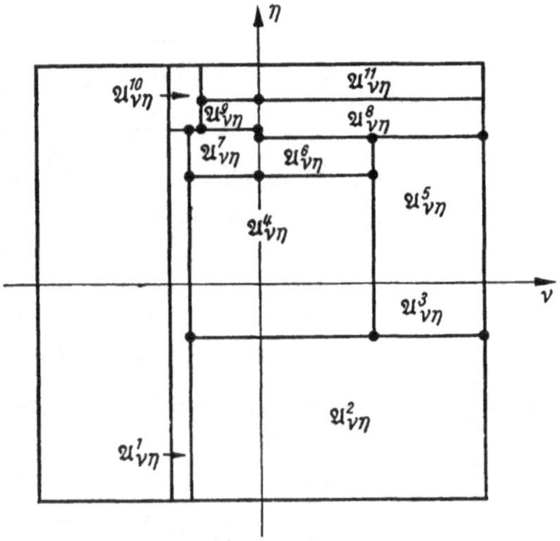

Abb. 16. Aufteilung des Parameterbereiches $P = \{(\nu, \eta) \mid -2 \leqq \eta \leqq 2;\ -2 \leqq \nu \leqq 2\}$ beim obigen Beispiel in ein unzulässiges Gebiet und die Bereiche $\mathfrak{A}^{1}_{\nu\eta}, \ldots, \mathfrak{A}^{11}_{\nu\eta}$, deren Durchnumerierung der Reihenfolge entspricht, in der sie bei der Berechnung aufgetreten sind.

und $(\bar{\eta}, \underline{\nu}, \bar{\nu}) = \left(2; -\frac{12}{23}; 2\right)$.

$$\mathfrak{A}_{\nu\eta}^{11} = \left\{(\nu, \eta) \mid \frac{13}{8} \leqq \eta \leqq 2; -\frac{12}{23} \leqq \nu \leqq 2\right\}$$

und

$$x_1 = \frac{6}{7} + \frac{11}{28}\nu; \qquad x_2 = \frac{3}{7} + \frac{23}{28}\nu; \qquad x_3 = 1 + \frac{\nu}{4}; \qquad x_4 = 0.$$

Wie oben hat $(\bar{\eta}, \underline{\nu}, \bar{\nu})$ keinerlei Einfluß auf H. Nach Schritt 3 ist $k = 8$, nach Schritt 1 wird $(a, \bar{b}, c) = (2; -2; 2)$ und $a = \eta_2$ also Ende.

KAPITEL 5

LINEARE OPTIMIERUNGSPROBLEME MIT DEM GLEICHEN PARAMETER IN DER ZIELFUNKTION UND IN DEN RECHTEN SEITEN DER RESTRIKTIONEN

5.1. Einleitung

In Kapitel 4 wurde eine parametrische Aufgabe untersucht, bei der sowohl die Koeffizienten in der Zielfunktion, als auch die Größen in den rechten Seiten der Restriktionen linear von je einem Parameter abhängen. Die beiden Parameter η und ν sind dort unabhängig von einander. In diesem Kapitel werden wir nun Untersuchungen dafür anstellen, daß η und ν lineare Funktionen von t sind. Wir betrachten somit folgende einparametrische Aufgabe

$$P(t)\colon \max \{F(\boldsymbol{x}, \eta(t)) \mid \boldsymbol{x} \in \mathfrak{M}(\nu(t))\}, \qquad t \in E_1, \tag{5.1}$$

wobei

$$\left.\begin{aligned} \nu(t) &= A_1 t + B_1, \\ \eta(t) &= A_2 t + B_2 \end{aligned}\right\} \tag{5.2}$$

ist. Hierbei sind A_i, B_i $(i = 1, 2)$ gegebene Zahlen mit

$$\sum_{i=1}^{2} |A_i| > 0. \tag{5.3}$$

Vergleichen wir $P(t)$ mit der parametrischen Aufgabe $P(\nu, \eta)$ aus Kapitel 4, so erkennen wir, daß die Funktion $F(\boldsymbol{x}, \eta(t))$ und die Restriktionsmenge $\mathfrak{M}(\nu(t))$ das folgende Aussehen besitzen:

$$F(\boldsymbol{x}, \eta(t)) = (\boldsymbol{c} + (A_2 t + B_2)\, \boldsymbol{c}')^T \boldsymbol{x}, \tag{5.4}$$

$$\mathfrak{M}(\nu(t)) = \{\boldsymbol{x} \in E_n \mid \boldsymbol{A}\,\boldsymbol{x} = \boldsymbol{b} + (A_1 t + B_1)\, \boldsymbol{b}', \boldsymbol{x} \geqq \boldsymbol{o}\}. \tag{5.5}$$

Insbesondere ergibt sich daraus für $A_1 = A_2 = 1$ und $B_1 = B_2 = 0$ das parametrische Problem

$$\max \{F(x, t) \mid \boldsymbol{x} \in \mathfrak{M}(t)\}, \qquad t \in E_1, \tag{5.6}$$

wobei

$$F(\boldsymbol{x}, t) = (\boldsymbol{c} + \boldsymbol{c}'\, t)^T \boldsymbol{x}$$

und

$$\mathfrak{M}(t) = \{\boldsymbol{x} \in E_n \mid \boldsymbol{A}\,\boldsymbol{x} = \boldsymbol{b} + \boldsymbol{b}'\, t;\ \boldsymbol{x} \geqq \boldsymbol{o}\}$$

ist. Die Aufgabe (5.6) erhalten wir aus $P(\nu, \eta)$ (Kapitel 4), wenn wir dort η gleich ν setzen würden. Offensichtlich können wir auch das Problem $P(t)$ aus (5.1) in einer derartigen Form schreiben, nämlich als

$$\max \{\tilde{F}(\boldsymbol{x}, t) \mid \boldsymbol{x} \in \tilde{\mathfrak{M}}(t)\}, \qquad t \in E_1 \tag{5.7}$$

wobei

$$\tilde{F}(\boldsymbol{x}, t) = (\tilde{\boldsymbol{c}} + \tilde{\boldsymbol{c}}'\, t)^T \boldsymbol{x}$$

und

$$\tilde{\mathfrak{M}}(t) = \{\boldsymbol{x} \in E_n \mid \boldsymbol{A}\,\boldsymbol{x} = \tilde{\boldsymbol{b}} + \tilde{\boldsymbol{b}}'\,t, \boldsymbol{x} \geqq \boldsymbol{o}\}$$

ist. Hierbei haben die Vektoren $\tilde{\boldsymbol{c}}, \tilde{\boldsymbol{c}}', \tilde{\boldsymbol{b}}$ und $\tilde{\boldsymbol{b}}'$ die Bedeutung

$$\tilde{\boldsymbol{c}} = \boldsymbol{c} + B_2\,\boldsymbol{c}', \qquad \tilde{\boldsymbol{c}}' = A_2\,\boldsymbol{c}',$$
$$\tilde{\boldsymbol{b}} = \boldsymbol{b} + B_1\,\boldsymbol{b}', \qquad \tilde{\boldsymbol{b}}' = A_2\,\boldsymbol{b}'.$$

Unseren Untersuchungen werden wir jedoch die Aufgabe $P(t)$ aus (5.1) zugrunde legen, da hier der Zusammenhang zur Aufgabe $P(\nu, \eta)$ aus Kapitel 4 deutlich wird. Es wird sich zeigen, daß wir wesentlich auf die Resultate, die in Kapitel 4 gewonnen wurden, zurückgreifen können. Hierzu benötigen wir einige Aussagen über die durch (5.2) definierte lineare Abbildung Ψ_t des Raumes E_1 in den Raum E_2. Bezeichnen wir mit G das Bild des Raumes E_1 bei der Abbildung Ψ_t. Dann ist die Menge

$$G = \{(\nu, \eta) \in E_2 \mid \nu = A_1\,t + B_1, \eta = A_2\,t + B_2, t \in E_1\} \tag{5.8}$$

mit der Eigenschaft (5.3) eine Gerade im Raum E_2. Offensichtlich besitzt Ψ_t nun folgende Eigenschaften:

▌ L. 5.1 1° *Die Abbildung* Ψ_t (*nach* (5.2)) *ist ein Isomorphismus des Raumes* E_1 *auf den eindimensionalen linearen Unterraum* G (*aus* (5.8)) *des Raumes* E_2.

2° *Die Abbildung* Ψ_t *ist eine topologische Abbildung des Raumes* E_1 *auf* G. ▌

Analog wie in den vorherigen Kapiteln benutzen wir auch hier wieder die Begriffe einer *Lösbarkeitsmenge*, einer *Optimalmenge* und einer *Lösungsfunktion*, die wir auf Grund unserer Absprachen im Kapitel 1 mit $\mathfrak{A}_t$, $\mathfrak{M}_{\text{opt}}(t)$ und $\varphi_t(t)$ bezeichnen. Die Zielstellung des nächsten Abschnitts besteht nun in folgendem:

1° Charakterisierung der Lösbarkeitsmenge $\mathfrak{A}_t$;

2° Bestimmung der Eigenschaften einer eindeutigen Einteilung der Lösbarkeitsmenge;

3° Charakterisierung der Lösungsfunktion $\varphi(t)$.

5.2. Qualitative Untersuchungen

Der folgende Hilfssatz liefert einen Zusammenhang zwischen den Lösbarkeitsmengen $\mathfrak{A}_t$ und $\mathfrak{A}_{\nu,\eta}$ der parametrischen Probleme $P(t)$ und $P(\nu, \eta)$ (Kapitel 4).

▌ L. 5.2 *Es seien* Ψ_t *die Abbildung aus* (5.2) *und* G *die Gerade aus* (5.8). *Dann gilt*

$$\Psi_t(\mathfrak{A}_t) = \mathfrak{A}_{\nu,\eta} \cap G\,. \tag{5.9}$$ ▌

▌ Bws. Es sei $(\nu^*, \eta^*) \in \mathfrak{A}_{\nu\eta} \cap G$ beliebig. Dann folgt:

1° $(\nu^*, \eta^*) \in \mathfrak{A}_{\nu\eta}$, d. h., das lineare Optimierungsproblem $P(\nu^*, \eta^*)$ ist lösbar. Damit existiert ein $\boldsymbol{x}^* \in \mathfrak{M}(\nu^*)$ mit

$$(\boldsymbol{c} + \boldsymbol{c}'\,\eta^*)^T \boldsymbol{x}^* \geqq (\boldsymbol{c} + \boldsymbol{c}'\,\eta^*)^T \boldsymbol{x} \text{ für alle } \boldsymbol{x} \in \{\boldsymbol{x} \in E_n \mid \boldsymbol{A}\,\boldsymbol{x} = \boldsymbol{b} + \boldsymbol{b}'\,\nu^*, \boldsymbol{x} \geqq \boldsymbol{o}\} \tag{5.10}$$

2° $(\nu^*, \eta^*) \in G$, d. h., es existiert auf Grund von (5.8) und Lemma 5.1 genau ein $t^* \in E_1$ mit

$$\nu^* = A_1\,t^* + B_1\,, \qquad \eta^* = A_2\,t^* + B_2 \qquad (\text{d. h. } (\nu^*, \eta^*) = \Psi_t(t^*))\,.$$

Auf Grund von (5.10) gilt dann

$$\left.\begin{aligned} \big(\boldsymbol{c} + (A_2\,t^* + B_2)\,\boldsymbol{c}'\big)^T \boldsymbol{x}^* \geqq \big(\boldsymbol{c} + (A_2\,t^* + B_2)\,\boldsymbol{c}'\big)^T \boldsymbol{x} \quad \text{für alle} \\ \boldsymbol{x} \in \{\boldsymbol{x} \in E_n \mid \boldsymbol{A}\,\boldsymbol{x} = \boldsymbol{b} + (A_1\,t^* + B_1)\,\boldsymbol{b}', \boldsymbol{x} \geqq \boldsymbol{o}\}\,, \end{aligned}\right\} \tag{5.11}$$

d. h., die Aufgabe $P(t^*)$ besitzt eine Lösung. Damit gehört t^* zur Lösbarkeitsmenge $\mathfrak{A}_t$. Daraus ergibt sich die folgende Inklusion

$$\mathfrak{A}_{\nu\eta} \cap G \subseteq \Psi_t(\mathfrak{A}_t)\,.$$

Um die Umkehrung zu zeigen, betrachten wir ein beliebiges Element t^* aus der Urbildmenge $\mathfrak{A}_t$ von $\Psi_t(\mathfrak{A}_t)$. Dann besitzt das Problem $P(t^*)$ eine Lösung, d. h., es existiert ein $\boldsymbol{x}^* \in \mathfrak{M}\big(\nu(t^*)\big)$ mit der Eigenschaft (5.11). Es sei nun $\Psi_t(t^*) = (\nu^*, \eta^*)$. Wenn wir in (5.11) einsetzen, erkennen wir, daß das Problem $P(\nu^*, \eta^*)$ eine Lösung besitzt, d. h., (ν^*, η^*) gehört zur Lösbarkeitsmenge $\mathfrak{A}_{\nu\eta}$. Außerdem gilt wegen $\Psi_t(t^*) = (\nu^*, \eta^*)$ und (5.2), (5.8), daß $(\nu^*, \eta^*) \in G$ ist. ▌

▌ B. 5.1 Wir erkennen aus (5.9) und Lemma 5.1, daß die Lösbarkeitsmenge $\mathfrak{A}_t$ des parametrischen Problems $P(t)$ aus (5.1) leer sein kann; auch dann, wenn die Lösbarkeitsmenge $\mathfrak{A}_{\nu\eta}$ der parametrischen Aufgabe aus Kapitel 4 eine nicht leere Menge ist. ▌

▌ S. 5.1 *Die Lösbarkeitsmenge $\mathfrak{A}_t$ der parametrischen Aufgabe $P(t)$ aus* (5.1) *ist eine konvexe und abgeschlossene Teilmenge des E_1.* ▌

▌ Bws. Die Mengen G und $\mathfrak{A}_{\nu\eta}$ sind konvexe und abgeschlossene Teilmengen des Raumes E_2. Demzufolge besitzt auch der Durchschnitt $G \cap \mathfrak{A}_{\nu\eta}$ diese Eigenschaften. Nun ist aber wegen (5.9) $G \cap \mathfrak{A}_{\nu\eta} = \Psi_t(\mathfrak{A}_t)$. Auf Grund der Eigenschaften der Abbildung Ψ_t, die in dem Hilfssatz 5.1 festgehalten wurden, überträgt sich die Konvexität und Abgeschlossenheit der Menge $G \cap \mathfrak{A}_{\nu\eta}$ auf die Lösbarkeitsmenge $\mathfrak{A}_t$. ▌

Aus Satz 5.1 erkennen wir, daß die Lösbarkeitsmenge $\mathfrak{A}_t$, falls sie mindestens zwei Elemente enthält, ein abgeschlossenes endliches oder unendliches Intervall ist.

Für unsere weiteren Überlegungen setzen wir nun voraus, daß die Lösbarkeitsmenge des betrachteten parametrischen Problems $P(t)$ ein Intervall ist. Diese Voraussetzung schränkt das Problem $P(t)$ nicht ein. Ist nämlich die Lösbarkeitsmenge $\mathfrak{A}_t$ die leere Menge, so sind die linearen Optimierungsprobleme $P(t)$ für alle $t \in E_1$ unlösbar; ist andererseits $\mathfrak{A}_t = \{t^0\}$, so ist die parametrische Aufgabe $P(t)$ mit der Lösung des gewöhnlichen linearen Optimierungsproblems $P(t^0)$ vollständig untersucht worden.

▌ B. 5.2 Wir werden nun angeben, wie man die Intervallgrenzen der Lösbarkeitsmenge berechnen kann. Dazu benötigen wir das zu $P(t)$ duale parametrische Problem

$$D(t)\colon \min \{G(\boldsymbol{u}, \nu(t)) \mid \boldsymbol{u} \in \mathfrak{N}(\eta(t))\}\,, \qquad t \in E_1\,, \tag{5.12}$$

wobei

$$G(\boldsymbol{u}, \nu(t)) = (\boldsymbol{b} + (A_1\, t + B_1)\, \boldsymbol{b}')^T\, \boldsymbol{u}$$

und

$$\mathfrak{N}(\eta(t)) = \{\boldsymbol{u} \in E_m \mid \boldsymbol{A}^T\, \boldsymbol{u} \geqq \boldsymbol{c} + (A_2\, t + B_2)\, \boldsymbol{c}'\}$$

ist. Definieren wir analog zu Definition 3.1 die zulässigen Parametermengen $\mathfrak{B}_{\nu(t)}$ und $\mathfrak{B}_{\eta(t)}$ zu den parametrischen Dualproblemen $P(t)$ und $D(t)$, d. h. die Mengen

$$\mathfrak{B}_{\nu(t)} = \{t \in E_1 \mid \mathfrak{M}(\nu(t)) \neq \emptyset\}\,, \tag{5.13}$$

$$\mathfrak{B}_{\eta(t)} = \{t \in E_1 \mid \mathfrak{N}(\eta(t)) \neq \emptyset\}\,. \tag{5.14}$$

Dann gilt auf Grund des Dualitätssatzes (siehe [152]) für lineare Optimierungsprobleme

$$\mathfrak{A}_t = \mathfrak{B}_{\nu(t)} \cap \mathfrak{B}_{\eta(t)}\,. \tag{5.15}$$ ▌

Wenden wir nun sinngemäß Satz 3.11 auf die Berechnung der Intervallgrenzen der zulässigen Parameterbereiche $\mathfrak{B}_{\nu(t)}$ und $\mathfrak{B}_{\eta(t)}$ an, so erhalten wir die folgende Aussage:

▌ S. 5.2 *Wenn die Lösbarkeitsmenge $\mathfrak{A}_t$ des parametrischen Problems $P(t)$ ein Intervall ist, so besitzt $\mathfrak{A}_t$ die Grenzen*

$$t^{(1)} = \sup\Big\{\inf_{\binom{\boldsymbol{x}}{t} \in \hat{\mathfrak{M}}} t,\ \inf_{\binom{\boldsymbol{u}}{t} \in \hat{\mathfrak{N}}} t\Big\}\,, \qquad t^{(2)} = \inf\Big\{\sup_{\binom{\boldsymbol{x}}{t} \in \hat{\mathfrak{M}}} t,\ \sup_{\binom{\boldsymbol{u}}{t} \in \hat{\mathfrak{N}}} t\Big\}\,, \tag{5.16}$$

wobei

$$\hat{\mathfrak{M}} = \left\{\begin{pmatrix}\boldsymbol{x}\\ t\end{pmatrix} \in E_{n+1} \mid \boldsymbol{A}\,\boldsymbol{x} - A_1\,\boldsymbol{b}'\,t = \boldsymbol{b} + B_1\,\boldsymbol{b}',\, \boldsymbol{x} \geqq \boldsymbol{o}\right\},$$

$$\hat{\mathfrak{N}} = \left\{\begin{pmatrix}\boldsymbol{u}\\ t\end{pmatrix} \in E_{m+1} \mid \boldsymbol{A}^T\,\boldsymbol{u} - A_2\,\boldsymbol{c}'\,t \geqq \boldsymbol{c} + B_2\,\boldsymbol{c}'\right\}$$

ist. ▌

▌ B. 5.3 Die Berechnung der Intervallgrenzen der Lösbarkeitsmenge $\mathfrak{A}_t$ ist also zurückgeführt worden auf die Lösung von vier linearen Optimierungsproblemen. ▌

Wir betrachten nun für fixiertes $t^* \in \mathfrak{A}_t$ die Optimalmenge $\mathfrak{M}_{\text{opt}}(t^*)$ (d. h. die Menge aller Optimalpunkte für das entsprechende lineare Optimierungsproblem). Dieser ist im Sinne von Definition 3.3. eine charakteristische Indexmenge $I_t(t^*)$ eindeutig zugeordnet, d. h. eine derartige Indexmenge $I_t(t^*) \subseteq \{1, \ldots, n\}$, daß

$$\mathfrak{M}_{\text{opt}}(t^*) = \{x \in \mathfrak{M}(\nu(t^*)) \mid x_\alpha = 0, \alpha \in I_t(t^*)\} \tag{5.17}$$

gilt, wobei $I_t(t^*)$ die größte Teilmenge von $\{1, \ldots, n\}$ mit der Eigenschaft (5.17) ist. Wir formulieren nun den Hauptsatz dieses Kapitels.

▌S. 5.3 *Wenn die Lösbarkeitsmenge $\mathfrak{A}_t$ ein Intervall ist, so existiert eine eindeutige Einteilung der Lösbarkeitsmenge $\mathfrak{A}_t$ in endlich viele abgeschlossene Intervalle $\mathfrak{A}_t^k$ ($k = 1, \ldots, N_t$) mit folgenden Eigenschaften:*

1° *Zu jedem Einteilungsintervall $\mathfrak{A}_t^k$ gibt es eindeutig eine charakteristische Indexmenge I_t^k derart, daß*

$$\mathfrak{M}_{\text{opt}}(t) = \{x \in \mathfrak{M}(\nu(t)) \mid x_\alpha = 0, \alpha \in I_t^k\}, \qquad t \in \operatorname{int} \mathfrak{A}_t^k .$$

2° *Wenn t_1 und t_2 beliebige Punkte aus dem Innern des Intervalls $\mathfrak{A}_t^k$ sind, so gilt*

$$\dim \mathfrak{M}_{\text{opt}}(t_1) = \dim \mathfrak{M}_{\text{opt}}(t_2) .$$

3° *Wenn $t^* \in \operatorname{int} \mathfrak{A}_t^{k^*}$ mit $\mathfrak{A}_t^{k^*} \neq \mathfrak{A}_t^k$, so gilt*

$$I_t(t^*) \subsetneq I_t^k , \qquad I_t^k \subsetneq I_t(t^*)$$

(hierbei ist $I_t(t^*)$ die charakteristische Indexmenge zur Optimalmenge $\mathfrak{M}_{\text{opt}}(t^*)$)

4° *Die Lösungsfunktion*

$$\varphi(t) = \max_{x \in \mathfrak{M}(\nu(t))} F(x, \eta(t))$$

ist über dem Innern des Einteilungsintervalls $\mathfrak{A}_t^k$ beliebig oft stetig differenzierbar.

5° *Zu jedem Einteilungsintervall $\mathfrak{A}_t^k$ existieren eindeutig Zahlen $\tilde{a}_k$, $\tilde{b}_k$ und $\tilde{c}_k$ derart, daß die Funktion $\varphi(t)$ die Darstellung*

$$\varphi(t) = \tilde{a}_k t^2 + \tilde{b}_k t + \tilde{c}_k , \qquad t \in \mathfrak{A}_t^k \tag{5.18}$$

besitzt.

6° *Die Funktion $\varphi(t)$ ist über $\mathfrak{A}_t^k$ entweder konvex, konkav oder linear.* ▌

▌Bws. Die Aussagen dieses Satzes ergeben sich aus den Untersuchungen im Kapitel 4. Betrachten wir dazu die Lösbarkeitsmenge $\mathfrak{A}_{\nu\eta}$ des dort behandelten parametrischen Problems $P(\nu, \eta)$. Wir haben nun unter der Voraussetzung, daß die Menge $\mathfrak{A}_{\nu\eta}$ mindestens zwei Elemente enthält (sollte $\mathfrak{A}_{\nu\eta}$ leer oder einelementig sein, so kann auch die Lösbarkeitsmenge $\mathfrak{A}_t$ nur leer bzw. einelementig sein; es wurde jedoch $\mathfrak{A}_t$ als ein Intervall vorausgesetzt), folgende zwei Fälle zu unterscheiden:

Fall A: Die Lösbarkeitsmenge $\mathfrak{A}_{\nu\eta}$ ist ein zweidimensionales Intervall.

Fall B: Die Lösbarkeitsmenge $\mathfrak{A}_{\nu\eta}$ ist ein (eindimensionales) Intervall.

Wir untersuchen zunächst den

Fall A: Dann lassen sich die Sätze 4.3 und 4.5 anwenden. Betrachten wir die eindeutige Einteilung der Menge $\mathfrak{A}_{\nu\eta}$ in die abgeschlossenen zweidimensionalen Intervalle $\mathfrak{A}^k_{\nu\eta}$ $(k = 1, \ldots, N)$ aus dem Satz 4.3. Wir bilden den Durchschnitt dieser Einteilungsintervalle mit der Geraden G aus (5.8), d. h.

$$\mathfrak{A}^k_{\nu\eta} \cap G \quad (k = 1, \ldots, N)\,. \tag{5.19}$$

Da es sich bei der Menge G um eine Gerade handelt, können gewisse $\mathfrak{A}^k_{\nu\eta} \cap G$ aus (5.19) leer, einelementig sein oder zusammenfallen. Wir wählen nun aus dem System (5.19) alle verschiedenen Mengen, die mindestens zwei Elemente enthalten. Eine derartige Menge existiert, da wir vorausgesetzt hatten, daß die Lösbarkeitsmenge $\mathfrak{A}_t$ ein Intervall ist, also mindestens zwei Elemente enthält. Wir bezeichnen die ausgewählten Mengen o. B. d. A. mit

$$\mathfrak{A}^k_{\nu\eta} \cap G\,(k = 1, \ldots, N_t;\, 1 \leqq N_t \leqq N)\,. \tag{5.20}$$

Es seien $\mathfrak{A}^k_t$ die Urbilder der Mengen $\mathfrak{A}^k_{\nu\eta} \cap G$ aus dem Mengensystem (5.20) bei der Abbildung Ψ_t nach (5.2), d. h.

$$\Psi_t(\mathfrak{A}^k_t) = \mathfrak{A}^k_{\nu\eta} \cap G\,(k = 1, \ldots, N_t)\,. \tag{5.21}$$

Aus Lemma 5.1 und 5.2 erkennen wir, daß das Mengensystem $\mathfrak{A}^k_t$ $(k = 1, \ldots, N_t)$ eine Einteilung der Lösbarkeitsmenge $\mathfrak{A}_t$ darstellt. Die Mengen $\mathfrak{A}^k_t$ $(k = 1, \ldots, N_t)$ sind nämlich abgeschlossene Intervalle, und es gilt

$$\mathfrak{A}_t = \bigcup_{k=1}^{N_t} \mathfrak{A}^k_t\,, \qquad \operatorname{int} \mathfrak{A}^{k_1}_t \cap \operatorname{int} \mathfrak{A}^{k_2}_t = \emptyset\,, \qquad k_1 \neq k_2,\, k_1, k_2 \in \{1, \ldots, N_t\}\,.$$

Insbesondere kann diese Einteilung natürlich trivial sein, d. h.

$$\mathfrak{A}_t = \bigcup_{k=1}^{1} \mathfrak{A}^k_t = \mathfrak{A}^1_t\,.$$

Wenden wir uns nun den im Satz 5.3 angegebenen Eigenschaften der Einteilung von $\mathfrak{A}_t$ zu. Dazu erscheint es uns notwendig, nochmals auf den Zusammenhang zwischen den parametrischen Aufgaben $P(t)$ und $P(\nu, \eta)$ hinzuweisen. Im Satz 4.3 wurde ausgesagt, daß jedem zweidimensionalen Einteilungsintervall $\mathfrak{A}^k_{\nu\eta}$ eindeutig eine charakteristische Indexmenge $I^k_{\nu\eta} \subseteq \{1, \ldots, n\}$ mit der Eigenschaft

$$\mathfrak{M}_{\text{opt}}(\nu, \eta) = \{x \in \mathfrak{M}(\nu) \mid x_\alpha = 0,\, \alpha \in I^k_{\nu\eta}\}\,, \qquad (\nu, \eta) \in \operatorname{int} \mathfrak{A}^k_{\nu\eta}$$

zugeordnet ist. Weiter wurde dort gezeigt, daß

$$\dim \mathfrak{M}_{\text{opt}}(\nu_1, \eta_1) = \dim \mathfrak{M}_{\text{opt}}(\nu_2, \eta_2) \text{ für beliebiges } (\nu_1, \eta_1), (\nu_2, \eta_2) \text{ aus } \operatorname{int} \mathfrak{A}^k_{\nu\eta} \tag{5.22}$$

ist. Setzen wir voraus, daß die Menge $\Psi_t(\mathfrak{A}^k_t) = \mathfrak{A}^k_{\nu\eta} \cap G$ ein Intervall ist, d. h. daß die Menge $\mathfrak{A}^k_t$ ein Einteilungsintervall von $\mathfrak{A}_t$ darstellt. Dann liegt für jedes

$t \in \mathfrak{A}_t^k$ der entsprechende Punkt $\Psi_t(t) = (\nu(t), \eta(t))$ (den man auf Grund von (5.2) gewinnt) in der Menge $\mathfrak{A}_{\nu\eta}^k$. Es ist also auch der Menge $\mathfrak{A}_t^k$ das charakteristische Intervall $I_t^k = I_{\nu\eta}^k$ zugeordnet (auf Grund von Lemma 5.1) mit der Eigenschaft

$$\mathfrak{M}_{\text{opt}}(t) = \{x \in \mathfrak{M}(\nu(t)) \mid x_\alpha = 0, \alpha \in I_t^k\}, \qquad t \in \text{int}\, \mathfrak{A}_t^k .$$

Damit ist die Eigenschaft 1° der Einteilung bewiesen. Betrachten wir nun zwei beliebige, jedoch verschiedene Punkte t_1 und t_2 aus int $\mathfrak{A}_t^k$, denen nach (5.2), (5.21) und Lemma 5.1 zwei verschiedene Punkte

$$(\nu_1, \eta_1) = (\nu(t_1), \eta(t_1)), \qquad (\nu_2, \eta_2) = (\nu(t_2), \eta(t_2))$$

aus int $\mathfrak{A}_{\nu\eta}^k$ entsprechen, für die Eigenschaft (5.22) gilt. Damit ist bereits die Aussage 2° offensichtlich.

Die Eigenschaft 3° sowie die Eindeutigkeit der Einteilung ergibt sich, wenn man den Zusammenhang der parametrischen Probleme $P(t)$ und $P(\nu, \eta)$ bei den restlichen Aussagen des Satzes 4.3 berücksichtigt.

In Satz 4.5 wurden die Eigenschaften der Lösungsfunktion

$$\varphi(\nu, \eta) = \max_{x \in \mathfrak{M}(\nu)} F(x, \eta)$$

zusammengefaßt. Insbesondere wurde dort gezeigt, daß zu jeder Einteilungsmenge $\mathfrak{A}_{\nu\eta}^k$ eindeutig Zahlen a_k, b_k, c_k und d_k mit der Eigenschaft

$$\varphi(\nu, \eta) = a_k \nu \cdot \eta + b_k \nu + c_k \eta + d_k , \qquad (\nu, \eta) \in \text{int}\, \mathfrak{A}_{\nu\eta}^l$$

existieren. Unter Verwendung von (5.2) erhalten wir dann die Darstellung

$$\begin{aligned}
\varphi(t) &= \varphi(\nu(t), \eta(t)) \\
&= a_k (A_1 t + B_1)(A_2 t + B_2) + b_k (A_2 t + B_2) + c_k (A_1 t + B_1) + d_k \\
&= a_k A_1 A_2 t^2 + (a_k A_1 B_2 + a_k B_1 A_2 + b_k A_2 + c_k A_1)\, t \\
&\quad + (a_k B_1 B_2 + b_k B_2 + c_k B_1 + d_k) \\
&\equiv \tilde{a}_k t^2 + \tilde{b}_k t + \tilde{c}_k , \qquad t \in \mathfrak{A}_t^k .
\end{aligned}$$

Wir erkennen, daß die Zahlen $\tilde{a}_k$, $\tilde{b}_k$ und $\tilde{c}_k$ eindeutig bestimmt sind.

Aus der Darstellung (5.18) der Lösungsfunktion $\varphi(t)$ über einem Einteilungsintervall erhalten wir die Aussage 4°.

Wenn $\tilde{a}_k$ aus (5.18) positiv ist, so ist die Lösungsfunktion $\varphi(t)$ über $\mathfrak{A}_t^k$ konvex. Ist andererseits $\tilde{a}_k$ negativ, so ist die Funktion $\varphi(t)$ über konkav. Schließlich bleibt noch der Fall, daß $\tilde{a}_k = 0$ gilt. Dann ist $\varphi(t)$ über $\mathfrak{A}_t^k$ linear. Es gilt also die Aussage 6°.

Fall B: Die Menge $\mathfrak{A}_{\nu\eta}$ ist ein (eindimensionales) Intervall. In Kapitel 4 wurde gezeigt, daß dieser Fall nur dann auftreten kann, wenn entweder die Menge

$$\mathfrak{B}_\nu = \{\nu \in E_1 \mid \mathfrak{M}(\nu) \neq \emptyset\}$$

oder die Menge

$$\mathfrak{B}_\eta = \{\eta \in E_1 \mid \mathfrak{N}(\eta) \neq \emptyset\}$$

einelementig ist. Es sei $\mathfrak{B}_\nu = \{\nu_0\}$ bzw. $\mathfrak{B}_\eta = \{\eta_0\}$. Dann erhalten wir einparametrische Probleme, nämlich entweder

$$\max \{F(\boldsymbol{x}, \eta) \mid \boldsymbol{x} \in \mathfrak{M}(\nu_0)\}\,, \qquad \eta \in \mathfrak{B}_\eta\,, \tag{5.23}$$

bzw.

$$\max \{F(\boldsymbol{x}, \eta_0) \mid \boldsymbol{x} \in \mathfrak{M}(\nu)\}\,, \qquad \nu \in \mathfrak{B}_\nu\,. \tag{5.24}$$

Parametrische Probleme der Form (5.23) wurden in Kapitel 2 untersucht, während für die Aufgabe (5.24) die Ergebnisse aus Kapitel 3 gelten.

Wir bilden nun den Durchschnitt $\mathfrak{A}_{\nu\eta} \cap G = \Psi_t(\mathfrak{A}_t)$. Da die Mengen $\mathfrak{A}_{\nu\eta}$ und G eindimensional sind, ist entweder $\Psi_t(\mathfrak{A}_t)$ leer, einelementig oder gleich $\mathfrak{A}_{\nu\eta}$. Die ersten beiden Möglichkeiten sind für den Beweis unseres Satzes ohne Interesse, da die Lösbarkeitsmenge $\mathfrak{A}_t$ als Intervall vorausgesetzt wurde. Nehmen wir zunächst den Fall, daß der zulässige Parameterbereich $\mathfrak{B}_\nu$ einelementig ist. Dann gilt nach Satz 4.1

$$\mathfrak{A}_{\nu\eta} = \mathfrak{B}_\nu \times \mathfrak{B}_\eta = \{(\nu_0, \eta) \mid \eta \in \mathfrak{B}_\eta\}\,.$$

Zwischen den beiden Parametern ν und η sowie dem Parameter t besteht der lineare Zusammenhang (5.2), d. h.

$$\nu = A_1 t + B_1\,, \tag{5.25}$$

$$\eta = A_2 t + B_2 \tag{5.26}$$

mit $\sum_{i=1}^{2} |A_i| > 0$.

Da $\nu = \nu_0$ ist, gilt auf Grund von (5.25):

$$A_1 = 0\,, \qquad B_1 = \nu_0\,.$$

Damit kann der Parameter t alle Werte aus $(-\infty, +\infty)$ durchlaufen. Die eigentlichen Intervallgrenzen erhalten wir demzufolge aus der Beziehung (5.26). Wir werden nun das Problem (5.23) untersuchen. Aus Kapitel 2 wissen wir, daß eine eindeutige Einteilung des Intervalls in endlich viele Teilintervalle mit gewissen Eigenschaften existiert (siehe Satz 2.6). Unter anderem wurde dort bewiesen, daß die Optimalmenge für alle Parameter η aus dem Innern eines Einteilungsintervalls die gleiche ist. Durch die lineare Transformation (5.26) erhalten wir aus der Einteilung von $\mathfrak{B}_\eta$ eine Einteilung von $\mathfrak{A}_t$, für die die gleiche Eigenschaft gilt. Es gilt hier somit ein Spezialfall der Aussagen 1° und 2°. Wir erkennen weiter, daß die Eigenschaft 3° gültig ist. Da die Lösungsfunktion $\varphi(t)$ über $\mathfrak{A}_t$ linear ist (siehe Satz 2.7), ist $\varphi(t)$ natürlich auch beliebig oft differenzierbar. Offenbar besitzt in unserem Spezialfall die Lösungsfunktion $\varphi(t)$ über $\mathfrak{A}_t^k$ eine Darstellung

$$\varphi(t) = \tilde{b}_k t + \tilde{c}_k\,,$$

wobei $\tilde{b}_k$ und $\tilde{c}_k$ eindeutig bestimmte Zahlen sind.

Die für den Fall, daß die zulässige Parametermenge $\mathfrak{B}_\nu$ einelementig ist, durchgeführten Überlegungen, lassen sich auch für $\mathfrak{B}_\eta = \{\eta_0\}$ anstellen. Wir erhalten jedoch die Aussagen 1° und 2° in der Form, wie sie in diesem Satz formuliert wurden (siehe auch Satz 3.6). Der Satz 5.3 ist vollständig bewiesen. ▮

Weitere Eigenschaften der Lösungsfunktion $\varphi(t)$, die sich aus Satz 4.5 durch Anwendung der linearen Transformation (5.2) auf die Lösungsfunktion $\varphi(\nu, \eta)$ ergeben, werden in dem folgenden Satz zusammengestellt:

▮ S. 5.4 *Die Lösungsfunktion $\varphi(t)$ ist über ihrem maximalen Definitionsbereich $\mathfrak{A}_t$ stetig und stückweise beliebig oft differenzierbar.* ▮

KAPITEL 6

LINEARE OPTIMIERUNGSPROBLEME MIT VERÄNDERLICHEN KOEFFIZIENTEN IN DER ZIELFUNKTION BZW. IN DEN RECHTEN SEITEN DER RESTRIKTIONEN

6.1. Einleitung

Die Untersuchungen und Ergebnisse in diesem Kapitel sind fundamental für die Theorie der parametrischen linearen Optimierung mit einer beliebigen Anzahl von Parametern in der Zielfunktion bzw. im Beschränkungsvektor. Insbesondere enthält dieses Kapitel eine Verallgemeinerung der Theorie für die parametrischen Probleme $P(\nu, 0)$ und $D(0, \nu)$.

Bezeichnen wir mit

$$F(\boldsymbol{x}) = \sum_{\alpha=1}^{n} c_\alpha x_\alpha \, (= \boldsymbol{c}^T \boldsymbol{x}) \tag{6.1}$$

wieder die Zielfunktion, und es sei

$$\mathfrak{M}(\boldsymbol{\lambda}) = \left\{\boldsymbol{x} \in E_n \mid \sum_{\alpha=1}^{n} a_{r\alpha} x_\alpha = \lambda_r,\ r = 1, \ldots, m;\ x_\alpha \geqq 0,\ \alpha = 1, \ldots, n\right\}$$
$$(= \{\boldsymbol{x} \in E_n \mid \boldsymbol{A}\,\boldsymbol{x} = \boldsymbol{\lambda}, \boldsymbol{x} \geqq \boldsymbol{o}\}) \tag{6.2}$$

das Restriktionspolyeder für ein festes $\boldsymbol{\lambda} \in E_m$. Wie üblich setzen wir dabei voraus, daß der Rang der Matrix $\boldsymbol{A} = (a_{r\alpha})_{m,n}$ gleich m ist. Wir betrachten dann folgende Probleme

$$P(\boldsymbol{\lambda}, \boldsymbol{o})\colon \max \{F(\boldsymbol{x}) \mid \boldsymbol{x} \in \mathfrak{M}(\boldsymbol{\lambda})\}, \quad \boldsymbol{\lambda} \in E_m, \tag{6.3}$$

$$\overline{P}(\boldsymbol{\lambda}, \boldsymbol{o})\colon \min \{F(\boldsymbol{x}) \mid \boldsymbol{x} \in \mathfrak{M}(\boldsymbol{\lambda})\}, \quad \boldsymbol{\lambda} \in E_m. \tag{6.4}$$

Das Problem $\overline{P}(\boldsymbol{\lambda}, \boldsymbol{o})$ ziehen wir nur heran, wenn es für die Entwicklung der Theorie erforderlich ist, ansonsten ist leicht zu erkennen, welche Unterschiede in den Ergebnissen bestehen. Gemäß unseren Vereinbarungen bezeichnen wir mit $\mathfrak{A}_{\lambda o}$ die Lösbarkeitsmenge von $P(\boldsymbol{\lambda}, \boldsymbol{o})$ und mit $\overline{\mathfrak{A}}_{\lambda o}$ diejenige von $\overline{P}(\boldsymbol{\lambda}, \boldsymbol{o})$ (vgl. D. 2.1). Die zulässige Parametermenge wird nach D. 3.1

$$\mathfrak{B}_\lambda = \{\boldsymbol{\lambda} \in E_m \mid \mathfrak{M}(\boldsymbol{\lambda}) \neq \emptyset\}. \tag{6.5}$$

Es seien

$$\mathfrak{N} = \left\{\boldsymbol{u} \in E_m \mid \sum_{r=1}^{m} a_{r\alpha} u_r \geqq c_\alpha,\ \alpha = 1, \ldots, n\right\} \tag{6.6}$$
$$(= \{\boldsymbol{u} \in E_m \mid \boldsymbol{A}^T \boldsymbol{u} \geqq \boldsymbol{c}\}),$$

$$\overline{\mathfrak{N}} = \left\{\boldsymbol{u} \in E_m \mid \sum_{r=1}^{m} a_{r\alpha} u_r \leqq c_\alpha,\ \alpha = 1, \ldots, n\right\} \tag{6.7}$$
$$(= \{\boldsymbol{u} \in E_m \mid \boldsymbol{A}^T \boldsymbol{u} \leqq \boldsymbol{c}\}),$$

$$G(\boldsymbol{u}, \boldsymbol{\lambda}) = \sum_{r=1}^{m} \lambda_r u_r \, (= \boldsymbol{\lambda}^T \boldsymbol{u}). \tag{6.8}$$

Dann lassen sich entsprechend der D. 3.2 die parametrischen Dualprobleme formulieren:

$$D(\boldsymbol{o}, \boldsymbol{\lambda})\colon \min \{G(\boldsymbol{u}, \boldsymbol{\lambda}) \mid \boldsymbol{u} \in \mathfrak{N}\}, \qquad \boldsymbol{\lambda} \in E_m,$$

$$\overline{D}(\boldsymbol{o}, \boldsymbol{\lambda})\colon \max \{G(\boldsymbol{u}, \boldsymbol{\lambda}) \mid \boldsymbol{u} \in \overline{\mathfrak{N}}\}, \qquad \boldsymbol{\lambda} \in E_m.$$

Auf Grund der Dualitätstheorie besitzen die Probleme $D(\boldsymbol{\lambda}, \boldsymbol{o})$ und $\overline{D}(\boldsymbol{\lambda}, \boldsymbol{o})$ dieselben Lösbarkeitsmengen wie die Probleme $P(\boldsymbol{\lambda}, \boldsymbol{o})$ und $\overline{P}(\boldsymbol{\lambda}, \boldsymbol{o})$. Für ein festes $\boldsymbol{\lambda}^* \in E_m$ ist gemäß D. 2.2

$$\mathfrak{M}_{\text{opt}}(\boldsymbol{\lambda}^*) = \left\{\boldsymbol{x}^0 \in \mathfrak{M}(\lambda^*) \mid F(\boldsymbol{x}^0) = \max_{\boldsymbol{x} \in \mathfrak{M}(\lambda^*)} F(x)\right\}$$

die Optimalmenge zum Parametervektor $\boldsymbol{\lambda}^* \in E_m$. Entsprechend ist

$$\mathfrak{N}_{\text{opt}}(\boldsymbol{\lambda}^*) = \left\{\boldsymbol{u}^0 \in \mathfrak{N} \mid G(\boldsymbol{u}^0, \boldsymbol{\lambda}^*) = \min_{\boldsymbol{u} \in \mathfrak{N}} G(\boldsymbol{u}, \boldsymbol{\lambda}^*)\right\}.$$

Schließlich führen wir noch die über der Lösbarkeitsmenge $\mathfrak{A}_{\lambda o}$ (bzw. $\overline{\mathfrak{A}}_{\lambda o}$) definierten Lösungsfunktionen

$$\varphi(\boldsymbol{\lambda}) = \max_{\boldsymbol{x} \in \mathfrak{M}(\lambda)} F(\boldsymbol{x}) \quad \left(\text{bzw. } \overline{\varphi}(\boldsymbol{\lambda}) = \min_{\boldsymbol{x} \in \mathfrak{M}(\lambda)} F(\boldsymbol{x})\right)$$

und

$$\psi(\boldsymbol{\lambda}) = \min_{\boldsymbol{u} \in \mathfrak{N}} G(\boldsymbol{u}, \boldsymbol{\lambda}) \quad \left(\text{bzw. } \overline{\psi}(\boldsymbol{\lambda}) = \max_{\boldsymbol{u} \in \overline{\mathfrak{N}}} G(\boldsymbol{u}, \boldsymbol{\lambda})\right)$$

ein.

Wir werden zunächst ähnliche Überlegungen wie im Kapitel 3 anstellen, wo wir den einparametrischen Fall untersuchten. Wir gehen wieder aus vom Kegel K (3.10), der durch die Abbildung $\boldsymbol{\Phi}$ aus (3.8) beschrieben wird. Wie wir bereits wissen, stellt die Menge K einen polyedrischen Kegel mit einem Scheitel im Koordinatenursprung $\boldsymbol{o}$ des Raumes E_{m+1} dar. Der Kegel K hat entweder die Dimension $m + 1$ oder m, je nachdem, ob die Matrix $\tilde{\boldsymbol{A}}$ aus (3.9) den Rang $m + 1$ oder m besitzt. Für ein festes $\boldsymbol{\lambda} \in E_m$ ist die Menge

$$L(\boldsymbol{\lambda}) = \{\boldsymbol{y} \in E_{m+1} \mid y_r = \lambda_r,\ r = 1, \ldots, m;\ y_{m+1} = t,\ t \in E_1\} \tag{6.9}$$

eine zur y_{m+1}-Achse parallele Gerade im Raum E_{m+1}. Der Durchschnitt

$$U(\boldsymbol{\lambda}) = L(\boldsymbol{\lambda}) \cap K \tag{6.10}$$

ist eine in $L(\boldsymbol{\lambda})$ liegende abgeschlossene und konvexe Menge mit der Eigenschaft

$$\left.\begin{aligned} U(\boldsymbol{\lambda}) = \{\boldsymbol{y} \in E_{m+1} \mid \boldsymbol{y} = \boldsymbol{\Phi}(\boldsymbol{x}),\ \boldsymbol{x} \in \mathfrak{M}(\boldsymbol{\lambda})\} \\ (U(\boldsymbol{\lambda}) \neq \emptyset \Leftrightarrow \mathfrak{M}(\boldsymbol{\lambda}) \neq \emptyset) \end{aligned}\right\} \tag{6.11}$$

(siehe dazu Kapitel 3).

Offensichtlich tritt für die Menge $U(\boldsymbol{\lambda})$ einer der folgenden fünf Fälle ein: Entweder ist $U(\boldsymbol{\lambda}) = \emptyset$, einelementig, eine abgeschlossene Strecke, eine abgeschlossene Halbgerade oder die Gerade $L(\boldsymbol{\lambda})$ selbst.

Es seien

$$\tau_1(\boldsymbol{\lambda}) = \inf_{\boldsymbol{x} \in \mathfrak{M}(\boldsymbol{\lambda})} F(\boldsymbol{x}) , \qquad \tau_2(\boldsymbol{\lambda}) = \sup_{\boldsymbol{x} \in \mathfrak{M}(\boldsymbol{\lambda})} F(\boldsymbol{x}) , \tag{6.12}$$

dann läßt sich die Menge $U(\boldsymbol{\lambda})$ (falls $U(\boldsymbol{\lambda}) \neq \emptyset$) durch

$$U(\boldsymbol{\lambda}) = \{\boldsymbol{y} \in E_{m+1} \mid y_r = \lambda_r , \quad r = 1, \ldots, m; \quad y_{m+1} = t, t \in I\} \tag{6.13}$$

beschreiben, wobei die Menge I eine der Darstellungen aus (3.22) hat. Der Menge $\mathfrak{M}_{\text{opt}}(\boldsymbol{\lambda})$ (bzw. $\overline{\mathfrak{M}}_{\text{opt}}(\boldsymbol{\lambda})$) entspricht unter der Voraussetzung $\mathfrak{M}_{\text{opt}}(\boldsymbol{\lambda}) \neq \emptyset$ (bzw. $\overline{\mathfrak{M}}_{\text{opt}}(\boldsymbol{\lambda}) \neq \emptyset$) bei der Abbildung Φ genau ein Punkt

$$\boldsymbol{y}^1 = \Phi(\mathfrak{M}_{\text{opt}}(\boldsymbol{\lambda})) \tag{6.14}$$

bzw.

$$\boldsymbol{y}^2 = \Phi(\overline{\mathfrak{M}}_{\text{opt}}(\boldsymbol{\lambda}))$$

mit den Koordinaten

$$y_r^1 = \lambda_r \, (r = 1, \ldots, m) , \qquad y_{m+1}^1 = \tau_2(\boldsymbol{\lambda}) = \varphi(\boldsymbol{\lambda})$$

$$\left(\text{bzw. } y_r^2 = \lambda_r \, (r = 1, \ldots, m) , \qquad y_{m+1}^2 = \tau_1(\boldsymbol{\lambda}) = \overline{\varphi}(\boldsymbol{\lambda})\right) .$$

Es gilt der folgende Satz, der sich unmittelbar aus Lemma 3.5 durch Übertragung auf den mehrparametrischen Fall ergibt.

S. 6.1 *Es seien bei festgewähltem $\boldsymbol{\lambda}^* \in E_m$ die Mengen $\mathfrak{M}(\boldsymbol{\lambda}^*)$ und $\mathfrak{N}$ nicht leer. Dann sind die Punkte*

$$\boldsymbol{x}^* \in \mathfrak{M}(\boldsymbol{\lambda}^*) , \qquad \boldsymbol{u}^* \in \mathfrak{N}$$

genau dann optimal für die Probleme $P(\boldsymbol{\lambda}^*, \boldsymbol{o})$ und $D(\boldsymbol{o}, \boldsymbol{\lambda}^*)$, wenn die Hyperebene

$$R(\boldsymbol{u}^*) = \left\{\boldsymbol{y} \in E_{m+1} \mid y_{m+1} = \sum_{r=1}^{m} u_r^* y_r\right\}$$

eine Stützhyperebene an den Kegel K (3.10) im Punkte $\boldsymbol{y}^* = \Phi(\boldsymbol{x}^*)$ ist, und der entsprechende abgeschlossene positive Halbraum

$$\overline{H}^+(\boldsymbol{u}^*) = \left\{\boldsymbol{y} \in E_{m+1} \mid \sum_{r=1}^{m} u_r^* y_r - y_{m+1} \geqq 0\right\}$$

den Kegel K enthält. ∎

Es seien $\boldsymbol{u} \in E_m$ fest und

$$\left.\begin{aligned} \overline{H}^+(\boldsymbol{u}) &= \left\{\boldsymbol{y} \in E_{m+1} \mid \sum_{r=1}^{m} u_r y_r - y_{m+1} \geqq 0\right\} , \\ \overline{H}^-(\boldsymbol{u}) &= \left\{\boldsymbol{y} \in E_{m+1} \mid \sum_{r=1}^{m} u_r y_r - y_{m+1} \leqq 0\right\} , \end{aligned}\right\} \tag{6.15}$$

die zur Hyperebene

$$R(\boldsymbol{u}) = \left\{\boldsymbol{y} \in E_{m+1} \mid \sum_{r=1}^{m} u_r y_r - y_{m+1} = 0\right\} \tag{6.16}$$

gehörenden abgeschlossenen Halbräume. Unter der Voraussetzung, daß $\mathfrak{N} \neq \emptyset$ (bzw. $\overline{\mathfrak{N}} \neq \emptyset$) ist, stellt die Menge

$$\left.\begin{array}{ll} & K_1 = \bigcap\limits_{u \in \mathfrak{N}} \overline{H}^+(u) \\ (\text{bzw.} & K_2 = \bigcap\limits_{u \in \overline{\mathfrak{N}}} \overline{H}^-(u)) \end{array}\right\} \tag{6.17}$$

einen abgeschlossenen Kegel mit einem Scheitel im Punkt $o \in E_{m+1}$ dar. Der Kegel K_1 (bzw. K_2) hat die Eigenschaft

$$K \subseteq K_1 \quad (\text{bzw. } K \subseteq K_2)\,. \tag{6.18}$$

6.2. Einige Eigenschaften der Lösbarkeitsmenge und der Lösungsfunktion

Analog zum Satz 3.3 kann man den folgenden Satz beweisen.

▌ S. 6.2 *Ist die Lösbarkeitsmenge $\mathfrak{A}_{\lambda o}$ nicht leer, so ist sie identisch mit der zulässigen Parametermenge $\mathfrak{B}_\lambda$.* ▌

▌ B. 6.1 Aus diesem Satz folgt unmittelbar: Wenn für ein beliebiges $\lambda^1 \in E_m$ die Menge $\mathfrak{M}(\lambda^1)$ nicht leer ist, und die Funktion $F(x)$ über dem Restriktionsbereich $\mathfrak{M}(\lambda^1)$ nach oben unbeschränkt ist, so sind die Dualprobleme $P(\lambda, o)$ und $D(o, \lambda)$ für alle $\lambda \in E_m$ unlösbar. ▌

▌ B. 6.2 Aus Satz 6.2 ergibt sich weiter: Wenn es mindestens ein $\lambda^1 \in E_m$ und ein $\lambda^2 \in E_m$ gibt, so daß die Probleme $P(\lambda^1, o)$ und $\overline{P}(\lambda^2, o)$ lösbar sind, so gilt

$$\mathfrak{A}_{\lambda o} = \overline{\mathfrak{A}}_{\lambda o} = \mathfrak{B}_\lambda\,. \tag{6.19}$$ ▌

▌ B. 6.3 Da für $\lambda^0 = o$ die Restriktionsmenge $\mathfrak{M}(\lambda^0) \neq \emptyset$ ist, erhält man wegen der Voraussetzung

$$\mathfrak{N} \neq \emptyset \tag{6.20}$$

aus dem Dualitätssatz die Lösbarkeit des Problems $P(\lambda^0, o)$, d. h.

$$\lambda^0 = o \in \mathfrak{A}_{\lambda o}\,.$$

Wir erkennen also, daß bereits aus der Voraussetzung (6.20) auf Grund der speziellen Struktur der Restriktionsmenge $\mathfrak{M}(\lambda)$ die Beziehung

$$\mathfrak{A}_{\lambda o} = \mathfrak{B}_\lambda$$

folgt. ▌

▌ S. 6.3 *Die zulässige Parametermenge $\mathfrak{B}_\lambda$ ist nicht leer und konvex.* ▌

▌ Bws. In der Bemerkung 6.3 ist bereits enthalten, daß die Menge $\mathfrak{B}_\lambda$ nicht leer ist. Die Konvexität von $\mathfrak{B}_\lambda$ läßt sich leicht zeigen. ▌

S. 6.4 *Ist die Restriktionsmenge* $\mathfrak{N}$ *aus* (6.6) *nicht leer, so stellt die Menge* K_1 *aus* (6.17) *einen konvexen Kegel der Dimension* $m + 1$ *dar, und sie hat die Darstellung*

$$K_1 = \{y \in E_{m+1} \mid y_r = \lambda_r,\ r = 1, \ldots, m;\ y_{m+1} \leqq \varphi(\boldsymbol{\lambda}),\ \boldsymbol{\lambda} \in \mathfrak{A}_{\lambda o}\}\,. \qquad (6.21)$$

Bws. Die Konvexität von K_1 läßt sich wieder leicht zeigen.

Wir wissen bereits, daß die Dimension des Kegels K größer oder gleich m ist. Daraus und aus der Inklusion (6.18) folgt unter der Voraussetzung $\mathfrak{N} \neq \emptyset$, daß auch

$$\dim K_1 \geqq m$$

gelten muß.

Wenn $\mathfrak{N} \neq \emptyset$ und $\dim K = m + 1$ gelten, so ist

$$\dim K_1 = m + 1\,.$$

Untersuchen wir also den Fall, daß die Dimension des Kegels K gleich m ist. Dann hat die Matrix $\tilde{\boldsymbol{A}}$ aus (3.9) den Rang m. Da andererseits der Rang der Matrix $\boldsymbol{A}$ nach Voraussetzung gleich m ist, gibt es eindeutig Zahlen v_r $(r = 1, \ldots, m)$ mit der Eigenschaft

$$c_\alpha = \sum_{r=1}^{m} v_r\, a_{r\alpha} \qquad (\alpha = 1, \ldots, n)\,,$$

und der Kegel K liegt in der Hyperebene

$$R(\boldsymbol{v}) = \left\{\boldsymbol{y} \in E_{m+1} \mid \sum_{r=1}^{m} v_r\, y_r - y_{m+1} = 0\right\},$$

d. h. $K \subseteq R(\boldsymbol{v})$, offensichtlich ist $\boldsymbol{v} \in \mathfrak{N}$.

Wegen $K \subseteq K_1$ folgt aus (6.17)

$$\sum_{r=1}^{m} u_r\, y_r - y_{m+1} \geqq 0\,, \qquad \boldsymbol{y} \in K\,, \quad \boldsymbol{u} \in \mathfrak{N}\,.$$

Für alle Punkte y der offenen Halbgeraden

$$P_0 = \{\boldsymbol{y} \in E_{m+1} \mid y_r = 0,\ r = 1, \ldots, m;\ y_{m+1} = t,\ t < 0\}$$

gilt

$$\sum_{r=1}^{m} u_r\, y_r - y_{m+1} = - y_{m+1} > 0\,, \qquad \boldsymbol{u} \in \mathfrak{N}\,.$$

Daraus folgt

$$P_0 \subseteq K_1\,, \qquad P_0 \cap R(\boldsymbol{v}) = \emptyset\,.$$

Wählt man $\bar{\boldsymbol{y}} \in P_0$ beliebig und ein System von $m + 1$ linear unabhängigen Punkten[1]) $\boldsymbol{y}^s \in K$ $(s = 1, \ldots, m + 1)$, so haben wir offenbar $m + 2$ linear

[1]) Da der Fall 2 $\dim K = m$ untersucht wird, ist die Existenz eines solchen Systems gesichert.

unabhängige Punkte $\bar{\boldsymbol{y}}, \boldsymbol{y}^1, \ldots, \boldsymbol{y}^{m+1}$ im Raum E_{m+1}. Diese Punkte gehören zur Menge K_1, d. h., die Dimension des Kegels ist gleich $m + 1$.

Um die Aussage (6.21) zu beweisen, sei $\boldsymbol{\lambda} \in \mathfrak{B}_\lambda$ beliebig. Dann erhalten wir wegen $\mathfrak{N} \neq \emptyset$ die Lösbarkeit des Problems $P(\boldsymbol{\lambda}, \boldsymbol{o})$. Definiert man nach (6.9) die Gerade $L(\boldsymbol{\lambda})$, so gilt auf Grund von (6.10) und (6.11)

$$U(\boldsymbol{\lambda}) = L(\boldsymbol{\lambda}) \cap K \neq \emptyset .$$

Da in unserem Fall

$$\tau_2(\boldsymbol{\lambda}) = \sup_{\boldsymbol{x} \in \mathfrak{M}(\boldsymbol{\lambda})} F(\boldsymbol{x}) = \varphi(\boldsymbol{\lambda})$$

eine endliche Zahl ist, ergibt sich nach (6.13)

$$\varphi(\boldsymbol{\lambda}) = \max_{\boldsymbol{y} \in U(\boldsymbol{\lambda})} y_{m+1} = y^1_{m+1} ,$$

wobei der Punkt $\boldsymbol{y}^1$ aus (6.14) zur Menge K gehört. Wir zerlegen nun die Gerade $L(\boldsymbol{\lambda})$ aus (6.9) in die offene Halbgerade

$$L_1(\boldsymbol{\lambda}) = \{\boldsymbol{y} \in L(\boldsymbol{\lambda}) \mid y_{m+1} > y^1_{m+1} = \varphi(\boldsymbol{\lambda})\} \tag{6.22}$$

und in die abgeschlossene Halbgerade

$$L_2(\boldsymbol{\lambda}) = \{\boldsymbol{y} \in L(\boldsymbol{\lambda}) \mid y_{m+1} \leqq y^1_{m+1} = \varphi(\boldsymbol{\lambda})\} . \tag{6.23}$$

Nach (6.18) gilt $K \subseteq K_1$. Daher liegt natürlich auch der Punkt $\boldsymbol{y}^1$ in K_1, d. h., auf Grund von (6.17) und (6.15) ist folgendes Ungleichungssystem erfüllt:

$$\sum_{r=1}^{m} u_r y^1_r - y^1_{m+1} \geqq 0 , \qquad \boldsymbol{u} \in \mathfrak{N} .$$

Man kann dieses System auch in der Form

$$\sum_{r=1}^{m} u_r \lambda_r - \varphi(\boldsymbol{\lambda}) \geqq 0 , \qquad \boldsymbol{u} \in \mathfrak{N} ,$$

schreiben. Die offene Halbgerade $L_1(\boldsymbol{\lambda})$ aus (6.22), die $\boldsymbol{y}^1$ als Randpunkt besitzt, hat die Eigenschaft

$$L_1(\boldsymbol{\lambda}) \subseteq E_{m+1} \backslash K , \qquad \boldsymbol{y}^1 \in K .$$

Wegen $\mathfrak{M}(\boldsymbol{\lambda}) \neq \emptyset$ und $\mathfrak{N} \neq \emptyset$ ergibt sich aus dem Dualitätssatz, daß die Optimalmenge $\mathfrak{N}_{\text{opt}}(\boldsymbol{\lambda})$ nicht leer ist.

Es seien nun $\boldsymbol{u}^* \in \mathfrak{N}_{\text{opt}}(\boldsymbol{\lambda})$ und $\tilde{\boldsymbol{y}} \in L_1(\boldsymbol{\lambda})$ beliebig. Nach Satz 6.1 ist

$$R(\boldsymbol{u}^*) = \left\{\boldsymbol{y} \in E_{m+1} \mid y_{m+1} = \sum_{r=1}^{m} u^*_r y_r\right\} \tag{6.24}$$

eine Stützhyperebene an den Kegel K, welche die Eigenschaft

$$\boldsymbol{y}^1 \in R(\boldsymbol{u}^*) , \qquad \sum_{r=1}^{m} u^*_r y_r - y_{m+1} \geqq 0 , \qquad \boldsymbol{y} \in K , \tag{6.25}$$

besitzt. Daraus und aus (6.14) folgt

$$\sum_{r=1}^{m} u^*_r y^1_r - y^1_{m+1} = \sum_{r=1}^{m} u^*_r \lambda_r - \varphi(\boldsymbol{\lambda}) = 0 . \tag{6.26}$$

Für einen beliebig gewählten Punkt $\tilde{\boldsymbol{y}} \in L_1(\boldsymbol{\lambda})$ gilt

$$\tilde{y}_r = \lambda_r \quad (r = 1, \ldots, m), \qquad \tilde{y}_{m+1} > y^1_{m+1}$$

und daher nach (6.26)

$$\sum_{r=1}^{m} u_r^* \tilde{y}_r - \tilde{y}_{m+1} < \sum_{r=1}^{m} u_r^* \lambda_r - \varphi(\boldsymbol{\lambda}) = 0 .$$

Auf Grund von (6.17) und (6.15) folgt, daß $\tilde{\boldsymbol{y}} \notin K_1$ ist. Da $\tilde{\boldsymbol{y}} \in L_1(\boldsymbol{\lambda})$ beliebig war, erhalten wir

$$L_1(\boldsymbol{\lambda}) \cap K_1 = \emptyset , \qquad \text{d. h.} \qquad L_1(\boldsymbol{\lambda}) \subseteq E_{m+1} \backslash K_1 . \tag{6.27}$$

Der Punkt $\boldsymbol{y}^1$ ist der Randpunkt der offenen Halbgeraden $L_1(\boldsymbol{\lambda})$ mit der Eigenschaft $\boldsymbol{y}^1 \in K \subseteq K_1$. Dann ergibt sich auf Grund von (6.27), daß der Punkt $\boldsymbol{y}^1$ zum Rand $\mathfrak{R}(K_1)$ der Menge K_1 gehört.

Für einen beliebigen Punkt $\bar{\boldsymbol{y}}$ der Halbgeraden $L_2(\boldsymbol{\lambda})$ aus (6.23) gilt

$$\bar{y}_r = \lambda_r \quad (r = 1, \ldots, m), \quad \bar{y}_{m+1} \leqq y^1_{m+1} = \varphi(\boldsymbol{\lambda}) .$$

Daraus folgt nach (6.26)

$$\sum_{r=1}^{m} u_r^* \bar{y}_r - \bar{y}_{m+1} \geqq 0 .$$

Damit liegt der Punkt $\bar{\boldsymbol{y}}$ in der Menge K_1. Da $\bar{\boldsymbol{y}} \in L_2(\boldsymbol{\lambda})$ beliebig ist, erhalten wir die Inklusion

$$L_2(\boldsymbol{\lambda}) \subseteq K_1 . \tag{6.28}$$

Außerdem wurde der fixierte Punkt $\boldsymbol{\lambda} \in \mathfrak{B}_\lambda$ beliebig gewählt. Dann gilt nach (6.23), daß die Menge

$$\{\boldsymbol{y} \in E_{m+1} \mid y_r = \lambda_r, \ r = 1, \ldots, m; \ y_{m+1} \leqq \varphi(\boldsymbol{\lambda}), \ \boldsymbol{\lambda} \in \mathfrak{B}_\lambda\}$$

eine Teilmenge des Kegels K_1 ist. Weiter ergibt sich aus (6.27) und (6.22), daß die Menge

$$\{\boldsymbol{y} \in E_{m+1} \mid y_r = \lambda_r, \ r = 1, \ldots, m; \ y_{m+1} > \varphi(\boldsymbol{\lambda}), \ \boldsymbol{\lambda} \in \mathfrak{B}_\lambda\}$$

keinen gemeinsamen Punkt mit dem Kegel K_1 besitzt. Andererseits ist für ein beliebiges $\boldsymbol{\lambda} \notin \mathfrak{B}_\lambda$ das Problem $P(\boldsymbol{\lambda}, \boldsymbol{o})$ unlösbar. Nach dem Dualitätssatz besitzt dann das zugehörige Dualproblem $D(\boldsymbol{o}, \boldsymbol{\lambda})$ keine Lösung. Da der Restriktionsbereich $\mathfrak{N}$ als nicht leere Menge vorausgesetzt wurde, muß die Funktion $G(\boldsymbol{u}, \boldsymbol{\lambda})$ über der Menge $\mathfrak{N}$ nach unten unbeschränkt sein. Nehmen wir nun an, daß die Gerade $L(\boldsymbol{\lambda})$ aus (6.9) bei einem festen $\boldsymbol{\lambda} \notin \mathfrak{B}_\lambda$ einen Punkt $\hat{\boldsymbol{y}}$ aus K_1 enthält; d. h. nach (6.17) und (6.15), daß

$$\sum_{r=1}^{m} u_r \hat{y}_r - \hat{y}_{m+1} \geqq 0 , \qquad \boldsymbol{u} \in \mathfrak{N} ,$$

gilt. Da

$$y_r = \lambda_r \quad (r = 1, \ldots, m), \qquad \boldsymbol{y} \in L(\boldsymbol{\lambda}) ,$$

ist, erhalten wir für alle $\boldsymbol{y} \in L(\boldsymbol{\lambda})$ mit $y_{m+1} < \hat{y}_{m+1}$ die Beziehung

$$\sum_{r=1}^{m} u_r y_r - y_{m+1} = \sum_{r=1}^{m} u_r \lambda_r - y_{m+1} > \sum_{r=1}^{m} u_r \lambda_r - \hat{y}_{m+1} \geqq 0 , \qquad \boldsymbol{u} \in \mathfrak{N} ,$$

d. h.

$$\sum_{r=1}^{m} u_r \lambda_r \geqq \hat{y}_{m+1} , \qquad \boldsymbol{u} \in \mathfrak{N} .$$

Dies jedoch steht im Widerspruch dazu, daß die Funktion $G(\boldsymbol{u}, \boldsymbol{\lambda})$ über der Menge $\mathfrak{N}$ nach unten unbeschränkt ist.

Wir haben also gezeigt, daß die Beziehung (6.21) gilt, womit der Satz bewiesen ist. ▮

Analoge Aussagen lassen sich über die Menge K_2 aus (6.17) beweisen.

▮ D. 6.1 Der Kegel K_1 aus (6.17) heißt, falls $\mathfrak{N} \neq \emptyset$ ist, *obere Hülle* des Kegels K (3.10). Im Fall $\overline{\mathfrak{N}} \neq \emptyset$ heißt der Kegel K_2 aus (6.17) *untere Hülle* von K. ▮

▮ S. 6.5 *Wenn die Menge $\mathfrak{N}$ nicht leer ist, so ist die Lösungsfunktion $\varphi(\boldsymbol{\lambda})$ konkav über ihrem maximalen Definitionsbereich, der Lösbarkeitsmenge $\mathfrak{A}_{\lambda 0}$.* ▮

▮ Bws. Diese Aussage erhält man, wenn man die Definition konkaver Funktionen benutzt und die Darstellung (6.21) des Kegels K_1 verwendet. ▮

▮ B. 6.4 Offenbar ist die Lösungsfunktion $\overline{\varphi}(\boldsymbol{\lambda})$ konvex über $\mathfrak{A}_{\lambda 0} = \overline{\mathfrak{A}}_{\lambda 0} = \mathfrak{B}_\lambda$. Wie wir wissen, stellt die Menge $\mathfrak{B}_\lambda$, die unter der Voraussetzung $\mathfrak{N} \neq \emptyset$ eine nicht leere Menge ist, den maximalen Definitionsbereich der Funktion $\varphi(\boldsymbol{\lambda})$ dar. Aus dem Dualitätssatz folgt dann, daß die Menge $\mathfrak{B}_\lambda$ ebenfalls der maximale Definitionsbereich der Funktion

$$\psi(\boldsymbol{\lambda}) = \min_{\boldsymbol{u} \in \mathfrak{N}} G(\boldsymbol{u}, \boldsymbol{\lambda}) \qquad \left(\text{bzw. } \overline{\psi}(\boldsymbol{\lambda}) = \max_{\boldsymbol{u} \in \overline{\mathfrak{N}}} G(\boldsymbol{u}, \boldsymbol{\lambda})\right) \tag{6.29}$$

ist. Weiter gilt

$$\varphi(\boldsymbol{\lambda}) = \psi(\boldsymbol{\lambda}) , \quad \boldsymbol{\lambda} \in \mathfrak{A}_{\lambda 0} \qquad \left(\text{bzw. } \overline{\varphi}(\boldsymbol{\lambda}) = \overline{\psi}(\boldsymbol{\lambda}) , \quad \boldsymbol{\lambda} \in \overline{\mathfrak{A}}_{\lambda 0}\right) . \tag{6.30}$$

Daraus folgt nach Satz 4, daß die Funktion $\psi(\boldsymbol{\lambda})$ konkav über ihrem maximalen Definitionsbereich $\mathfrak{A}_{\lambda 0}$ ist. ▮

6.3. Einige geometrische Betrachtungen

Im folgenden werden nun einige Hilfssätze bewiesen, die benötigt werden, um die Menge $\mathfrak{A}_{\lambda 0}$ und die Funktion $\varphi(\boldsymbol{\lambda})$ näher zu charakterisieren.

▮ L. 6.1 *Es sei $\mathfrak{N}$ die in (6.6) definierte Menge. Wenn $\mathfrak{N} \neq \emptyset$ gilt, so stellt $\mathfrak{N}$ ein Polyeder im Raum E_m dar, das entweder mindestens eine Ecke besitzt oder sich auf einen einzigen Punkt reduziert.* ▮

▌ Bws. Wir führen den Beweis indirekt. Nehmen wir dazu an, daß unter der Voraussetzung $\mathfrak{R} \neq \emptyset$ die Behauptung des Hilfssatzes nicht gilt. Dann gibt es eine Gerade

$$G = \{\boldsymbol{u} \in E_m \mid \boldsymbol{u} = \boldsymbol{u}' + t\,\boldsymbol{v}\}\,,\ t \in (-\infty, \infty)\},\ \boldsymbol{v} \neq \boldsymbol{o}$$

mit $\boldsymbol{u}' \in \mathfrak{R}$ und $G \subseteq \mathfrak{R}$. Für alle Punkte $\boldsymbol{u} \in G$ würde dann nach (6.6)

$$\boldsymbol{A}^T(\boldsymbol{u}' + t\,\boldsymbol{v}) \geqq \boldsymbol{c}\,, \qquad t \in (-\infty, \infty)$$

gelten, was offenbar zur Bedingung

$$\boldsymbol{A}^T\boldsymbol{v} = \boldsymbol{o}\,, \qquad \boldsymbol{v} \neq \boldsymbol{o}$$

führt. Das ist aber offenbar ein Widerspruch, denn der Rang von $\boldsymbol{A}$ ist nach Voraussetzung gleich m. ▌

Wir definieren folgende Mengen:

$$K^* = \left\{\boldsymbol{y} \in E_{m+1} \mid \sum_{r=1}^{m} a_{r\alpha}\, y_r + c_\alpha\, y_{m+1} \leqq 0,\ \alpha = 1, \ldots, n\right\}, \tag{6.31}$$

$$\left.\begin{aligned}
\mathfrak{R}' &= \{\boldsymbol{y} \in E_{m+1} \mid y_r = -u_r,\ r = 1, \ldots, m;\ y_{m+1} = 1;\ \boldsymbol{u} \in \mathfrak{R}\}\,,\\
\overline{\mathfrak{R}}' &= \{\boldsymbol{y} \in E_{m+1} \mid y_r = u_r,\ r = 1, \ldots, m;\ y_{m+1} = -1;\ \boldsymbol{u} \in \overline{\mathfrak{R}}\}\,,\\
R_0 &= \{\boldsymbol{y} \in E_{m+1} \mid y_{m+1} = 0\}\,,\\
R_1 &= \{\boldsymbol{y} \in E_{m+1} \mid y_{m+1} = 1\}\,,\\
R_{-1} &= \{\boldsymbol{y} \in E_{m+1} \mid y_{m+1} = -1\}\,,\\
H_0^+ &= \{\boldsymbol{y} \in E_{m+1} \mid y_{m+1} > 0\}\,,\\
H_0^- &= \{\boldsymbol{y} \in E_{m+1} \mid y_{m+1} < 0\}\,.
\end{aligned}\right\} \tag{6.32}$$

▌ L. 6.2 1° *Die Menge $\mathfrak{R}'$ (bzw. $\overline{\mathfrak{R}}'$) ist ein eineindeutiges Bild der Menge $\mathfrak{R} \subseteq E_m$ (bzw. $\overline{\mathfrak{R}} \subseteq E_m$) im Raum E_{m+1}, und es gilt*

$$\mathfrak{R}' = K^* \cap R_1 \qquad (\textit{bzw.}\quad \overline{\mathfrak{R}}' = K^* \cap R_{-1})\,. \tag{6.33}$$

2° *Wenn $\mathfrak{R} \neq \emptyset$ ist, so stellt die Menge K^* einen polyedrischen Kegel im Raum E_{m+1} mit einem Scheitel $\boldsymbol{o} \in E_{m+1}$ dar, dessen Dimension mindestens Eins ist.*

3° *Wenn $\mathfrak{R} \neq \emptyset$ und der Rang der Matrix $\tilde{\boldsymbol{A}}$ aus (3.9) gleich $m + 1$ ist, so ist der Punkt $\boldsymbol{o} \in E_{m+1}$ der einzige Scheitelpunkt des Kegels K^*. Entweder gibt es mindestens eine Kante h^* des Kegels K^* mit $h^* \subseteq H_0^+$ (bzw. $h^* \subseteq H_0^-$), oder der Kegel K^* reduziert sich auf eine abgeschlossene Halbgerade mit dem Randpunkt $\boldsymbol{o}$, die in den Halbraum H_0^+ (bzw. H_0^-) gerichtet ist.*

4° *Ist der Rang von $\tilde{\boldsymbol{A}}$ gleich m, so sind die Mengen $\mathfrak{R}$ und $\overline{\mathfrak{R}}$ nicht leer, und der Kegel K^* hat eine Gerade als Scheitelmenge, die den Punkt $\boldsymbol{o}$ enthält. Diese Gerade ist entweder die einzige Kante des Kegels K^*, oder sie fällt mit ihm zusammen. Die Polyeder $\mathfrak{R}$ und $\overline{\mathfrak{R}}$ reduzieren sich entweder auf ein und* *dasselbe Element, oder beide sind poyedrische Kegel mit einem gemeinsamen eindeutig bestimmten Scheitelpunkt.* ▌

▌ Bws. Die Tatsache, daß die Menge $\mathfrak{N}' \subseteq E_{m+1}$ durch eine eineindeutige Abbildung der Menge $\mathfrak{N} \subseteq E_m$ entsteht, folgt unmittelbar aus ihrer Definition (6.32).

Es sei $\bar{\boldsymbol{y}} \in \mathfrak{N}'$ beliebig. Dann liegt der Punkt $\bar{\boldsymbol{u}} \in E_m$ mit den Koordinaten

$$\bar{u}_r = -\bar{y}_r, \qquad r = 1, \ldots, m,$$

n $\mathfrak{N}$, d. h. nach (6.6)

$$\sum_{r=1}^{m} a_{r\alpha} u_r = -\sum_{r=1}^{m} a_{r\alpha} \bar{y}_r \geqq c_\alpha, \qquad \alpha = 1, \ldots, n.$$

Da $\bar{\boldsymbol{y}} \in \mathfrak{N}'$ ist, gilt $\bar{y}_{m+1} = 1$. Daraus folgt weiter

$$\sum_{r=1}^{m} a_{r\alpha} \bar{y}_r + c_\alpha \bar{y}_{m+1} = -\sum_{r=1}^{m} a_{r\alpha} \bar{u}_r + c_\alpha \leqq 0, \qquad \alpha = 1, \ldots, n.$$

Damit erhalten wir wegen (6.31), daß der Punkt $\bar{\boldsymbol{y}}$ in K^* liegt. Außerdem gehört $\bar{\boldsymbol{y}}$ auf Grund von (6.32) zu R_1. Wir haben somit gezeigt, daß

$$\mathfrak{N}' \subseteq K^* \cap R_1 \tag{6.34}$$

ist. Es sei andererseits $\bar{\boldsymbol{y}} \in K^* \cap R_1$ beliebig. Dann gilt

$$\sum_{r=1}^{m} a_{r\alpha} \bar{y}_r + c_\alpha \bar{y}_{m+1} = \sum_{r=1}^{m} a_{r\alpha} \bar{y}_r + c_\alpha \leqq 0, \qquad \alpha = 1, \ldots, n.$$

Definiert man

$$\bar{u}_r = -\bar{y}_r, \qquad r = 1, \ldots, m, \tag{6.35}$$

so folgt aus den obigen Ungleichungen

$$\boldsymbol{A}^T \bar{\boldsymbol{u}} \geqq \boldsymbol{c}.$$

Daher liegt der Punkt $\boldsymbol{y}$ in $\mathfrak{N}'$. Dann gilt

$$K^* \cap R_1 \subseteq \mathfrak{N}'.$$

Zusammen mit (6.34) erhalten wir die Behauptung (6.33). Für die Menge $\bar{\mathfrak{N}}'$ verläuft der Beweis ähnlich. Die Menge K^* enthält offenbar den Koordinatenursprung $\boldsymbol{o} \in E_{m+1}$. Wenn $\mathfrak{N} \neq \emptyset$ gilt, so ist auch nach (6.32) die Menge $\mathfrak{N}'$ eine nicht leere Menge, und daher ist nach (6.33) $K^* \cap R_1 \neq \emptyset$. Jeder Punkt $\bar{\boldsymbol{y}} \in \mathfrak{N}'$ besitzt die Eigenschaft $\bar{\boldsymbol{y}} \in K^*$, $\bar{\boldsymbol{y}} \neq \boldsymbol{o}$, Aus der Definition (6.31) der Menge K^* erkennt man leicht, daß diese Menge die Halbgerade

$$\{\boldsymbol{y} \in E_{m+1} \mid \boldsymbol{y} = t\,\bar{\boldsymbol{y}}, \qquad t \geqq 0\}$$

enthält und als Durchschnitt von endlich vielen abgeschlossenen Halbräumen ein Polyeder im Raum E_{m+1} darstellt. Aus (6.31) folgt ebenfalls, daß mit jedem Punkt $\boldsymbol{y} \in K^*$ der Punkt $t\,\boldsymbol{y}$ $(t \geqq 0)$ zu K^* gehört. Die Menge K^* ist daher ein polyedrischer Kegel mit einem Scheitel im Koordinatenursprung $\boldsymbol{o}$ und mit der Eigenschaft

$$\dim K^* \geqq 1 .$$

Wir führen jetzt den Beweis der Aussage 3°. Die Matrix $\tilde{\boldsymbol{A}}$ (3.9) besitze also den Rang $m + 1$ und $\mathfrak{N}$ sei eine nicht leere Menge. Nach der bereits bewiesenen Aussage 2° ist der Punkt $\boldsymbol{o} \in E_{m+1}$ ein Scheitelpunkt des Kegels K^*, und die Dimension von K^* ist größer oder gleich Eins. Nehmen wir nun an, daß der Kegel K^* weitere Scheitelpunkte besitzt. Dann existiert eine Gerade

$$G = \{\boldsymbol{y} \in E_{m+1} \mid \boldsymbol{y} = \boldsymbol{y}^* + t\,\boldsymbol{v},\ t \in (-\infty, \infty),\ \boldsymbol{v} \neq \boldsymbol{o}\} \tag{6.36}$$

mit $\boldsymbol{y}^* \in K^*$, die ganz in der Menge K^* liegt. Daraus folgt auf Grund von (6.31)

$$\sum_{r=1}^{m} a_{r\alpha}\, y_r^* + c_\alpha\, y_{m+1}^* + t\left(\sum_{r=1}^{m} a_{r\alpha}\, v_r + c_\alpha\, v_{m+1}\right) \leqq 0\,, \qquad \begin{array}{l} \alpha = 1, \ldots, n; \\ t \in (-\infty, \infty)\,, \end{array}$$

und daher

$$\sum_{r=1}^{m} a_{r\alpha}\, v_r + c_\alpha\, v_{m+1} = 0\,, \qquad \alpha = 1, \ldots, n\,.$$

Das steht jedoch im Widerspruch zu der Tatsache, daß der Rang der Matrix $\tilde{\boldsymbol{A}}$ gleich $m + 1$ ist. Der Kegel K^* besitzt also im betrachteten Fall genau einen Scheitelpunkt und zwar den Koordinatenursprung.

Falls $\boldsymbol{u}^0$ eine Ecke des Polyeders $\mathfrak{N}$ ist, so gibt es mindestens einen Punkt $\bar{\boldsymbol{u}} \in \mathfrak{N}$ mit $\bar{\boldsymbol{u}} \neq \boldsymbol{u}^0$. Die Punkte

$$\boldsymbol{y}^0 = (-u_1^0, \ldots, -u_m^0, 1)^T\,, \qquad \bar{\boldsymbol{y}} = (-\bar{u}_1, \ldots, -\bar{u}_m, 1)^T$$

liegen auf Grund von (6.32) in $\mathfrak{N}'$. Hierbei ist $\boldsymbol{y}^0$ offenbar eine Ecke des Polyeders $\mathfrak{N}'$. Nach (6.33) gehören die beiden Punkte zu K^*. Aus $\bar{\boldsymbol{u}} \neq \boldsymbol{u}^0$ folgt $\bar{\boldsymbol{y}} \neq \boldsymbol{y}^0$. Für die abgeschlossene Halbgerade

$$\bar{h}^* = \{\boldsymbol{y} \in E_{m+1} \mid \boldsymbol{y} = t \cdot \boldsymbol{y}^0,\ t \geqq 0\}\,, \tag{6.37}$$

die den einzigen Scheitelpunkt $\boldsymbol{o}$ des Kegels K^* als Randpunkt hat, kommen zunächst zwei Möglichkeiten in Frage:

(a) $\bar{h}^*$ ist eine abgeschlossene Kante des Kegels K^*,

(b) $\bar{h}^* = K^*$.

Der Fall (b) kann nicht eintreten, da der Punkt $\bar{\boldsymbol{y}} \in K^*$ nicht zu $\bar{h}^*$ gehört. Die Menge

$$h^* = \{\boldsymbol{y} \in E_{m+1} \mid \boldsymbol{y} = t \cdot \boldsymbol{y}^0,\ t > 0\}$$

ist also eine Kante des Kegels K^*. Aus der Definition des Punktes $\boldsymbol{y}^0$ geht hervor, daß h^* eine Teilmenge von H_0^+ ist. Für den Fall, daß sich die Menge $\mathfrak{N}$ auf einen einzigen Punkt $\boldsymbol{u}^0$ reduzieren sollte, trifft dies auch für Menge $\mathfrak{N}'$ zu siehe (6.32)), d. h., es gilt

$$\mathfrak{N}' = \{\boldsymbol{y}^0\} \quad \text{mit} \quad \boldsymbol{y}^0 = (-u_1^0, \ldots, -u_m^0, 1)^T\,.$$

Daraus und aus (6.33) folgern wir, daß $\boldsymbol{y}^0$ der einzige gemeinsame Punkt des Kegels K^* und der Hyperebene R_1 ist. Da $\boldsymbol{o}$ der einzige Scheitelpunkt des Kegels K^* ist, fällt die Halbgerade $\bar{h}^*$ aus (6.37) mit K^* zusammen. Wir erkennen wieder aus der Definition des Punktes $\boldsymbol{y}^0$, daß die Halbgerade $\bar{h}^*$ in den offenen Halbraum H_0^+ weist. Damit ist 3° vollständig bewiesen.

Es sei der Rang der Matrix $\tilde{\boldsymbol{A}}$ gleich m. Da die Matrix $\boldsymbol{A}$ den gleichen Rang besitzt, existieren m Zahlen w_r $(r = 1, \ldots, m)$ mit

$$c_\alpha = \sum_{r=1}^{m} w_r a_{r\alpha}, \qquad \alpha = 1, \ldots, n. \tag{6.38}$$

Unter Berücksichtigung von (6.6) und (6.7) erkennen wir, daß der Punkt $\boldsymbol{u}^0$ mit den Komponenten

$$u_r^0 = w_r, \qquad r = 1, \ldots, m$$

entweder eine den beiden Polyedern $\mathfrak{N}$ und $\mathfrak{N}'$ gemeinsame Ecke ist oder

$$\mathfrak{N} = \bar{\mathfrak{N}} = \{\boldsymbol{u}^0\}$$

gilt. Damit erhalten wir zunächst, daß die Menge $\mathfrak{N}$ und $\bar{\mathfrak{N}}$ nicht leer sind. Aus (6.38) und (6.31) ergibt sich

$$K^* = \left\{\boldsymbol{y} \in E_{m+1} \mid \sum_{r=1}^{m} a_{r\alpha}(y_r + w_r y_{m+1}) \leqq 0,\ \alpha = 1, \ldots, n\right\}. \tag{6.39}$$

Die Gerade

$$\hat{h} = \{\boldsymbol{y} \in E_{m+1} \mid y_r = -w_r t, \quad r = 1, \ldots, m; \quad y_{m+1} = t; \quad t \in E_1\} \tag{6.40}$$

hat offenbar die Eigenschaft

$$\sum_{r=1}^{m} a_{r\alpha}(y_r + w_r y_{m+1}) = 0, \qquad \alpha = 1, \ldots, n; \quad \boldsymbol{y} \in \hat{h}.$$

Es können hier nun zwei Fälle eintreten:

(α) $\hat{h} = K^*$,

(β) $\hat{h}$ ist die (einzige) unbeschränkte Kante des Kegels.

Daraus ergibt sich, daß die Gerade $\hat{h}$ die Scheitelmenge des Kegels K^* darstellt. Aus (6.33) erhalten wir dann unmittelbar, daß die Mengen-$\mathfrak{N}'$ und $\bar{\mathfrak{N}}'$ entweder aus lediglich ein und demselben Element bestehen oder polyedrische Kegel mit genau einem Scheitelpunkt sind. Nach (6.32) haben dann die Polyeder $\mathfrak{N}$ und $\bar{\mathfrak{N}}$ die gleiche Eigenschaft. ∎

Im Hilfssatz 2 wurde unter anderem gezeigt, daß die Dimension des Kegels K^* mindestens Eins ist. Wir bezeichnen mit $\mathfrak{H}^*$ die Menge aller Kanten h^* des Kegels K^*. Falls die Dimension des Kegels K^* Eins sein sollte, gilt natürlich $\mathfrak{H}^* = \{h^*\}$.

▌L. 6.3 *Die Matrix* $\tilde{A}$ (3.9) *habe den Rang* $m + 1$. *Weiter sei* $h^* \in \mathfrak{H}^*$ *eine beliebige Kante des Kegels* K^* *und* $\boldsymbol{h}^* = (h_1^*, \ldots, h_{m+1}^*)^T$ *ein Vektor in Richtung dieser Kante.*

1° *Dann hat die Hyperebene*

$$R^* = \{\boldsymbol{y} \in E_{m+1} \mid \boldsymbol{h}^{*T} \boldsymbol{y} = 0\} \tag{6.41}$$

die folgenden Eigenschaften:

(a) *Die Hyperebene* R^* *enthält eine wohlbestimmte m-dimensionale abgeschlossene Seite des Kegels* K (3.10).

(b) *Der Kegel* K *ist in dem abgeschlossenen Halbraum*

$$\overline{H}^* = \{\boldsymbol{y} \in E_{m+1} \mid \boldsymbol{h}^{*T} \boldsymbol{y} \leqq 0\} \tag{6.42}$$

enthalten.

2° *Ist andererseits* R^* *eine Hyperebene im Raum* E_{m+1}, *die eine m-dimensionale (abgeschlossene) Seite des Kegels* K *enthält, so gibt es ein* $h^* \in \mathfrak{H}^*$ *in der Weise, daß* R^* *die Darstellung* (6.41) *besitzt und* $K \subseteq \overline{H}^*$ *gilt.*

3° *Der Kegel* K *läßt sich implizit durch*

$$K = \{\boldsymbol{y} \in E_{m+1} \mid \boldsymbol{h}^{*T} \boldsymbol{y} \leqq 0\,, \qquad h^* \in \mathfrak{H}^*\} \tag{6.43}$$

beschreiben. ▌

▌Bws. Es sei $h^* \in \mathfrak{H}^*$ beliebig. Aus der Definition der Menge $\mathfrak{H}^*$ und aus (6.31) ergibt sich die Existenz einer Indexmenge $\{\alpha_1, \ldots, \alpha_l\} \subseteq \{1, \ldots, n\}$ mit $l \geqq m$ in der Weise, daß durch das System

$$\left.\begin{aligned} &\sum_{r=1}^{m} a_{r\alpha_i} y_r + c_{\alpha_i} y_{m+1} = 0\,, && i = 1, \ldots, l\,, \\ &\sum_{r=1}^{m} a_{r\alpha} y_r + c_{\alpha} y_{m+1} < 0\,, && \alpha \in \{1, \ldots, n\} \backslash \{\alpha_1, \ldots, \alpha_l\}\,, \end{aligned}\right\} \tag{6.44}$$

wobei der Rang der Matrix

$$\begin{pmatrix} a_{1\alpha_1} & \cdots & a_{m\alpha_1} & c_{\alpha_1} \\ \cdots & \cdots & \cdots & \cdots \\ a_{1\alpha_l} & \cdots & a_{m\alpha_l} & c_{\alpha_l} \end{pmatrix} \tag{6.45}$$

gleich m ist, die fragliche Halbgerade $h^* \in \mathfrak{H}^*$ eindeutig bestimmt ist. Es sei nun $\boldsymbol{h}^* \in E_{m+1}$ mit $\sum_{s=1}^{m+1} |h_s^*| > 0$ ein beliebiger Vektor in Richtung der Halbgeraden h^*. Es gilt dann offensichtlich

$$\left.\begin{aligned} &\sum_{r=1}^{m} a_{r\alpha} h_r^* + c_{\alpha} h_{m+1}^* = 0\,, && \alpha \in \{\alpha_1, \ldots, \alpha_l\}\,, \\ &\sum_{r=1}^{m} a_{r\alpha} h_r^* + c_{\alpha} h_{m+1}^* < 0\,, && \alpha \in \{1, \ldots, n\} \backslash \{\alpha_1, \ldots, \alpha_l\}\,. \end{aligned}\right\} \tag{6.46}$$

Bezeichnen wir nun mit S die folgende Menge

$$S = \{\boldsymbol{y} \in E_{m+1} \mid \boldsymbol{y} = \Phi(\boldsymbol{x});\; x_\alpha = 0\,,\; \alpha \in \{1, \ldots, n\} \setminus \{\alpha_1, \ldots, \alpha_l\};\; x_\alpha \geqq 0,\; \alpha \in \{\alpha_1, \ldots, \alpha_l\}\}\,, \tag{6.47}$$

so ergibt sich für sie nach (3.10)

$$S \subseteq K\,. \tag{6.48}$$

Aus (6.47) und (3.8) folgt, daß die Menge S durch das System

$$\left.\begin{aligned} y_r &= \sum_{i=1} a_{r\alpha_i} x_{\alpha_i}\,, \qquad r = 1, \ldots, m\,,\\ y_{m+1} &= \sum_{i=1}^{l} c_{\alpha_i} x_{\alpha_i}\,,\\ x_{\alpha_i} &\geqq 0\,, \qquad i = 1, \ldots, l\,. \end{aligned}\right\} \tag{6.49}$$

parametrisch beschrieben werden kann. Da der Rang der Matrix (6.45) gleich m ist, erkennen wir aus der Darstellung (6.49), daß die Menge S ein m-dimensionaler polyedrischer Kegel mit einem Scheitelpunkt im Koordinatenursprung $\boldsymbol{o} \in E_{m+1}$ ist. Für einen beliebigen Punkt $\boldsymbol{y} \in S$ gilt nach (6.49) und (6.46)

$$\begin{aligned} \sum_{s=1}^{m+1} h_s^* y_s &= \sum_{r=1}^{m} h_r^* \cdot \sum_{i=1}^{l} a_{r\alpha_i} x_{\alpha_i} + h_{m+1}^* \cdot \sum_{i=1}^{l} c_{\alpha_i} x_{\alpha_i}\\ &= \sum_{i=1}^{l} \left(\sum_{r=1}^{m} a_{r\alpha_i} h_r^* + c_{\alpha_i} h_{m+1}^* \right) x_{\alpha_i} = 0\,, \end{aligned}$$

d. h. nach (6.41)

$$S \subseteq R^*\,. \tag{6.50}$$

Ist andererseits $\boldsymbol{y}$ ein beliebiger Punkt des Kegels K, der jedoch nicht in S liegt, so gilt nach (3.10), (3.8) und (6.47)

$$\begin{aligned} y_r &= \sum_{\alpha=1}^{n} a_{r\alpha} x_\alpha\,, \qquad r = 1, \ldots, m\,,\\ y_{m+1} &= \sum_{\alpha=1}^{n} c_\alpha x_\alpha\,,\\ x_\alpha &\geqq 0\,, \qquad \alpha = 1, \ldots, n\,, \end{aligned}$$

und es existiert mindestens ein $\alpha_0 \in \{1, \ldots, n\} \setminus \{\alpha_1, \ldots, \alpha_l\}$, so daß $x_{\alpha_0} > 0$ ist. Daraus und aus (6.46) folgt dann für den fraglichen Punkt $\boldsymbol{y}$

$$\sum_{s=1}^{m+1} h_s^* y_s = \sum_{\alpha=1}^{n} \left(\sum_{r=1}^{m} a_{r\alpha} h_r^* + h_{m+1}^* c_\alpha \right) x_\alpha < 0\,,$$

d. h. nach (6.42) und (6.41)

$$\boldsymbol{y} \in \overline{H}^*\,, \quad \boldsymbol{y} \notin R^* \quad \text{für} \quad \boldsymbol{y} \in K\,, \quad \boldsymbol{y} \notin S\,. \tag{6.51}$$

Aus (6.51), (6.50) und (6.47) erhalten wir dann

$$S = K \cap R^*, \qquad K \subseteq \bar{H}^*.$$

Da der Kegel S die Dimension m besitzt, folgt daraus weiter, daß S eine in der Hyperebene R^* enthaltene abgeschlossene Seite des Kegels K ist. Wir haben somit die Aussage 1° bewiesen.

Wenn andererseits S eine beliebige m-dimensionale abgeschlossene Seite des Kegels K ist, dann gibt es eine Indexmenge $\{\alpha_1, \ldots, \alpha_l\} \subseteq \{1, \ldots, n\}$ mit $l \geqq m$ in der Weise, daß diese Seite durch (6.47) beschrieben werden kann, wobei der Rang der Matrix (6.45) gleich m ist. Es gibt dann einen Vektor $\boldsymbol{h}^* \in E_{m+1}$ mit $\sum_{s=1}^{m+1} |h_s^*| > 0$ in der Weise, daß alle Vektoren

$$\boldsymbol{a}_{\alpha_i} = (a_{1\,\alpha_i}, \ldots, a_{m\,\alpha_i}, c_{\alpha_i})^T, \qquad i = 1, \ldots, l,$$

mit dem Anfangspunkt $\boldsymbol{o} \in E_{m+1}$ in der durch $\boldsymbol{h}^{*T} \boldsymbol{y} = 0$ beschriebenen Hyperebene liegen, und alle Vektoren

$$\boldsymbol{a}_\alpha = (a_{1\,\alpha}, \ldots, a_{m\,\alpha}, c_\alpha)^T, \qquad \alpha \in \{1, \ldots, n\} \setminus \{\alpha_1, \ldots, \alpha_l\}$$

in den durch $\boldsymbol{h}^{*T} \boldsymbol{y} < 0$ beschriebenen Halbraum gerichtet sind. Daraus ergeben sich unmittelbar die Gleichungen und Ungleichungen (6.44) für den Vektor $\boldsymbol{h}^*$. Da die Matrix (6.45) den Rang m besitzt, folgt aus (6.44) und (6.31), daß der Vektor entweder in Richtung einer Kante des Kegels K^* oder in Richtung derjenigen abgeschlossenen Halbgeraden weist, die mit dem Kegel K^* zusammenfällt (der letzte Fall tritt ein, wenn $\dim K^* = 1$ gilt). ▌

▌ B. 6.5 Im Lemma 6.3 haben wir den Fall untersucht, daß die Matrix $\tilde{\boldsymbol{A}}$ vom Range $m + 1$ ist. Setzen wir nun voraus, daß $\tilde{\boldsymbol{A}}$ den Rang m hat. Wir bezeichnen mit $R(\boldsymbol{w})$ wie üblich die Hyperebene

$$R(\boldsymbol{w}) = \left\{\boldsymbol{y} \in E_{m+1} \mid \sum_{r=1}^{m} v_r y_r - y_{m+1} = 0\right\},$$

wobei die Zahlen w_r $(r = 1, \ldots, m)$ aus (6.38) sind. Dann folgt für jeden Punkt $\boldsymbol{y} \in K$

$$\sum_{r=1}^{m} w_r y_r - y_{m+1} = \sum_{r=1}^{m} w_r \sum_{\alpha=1}^{n} a_{r\alpha} x_\alpha - \sum_{\alpha=1}^{n} c_\alpha x_\alpha$$
$$= \sum_{\alpha=1}^{n} \left(\sum_{r=1}^{m} a_{r\alpha} w_r - c_\alpha\right) x_\alpha = 0,$$

d. h., der Kegel K ist in der Hyperebene R^* enthalten. ▌

▌ D. 6.2 Der Kegel K^* aus (6.31) heißt der *Polarkegel* zum Kegel K aus (3.10). ▌

L. 6.4 1° *Die Menge*

$$Q = \left\{ \boldsymbol{y} \in E_{m+1} \mid y_r = \sum_{\alpha=1}^{n} a_{r\alpha}\, x_\alpha,\ r = 1, \ldots, m;\ y_{m+1} = 0;\ \boldsymbol{x} \geqq \boldsymbol{o} \right\} \quad (6.52)$$

ist ein m-dimensionaler polyedrischer Kegel im Raum E_{m+1} mit einem Scheitelpunkt $\boldsymbol{o}$. Der Kegel Q ist in der Hyperebene R_0 aus (6.32) *enthalten und entsteht durch die Projektion von K in Richtung der y_{m+1}-Achse in die Hyperebene R_0.*

2° *Die Menge*

$$Q^* = \left\{ \boldsymbol{y} \in E_{m+1} \mid \sum_{r=1}^{m} a_{r\alpha}\, y_r \leqq 0,\ \alpha = 1, \ldots, n;\ y_{m+1} = \boldsymbol{o} \right\} \quad (6.53)$$

hat die Eigenschaft

$$Q^* = K^* \cap R_0\,. \quad (6.54)$$

Sie reduziert sich genau dann auf einen einzigen Punkt (*und zwar den Punkt* $\boldsymbol{o} \in E_{m+1}$), *wenn die Menge Q mit der Hyperebene R_0 zusammenfällt. Im anderen Falle stellt Q^* den Polarkegel zu Q dar.*

3° *Es sei $\tilde{\mathfrak{H}}$ die Menge aller Kanten $\tilde{h}$ des Kegels Q^* (für den Fall, daß* dim $Q^* = 1$ *gilt, sei $\tilde{h}$ diejenige offene Halbgerade, für die $\tilde{h} \cup \{\boldsymbol{o}\} = Q^*$ ist*). *Die Menge Q läßt sich dann folgendermaßen darstellen:*

$$Q = \left\{ \boldsymbol{y} \in E_{m+1} \mid \sum_{r=1}^{m} \tilde{h}_r\, y_r \leqq 0;\ y_{m+1} = 0,\ \tilde{h} \in \tilde{\mathfrak{H}} \right\}, \quad (6.55)$$

wobei $\tilde{\boldsymbol{h}} = (\tilde{h}_1, \ldots, \tilde{h}_m, 0)^T$ ein Vektor in Richtung einer Kante $\tilde{h} \in \tilde{\mathfrak{H}}$ ist.

Bws. Aus der Definition (6.52) der Menge Q und aus der Voraussetzung, daß die Matrix $\boldsymbol{A}$ vom Range m ist, erkennen wir leicht, daß Q ein m-dimensionaler Kegel mit einem Scheitel $\boldsymbol{o}$ ist, der überdies in der Hyperebene R_0 liegt. Aus (6.52) und (3.10) folgt weiter, daß der Kegel Q durch die Projektion des Kegels K in Richtung der y_{m+1}-Achse in die Hyperebene R_0 entsteht. Die Aussage 1° ist somit bewiesen.

Der Punkt $\boldsymbol{o} \in E_{m+1}$ gehört offenbar zu den beiden Mengen Q und Q^*. Wir werden nun zeigen, daß $Q \cap Q^* = \{\boldsymbol{o}\}$ ist. Nehmen wir dazu an, daß es einen Punkt $\boldsymbol{y}^0 = (y_1^0, \ldots, y_m^0, 0)^T$ aus Q mit der Eigenschaft $\sum_{r=1}^{m} |y_r^0| > 0$ gibt, der überdies in Q^* liegt. Da $\boldsymbol{y}^0 \in Q$ ist, existiert ein Punkt $\boldsymbol{x}^0$ mit $\boldsymbol{x}^0 \geqq \boldsymbol{o}$, $\boldsymbol{x}^0 \neq \boldsymbol{o}$, so daß

$$y_r^0 = \sum_{\beta=1}^{n} a_{r\beta}\, x_\beta^0\,, \qquad r = 1, \ldots, m\,,$$

gilt. Da andererseits $\boldsymbol{y}^0$ zu Q^* gehört, erhalten wir

$$\sum_{r=1}^{m} a_{r\alpha}\, y_r^0 = \sum_{r=1}^{m} \sum_{\beta=1}^{n} a_{r\alpha}\, a_{r\beta}\, x_\beta^0 \leqq 0\,, \qquad \alpha = 1, \ldots, n\,.$$

Daraus folgt wegen $\boldsymbol{x}^0 \geqq \boldsymbol{o}$ die Ungleichung

$$\sum_{r=1}^{m} \sum_{\alpha,\beta=1}^{n} a_{r\alpha} a_{r\beta} x_\alpha^0 x_\beta^0 = \sum_{r=1}^{m} \left(\sum_{\beta=1}^{n} a_{r\beta} x_\beta^0 \right) \left(\sum_{\alpha=1}^{n} a_{r\alpha} x_\alpha^0 \right) \leqq 0 .$$

Diese Ungleichung kann nur dann erfüllt sein, wenn

$$y_r^0 = \sum_{\beta=1}^{n} a_{r\beta} x_\beta^0 = 0 , \qquad r = 1, \ldots, m ,$$

gilt. Das steht jedoch im Widerspruch zu $\boldsymbol{y}^0 \neq \boldsymbol{o}$. Es gilt daher: $Q \cap Q^* = \{\boldsymbol{o}\}$. Daraus ergibt sich, daß sich im Falle $Q = R_0$ die Menge Q^* auf den Punkt $\boldsymbol{o}$ reduziert. Falls die Menge Q von R_0 verschieden ist, enthält der Kegel Q (da Q die Dimension m besitzt) mindestens eine $(m - 1)$-dimensionale Seite. Betrachten wir nun die Mengen Q und Q^* im m-dimensionalen Raum R_0, welcher beide enthält. Dann gilt nach (6.52) und (6.53)

$$\left.\begin{aligned} Q &= \left\{ \boldsymbol{y} \in R_0 \mid y_r = \sum_{\alpha=1}^{n} a_{r\alpha} x_\alpha,\ r = 1, \ldots, m;\ \boldsymbol{x} \geqq \boldsymbol{o} \right\} \\ Q^* &= \left\{ \boldsymbol{y} \in R_0 \mid \sum_{r=1}^{m} a_{r\alpha} y_r \leqq 0,\ \alpha = 1, \ldots, n \right\} . \end{aligned}\right\} \qquad (6.56)$$

Wir erkennen, daß der Zusammenhang zwischen den Mengen Q und Q^* ähnlich dem ist, der zwischen den Mengen K und K^* aus (3.10) und (6.31) besteht. Der Unterschied besteht darin, daß die Mengen K und K^* im Raum E_{m+1} enthalten sind, während Q und Q^* im m-dimensionalen Raum R_0 liegen. Daraus ergibt sich auf Grund der Existenz einer $(m - 1)$-dimensionalen Seite des Kegels Q nach Lemma 6.3, daß die Menge $\mathfrak{H}$ nicht leer ist. Damit ist der Kegel Q^* mindestens eindimensional. Wir erkennen also, daß für den Fall $Q^* = \{\boldsymbol{o}\}$ der Kegel Q keine echte Teilmenge des Raumes R_0 ist, sondern vielmehr mit ihm zusammenfällt. Hiermit ist die Aussage

$$Q = R_0 \Leftrightarrow Q^* = \{\boldsymbol{o}\}$$

des Lemmas bewiesen.

Aus der Beschreibung (6.56) der Mengen Q und Q^* ergibt sich, daß Q^* der Polarkegel zum Kegel Q im Sinne von Definition 6.2 ist.

Die Eigenschaft (6.54) der Menge Q^* folgt unmittelbar aus (6.31), (6.32) und (6.53).

Durch sinngemäße Anwendung von (6.43) aus dem Lemma 6.3 auf die Menge Q kommt man zur impliziten Beschreibung (6.55) der Menge Q. ▌

▌ B. 6.6 Um die Ausdrucksweise im folgenden zu vereinfachen, werden wir für den Fall, daß sich ein konvexes Polyeder auf einen enzigen Punkt reduziert, diesen Punkt als Ecke des Polyeders bezeichnen. Wenn ein konvexes Polyeder eindimensional ist, d. h. in einem eindimensionalen linearen Raum L_1 enthalten ist, bezeichnen wir die Menge aller inneren Punkte des Polyeders (in bezug auf den Raum L_1) als Kante des Polyeders. ▌

L. 6.5 1° *Es sei* $\mathfrak{N}$ *eine nicht leere Menge und*

$$\tilde{\boldsymbol{h}} = (\tilde{h}_1, \ldots, \tilde{h}_m, 0)^T, \qquad \tilde{\boldsymbol{h}} \neq \boldsymbol{o}$$

ein Vektor in Richtung einer Kante des Kegels Q^* *aus* (6.53). *Dann ist das Polyeder* $\mathfrak{N}$ *unbeschränkt und der Vektor*

$$\boldsymbol{h} = (h_1, \ldots, h_m)^T, \qquad h_r = -\tilde{h}_r, \quad r = 1, \ldots, m,$$

weist in Richtung einer unbeschränkten Kante des Polyeders $\mathfrak{N}$.

2° *Wenn* $\boldsymbol{h} = (h_1, \ldots, h_m)^T$ *ein Vektor in Richtung einer unbeschränkten Kante des Polyeders* $\mathfrak{N}$ *ist, so weist der Vektor*

$$\tilde{\boldsymbol{h}} = (\tilde{h}_1, \ldots, \tilde{h}_m, 0)^T, \qquad \tilde{h}_r = -h_r, \quad r = 1, \ldots, m,$$

in Richtung einer Kante des Kegels Q^*.

Bws. Wenn der Vektor $\boldsymbol{h} = (\tilde{h}_1, \ldots, \tilde{h}_m, 0)^T$ in Richtung einer Kante des Kegels Q^* weist, so gibt es eine Indexmenge $\{\alpha_1, \ldots, \alpha_l\} \subseteq \{1, \ldots, n\}$ mit $l \geqq m - 1$ in der Weise, daß

$$\left.\begin{aligned} &\sum_{r=1}^{m} a_{r\alpha} \tilde{h}_r = 0, \qquad \alpha \in \{\alpha_1, \ldots, \alpha_l\}, \\ &\sum_{r=1}^{m} a_{r\alpha} \tilde{h}_r < 0, \qquad \alpha \in \{1, \ldots, n\} \setminus \{\alpha_1, \ldots, \alpha_l\} \end{aligned}\right\} \tag{6.57}$$

gilt, und der Rang der Matrix

$$\begin{pmatrix} a_{1\alpha_1} & \ldots & a_{m\alpha_1} \\ \ldots & \ldots & \ldots \\ a_{1\alpha_l} & \ldots & a_{m\alpha_l} \end{pmatrix} \tag{6.58}$$

gleich $m - 1$ ist. Aus der Voraussetzung $\mathfrak{N} \neq \emptyset$ folgt nach (6.32), daß auch die Menge $\mathfrak{N}'$ eine nicht leere Menge darstellt. Es sei nun $\boldsymbol{y}^0 = (y_1^0, \ldots, y_m^0, 1)^T$ ein beliebiger Punkt der Menge $\mathfrak{N}'$. Wir betrachten die Halbgerade

$$L^{(1)} = \{\boldsymbol{y} \in E_{m+1} \mid y_r = y_r^0 + t\,\tilde{h}_r,\ r = 1, \ldots, m;\ y_{m+1} = 1;\ t \geqq 0\}.$$

Für alle $\boldsymbol{y} \in L^{(1)}$ gilt

$$\sum_{r=1}^{m} a_{r\alpha} y_r + c_\alpha y_{m+1} = \left(\sum_{r=1}^{m} a_{r\alpha} y_r^0 + c_\alpha\right) + t \sum_{r=1}^{m} a_{r\alpha} \tilde{h}_r, \qquad \alpha = 1, \ldots, n. \tag{6.59}$$

Nach (6.33), (6.31) und (6.32) erhalten wir wegen $\boldsymbol{y}^0 \in \mathfrak{N}'$

$$\sum_{r=1}^{m} a_{r\alpha} y_r^0 + c_\alpha y_{m+1}^0 = \sum_{r=1}^{m} a_{r\alpha} y_r^0 + c_\alpha \leqq 0, \qquad \alpha = 1, \ldots, n.$$

Daraus sowie aus (6.57) und (6.59) ergibt sich für alle Punkte der Halbgeraden $L^{(1)}$

$$\sum_{r=1}^{m} a_{r\alpha} y_r + c_\alpha y_{m+1} \leqq 0, \qquad \alpha = 1, \ldots, n,$$

so daß diese nach (6.31) die Eigenschaft $L^{(1)} \subseteq K^*$ besitzt. Aus der Definition der Halbgeraden $L^{(1)}$ folgt weiter, daß sie in der Hyperebene R_1 aus (6.32) enthalten ist. Damit ergibt sich aus (6.33) die Inklusion $\mathfrak{N}' \supseteq L^{(1)}$. Die Menge $\mathfrak{N}'$ ist daher unbeschränkt. Aus (6.32) resultiert, daß sich diese Eigenschaft auch auf die Menge $\mathfrak{N}$ überträgt.

Da der Rang der Matrix (6.58) gleich $m - 1$ ist, existiert eine Teilmenge $\{\beta_1, \ldots, \beta_{m-1}\}$ der Indexmenge $\{\alpha_1, \ldots, \alpha_l\}$ so, daß der Kantenvektor $\tilde{\boldsymbol{h}}$ bis auf einen konstanten Faktor durch das Gleichungssystem

$$\sum_{r=1}^{m} a_{r\beta_j} \tilde{h}_r = 0\,, \qquad j = 1, \ldots, m-1$$

bestimmt ist. Bildet man

$$\sum_{r=1}^{m} a_{r\beta_j} y_r + c_{\beta_j} = 0\,, \qquad j = 1, \ldots, m-1\,, \tag{6.60}$$

so sieht man, daß dieses Gleichungssystem lösbar ist. Da die entsprechende Koeffizientenmatrix vom Range $m - 1$ ist, stellt die Lösungsmenge eine einparametrische Menge, die durch

$$y_r = p_r + t\, q_r \qquad (r = 1, \ldots, m)\,, \quad t \in E_1\,, \tag{6.61}$$

beschrieben werden kann, d. h. eine Gerade dar. Dabei ist $(p_1, \ldots, p_m)$ eine festgewählte Lösung von (6.60). Wenn man (6.61) in das System (6.60) einsetzt, erkennt man sofort, daß die Zahlen $q_1, \ldots, q_m$ den Gleichungen

$$\sum_{r=1}^{m} a_{r\beta_j} q_r = 0\,, \qquad j = 1, \ldots, m-1\,,$$

genügen müssen. Man kann dann auf Grund der obigen Überlegungen

$$q_r = \tilde{h}_r \qquad (r = 1, \ldots, m)$$

wählen. Statt (6.61) erhält man hiermit

$$y_r = p_r + t\, \tilde{h}_r \qquad (r = 1, \ldots, m)\,, \quad t \in E_1$$

als Lösungsmenge des Gleichungssystems (6.60). Unterwirft man noch die Elemente $y_1, \ldots, y_m$ den Bedingungen

$$\sum_{r=1}^{m} a_{r\alpha} y_r + c_\alpha \leqq 0 \qquad \alpha \in \{1, \ldots, n\} \setminus \{\beta_1, \ldots, \beta_{m-1}\}\,,$$

d. h.

$$\sum_{r=1}^{m} a_{r\alpha} p_r + c_\alpha + t \sum_{r=1}^{m} a_{r\alpha} \tilde{h}_r \leqq 0 \qquad \alpha \in \{1, \ldots, n\} \setminus \{\beta_1, \ldots, \beta_{m-1}\}\,,$$

so folgt daraus und aus (6.57) für den Parameter t die Existenz einer unteren Schranke t_0, d. h., es gilt $t \in \langle t_0, \infty)$. Die Lösung des Systems

$$\sum_{r=1}^{m} a_{r\beta_j} y_r + c_{\beta_j} = 0\,, \qquad j = 1, \ldots, m-1\,,$$

$$\sum_{r=1}^{m} a_{r\alpha} y_r + c_\alpha \leqq 0\,, \qquad \alpha \in \{1, \ldots, n\} \setminus \{\beta_1, \ldots, \beta_{m-1}\}\,,$$

wobei die Matrix

$$\begin{pmatrix} a_{1\beta_1} & \dots & a_{m\beta_1} \\ \dots & \dots & \dots \\ a_{1\beta_{m-1}} & \dots & a_{m\beta_{m-1}} \end{pmatrix}$$

vom Range $m - 1$ ist, ist daher die durch

$$y_r = p_r + t\,\tilde{h}_r \quad (r = 1, \ldots, m)\,, \quad t \in \langle t_0, \infty)\,,$$
$$y_{m+1} = 1$$

beschriebene Halbgerade. Diese Halbgerade ist offenbar eine unbeschränkte Kante des durch $K^* \cap R_1$ entstandenen Polyeders $\mathfrak{N}'$. Damit erhalten wir wegen (6.32), daß die Richtung des Vektors

$$\boldsymbol{h} \in E_m \quad \text{mit} \quad h_r = -\,\tilde{h}_r \quad (r = 1, \ldots, m)$$

mit der einer unbeschränkten Kante des Polyeders $\mathfrak{N}$ übereinstimmt. Somit ist 1° bewiesen.

In ähnlicher Weise kann gezeigt werden, daß im Falle der Unbeschränktheit von $\mathfrak{N}$ jeder Vektor $\boldsymbol{h}$, der in Richtung einer unbeschränkten Kante des Polyeders $\mathfrak{N}$ weist, die Eigenschaft besitzt, daß auch der Vektor

$$\tilde{\boldsymbol{h}} \in E_{m+1} \quad \text{mit} \quad \tilde{h}_r = -\,h_r \quad (r = 1, \ldots, m)\,, \quad \tilde{h}_{m+1} = 0$$

die Richtung einer Kante des Kegels Q^* besitzt. Wir brauchen aus diesem Grunde den Beweis der Aussage 2° (d. h. der Umkehrung von 1°) nicht explizit auszuführen. ▮

Für das Polyeder $\overline{\mathfrak{N}}$ läßt sich sofort eine äquivalente Aussage beweisen.

▮ L. 6.6 1° *Wenn die Menge $\mathfrak{N}$ nicht leer und beschränkt ist und die Matrix $\tilde{A}$ den Rang $m + 1$ hat, so gilt*

$$\overline{\mathfrak{N}} = \emptyset$$

und

$$Q = R_0\,,$$

wobei Q aus (6.52) *und R_0 aus* (6.32) *ist.*

2° *Wenn andererseits*

$$Q = R_0$$

und

$$\mathfrak{N} \neq \emptyset$$

ist, so ist die Menge $\mathfrak{N}$ beschränkt und $\overline{\mathfrak{N}}$ die leere Menge.

▮ Bws. 1° Wenn $\mathfrak{N}$ nicht leer und beschränkt ist, so hat das Polyeder $\mathfrak{N}$ keine unbeschränkten Kanten. Dann besitzt nach Lemma 6.5 der Kegel Q^* keine Kante. Daraus folgt nach (6.53), daß die Menge Q^* genau einen

Punkt, den Nullpunkt, enthält. Es ergibt sich dann nach Lemma 6.4 $Q = R_0$. Aus $Q^* = \{\boldsymbol{o}\}$ erhält man, da nach Lemma 6.2, 3° der Punkt $\boldsymbol{o}$ der einzige Scheitel des Kegels K^* ist, daß der Kegel K^* im Halbraum $\overline{H}_0^+$ aus (6.32) liegt. Es ist daher $K^* \cap H_0^- = \emptyset$ und auf Grund von (6.33) $\overline{\mathfrak{N}}' = \emptyset$. Dann erhalten wir wegen (6.32), daß die Menge $\overline{\mathfrak{N}}$ leer ist.

2° Wenn $Q = R_0$ und $\mathfrak{N} \neq \emptyset$ ist, so enthält nach Lemma 6.4 die Menge Q^* nur den Punkt $\boldsymbol{o}$, d. h., der Polarkegel Q^* zum Kegel Q besitzt keine Kanten und daher kann auch das Polyeder $\mathfrak{N}$ wegen Hilfssatz 6.5 keine unbeschränkten Kanten haben. Damit ist $\mathfrak{N}$ ein beschränktes Polyeder. Die Aussage $\overline{\mathfrak{N}} = \emptyset$ als Folgerung von $\mathfrak{N}$ nicht leer und beschränkt wurde bereits oben bewiesen. ▌

Bei Vertauschung der Rollen von $\mathfrak{N}$ und $\overline{\mathfrak{N}}$ erhält man eine ähnliche Aussage.

▌ L. 6.7 *Wenn $\mathfrak{N}$ eine nicht leere Menge darstellt, und*

$$\boldsymbol{u}^1, \ldots, \boldsymbol{u}^N$$

alle Ecken des Polyeders $\mathfrak{N}$ sind[1]*), so läßt sich K_1 folgendermaßen beschreiben:*

$$K_1 = \left\{ \boldsymbol{y} \in E_{m+1} \mid (y_1, \ldots, y_m, 0) \in Q, \quad \sum_{r=1}^{m} u_r^i y_r - y_{m+1} \geqq 0 \,, \; i = 1, \ldots, N \right\}, \tag{6.62}$$

wobei K_1 in (6.17) *und Q in* (6.52) *definierte Kegel sind.* ▌

▌ Bws. Nach Voraussetzung ist $\mathfrak{N}$ eine nicht leere Menge. Falls $\mathfrak{N}$ beschränkt ist, so ist jeder Punkt $\boldsymbol{u}$ aus $\mathfrak{N}$ eine Konvexkombination aller Ecken $\boldsymbol{u}^1, \ldots, \boldsymbol{u}^N$ des Polyeders $\mathfrak{N}$, d. h.

$$\boldsymbol{u} = \sum_{i=1}^{N} \tau_i \boldsymbol{u}^i; \qquad \tau_i \geqq 0 \,, \qquad i = 1, \ldots, N; \quad \sum_{i=1}^{N} \tau_i = 1 \,. \tag{6.63}$$

Für einen beliebigen Punkt $\boldsymbol{y} \in K_1$ gilt nach (6.17) und (6.15)

$$\sum_{r=1}^{m} u_r y_r - y_{m+1} \geqq 0 \,, \qquad \boldsymbol{u} \in \mathfrak{N} \,,$$

und daher auch

$$\sum_{r=1}^{m} u_r^i y_r - y_{m+1} \geqq 0 \,, \qquad i = 1, \ldots, N \,.$$

Da nach Lemma 6.4 der Kegel Q durch Projektion des Kegels K in Richtung der y_{m+1}-Achse in die Hyperebene R_0 aus (6.32) entsteht, folgt dann wegen

[1]) Nach Lemma 6.1 besitzt das nicht leere Polyeder $\mathfrak{N}$ Ecken.

(6.17), daß

$$K_1 = \left\{ \boldsymbol{y} \in E_{m+1} \mid (y_1, \ldots, y_m, 0) \in Q,\ \sum_{r=1}^{m} u_r y_r - y_{m+1} \geqq 0,\ \boldsymbol{u} \in \mathfrak{N} \right\} \tag{6.64}$$

gilt. Der Kegel K_1 ist somit offenbar eine Teilmenge von

$$\left\{ \boldsymbol{y} \in E_{m+1} \mid (y_1, \ldots, y_m, 0) \in Q,\ \sum_{r=1}^{m} u_r^i y_r - y_{m+1} \geqq 0,\ i = 1, \ldots, N \right\}. \tag{6.65}$$

Ist andernfalls $\boldsymbol{y}$ ein beliebiger Punkt der durch (6.65) beschriebenen Menge, so ergibt sich für jeden Punkt $\boldsymbol{u} \in \mathfrak{N}$ nach (6.63) und (6.65)

$$\sum_{r=1}^{m} u_r y_r - y_{m+1} = \sum_{r=1}^{m} \sum_{i=1}^{N} \tau_i u_r^i y_r - y_{m+1} = \sum_{i=1}^{N} \tau_i \left(\sum_{r=1}^{m} u_r^i y_r - y_{m+1} \right) \geqq 0 ,$$
$$\boldsymbol{u} \in \mathfrak{N} .$$

Das bedeutet auf Grund von (6.17) und (6.15), daß $\boldsymbol{y}$ in K_1 liegt. Die Menge aus (6.65) ist also eine Teilmenge des Kegels K_1. Damit ist die Darstellung (6.62) des Kegels K_1 für den Fall, daß die nicht leere Menge $\mathfrak{N}$ beschränkt ist, richtig.

Es sei nun andererseits die als nicht leer vorausgesetzte Menge $\mathfrak{N}$ unbeschränkt. Wenn wir dann mit $\mathfrak{H}^{(1)}$ die Menge aller unbeschränkten Kanten h des Polyeders $\mathfrak{N}$ bezeichnen, so ist, wie früher bemerkt wurde, die Menge $\mathfrak{H}^{(1)}$ eine nicht leere Menge. Es seien h^ϱ ($\varrho = 1, \ldots, \tilde{N}$) alle unbeschränkten Kanten des Polyeders $\mathfrak{N}$, $\boldsymbol{h}^\varrho = (h_1^\varrho, \ldots, h_m^\varrho)^T$ ein Vektor mit der Richtung der Kante h^ϱ und $\boldsymbol{u}^\varrho$ eine Ecke von $\mathfrak{N}$, die mit der Kante h^ϱ inzident ist. Für ein beliebiges $\boldsymbol{u}$ aus $\mathfrak{N}$ gibt es Zahlen τ_i ($i = 1, \ldots, N$), $\tilde{\tau}_\varrho$ ($\varrho = 1, \ldots, \tilde{N}$) und t mit

$$\left. \begin{aligned} &\boldsymbol{u} = \sum_{i=1}^{N} \tau_i \boldsymbol{u}^i + \sum_{\varrho=1}^{\tilde{N}} \tilde{\tau}_\varrho (\boldsymbol{u}^\varrho + t\, \boldsymbol{h}^\varrho) , \\ &\tau_i \geqq 0 , \quad i = 1, \ldots, N; \quad \tilde{\tau}_\varrho \geqq 0 , \quad \varrho = 1, \ldots, \tilde{N}; \quad \sum_{i=1}^{N} \tau_i + \sum_{\varrho=1}^{\tilde{N}} \tilde{\tau}_\varrho = 1 . \end{aligned} \right\} \tag{6.66}$$

Für ein beliebiges $\boldsymbol{y} \in K_1$ gilt nach (6.17) und (6.15)

$$\sum_{r=1}^{m} u_r y_r - y_{m+1} \geqq 0 , \qquad \boldsymbol{u} \in \mathfrak{N} .$$

Da die Punkte

$$\boldsymbol{u}^1, \ldots, \boldsymbol{u}^N; \qquad \boldsymbol{u}^\varrho + t\, \boldsymbol{h}^\varrho , \qquad \varrho = 1, \ldots, \tilde{N} ,$$

für alle $t \geqq 0$ zur Menge $\mathfrak{N}$ gehören, erhält man

$$\sum_{r=1}^{m} u_r^i y_r - y_{m+1} \geqq 0 , \qquad i = 1, \ldots, N;$$

$$\sum_{r=1}^{m} u_r^\varrho y_r - y_{m+1} + t \sum_{r=1}^{m} h_r^\varrho y_r \geqq 0 , \qquad \varrho = 1, \ldots, \tilde{N}; \quad t \geqq 0 ,$$

d. h.

$$\sum_{r=1}^{m} u_r^i y_r - y_{m+1} \geqq 0\,, \qquad i = 1, \ldots, N; \qquad \sum_{r=1}^{m} h_r^\varrho y_r \geqq 0\,, \quad \varrho = 1, \ldots, \tilde{N}\,. \tag{6.67}$$

Nach Lemma 6.5 weist der Vektor

$$\tilde{\boldsymbol{h}}^\varrho = (\tilde{h}_1^\varrho, \ldots, \tilde{h}_m^\varrho, 0)^T = (-\,h_1^\varrho, \ldots, -\,h_m^\varrho, 0)^T$$

in Richtung der Kante $\tilde{h}^\varrho$ des Kegels Q^* aus (6.53). Dabei sind $\tilde{h}^\varrho$ ($\varrho = 1, \ldots, \tilde{N}$) alle Kanten des Kegels Q^*. Nach Lemma 6.4 gilt

$$Q = \left\{\boldsymbol{y} \in E_{m+1} \mid \sum_{r=1}^{m} h_r^\varrho y_r \geqq 0,\ \varrho = 1, \ldots, \tilde{N};\ y_{m+1} = 0\right\}. \tag{6.68}$$

Für den beliebig gewählten Punkt $\boldsymbol{y}$ aus K_1, der die Ungleichungen (6.67) erfüllt, ergibt sich also nach (6.66) und (6.67)

$$\sum_{r=1}^{m} u_r^i y_r - y_{m+1} \geqq 0\,, \qquad i = 1, \ldots, N; \qquad (y_1, \ldots, y_m, 0) \in Q\,. \tag{6.69}$$

Dann gilt

$$K_1 \subseteq \left\{\boldsymbol{y} \in E_{m+1} \mid (y_1, \ldots, y_m\ 0) \in Q;\ \sum_{r=1}^{m} u_r^i y_r - y_{m+1} \geqq 0,\ i = 1, \ldots, N\right\}.$$

Ist andererseits $\boldsymbol{y}$ ein beliebiger Punkt der durch (6.69) beschriebenen Menge, so kann man leicht feststellen, daß für jeden Punkt $\boldsymbol{u} \in \mathfrak{N}$ die Ungleichungen

$$\sum_{r=1}^{m} u_r y_r - y_{m+1} \geqq 0\,, \qquad \boldsymbol{u} \in \mathfrak{N}\,,$$

gelten. Daraus folgt, daß die in (6.69) beschriebene Menge eine Teilmenge des Kegels K_1 aus (6.17) ist. Damit besitzt K_1 auch im Falle, daß $\mathfrak{N}$ unbeschränkt ist, die Darstellung (6.62) ∎

Ist $\overline{\mathfrak{N}} \neq \emptyset$ und sind $\bar{\boldsymbol{u}}^1, \ldots, \bar{\boldsymbol{u}}^{\bar{N}}$ die Ecken des Polyeders $\overline{\mathfrak{N}}$, so beweist man analog für den Kegel K_2 die Darstellung

$$K_2 = \left\{\boldsymbol{y} \in E_{m+1} \mid (y_1, \ldots, y_m, 0) \in Q,\ \sum_{r=1}^{m} \bar{u}_r^i y_r - y_{m+1} \leqq 0,\ i = 1, \ldots, \bar{N}\right\}. \tag{6.70}$$

∎ L. 6.8 *Es sei $\boldsymbol{u}^i$ eine festgewählte Ecke des Polyeders $\mathfrak{N}$. Die Dimension der Menge $\mathfrak{N}$ betrage mindestens Eins. Weiter seien h^{il}, $l = 1, \ldots, \varkappa_i$, die von der Ecke $\boldsymbol{u}^i$ ausgehenden Kanten und $\boldsymbol{h}^{il} = (h_1^{il}, \ldots, h_m^{il})^T$ ein Vektor in Richtung der Kante h^{il}. Dann ist die Menge*

$$Q^i = \left\{\boldsymbol{y} \in E_{m+1} \mid \sum_{r=1}^{m} h_r^{il} y_r \geqq 0,\ l = 1, \ldots, \varkappa_i;\ y_{m+1} = 0\right\} \tag{6.71}$$

ein m-dimensionaler konvexer Kegel mit einem Scheitel $\boldsymbol{o} \in E_{m+1}$, *der die Eigenschaft*

$$Q^i \subseteq Q \tag{6.72}$$

besitzt. ∎

∎ Bws. Unter den Voraussetzungen des Lemmas stellt die Menge

$$P^i = \left\{ \boldsymbol{u} \in E_m \mid \boldsymbol{u} = \boldsymbol{u}^i + \sum_{l=1}^{\varkappa_i} \alpha_l \boldsymbol{h}^{il};\ \alpha_l \geqq 0,\ l = 1, \ldots, \varkappa_i \right\} \tag{6.73}$$

einen polyedrischen Kegel mit dem Scheitelpunkt $\boldsymbol{u}^i$ im Raum E_m dar. Für diesen Kegel gilt offensichtlich

$$\mathfrak{N} \subseteq P^i\,. \tag{6.74}$$

Wir werden nun zwei Fälle unterscheiden:

A) Die Matrix $\tilde{A}$ (3.9) ist vom Range $m + 1$, und das Polyeder $\mathfrak{N}$ ist beschränkt. Dann gilt nach Lemma 6.6 $Q = R_0$, wobei die Hyperebene R_0 aus (6.32) ist. Da $Q^i \subseteq R_0$ gilt, erhalten wir die Inklusion (6.72). Angenommen, der Rang der Matrix $\tilde{A}$ wäre m und die Menge $\mathfrak{N}$ beschränkt, so würde sich die Menge $\mathfrak{N}$ nach Lemma 6.2, 4° auf einen einzigen Punkt reduzieren. Das widerspricht jedoch der Voraussetzung dim $\mathfrak{N} \geqq 1$.

B) Die Menge $\mathfrak{N}$ ist unbeschränkt. Dann ergibt sich aus dem Beweis des Lemmas 6.7, daß der Kegel Q durch (6.68) dargestellt werden kann. Hierbei haben die Vektoren $\boldsymbol{h}^\varrho$ ($\varrho = 1, \ldots, \tilde{N}$) die Richtungen der unbeschränkten Kanten des Polyeders $\mathfrak{N}$. Diese unbeschränkten Kanten gehören wegen (6.74) auch zum Kegel P^i aus (6.73). Die Vektoren $\boldsymbol{h}^\varrho$ ($\varrho = 1, \ldots, \tilde{N}$) aus der Beschreibung (6.68) der Menge Q sind also eine nichtnegative Linearkombination der Kantenvektoren $\boldsymbol{h}^{il}$ ($l = 1, \ldots, \varkappa_i$) des Kegels P^i. Es existieren demnach Zahlen α_l^ϱ ($l = 1, \ldots, \varkappa_i$) mit

$$\boldsymbol{h}^\varrho = \sum_{l=1}^{\varkappa_i} \alpha_l^\varrho \boldsymbol{h}^{il}\,, \qquad \varrho = 1, \ldots, \tilde{N}; \qquad \alpha_l^\varrho \geqq 0\,, \quad l = 1, \ldots, \varkappa_i\,. \tag{6.75}$$

Für jeden Punkt $\boldsymbol{y} \in Q^i$ gilt nach (6.71)

$$\sum_{r=1}^{m} h_r^{il} y_r \geqq 0\,, \qquad l = 1, \ldots, \varkappa_i; \qquad y_{m+1} = 0\,.$$

Dann folgt aus (6.75), daß für einen solchen Punkt das System

$$\sum_{r=1}^{m} h_r^\varrho y_r \geqq 0\,, \qquad \varrho = 1, \ldots, \tilde{N}; \qquad y_{m+1} = 0$$

erfüllt sein muß, d. h., nach (6.68) liegt $\boldsymbol{y}$ in Q. Hiermit ist die Inklusion (6.72) auch für den Fall, daß $\mathfrak{N}$ unbeschränkt ist, bewiesen worden.

Um zu beweisen, daß das Polyeder Q^i m-dimensional ist, genügt es offenbar zu zeigen, daß es einen Punkt $\tilde{\boldsymbol{y}}$ aus Q^i mit der Eigenschaft

$$\sum_{r=1}^{m} h_r^{il} \tilde{y}_r > 0\,, \qquad l = 1, \ldots, \varkappa_i\,, \tag{6.76}$$

gibt. Wir nehmen an, daß es keinen solchen Punkt $\tilde{\boldsymbol{y}}$ gibt. Dann muß wegen der Konvexität von Q^i mindestens ein Index $l \in \{1, \ldots, \varkappa_i\}$ mit

$$\sum_{r=1}^{m} h_r^{i\bar{l}} y_r = 0\,, \qquad \boldsymbol{y} \in Q^i\,,$$

existieren. Diese Annahme ist jedoch den Bedingungen

$$\sum_{r=1}^{m} h_r^{il} y_r \geqq 0\,, \qquad l = 1, \ldots, \varkappa_i; \qquad - \sum_{r=1}^{m} h_r^{i\bar{l}} y_r \geqq 0\,,$$

äquivalent. Nach dem Satz von FARKAS (vgl. [152]) gibt es Zahlen α_l ($l = 1, \ldots, \varkappa_i$) mit der Eigenschaft

$$\sum_{l=1}^{\varkappa_i} h_r^{il} \alpha_l = - h_r^{i\bar{l}}\,, \qquad r = 1, \ldots, m; \qquad \alpha_l \geqq 0\,, \qquad l = 1, \ldots, \varkappa_i\,.$$

Dieses Ergebnis liefert uns jedoch den gewünschten Widerspruch, denn der Vektor $\boldsymbol{h}^{i\bar{l}}$ weist in Richtung einer von der Ecke $\boldsymbol{u}^i$ ausgehenden Kante des Kegels P^i aus (6.73) und kann daher nicht als nicht positive Linearkombination der Kantenvektoren $\boldsymbol{h}^{il}$ ($l = 1, \ldots, \varkappa_i$) des Kegels P^i dargestellt werden.

Die Tatsache, daß die Menge Q^i ein Kegel mit einem Scheitelpunkt im Nullpunkt ist, ergibt sich unmittelbar aus ihrer Definition (6.71). ▮

▮ L. 6.9 *Es seien $\boldsymbol{u}^1$ und $\boldsymbol{u}^2$ zwei verschiedene Ecken des Polyeders $\mathfrak{N}$, $h^{1\,l}$ ($l = 1, \ldots, \varkappa_1$) alle von der Ecke $\boldsymbol{u}^1$ ausgehenden Kanten und $h^{2\,k}$ ($k = 1, \ldots, \varkappa_2$) alle von der Ecke $\boldsymbol{u}^2$ ausgehenden Kanten, $\boldsymbol{h}^{1l} = (h_1^{1l}, \ldots, h_m^{1l})^T$ ein Vektor mit der Richtung der Kante $h^{1\,l}$, $\boldsymbol{h}^{2\,k} = (h_1^{2\,k}, \ldots, h_m^{2\,k})^T$ ein Vektor mit der Richtung der Kante $h^{2\,k}$. Wenn man wie im Lemma 6.8 den Ecken $\boldsymbol{u}^1$ und $\boldsymbol{u}^2$ die Kegel*

$$Q^1 = \left\{\boldsymbol{y} \in E_{m+1} \mid \sum_{r=1}^{m} h_r^{1\,l} y_r \geqq 0,\ l = 1, \ldots, \varkappa_1;\ y_{m+1} = 0\right\},$$

$$Q^2 = \left\{\boldsymbol{y} \in E_{m+1} \mid \sum_{r=1}^{m} h_r^{2\,k} y_r \geqq 0,\ k = 1, \ldots, \varkappa_2;\ y_{m+1} = 0\right\}$$

zuordnet, so haben diese Kegel die folgenden Eigenschaften:

1° $\operatorname{int} Q^1 \cap \operatorname{int} Q^2 = \emptyset\,.$ (6.77)

2° *Der Durchschnitt $Q^1 \cap Q^2$ besteht entweder aus dem Nullpunkt $\boldsymbol{o} \in E_{m+1}$ oder ist eine den beiden Kegeln gemeinsame abgeschlossene d-dimensionale Seite mit $1 \leqq d \leqq m - 1$.*

3° *Die Kegel* Q^1 *und* Q^2 *berühren sich genau dann entlang einer gemeinsamen (abgeschlossenen)* $(m-1)$*-dimensionalen Seite, wenn* $\boldsymbol{u}^1$ *und* $\boldsymbol{u}^2$ *benachbarte Ecken des Polyeders* $\mathfrak{N}$ *sind.* ▮

▮ Bws. Wir führen den Beweis der Aussage 1° indirekt. Nehmen wir also an, daß der Durchschnitt $\operatorname{int} Q^1 \cap \operatorname{int} Q^2$ eine nicht leere Menge ist. Es sei $\hat{\boldsymbol{y}} \in \operatorname{int} Q^1 \cap \operatorname{int} Q^2$ beliebig. Es gilt daher

$$\sum_{r=1}^{m} h_r^{1l} y_r > 0\,, \quad l = 1, \ldots, \varkappa_1; \qquad \sum_{r=1}^{m} h_r^{2k} \hat{y}_r > 0\,, \quad k = 1, \ldots, \varkappa_2\,. \tag{6.78}$$

Der Vektor $\boldsymbol{u}^2 - \boldsymbol{u}^1$ (bzw. $\boldsymbol{u}^1 - \boldsymbol{u}^2$) läßt sich offenbar als eine Linearkombination der von der Ecke $\boldsymbol{u}^1$ (bzw. $\boldsymbol{u}^2$) ausgehenden Kanten $\boldsymbol{h}^{1l}$ $(l = 1, \ldots, \varkappa_1)$ (bzw. $\boldsymbol{h}^{2k}$ $(k = 1, \ldots, \varkappa_2)$) schreiben, d. h., es existieren Zahlen μ_l^1 $(l = 1, \ldots, \varkappa_1)$ und μ_k^2 $(k = 1, \ldots, \varkappa_2)$ mit den Eigenschaften

$$\left.\begin{aligned}
&u_r^2 - u_r^1 = \sum_{l=1}^{\varkappa_1} \mu_l^1 h_r^{1l}\,, \qquad r = 1, \ldots, m;\\
&u_r^1 - u_r^2 = \sum_{k=1}^{\varkappa_2} \mu_k^2 h_r^{2k}\,, \qquad r = 1, \ldots, m;\\
&\mu_l^1 \geqq 0\,, \quad l = 1, \ldots, \varkappa_1; \qquad \mu_k^2 \geqq 0\,, \quad k = 1, \ldots, \varkappa_2;\\
&\qquad \sum_{l=1}^{\varkappa_1} \mu_l^1 > 0\,, \qquad \sum_{k=1}^{\varkappa_2} \mu_k^2 > 0\,.
\end{aligned}\right\} \tag{6.79}$$

Die letzten beiden Ungleichungen ergeben sich aus der Tatsache, daß $\boldsymbol{u}^1$ und $\boldsymbol{u}^2$ verschiedene Punkte sind. Aus (6.78) und (6.79) folgt

$$\sum_{r=1}^{m} (u_r^2 - u_r^1)\, \hat{y}_r = \sum_{l=1}^{\varkappa_1} \mu_l^1 \sum_{r=1}^{m} h_r^{1l}\, \hat{y}_r > 0\,,$$

$$\sum_{r=1}^{m} (u_r^1 - u_r^2)\, \hat{y}_r = \sum_{k=1}^{\varkappa_2} \mu_r^2 \sum h_r^{2k}\, \hat{y}_r > 0\,.$$

Wir erkennen, daß sich die linken Seiten der Ungleichungen nur durch das Vorzeichen unterscheiden. Das ist jedoch ein Widerspruch.

Aus der Definition der Mengen Q^1 und Q^2 ergibt sich, daß der Koordinatenursprung $\boldsymbol{o} \in E_{m+1}$ stets im Durchschnitt $Q^1 \cap Q^2$ liegt. Setzen wir voraus, daß $\tilde{\boldsymbol{y}}$ ein vom Koordinatenursprung verschiedener Punkt des Durchschnitts $Q^1 \cap Q^2$ ist. Daraus erhalten wir wegen (6.77), daß $\tilde{\boldsymbol{y}}$ ein Randpunkt der beiden Kegel Q^1 und Q^2 sein muß. Dann gehört $\tilde{\boldsymbol{y}}$ zu einer bestimmten d_1-dimensionalen Seite $S_1^{d_1}$ mit $1 \leqq d_1 \leqq m-1$ des Kegels Q^1 und zugleich zu einer d_2-dimensionalen Seite $S_1^{d_2}$ mit $1 \leqq d_2 \leqq m-1$ des Kegels Q^2. Aus der Definition der Mengen Q^1 und Q^2 ergibt sich dann die Existenz zweier Indexmengen

$$\{i_1, \ldots, i_{\nu_1}\} \subseteq \{1, \ldots, \varkappa_1\}\,, \qquad \nu_1 \geqq m - d_1\,,$$

$$\{j_1, \ldots, j_{\nu_2}\} \subseteq \{1, \ldots, \varkappa_2\}\,, \qquad \nu_2 \geqq m - d_2\,,$$

so daß

$$\left.\begin{aligned} S_1^{d_1} &= \Big\{ \boldsymbol{y} \in E_{m+1} \mid \sum_{r=1}^{m} h_r^{1\,l}\, y_r = 0,\ l \in \{i_1, \ldots, i_{\nu_1}\}; \\ &\qquad \sum_{r=1}^{m} h_r^{1\,l}\, y_r > 0,\ l \in \{1, \ldots, \varkappa_1\} \setminus \{i_1, \ldots, i_{\nu_1}\};\ y_{m+1} = 0 \Big\}, \\ S_2^{d_2} &= \Big\{ \boldsymbol{y} \in E_{m+1} \mid \sum_{r=1}^{m} h_r^{2\,k}\, y_r = 0,\ k \in \{j_1, \ldots, j_{\nu_2}\}; \\ &\qquad \sum_{r=1}^{m} h_r^{2\,k}\, y_r > 0,\ k \in \{1, \ldots, \varkappa_2\} \setminus \{j_1, \ldots, j_{\nu_2}\};\ y_{m+1} = 0 \Big\} \end{aligned}\right\} \qquad (6.80)$$

gilt. Hierbei haben die Matrizen

$$\begin{pmatrix} h_1^{1\,i_1} & \ldots & h_m^{1\,i_1} \\ \ldots & \ldots & \ldots \\ h_1^{1\,i_{\nu_1}} & \ldots & h_m^{2\,i_{\nu_1}} \end{pmatrix} \quad \text{bzw.} \quad \begin{pmatrix} h_1^{2\,j_1} & \ldots & h_m^{2\,j_1} \\ \ldots & \ldots & \ldots \\ h_1^{2\,j_{\nu_2}} & \ldots & h_m^{2\,j_{\nu_2}} \end{pmatrix}$$

den Rang $m - d_1$ bzw. $m - d_2$. Für den betrachteten Punkt $\tilde{\boldsymbol{y}} \in S_1^{d_1} \cap S_2^{d_2}$ gilt für den Fall, daß $\boldsymbol{u}^1$ und $\boldsymbol{u}^2$ aus $\mathfrak{N}$ sind,

$$\sum_{r=1}^{m} (u_r^2 - u_r^1)\, \tilde{y}_r = \sum_{l=1}^{\varkappa_1} \mu_l^1 \sum_{r=1}^{m} h_r^{1\,l}\, \tilde{y}_r = \sum_{l \in I_1^*} \mu_l^1 \sum_{r=1}^{m} h_r^{1\,l}\, \tilde{y}_r \geqq 0\,,$$

$$\sum_{r=1}^{m} (u_r^1 - u_r^2)\, \tilde{y}_r = \sum_{k=1}^{\varkappa_2} \mu_k^2 \sum_{r=1}^{m} h_r^{2\,k}\, \tilde{y}_r = \sum_{k \in I_2^*} \mu_k^2 \sum_{r=1}^{m} h_r^{2\,k}\, y_r \geqq 0\,,$$

wobei

$$I_1^* = \{1, \ldots, \varkappa_1\} \setminus \{i_1, \ldots, i_{\nu_1}\}; \qquad I_2^* = \{1, \ldots, \varkappa_2\} \setminus \{j_1, \ldots, j_{\nu_2}\}$$

ist. Daraus folgt

$$\sum_{r=1}^{m} (u_r^1 - u_r^2)\, \tilde{y}_r = 0$$

und damit

$$\sum_{l \in I_1^*} \mu_l^1 \sum_{r=1}^{m} h_r^{1\,l}\, y_r = 0\,, \qquad \sum_{k \in I_2^*} \mu_k^2 \sum_{r=1}^{m} h_r^{2\,k}\, \tilde{y}_r = 0\,. \qquad (6.81)$$

Da aber nach (6.80) und (6.79)

$$\sum_{r=1}^{m} h_r^{1\,l}\, \tilde{y}_r > 0\,, \qquad \mu_l^1 \geqq 0\,, \quad l \in I_1^*;$$

$$\sum_{r=1}^{m} h_r^{2\,k}\, \tilde{y}_r > 0\,, \qquad \mu_k^2 > 0\,, \quad k \in I_2^*\,,$$

gilt, erhalten wir auf Grund von (6.81)

$$\mu_l^1 = 0\,, \quad l \in I_1^*; \qquad \mu_k^2 = 0\,, \quad k \in I_2^*\,.$$

Damit ergibt sich wegen (6.79)

$$\left.\begin{aligned} &u_r^2 - u_r^1 = \sum_{l \in \{i_1, \ldots, i_{\nu_1}\}} \mu_l^1 h_r^{1l}, \qquad r = 1, \ldots, m; \\ &u_r^1 - u_r^2 = \sum_{k \in \{j_1, \ldots, j_{\nu_2}\}} \mu_k^2 h_r^{2k}, \qquad r = 1, \ldots, m; \\ &\mu_l^1 \geqq 0, \quad l \in \{i_1, \ldots, i_{\nu_1}\}; \qquad \mu_k^2 \geqq 0, \quad k \in \{j_1, \ldots, j_{\nu_2}\}; \\ &\sum_{l \in \{i_1, \ldots, i_{\nu_1}\}} \mu_l^1 > 0; \qquad \sum_{k \in \{j_1, \ldots, j_{\nu_2}\}} \mu_k^2 > 0. \end{aligned}\right\} \tag{6.82}$$

Es sei nun h^{2k} ($k \in \{1, \ldots, \varkappa_2\}$) eine von der Ecke $\boldsymbol{u}^2$ des Polyeders $\mathfrak{N}$ ausgehende beschränkte Kante, d. h. in Richtung dieser Kante existiert eine mit $\boldsymbol{u}^2$ benachbarte Ecke $\boldsymbol{u}^{2k}$ des Polyeders $\mathfrak{N}$. Es gibt dann eine Zahl ϱ_k mit

$$\boldsymbol{u}^{2k} - \boldsymbol{u}^2 = \varrho_k \boldsymbol{h}^{2k}, \qquad \varrho_k > 0, \tag{6.83}$$

wobei der Vektor $\boldsymbol{h}^{2k}$ in Richtung der Kante h^{2k} weist. Andererseits existieren Zahlen $'\mu_l^k$ ($l = 1, \ldots, \varkappa_1$) mit

$$\boldsymbol{u}^{2k} = \boldsymbol{u}^1 + \sum_{l=1}^{\varkappa_1} {}'\mu_l^k \boldsymbol{h}^{1l}, \qquad {}'\mu_l^k \geqq 0 \quad (l = 1, \ldots, \varkappa_1), \tag{6.84}$$

denn die Vektoren $\boldsymbol{h}^{1l}$ ($l = 1, \ldots, \varkappa_1$) haben die Richtungen aller von der Ecke $\boldsymbol{u}^1$ ausgehenden Kanten des Polyeders $\mathfrak{N}$. Da nach (6.82)

$$\boldsymbol{u}^1 = \boldsymbol{u}^2 - \sum_{l \in \{i_1, \ldots, i_{\nu_1}\}} \mu_l^1 \boldsymbol{h}^{1l}$$

gilt, erhalten wir zusammen mit (6.83) und (6.84)

$$\varrho_k \boldsymbol{h}^{2k} = \sum_{l=1}^{\varkappa_1} {}'\mu_l^k \boldsymbol{h}^{1l} - \sum_{l \in \{i_1, \ldots, i_{\nu_1}\}} \mu_l^1 \boldsymbol{h}^{1l},$$

d. h.

$$\varrho_k h_r^{2k} = \sum_{l=1}^{\varkappa_1} {}'\mu_l^k h_r^{1l} - \sum_{l \in \{i_1, \ldots, i_{\nu_1}\}} \mu_l^1 h_r^{1l}, \qquad r = 1, \ldots, m, \tag{6.85}$$

wobei

$$\varrho_k > 0, \quad {}'\mu_l^k \geqq 0, \quad l = 1, \ldots, \varkappa_1, \quad \mu_l^1 \geqq 0, \quad l = i_1, \ldots, i_{\nu_1}$$

ist. Für einen beliebigen Punkt $\boldsymbol{y} \in S_1^{d_1}$ gilt auf Grund von (6.80) und (6.85)

$$\varrho_k \sum_{r=1}^{m} h_r^{2k} y_r = \sum_{l \in I_1^*} {}'\mu_l^k \sum_{r=1}^{m} h_r^{1l} y_r \geqq 0$$

und daher wegen $\varrho_k > 0$

$$\sum_{r=1}^{m} h_r^{2k} y_r \geqq 0.$$

Falls $\boldsymbol{h}^{2k}$, $k \in \{1, \ldots, \varkappa_1\}$ eine unbeschränkte von der Ecke $\boldsymbol{u}^2$ ausgehende Kante des Polyeders $\mathfrak{N}$ sein sollte, so weist nach Lemma 6.5 der Vektor $(-h_1^{2k}, \ldots, -h_m^{2k}, 0)$ in Richtung einer Kante des Kegels Q^* aus (6.53). Da alle Punkte y aus $S_1^{d_1}$ auch in Q liegen und nach (6.72) die Beziehung $Q_1 \subseteq Q$ gilt, erhalten wir unter Benutzung von (6.55)

$$-\sum_{r=1}^{m} h_r^{2k} y_r \leqq 0 .$$

Wir haben gezeigt, daß abgesehen davon, ob die Kante h^{2k} beschränkt oder unbeschränkt ist, das Ungleichungssystem

$$\sum_{r=1}^{m} h_r^{2k} y_r \geqq 0 , \qquad k = 1, \ldots, \varkappa_2$$

für alle $y \in S_1^{d_1}$ gilt. Wir erkennen, daß derartige y in der Menge Q^2 liegen, d. h., die Seite $S_1^{d_1}$ ist eine Teilmenge von Q^2. Daraus folgt wegen (6.77), daß die Seite $S_1^{d_1}$ zum Rande des Kegels Q^2 gehören muß. Sie muß daher eine Teilmenge derjenigen Seite des Kegels Q^2 sein, die den Punkt $\tilde{y} \in Q^1 \cap Q^2$ enthält. Sie muß also eine Teilmenge der Seite $S_2^{d_2}$ sein. Daher gilt insbesondere $d_1 \leqq d_2$. Wenn wir nun die Rollen der Seiten $S_1^{d_1}$ und $S_2^{d_2}$ vertauschen, kommen wir durch dieselbe Überlegung zu $S_2^{d_2} \subseteq S_1^{d_1}$, $d_2 \leqq d_1$. Es gilt daher

$$S_1^{d_1} = S_2^{d_2} .$$

Die Aussage 2° ist somit vollständig bewiesen.

Wir setzen voraus, daß die Kegel Q^1 und Q^2 eine gemeinsame $(m - 1)$-dimensionale Seite S^{m-1} besitzen. Daraus und aus der Definition der Kegel Q^1 und Q^2 ergibt sich, daß es genau einen Index $l' \in \{1, \ldots, \varkappa_1\}$ und genau einen Index $k' \in \{1, \ldots, \varkappa_2\}$ in der Weise gibt, daß

$$\begin{aligned} S^{m-1} &= \Big\{y \in E_{m+1} \mid \sum_{r=1}^{m} h_r^{1l} y_r > 0,\ l \in \{1, \ldots, \varkappa_1\},\ l \neq l';\ \sum_{r=1}^{m} h_r^{1l'} y_r = 0; \\ &\qquad\qquad y_{m+1} = 0\Big\} \\ &= \Big\{y \in E_{m+1} \mid \sum_{r=1}^{m} h_r^{2k} y_r > 0,\ k \in \{1, \ldots, \varkappa_2\},\ k \neq k';\ \sum_{r=1}^{m} h_r^{2k'} y_r = 0; \\ &\qquad\qquad y_{m+1} = 0\Big\} \end{aligned} \tag{6.86}$$

gilt. Die Gleichungen (6.82) reduzieren sich auf

$$u_r^2 - u_r^1 = \mu_{l'}^1 h_r^{1l'} , \quad r = 1, \ldots, m; \quad u_r^1 - u_r^2 = \mu_{k'}^2 h_r^{2k'}, \quad r = 1, \ldots, m;$$
$$\mu_{l'}^1 > 0 , \quad \mu_{k'}^2 > 0 . \tag{6.87}$$

Daraus folgt unmittelbar, daß die Ecken u^1 und u^2 benachbarte Ecken des Polyeders $\mathfrak{N}$ sind. Wenn nun andererseits u^1 und u^2 benachbart sind, so gibt es Indizes $l' \in \{1, \ldots, \varkappa_1\}$, $k' \in \{1, \ldots, \varkappa_2\}$ und Zahlen $\mu_{l'}^1 > 0$, $\mu_{k'}^2 > 0$ in der Weise, daß (6.87) gilt. Es läßt sich leicht zeigen, daß die Menge

$$\Big\{y \in E_{m+1} \mid \sum_{r=1}^{m} h_r^{1l} y_r > 0,\ l \in \{1, \ldots, \varkappa_1\},\ l \neq l';\ \sum_{r=1}^{m} h_r^{1l'} y_r = 0 ;\ y_{m+1} = 0\Big\} \tag{6.88}$$

eine $(m - 1)$-dimensionale Seite des Kegels Q^1 und die Menge

$$\left\{ y \in E_{m+1} \mid \sum_{r=1}^{m} h_r^{2k} y_r > 0 , k \in \{1, \ldots, \varkappa_2\}, k \neq k'; \sum_{r=1}^{m} h_r^{2k'} y_r = 0; y_{m+1} = 0 \right\} \tag{6.89}$$

eine $(m - 1)$-dimensionale Seite des Kegels Q^2 darstellt. Offenbar liegen beide Seiten in dem durch

$$\sum_{r=1}^{m} (u_r^2 - u_r^1) y_r = 0 , \qquad y_{m+1} = 0 ,$$

beschriebenen linearen $(m - 1)$-dimensionalen Unterraum des Raumes E_{m+1}. Aus (6.83), (6.84) und (6.87) folgt für eine beschränkte Kante h^{2k}

$$\varrho_k h_r^{2k} = \sum_{l=1}^{\varkappa_1} {}'\mu_l^k h_r^{1l} - \mu_{l'}^1 h_r^{1l'} , \qquad r = 1, \ldots, m ,$$

wobei $\varrho_k > 0$, $'\mu_{l'}^k \geqq 0$, $l = 1, \ldots, \varkappa_1$; $\mu_{l'}^1 > 0$ ist. Für einen beliebigen Punkt y der Menge (6.88) ergibt sich daraus

$$\varrho_k \sum_{r=1}^{m} h_r^{2k} y_r \geqq 0$$

und wegen $\varrho_k > 0$

$$\sum_{r=1}^{m} h_r^{2k} y_r \geqq 0 . \tag{6.90}$$

Wenn h^{2k} eine unbeschränkte Kante ist, so läßt sich analog zu oben zeigen, daß die Beziehung (6.90) auch für alle y der Menge (6.88) gilt. Alle Punkte y aus der in (6.88) definierten Menge liegen also im Kegel Q^2. Damit gehört die in (6.88) definierte $(m - 1)$-dimensionale Seite des Kegels Q^1 zum Kegel Q^2. Sie fällt also nach der bereits bewiesenen Aussage 2° dieses Hilfssatzes mit einer $(m - 1)$-dimensionalen Seite des Kegels Q^2 zusammen. Aus (6.87), (6.88) und (6.89) folgt, daß es sich hierbei um die durch (6.89) beschriebene Seite des Kegels Q^2 handelt. ▌

▌ L. 6.10 *Es seien u^i, $i = 1, \ldots, N$, alle Ecken des als nicht leer vorausgesetzten Polyeders*[1]) $\mathfrak{N}$ *und Q^i, $i = 1, \ldots, N$, die entsprechend dem Lemma* 6.8 *diesen Ecken zugeordneten Kegel. Dann stellt das Mengensystem*

$$Q^1, \ldots, Q^N \tag{6.91}$$

eine Einteilung des Kegels Q aus (6.52) *dar.* ▌

▌ Bws. Auf Grund von (6.72) gilt

$$\bigcup_{i=1}^{N} Q^i \subseteq Q . \tag{6.92}$$

[1]) Siehe Lemma 6.1.

Es sei $\tilde{\boldsymbol{y}} \in Q$ beliebig. Die Gerade

$$\{\boldsymbol{y} \in E_{m+1} \mid y_r = \tilde{y}_r, r = 1, \ldots, m; y_{m+1} = t, t \in E_1\}$$

hat mit jeder der Hyperebenen

$$\sum_{r=1}^{m} u_r^i y_r - y_{m+1} = 0 , \qquad i = 1, \ldots, N ,$$

genau einen Punkt $\tilde{\boldsymbol{y}}^i$ gemeinsam mit $y_{m+1}^i = \sum_{r=1}^{m} u_r^i \tilde{y}_r$. Wählen wir nun einen Index $i_0 \in \{1, \ldots, N\}$ mit der Eigenschaft

$$\tilde{y}_{m+1}^{i_0} = \min_{i \in \{1, \ldots, N\}} \tilde{y}_{m+1}^i = \sum_{r=1}^{m} u_r^{i_0} \tilde{y}_r ,$$

so gilt

$$\sum_{r=1}^{m} (u_r^i - u_r^{i_0}) \tilde{y}_r \geqq 0 , \qquad i = 1, \ldots, N . \tag{6.93}$$

Wir bezeichnen wie üblich mit $h^{i_0\nu}$, $\nu = 1, \ldots, \varkappa_1$, alle von der Ecke $\boldsymbol{u}^{i_0}$ ausgehenden Kanten des Polyeders $\mathfrak{N}$ und mit $\boldsymbol{h}^{i_0\nu}$ einen Vektor in Richtung der Kante $h^{i_0\nu}$ (und zwar nur unter der Voraussetzung, daß sich das Polyeder $\mathfrak{N}$ nicht auf einen einzigen Punkt reduziert). Wenn für ein $\nu \in \{1, \ldots, \varkappa_1\}$ die Kante $h^{i_0\nu}$ beschränkt und $\boldsymbol{u}^{i\nu}$ die mit der Ecke $\boldsymbol{u}^{i_0}$ benachbarte Ecke in der Richtung der Kante $h^{i_0\nu}$ ist, so ergibt sich aus (6.93)

$$\sum_{r=1}^{m} (u_r^{i\nu} - u_r^{i_0}) \tilde{y}_r \geqq 0$$

und daher auch

$$\sum_{r=1}^{m} h_r^{i_0\nu} \tilde{y}_r \geqq 0 .$$

Im anderen Falle (unbeschränkte Kante $h^{i_0\nu}$), folgt aus Lemma 6.5, daß der Vektor $(-h_1^{i_0\nu}, \ldots, -h_m^{i_0\nu}, 0)$ in Richtung einer bestimmten Kante $\tilde{h}$ des Polyeders Q^* aus (6.53) weist. Da $\tilde{\boldsymbol{y}} \in Q$ ist, gilt dann nach (6.55)

$$\sum_{r=1}^{m} \tilde{h}_r \tilde{y}_r = - \sum_{r=1}^{m} h_r^{i_0\nu} \tilde{y}_r \leqq 0 ,$$

d. h.

$$\sum_{r=1}^{m} h_r^{i_0\nu} \tilde{y}_r \geqq 0 ,$$

wie im Falle einer beschränkten Kante $h^{i_0\nu}$. Wir können demnach

$$\sum_{r=1}^{m} h_r^{i_0\nu} \tilde{y}_r \geqq 0 , \qquad \nu = 1, \ldots, \varkappa_1$$

schreiben, d. h., der fragliche Punkt $\tilde{\boldsymbol{y}}$ aus Q liegt in der Menge Q^{i_0}.

Es gilt dann auch $\tilde{\boldsymbol{y}} \in \bigcup_{i=1}^{N} Q^i$. Da $\tilde{\boldsymbol{y}}$ aus Q beliebig gewählt wurde, erhalten wir die Inklusion $Q \subseteq \bigcup_{i=1}^{N} Q^i$. Daraus und aus (6.92) ergibt sich unter Berücksichtigung von (6.77) die Behauptung.

Es sei $\mathfrak{R} = \{\boldsymbol{u}^0\}$, das Polyeder $\mathfrak{R}$ enthalte also genau einen Punkt. Ist der Rang der Matrix $\tilde{\boldsymbol{A}}$ aus (3.9) gleich $m + 1$, so ist nach Lemma 6.6 die Menge Q^0 mit der Hyperebene R_0 aus (6.32) identisch. Wenn andererseits die Matrix $\tilde{\boldsymbol{A}}$ vom Range m ist, so gelangen wir auf Grund von Lemma 6.2, 4° zum gleichen Ergebnis. Ordnet man nun dem Punkt $\boldsymbol{u}^0$ die Menge $Q^0 = R_0$ zu, so stellt im betrachteten Fall die Menge Q^0 eine triviale Einteilung der Menge Q dar. ▌

Auf Grund von Lemma 6.10 ist die Anzahl der Teilmengen in der Einteilung (6.91) gleich der Anzahl der Ecken des Polyeders $\mathfrak{R}$. Die Einteilung (6.91) ist genau dann trivial, wenn das Polyeder $\mathfrak{R}$ genau eine Ecke besitzt.

▌ L. 6.11 *Es gelten die Voraussetzungen aus Lemma* 6.10. *Wenn wir die Mengen*

$$K^i = \left\{\boldsymbol{y} \in E_{m+1} \mid (y_1, \ldots, y_m, 0) \in Q^i, y_{m+1} \leqq \sum_{r=1}^{m} u_r^i y_r\right\}, \qquad i = 1, \ldots, N, \tag{6.94}$$

definieren, so gilt für den Kegel K_1 *aus* (6.17)

$$K_1 = \bigcup_{i=1}^{N} K^i. \tag{6.95}$$ ▌

▌ Bws. Wir wählen $i_0 \in \{1, \ldots, N\}$ fest und bezeichnen

$$\bar{S}^{i_0} = \left\{\boldsymbol{y} \in E_{m+1} \mid \boldsymbol{y} \in K_1;\ \sum_{i=1}^{m} u_r^{i_0} y_r - y_{m+1} = 0\right\}, \tag{6.96}$$

wobei K_1 durch (6.62) beschrieben ist. Aus (6.96) und (6.62) folgt, daß $\bar{S}^{i_0}$ eine Teilmenge von K_1 ist und sich folgendermaßen beschreiben läßt:

$$\bar{S}^{i_0} = \left\{\boldsymbol{y} \in E_{m+1} \mid (y_1, \ldots, y_m, 0) \in Q,\ \sum_{r=1}^{m} (u_r^i - u_r^{i_0}) y_r \geqq 0, i = 1, \ldots, N,\right.$$
$$\left. i \neq i_0;\ y_{m+1} = \sum_{r=1}^{m} u_r^{i_0} y_r\right\}. \tag{6.97}$$

Betrachten wir zunächst den Fall, daß das Polyeder $\mathfrak{R}$ mindestens zwei verschiedene Elemente enthält. Wir definieren im Sinne der Vorschrift aus Lemma 6.8 den Kegel

$$Q^{i_0} = \left\{\boldsymbol{y} \in E_{m+1} \mid \sum_{r=1}^{m} h_r^{i_0 \nu} y_r \geqq 0, \nu = 1, \ldots, \varkappa_1; y_{m+1} = 0\right\} \tag{6.98}$$

und eine weitere Menge

$$\hat{Q}^{i_0} = \left\{ \boldsymbol{y} \in E_{m+1} \mid \boldsymbol{y} \in Q, \sum_{r=1}^{m} (u_r^i - u_r^{i_0}) y_r \geqq 0, \ i = 1, \ldots, N, \ i \neq i_0 \right\}. \quad (6.99)$$

Wir wollen nun zeigen, daß

$$Q^{i_0} = \hat{Q}^{i_0} \quad (6.100)$$

gilt. Auf Grund von Lemma (6.8) erhalten wir die Inklusion

$$Q^{i_0} \subseteq Q. \quad (6.101)$$

Da sich jeder Punkt $\boldsymbol{u}$ aus dem Polyeder $\mathfrak{N}$ durch

$$\boldsymbol{u} = \boldsymbol{u}^{i_0} + \sum_{\nu=1}^{\varkappa_1} \mu^\nu \boldsymbol{h}^{i_0\nu}, \quad \mu^\nu \geqq 0, \quad \nu = 1, \ldots, \varkappa_1,$$

darstellen läßt, gibt es Zahlen μ_i^ν ($\nu = 1, \ldots, \varkappa_1$; $i = 1, \ldots, N$, $i \neq i_0$) mit

$$u_r^i - u_r^{i_0} = \sum_{\nu=1}^{\varkappa_1} \mu_i^\nu h_r^{i_0\nu}, \quad i = 1, \ldots, N, \quad i \neq i_0; \quad r = 1, \ldots, m; \quad \mu_\nu^i \geqq 0. \quad (6.102)$$

Für einen beliebigen Punkt $\boldsymbol{y}$ aus Q^{i_0} gilt nach (6.98)

$$\sum_{r=1}^{m} h_r^{i_0\nu} y_r \geqq 0, \quad \nu = 1, \ldots, \varkappa_1,$$

und daher nach (6.102)

$$\sum_{r=1}^{m} (u_r^i - u_r^{i_0}) y_r \geqq 0, \quad i = 1, \ldots, N, \quad i \neq i_0.$$

Daraus sowie aus (6.101) und (6.99) folgt die Inklusion

$$Q^{i_0} \subseteq \hat{Q}^{i_0}. \quad (6.103)$$

Wenn andererseits $\boldsymbol{y}$ aus $\hat{Q}^{i_0}$ beliebig ist, und $\boldsymbol{h}^{i_0\nu}$, $\nu \in \{1, \ldots, \varkappa_1\}$ eine beschränkte von der Ecke $\boldsymbol{u}^{i_0}$ ausgehende Kante sowie $\boldsymbol{u}^{i_\nu}$ die mit der Ecke $\boldsymbol{u}^{i_0}$ benachbarte Ecke in Richtung dieser Kante sind, so gilt offenbar:

$$\sum_{r=1}^{m} (u_r^{i_\nu} - u_r^{i_0}) y_r \geqq 0 \Rightarrow \sum_{r=1}^{m} h_r^{i_0\nu} y_r \geqq 0.$$

Falls $h^{i_0\nu}$ eine unbeschränkte von der Ecke $\boldsymbol{u}^{i_0}$ ausgehende Kante des Polyeders $\mathfrak{N}$ ist, so gilt wegen $\boldsymbol{y} \in \hat{Q}^{i_0} \subseteq Q$ nach (6.62) $\sum_{r=1}^{m} h_r^{i_0\nu} y_r \geqq 0$. Für ein beliebiges $\boldsymbol{y} \in \hat{Q}^{i_0}$ gilt daher

$$\sum_{r=1}^{m} h_r^{i_0\nu} y_r \geqq 0, \quad \nu = 1, \ldots, \varkappa_1; \quad y_{m+1} = 0,$$

d. h. nach (6.98) $\hat{Q}^{i_0} \subseteq Q^{i_0}$. Daraus und aus (6.103) folgt die Behauptung (6.100).

Aus (6.97) und (6.100) erhalten wir

$$\bar{S}^{i_0} = \left\{ \boldsymbol{y} \in E_{m+1} \mid (y_1, \ldots, y_m, 0) \in Q^{i_0}; \ y_{m+1} = \sum_{r=1}^{m} u_r^{i_0} y_r \right\}. \quad (6.104)$$

Da das Polyeder Q^{i_0} nach Lemma 6.8 die Dimension m besitzt, folgt daraus, daß das Polyeder K^{i_0} die Menge $\bar{S}^{i_0}$ als seine m-dimensionale Seite besitzt. Diese Seite ist nach (6.62) und (6.97) zugleich eine abgeschlossene Seite des Kegels K_1, und deshalb enthält die Menge K^{i_0} alle diejenigen Punkte $\boldsymbol{y}$ aus K_1, für die $(y_1, \ldots, y_m, 0) \in Q^{i_0}$ gilt. Daraus und aus der Einteilung (6.91) der Menge Q ergibt sich unmittelbar (6.95).

Ist das Polyeder $\mathfrak{N}$ einelementig, so folgt aus (6.62)

$$K_1 = \left\{\boldsymbol{y} \in E_{m+1} \mid (y_1, \ldots, y_m, 0) \in Q, \ \sum_{r=1}^{m} u_r^0 y_r - y_{m+1} \geqq 0\right\}.$$

Da nach den letzten Überlegungen im Beweis des Lemmas 6.10 die Menge Q mit der Hyperebene R_0 aus (6.32) zusammenfällt, kann man hier einfach

$$K_1 = \left\{\boldsymbol{y} \in E_{m+1} \mid \sum_{r=1}^{m} u_r^0 y_r - y_{m+1} \geqq 0\right\}$$

schreiben, d. h., die Aussage (6.95) gilt hier trivialerweise. ▮

▮ L. 6.12 *Ist die Dimension des Polyeders $\mathfrak{N}$ mindestens Eins, und $\boldsymbol{u}^{i_0}$ ist eine Ecke*[1]) *von $\mathfrak{N}$, so ist die Menge $\bar{S}^{i_0}$ aus* (6.104) *entweder*

1° *eine abgeschlossene m-dimensionale Seite des Kegels K aus* (3.10), *falls* dim $K = m + 1$ *ist, oder*

2° *gleich K, falls* dim $K = m$ *ist.*

Im Fall 1° *existiert eindeutig eine maximale Indexmenge $I^{i_0} \subset \{1, \ldots, n\}$, die mindestens ein und höchstens $n - m$ Elemente enthält, so daß*

$$\bar{S}^{i_0} = \{\boldsymbol{y} \in E_{m+1} \mid \boldsymbol{y} = \Phi(\boldsymbol{x}), x_\alpha = 0, \alpha \in I^{i_0}, x_\alpha \geqq 0, \alpha \notin I^{i_0}\} \tag{6.105}$$

ist. Hierbei ist Φ die Abbildung aus (3.8). ▮

▮ Bws. Da $\boldsymbol{u}^{i_0}$ eine Ecke des Polyeders $\mathfrak{N}$ ist, ist nach (6.6) die Existenz einer Indexmenge

$$\{\alpha_1, \ldots, \alpha_\varrho\} \subseteq \{1, \ldots, n\} \qquad \text{mit} \quad m \leqq \varrho \leqq n$$

in der Weise gesichert, daß

$$\left.\begin{aligned} &\sum_{r=1}^{m} a_{r\alpha} u_r^{i_0} = c_\alpha, \quad && \alpha \in \{\alpha_1, \ldots, \alpha_\varrho\}, \\ &\sum_{r=1}^{m} a_{r\alpha} u_r^{i_0} > c_\alpha, \quad && \alpha \in \{1, \ldots, n\} \setminus \{\alpha_1, \ldots, \alpha_\varrho\} \end{aligned}\right\} \tag{6.106.}$$

[1]) Nach Lemma 6.1 besitzt das Polyeder $\mathfrak{N}$ immer Ecken und unter der Voraussetzung dim $\mathfrak{N} \geqq 1$ mindestens eine Kante.

gilt, wobei die Koeffizientenmatrix des Gleichungssystems vom Range m ist. Durch das folgende System von linearen Restriktionen

$$\sum_{r=1}^{m} a_{r\alpha} y_r + c_\alpha y_{m+1} = 0\,, \qquad \alpha \in \{\alpha_1, \ldots, \alpha_\varrho\}\,,$$

$$\sum_{r=1}^{m} a_{r\alpha} y_r + c_\alpha y_{m+1} < 0\,, \qquad \alpha \in \{1, \ldots, n\} \setminus \{\alpha_1, \ldots, \alpha_\varrho\}$$

wird nach der Definition (6.31) des Kegels K^* eine Kante desselben eindeutig beschrieben, und nach (6.106) hat der Vektor $\boldsymbol{h}^* = (-u_1^{i_0}, \ldots, -u_m^{i_0}, 1)^T$ die Richtung dieser Kante. Daraus ergibt sich nach Lemma 6.3, daß die Hyperebene

$$R^{i_0} = \left\{\boldsymbol{y} \in E_{m+1} \mid y_{m+1} = \sum_{r=1}^{m} u_r^{i_0} y_r\right\}$$

entweder eine bestimmte abgeschlossene m-dimensionale Seite des Kegels K oder den Kegel K selbst enthält. Für alle Punkte $\boldsymbol{y}$ aus $K \cap R^{i_0}$ erhalten wir nach (3.10) und (3.8)

$$y_r = \sum_{\alpha=1}^{n} a_{r\alpha} x_\alpha\,, \qquad r = 1, \ldots, m\,; \quad x_\alpha \geqq 0\,, \quad \alpha = 1, \ldots, n\,;$$

$$y_{m+1} = \sum_{r=1}^{m} u_r^{i_0} y_r = \sum_{\alpha=1}^{n} c_\alpha x_\alpha = \sum_{r=1}^{m} \sum_{\alpha=1}^{n} a_{r\alpha} u_r^{i_0} x_\alpha\,,$$

und daher muß

$$\sum_{\alpha=1}^{n} \left(\sum_{r=1}^{m} a_{r\alpha} u_r^{i_0} - c_\alpha\right) x_\alpha = 0\,; \qquad x_\alpha \geqq 0\,, \quad \alpha = 1, \ldots, n\,,$$

sein.

Daraus folgt nach (6.106) $x_\alpha = 0$, $\alpha \notin \{\alpha_1, \ldots, \alpha_\varrho\}$, und damit

$$K \cap R^{i_0} = \{\boldsymbol{y} \in E_{m+1} \mid \boldsymbol{y} = \Phi(\boldsymbol{x});\, x_\alpha = 0, \alpha \notin \{\alpha_1, \ldots, \alpha_\varrho\}\,; \\ x_\alpha \geqq 0, \alpha \in \{\alpha_1, \ldots, \alpha_\varrho\}\}\,. \tag{6.107}$$

Die Menge $\bar{S}^{i_0}$ aus (6.97) kann ebenfalls nach (6.104), (6.95) und (6.94) in der Form $\bar{S}^{i_0} = K_1 \cap R^{i_0}$ geschrieben werden. Sie ist eine abgeschlossene m-dimensionale Seite des Kegels K_1, wie man aus Lemma 6.11 und seinem Beweis schließen kann. Da nach (6.18) $K \subseteq K_1$ ist, ergibt sich mit Hilfe von (6.107)

$$K \cap R^{i_0} \subseteq \bar{S}^{i_0}\,. \tag{6.108}$$

Es sei nun $\boldsymbol{y} \in \bar{S}^{i_0}$ beliebig. Setzen wir $y_r = \lambda_r$ $(r = 1, \ldots, m)$, so ist $y_{m+1} = \sum_{r=1}^{m} u_r^{i_0} \lambda_r$ und wegen $Q^{i_0} \subseteq Q$ liegt $(\lambda_1, \ldots, \lambda_m, 0)$ in Q aus (6.52) (siehe auch (6.72)). Die Menge Q entsteht nach Lemma 6.4 durch Projektion des Kegels K in Richtung der y_{m+1}-Achse in die durch $y_{m+1} = 0$ beschriebene Koordinatenhyperebene im Raum E_{m+1}. Dadurch ist der Durchschnitt des Kegels K mit der Geraden $L(\boldsymbol{\lambda})$, d. h. die Menge $U(\boldsymbol{\lambda})$ aus (6.10) nicht leer. Nach (6.11) ist dann das Polyeder $\mathfrak{M}(\boldsymbol{\lambda})$ nicht leer. Der Vektor $\boldsymbol{\lambda} = (\lambda_1, \ldots, \lambda_m)^T$ gehört zu $\mathfrak{B}_\lambda$

und nach (6.21) gilt für den fraglichen Punkt

$$y_{m+1} = \varphi(\boldsymbol{\lambda}) = \sum_{r=1}^{m} u^{i_0} \lambda_r .$$

Nach (6.13) und (6.10) gehört der Punkt $(\lambda_1, \ldots, \lambda_m, \varphi(\boldsymbol{\lambda}))$ zur Menge K, so daß der beliebig gewählte Punkt $\boldsymbol{y} \in \bar{S}^{i_0}$ in K liegt. Da aber $\boldsymbol{y}$ auch aus R^{i_0} ist, folgt daraus

$$\boldsymbol{y} \in \bar{S}^{i_0} \Rightarrow \boldsymbol{y} \in K \cap R^{i_0}$$

und bei Berücksichtigung von (6.108) ergibt sich daher

$$\bar{S}^{i_0} = K \cap R^{i_0} . \tag{6.109}$$

Wenn K die Dimension $m + 1$ besitzt, und demzufolge die Matrix $\tilde{\boldsymbol{A}}$ vom Range $m + 1$ ist, so kann die m-dimensionale Menge $K \cap R^{i_0}$ aus (6.107), die nach (6.109) mit der Menge $\bar{S}^{i_0}$ zusammenfällt, den Kegel K nicht enthalten, und es gilt daher $\{1, \ldots, n\} \setminus \{\alpha_1, \ldots, \alpha_\varrho\} \neq \emptyset$ für die Indexmenge $\{\alpha_1, \ldots, \alpha_\varrho\}$ aus (6.107). Setzt man

$$I^{i_0} = \{1, \ldots, n\} \setminus \{\alpha_1, \ldots, \alpha_\varrho\} ,$$

so ist I^{i_0} nicht leer, und da die Indexmenge $\{\alpha_1, \ldots, \alpha_\varrho\}$ mindestens m Indizes enthält, ist $\varrho \leqq n - m$. Daraus folgt (6.105). In diesem Fall ist die Menge $\bar{S}^{i_0}$ eine abgeschlossene m-dimensionale Seite des Kegels K.

Wenn K m-dimensional ist, so gilt (6.38), und die durch

$$y_{m+1} = \sum_{r=1}^{m} w_r y_r$$

beschriebene Hyperebene enthält den Kegel K, wobei $\boldsymbol{u}^0 = (w_1, \ldots, w_m)$ die einzige Ecke des Polyeders $\mathfrak{N}$ ist ($\boldsymbol{u}^0$ ist dann auch die einzige Ecke von $\bar{\mathfrak{N}}$). In diesem Fall ist $\{\alpha_1, \ldots, \alpha_\varrho\} = \{1, \ldots, n\}$ und daher I^{i_0} die leere Menge. ▌

Wenn das Polyeder $\mathfrak{N}$ nulldimensional ist, d. h. wenn das Polyeder $\mathfrak{N}$ einelementig ist, so gilt das Lemma 6.12, wenn statt der Menge $\bar{S}^{i_0}$ aus (6.104) die Menge

$$\bar{S}^0 = \left\{\boldsymbol{y} \in E_{m+1} \mid y_{m+1} = \sum_{r=1}^{m} u_r^0 y_r\right\}$$

angeführt wird, in welche die Menge $\bar{S}^{i_0}$ für $\boldsymbol{u}^{i_0} = \boldsymbol{u}^0$ hierbei übergeht.

6.4. Hauptsätze und Zusammenhänge zwischen den dualen parametrischen Problemen $\boldsymbol{P}(\boldsymbol{\lambda}, \boldsymbol{o})$ und $\boldsymbol{D}(\boldsymbol{o}, \boldsymbol{\lambda})$

▌ S. 6.6 *Die zulässige Parametermenge $\mathfrak{B}_\lambda$ (6.5) besitzt folgende Eigenschaften:*

1° *Die Menge $\mathfrak{B}_\lambda$ ist ein m-dimensionaler polyedrischer Kegel im Raum E_{m+1} mit einem Scheitel im Koordinatenursprung $\boldsymbol{o} \in E_{m+1}$.*

2° *Wenn eine der Mengen* $\mathfrak{N}$ *oder* $\overline{\mathfrak{N}}$ *nicht leer und beschränkt ist, so fällt* $\mathfrak{B}_\lambda$ *mit dem Raum* E_m *zusammen.*

3° *Wenn* $\mathfrak{N}$ *unbeschränkt ist und* $\boldsymbol{h}^\nu = (h_1^\nu, \ldots, h_m^\nu)^T$ *Vektoren in Richtung aller unbeschränkten Kanten* h^ν $(\nu = 1, \ldots, N)$ *des Polyeders* $\mathfrak{N}$ *sind, so ist*

$$\mathfrak{B}_\lambda = \left\{\boldsymbol{\lambda} \in E_m \mid \sum_{r=1}^{m} h_r^\nu \lambda_r \geqq 0,\ \nu = 1, \ldots, N\right\}. \tag{6.110}$$

4° *Wenn* $\mathfrak{N}$ *eine nicht leere Menge ist, so stellt die Menge* $\mathfrak{B}_\lambda$ *den maximalen Definitionsbereich der Lösungsfunktion* $\varphi(\boldsymbol{\lambda})$ *dar.* ▌

▌ Bws. Wir zeigen zunächst, daß die Äquivalenz

$$\boldsymbol{\lambda} \in \mathfrak{B}_\lambda \Leftrightarrow (\lambda_1, \ldots, \lambda_m, 0) \in Q \tag{6.111}$$

gilt, wobei Q die in (6.52) definierte Menge ist. Es sei $\boldsymbol{\lambda} \in \mathfrak{B}_\lambda$ beliebig. Dann ist $\mathfrak{M}(\boldsymbol{\lambda})$ nicht leer. Nach (6.11) und (6.10) hat die Gerade $L(\boldsymbol{\lambda})$ aus (6.9), die parallel zur y_{m+1}-Achse im Raum E_{m+1} verläuft, einen nicht leeren Durchschnitt mit dem Kegel K. Sie schneidet die Hyperebene

$$R_0 = \{\boldsymbol{y} \in E_{m+1} \mid y_{m+1} = 0\}$$

im Punkt $(\lambda_1, \ldots, \lambda_m, 0)$. Da die Menge Q nach Lemma 6.4 durch die Projektion von K in Richtung der y_{m+1}-Achse in die Hyperebene R_0 entsteht, liegt $(\lambda_1, \ldots, \lambda_m, 0)$ in Q. Ist andererseits $(\lambda_1, \ldots, \lambda_m, 0) \in Q$ beliebig, so hat die Gerade $L(\boldsymbol{\lambda})$ einen nicht leeren Durchschnitt mit dem Kegel K. Das bedeutet wegen (6.10) und (6.11), daß die Menge $\mathfrak{M}(\boldsymbol{\lambda})$ nicht leer ist, d. h. $\boldsymbol{\lambda} \in \mathfrak{B}_\lambda$.

Führt man $\lambda_r = y_r$ $(r = 1, \ldots, m)$ als kartesische Koordinaten in der Hyperebene R_0 ein, so kann man auf Grund von (6.111)

$$\mathfrak{B}_\lambda = Q \tag{6.112}$$

setzen. Aus (6.112) folgt mit Lemma 6.4, daß die Menge ein m-dimensionaler Kegel mit einem Scheitel $\boldsymbol{o} \in E_{m+1}$ ist; es gilt also die Aussage 1°.

Wenn die Matrix $\tilde{\boldsymbol{A}}$ (3.9) vom Range $m + 1$ und $\mathfrak{N}$ (bzw. $\overline{\mathfrak{N}}$) nicht leer und beschränkt sind, so sind nach Lemma 6.6 die Mengen Q und R_0 gleich. Ist der Rang der Matrix $\tilde{\boldsymbol{A}}$ gleich m, so erhalten wir aus Lemma 6.2, 4°, daß beide Mengen $\mathfrak{N}$ und $\overline{\mathfrak{N}}$ nicht leer sind. Ist eine der Mengen $\mathfrak{N}$ oder $\overline{\mathfrak{N}}$ beschränkt, so sind beide Polyeder gleich $\{\boldsymbol{u}^0\}$ (nach Lemma 6.2). Auf Grund von Lemma 6.5 ergibt sich dann, daß der Kegel Q^* aus (6.53) nur den Punkt $\boldsymbol{o}$ enthält. Nach Lemma 6.4 gilt auch hier $Q = R_0$. Wegen (6.112) gilt dann die Aussage 2°. Die Eigenschaft 3° folgt unmittelbar aus (6.112) und der Darstellung (6.68) der Menge Q; die Aussage 4° ist offensichtlich. ▌

Die Aussagen 3° und 4° von Satz 6.6 lassen sich unmittelbar übertragen, falls das Polyeder $\overline{\mathfrak{N}}$ die Rolle von $\mathfrak{N}$ übernimmt.

S. 6.7 *Es sei*

$$\dim \mathfrak{N} \geqq 1$$

und $\boldsymbol{u}^i$ $(i = 1, \ldots, N)$ *seien alle Ecken*[1]) *des Polyeders* $\mathfrak{N}$, $h^{i\nu}$ $(\nu = 1, \ldots, \varkappa_i)$ *seien alle von der Ecke* $\boldsymbol{u}^i$ *ausgehenden Kanten des Polyeders* $\mathfrak{N}$ *und* $\boldsymbol{h}^{i\nu} = (h_1^{i\nu}, \ldots, h_m^{i\nu})^T$ *ein Vektor in Richtung der Kante* $h^{i\nu}$ *mit dem Anfangswertpunkt* $\boldsymbol{u}^i$. *Definieren wir die Mengen*

$$\mathfrak{A}_{\lambda 0}^i = \left\{\boldsymbol{\lambda} \in E_m \mid \sum_{r=1}^{m} h_r^{i\nu} \lambda_r \geqq 0,\ \nu = 1, \ldots, \varkappa_i\right\}, \qquad i = 1, \ldots, N\,, \quad (6.113)$$

so bildet dieses Mengensystem eine Einteilung der Lösbarkeitsmenge $\mathfrak{A}_{\lambda 0} = \mathfrak{B}_\lambda$ *mit folgenden Eigenschaften:*

1° *Jede der Mengen* $\mathfrak{A}_{\lambda 0}^i$, $i = 1, \ldots, N$, *ist ein m-dimensionaler Kegel mit einem Scheitel* $\boldsymbol{o} \in E_m$.

2° *Für jedes Indexpaar* $i_1, i_2 \in \{1, \ldots, N\}$, $i_1 \neq i_2$, *gilt entweder*

$$\mathfrak{A}_{\lambda 0}^{i_1} \cap \mathfrak{A}_{\lambda 0}^{i_2} = \{\boldsymbol{o}\}$$

oder der Durchschnitt ist eine den Kegeln $\mathfrak{A}_{\lambda 0}^{i_1}$ *und* $\mathfrak{A}_{\lambda 0}^{i_2}$ *gemeinsame abgeschlossene d-dimensionale Seite* $(1 \leqq d < m)$.

3° *Die Kegel* $\mathfrak{A}_{\lambda 0}^{i_1}$ *und* $\mathfrak{A}_{\lambda 0}^{i_2}$ *berühren sich genau dann entlang einer abgeschlossenen* $(m-1)$*-dimensionalen Seite, wenn die entsprechenden Ecken* $\boldsymbol{u}^{i_1}$ *und* $\boldsymbol{u}^{i_2}$ *benachbart sind.*

4° *Die Lösungsfunktion* $\varphi(\boldsymbol{\lambda})$ *ist über jeder Menge* $\mathfrak{A}_{\lambda 0}^i$ $(i = 1, \ldots, N)$ *linear, und es gilt*

$$\varphi(\boldsymbol{\lambda}) = \sum_{r=1}^{m} u_r^i \lambda_r\,, \qquad \boldsymbol{\lambda} \in \mathfrak{A}_{\lambda 0}^i\,, \qquad i = 1, \ldots, N\,. \quad (6.116)$$

Bws. Aus der Definition (6.113) der Menge $\mathfrak{A}_{\lambda 0}^i$ und aus (6.71) folgt, daß die Mengen $\mathfrak{A}_{\lambda 0}^i$ und Q^i zusammenfallen, d. h.

$$\mathfrak{A}_{\lambda_0}^i = Q^i \qquad (i = 1, \ldots, N)\,. \quad (6.117)$$

Damit ergeben sich alle Aussagen des Satzes bis auf die letzte aus den Lemmata 6.10 und 6.9. Die Eigenschaft 4° ergibt sich aus den Darstellungen (6.21) und (6.94) des Kegels K_1 unter Berücksichtigung von (6.117).

Der Einteilungssatz S. 6.7 läßt sich entsprechend für die Lösbarkeitsmenge $\overline{\mathfrak{A}}_{\lambda 0}$ des parametrischen Problems $\overline{P}(\boldsymbol{\lambda}, 0)$ (6.4) formulieren.

B. 6.7 Wenn die Dimension der Menge $\mathfrak{N}$ Null ist, d. h. wenn das Polyeder $\mathfrak{N}$ genau einen Punkt $\boldsymbol{u}^0$ enthält, erhalten wir eine triviale Einteilung

$$\mathfrak{A}_{\lambda 0} = \mathfrak{A}_{\lambda 0}^1 = E_m\,.$$

---

[1]) Nach Lemma 6.1 besitzt das nicht leere Polyeder $\mathfrak{N}$ (bzw. $\overline{\mathfrak{N}}$) Ecken, und wegen $\dim \mathfrak{N} \geqq 1$ (bzw. $\dim \overline{\mathfrak{N}} \geqq 1$) kann es sich nicht auf einen einzigen Punkt reduzieren.

Der Satz 6.7 gilt ebenfalls, nur anstelle von (6.116) muß

$$\varphi(\boldsymbol{\lambda}) = \sum_{r=1}^{m} u_r^0 \lambda_r , \qquad \boldsymbol{\lambda} \in \mathfrak{A}_{\lambda 0} = E_m$$

stehen. ▌

▌ S. 6.8 *Wenn die Matrix* $\tilde{\boldsymbol{A}}$ (3.9) *vom Range m ist, so ist die Funktion* $\varphi(\boldsymbol{\lambda})$ *linear über* $\mathfrak{A}_{\lambda 0}$ *und es gilt*

$$\varphi(\boldsymbol{\lambda}) = \sum_{r=1}^{m} u_r^0 \lambda_r , \qquad \boldsymbol{\lambda} \in \mathfrak{A}_{\lambda 0} ,$$

wobei $\boldsymbol{u}^0$ *die einzige Ecke der beiden Polyeder* $\mathfrak{N}$ *und* $\overline{\mathfrak{N}}$ *ist.* ▌

▌ Bws. Nach Voraussetzung besitzt die Matrix $\tilde{\boldsymbol{A}}$ den Rang m. Dann gilt

$$c_\alpha = \sum_{r=1}^{m} a_{r\alpha} w_r , \qquad \alpha = 1, \ldots, n , \qquad \sum_{r=1}^{m} |w_r| > 0 ,$$

und aus (6.6) und (6.7) ergibt sich, daß der Punkt $\boldsymbol{u}^0 = (w_1, \ldots, w_m)^T$ eine Ecke sowohl vom Polyeder $\mathfrak{N}$ als auch vom Polyeder $\overline{\mathfrak{N}}$ ist (dabei ist offenbar auch der Fall berücksichtigt, daß $\mathfrak{N}$ und $\overline{\mathfrak{N}}$ lediglich aus der Ecke $\boldsymbol{u}^0$ bestehen). Für jedes $\boldsymbol{\lambda} \in \mathfrak{A}_{\lambda 0}$ und jeden Punkt $\boldsymbol{x}$ aus $\mathfrak{M}(\boldsymbol{\lambda})$ gilt dann

$$F(\boldsymbol{x}) = \sum_{\alpha=1}^{n} \sum_{r=1}^{m} a_{r\alpha} w_r x_\alpha = \sum_{r=1}^{m} w_r \lambda_r = \sum_{r=1}^{m} u_r^0 \lambda_r$$

und daher auch

$$\varphi(\boldsymbol{\lambda}) = \max_{\boldsymbol{x} \in \mathfrak{M}(\lambda)} F(\boldsymbol{x}) = \sum_{r=1}^{m} u_r^0 \lambda_r = \min_{\boldsymbol{x} \in \mathfrak{M}(\lambda)} F(\boldsymbol{x}) = \overline{\varphi}(\boldsymbol{\lambda}) , \qquad \boldsymbol{\lambda} \in \mathfrak{A}_{\lambda 0} .$$ ▌

▌ S. 6.9 *Wenn* $\mathfrak{N}$ *eine nicht leere Menge ist, so ist die Lösungsfunktion* $\varphi(\boldsymbol{\lambda})$ *stetig, stückweise linear und konkav über ihrem maximalen Definitionsbereich* $\mathfrak{A}_{\lambda 0}$. *Sie ist genau dann linear über der Menge* $\mathfrak{A}_{\lambda 0}$, *wenn das Polyeder* $\mathfrak{N}$ *nur eine einzige Ecke besitzt.* ▌

▌ Bws. Nach Satz 6.5 ist $\varphi(\boldsymbol{\lambda})$ konkav über $\mathfrak{A}_{\lambda 0}$. Die Aussage, daß $\varphi(\boldsymbol{\lambda})$ stückweise linear über $\mathfrak{A}_{\lambda 0}$ ist, folgt unmittelbar aus dem Satz 6.7 und der anschließenden Bemerkung 6.7. Die Stetigkeit ergibt sich aus der Beschreibung (6.21) des Kegels K_1, denn die Menge

$$\{\boldsymbol{y} \in E_{m+1} \mid y_r = \lambda_r, r = 1, \ldots, m; y_{m+1} = \varphi(\boldsymbol{\lambda}), \boldsymbol{\lambda} \in \mathfrak{A}_{\lambda 0}\}$$

wird als Teilmenge des Kegels K_1 aus einer endlichen Anzahl aneinander anschließender linearer Flächenstücke zusammengesetzt (das sind alle m-dimensionalen abgeschlossenen Seiten des Kegels K_1).

Wenn das Polyeder $\mathfrak{N}$ genau eine Ecke besitzt, so ist die Einteilung für den Fall $\dim \mathfrak{N} \geqq 1$ eine triviale Einteilung, und es gilt

$$\varphi(\boldsymbol{\lambda}) = \sum_{r=1}^{m} u_r^0 \lambda_r , \qquad \boldsymbol{\lambda} \in \mathfrak{A}_{\lambda 0} .$$

Im Falle dim $\mathfrak{N} = 0$, d. h. $\mathfrak{N} = \{\boldsymbol{u}^0\}$, erhielten wir bereits dasselbe Resultat. Ist nun andererseits die Funktion $\varphi(\boldsymbol{\lambda})$ linear über $\mathfrak{A}_{\lambda 0}$, so kann das Polyeder $\mathfrak{N}$ nicht mehr als eine Ecke besitzen. Würde es nämlich zwei Ecken $\boldsymbol{u}^{i_1}$, $\boldsymbol{u}^{i_2}$ des Polyeders $\mathfrak{N}$ geben, so wäre nach Satz 6.7

$$\varphi(\boldsymbol{\lambda}) = \sum_{r=1}^{m} u_r^{i_1} \lambda_r , \quad \boldsymbol{\lambda} \in \mathfrak{A}_{\lambda 0}^{i_1} ; \qquad \varphi(\boldsymbol{\lambda}) = \sum_{r=1}^{m} u_r^{i_2} \lambda_r , \quad \boldsymbol{\lambda} \in \mathfrak{A}_{\lambda 0}^{i_2} ,$$

woraus wegen der Linearität von $\varphi(\boldsymbol{\lambda})$

$$\sum_{r=1}^{m} (u_r^{i_1} - u_r^{i_2}) \lambda_r = 0 , \qquad \boldsymbol{\lambda} \in \mathfrak{A}_{\lambda 0}$$

folgt, was aber $\boldsymbol{u}^{i_1} = \boldsymbol{u}^{i_2}$ bewirkt.

▌ B. 6.8 Unter der Voraussetzung $\mathfrak{N} \neq \emptyset$ ist das Optimierungsproblem $P(\boldsymbol{\lambda}, \boldsymbol{o})$ für alle $\boldsymbol{\lambda} \in \mathfrak{A}_{\lambda 0}$ und nur für solche lösbar. Für die Optimalmenge $\mathfrak{M}_{\text{opt}}(\boldsymbol{\lambda})$ ergibt sich daraus

$$\mathfrak{M}_{\text{opt}}(\boldsymbol{\lambda}) \neq \emptyset , \quad \boldsymbol{\lambda} \in \mathfrak{A}_{\lambda 0} , \qquad \mathfrak{M}_{\text{opt}}(\boldsymbol{\lambda}) = \emptyset , \quad \boldsymbol{\lambda} \notin \mathfrak{A}_{\lambda 0} .$$

Wenn $\mathfrak{M}_{\text{opt}}(\boldsymbol{\lambda}) \neq \emptyset$ ist, so stellt diese Menge entweder die Abschließung einer d-dimensionalen Seite ($d \geqq 0$) des Polyeders $\mathfrak{M}(\boldsymbol{\lambda})$ dar, oder sie fällt mit $\mathfrak{M}(\boldsymbol{\lambda})$ zusammen. Daraus und aus der Darstellung (6.2) des Polyeders $\mathfrak{M}(\lambda)$ folgt die Existenz einer eindeutig bestimmten Indexmenge $I_{\lambda 0}(\boldsymbol{\lambda})$ mit der Eigenschaft

$$\mathfrak{M}_{\text{opt}}(\boldsymbol{\lambda}) = \{\boldsymbol{x} \in \mathfrak{M}(\boldsymbol{\lambda}) \mid x_\alpha = 0, \alpha \in I_{\lambda 0}(\boldsymbol{\lambda})\} . \tag{6.118}$$

Die Indexmenge $I_{\lambda 0}(\boldsymbol{\lambda})$ ist maximal bezüglich (6.118). Entsprechend der Definition 3.3 bezeichnen wir $I_{\lambda 0}(\boldsymbol{\lambda})$ als charakteristische Indexmenge der Optimalmenge $\mathfrak{M}_{\text{opt}}(\boldsymbol{\lambda})$. ▌

▌ S. 6.10 *Es seien $\mathfrak{N}$ eine nicht leere Menge und das Mengensystem $\mathfrak{A}_{\lambda 0}^1, \ldots, \mathfrak{A}_{\lambda 0}^N$* (6.113) *die Einteilung der Lösbarkeitsmenge $\mathfrak{A}_{\lambda 0}$. Sie besitzt dann folgende Eigenschaften:*

1° *Jedem Kegel $\mathfrak{A}_{\lambda 0}^i$ ($i = 1, \ldots, N$) der Einteilung ist eindeutig eine charakteristische Indexmenge $I_{\lambda 0}^i \subseteq \{1, \ldots, n\}$ derart zugeordnet, daß*

$$\mathfrak{M}_{\text{opt}}(\boldsymbol{\lambda}) = \{\boldsymbol{x} \in \mathfrak{M}(\boldsymbol{\lambda}) \mid x_\alpha = 0, \alpha \in I_{\lambda 0}^i\} , \qquad \boldsymbol{\lambda} \in \operatorname{int} \mathfrak{A}_{\lambda 0}^i$$

gilt. Die Dimension der Menge $\mathfrak{M}_{\text{opt}}(\boldsymbol{\lambda})$ ist für alle $\boldsymbol{\lambda} \in \operatorname{int} \mathfrak{A}_{\lambda 0}^i$ dieselbe.

2° *Wenn $\hat{\boldsymbol{\lambda}} \in \mathfrak{A}_{\lambda 0}$ ein Randpunkt der Menge $\mathfrak{A}_{\lambda 0}^i$ und $I_{\lambda 0}(\boldsymbol{\lambda})$ die charakteristische Indexmenge von $\mathfrak{M}_{\text{opt}}(\hat{\boldsymbol{\lambda}})$ ist, so gilt*

$$I_{\lambda 0}(\hat{\boldsymbol{\lambda}}) \supset I_{\lambda 0}^i ,$$
$$\dim \mathfrak{M}_{\text{opt}}(\hat{\boldsymbol{\lambda}}) \leqq \dim \mathfrak{M}_{\text{opt}}(\boldsymbol{\lambda}) , \qquad \boldsymbol{\lambda} \in \operatorname{int} \mathfrak{A}_{\lambda 0}^i .$$

3° *Wenn* $\boldsymbol{\lambda} \in \mathfrak{A}_{\lambda 0} \setminus \operatorname{int} \mathfrak{A}^i_{\lambda 0}$ *beliebig ist, und* $I_{\lambda 0}(\boldsymbol{\lambda}) \subseteq \{1, \ldots, n\}$ *die charakteristische Indexmenge zur Optimalmenge* $\mathfrak{M}_{\text{opt}}(\boldsymbol{\lambda})$ *ist, so gilt*

$$I_{\lambda 0}(\boldsymbol{\lambda}) \neq I^i_{\lambda 0}.$$

4° *Wenn* $\hat{\boldsymbol{\lambda}} \in \mathfrak{A}_{\lambda 0}$ *ein Randpunkt der Menge* $\mathfrak{A}^i_{\lambda 0}$ *und* $\boldsymbol{\lambda} \in \mathfrak{A}_{\lambda 0} \setminus \mathfrak{A}^i_{\lambda 0}$ *beliebig sind, so gilt*

$$I_{\lambda 0}(\hat{\boldsymbol{\lambda}}) \not\subseteq I_{\lambda 0}(\boldsymbol{\lambda}).$$

5° *Die Einteilung* $\mathfrak{A}^i_{\lambda 0}$ $(i = 1, \ldots, N)$ *ist die einzige Einteilung mit den Eigenschaften* 1° *bis* 4°. ▮

▮ Bws. Es sei $i \in \{1, \ldots, N\}$ beliebig und $\mathfrak{A}^i_{\lambda 0}$ sei der entsprechende Kegel aus der Einteilung $\mathfrak{A}^1_{\lambda 0}, \ldots, \mathfrak{A}^N_{\lambda 0}$. Wählen wir mit $\boldsymbol{\lambda}^1$ und $\boldsymbol{\lambda}^2$ zwei beliebige Punkte aus $\operatorname{int} \mathfrak{A}^i_{\lambda 0}$. Nach (6.111) und (6.117) liegen dann die beiden Punkte $(\lambda^1_1, \ldots, \lambda^1_m, 0)$ und $(\lambda^2_1, \ldots, \lambda^2_m, 0)$ in der Menge Q^i. Da $\boldsymbol{\lambda}^1$ und $\boldsymbol{\lambda}^2$ aus dem Innern von $\mathfrak{A}^i_{\lambda 0}$ sind, gilt auch

$$(\lambda^1_1, \ldots, \lambda^1_m, 0) \in \operatorname{int} Q^i, \qquad (\lambda^2_1, \ldots, \lambda^2_m, 0) \in \operatorname{int} Q^i. \tag{6.120}$$

Aus (6.104) und aus Lemma 6.12 folgt, daß die Menge

$$\bar{S}^i = \left\{ \boldsymbol{y} \in E_{m+1} \mid (y_1, \ldots, y_m, 0) \in Q^i,\ y_{m+1} = \sum_{r=1}^{m} u^i_r y_r \right\}$$

entweder eine abgeschlossene m-dimensionale Seite des Kegels K (3.10) darstellt oder mit dem Kegel K zusammenfällt. Wir wissen, daß dann eindeutig eine maximale Indexmenge $I^i \subseteq \{1, \ldots, n\}$ (die im Falle $\bar{S}^i = K$ leer ist) mit der Eigenschaft

$$\bar{S}^i = \{\boldsymbol{y} \in E_{m+1} \mid \boldsymbol{y} = \boldsymbol{\Phi}(\boldsymbol{x}),\ x_\alpha = 0,\ \alpha \in I^i;\ x_\alpha \geqq 0,\ \alpha \notin I^i\} \tag{6.121}$$

existiert. Die Punkte

$$\boldsymbol{y}^1 = \left(\lambda^1_1, \ldots, \lambda^1_m, \sum_{r=1}^{m} u^i_r \lambda^1_r\right)^T, \qquad \boldsymbol{y}^2 = \left(\lambda^2_1, \ldots, \lambda^2_m, \sum_{r=1}^{m} u^i_r \lambda^2_r\right)^T,$$

die auf Grund von (6.116) auch die Darstellung

$$\boldsymbol{y}^1 = (\lambda^1_1, \ldots, \lambda^1_m, \varphi(\boldsymbol{\lambda}^1))^T, \qquad \boldsymbol{y}^2 = (\lambda^2_1, \ldots, \lambda^2_m, \varphi(\boldsymbol{\lambda}^2))^T \tag{6.122}$$

besitzen, liegen wegen (6.120) im Innern der abgeschlossenen Seite $\bar{S}^i$ oder des Kegels K (falls $\bar{S}^i = K$ gilt). Aus (6.122) und (6.14) entnehmen wir

$$\boldsymbol{y}^1 = \boldsymbol{\Phi}(\mathfrak{M}_{\text{opt}}(\boldsymbol{\lambda}^1)), \qquad \boldsymbol{y}^2 = \boldsymbol{\Phi}(\mathfrak{M}_{\text{opt}}(\boldsymbol{\lambda}^2)). \tag{6.123}$$

Gemäß der Bemerkung 6.8 können wir schreiben

$$\mathfrak{M}_{\text{opt}}(\boldsymbol{\lambda}^j) = \{\boldsymbol{x} \in \mathfrak{M}(\boldsymbol{\lambda}^j) \mid x_\alpha = 0,\ \alpha \in I_{\lambda 0}(\boldsymbol{\lambda}^j),\ x_\alpha \geqq 0,\ \alpha \notin I_{\lambda 0}(\boldsymbol{\lambda}^j)\}, \qquad j = 1, 2, \tag{6.124}$$

dabei sind $I_{\lambda 0}(\boldsymbol{\lambda}^1)$ und $I_{\lambda 0}(\boldsymbol{\lambda}^2)$ charakteristische Indexmengen.
Jede der Mengen

$$\bar{S}(\boldsymbol{\lambda}^j) = \{\boldsymbol{y} \in E_{m+1} \mid \boldsymbol{y} = \boldsymbol{\Phi}(\boldsymbol{x}),\ x_\alpha = 0,\ \alpha \in I_{\lambda 0}(\boldsymbol{\lambda}^j),\ x_\alpha \geqq 0,\ \alpha \notin I_{\lambda 0}(\boldsymbol{\lambda}^j)\}, \qquad j = 1, 2, \tag{6.125}$$

ist offenbar entweder die Abschließung einer Seite des Kegels K oder der Kegel K selbst. Aus (6.124) und (6.125) sowie (6.123) ergibt sich $\boldsymbol{y}^1 \in \bar{S}(\boldsymbol{\lambda}^1)$, $\boldsymbol{y}^2 \in \bar{S}(\boldsymbol{\lambda}^2)$. Da $\boldsymbol{y}^1$ und $\boldsymbol{y}^2$ zugleich innere Punkte entweder ein und derselben abgeschlossenen Seite $\bar{S}^i$ aus (6.121) oder des Kegels K sind, erkennen wir, daß $\bar{S}(\boldsymbol{\lambda}^1) = \bar{S}(\boldsymbol{\lambda}^2) = \bar{S}^i$ gelten muß. Deshalb erhalten wir wegen (6.121) und (6.125)

$$I_{\lambda 0}(\boldsymbol{\lambda}^1) = I_{\lambda 0}(\boldsymbol{\lambda}^2) = I^i_{\lambda 0} = J^i .$$

Da $\boldsymbol{\lambda}^1$ und $\boldsymbol{\lambda}^2$ beliebige Punkte aus int $\mathfrak{A}^i_{\lambda 0}$ sind, gilt

$$I_{\lambda 0}(\boldsymbol{\lambda}) = I^i_{\lambda 0}, \qquad \boldsymbol{\lambda} \in \operatorname{int} \mathfrak{A}^i_{\lambda 0}. \tag{6.126}$$

Damit ist der erste Teil der Eigenschaft 1° bewiesen.

Es seien $\boldsymbol{\lambda}^1$ und $\boldsymbol{\lambda}^2$ zwei verschiedene beliebige Punkte aus int $\mathfrak{A}^i_{\lambda 0}$ und

$$d_1 = \dim \mathfrak{M}_{\text{opt}}(\boldsymbol{\lambda}^1), \qquad d_2 = \dim \mathfrak{M}_{\text{opt}}(\boldsymbol{\lambda}^2).$$

Es gibt offenbar einen Punkt $\tilde{\boldsymbol{\lambda}}$ mit

$$\tilde{\boldsymbol{\lambda}} = \boldsymbol{\lambda}^1 + \tilde{t}\,(\boldsymbol{\lambda}^2 - \boldsymbol{\lambda}^1), \qquad \tilde{t} > 1, \qquad \tilde{\boldsymbol{\lambda}} \in \operatorname{int} \mathfrak{A}^i_{\lambda 0}. \tag{6.127}$$

Nach (6.126) gilt dann

$$\left.\begin{aligned} \mathfrak{M}_{\text{opt}}(\boldsymbol{\lambda}^1) &= \{\boldsymbol{x} \in \mathfrak{M}(\boldsymbol{\lambda}^1) \mid x_\alpha = 0,\ \alpha \in I^i_{\lambda 0}\}, \\ \mathfrak{M}_{\text{opt}}(\boldsymbol{\lambda}^2) &= \{\boldsymbol{x} \in \mathfrak{M}(\boldsymbol{\lambda}^2) \mid x_\alpha = 0,\ \alpha \in I^i_{\lambda 0}\}, \\ \mathfrak{M}_{\text{opt}}(\tilde{\boldsymbol{\lambda}}) &= \{\boldsymbol{x} \in \mathfrak{M}(\tilde{\boldsymbol{\lambda}}) \mid x_\alpha = 0,\ \alpha \in I^i_{\lambda 0}\}. \end{aligned}\right\} \tag{6.128}$$

Es sei $\tilde{\boldsymbol{x}} \in \mathfrak{M}_{\text{opt}}(\tilde{\boldsymbol{\lambda}})$ beliebig, jedoch fest gewählt. Nach (6.128) erhalten wir

$$\sum_{\alpha=1}^{n} a_{r\alpha}\,\tilde{x}_\alpha = \tilde{\lambda}_r, \quad r = 1, \ldots, m; \quad \tilde{x}_\alpha = 0, \quad \alpha \in I^i_{\lambda 0}; \quad \tilde{x}_\alpha \geqq 0, \quad \alpha \notin I^i_{\lambda 0}. \tag{6.129}$$

Da die Menge $\mathfrak{M}_{\text{opt}}(\boldsymbol{\lambda}^1)$ als d_1-dimensional vorausgesetzt wurde, gibt es $d_1 + 1$ linear unabhängige Punkte $\boldsymbol{x}^s$ ($s = 1, \ldots, d_1 + 1$) aus $\mathfrak{M}_{\text{opt}}(\boldsymbol{\lambda}^1)$, für die nach (6.128)

$$\sum_{\alpha=1}^{n} a_{r\alpha}\,x^s_\alpha = \lambda^1_r, \quad r = 1, \ldots, m; \quad x^s_\alpha = 0, \quad \alpha \in I^i_{\lambda 0}; \quad x^s_\alpha \geqq 0, \quad \alpha \notin I^i_{\lambda 0}. \tag{6.130}$$

gilt. Jede der vom Punkt $\tilde{\boldsymbol{x}}$ ausgehenden Halbgeraden

$$P^s = \{\boldsymbol{x} \in E_n \mid \boldsymbol{x} = \tilde{\boldsymbol{x}} + \tau\,(\boldsymbol{x}^s - \tilde{\boldsymbol{x}}),\ \tau \geqq 0\}, \qquad s = 1, \ldots, d_1 + 1,$$

schneidet den durch

$$\sum_{\alpha=1}^{n} a_{r\alpha}\,x_\alpha = \lambda^2_r, \qquad r = 1, \ldots, m$$

beschriebenen linearen Unterraum des E_n in genau einem Punkt

$$\hat{\boldsymbol{x}}^s = \tilde{\boldsymbol{x}} + \left(1 - \frac{1}{\tilde{t}}\right)(\boldsymbol{x}^s - \tilde{\boldsymbol{x}}) \tag{6.131}$$

$\left(\text{wobei nach (6.127) } 1 - \frac{1}{\tilde{t}} > 0 \text{ ist}\right)$. Es gilt nämlich nach (6.129), (6.130), (6.131) und (6.127)

$$\sum_{\alpha=1}^{n} a_{r\alpha} \hat{x}_\alpha^s = \lambda_r^2 , \qquad r = 1, \ldots , m ; \qquad s = 1, \ldots , d_1 + 1 . \tag{6.132}$$

Weiterhin folgt wegen $\tilde{t} > 1$

$$\hat{x}_\alpha^s = \tilde{x}_\alpha \frac{1}{\tilde{t}} + \left(1 - \frac{1}{\tilde{t}}\right) x_\alpha^s \geqq 0 , \qquad \alpha \in \{1, \ldots , n\} \setminus I_{\lambda 0}^i ,$$

$$\hat{x}_\alpha^s = 0 , \qquad \alpha \in I_{\lambda 0}^i .$$

Zusammen mit (6.132) und (6.128) erhalten wir dann

$$\hat{\boldsymbol{x}}^s \in \mathfrak{M}_{\text{opt}}(\boldsymbol{\lambda}^2) , \qquad s = 1, \ldots , d_1 + 1 . \tag{6.133}$$

Man erkennt sofort, daß die Punkte $\hat{\boldsymbol{x}}^s$ aus (6.133) linear unabhängig sind. Es gilt also $d_2 \geqq d_1$. Die umgekehrte Ungleichung erhält man, wenn man die Rollen der Punkte $\boldsymbol{\lambda}^1$ und $\boldsymbol{\lambda}^2$ vertauscht. Die Aussage 1° wurde somit vollständig bewiesen.

Es sei $\hat{\boldsymbol{\lambda}}$ ein Randpunkt der Menge $\mathfrak{A}_{\lambda 0}^i$. Dann ist auch der Punkt $(\hat{\lambda}_1, \ldots , \hat{\lambda}_m, 0)$ ein Randpunkt des Kegels Q^i. Weiter ist $\hat{\boldsymbol{y}} \in E_{m+1}$ mit

$$\hat{y}_r = \hat{\lambda}_r , \qquad r = 1, \ldots , m ; \qquad \hat{y}_{m+1} = \sum_{r=1}^{m} u_r^i \hat{y}_r = \varphi(\hat{\boldsymbol{\lambda}})$$

ein Randpunkt der in (6.121) beschriebenen abgeschlossenen m-dimensionalen Seite $\bar{S}^i$ des Kegels K. Er liegt somit in einer bestimmten (offenen) Seite $\hat{S}^i$ der Dimension d mit $d < m$ des Kegels K, die mit der Seite S^i inzident ist. Dann ergibt sich wegen (6.121) die Existenz einer eindeutig bestimmten Indexmenge $J(\hat{\boldsymbol{\lambda}}) \subseteq \{1, \ldots , n\}$ derart, daß für die Abschließung der Seite $\hat{S}^i$

$$\bar{\hat{S}}^i = \{\boldsymbol{y} \in E_{m+1} \mid \boldsymbol{y} = \Phi(\boldsymbol{x}); x_\alpha = 0, \ \alpha \in J(\hat{\boldsymbol{\lambda}}) \supset I_{\lambda 0}^i; \ x_\alpha \geqq 0, \ \alpha \notin J(\hat{\boldsymbol{\lambda}})\} \tag{6.134}$$

gilt. Andererseits gibt es eine charakteristische Indexmenge $I_{\lambda 0}(\hat{\boldsymbol{\lambda}}) \subseteq \{1, \ldots, n\}$ mit der Eigenschaft

$$\mathfrak{M}_{\text{opt}}(\hat{\boldsymbol{\lambda}}) = \{\boldsymbol{x} \in \mathfrak{M}(\boldsymbol{\lambda}) \mid x_\alpha = 0, \ \alpha \in I_{\lambda 0}(\hat{\boldsymbol{\lambda}}); \ x_\alpha \geqq 0, \ \alpha \notin I_{\lambda 0}(\hat{\boldsymbol{\lambda}})\} . \tag{6.135}$$

Auch die Menge

$$\bar{S}(\hat{\boldsymbol{\lambda}}) = \{\boldsymbol{y} \in E_{m+1} \mid \boldsymbol{y} = \Phi(\boldsymbol{x}); \ x_\alpha = 0, \ \alpha \in I_{\lambda 0}(\hat{\boldsymbol{\lambda}}); \ x_\alpha \geqq 0, \ \alpha \notin I_{\lambda 0}(\hat{\boldsymbol{\lambda}})\} \tag{6.136}$$

ist die Abschließung einer Seite von K oder K selbst. Aus (6.135) und (6.136) erkennen wir wegen $\hat{\boldsymbol{y}} = \Phi(\mathfrak{M}_{\text{opt}}(\hat{\boldsymbol{\lambda}}))$, daß $\hat{\boldsymbol{y}}$ in der Seite $\bar{S}(\hat{\boldsymbol{\lambda}})$ liegt. Da $\hat{\boldsymbol{y}}$ auch zu $\hat{S}^i$ gehört, fallen die Mengen $\bar{S}(\hat{\boldsymbol{\lambda}})$ und $\bar{\hat{S}}^i$ zusammen. Das bedeutet aber wegen der Beschreibungen (6.134) und (6.136) der Mengen, daß auch die Indexmengen $I_{\lambda 0}(\hat{\boldsymbol{\lambda}})$ und $J(\hat{\boldsymbol{\lambda}})$ gleich sind. Es gilt also

$$\left.\begin{aligned} &\mathfrak{M}_{\text{opt}}(\tilde{\boldsymbol{\lambda}}) = \{\boldsymbol{x} \in \mathfrak{M}(\boldsymbol{\lambda}) \mid x_\alpha = 0,\ \alpha \in I_{\lambda 0}(\hat{\boldsymbol{\lambda}});\ x_\alpha \geqq 0,\ \alpha \notin I_{\lambda 0}(\hat{\boldsymbol{\lambda}})\}\,, \\ &I_{\lambda 0}(\hat{\boldsymbol{\lambda}}) \supset I^i_{\lambda 0}\,, \end{aligned}\right\} \tag{6.137}$$

d. h., der erste Teil der Aussage 2° ist bewiesen.

Wählen wir $\boldsymbol{\lambda}^1 \in \operatorname{int} \mathfrak{A}^i_{\lambda 0}$ beliebig. Dann existiert offenbar ein Punkt $\tilde{\boldsymbol{\lambda}}$ mit

$$\tilde{\boldsymbol{\lambda}} = \hat{\boldsymbol{\lambda}} + \tilde{t}\,(\boldsymbol{\lambda}^1 - \hat{\boldsymbol{\lambda}})\,; \qquad \tilde{t} > 1\,, \quad \tilde{\boldsymbol{\lambda}} \in \operatorname{int} \mathfrak{A}^i_{\lambda 0}\,. \tag{6.138}$$

Es seien

$$\hat{d} = \dim \mathfrak{M}_{\text{opt}}(\hat{\boldsymbol{\lambda}})\,, \qquad d_1 = \dim \mathfrak{M}_{\text{opt}}(\boldsymbol{\lambda}^1)\,,$$

$\hat{\boldsymbol{x}}^s$, $s = 1, \ldots, \hat{d} + 1$ beliebige linear unabhängige Punkte aus $\mathfrak{M}_{\text{opt}}(\hat{\boldsymbol{\lambda}})$ und $\tilde{\boldsymbol{x}}$ aus $\mathfrak{M}_{\text{opt}}(\tilde{\boldsymbol{\lambda}})$ beliebig. Aus (6.137) erhalten wir dann

$$\left.\begin{aligned} &\sum_{\alpha=1}^{n} a_{r\alpha}\, \hat{x}^s_\alpha = \hat{\lambda}_r\,, \quad r = 1, \ldots, m\,; \quad s = 1, \ldots, \hat{d} + 1\,, \\ &\hat{x}^s_\alpha = 0\,, \quad \alpha \in I_{\lambda 0}(\hat{\boldsymbol{\lambda}})\,; \quad \hat{x}^s_\alpha \geqq 0\,, \quad \alpha \notin I_{\lambda 0}(\hat{\boldsymbol{\lambda}}) \end{aligned}\right\} \tag{6.139}$$

und wegen $\tilde{\boldsymbol{\lambda}} \in \operatorname{int} \mathfrak{A}^i_{\lambda 0}$ und $\tilde{\boldsymbol{x}} \in \mathfrak{M}_{\text{opt}}(\tilde{\boldsymbol{\lambda}})$ gilt (6.129), d. h.

$$\left.\begin{aligned} &\sum_{\alpha=1}^{n} a_{r\alpha}\, \tilde{x}_\alpha = \tilde{\lambda}_r\,, \quad r = 1, \ldots, m\,, \\ &\tilde{x}_\alpha = 0\,, \quad \alpha \in I^i_{\lambda 0}\,; \quad \tilde{x}_\alpha \geqq 0\,, \quad \alpha \notin I^i_{\lambda 0}\,. \end{aligned}\right\} \tag{6.140}$$

Die Halbgerade

$$P^s = \{\boldsymbol{x} \in E_n \mid \boldsymbol{x} = \tilde{\boldsymbol{x}} + \tau\,(\hat{\boldsymbol{x}}^s - \tilde{\boldsymbol{x}}), \tau \geqq 0\}\,, \qquad s \in \{1, \ldots, \hat{d} + 1\}$$

enthält wegen $\tilde{t} > 1$ (siehe (6.138)) den Punkt

$$\mathring{\boldsymbol{x}}^s = \tilde{\boldsymbol{x}} + \tilde{\tau}\,(\hat{\boldsymbol{x}}^s - \tilde{\boldsymbol{x}})\,, \qquad \tilde{\tau} = 1 - \frac{1}{\tilde{t}} \tag{6.141}$$

als inneren Punkt. Dann gilt auf Grund der obigen Beziehungen

$$\sum_{\alpha=1}^{n} a_{r\alpha}\, \mathring{x}^s_\alpha = \lambda^1_r\,, \qquad r = 1, \ldots, m\,.$$

Nach der bereits bewiesenen Eigenschaft $I_{\lambda 0}(\hat{\boldsymbol{\lambda}}) \supset I^i_{\lambda 0}$ ergibt sich aus (6.141), (6.139) und (6.140) weiter

$$\mathring{x}^s_\alpha = 0\,, \quad \alpha \in I^i_{\lambda 0}; \qquad \mathring{x}^s_\alpha \geqq 0\,, \quad \alpha \in \{1, \ldots, n\} \setminus I^i_{\lambda 0}\,.$$

Dann folgt nach (6.128), daß die Punkte $\mathring{\boldsymbol{x}}^s$ $(s = 1, \ldots, \hat{d} + 1)$ zur Menge $\mathfrak{M}_{\text{opt}}(\boldsymbol{\lambda}^1)$ gehören. Auf Grund der linearen Unabhängigkeit der Punkte $\hat{\boldsymbol{x}}^s$ $(s = 1, \ldots, \hat{d} + 1)$ läßt sich leicht zeigen, daß die Punkte $\mathring{\boldsymbol{x}}^s$ $(s = 1, \ldots, \hat{d} + 1)$ die gleiche Eigenschaft besitzen. Damit gilt $d_1 \geqq \hat{d}$, d. h., der zweite Teil der Behauptung 2° ist bewiesen.

Für einen Punkt $\boldsymbol{\lambda}^0 \in \mathfrak{A}_{\lambda 0} \setminus \operatorname{int} \mathfrak{A}^i_{\lambda 0}$ haben wir zwei Fälle zu unterscheiden: Entweder ist $\boldsymbol{\lambda}^0$ ein Randpunkt der Menge $\mathfrak{A}^i_{\lambda 0}$, oder er gehört zu einer anderen Menge $\mathfrak{A}^k_{\lambda 0}$ $(i \neq k)$ der Einteilung. Im ersten Fall gilt nach der bereits bewiesenen Behauptung 2°

$$I_{\lambda 0}(\boldsymbol{\lambda}^0) \neq I^i_{\lambda 0}\,.$$

Es liege nun $\boldsymbol{\lambda}^0$ in $\mathfrak{A}^k_{\lambda 0}$, jedoch $\boldsymbol{\lambda}^0 \notin \mathfrak{A}^i_{\lambda 0}$. Dann gibt es eindeutig eine Indexmenge $I^k_{\lambda 0} \subseteq \{1,\ldots,n\}$ so, daß

$$\mathfrak{M}_{\text{opt}}(\boldsymbol{\lambda}) = \{\boldsymbol{x} \in \mathfrak{M}(\boldsymbol{\lambda}) \mid x_\alpha = 0,\ \alpha \in I^k_{\lambda 0};\ x_\alpha \geqq 0,\ \alpha \in \{1,\ldots,n\} \setminus I^k_{\lambda 0}\}$$

für alle $\boldsymbol{\lambda} \in \operatorname{int} \mathfrak{A}^k_{\lambda 0}$ ist und eine Indexmenge $I_{\lambda 0}(\boldsymbol{\lambda}^0) \subseteq \{1,\ldots,n\}$ derart, daß

$$\mathfrak{M}_{\text{opt}}(\boldsymbol{\lambda}^0) = \{\boldsymbol{x} \in \mathfrak{M}(\boldsymbol{\lambda}^0) \mid x_\alpha = 0,\ \alpha \in I_{\lambda 0}(\boldsymbol{\lambda}^0);\ x_\alpha \geqq 0,\ \alpha \in \{1,\ldots,n\} \setminus I_{\lambda 0}(\boldsymbol{\lambda}^0)\}\,,$$

$$I_{\lambda 0}(\boldsymbol{\lambda}^0) \supseteq I^k_{\lambda 0}$$

gilt. ($I^k_{\lambda 0}$ ist genau dann eine echte Teilmenge der Menge $I_{\lambda 0}(\boldsymbol{\lambda}^0)$, wenn $\boldsymbol{\lambda}^0$ ein Randpunkt der Menge $\mathfrak{A}^k_{\lambda 0}$ ist. Andernfalls gilt $I_{\lambda 0}(\boldsymbol{\lambda}^0) = I^k_{\lambda 0}$ auf Grund der Aussage 1° dieses Satzes). Wie wir beim Beweis der Behauptung 1° feststellten, ist die Menge

$$\bar{S}^i = \{\boldsymbol{y} \in E_{m+1} \mid \boldsymbol{y} = \Phi(\boldsymbol{x});\ x_\alpha = 0,\ \alpha \in I^i_{\lambda 0};\ x_\alpha \geqq 0,\ \alpha \notin I^i_{\lambda 0}\} \qquad (6.142)$$

eine $(m-1)$-dimensionale abgeschlossene Seite des Kegels K oder mit K identisch. Die gleiche Eigenschaft besitzt die Menge

$$\bar{S}^k = \{\boldsymbol{y} \in E_{m+1} \mid \boldsymbol{y} = \Phi(\boldsymbol{x});\ x_\alpha = 0,\ \alpha \in I^k_{\lambda 0};\ x_\alpha \geqq 0,\ \alpha \notin I^k_{\lambda 0}\}\,. \qquad (6.143)$$

Gleichzeitig haben wir die Darstellung

$$\left.\begin{aligned} \bar{S}^i &= \left\{\boldsymbol{y} \in E_{m+1} \mid (y_1,\ldots,y_m,0) \in Q^k;\ y_{m+1} = \sum_{r=1}^{m} u^i_r\, y_r\right\},\\ \bar{S}^k &= \left\{\boldsymbol{y} \in E_{m+1} \mid (y_1,\ldots,y_m,0) \in Q^i;\ y_{m+1} = \sum_{r=1}^{m} u^k_r\, y_r\right\}. \end{aligned}\right\} \qquad (6.144)$$

Wegen $\boldsymbol{\lambda}^0 \in \mathfrak{A}^k_{\lambda 0}$, $\boldsymbol{\lambda}^0 \notin \mathfrak{A}^i_{\lambda 0}$, ist nach (6.117) und (6.111)

$$(\lambda^0_1,\ldots,\lambda^0_m,0) \notin Q^i\,, \qquad (\lambda^0_1,\ldots,\lambda^0_m,0) \in Q^k\,.$$

Wegen (6.144) erkennen wir dann, daß der Punkt $\boldsymbol{y}^0$ mit den Koordinaten

$$y^0_r = \lambda^0_r\,, \quad r = 1,\ldots,m\,; \qquad y^0_{m+1} = \sum_{r=1}^{m} u^k_r\, y^0_r$$

in der abgeschlossenen Seite $\bar{S}^k$ jedoch nicht in $\bar{S}^i$ liegt (denn $\boldsymbol{u}^i$ und $\boldsymbol{u}^k$ sind wegen $i \neq k$ zwei verschiedene Ecken des Polyeders $\mathfrak{N}$, denen im Sinne der Vorschrift aus Lemma 6.8 die Kegel Q^i und Q^k zugeordnet sind; nach Lemma 6.9 sind die Mengen int Q^i und int Q^k disjunkt). Aus $\boldsymbol{y}^0 \in \bar{S}^k$, $\boldsymbol{y}^0 \notin \bar{S}^i$ folgt nach (6.142) und (6.143), daß die Indexmengen $I^i_{\lambda 0}$ und $I^k_{\lambda 0}$ $(i \neq k)$ verschieden sind. Da aber $I_{\lambda 0}(\boldsymbol{\lambda}^0) \supseteq I^k_{\lambda 0}$ gilt, muß $I^i_{\lambda 0} \neq I_{\lambda 0}(\boldsymbol{\lambda}^0)$ gelten. Wäre das nämlich nicht der Fall, so wäre $I^k_{\lambda 0}$ eine Teilmenge von $I^i_{\lambda 0}$ und nach (6.142), (6.143) auch $\bar{S}^i$ von $\bar{S}^k$. Das ist jedoch unmöglich, da $\bar{S}^i$ und $\bar{S}^k$ zwei verschiedene m-dimensionale abgeschlossene Seiten des Kegels K sind. Wir haben also die Eigenschaft 3° vollständig bewiesen.

Es sei $\hat{\boldsymbol{\lambda}} \in \mathfrak{A}_{\lambda 0}$ ein Randpunkt der Menge $\mathfrak{A}^i_{\lambda 0}$, $I_{\lambda 0}(\hat{\boldsymbol{\lambda}}) \subseteq \{1, \ldots, n\}$ die charakteristische Indexmenge zur Optimalmenge $\mathfrak{M}_{\text{opt}}(\hat{\boldsymbol{\lambda}})$. Dann gilt nach Behauptung 2°

$$I_{\lambda 0}(\hat{\boldsymbol{\lambda}}) \supset I^i_{\lambda 0}\,. \tag{6.145}$$

Es sei weiter $\boldsymbol{\lambda} \in \mathfrak{A}_{\lambda 0} \setminus \mathfrak{A}^i_{\lambda 0}$ beliebig und $I_{\lambda 0}(\boldsymbol{\lambda})$ die charakteristische Indexmenge aus (6.118). Nehmen wir nun an, daß

$$I_{\lambda 0}(\hat{\boldsymbol{\lambda}}) \subset I_{\lambda 0}(\boldsymbol{\lambda})$$

gilt. Nach 3° dieses Satzes ist $I_{\lambda 0}(\boldsymbol{\lambda})$ von $I^i_{\lambda 0}$ verschieden. Wegen (6.145) gilt jedoch, daß $I^i_{\lambda 0}$ eine Teilmenge von $I_{\lambda 0}(\boldsymbol{\lambda})$ ist. Daraus folgt $I^i_{\lambda 0} \subset I_{\lambda 0}(\boldsymbol{\lambda})$. Daraus und aus (6.118) und (6.142) erkennen wir, daß der Punkt $\boldsymbol{y} = \Phi(\mathfrak{M}_{\text{opt}}(\boldsymbol{\lambda}))$ ein Randpunkt der in (6.142) beschriebenen abgeschlossenen m-dimensionalen Seite $\bar{S}^i$ des Kegels K ist. Dann ist wegen (6.144) der Punkt $(\lambda_1, \ldots, \lambda_m, 0)$ ein Randpunkt des Kegels Q^i und daher auf Grund von (6.111) und (6.117) auch ein Randpunkt der Menge $\mathfrak{A}^i_{\lambda 0}$. Das steht jedoch im Widerspruch zur Voraussetzung.

Um die Behauptung 5° zu beweisen, nehmen wir an, daß es neben der betrachteten Einteilung mit den Eigenschaften 1° bis 4° eine weitere Einteilung

$$\tilde{\mathfrak{A}}^1_{\lambda 0}, \ldots, \tilde{\mathfrak{A}}^{\tilde{N}}_{\lambda 0} \tag{6.146}$$

mit den gleichen Eigenschaften gibt. Wir fixieren die Menge $\tilde{\mathfrak{A}}^{i_1}_{\lambda 0}$ ($i_1 \in \{1, \ldots, \tilde{N}\}$) aus der Einteilung (6.146). Es sei $\boldsymbol{\lambda}^0 \in \operatorname{int} \tilde{\mathfrak{A}}^{i_1}_{\lambda 0}$ beliebig. In 1° wurde ausgesagt, daß es eindeutig eine Indexmenge $\tilde{I}^{i_1}_{\lambda 0} \subseteq \{1, \ldots, n\}$ mit der Eigenschaft

$$\mathfrak{M}_{\text{opt}}(\boldsymbol{\lambda}) = \{\boldsymbol{x} \in \mathfrak{M}(\boldsymbol{\lambda}) \mid x_\alpha = 0,\ \alpha \in \tilde{I}^{i_1}_{\lambda 0};\ x_\alpha \geqq 0,\ \alpha \notin \tilde{I}^{i_1}_{\lambda 0}\} \tag{6.147}$$

für alle $\boldsymbol{\lambda} \in \operatorname{int} \mathfrak{A}^{i_1}_{\lambda 0}$ gibt und daher auch für $\boldsymbol{\lambda} = \boldsymbol{\lambda}^0$. Der Punkt $\boldsymbol{\lambda}^0$ gehört auch zu einer Menge $\mathfrak{A}^{i_2}_{\lambda 0}$ ($i_2 \in \{1, \ldots, N\}$) der Einteilung, die durch (6.113) gegeben ist. Entweder liegt $\boldsymbol{\lambda}^0$ im Innern von $\mathfrak{A}^{i_2}_{\lambda 0}$, oder $\boldsymbol{\lambda}^0$ ist ein Randpunkt dieser Menge. Im zweiten Fall gibt es offenbar einen Punkt $\tilde{\boldsymbol{\lambda}}$ mit $\tilde{\boldsymbol{\lambda}} \in \operatorname{int} \tilde{\mathfrak{A}}^{i_1}_{\lambda 0}$, $\tilde{\boldsymbol{\lambda}} \in \operatorname{int} \mathfrak{A}^{i_2}_{\lambda 0}$, im ersten Fall gilt das bereits für den Punkt $\boldsymbol{\lambda}^0$. Wir können also voraussetzen, daß $\boldsymbol{\lambda}^0$ ein Punkt mit den Eigenschaften

$$\boldsymbol{\lambda}^0 \in \operatorname{int} \tilde{\mathfrak{A}}^{i_1}_{\lambda 0}\,, \qquad \boldsymbol{\lambda}^0 \in \operatorname{int} \mathfrak{A}^{i_2}_{\lambda 0}$$

ist. Nach Aussage 1° gilt dann

$$\mathfrak{M}_{\text{opt}}(\boldsymbol{\lambda}) = \{\boldsymbol{x} \in \mathfrak{M}(\boldsymbol{\lambda}) \mid x_\alpha = 0,\ \alpha \in I^{i_2}_{\lambda 0},\ x_\alpha \geqq 0,\ \alpha \notin I^{i_2}_{\lambda 0}\} \tag{6.148}$$

für alle $\boldsymbol{\lambda} \in \mathfrak{A}^{i_2}_{\lambda 0}$ und daher auch für $\boldsymbol{\lambda} = \boldsymbol{\lambda}^0$. Zusammen mit (6.147) erhalten wir, daß die Indexmengen $\tilde{I}^{i_1}_{\lambda 0}$ und $I^{i_2}_{\lambda 0}$ gleich sind. Nehmen wir nun an, daß es einen Punkt $\boldsymbol{\lambda}^* \in \operatorname{int} \tilde{\mathfrak{A}}^{i_1}_{\lambda 0}$ mit $\boldsymbol{\lambda}^* \notin \operatorname{int} \mathfrak{A}^{i_2}_{\lambda 0}$ gibt. Nach Eigenschaft 3° gilt dann $I_{\lambda 0}(\boldsymbol{\lambda}^*) \neq I^{i_2}_{\lambda 0}$ und wegen $\tilde{I}^{i_1}_{\lambda 0} = I^{i_2}_{\lambda 0}$

$$I_{\lambda 0}(\boldsymbol{\lambda}^*) \neq \tilde{I}^{i_1}_{\lambda 0}, \qquad (6.149)$$

wobei $I_{\lambda 0}(\boldsymbol{\lambda}^*) \subseteq \{1, \ldots, n\}$ die charakteristische Indexmenge zu

$$\mathfrak{M}_{\text{opt}}(\boldsymbol{\lambda}^*) = \{\boldsymbol{x} \in \mathfrak{M}(\boldsymbol{\lambda}^*) \mid x_\alpha = 0,\ \alpha \in I_{\lambda 0}(\boldsymbol{\lambda}^*);\ x_\alpha \geqq 0,\ \alpha \notin I_{\lambda 0}(\boldsymbol{\lambda}^*)\} \qquad (6.150)$$

ist. Auf Grund dessen, daß $\boldsymbol{\lambda}^*$ zu $\operatorname{int} \tilde{\mathfrak{A}}^{i_1}_{\lambda 0}$ gehört, folgt aus (6.147) (bzw. (6.148)) und aus $\tilde{I}^{i_1}_{\lambda 0} = I^{i_2}_{\lambda 0}$

$$\mathfrak{M}_{\text{opt}}(\boldsymbol{\lambda}^*) = \{\boldsymbol{x} \in \mathfrak{M}(\boldsymbol{\lambda}^*) \mid x_\alpha = 0,\ \alpha \in I^{i_1}_{\lambda 0};\ x_\alpha \geqq 0,\ \alpha \notin I^{i_2}_{\lambda 0}\}.$$

Unter Berücksichtigung von (6.150) erhalten wir wegen der Eindeutigkeit der Indexmenge $I_{\lambda 0}(\boldsymbol{\lambda}^*)$ die Gleichung $I_{\lambda 0}(\boldsymbol{\lambda}^*) = I^{i_2}_{\lambda 0}$.

Das steht jedoch im Widerspruch zu (6.149). Alle inneren Punkte der Menge $\tilde{\mathfrak{A}}^{i_1}_{\lambda 0}$ sind also zugleich innere Punkte der Menge $\mathfrak{A}^{i_2}_{\lambda 0}$ und umgekehrt. Da beide Mengen abgeschlossen sind, muß $\tilde{\mathfrak{A}}^{i_1}_{\lambda 0} = \mathfrak{A}^{i_2}_{\lambda 0}$ gelten, d. h., die Einteilung ist eindeutig. ▌

▌ B. 6.9 Die Sätze 6.9 und 6.10 liefern Aussagen über das Problem $P(\boldsymbol{\lambda}, \boldsymbol{o})$ (bzw. $\overline{P}(\boldsymbol{\lambda}, \boldsymbol{o})$) mit den Parametern $\lambda_1, \ldots, \lambda_m$ in den rechten Seiten der linearen Restriktionen. Die folgenden Sätze 6.11 und 6.12 behandeln dagegen das Dualproblem $D(\boldsymbol{o}, \boldsymbol{\lambda})$ (bzw. $\overline{D}(\boldsymbol{o}, \boldsymbol{\lambda})$) mit den Parametern in der Zielfunktion. In Satz 6.11 wird die Lösungsfunktion

$$\psi(\boldsymbol{\lambda}) = \min_{\boldsymbol{u} \in \mathfrak{N}} G(\boldsymbol{u}, \boldsymbol{\lambda}) \qquad \left(\text{bzw. } \overline{\psi}(\boldsymbol{\lambda}) = \max_{\boldsymbol{u} \in \overline{\mathfrak{N}}} G(\boldsymbol{u}, \boldsymbol{\lambda})\right) \qquad (6.151)$$

über ihrem maximalen Definitionsbereich charakterisiert. Die Bedeutung der Einteilung $\mathfrak{A}^1_{\lambda 0}, \ldots, \mathfrak{A}^N_{\lambda 0}$ für das Dualproblem wird im Satz 6.12 hervorgehoben. ▌

▌ S. 6.11 *Wenn $\mathfrak{N}$ eine nicht leere Menge ist, so ist die Lösungsfunktion $\psi(\boldsymbol{\lambda})$ stetig, stückweise linear und konkav über ihrem maximalen Definitionsbereich $\mathfrak{A}_{\lambda 0}$. Sie ist genau dann über $\mathfrak{A}_{\lambda 0}$ linear, wenn entweder $\mathfrak{N}$ nur eine einzige Ecke besitzt oder einelementig ist.* ▌

▌ Bws. Dieser Satz folgt unmittelbar aus (6.30) der Bemerkung 6.4 und Satz 6.9. ▌

▌ S. 6.12. *Es seien $\mathfrak{N}$ nicht leer, $\boldsymbol{u}^i$ $(i = 1, \ldots, N)$ alle Ecken des Polyeders $\mathfrak{N}$, denen die Mengen $\mathfrak{A}^i_{\lambda 0}$ $(i = 1, \ldots, N)$ aus* (6.113), *welche die Einteilung bilden, eindeutig zugeordnet sind, und $\mathfrak{N}_{\text{opt}}(\boldsymbol{\lambda})$ sei die Optimalmenge für das bei festem $\boldsymbol{\lambda} \in \mathfrak{A}_{\lambda 0}$ zu $P(\boldsymbol{\lambda}, \boldsymbol{o})$ duale Problem $D(\boldsymbol{o}, \boldsymbol{\lambda})$. Dann besitzt die Einteilung $\mathfrak{A}^i_{\lambda 0}$ $(i = 1, \ldots, N)$ die folgenden Eigenschaften:*

1° *Für fixiertes* $i \in \{1, \ldots, N\}$ *liegt der Punkt* $\boldsymbol{u}^i$ *genau dann in* $\mathfrak{N}_{\text{opt}}(\boldsymbol{\lambda})$, *wenn* $\boldsymbol{\lambda}$ *zu* $\mathfrak{A}^i_{\lambda 0}$ *gehört. Weiter gilt*

$$\mathfrak{N}_{\text{opt}}(\boldsymbol{\lambda}) = \{\boldsymbol{u}^i\}\,, \qquad \boldsymbol{\lambda} \in \operatorname{int} \mathfrak{A}^i_{\lambda 0}\,.$$

2° *Wenn* $\hat{\boldsymbol{\lambda}}$ *ein Randpunkt der Menge* $\mathfrak{A}^i_{\lambda 0}$ *ist, gilt* $\dim \mathfrak{N}_{\text{opt}}(\hat{\boldsymbol{\lambda}}) > 0$ *und*

$$\mathfrak{N}_{\text{opt}}(\hat{\boldsymbol{\lambda}}) \neq \mathfrak{N}_{\text{opt}}(\boldsymbol{\lambda})\,, \qquad \boldsymbol{\lambda} \in \mathfrak{A}_{\lambda 0} \setminus \mathfrak{A}^i_{\lambda 0}\,.$$

3° *Die Einteilung* $\mathfrak{A}^1_{\lambda 0}, \ldots, \mathfrak{A}^N_{\lambda 0}$ *der Lösbarkeitsmenge* $\mathfrak{A}_{\lambda 0}$ *ist die einzige Einteilung mit den Eigenschaften* 1° *und* 2°. ▌

▌ Bws. Es sei $i \in \{1, \ldots, N\}$ fest. Aus Satz **6.7** und aus (6.30) sowie (6.151) erhalten wir

$$\psi(\boldsymbol{\lambda}) = \sum_{r=1}^{m} u^i_r \lambda_r\,, \qquad \boldsymbol{\lambda} \in \mathfrak{A}^i_{\lambda 0}\,,$$

und daher

$$\boldsymbol{u}^i \in \mathfrak{N}_{\text{opt}}(\boldsymbol{\lambda})\,, \qquad \boldsymbol{\lambda} \in \mathfrak{A}^i_{\lambda 0}\,.$$

Nach Lemma 6.12 und (6.104) ist die Menge $\bar{S}^i$, die man auf Grund von (6.111) und (6.117) auch in der Form

$$\bar{S}^i = \left\{\boldsymbol{y} \in E_{m+1} \mid y_r = \lambda_r,\ r = 1, \ldots, m;\ y_{m+1} = \sum_{r=1}^{m} u^i_r \lambda_r,\ \boldsymbol{\lambda} \in \mathfrak{A}^i_{\lambda 0}\right\} \tag{6.152}$$

schreiben kann, entweder eine m-dimensionale abgeschlossene Seite des Kegels K oder der Kegel K selbst. Die Hyperebene

$$R(\boldsymbol{u}^i) = \left\{\boldsymbol{y} \in E_{m+1} \mid y_{m+1} = \sum_{r=1}^{m} u^i_r y_r\right\} \tag{6.153}$$

ist offenbar eine Stützhyperebene des Kegels K mit $R(\boldsymbol{u}^i) \cap K = \bar{S}^i$. Nach Satz **6.1** sind die Punkte $\boldsymbol{x}^* \in \mathfrak{M}(\boldsymbol{\lambda})$, $\boldsymbol{u}^i \in \mathfrak{N}$ genau dann optimale Punkte der Probleme $P(\boldsymbol{\lambda}, \boldsymbol{o})$, $D(\boldsymbol{o}, \boldsymbol{\lambda})$, wenn die Hyperebene $R(\boldsymbol{u}^i)$ den Kegel K im Punkt $\boldsymbol{y}^* = \Phi(\boldsymbol{x}^*)$ berührt, und K in dem abgeschlossenen positiven Halbraum $\bar{H}^+(\boldsymbol{u}^i)$ zu $R(\boldsymbol{u}^i)$ liegt. Es muß daher $y^* \in R(\boldsymbol{u}^i) \cap K = \bar{S}^i$ sein, und deswegen folgt aus (6.152) $\boldsymbol{\lambda} \in \mathfrak{A}^i_{\lambda 0}$. Die Menge $\mathfrak{A}^i_{\lambda 0}$ ist somit die größte Menge von Parameterpunkten $\boldsymbol{\lambda}$ aus $\mathfrak{A}_{\lambda 0}$, für die $\boldsymbol{u}^i \in \mathfrak{N}_{\text{opt}}(\boldsymbol{\lambda})$ gilt.

Es sei $\boldsymbol{\lambda} \in \operatorname{int} \mathfrak{A}^i_{\lambda 0}$ beliebig. Dann ist der Punkt $\boldsymbol{y}$ mit

$$y_r = \lambda_r\,, \quad r = 1, \ldots, m\,; \qquad y_{m+1} = \sum_{r=1}^{m} u^i_r y_r$$

entweder ein innerer Punkt der abgeschlossenen Seite $\bar{S}^i$ (im Fall, daß der Kegel K $(m + 1)$-dimensional ist) oder ein innerer Punkt des Kegels $K = \bar{S}^i$ (falls K die Dimension m besitzt). Die Hyperebene $R(\boldsymbol{u}^i)$ aus (6.153) ist die einzige Hyperebene im E_{m+1}, die den Kegel K im fraglichen Punkt $\boldsymbol{y}$ berührt.

Daraus ergibt sich nach Satz 6.1, daß der Punkt $\boldsymbol{u}^i \in \mathfrak{N}$ der einzige optimale Punkt des Problems $D(\boldsymbol{o}, \boldsymbol{\lambda})$ ist. Hiermit haben wir die Aussage 1° des Satzes bewiesen.

Es sei nun $\hat{\boldsymbol{\lambda}}$ ein Randpunkt der Menge $\mathfrak{A}^i_{\lambda 0}$. Dann ist nach (6.152) der Punkt $\hat{\boldsymbol{y}}$ mit

$$\hat{y}_r = \hat{\lambda}_r, \quad r = 1, \ldots, m; \qquad \hat{y}_{m+1} = \sum_{r=1}^{m} u^i_r \hat{y}_r$$

ein Randpunkt der m-dimensionalen Seite $\bar{S}^i$ des Kegels K (falls $\dim K = m + 1$) oder ein Randpunkt des Kegels $K = \bar{S}^i$ (falls $\dim K = m$). Er liegt daher in einer bestimmten d-dimensionalen Seite S^d, $0 \leqq d < m$ des Kegels K. Die Hyperebene $R(\boldsymbol{u}^i)$ berührt den Kegel K im Punkt $\hat{\boldsymbol{y}} \in S^d$ (wobei K in dem positiven Halbraum liegt). Sie berührt den Kegel K auch entlang der abgeschlossenen d-dimensionalen Seite $\bar{S}^d$.

Offenbar gibt es wegen $0 \leqq d < m$ unendlich viele Hyperebenen $R(\boldsymbol{u})$ mit den Eigenschaften $\hat{\boldsymbol{y}} \in R(\boldsymbol{u})$, $K \subseteq \bar{H}^+(\boldsymbol{u})$. Ist $R(\boldsymbol{u}^*)$ mit $\boldsymbol{u}^* \neq \boldsymbol{u}^i$ eine derartige Hyperebene, so ist auf Grund von Satz 6.1 der Punkt $\boldsymbol{u}^*$ optimal für das Problem $D(\boldsymbol{o}, \hat{\boldsymbol{\lambda}})$, d. h. $\boldsymbol{u}^* \in \mathfrak{N}_{\text{opt}}(\hat{\boldsymbol{\lambda}})$. Die Menge $\mathfrak{N}_{\text{opt}}(\hat{\boldsymbol{\lambda}})$ enthält also mindestens zwei verschiedene Punkte, d. h., die Dimension des Polyeders $\mathfrak{N}_{\text{opt}}(\hat{\boldsymbol{\lambda}})$ ist mindestens Eins.

Wenn $\mathfrak{A}_{\lambda 0} \setminus \mathfrak{A}^i_{\lambda 0} \neq \emptyset$ und $\boldsymbol{\lambda}^1 \in \mathfrak{A}_{\lambda 0} \setminus \mathfrak{A}^i_{\lambda 0}$ beliebig ist, so haben wir zwei Möglichkeiten zu betrachten:

(a) $\boldsymbol{\lambda}^1$ ist ein innerer Punkt Einteilungskegels $\mathfrak{A}^k_{\lambda 0}$ mit $k \neq i$. Nach Aussage 1° gilt $\mathfrak{N}_{\text{opt}}(\boldsymbol{\lambda}^1) = \{\boldsymbol{u}^k\}$, d. h. $\dim \mathfrak{N}_{\text{opt}}(\boldsymbol{\lambda}^1) = 0$. Oben wurde bewiesen, daß $\dim \mathfrak{N}_{\text{opt}}(\hat{\boldsymbol{\lambda}}) \geqq 1$ ist. Daraus folgt

$$\mathfrak{N}_{\text{opt}}(\boldsymbol{\lambda}) \neq \mathfrak{N}_{\text{opt}}(\hat{\boldsymbol{\lambda}}), \quad \boldsymbol{\lambda} \in \operatorname{int} \mathfrak{A}^k_{\lambda 0}, \quad k = 1, \ldots, N, \quad k \neq i.$$

(b) $\boldsymbol{\lambda}^1$ ist ein Randpunkt von $\mathfrak{A}^k_{\lambda 0}$ mit $k \neq i$. Ähnlich wie oben stellt man fest, daß dann der Punkt $\boldsymbol{y}^1$ mit

$$y^1_r = \lambda^1_r, \quad r = 1, \ldots, m; \qquad y^1_{m+1} = \sum_{r=1}^{m} u^k_r y^1_r = \sum_{r=1}^{m} u^k_r \lambda^1_r \tag{6.154}$$

zu einer bestimmten Seite $'S^d$ mit $d < m$ des Kegels K gehört. Da $\boldsymbol{\lambda}^1$ nicht in $\mathfrak{A}^i_{\lambda 0}$ liegt, gilt $'S^d \nsubseteq \bar{S}^i$, wobei $\bar{S}^i$ die Bedeutung aus (6.152) hat. Es gibt dann mindestens eine m-dimensionale abgeschlossene Seite $\bar{S}^l$ $(l \neq i)$ des Polyeders K, welche die Eigenschaft

$$\boldsymbol{y}^1 \in {}'S^d \subseteq \bar{S}^l, \qquad \bar{S}^l \cap \bar{S}^i = \{\boldsymbol{o}\}$$

besitzt (der Fall $\dim K = m$ kommt hier nicht in Frage; denn es gilt $'\bar{S}^d \subseteq K$, $\bar{S}^i \subseteq K$, $'\bar{S}^d \nsubseteq \bar{S}^i$, und $\bar{S}^i$ ist ein m-dimensionales Polyeder). Für diese Seite gilt ähnlich wie für die Seite $\bar{S}^i$

$$\bar{S}^l = \left\{\boldsymbol{y} \in E_{m+1} \mid y_r = \lambda_r,\ r = 1, \ldots, m;\ y_{m+1} = \sum_{r=1}^{m} u^l_r \lambda_r;\ \boldsymbol{\lambda} \in \mathfrak{A}^l_{\lambda 0}\right\}.$$

Die Hyperebene $R(\boldsymbol{u}^l)$ ist wegen $\bar{S}^l \subseteq R(\boldsymbol{u}^l)$ eine Stützhyperebene an den Kegel K, die aber den Randpunkt $\hat{\boldsymbol{y}} \in \bar{S}^i$ nicht enthält. Daher gilt nach Satz 6.1

$$\boldsymbol{u}^l \notin \mathfrak{N}_{\text{opt}}(\hat{\boldsymbol{\lambda}}) \,. \tag{6.155}$$

Da $\boldsymbol{y}^1$ in $\bar{S}^l$ liegt, erhalten wir unter Berücksichtigung von (6.154)

$$y_r^1 = \lambda_r^1 \,, \quad r = 1, \ldots, m \,; \qquad y_{m+1} = \sum_{r=1}^{m} u_r^k \lambda_r^1 = \sum_{r=1}^{m} u_r^l \lambda_r^1 \,.$$

Nach Satz 6.7, 4°, (6.29) und (6.30) gilt

$$\psi(\boldsymbol{\lambda}) = \min_{\boldsymbol{u} \in \mathfrak{N}} G(\boldsymbol{u}, \boldsymbol{\lambda}) = \varphi(\boldsymbol{\lambda}) = \sum_{r=1}^{m} u_r^k \lambda_r^1$$

und daher auch

$$\min_{\boldsymbol{u} \in \mathfrak{N}} G(\boldsymbol{u}, \boldsymbol{\lambda}^1) = \sum_{r=1}^{m} u_r^l \lambda_r^1 = G(\boldsymbol{u}^l, \boldsymbol{\lambda}_1) \,.$$

Dann liegt $\boldsymbol{u}^l$ in $\mathfrak{N}_{\text{opt}}(\boldsymbol{\lambda})$. Zusammen mit (6.155) ergibt sich

$$\mathfrak{N}_{\text{opt}}(\hat{\boldsymbol{\lambda}}) \neq \mathfrak{N}_{\text{opt}}(\boldsymbol{\lambda}^1)$$

wie im Fall 1°. Behauptung 2° ist damit bewiesen.

Wir nehmen an, daß eine weitere Einteilung

$$\overset{*}{\mathfrak{A}}{}^1_{\lambda 0}, \ldots, \overset{*}{\mathfrak{A}}{}^{N^*}_{\lambda 0} \tag{6.156}$$

mit den Eigenschaften 1° und 2° aus diesem Satz existiert. Es sei $\overset{*}{\mathfrak{A}}{}^{i_1}_{\lambda 0}$ ein beliebiger Kegel der Einteilung (6.156) und $\boldsymbol{\lambda}^0 \in \operatorname{int} \overset{*}{\mathfrak{A}}{}^{i_1}_{\lambda 0}$ beliebig. Nach der Aussage 1° dieses Satzes gibt es eine Ecke $\boldsymbol{u}^0$ des Polyeders $\mathfrak{N}$ mit der Eigenschaft $\mathfrak{N}_{\text{opt}}(\boldsymbol{\lambda}) = \{\boldsymbol{u}^0\}$, $\boldsymbol{\lambda} \in \operatorname{int} \overset{*}{\mathfrak{A}}{}^{i_1}_{\lambda 0}$.

Der Punkt $\boldsymbol{\lambda}^0$ gehört zu mindestens einer Menge $\mathfrak{A}^{i_2}_{\lambda 0}$ ($i_2 \in \{1, \ldots, N\}$) der Einteilung $\mathfrak{A}^1_{\lambda 0}, \ldots, \mathfrak{A}^N_{\lambda 0}$. Da $\boldsymbol{\lambda}^0 \in \operatorname{int} \overset{*}{\mathfrak{A}}{}^{i_1}_{\lambda 0}$ ist, gibt es mindestens einen Punkt $\tilde{\boldsymbol{\lambda}} \in \operatorname{int} \mathfrak{A}^{i_2}_{\lambda 0}$ der zugleich in $\operatorname{int} \overset{*}{\mathfrak{A}}{}^{i_1}_{\lambda 0}$ liegt. Es gilt daher $\mathfrak{N}_{\text{opt}}(\tilde{\boldsymbol{\lambda}}) = \{\boldsymbol{u}^0\}$. Demzufolge gilt $\boldsymbol{u}^0 = \boldsymbol{u}^i$, woraus

$$\mathfrak{N}_{\text{opt}}(\boldsymbol{\lambda}) = \{\boldsymbol{u}^{i_1}\} \,, \qquad \boldsymbol{\lambda} \in \operatorname{int} \overset{*}{\mathfrak{A}}{}^{i_1}_{\lambda 0}$$

folgt. Daraus und aus 1° erhalten wir, daß $\operatorname{int} \overset{*}{\mathfrak{A}}{}^{i_1}_{\lambda 0}$ eine Teilmenge von $\operatorname{int} \mathfrak{A}^{i_2}_{\lambda 0}$ ist. Durch eine ähnliche Überlegung, bei welcher die Mengen $\operatorname{int} \overset{*}{\mathfrak{A}}{}^{i_1}_{\lambda_0}$ und $\operatorname{int} \mathfrak{A}^{i_2}_{\lambda 0}$ die Rollen tauschen, ergibt sich $\operatorname{int} \mathfrak{A}^{i_2}_{\lambda_0} \subseteq \operatorname{int} \overset{*}{\mathfrak{A}}{}^{i_1}_{\lambda 0}$. Es ist daher $\operatorname{int} \overset{*}{\mathfrak{A}}{}^{i_1}_{\lambda 0} = \operatorname{int} \mathfrak{A}^{i_2}_{\lambda 0}$ und deshalb $\overset{*}{\mathfrak{A}}{}^{i_1}_{\lambda 0} = \mathfrak{A}^{i_2}_{\lambda 0}$. Die betrachteten Einteilungen der Menge $\mathfrak{A}_{\lambda 0}$ sind also identisch. Damit ist alles bewiesen. ∎

▌ B. 6.10 Der zulässige Parameterbereich $\mathfrak{B}_\lambda$ ist für den Fall, daß das Polyeder $\mathfrak{N}$ nicht leer ist, die maximale Lösbarkeitsmenge der Dualprobleme $P(\boldsymbol{\lambda}, \boldsymbol{o})$

und $D(\boldsymbol{o}, \boldsymbol{\lambda})$ und für den Fall, daß $\overline{\mathfrak{N}}$ nicht leer ist, der maximale Lösbarkeitsbereich der Dualprobleme $\overline{P}(\boldsymbol{\lambda}, \boldsymbol{o})$ und $\overline{D}(\boldsymbol{o}, \boldsymbol{\lambda})$.

Die Einteilung der Lösbarkeitsmenge besitzt für die lineare Optimierung folgende wichtige Eigenschaft: jede ihrer Einteilungsmengen $\mathfrak{A}^i_{\lambda 0}$ stellt einen bestimmten „Stabilitätsbereich" für die Lösungsmenge der entsprechenden Dualprobleme dar, d. h.

1° Für alle $\boldsymbol{\lambda} \in \mathfrak{A}^i_{\lambda 0}$ existiert eine von $\boldsymbol{\lambda}$ unabhängige Indexmenge $I^i_{\lambda 0} \subseteq \{1, \ldots, n\}$, so daß die Optimalmenge $\mathfrak{M}_{\text{opt}}(\boldsymbol{\lambda})$ des Problems $P(\boldsymbol{\lambda}, \boldsymbol{o})$ die Eigenschaft

$$x_\alpha = x_\alpha(\boldsymbol{\lambda}) = 0\,, \qquad \alpha \in I^i_{\lambda 0} \quad \text{für alle} \quad \boldsymbol{x} \in \mathfrak{M}_{\text{opt}}(\boldsymbol{\lambda})$$

besitzt, wobei $\mathfrak{A}^i_{\lambda 0}$ die größte Teilmenge von $\mathfrak{A}_{\lambda 0}$ mit dieser Eigenschaft ist. Für die dualen parametrischen Probleme $\overline{P}(\boldsymbol{\lambda}, \boldsymbol{o})$ und $\overline{D}(\boldsymbol{o}, \boldsymbol{\lambda})$ gelten entsprechende Aussagen.

2° Wenn $\boldsymbol{\lambda}^0 \in \mathfrak{A}^i_{\lambda 0}$ beliebig und $\boldsymbol{u}^0$ ein optimaler Eckpunkt des Problems $D(\boldsymbol{o}, \boldsymbol{\lambda}^0)$ ist, so ist $\boldsymbol{u}^0$ optimal für alle Optimierungsprobleme

$$D(\boldsymbol{o}, \boldsymbol{\lambda})\,, \qquad \boldsymbol{\lambda} \in \mathfrak{A}^i_{\lambda 0}$$

und $\mathfrak{A}^i_{\lambda 0}$ ist die größte Teilmenge von $\mathfrak{A}_{\lambda 0}$ mit dieser Eigenschaft. ▮

▮ B. 6.11 Die entwickelte Theorie für die Dualprobleme $P(\boldsymbol{\lambda}, \boldsymbol{o})$ und $D(\boldsymbol{o}, \boldsymbol{\lambda})$ hat den Nachteil, daß die Restriktionsmenge $\mathfrak{M}(\boldsymbol{\lambda})$ in einer speziellen Form, nämlich in Gleichungsform, gegeben ist. Für Dualprobleme mit gemischten Restriktionen gelten jedoch ähnliche Aussagen, wie sie in den Sätzen 6.9 bis 6.12 formuliert wurden. ▮

KAPITEL 7

MEHRPARAMETRISCHE LINEARE OPTIMIERUNG – PARAMETER IN DER ZIELFUNKTION BZW. IN DEN RECHTEN SEITEN DER RESTRIKTIONEN

7.1. Einleitung

In diesem Kapitel werden gleichzeitig mehrparametrische lineare Optimierungsprobleme mit d $(1 \leqq d < m)$ Parametern in der Zielfunktion bzw. in den rechten Seiten der Restriktionen untersucht. Es handelt sich hierbei also um eine Verallgemeinerung der in Kapitel 3 dargestellten Theorie linearer Optimierungsprobleme mit einem Parameter in der Zielfunktion bzw. in den rechten Seiten der Restriktionen. Wie in Kapitel 3 stützen sich die Untersuchungen wesentlich auf die Dualitätstheorie der linearen Optimierung. Andererseits wird sich zeigen, daß wir auf die Resultate aus dem vorherigen Kapitel 6 zurückgreifen können. Wir legen die beiden folgenden parametrischen Dualprobleme zugrunde:

$$P(\boldsymbol{v}, \boldsymbol{o}): \max \{F(\boldsymbol{x}) \mid \boldsymbol{x} \in \mathfrak{M}(\boldsymbol{v})\}, \quad \boldsymbol{v} \in E_d \quad (1 \leqq d < m)$$

$$\left(\text{bzw. } \overline{P}(\boldsymbol{v}, \boldsymbol{o}): \min \{F(\boldsymbol{x}) \mid \boldsymbol{x} \in \mathfrak{M}(\boldsymbol{v})\}, \quad \boldsymbol{v} \in E_d \quad (1 \leqq d < m)\right) \tag{7.1}$$

und

$$D(\boldsymbol{o}, \boldsymbol{v}): \min \{G(\boldsymbol{u}, \boldsymbol{v}) \mid \boldsymbol{u} \in \mathfrak{N}\}, \quad \boldsymbol{v} \in E_d \quad (1 \leqq d < m)$$

$$(\text{bzw. } \overline{D}(\boldsymbol{o}, \boldsymbol{v}): \max \{G(\boldsymbol{u}, \boldsymbol{v}) \mid \boldsymbol{u} \in \overline{\mathfrak{N}}\}, \quad \boldsymbol{v} \in E_d \quad (1 \leqq d < m)\,. \tag{7.2}$$

Hierbei haben die Funktionen $F(\boldsymbol{x})$ und $G(\boldsymbol{u}, \boldsymbol{v})$ sowie die Restriktionsmengen $\mathfrak{M}(\boldsymbol{v})$, $\mathfrak{N}$ und $\overline{\mathfrak{N}}$ die folgende Bedeutung:

$$F(\boldsymbol{x}) = \sum_{\alpha=1}^{n} c_\alpha x_\alpha \quad (= \boldsymbol{c}^T \boldsymbol{x})\,, \tag{7.3}$$

$$G(\boldsymbol{u}, \boldsymbol{v}) = \sum_{r=1}^{m} \left(b_r + \sum_{l=1}^{d} b_{lr} v_l\right) u_r$$
$$(= (\boldsymbol{b} + \boldsymbol{B}\,\boldsymbol{v})^T \boldsymbol{u})\,, \tag{7.4}$$

$$\mathfrak{M}(\boldsymbol{v}) = \left\{\boldsymbol{x} \in E_n \mid \sum_{\alpha=1}^{n} a_{r\alpha} x_\alpha = b_r + \sum_{l=1}^{d} b_{lr} v_l,\ r = 1, \ldots, m;\ x_\alpha \geqq 0,\ \alpha = 1, \ldots, n\right\}$$
$$(= \{\boldsymbol{x} \in E_n \mid \boldsymbol{A}\,\boldsymbol{x} = \boldsymbol{b} + \boldsymbol{B}\,\boldsymbol{v}, \boldsymbol{x} \geqq 0\}) \tag{7.5}$$

$$\mathfrak{N} = \left\{\boldsymbol{u} \in E_m \mid \sum_{r=1}^{m} a_{r\alpha} u_r \geqq c_\alpha,\ \alpha = 1, \ldots, n\right\}$$
$$(= \{\boldsymbol{u} \in E_m \mid \boldsymbol{A}^T \boldsymbol{u} \geqq \boldsymbol{c}\}) \tag{7.6}$$

$$\overline{\mathfrak{N}} = \left\{\boldsymbol{u} \in E_m \mid \sum_{r=1}^{m} a_{r\alpha} u_r \leqq c_\alpha,\ \alpha = 1, \ldots, n\right\}$$
$$(= \{\boldsymbol{u} \in E_m \mid \boldsymbol{A}^T \boldsymbol{u} \leqq \boldsymbol{c}\})\,. \tag{7.7}$$

Wie in Kapitel 6 behandeln wir hier sowohl das parametrische Maximumproblem $P(\boldsymbol{\nu}, \boldsymbol{o})$ als auch das parametrische Minimumproblem $\bar{P}(\boldsymbol{\nu}, \boldsymbol{o})$. Wo jedoch die Aussagen der Sätze für das Minimumproblem sich von denen für das Maximumproblem nur durch die Ungleichheitsrelation bzw. durch das Vorzeichen unterscheiden, verzichten wir auf die Darstellung derselben.

O. B. d. A. können wir für die parametrischen Dualprobleme (7.1) und (7.2) voraussetzen, daß die Matrix $\boldsymbol{B} = (b_{lr})$ ihren maximalen Rang d besitzt.

Wir erkennen, daß der Restriktionsbereich $\mathfrak{R}$ (bzw. $\bar{\mathfrak{R}}$) des Problems $D(\boldsymbol{o}, \boldsymbol{\nu})$ (bzw. $\bar{D}(\boldsymbol{o}, \boldsymbol{\nu})$) mit dem des in Kapitel 6 untersuchten linearen Optimierungsproblems mit veränderlichen Koeffizienten in der Zielfunktion übereinstimmt. Nach Lemma 6.1 besitzt dann das Polyeder $\mathfrak{R}$ (bzw. $\bar{\mathfrak{R}}$) unter der Voraussetzung, daß es eine nicht leere Menge darstellt, mindestens eine Ecke oder reduziert sich auf einen Punkt. Führen wir nun analog zu den vorherigen Kapiteln die Begriffe Lösbarkeitsmenge, zulässige Parametermenge, Optimalmenge, charakteristische Indexmenge und Lösungsfunktion ein. Um Aussagen über den Zusammenhang der Lösbarkeitsmenge und der zulässigen Parametermenge, über die Existenz einer eindeutigen Einteilung der Lösbarkeitsmenge sowie deren Eigenschaften und über die Lösungsfunktion zu gewinnen, werden wir zunächst einmal die Beziehungen zwischen den parametrischen Aufgaben aus diesem Kapitel und denen aus dem Kapitel 6 herstellen. Dazu betrachten wir die lineare Abbildung Ψ_ν des Raumes E_d in den Raum E_m, die durch

$$\boldsymbol{\lambda} = \boldsymbol{b} + \boldsymbol{B}\,\boldsymbol{\nu}\,, \qquad \operatorname{rang} \boldsymbol{B} = d \tag{7.8}$$

definiert ist. Es sei L das Bild des Raumes E_d bei der Abbildung Ψ_ν. Dann ist die Menge

$$L = \{\boldsymbol{\lambda} \in E_m \mid \boldsymbol{\lambda} = \boldsymbol{b} + \boldsymbol{B}\,\boldsymbol{\nu},\, \boldsymbol{\nu} \in E_d\} \tag{7.9}$$

ein d-dimensionaler linearer Unterraum des Raumes E_m (da rang $\boldsymbol{B} = d$).

Offensichtlich besitzt die Abbildung Ψ_ν nach (7.8) folgende Eigenschaften:

L. 7.1 1° *Die Abbildung Ψ_ν ist ein Isomorphismus des Raumes E_d auf den d-dimensionalen linearen Unterraum L (aus (7.9)) des Raumes E_m.*

2° *Die Abbildung Ψ_ν ist eine topologische Abbildung des Raumes E_d auf L.*

Wir erkennen also, daß wir durch Anwendung der linearen Abbildung Ψ_ν auf das parametrische Problem $P(\boldsymbol{\lambda}, \boldsymbol{o})$ aus Kapitel 6 verschiedene Aussagen für das parametrische Problem $P(\boldsymbol{\nu}, \boldsymbol{o})$ gewinnen können.

7.2. Qualitative Untersuchungen

Wir erinnern den Leser zunächst an den Begriff einer zulässigen Parametermenge $\mathfrak{B}_\nu$, die für das in diesem Kapitel betrachtete mehrparametrische Optimierungsproblem $P(\boldsymbol{\nu}, \boldsymbol{o})$ aus (7.1) folgende Gestalt hat:

$$\mathfrak{B}_\nu = \{\boldsymbol{\nu} \in E_d \mid \mathfrak{M}(\boldsymbol{\nu}) \neq \emptyset\} \tag{7.10}$$

(hierbei hat die Menge $\mathfrak{M}(\boldsymbol{\nu})$ die Form (7.5)).

Wir werden nun einen Zusammenhang herstellen zwischen der zulässigen Parametermenge $\mathfrak{B}_\nu$ des Problems $P(\boldsymbol{\nu}, \boldsymbol{o})$ und der zulässigen Parametermenge $\mathfrak{B}_\lambda$ des Problems $P(\boldsymbol{\lambda}, \boldsymbol{o})$, d. h. zwischen der Menge $\mathfrak{B}_\nu$ aus (7.10) und der Menge

$$\mathfrak{B}_\lambda = \{\boldsymbol{\lambda} \in E_m \mid \mathfrak{M}(\boldsymbol{\lambda}) \neq \emptyset\},$$

wobei

$$\mathfrak{M}(\boldsymbol{\lambda}) = \{\boldsymbol{x} \in E_n \mid \boldsymbol{A}\,\boldsymbol{x} = \boldsymbol{\lambda},\, \boldsymbol{x} \geqq \boldsymbol{o}\} \tag{7.11}$$

ist (siehe Kapitel 6).

L. 7.2 *Es seien Ψ_ν die Abbildung nach* (7.8) *und L der d-dimensionale lineare Unterraum aus* (7.9); *dann gilt*

$$\Psi_\nu(\mathfrak{B}_\nu) = \mathfrak{B}_\lambda \cap L\,. \tag{7.12}$$

Bws. Es sei $\boldsymbol{\lambda}^* \in \mathfrak{B}_\lambda \cap L$ beliebig; daraus folgt

1° $\boldsymbol{\lambda}^* \in \mathfrak{B}_\lambda$, d. h., die Restriktionsmenge $\mathfrak{M}(\boldsymbol{\lambda}^*)$ ist nicht leer. Es existiert also nach (7.11) ein Punkt $\boldsymbol{x}^* \in E_n$ mit

$$\boldsymbol{A}\,\boldsymbol{x}^* = \boldsymbol{\lambda}^*, \qquad \boldsymbol{x}^* \geqq \boldsymbol{o}\,. \tag{7.13}$$

2° $\boldsymbol{\lambda}^* \in L$, d. h., es gibt auf Grund von (7.9) und Lemma 7.1 genau ein $\boldsymbol{\nu}^* \in E_d$ mit $\Psi_\nu(\boldsymbol{\nu}^*) = \boldsymbol{\lambda}^*$ (d. h. $\boldsymbol{B}\,\boldsymbol{\nu}^* + \boldsymbol{b} = \boldsymbol{\lambda}^*$). Dann erhalten wir wegen (7.13) die Beziehung

$$\boldsymbol{A}\,\boldsymbol{x}^* = \boldsymbol{b} + \boldsymbol{B}\,\boldsymbol{\nu}^*, \qquad \boldsymbol{x}^* \geqq \boldsymbol{o}\,,$$

d. h. nach (7.5), daß die Restriktionsmenge $\mathfrak{M}(\boldsymbol{\nu}^*)$ nicht leer ist. Damit gehört $\boldsymbol{\nu}^*$ zur zulässigen Parametermenge $\mathfrak{B}_\nu$. Wir erhalten also die Inklusion

$$\mathfrak{B}_\lambda \cap L \subseteq \Psi_\nu(\mathfrak{B}_\nu)\,.$$

Für den Beweis der Umkehrung setzen wir voraus, daß $\boldsymbol{\nu}^* \in \mathfrak{B}_\nu$ ein beliebiges Element ist. Die Menge $\mathfrak{M}(\boldsymbol{\nu}^*)$ ist also nicht leer. Demzufolge gibt es einen Punkt $\boldsymbol{x}^*$ mit

$$\boldsymbol{A}\,\boldsymbol{x}^* = \boldsymbol{b} + \boldsymbol{B}\,\boldsymbol{\nu}^*, \qquad \boldsymbol{x}^* \geqq \boldsymbol{o}\,. \tag{7.14}$$

Es sei $\Psi_\nu(\boldsymbol{\nu}^*) = \boldsymbol{\lambda}^*$, d. h.

$$\boldsymbol{b} + \boldsymbol{B}\,\boldsymbol{\nu}^* = \boldsymbol{\lambda}^*\,. \tag{7.15}$$

Dann gehört $\boldsymbol{\lambda}^*$ zu L und wegen (7.14) und (7.15) auch zu $\mathfrak{B}_\lambda$.

B. 7.1 Wir erkennen dabei, daß für eine nicht leere zulässige Parametermenge $\mathfrak{B}_\lambda$ nicht notwendig gelten muß, daß auch die zulässige Parametermenge $\mathfrak{B}_\nu$ nicht leer ist.

S. 7.1 *Wenn die zulässige Parametermenge $\mathfrak{B}_\nu$ eine nicht leere Menge ist, so gilt*

1° *Die Menge $\mathfrak{B}_\nu$ ist ein konvexes Polyeder im Raum E_d.*

2° *Wenn eine der Mengen $\mathfrak{N}$ aus (7.6) oder $\overline{\mathfrak{N}}$ aus (7.7) nicht leer und beschränkt ist, so gilt*

$$\mathfrak{B}_\nu = \Psi_\nu(E_d)\,. \tag{7.16}$$

3° *Wenn das Polyeder $\mathfrak{N}$ unbeschränkt ist und $\boldsymbol{h}^\varrho$ $(\varrho = 1, \ldots, N)$ Vektoren in Richtung aller unbeschränkten Kanten h^ϱ $(\varrho = 1, \ldots, N)$ des Polyeders $\mathfrak{N}$ sind, so ist*

$$\mathfrak{B}_\nu = \left\{\boldsymbol{\nu} \in E_d \mid \sum_{r=1}^{m} h_r^\varrho \left(\sum_{l=1}^{d} b_{l r}\, \nu_l\right) \geqq - \sum_{r=1}^{m} h_r^\varrho\, b_r,\ \varrho = 1, \ldots, N\right\}. \tag{7.17}$$

Bws. Die Aussagen dieses Satzes erhalten wir durch Anwendung von (7.12), (7.8) und Lemma 7.1 auf den Satz 6.6. Unter der Voraussetzung, daß $\mathfrak{N}$ oder $\overline{\mathfrak{N}}$ nicht leer und beschränkt ist, erhalten wir dort, daß die zulässige Parametermenge $\mathfrak{B}_\lambda$ mit dem gesamten E_m zusammenfällt. Es gilt $E_m \cap L = L$; damit ist (7.16) klar. Aus der Darstellung aus Kapitel 6 der Parametermenge $\mathfrak{B}_\lambda$ erhalten wir durch die Transformation (7.8) die Beschreibung (7.17) der Menge $\mathfrak{B}_\nu$. Insbesondere ergibt sich hieraus, daß $\mathfrak{B}_\nu$ ein konvexes Polyeder ist.

B. 7.2 Legen wir die Beschreibung der zulässigen Parametermenge des Polyeders $\overline{\mathfrak{N}}$ aus (7.7) zugrunde, so erhalten wir eine ähnliche Aussage wie 3° jedoch mit dem Unterschied, daß in (7.17) das umgekehrte Ungleichheitszeichen steht.

Analog zu Satz 6.1 erhalten wir:[1])

S. 7.2 *Für festes $\boldsymbol{\nu} \in E_d$ sei die Restriktionsmenge $\mathfrak{M}(\boldsymbol{\nu})$ aus (7.5) nicht leer. Weiter sei $\mathfrak{N}$ aus (7.6) eine nicht leere Restriktionsmenge. Die Punkte $\boldsymbol{x}^0 \in \mathfrak{M}(\boldsymbol{\nu})$ und $\boldsymbol{u}^0 \in \mathfrak{N}$ sind genau dann optimal für die linearen Optimierungsprobleme $P(\boldsymbol{\nu}, \boldsymbol{o})$ und $D(\boldsymbol{o}, \boldsymbol{\nu})$, wenn die Hyperebene*

$$R(\boldsymbol{u}^0) = \left\{\boldsymbol{y} \in E_{m+1} \mid y_{m+1} = \sum_{r=1}^{m} u_r^0\, y_r\right\}$$

eine Berührungshyperebene an den Kegel K aus (6.4) im Punkte $\boldsymbol{y}^* = \Phi(\boldsymbol{x}^*)$ ist und der entsprechende abgeschlossene positive Halbraum den Kegel K enthält.

Wir bezeichnen mit $\mathfrak{A}_{\nu o}$ die Lösbarkeitsmenge des parametrischen Problems $P(\boldsymbol{\nu}, \boldsymbol{o})$ und mit $\overline{\mathfrak{A}}_{\nu o}$ die Lösbarkeitsmenge der Aufgabe $\overline{P}(\boldsymbol{\nu}, \boldsymbol{o})$ (siehe hierzu auch Definition 2.1).

[1]) Der Beweis läßt sich wie im einparametrischen Fall (Kapitel 3) führen.

S. 7.3 *Die Lösbarkeitsmenge* $\mathfrak{A}_{\nu o}$ *(bzw.* $\overline{\mathfrak{A}}_{\nu o}$*) sei eine nicht leere Menge, dann gilt*

$$\mathfrak{A}_{\nu o} = \mathfrak{B}_\nu \quad (bzw.\ \overline{\mathfrak{A}}_{\nu o} = \mathfrak{B}_\nu),$$

d. h., die Lösbarkeitsmenge stimmt mit der zulässigen Parametermenge überein.

Bws. Der Beweis läßt sich analog zum Beweis des Satzes 6.2 führen.

B. 7.3 Unmittelbar aus dem Satz 7.3 folgern wir: Wenn die Lösbarkeitsmengen $\mathfrak{A}_{\nu o}$ und $\overline{\mathfrak{A}}_{\nu o}$ beide nicht leer sind, so gilt

$$\mathfrak{A}_{\nu o} = \overline{\mathfrak{A}}_{\nu o} = \mathfrak{B}_\nu .$$

S. 7.4 *Es sei die Lösbarkeitsmenge* $\mathfrak{A}_{\nu o}$ *(bzw.* $\overline{\mathfrak{A}}_{\nu o}$*) eine nicht leere Menge. Dann ist die Lösungsfunktion*

$$\varphi(\boldsymbol{\nu}) = \max_{\boldsymbol{x} \in \mathfrak{M}(\boldsymbol{\nu})} F(\boldsymbol{x}) \qquad \left(bzw.\ \ \overline{\varphi}(\boldsymbol{\nu}) = \min_{\boldsymbol{x} \in \mathfrak{M}(\boldsymbol{\nu})} F(\boldsymbol{x})\right) \tag{7.18}$$

stetig, stückweise linear und konkav (bzw. konvex) über ihrem maximalen Definitionsbereich $\mathfrak{B}_\nu$.

Bws. In Satz 6.9 wurden diese Eigenschaften für die Lösungsfunktion $\varphi(\boldsymbol{\lambda})$ (bzw. $\overline{\varphi}(\boldsymbol{\lambda})$) des parametrischen Problems $P(\boldsymbol{\lambda}, \boldsymbol{o})$ (bzw. $\overline{P}(\boldsymbol{\lambda}, \boldsymbol{o})$) hergeleitet. Wir erhalten die Funktion $\varphi(\boldsymbol{\nu})$ (bzw. $\overline{\varphi}(\boldsymbol{\nu})$) aus $\varphi(\boldsymbol{\lambda})$ (bzw. $\overline{\varphi}(\boldsymbol{\lambda})$) durch die lineare Transformation (7.8).

Aus dem Satz 7.4 erkennen wir auf Grund der Dualitätstheorie der linearen Optimierung:

S. 7.5 *Wenn die Lösbarkeitsmenge* $\mathfrak{A}_{\nu o}$ *(bzw.* $\overline{\mathfrak{A}}_{\nu o}$*) eine nicht leere Menge ist, so ist die Lösungsfunktion des parametrischen Dualproblems*

$$\psi(\boldsymbol{\nu}) = \min_{\boldsymbol{u} \in \mathfrak{N}} G(\boldsymbol{u}, \boldsymbol{\nu}) \qquad \left(bzw.\ \ \overline{\psi}(\boldsymbol{\nu}) = \max_{\boldsymbol{u} \in \overline{\mathfrak{N}}} G(\boldsymbol{u}, \boldsymbol{\nu})\right) \tag{7.19}$$

stetig, stückweise linear und konkav (bzw. konvex) über ihrem maximalen Definitionsbereich $\mathfrak{B}_\nu$.

Weitere Aussagen über die Lösungsfunktion der Dualprobleme $P(\boldsymbol{\nu}, \boldsymbol{o})$ und $D(\boldsymbol{o}, \boldsymbol{\nu})$ (bzw. $\overline{P}(\boldsymbol{\nu}, \boldsymbol{o})$ und $\overline{D}(\boldsymbol{o}, \boldsymbol{\nu})$) werden später bewiesen.

Analog zu Definition 2.2 betrachten wir nun für fixiertes $\boldsymbol{\nu}^* \in \mathfrak{A}_{\nu o}$ die Optimalmenge $\mathfrak{M}_{\text{opt}}(\boldsymbol{\nu}^*)$ (bzw. $\mathfrak{N}_{\text{opt}}(\boldsymbol{\nu}^*)$ im Dualproblem).

Dieser Optimalmenge ist im Sinne von Definition 3.3 eine charakteristische Indexmenge $I_{\nu o}(\boldsymbol{\nu}^*)$ eindeutig zugeordnet, d. h. eine Indexmenge $I_{\nu o}(\boldsymbol{\nu}^*)$

$\subseteq \{1, \ldots, n\}$ mit der Eigenschaft

$$\mathfrak{M}_{\text{opt}}(\boldsymbol{v}^*) = \{\boldsymbol{x} \in \mathfrak{M}(\boldsymbol{v}^*) \mid x_\alpha = 0,\ \alpha \in I_{\boldsymbol{v}\boldsymbol{o}}(\boldsymbol{v}^*)\}\,, \tag{7.20}$$

wobei die Indexmenge $I_{\boldsymbol{v}\boldsymbol{o}}(\boldsymbol{v}^*)$ die größte Menge mit (7.20) ist.

Im folgenden wird der Hauptsatz dieses Kapitels formuliert.

S. 7.6 *Wenn die Lösbarkeitsmenge $\mathfrak{A}_{\boldsymbol{v}\boldsymbol{o}}$ des parametrischen Problems $P(\boldsymbol{v}, \boldsymbol{o})$ mindestens zwei Elemente enthält, so existiert eindeutig eine Einteilung der Menge $\mathfrak{A}_{\boldsymbol{v}\boldsymbol{o}}$ in endlich viele konvexe Polyeder $\mathfrak{A}^k_{\boldsymbol{v}\boldsymbol{o}}$ $(k = 1, \ldots, N_{\boldsymbol{v}})$ mit folgenden Eigenschaften:*

1° *Für alle $\boldsymbol{v} \in \operatorname{int} \mathfrak{A}^k_{\boldsymbol{v}\boldsymbol{o}}$ ist die Optimalmenge $\mathfrak{N}_{\text{opt}}(\boldsymbol{v})$ dieselbe.*

2° *Wenn $\boldsymbol{v}^0 \in E_d$ ein Randpunkt des Einteilungspolyeders $\mathfrak{A}^k_{\boldsymbol{v}\boldsymbol{o}}$ ist, so gilt*

$$\dim \mathfrak{N}_{\text{opt}}(\boldsymbol{v}^0) > \dim \mathfrak{N}_{\text{opt}}(\boldsymbol{v})\,, \qquad \boldsymbol{v} \in \operatorname{int} \mathfrak{A}^k_{\boldsymbol{v}\boldsymbol{o}}\,.$$

3° *Es sei $\boldsymbol{u}^k \in \mathfrak{N}_{\text{opt}}(\boldsymbol{v})$, $\boldsymbol{v} \in \operatorname{int} \mathfrak{A}^k_{\boldsymbol{v}\boldsymbol{o}}$ eine Ecke des Polyeders $\mathfrak{N}$ aus (7.6); weiter seien $\boldsymbol{h}^k_i$ $(i = 1, \ldots, \varkappa_k)$ Vektoren in Richtung aller Kanten h^k_i $(i = 1, \ldots, \varkappa_k)$ des Polyeders $\mathfrak{N}$, die von der Ecke $\boldsymbol{u}^k$ ausgehen. Dann besitzt das Polyeder $\mathfrak{A}^k_{\boldsymbol{v}\boldsymbol{o}}$ die Darstellung*[1]) der Form

$$\mathfrak{A}^k_{\boldsymbol{v}\boldsymbol{o}} = \left\{\boldsymbol{v} \in E_d \mid \sum_{r=1}^{m} h^k_{ir} \left(\sum_{l=1}^{d} b_{lr} v_l\right) \geqq - \sum_{r=1}^{m} h^k_{ir}\, b_r,\ i = 1, \ldots, \varkappa_k\right\}. \tag{7.21}$$

4° *Jedem Einteilungspolyeder $\mathfrak{A}^k_{\boldsymbol{v}\boldsymbol{o}}$ ist eindeutig eine charakteristische Indexmenge $I^k_{\boldsymbol{v}\boldsymbol{o}}$ derart zugeordnet, daß*

$$\mathfrak{M}_{\text{opt}}(\boldsymbol{v}) = \{\boldsymbol{x} \in \mathfrak{M}(\boldsymbol{v}) \mid x_\alpha = 0,\ \alpha \in I^k_{\boldsymbol{v}\boldsymbol{o}}\}\,, \qquad \boldsymbol{v} \in \operatorname{int} \mathfrak{A}^k_{\boldsymbol{v}\boldsymbol{o}} \tag{7.22}$$

gilt. Die Dimension der Optimalmenge $\mathfrak{M}_{\text{opt}}(\boldsymbol{v})$ ist für alle $\boldsymbol{v}$ aus dem Innern des Einteilungspolyeders dieselbe.

5° *Wenn $\boldsymbol{v}^0 \in \mathfrak{A}_{\boldsymbol{v}\boldsymbol{o}}$ ein Randpunkt der Einteilungsmenge $\mathfrak{A}^k_{\boldsymbol{v}\boldsymbol{o}}$ ist, so gilt für die den Optimalmengen (7.22) und $\mathfrak{M}_{\text{opt}}(\boldsymbol{v}^0)$ zugeordneten charakteristischen Indexmengen $I^k_{\boldsymbol{v}\boldsymbol{o}}$ und $I_{\boldsymbol{v}\boldsymbol{o}}(\boldsymbol{v}^0)$ die Inklusion*

$$I^k_{\boldsymbol{v}\boldsymbol{o}} \subset I_{\boldsymbol{v}\boldsymbol{o}}(\boldsymbol{v}^0)\,.$$

Weiter gilt

$$\dim \mathfrak{M}_{\text{opt}}(\boldsymbol{v}^0) \leqq \dim \mathfrak{M}_{\text{opt}}(\boldsymbol{v})\,, \qquad \boldsymbol{v} \in \operatorname{int} \mathfrak{A}^k_{\boldsymbol{v}\boldsymbol{o}}\,.$$

6° *Wenn $\boldsymbol{v} \in \mathfrak{A}_{\boldsymbol{v}\boldsymbol{o}} \setminus \operatorname{int} \mathfrak{A}^k_{\boldsymbol{v}\boldsymbol{o}}$ beliebig ist, so ist*

$$I_{\boldsymbol{v}\boldsymbol{o}}(\boldsymbol{v}) \neq I^k_{\boldsymbol{v}\boldsymbol{o}}$$

(hierbei ist $I_{\boldsymbol{v}\boldsymbol{o}}(\boldsymbol{v})$ die zum Parametervektor $\boldsymbol{v}$ gehörende charakteristische Indexmenge).

---

[1]) Hierbei ist zu beachten, daß der Menge $\mathfrak{A}^k_{\boldsymbol{v}\boldsymbol{o}}$ mehrere optimale Ecken des Polyeders $\mathfrak{N}$ zugeordnet sein können, d. h., es existieren dann auch verschiedene Darstellungen.

7° *Wenn* $\boldsymbol{\nu}^0$ *ein Randpunkt von* $\mathfrak{A}^k_{\nu o}$ *mit der charakteristischen Indexmenge* $I_{\nu o}(\boldsymbol{\nu}^0)$ *und* $I_{\nu o}(\boldsymbol{\nu})$ *die charakteristische Indexmenge zum Parametervektor* $\boldsymbol{\nu} \in \mathfrak{A}_{\nu o} \setminus \operatorname{int} \mathfrak{A}^k_{\nu o}$ *ist, so gilt*

$$I_{\nu o}(\boldsymbol{\nu}) \neq I_{\nu o}(\boldsymbol{\nu}^0), \qquad I_{\nu o}(\boldsymbol{\nu}^0) \subsetneqq I_{\nu o}(\boldsymbol{\nu}).$$

8° *Die Lösungsfunktion* $\varphi(\boldsymbol{\nu})$ *aus* (7.18) *ist über jeder Einteilungsmenge* $\mathfrak{A}^k_{\nu o}$ ($k \in 1, \ldots, N_\nu\}$) *linear, und es gilt*

$$\varphi(\boldsymbol{\nu}) = \sum_{r=1}^{m} u_r^k \left(b_r + \sum_{l=1}^{d} b_{lr} \nu_l\right), \qquad \boldsymbol{\nu} \in \mathfrak{A}^k_{\nu o}, \qquad k \in \{1, \ldots, N_\nu\}, \quad (7.23)$$

wobei

$$\boldsymbol{u}^k \in \mathfrak{R}_{\text{opt}}(\boldsymbol{\nu}), \qquad \boldsymbol{\nu} \in \operatorname{int} \mathfrak{A}^k_{\nu o}$$

ist.

9° *Die Lösungsfunktion* $\psi(\boldsymbol{\nu})$ *aus* (7.19) *ist über jeder Einteilungsmenge* $\mathfrak{A}^k_{\nu o}$ ($k \in \{1, \ldots, N_\nu\}$) *linear und besitzt die Darstellung* (7.23). ▌

▌ Bws. Nach Voraussetzung ist die Lösbarkeitsmenge $\mathfrak{A}_{\nu o}$ nicht leer. Nach der Dualitätstheorie der linearen Optimierung ist also das Problem $D(\boldsymbol{o}, \boldsymbol{\nu})$ für alle $\boldsymbol{\nu} \in \mathfrak{A}_{\nu o}$ lösbar. Damit ist der Restriktionsbereich $\mathfrak{R}$ nicht leer. Nach Lemma 6.1 besitzt dann das Polyeder $\mathfrak{R}$ entweder Ecken oder besteht aus einem einzigen Punkt. Untersuchen wir zunächst den ersten Fall.

Fall A: Das Polyeder $\mathfrak{R}$ besitzt mindestens eine Ecke. Bezeichnen wir wie im Kapitel 6 diese Ecken mit

$$\boldsymbol{u}^k, \quad k = 1, \ldots, N; \quad N \geqq 1$$

und alle von der Ecke $\boldsymbol{u}^k$ ausgehenden Kanten des Polyeders $\mathfrak{R}$ mit

$$h_i^k \quad (i = 1, \ldots, \delta_k)$$

sowie die Vektoren in Richtung dieser Kanten mit

$$\boldsymbol{h}_i^k \quad (i = 1, \ldots, \delta_k).$$

Wir betrachten nun die allen Ecken des Polyeders zugeordneten m-dimensionalen Kegel der eindeutigen Einteilung aus dem Satz 6.6. Wir bilden nun den Durchschnitt dieser Einteilungskegel mit dem d-dimensionalen linearen Unterraum L aus (7.9), d. h.

$$\mathfrak{A}^k_{\lambda o} \cap L = \left\{\boldsymbol{\nu} \in E_d \mid \sum_{r=1}^{m} h_{ir}^k \left(\sum_{l=1}^{d} \nu_l b_{lr}\right) \geqq - \sum_{r=1}^{m} h_{ir}^k b_r, \ i = 1, \ldots, \delta_k\right\},$$
$$k = 1, \ldots, N. \quad (7.24)$$

Da L ein d-dimensionaler linearer Unterraum mit $d < m$ des Raumes E_m ist, können gewisse Mengen $\mathfrak{A}^k_{\lambda o} \cap L$ aus (7.24) leer oder einelementig sein oder zusammenfallen. Es seien z. B. zwei Mengen aus dem System (7.24) gleich. Dann erkennen wir, daß dieser Menge zwei Ecken des Polyeders $\mathfrak{R}$ zugeordnet sind.

Wählen wir nun aus dem System (7.24) alle verschiedenen Mengen, die die gleiche Dimension wie die Lösbarkeitsmenge $\mathfrak{A}_{\nu o}$ besitzen, aus. Wir bezeichnen die ausgewählten Mengen o. B. d. A. mit

$$\mathfrak{A}^k_{\lambda o} \cap L \qquad (k = 1, \ldots, N_\nu; \quad 1 \leqq N_\nu \leqq N) .$$

Es seien $\mathfrak{A}^k_{\nu o}$ die Urbilder der Mengen $\mathfrak{A}^k_{\lambda o} \cap L$, $k = 1, \ldots, N_\nu$, bei der Abbildung ψ_ν nach (7.8), d. h.

$$\psi_\nu(\mathfrak{A}^k_{\nu o}) = \mathfrak{A}^k_{\lambda o} \cap L , \qquad k = 1, \ldots, N_\nu .$$

Offensichtlich ist nach Lemma 7.1 und 7.2 das Mengensystem $\mathfrak{A}^k_{\nu o}$ $(k = 1, \ldots, N_\nu)$ eine Einteilung der Lösbarkeitsmenge $\mathfrak{A}_{\nu o}$, d. h., es gilt

(a) $\mathfrak{A}_{\nu o} = \bigcup\limits_{k=1}^{N_\nu} \mathfrak{A}^k_{\nu o}$,

(b) $\operatorname{int} \mathfrak{A}^{k_1}_{\nu o} \cap \operatorname{int} \mathfrak{A}^{k_2}_{\nu o} = \Phi , \qquad k_1 \neq k_2; \quad k_1, k_2 \in \{1, \ldots, N_\nu\}$,

(c) $\dim \mathfrak{A}_{\nu o} = \dim \mathfrak{A}^k_{\nu o} , \qquad k = 1, \ldots, N_\nu$.

Die Existenz mindestens einer Einteilungsmenge ist gesichert, da wir vorausgesetzt haben, daß die Lösbarkeitsmenge $\mathfrak{A}_{\nu o}$ mindestens zwei Elemente enthält. Die Einteilung kann natürlich trivial sein, d. h. $\mathfrak{A}_{\nu o} = \mathfrak{A}^1_{\nu o}$.

Nach diesen Überlegungen überlassen wir den Beweis für die Eigenschaften der Einteilung dem Leser. Die Tatsache, daß die Einteilungsmengen $\mathfrak{A}^k_{\nu o}$ Polyeder darstellen, gilt auf Grund von (7.24). Die Eigenschaften 1° bis 9° ergeben sich aus den entsprechenden Sätzen des Kapitels 6, wenn man Lemma 7.1 und 7.2 entsprechend berücksichtigt.

Fall B: Das Polyeder $\mathfrak{N}$ reduziert sich auf einen einzigen Punkt $\boldsymbol{u}^0$. Hierfür wurde in Bemerkung 6.7 gezeigt, daß die Einteilung der Menge $\mathfrak{A}_{\lambda o}$ trivial ist:

$$\mathfrak{A}_{\nu o} = \mathfrak{A}^1_{\nu o} = E_m .$$

Wir bilden nach (7.12) unter Berücksichtigung von Satz 7.3 den Durchschnitt

$$\psi_\nu(\mathfrak{A}_{\nu o}) = \mathfrak{A}_{\lambda o} \cap L .$$

Wir erkennen, daß man auch hier zu einer trivialen Einteilung $\mathfrak{A}_{\nu o} = E_d$ gelangt. In diesem Fall sind natürlich nur die Aussagen 1°, 3°, 4°, 8° und 9° des Satzes sinnvoll. Die Darstellung (7.23) der Lösungsfunktion $\varphi(\boldsymbol{\nu})$ reduziert sich dann auf

$$\varphi(\boldsymbol{\nu}) = \sum_{r=1}^{m} u^0_r \left(b_r + \sum_{l=1}^{d} b_{l\,r}\, \nu_l \right), \qquad \boldsymbol{\nu} \in \mathfrak{A}_{\nu o} ,$$

wobei $\boldsymbol{u}^0 \in \mathfrak{N}_{\mathrm{opt}}(\boldsymbol{\nu})$, $\boldsymbol{\nu} \in \mathfrak{A}_{\nu o}$ ist. ∎

Man kann sich leicht überlegen, wie der Satz 7.6 für das parametrische Minimumproblem $\overline{P}(\boldsymbol{\nu}, \boldsymbol{o})$ aussehen würde.

Analog zum Satz 6.8 läßt sich die folgende Aussage beweisen:

∎ S. 7.7 *Wenn der Rang der Matrix $\tilde{\boldsymbol{A}}$ gleich m ist, so ist die Funktion $\varphi(\boldsymbol{\nu})$ über ihrem maximalen Definitionsbereich $\mathfrak{A}_{\nu o}$ linear.* ∎

KAPITEL 8

LINEARE OPTIMIERUNGSPROBLEME MIT VERÄNDERLICHEN KOEFFIZIENTEN IN DER ZIELFUNKTION UND IN DEN RECHTEN SEITEN DER RESTRIKTIONEN

8.1. Einleitung

Den Untersuchungen in diesem Kapitel legen wir folgende Klasse von Optimierungsaufgaben zugrunde

$$P(\boldsymbol{\lambda}, \boldsymbol{\mu}): \max \{F(\boldsymbol{x}, \boldsymbol{\mu}) \mid \boldsymbol{x} \in \mathfrak{M}(\boldsymbol{\lambda})\}, \qquad \begin{pmatrix} \boldsymbol{\lambda} \\ \boldsymbol{\mu} \end{pmatrix} \in E_{m+n},$$

wobei die Zielfunktion die Gestalt

$$F(\boldsymbol{x}, \boldsymbol{\mu}) = \sum_{\alpha=1}^{n} \mu_\alpha x_\alpha \,(= \boldsymbol{\mu}^T \boldsymbol{x})$$

hat, und die Restriktionsmenge

$$\mathfrak{M}(\boldsymbol{\lambda}) = \left\{\boldsymbol{x} \in E_n \mid \sum_{\alpha=1}^{n} a_{r\alpha} x_\alpha = \lambda_r,\ r = 1, \ldots, m;\ x_\alpha \geqq 0,\ \alpha = 1, \ldots, n\right\}$$
$$(= \{\boldsymbol{x} \in E_n \mid \boldsymbol{A}\boldsymbol{x} = \boldsymbol{\lambda},\ \boldsymbol{x} \geqq \boldsymbol{o}\})$$

ist. Wir setzen dabei lediglich voraus, daß die Matrix $\boldsymbol{A} = (a_{r\alpha})_{m,n}$ den Rang m besitzt mit $1 \leqq m < n$. Das Problem $P(\boldsymbol{\lambda}, \boldsymbol{\mu})$ ist für einen fixierten Punkt $\begin{pmatrix} \boldsymbol{\lambda} \\ \boldsymbol{\mu} \end{pmatrix}$ aus E_{m+n} ein gewöhnliches lineares Optimierungsproblem. Läßt man dagegen zu, daß $\begin{pmatrix} \boldsymbol{\lambda} \\ \boldsymbol{\mu} \end{pmatrix} \in E_{m+n}$ variabel ist, so stellt $P(\boldsymbol{\lambda}, \boldsymbol{\mu})$ eine Klasse von überabzählbar vielen Optimierungsproblemen dar.

Das Hauptziel der Untersuchungen in diesem Kapitel besteht in der Beantwortung der folgenden Fragen:

1° Wie wird der größte Definitionsbereich der Lösungsfunktion (vgl. D. 2.3)

$$\varphi(\boldsymbol{\lambda}, \boldsymbol{\mu}) = \max_{\boldsymbol{x} \in \mathfrak{M}(\boldsymbol{\lambda})} F(\boldsymbol{x}, \boldsymbol{\mu}),$$

die sogenannte Lösbarkeitsmenge $\mathfrak{A}_{\lambda\mu}$ (vgl. D. 2.1) charakterisiert?

2° Ist die Optimalmenge (vgl. D. 2.2)

$$\mathfrak{M}_{\text{opt}}(\boldsymbol{\lambda}^*, \boldsymbol{\mu}^*) = \left\{\boldsymbol{x}^0 \in \mathfrak{M}(\boldsymbol{\lambda}^*) \mid F(\boldsymbol{x}^0, \boldsymbol{\mu}^*) = \max_{\boldsymbol{x} \in \mathfrak{M}(\boldsymbol{\lambda}^*)} F(\boldsymbol{x}, \boldsymbol{\mu}^*)\right\}$$

für fixiertes $\begin{pmatrix} \boldsymbol{\lambda}^* \\ \boldsymbol{\mu}^* \end{pmatrix} \in E_{m+n}$ nicht leer, und ist $I_{\lambda\mu}(\boldsymbol{\lambda}^*, \boldsymbol{\mu}^*)$ die zugeordnete charakteristische Indexmenge (vgl. D. 3.3), wie sieht dann der lokale Stabilitätsbereich (vgl. D. 4.1)

$$Q(\boldsymbol{\lambda}^*, \boldsymbol{\mu}^*) = \left\{\begin{pmatrix} \boldsymbol{\lambda} \\ \boldsymbol{\mu} \end{pmatrix} \in \mathfrak{A}_{\lambda\mu} \mid \emptyset \neq \mathfrak{L}(\boldsymbol{\lambda}) \subseteq \mathfrak{M}_{\text{opt}}(\boldsymbol{\lambda}, \boldsymbol{\mu})\right\}$$

aus, und wie läßt er sich analytisch beschreiben? (Hierbei ist

$$\mathfrak{L}(\boldsymbol{\lambda}) = \{\boldsymbol{x} \in \mathfrak{M}(\boldsymbol{\lambda}) \mid x_\alpha = 0,\ \alpha \in I_{\lambda\mu}(\boldsymbol{\lambda}^*, \boldsymbol{\mu}^*)\}\,.) \tag{8.1}$$

3° Gibt es eine eindeutige Einteilung der Lösbarkeitsmenge $\mathfrak{A}_{\lambda\mu}$ in eine endliche Anzahl von Bereichen $\mathfrak{A}^k_{\lambda\mu}$ $(k = 1, \ldots, N)$ mit der folgenden Eigenschaft: Jedem $\mathfrak{A}^k_{\lambda\mu}$ ist eineindeutig eine Indexmenge $I^k_{\lambda\mu}$ in der Weise zugeordnet, daß

$$\mathfrak{M}_{\text{opt}}(\boldsymbol{\lambda}, \boldsymbol{\mu}) = \{\boldsymbol{x} \in \mathfrak{M}(\boldsymbol{\lambda}) \mid x_\alpha = 0,\ \alpha \in I^k_{\lambda\mu}\}\,, \qquad \begin{pmatrix}\boldsymbol{\lambda}\\ \boldsymbol{\mu}\end{pmatrix} \in \mathfrak{A}^k_{\lambda\mu}$$

gilt?

4° Welche weiteren Eigenschaften besitzt diese Einteilung, falls sie existiert?

5° Welche Eigenschaften hat die Lösungsfunktion?

6° Welche Bedeutung hat die Einteilung der Lösbarkeitsmenge, falls sie existiert, für das zu $P(\boldsymbol{\lambda}, \boldsymbol{\mu})$ duale parametrische Problem (vgl. D. 3.2)

$$D(\boldsymbol{\mu}, \boldsymbol{\lambda})\colon\quad \min\,\{G(\boldsymbol{u}, \boldsymbol{\lambda}) \mid \boldsymbol{u} \in \mathfrak{N}(\boldsymbol{\mu})\}\,, \qquad \begin{pmatrix}\boldsymbol{\lambda}\\ \boldsymbol{\mu}\end{pmatrix} \in E_{m+n}\,;$$

$$G(\boldsymbol{u}, \boldsymbol{\lambda}) = \sum_{r=1}^{m} \lambda_r\, u_r \;(= \boldsymbol{\lambda}^T \boldsymbol{u})\,;$$

$$\mathfrak{N}(\boldsymbol{\mu}) = \left\{\boldsymbol{u} \in E_m \mid \sum_{r=1}^{m} a_{r\alpha}\, u_r \geqq \mu_\alpha,\ \alpha = 1, \ldots, n\right\}$$

$$(= \{\boldsymbol{u} \in E_m \mid A^T \boldsymbol{u} \geqq \boldsymbol{\mu}\})\,.$$

8.2. Eigenschaften der Lösbarkeitsmenge

In diesem Abschnitt werden wir die erste Frage beantworten. Analog zu D. 3.1 führen wir folgende zulässige Parametermengen ein:

$$\mathfrak{B}_\lambda = \{\boldsymbol{\lambda} \in E_m \mid \mathfrak{M}(\boldsymbol{\lambda}) \neq \emptyset\}\,,$$

$$\mathfrak{B}_\mu = \{\boldsymbol{\mu} \in E_n \mid \mathfrak{N}(\boldsymbol{\mu}) \neq \emptyset\}\,,$$

die in den folgenden Sätzen im Zusammenhang mit der Lösbarkeitsmenge hinreichend charakterisiert werden.

▌ S. 8.1 *Die zulässige Parametermenge $\mathfrak{B}_\lambda$ ist ein m-dimensionaler polyedrischer Kegel mit einem Scheitel im Koordinatenursprung und hat die Darstellung*

$$\mathfrak{B}_\lambda = \left\{\boldsymbol{\lambda} \in E_m \mid \lambda_r = \sum_{\alpha=1}^{n} a_{r\alpha}\, x_\alpha,\ r = 1, \ldots, m;\ x_\alpha \geqq 0,\ \alpha = 1, \ldots, n\right\}. \tag{8.2}$$

Seien $^*\boldsymbol{h}^i$ $(i = 1, \ldots, {}^*N)$ alle Kanten des Polarkegels

$$^*\mathfrak{B}_\lambda = \left\{\boldsymbol{\lambda} \in E_m \mid \sum_{r=1}^{m} a_{r\alpha}\, \lambda_r \leqq 0,\ \alpha = 1, \ldots, n\right\} \tag{8.3}$$

zum Kegel $\mathfrak{B}_\lambda$ *und* $*\boldsymbol{h}^i$ $(i = 1, \ldots, *N)$ *Kantenvektoren in Richtung der vom Scheitel* $\boldsymbol{o} \in E_m$ *ausgehenden Kanten, so gilt*

$$\mathfrak{B}_\lambda = \left\{\boldsymbol{\lambda} \in E_m \mid \sum_{r=1}^{m} *h_r^i \lambda_r \leqq 0,\ i = 1, \ldots, *N\right\}. \tag{8.4}$$

Reduziert sich der Polarkegel $*\mathfrak{B}_\lambda$ *auf einen einzigen Punkt, so ist* $\mathfrak{B}_\lambda$ *identisch mit dem Raum* E_m. ▮

▮ Bws. Die zulässige Parametermenge $\mathfrak{B}_\lambda$ ist nach Satz 6.6 ein polyedrischer Kegel im Raum E_m mit einem Scheitel im Koordinatenursprung, und nach dem Beweis dieses Satzes können die zulässigen Parametermengen $\mathfrak{B}_\lambda$ und die Menge Q aus (6.52) als identisch angesehen werden. Auf Grund von Lemma 6.4 erhalten wir dann die Darstellung (8.2) und (8.4) für den Fall, daß die Dimension des Polarkegels $*\mathfrak{B}_\lambda$ (8.3) größer als Null ist. Die letzte Aussage des Satzes folgt ebenfalls aus Lemma 6.4. ▮

▮ B. 8.1 Für die Bestimmung der zulässigen Parametermenge bietet sich die folgende Möglichkeit an: Man berechnet alle Kanten des Polarkegels $*\mathfrak{B}_\lambda$. Mit Hilfe entsprechender Kantenvektoren kann dann der Kegel $\mathfrak{B}_\lambda$ implizit beschrieben werden. Das Problem einer impliziten Darstellung der zulässigen Parametermenge reduziert sich daher auf die Bestimmung von Kantenvektoren des Kegels $*\mathfrak{B}_\lambda$. Diese Berechnungen diskutieren wir in diesem Kapitel aber nicht näher. ▮

▮ S. 8.2 *Die zulässige Parametermenge* $\mathfrak{B}_\mu$ *ist ein n-dimensionaler polyedrischer Kegel im Raum* E_n *mit einem Scheitel im Koordinatenursprung und hat die Darstellung*

$$\mathfrak{B}_\mu = \left\{\boldsymbol{\mu} \in E_n \mid \mu_\alpha = \sum_{r=1}^{m} a_{r\alpha} u_r - \xi_\alpha;\ \xi_\alpha \geqq 0,\ \alpha = 1, \ldots, n\right\}. \tag{8.5}$$

Seien $*k^j$ $(j = 1, \ldots, *M)$ *alle Kanten des Polarkegels*

$$*\mathfrak{B}_\mu = \left\{\mu \in E_n \mid \sum_{\alpha=1}^{n} a_{r\alpha} \mu_\alpha = 0,\ r = 1, \ldots, m;\ \mu_\alpha \geqq 0,\ \alpha = 1, \ldots, n\right\} \tag{8.6}$$

zum Kegel $\mathfrak{B}_\mu$ *und* $*\boldsymbol{k}^j$ $(j = 1, \ldots, *M)$ *Kantenvektoren in Richtung der vom Scheitel* $\boldsymbol{o} \in E_n$ *ausgehenden Kanten, so gilt*

$$\mathfrak{B}_\mu = \left\{\boldsymbol{\mu} \in E_n \mid \sum_{\alpha=1}^{n} *k_\alpha^j \mu_\alpha \leqq 0,\ j = 1, \ldots, *M\right\}. \tag{8.7}$$ ▮

▮ Bws. Führt man in der Restriktionsmenge $\mathfrak{R}(\boldsymbol{\mu})$ nicht negative Schlupfvariablen ein, so erhält man im E_{m+n} eine Menge $\mathfrak{R}'(\boldsymbol{\mu})$, und offenbar gilt

$$\mathfrak{R}(\boldsymbol{\mu}) \neq \emptyset \Leftrightarrow \mathfrak{R}'(\boldsymbol{\mu}) \neq \emptyset\,.$$

Ersetzt man in der Menge $\mathfrak{R}'(\boldsymbol{\mu})$ die nicht im Vorzeichen beschränkten Variablen u_r $(r = 1, \ldots, m)$ durch die Differenz zweier nicht negativer Variablen

u_r^+, u_r^- $(r = 1, \ldots, m)$, so erhält man im Raum E_{2m+n} eine Menge $\mathfrak{N}''(\boldsymbol{\mu})$, und es gilt dann:

$$\mathfrak{N}(\boldsymbol{\mu}) \neq \emptyset \Leftrightarrow \mathfrak{N}''(\boldsymbol{\mu}) \neq \emptyset .$$

Die zulässige Parametermenge $\mathfrak{B}_\mu$ läßt sich daher auch schreiben in der Form

$$\mathfrak{B}_\mu = \{\boldsymbol{\mu} \in E_n \mid \mathfrak{N}''(\boldsymbol{\mu}) \neq \emptyset\} .$$

Mit dieser Darstellung kann dann der Beweis unter Verwendung von Lemma 6.4 ähnlich wie beim Satz 8.1 geführt werden. ▌

▌ B. 8.2 Für die Berechnung der zulässigen Parametermenge $\mathfrak{B}_\mu$ gilt sinngemäß dasgleiche, was in der Bemerkung 8.1 über die Bestimmung der zulässigen Parametermenge $\mathfrak{B}_\lambda$ gesagt wird. ▌

▌ S. 8.3 *Die Lösbarkeitsmenge* $\mathfrak{A}_{\lambda\mu}$ *ist ein* $(m + n)$*-dimensionaler Kegel im Raum* E_{m+n} *mit den Eigenschaften:*

1° $$\mathfrak{A}_{\lambda\mu} = \mathfrak{B}_\lambda \times \mathfrak{B}_\mu$$

2° *der m-dimensionale lineare Unterraum*

$$L_0 = \left\{\begin{pmatrix}\boldsymbol{\lambda}\\ \boldsymbol{\mu}\end{pmatrix} \in E_{m+n} \mid \boldsymbol{\lambda} = \boldsymbol{o},\ \boldsymbol{\mu} = \boldsymbol{A}^T \boldsymbol{u},\ \boldsymbol{u} \in E_m\right\} \tag{8.8}$$

ist die einzige Seite der kleinsten Dimension des Kegels $\mathfrak{A}_{\lambda\mu}$. ▌

▌ Bws. Aus der Dualitätstheorie der linearen Optimierung folgt unmittelbar die Aussage 1°. Dann ergibt sich aus den Sätzen 8.1 und 8.2, daß die Lösbarkeitsmenge $\mathfrak{A}_{\lambda\mu}$ ein $(m + n)$-dimensionaler polyedrischer Kegel mit einem Scheitel im Koordinatenursprung des Raumes E_{m+n} ist. Aus der Darstellung (8.5) des Kegels $\mathfrak{B}_\mu$ folgt, daß er den linearen Unterraum $\{\boldsymbol{\mu} \in E_n \mid \boldsymbol{\mu} = \boldsymbol{A}^T \boldsymbol{u}, \boldsymbol{u} \in E_m\}$ enthält, welcher die Dimension m hat, denn die Matrix $\boldsymbol{A} = (a_{r\alpha})_{m,n}$ besitzt nach Voraussetzung den Rang m. Aus der Theorie konvexer Polyeder ergibt sich daher, daß das Polyeder $\mathfrak{B}_\mu$ diesen Unterraum als Seite kleinster Dimension enthält. Da aber $\mathfrak{B}_\mu$ ein polyedrischer Kegel ist, stellt dieser Unterraum die einzige Seite von $\mathfrak{B}_\mu$ mit dieser Eigenschaft dar. Hieraus folgt unmittelbar die Aussage 2° des Satzes. ▌

▌ B. 8.3 Betrachte man das parametrische Problem

$$\bar{P}(\boldsymbol{\lambda}, \boldsymbol{\mu}):\quad \min\,\{F(\boldsymbol{x}, \boldsymbol{\mu}) \mid \boldsymbol{x} \in \mathfrak{M}(\boldsymbol{\lambda})\}\,,\qquad \begin{pmatrix}\boldsymbol{\lambda}\\ \boldsymbol{\mu}\end{pmatrix} \in E_{m+n}$$

und das entsprechende Dualproblem

$$\bar{D}(\boldsymbol{\mu}, \boldsymbol{\lambda}):\quad \max\,\{G(\boldsymbol{u}, \boldsymbol{\lambda}) \mid \boldsymbol{u} \in \bar{\mathfrak{N}}(\boldsymbol{\mu})\}\,,\qquad \begin{pmatrix}\boldsymbol{\lambda}\\ \boldsymbol{\mu}\end{pmatrix} \in E_{m+n} .$$

Hierbei hat die Restriktionsmenge $\bar{\mathfrak{N}}(\boldsymbol{\mu})$ die Darstellung

$$\bar{\mathfrak{N}}(\boldsymbol{\mu}) = \{\boldsymbol{u} \in E_m \mid \boldsymbol{A}^T \boldsymbol{u} \leqq \boldsymbol{\mu}\} .$$

Es seien

$$\overline{\mathfrak{B}}_\mu = \{\boldsymbol{\mu} \in E_n \mid \overline{\mathfrak{N}}(\boldsymbol{\mu}) \neq \emptyset\}$$

die zulässige Parametermenge des Problems $\overline{D}(\boldsymbol{\mu}, \boldsymbol{\lambda})$ und $\mathfrak{B}_\lambda$ die des Problems $P(\boldsymbol{\lambda}, \boldsymbol{\mu})$. Dann gilt

$$\overline{\mathfrak{A}}_{\lambda\mu} = \mathfrak{B}_\lambda \times \overline{\mathfrak{B}}_\mu$$

(vgl. Satz 8.3). Man kann sich leicht die Richtigkeit der folgenden Aussage über die beiden zulässigen Parametermengen $\mathfrak{B}_\mu$ und $\overline{\mathfrak{B}}_\mu$ überlegen:

$$\boldsymbol{\mu} \in \mathfrak{B}_\mu \Leftrightarrow -\boldsymbol{\mu} \in \overline{\mathfrak{B}}_\mu .$$

Bezeichne $\overline{\varphi}(\boldsymbol{\lambda}, \boldsymbol{\mu})$ die Lösungsfunktion des Problems $\overline{P}(\boldsymbol{\lambda}, \boldsymbol{\mu})$ mit dem maximalen Definitionsbereich $\overline{\mathfrak{A}}_{\lambda\mu}$, so ergibt sich aus der obigen Äquivalenz $\overline{\varphi}(\boldsymbol{\lambda}, \boldsymbol{\mu}) = -\varphi(\boldsymbol{\lambda}, -\boldsymbol{\mu})$ für alle $\begin{pmatrix}\boldsymbol{\lambda}\\ \boldsymbol{\mu}\end{pmatrix} \in \overline{\mathfrak{A}}_{\lambda\mu}$.

Aus diesem Grunde liefert die für das Maximierungsproblem entwickelte Theorie auch die Ergebnisse für das Minimierungsproblem. Es genügt daher, das parametrische Problem $P(\boldsymbol{\lambda}, \boldsymbol{\mu})$ zu betrachten. ∎

8.3. Lokale Stabilitätsbereiche

Dieser Abschnitt beschäftigt sich mit der Beantwortung der zweiten Frage aus der Einleitung dieses Kapitels. Es sei $\begin{pmatrix}\boldsymbol{\lambda}^*\\ \boldsymbol{\mu}^*\end{pmatrix} \in \mathfrak{A}_{\lambda\mu}$ beliebig aber fixiert. Dann gilt offenbar

$$\mathfrak{L}(\boldsymbol{\lambda}^*) = \mathfrak{M}_{\text{opt}}(\boldsymbol{\lambda}^*, \boldsymbol{\mu}^*) ,$$

wobei $\mathfrak{L}(\boldsymbol{\lambda})$ die Bedeutung aus (8.1) besitzt. Ist die Menge $\mathfrak{L}(\boldsymbol{\lambda})$ für ein $\boldsymbol{\lambda}$ aus der zulässigen Parametermenge $\mathfrak{B}_\lambda$ nicht leer, so ist sie die Abschließung einer bestimmten d-dimensionalen Seite des Polyeders $\mathfrak{M}(\boldsymbol{\lambda})$ oder fällt mit diesem zusammen. Die Menge $\mathfrak{L}(\boldsymbol{\lambda})$ ist in dem linearen Unterraum

$$L(\boldsymbol{\lambda}) = \{\boldsymbol{x} \in E_n \mid \boldsymbol{A}\,\boldsymbol{x} = \boldsymbol{\lambda},\ x_\alpha = 0,\ \alpha \in I_{\lambda\mu}(\boldsymbol{\lambda}^*, \boldsymbol{\mu}^*)\} \tag{8.9}$$

enthalten. Für ein beliebiges Punktepaar $\boldsymbol{\lambda}'$ und $\boldsymbol{\lambda}''$ aus E_m, $\boldsymbol{\lambda}' \neq \boldsymbol{\lambda}''$, sind offenbar die linearen Unterräume $L(\boldsymbol{\lambda}')$ und $L(\boldsymbol{\lambda}'')$ parallel zueinander und disjunkt. Eine Änderung der Parameter $\lambda_1, \ldots, \lambda_m$ in der Restriktionsmenge $\mathfrak{M}(\boldsymbol{\lambda})$ bedeutet geometrisch eine Deformation des Polyeders $\mathfrak{M}(\boldsymbol{\lambda})$, bei der die Seiten des ursprünglichen Polyeders $\mathfrak{M}(\boldsymbol{\lambda}^*)$ parallel verschoben werden. Die Optimalmenge $\mathfrak{M}_{\text{opt}}(\boldsymbol{\lambda}, \boldsymbol{\mu})$ hat für den Fall:

$$\emptyset \neq \mathfrak{L}(\boldsymbol{\lambda}) \subseteq \mathfrak{M}_{\text{opt}}(\boldsymbol{\lambda}, \boldsymbol{\mu})$$

offensichtlich die Eigenschaft, daß alle Punkte der „parallel verschobenen“ abgeschlossenen Seite $\mathfrak{L}(\boldsymbol{\lambda})$ des Polyeders $\mathfrak{M}(\boldsymbol{\lambda})$ optimal für das Problem $P(\boldsymbol{\lambda}, \boldsymbol{\mu})$ sind. Der lokale Stabilitätsbereich $Q(\boldsymbol{\lambda}^*, \boldsymbol{\mu}^*)$ ist daher die größte Menge mit der oben angeführten geometrischen Eigenschaft. Diesen Stabilitätsbereich wollen wir nun näher charakterisieren.

L. 8.1 *Es sei*

$$A(\boldsymbol{\lambda}^*, \boldsymbol{\mu}^*) = \{\boldsymbol{\lambda} \in E_m \mid \mathfrak{L}(\boldsymbol{\lambda}) \neq \emptyset\} . \tag{8.10}$$

Dann ist die Menge $A(\boldsymbol{\lambda}^*, \boldsymbol{\mu}^*)$ ein polyedrischer Kegel mit einem Scheitel im Koordinatenursprung des E_m. Weiter gilt:

1° $\dim \mathfrak{L}(\boldsymbol{\lambda}) = \dim \mathfrak{L}(\boldsymbol{\lambda}^*) = \dim \mathfrak{M}_{\text{opt}}(\boldsymbol{\lambda}^*, \boldsymbol{\mu}^*)$, $\quad \boldsymbol{\lambda} \in \operatorname{int} A(\boldsymbol{\lambda}^*, \boldsymbol{\mu}^*)$,

2° $\dim \mathfrak{L}(\hat{\boldsymbol{\lambda}}) \leqq \dim \mathfrak{L}(\boldsymbol{\lambda}^*)$, $\quad \hat{\boldsymbol{\lambda}} \in A(\boldsymbol{\lambda}^*, \boldsymbol{\mu}^*) \setminus \operatorname{int} A(\boldsymbol{\lambda}^*, \boldsymbol{\mu}^*)$.

Bws. Nach (8.10) und (8.1) besitzt die Menge $A(\boldsymbol{\lambda}^*, \boldsymbol{\mu}^*)$ die Darstellung

$$A(\boldsymbol{\lambda}^*, \boldsymbol{\mu}^*) = \{\boldsymbol{\lambda} \in E_m \mid \boldsymbol{\lambda} = \boldsymbol{A}\,\boldsymbol{x}; \quad x_\alpha = 0\,, \quad \alpha \in I_{\lambda\mu}(\boldsymbol{\lambda}^*, \boldsymbol{\mu}^*); \quad x_\alpha \geqq 0\,, \quad \alpha \notin I_{\lambda\mu}(\boldsymbol{\lambda}^*, \boldsymbol{\mu}^*)\} . \tag{8.11}$$

Daher ergibt sich

$$A(\boldsymbol{\lambda}^*, \boldsymbol{\mu}^*) = \Big\{\boldsymbol{\lambda} \in E_m \mid \lambda_r = \sum_{\alpha \notin I_{\lambda\mu}(\boldsymbol{\lambda}^*, \boldsymbol{\mu}^*)} a_{r\alpha}\, x_\alpha,\ r = 1, \ldots, m;\quad x_\alpha \geqq 0,\ \alpha \notin I_{\lambda\mu}(\boldsymbol{\lambda}^*, \boldsymbol{\mu}^*)\Big\},$$

d. h. $A(\boldsymbol{\lambda}^*, \boldsymbol{\mu}^*)$ ist ein polyedrischer Kegel mit einem Scheitel im Ursprung des Raumes E_m. Für jedes $\boldsymbol{\lambda} \in A(\boldsymbol{\lambda}^*, \boldsymbol{\mu}^*)$ ist die Menge $\mathfrak{L}(\boldsymbol{\lambda}) \neq \emptyset$, und sie ist in dem linearen Unterraum $L(\boldsymbol{\lambda})$ enthalten. Dieser Unterraum ist offenbar zu $L(\boldsymbol{\lambda}^*)$ parallel. Es sei

$$\dim L(\boldsymbol{\lambda}^*) = d^*\,,$$

so gilt

$$\dim L(\boldsymbol{\lambda}) = d^*\,, \qquad \boldsymbol{\lambda} \in A(\boldsymbol{\lambda}^*, \boldsymbol{\mu}^*) . \tag{8.12}$$

Da $L(\boldsymbol{\lambda}^*)$ der lineare Unterraum kleinster Dimension ist, der die Menge $\mathfrak{L}(\boldsymbol{\lambda}^*)$ enthält, ergibt sich

$$\dim \mathfrak{L}(\boldsymbol{\lambda}^*) = d^* . \tag{8.13}$$

Wegen $\mathfrak{L}(\boldsymbol{\lambda}) \subseteq L(\boldsymbol{\lambda})$ erhalten wir aus (8.12)

$$\dim \mathfrak{L}(\boldsymbol{\lambda}) \leqq \dim \mathfrak{L}(\boldsymbol{\lambda}^*)\,, \qquad \boldsymbol{\lambda} \in A(\boldsymbol{\lambda}^*, \boldsymbol{\mu}^*) . \tag{8.14}$$

Es sei nun $\boldsymbol{\lambda}^1 \in \operatorname{int} A(\boldsymbol{\lambda}^*, \boldsymbol{\mu}^*)$, $\boldsymbol{\lambda}^1 \neq \boldsymbol{\lambda}^*$ beliebig aber fixiert.[1] Definieren wir im Raum E_m die Halbgerade

$$P = \{\boldsymbol{\lambda} \in E_m \mid \boldsymbol{\lambda} = \boldsymbol{\lambda}^* + t\,(\boldsymbol{\lambda}^1 - \boldsymbol{\lambda}^*),\ t \geqq 0\}\,,$$

so gibt es ein $\tilde{t}$ derart, daß der Punkt

$$\tilde{\boldsymbol{\lambda}} = \boldsymbol{\lambda}^* + \tilde{t}\,(\boldsymbol{\lambda}^1 - \boldsymbol{\lambda}^*)\,, \qquad \tilde{t} > 1\,, \tag{8.15}$$

[1]) Es wird hier vorausgesetzt, daß die Dimension der Menge $A(\boldsymbol{\lambda}^*, \boldsymbol{\mu}^*)$ größer als Null ist.

zur Menge $A(\boldsymbol{\lambda}^*, \boldsymbol{\mu}^*)$ gehört. Daraus folgt, daß $\mathfrak{L}(\boldsymbol{\lambda}) \neq \emptyset$ ist. Nach (8.13) gibt es ein System von $d^* + 1$ linear unabhängigen Punkten aus dem E_n, die auch zur Menge $\mathfrak{L}(\boldsymbol{\lambda}^*)$ gehören. Es seien dies die Punkte $\boldsymbol{x}^1, \boldsymbol{x}^2, \ldots, \boldsymbol{x}^{d^*+1}$, dann gilt für $i = 1, \ldots, d^* + 1$

$$\boldsymbol{A}\,\boldsymbol{x}^i = \boldsymbol{\lambda}^*; \quad x^i_\alpha = 0\,, \quad \alpha \in I_{\lambda\mu}(\boldsymbol{\lambda}^*, \boldsymbol{\mu}^*); \quad x^i_\alpha \geqq 0\,, \quad \alpha \notin I_{\lambda\mu}(\boldsymbol{\lambda}^*, \boldsymbol{\mu}^*)\,. \tag{8.16}$$

Ist $\tilde{\boldsymbol{x}} \in L(\tilde{\boldsymbol{\lambda}})$ beliebig aber fixiert, so muß

$$\boldsymbol{A}\,\tilde{\boldsymbol{x}} = \tilde{\boldsymbol{\lambda}}; \quad \tilde{x}_\alpha = 0\,, \quad \alpha \in I_{\lambda\mu}(\boldsymbol{\lambda}^*, \boldsymbol{\mu}^*); \quad \tilde{x}_\alpha \geqq 0\,, \quad \alpha \notin I_{\lambda\mu}(\boldsymbol{\lambda}^*, \boldsymbol{\mu}^*) \tag{8.17}$$

sein. Für $i \in \{1, \ldots, d^* + 1\}$ ist der Punkt

$$\hat{\boldsymbol{x}}^i = \tilde{\boldsymbol{x}} + \left(1 - \frac{1}{t}\right)(\boldsymbol{x}^i - \tilde{\boldsymbol{x}}) \tag{8.18}$$

ein innerer Punkt der Strecke

$$\{\boldsymbol{x} \in E_n \mid \boldsymbol{x} = \tilde{\boldsymbol{x}} + \tau\,(\boldsymbol{x}^i - \tilde{\boldsymbol{x}}),\ \tau \in \langle 0, 1\rangle\}\,.$$

Aus (8.15) bis (8.18) folgt:

$$\begin{aligned} \boldsymbol{A}\,\hat{\boldsymbol{x}}^i &= \boldsymbol{\lambda}^1; \quad \hat{x}^i_\alpha \geqq 0\,, \quad \alpha \notin I_{\lambda\mu}(\boldsymbol{\lambda}^*, \boldsymbol{\mu}^*); \\ &\qquad\ \ \hat{x}^i_\alpha = 0\,, \quad \alpha \in I_{\lambda\mu}(\boldsymbol{\lambda}^*, \boldsymbol{\mu}^*); \qquad i = 1, \ldots, d^* + 1\,. \end{aligned}$$

Die Punkte $\hat{\boldsymbol{x}}^1, \ldots, \hat{\boldsymbol{x}}^{d^*+1}$ gehören also zur Menge $\mathfrak{L}(\boldsymbol{\lambda}^1)$. Die lineare Unabhängigkeit dieser Punkte läßt sich leicht zeigen. Das sichert aber, daß für die Dimension von $\mathfrak{L}(\boldsymbol{\lambda}^1)$ gilt: $\dim \mathfrak{L}(\boldsymbol{\lambda}^1) = d^*$. Da aber $\boldsymbol{\lambda}^1$ ein beliebiger innerer Punkt des Kegels $A(\boldsymbol{\lambda}^*, \boldsymbol{\mu}^*)$ ist, ergibt sich die Aussage 1° des Satzes. Die Eigenschaft 2° folgt dann unmittelbar aus (8.14). ▌

▌ B. 8.4 Es sei S die Abschließung einer Seite des polyedrischen Kegels $A(\boldsymbol{\lambda}^*, \boldsymbol{\mu}^*)$, und es sei $\boldsymbol{\lambda}'$ ein innerer Punkt dieser Seite S. Wie bekannt ist, existiert dann zur Optimalmenge $\mathfrak{M}_{\text{opt}}(\boldsymbol{\lambda}', \boldsymbol{\mu}^*)$ eindeutig eine charakteristische Indexmenge $I_{\lambda\mu}(\boldsymbol{\lambda}', \boldsymbol{\mu}^*) \subseteq \{1, \ldots, n\}$.

Diese Indexmenge hat die Eigenschaft

$$I_{\lambda\mu}(\boldsymbol{\lambda}', \boldsymbol{\mu}^*) \supset I_{\lambda\mu}(\boldsymbol{\lambda}^*, \boldsymbol{\mu}^*)$$

und die Seite S läßt sich darstellen in der Form

$$S = \Big\{\boldsymbol{\lambda} \in E_m \mid \lambda_r = \sum_{\alpha \notin I_{\lambda\mu}(\boldsymbol{\lambda}', \boldsymbol{\mu}^*)} a_{r\alpha}\, x_\alpha,\ r = 1, \ldots, m;\ x_\alpha \geqq 0\,,\ \alpha \notin I_{\lambda\mu}(\boldsymbol{\lambda}', \boldsymbol{\mu}^*)\Big\}\,.$$

Es sei

$$\mathfrak{L}'(\boldsymbol{\lambda}) = \{\boldsymbol{x} \in \mathfrak{M}(\boldsymbol{\lambda}) \mid x_\alpha = 0\,, \quad \alpha \in I_{\lambda\mu}(\boldsymbol{\lambda}', \boldsymbol{\mu}^*)\}\,,$$

dann läßt sich analog zum Lemma 8.1 beweisen:

$$\dim \mathfrak{L}'(\boldsymbol{\lambda}) = \dim \mathfrak{L}'(\boldsymbol{\lambda}') = \dim \mathfrak{M}_{\text{opt}}(\boldsymbol{\lambda}', \boldsymbol{\mu}^*)\,, \qquad \boldsymbol{\lambda} \in \operatorname{int} S$$

$$\dim \mathfrak{L}'(\hat{\boldsymbol{\lambda}}) \leqq \dim \mathfrak{L}'(\boldsymbol{\lambda}')\,, \qquad \hat{\boldsymbol{\lambda}} \in S \setminus \operatorname{int} S\,.$$ ▌

B. 8.5 Falls $\binom{\lambda^*}{\mu^*}$ ein beliebiger Punkt der Lösbarkeitsmenge $\mathfrak{A}_{\lambda\mu}$ ist, so fällt nach Satz 6.2 die Lösbarkeitsmenge $\mathfrak{A}_{\lambda\mu^*}$ des parametrischen Problems

$$P(\lambda, \mu^*): \quad \max \{F(x, \mu^*) \mid x \in \mathfrak{M}(\lambda)\}, \qquad \lambda \in E_m,$$

mit der zulässigen Parametermenge $\mathfrak{B}_\lambda$ zusammen. Nach Satz 6.7 und Satz 6.10 gibt es eine eindeutige Einteilung der Lösbarkeitsmenge $\mathfrak{A}_{\lambda\mu^*}$ in endlich viele polyedrische Kegel $\mathfrak{A}^k_{\lambda\mu^*}$ $(k = 1, \ldots, N)$ mit folgenden Eigenschaften:

1° Die Kegel $\mathfrak{A}^k_{\lambda\mu^*}$ $(k = 1, \ldots, N)$ sind m-dimensional und haben einen Scheitel im Punkt $o \in E_m$.

2° Es seien $k_1, k_2 \in \{1, \ldots, N\}$, $k_1 \neq k_2$ beliebig. Entweder ist

$$\mathfrak{A}^{k_1}_{\lambda\mu^*} \cap \mathfrak{A}^{k_2}_{\lambda\mu^*} = \{o\},$$

oder es gilt

$$\mathfrak{A}^{k_1}_{\lambda\mu^*} \cap \mathfrak{A}^{k_2}_{\lambda\mu^*} = S, \qquad S \neq \{o\}.$$

Dabei ist S eine beiden Kegeln $\mathfrak{A}^{k_1}_{\lambda\mu^*}$ und $\mathfrak{A}^{k_2}_{\lambda\mu^*}$ gemeinsame abgeschlossene d-dimensionale Seite, die den Punkt $o \in E_m$ enthält, mit $1 \leqq d < m$.

3° Die Lösungsfunktion $\varphi(\lambda, \mu^*)$ des parametrischen Problems $P(\lambda, \mu^*)$ ist linear über jedem Kegel $\mathfrak{A}^k_{\lambda\mu^*}$.

4° Jedem Kegel $\mathfrak{A}^k_{\lambda\mu^*}$ ist eineindeutig eine Indexmenge $I^k_{\lambda\mu^*}$ zugeordnet. Für alle $\lambda \in \operatorname{int} \mathfrak{A}^k_{\lambda\mu^*}$ ist diese Indexmenge charakteristisch für die Optimalmengen $\mathfrak{M}_{\text{opt}}(\lambda, \mu^*)$. Ferner gilt

$$\dim \mathfrak{M}_{\text{opt}}(\lambda^1, \mu^*) = \dim \mathfrak{M}_{\text{opt}}(\lambda^2, \mu^*), \qquad \lambda^1, \lambda^2 \in \operatorname{int} \mathfrak{A}^k_{\lambda\mu^*}.$$

5° Falls $\hat{\lambda}$ ein Randpunkt der Menge $\mathfrak{A}^k_{\lambda\mu^*}$ und $I_{\lambda\mu^*}(\hat{\lambda}, \mu^*)$ die charakteristische Indexmenge zur Optimalmenge $\mathfrak{M}_{\text{opt}}(\hat{\lambda}, \mu^*)$ sind, so gilt:

$$I_{\lambda\mu^*}(\hat{\lambda}, \mu^*) \supset I^k_{\lambda\mu^*},$$
$$\dim \mathfrak{M}_{\text{opt}}(\hat{\lambda}, \mu^*) \leqq \dim \mathfrak{M}_{\text{opt}}(\lambda, \mu^*), \qquad \lambda \in \operatorname{int} \mathfrak{A}^k_{\lambda\mu^*}.$$

6° Es seien $\lambda \in \mathfrak{A}_{\lambda\mu^*} \setminus \mathfrak{A}^k_{\lambda\mu^*}$ beliebig und $I_{\lambda\mu^*}(\lambda, \mu^*)$ die charakteristische Indexmenge der entsprechenden Optimalmenge, so ist

$$I_{\lambda\mu^*}(\lambda, \mu^*) \neq I^k_{\lambda\mu^*}.$$

7° Ist $\hat{\lambda}$ ein Randpunkt des Kegels $\mathfrak{A}^k_{\lambda\mu^*}$, so ist:

$$I_{\lambda\mu^*}(\hat{\lambda}, \mu^*) \not\subseteq I_{\lambda\mu^*}(\lambda, \mu^*), \qquad \lambda \in \mathfrak{A}_{\lambda\mu^*} \setminus \mathfrak{A}^k_{\lambda\mu^*}.$$

L. 8.2 *Sind* $\binom{\lambda^*}{\mu^*} \in \mathfrak{A}_{\lambda\mu}$ *fixiert und* $\mathfrak{A}_{\lambda\mu^*}$ *die Lösbarkeitsmenge des parametrischen Problems* $P(\lambda, \mu^*)$, *und gibt es einen Index* $k^* \in \{1, \ldots, N\}$, *so daß* λ^* *ein innerer Punkt des Kegels* $\mathfrak{A}^{k^*}_{\lambda\mu^*}$ *aus der Einteilung von* $\mathfrak{A}_{\lambda\mu^*}$ *ist, so gilt*

$$A(\lambda^*, \mu^*) = \mathfrak{A}^{k^*}_{\lambda\mu^*},$$

wobei $A(\boldsymbol{\lambda}^*, \boldsymbol{\mu}^*)$ *in* (8.10) *definiert ist.*[1]) *Falls* $\boldsymbol{\lambda}^*$ *in einer d-dimensionalen Seite* S^{k^*} *des Kegels* $\mathfrak{A}^{k^*}_{\lambda\mu}$ *liegt, so ist*

$$A(\boldsymbol{\lambda}^*, \boldsymbol{\mu}^*) = \bar{S}^{k^*} .$$

∎

∎ Bws. Zum Beweis ziehen wir wie schon häufig die Abbildung Φ (3.8) [2]) des Raumes E_n in den Raum E_{m+1} heran. Weiterhin sei K der in (3.10) [2]) definierte polyedrische Kegel im Raum E_{m+1}, dessen Dimension $(m + 1)$ oder m ist, je nachdem welchen Rang die Matrix $\tilde{\boldsymbol{A}}$ aus (3.9) [2]) hat. Der Punkt

$$\boldsymbol{y}^* = \Phi\left(\mathfrak{M}_{\text{opt}}(\boldsymbol{\lambda}^*, \boldsymbol{\mu}^*)\right) \in E_{m+1}$$

hat dann die Eigenschaft, daß er zum Kegel K gehört und für seine Koordinaten gilt:

$$y_r^* = \lambda_r^* , \quad r = 1, \ldots, m; \qquad y_{m+1}^* = \varphi(\boldsymbol{\lambda}^*) = \max_{\boldsymbol{x} \in \mathfrak{M}(\boldsymbol{\lambda}^*)} F(\boldsymbol{x}, \boldsymbol{\mu}^*) .$$

Ist $\dim K = m + 1$, so existiert eine abgeschlossene m-dimensionale Seite $\bar{S}^*$ des Kegels K mit $\boldsymbol{y}^* \in \bar{S}^*$, denn $\boldsymbol{y}^*$ ist ein Randpunkt des Kegels K. Falls dagegen $\dim K = m$ gilt, so liegt der Kegel K in einer Hyperebene im Raum E_{m+1}, wobei $\boldsymbol{y}^* \in K$ ist. Im letzten Fall setzen wir $\bar{S}^* = K$. Wegen der Darstellung (3.10) des Kegels K gibt es offenbar eindeutig eine maximale Indexmenge $I \subseteq \{1, \ldots, n\}$, so daß die Seite $\bar{S}^*$ folgende Darstellung besitzt:

$$\begin{aligned} \bar{S}^* = \Big\{ \boldsymbol{y} \in E_{m+1} \mid y_r = \sum_{\alpha=1}^{n} a_{r\alpha}\, x_\alpha,\ & r = 1, \ldots, m; \\ y_{m+1} = \sum_{\alpha=1}^{n} \mu_\alpha^*\, x_\alpha;\ & x_\alpha = 0,\ \alpha \in I; \\ & x_\alpha \geqq 0,\ \alpha \notin I \Big\} . \end{aligned} \tag{8.19}$$

Ist $\hat{\boldsymbol{y}} \in \operatorname{int} \bar{S}^*$ ein fester Punkt, so gilt

$$\hat{\boldsymbol{y}} = \Phi(\mathfrak{M}_{\text{opt}}(\hat{\boldsymbol{\lambda}}, \boldsymbol{\mu}^*)) ,$$

$$\hat{y}_r = \hat{\lambda}_r , \quad r = 1, \ldots, m; \qquad \hat{y}_{m+1} = \varphi(\hat{\boldsymbol{\lambda}}, \boldsymbol{\mu}^*) = \max_{\boldsymbol{x} \in \mathfrak{M}(\hat{\boldsymbol{\lambda}})} F(\boldsymbol{x}, \boldsymbol{\mu}^*) .$$

Nach Satz 6.1 ist dann die Optimierungsaufgabe $D(\boldsymbol{\mu}^*, \hat{\boldsymbol{\lambda}})$ eindeutig lösbar. Es existiert also ein einziger Punkt $\boldsymbol{u}^0 \in \mathfrak{N}(\boldsymbol{\mu}^*)$ mit der Eigenschaft

$$G(\boldsymbol{u}^0, \hat{\boldsymbol{\lambda}}) = \min_{\boldsymbol{u} \in \mathfrak{N}(\boldsymbol{\mu}^*)} G(\boldsymbol{u}, \hat{\boldsymbol{\lambda}}) .$$

Nach Lemma 6.1 besitzt das Polyeder $\mathfrak{N}(\boldsymbol{\mu}^*)$ Ecken, und $\boldsymbol{u}^0$ ist eine solche. Wir müssen zwei Fälle unterscheiden:

(a) $\dim \mathfrak{N}(\boldsymbol{\mu}^*) \geqq 1$,
(b) $\dim \mathfrak{N}(\boldsymbol{\mu}^*) = 0$.

---

[1]) siehe Bemerkung 8.5
[2]) Die Koeffizienten c_α $(\alpha = 1, \ldots, n)$ sind durch μ_α^* $(\alpha = 1, \ldots, n)$ zu ersetzen.

(a) Es seien $\boldsymbol{h}^l$ $(l = 1, \ldots, \varkappa^0)$ Vektoren in Richtung der von der Ecke $\boldsymbol{u}^0$ ausgehenden Kanten des Polyeders $\mathfrak{N}(\boldsymbol{\mu}^*)$. Im E_{m+1} seien die Mengen[1])

$$Q_0 = \left\{\boldsymbol{y} \in E_{m+1} \mid \sum_{r=1}^{m} h_r^l\, y_r \geqq 0,\ l = 1, \ldots, \varkappa^0;\ y_{m+1} = 0\right\}, \tag{8.20}$$

$$\bar{S}_0 = \left\{\boldsymbol{y} \in E_{m+1} \mid (y_1, \ldots, y_m, 0)^T \in Q_0,\ y_{m+1} = \sum_{r=1}^{m} u_r^0\, y_r\right\} \tag{8.21}$$

definiert.

Nach Lemma 6.12 ist $\bar{S}_0$ eine abgeschlossene m-dimensionale Seite des Kegels K. Diese Seite liegt nach (8.21) in der Hyperebene

$$R_0 = \left\{\boldsymbol{y} \in E_{m+1} \mid y_{m+1} = \sum_{r=1}^{m} u_r^0\, y_r\right\}.$$

Aus der Definition des Punktes $\hat{\boldsymbol{y}}$ und dem Dualitätssatz der linearen Optimierung ergibt sich

$$\hat{y}_{m+1} = \varphi(\hat{\boldsymbol{\lambda}}, \boldsymbol{\mu}^*) = \min_{\boldsymbol{u} \in \mathfrak{N}(\boldsymbol{\mu}^*)} G(\boldsymbol{u}, \hat{\boldsymbol{\lambda}}) = \sum_{r=1}^{m} \hat{\lambda}_r\, u_r^0,$$

das bedeutet aber, daß der Punkt $\hat{\boldsymbol{y}}$ in der Hyperebene R_0 liegt. Da aber $\hat{\boldsymbol{y}}$ ein innerer Punkt der abgeschlossenen m-dimensionalen Seite $\bar{S}^*$ aus (8.19) des Kegels K ist, folgt $\bar{S}_0 = \bar{S}^*$. Die Menge Q_0 aus (8.20) stellt offenbar die Projektion der Seite $\bar{S}_0$ (8.21) in Richtung der y_{m+1}-Achse des E_{m+1} in die durch die Gleichung $y_{m+1} = 0$ beschriebenen Koordinatenhyperebene im E_{m+1} dar. Wegen $\bar{S}_0 = \bar{S}^*$ folgt daher aus (8.19)

$$Q_0 = \left\{\boldsymbol{y} \in E_{m+1} \mid y_r = \sum_{\alpha=1}^{n} a_{r\alpha}\, x_\alpha,\ r = 1, \ldots, m;\ y_{m+1} = 0;\right.$$
$$\left. x_\alpha = 0,\ \alpha \in I;\ x_\alpha \geqq 0,\ \alpha \notin I\right\}.$$

Definiert man die Menge

$$\mathfrak{A}^0_{\lambda\mu^*} = \left\{\boldsymbol{\lambda} \in E_m \mid \lambda_r = \sum_{\alpha=1}^{n} a_{r\alpha}\, x_\alpha,\ r = 1, \ldots, m;\right.$$
$$\left. x_\alpha = 0,\ \alpha \in I;\ x_\alpha \geqq 0,\ \alpha \notin I\right\} \tag{8.22}$$

und sieht die Mengen Q_0 und $\mathfrak{A}^0_{\lambda\mu^*}$ als gleich an, so stellt $\mathfrak{A}^0_{\lambda\mu^*}$ nach Satz 6.7 einen Kegel aus der Einteilung der Lösbarkeitsmenge $\mathfrak{A}_{\lambda\mu^*}$ dar.

(b) In diesem Fall ist[2])

$$\bar{S}_0 = \bar{S}^* = \left\{\boldsymbol{y} \in E_{m+1} \mid y_{m+1} = \sum_{r=1}^{m} u_r^0\, y_r\right\}$$

---

[1]) Siehe Lemma 6.8.
[2]) vgl. S. 154.

und man sieht leicht ein, daß $\mathfrak{A}^0_{\lambda\mu^*} = E_m$ gilt. Auch hier gilt (8.22), die Einteilung ist aber trivial, denn sie besteht nur aus

$$\mathfrak{A}^0_{\lambda\mu^*} = \mathfrak{A}_{\lambda\mu^*} = E_m \,.$$

Aus dem oben angeführten Grund liegt der Punkt $\boldsymbol{\lambda}^*$ in dem Kegel $\mathfrak{A}^0_{\lambda\mu^*}$. Aus (8.22) folgt, da $I_{\lambda\mu}(\boldsymbol{\lambda}^*, \boldsymbol{\mu}^*)$ charakteristische Indexmenge der Optimalmenge $\mathfrak{M}_{\text{opt}}(\boldsymbol{\lambda}^*, \boldsymbol{\mu}^*)$ ist, die zur Beschreibung von $A(\boldsymbol{\lambda}^*, \boldsymbol{\mu}^*)$ (8.11) benutzt wird, daß

$$I_{\lambda\mu}(\boldsymbol{\lambda}^*, \boldsymbol{\mu}^*) \supseteq I$$

gilt. Aus (8.11) und (8.22) erhalten wir aber damit

$$A(\boldsymbol{\lambda}^*, \boldsymbol{\mu}^*) \subseteq \mathfrak{A}^0_{\lambda\mu^*} \,.$$

Sei nun $\boldsymbol{x}^0$ ein Punkt aus der Optimalmenge $\mathfrak{M}_{\text{opt}}(\boldsymbol{\lambda}^*, \boldsymbol{\mu}^*)$ mit

$$x^0_\alpha = 0\,, \quad \alpha \in I_{\lambda\mu}(\boldsymbol{\lambda}^*, \boldsymbol{\mu}^*)\,; \qquad x^0_\alpha > 0\,, \quad \alpha \notin I_{\lambda\mu}(\boldsymbol{\lambda}^*, \boldsymbol{\mu}^*)\,. \tag{8.23}$$

Weiterhin sei $\boldsymbol{\lambda}^* \in \operatorname{int} \mathfrak{A}^0_{\lambda\mu^*}$. Der Punkt $(\lambda^*_1, \ldots, \lambda^*_m, 0)^T$ stellt dann einen inneren Punkt der Menge Q_0 aus (8.20) dar. Daher ist dann der Punkt $\boldsymbol{y}^*$ mit den Koordinaten

$$y^*_r = \lambda^*_r\,, \quad r = 1, \ldots, m; \qquad y^*_{m+1} = \max_{\boldsymbol{x} \in \mathfrak{M}(\boldsymbol{\lambda}^*)} F(\boldsymbol{x}, \boldsymbol{\mu}^*)$$

ein innerer Punkt der Seite $\bar{S}_0$ aus (8.21). Wegen $\bar{S}_0 = \bar{S}^*$ ist er aber auch ein innerer Punkt der durch (8.19) beschriebenen m-dimensionalen Seite $\bar{S}^*$ des Kegels K. Daher gilt

$$\left.\begin{aligned} &\lambda^*_r = y^*_r = \sum_{\alpha=1}^{n} a_{r\alpha}\, x^0_\alpha\,, \quad r = 1, \ldots, m; \qquad y^*_{m+1} = \sum \mu^*_\alpha\, x^0_\alpha\,; \\ &x^0_\alpha = 0\,, \quad \alpha \in I; \qquad x^0_\alpha > 0\,, \quad \alpha \notin I\,. \end{aligned}\right\} \tag{8.24}$$

Damit haben wir aber

$$I \supseteq I_{\lambda\mu}(\boldsymbol{\lambda}^*, \boldsymbol{\mu}^*)$$

erhalten, und mit der oben bewiesenen Inklusion ergibt sich

$$I = I_{\lambda\mu}(\boldsymbol{\lambda}^*, \boldsymbol{\mu}^*)\,.$$

Nach (8.11) und (8.22) folgt aber daher

$$A(\boldsymbol{\lambda}^*, \boldsymbol{\mu}^*) = \mathfrak{A}^0_{\lambda\mu^*} \,.$$

Ist $\boldsymbol{\lambda}^*$ ein Randpunkt der Menge $\mathfrak{A}^0_{\lambda\mu^*}$, so gilt offenbar $I \subset I_{\lambda\mu}(\boldsymbol{\lambda}^*, \boldsymbol{\mu}^*)$. Die Menge $A(\boldsymbol{\lambda}^*, \boldsymbol{\mu}^*)$ aus (8.11) ist dann eine echte Teilmenge des Kegels $\mathfrak{A}^0_{\lambda\mu^*}$ aus (8.22) und stellt eine abgeschlossene Seite einer bestimmten Dimension d mit $0 \leqq d < m$ dieses Kegels dar. Damit ist aber das Lemma bewiesen. ▌

▌ L. 8.3 *Es sei* $\begin{pmatrix}\boldsymbol{\lambda}^* \\ \boldsymbol{\mu}^*\end{pmatrix} \in \mathfrak{A}_{\lambda\mu}$ *ein beliebiger aber fester Punkt, und* $A(\boldsymbol{\lambda}^*, \boldsymbol{\mu}^*)$ *sei die Menge aus* (8.10). *Dann gelten die folgenden Aussagen:*

1° $\dim \mathfrak{M}_{\text{opt}}(\boldsymbol{\lambda}, \boldsymbol{\mu}^*) = \dim \mathfrak{M}_{\text{opt}}(\boldsymbol{\lambda}^*, \boldsymbol{\mu}^*)$,

$$I_{\lambda\mu}(\boldsymbol{\lambda}, \boldsymbol{\mu}^*) = I_{\lambda\mu}(\boldsymbol{\lambda}^*, \boldsymbol{\mu}^*)\,, \qquad \boldsymbol{\lambda} \in \operatorname{int} A(\boldsymbol{\lambda}^*, \boldsymbol{\mu}^*)\,.$$

2° $\dim \mathfrak{M}_{\text{opt}}(\hat{\boldsymbol{\lambda}}, \boldsymbol{\mu}^*) \leqq \dim \mathfrak{M}_{\text{opt}}(\boldsymbol{\lambda}^*, \boldsymbol{\mu}^*)$,

$$I_{\lambda\mu}(\hat{\boldsymbol{\lambda}}, \boldsymbol{\mu}^*) \supset I_{\lambda\mu}(\boldsymbol{\lambda}^*, \boldsymbol{\mu}^*)\,, \qquad \hat{\boldsymbol{\lambda}} \in A(\boldsymbol{\lambda}^*, \boldsymbol{\mu}^*) \backslash \operatorname{int} A(\boldsymbol{\lambda}^*, \boldsymbol{\mu}^*)\,.$$

3° $I_{\lambda\mu}(\boldsymbol{\lambda}, \boldsymbol{\mu}^*) \not\supseteq I_{\lambda\mu}(\boldsymbol{\lambda}^*, \boldsymbol{\mu}^*)\,, \qquad \begin{pmatrix} \boldsymbol{\lambda} \\ \boldsymbol{\mu}^* \end{pmatrix} \in \mathfrak{A}_{\lambda\mu}\,, \quad \boldsymbol{\lambda} \notin A(\boldsymbol{\lambda}^*, \boldsymbol{\mu}^*)\,.$ ▮

▮ Bws. Nach Lemma 8.1 ist

$$\dim \mathfrak{L}(\boldsymbol{\lambda}) = \dim \mathfrak{L}(\boldsymbol{\lambda}^*) = \dim \mathfrak{M}_{\text{opt}}(\boldsymbol{\lambda}^*, \boldsymbol{\mu}^*)\,, \qquad \boldsymbol{\lambda} \in \operatorname{int} A(\boldsymbol{\lambda}^*, \boldsymbol{\mu}^*)\,.$$

Die Menge $\mathfrak{L}(\boldsymbol{\lambda})$ ist für alle inneren Punkte von $A(\boldsymbol{\lambda}^*, \boldsymbol{\mu}^*)$ eine abgeschlossene Seite des Polyeders $\mathfrak{M}(\boldsymbol{\lambda})$. Sie hat also dieselbe Dimension wie die Seite $\mathfrak{L}(\boldsymbol{\lambda}^*)$ von $\mathfrak{M}(\boldsymbol{\lambda}^*)$. Weiterhin sind $L(\boldsymbol{\lambda})$ und $L(\boldsymbol{\lambda}^*)$ zueinander parallele lineare Unterräume kleinster Dimension mit $\mathfrak{L}(\boldsymbol{\lambda}) \subseteq L(\boldsymbol{\lambda})$ und $\mathfrak{L}(\boldsymbol{\lambda}^*) \subseteq L(\boldsymbol{\lambda}^*)$. Da in den Optimierungsaufgaben $P(\boldsymbol{\lambda}, \boldsymbol{\mu}^*)$ und $P(\boldsymbol{\lambda}^*, \boldsymbol{\mu}^*)$ die Zielfunktionen identisch sind, folgt somit die Gleichheit

$$\mathfrak{L}(\boldsymbol{\lambda}) = \mathfrak{M}_{\text{opt}}(\boldsymbol{\lambda}, \boldsymbol{\mu}^*)\,, \qquad \boldsymbol{\lambda} \in \operatorname{int} A(\boldsymbol{\lambda}^*, \boldsymbol{\mu}^*)\,.$$

Daher ist aber auch

$$\dim \mathfrak{M}_{\text{opt}}(\boldsymbol{\lambda}, \boldsymbol{\mu}^*) = \dim \mathfrak{M}_{\text{opt}}(\boldsymbol{\lambda}^*, \boldsymbol{\mu}^*)\,, \qquad \boldsymbol{\lambda} \in \operatorname{int} A(\boldsymbol{\lambda}^*, \boldsymbol{\mu}^*)\,.$$

Aus der Definition der Menge $\mathfrak{L}(\boldsymbol{\lambda})$ erhält man deswegen unmittelbar die Gleichheit der charakteristischen Indexmengen für alle inneren Punkte der Menge $A(\boldsymbol{\lambda}^*, \boldsymbol{\mu}^*)$

$$I_{\lambda\mu}(\boldsymbol{\lambda}, \boldsymbol{\mu}^*) = I_{\lambda\mu}(\boldsymbol{\lambda}^*, \boldsymbol{\mu}^*)\,, \qquad \boldsymbol{\lambda} \in \operatorname{int} A(\boldsymbol{\lambda}^*, \boldsymbol{\mu}^*)\,.$$

Damit ist aber der Beweis für die Aussage 1° erbracht. Ist $\hat{\boldsymbol{\lambda}}$ ein Randpunkt von $A(\boldsymbol{\lambda}^*, \boldsymbol{\mu}^*)$, so gilt ebenfalls

$$\mathfrak{L}(\hat{\boldsymbol{\lambda}}) = \mathfrak{M}_{\text{opt}}(\hat{\boldsymbol{\lambda}}, \boldsymbol{\mu}^*)\,.$$

Aus Lemma 8.1, 2° erhalten wir dann

$$\dim \mathfrak{M}_{\text{opt}}(\hat{\boldsymbol{\lambda}}, \boldsymbol{\mu}^*) \leqq \dim \mathfrak{M}_{\text{opt}}(\boldsymbol{\lambda}^*, \boldsymbol{\mu}^*)\,.$$

Aus (8.11) ergibt sich daher wegen $\hat{\boldsymbol{\lambda}} \in A(\boldsymbol{\lambda}^*, \boldsymbol{\mu}^*) \backslash \operatorname{int} A(\boldsymbol{\lambda}^*, \boldsymbol{\mu}^*)$

$$I_{\lambda\mu}(\boldsymbol{\lambda}^*, \boldsymbol{\mu}^*) \subset I_{\lambda\mu}(\hat{\boldsymbol{\lambda}}, \boldsymbol{\mu}^*)\,.$$

Für $\boldsymbol{\lambda} \notin A(\boldsymbol{\lambda}^*, \boldsymbol{\mu}^*)$ und $\begin{pmatrix} \boldsymbol{\lambda} \\ \boldsymbol{\mu}^* \end{pmatrix} \in \mathfrak{A}_{\lambda\mu}$ muß $\mathfrak{L}(\boldsymbol{\lambda}) = \emptyset$ sein. Aus der Definition von $\mathfrak{L}(\boldsymbol{\lambda})$ folgt daher

$$I_{\lambda\mu}(\boldsymbol{\lambda}, \boldsymbol{\mu}^*) \not\supseteq I_{\lambda\mu}(\boldsymbol{\lambda}^*, \boldsymbol{\mu}^*)\,.$$ ▮

▮ B. 8.6 Ist $\bar{S}_0$ eine abgeschlossene Seite eines Kegels $\mathfrak{A}^k_{\lambda\mu^*}$ aus der Einteilung der Lösbarkeitsmenge $\mathfrak{A}_{\lambda\mu^*}$ des Problems $P(\boldsymbol{\lambda}, \boldsymbol{\mu}^*)$, und ist $\boldsymbol{\lambda}^*$ ein beliebiger innerer Punkt der Seite $\bar{S}_0$, so muß $\boldsymbol{\lambda}^*$ ein Punkt des Randes von $\mathfrak{A}^k_{\lambda\mu^*}$ sein.

Nach Lemma 8.2 ist die Menge $A(\boldsymbol{\lambda}^*, \boldsymbol{\mu}^*)$ eine bestimmte abgeschlossene Seite von $\mathfrak{A}^k_{\lambda\mu^*}$, offenbar handelt es sich hierbei um die Seite $\bar{S}_0$, denn es ist $\boldsymbol{\lambda}^* \in \operatorname{int} \bar{S}_0$. Aus $A(\boldsymbol{\lambda}^*, \boldsymbol{\mu}^*) = \bar{S}_0$ ergibt sich wegen Lemma 8.3: Die Aussagen 1°, 2° und 3° vom Lemma 8.3 gelten für jede Seite eines Kegels $\mathfrak{A}^k_{\lambda\mu^*}$. Damit gelten diese Aussagen aber auch für jede abgeschlossene Seite $S(A(\boldsymbol{\lambda}^*, \boldsymbol{\mu}^*))$ des Kegels $A(\boldsymbol{\lambda}^*, \boldsymbol{\mu}^*)$. In den Aussagen des Lemma 8.3 ist lediglich die Menge $A(\boldsymbol{\lambda}^*, \boldsymbol{\mu}^*)$ durch die Menge $S(A(\boldsymbol{\lambda}^*, \boldsymbol{\mu}^*))$ zu ersetzen. ▮

▮ B. 8.7 Eine Möglichkeit zur Berechnung des Kegels $A(\boldsymbol{\lambda}^*, \boldsymbol{\mu}^*)$ besteht in folgendem:

Man bestimme für die Aufgabe

$$\min \{G(\boldsymbol{u}, \boldsymbol{\lambda}^*) \mid \boldsymbol{u} \in \mathfrak{N}(\boldsymbol{\mu}^*)\}$$

eine optimale Ecke (nach Lemma 6.1 hat $\mathfrak{N}(\boldsymbol{\mu}^*)$ stets Ecken und wegen $\begin{pmatrix}\boldsymbol{\lambda}^*\\ \boldsymbol{\mu}^*\end{pmatrix} \in \mathfrak{A}_{\lambda\mu}$ auch eine optimale). Weiter bestimme man Vektoren $\boldsymbol{h}^l \in E_m$ $(l = 1, \ldots, \varkappa_0)$ in Richtung aller von der optimalen Ecke $\boldsymbol{u}^0 \in \mathfrak{N}(\boldsymbol{\mu}^*)$ ausgehenden Kanten h^l $(l = 1, \ldots, \varkappa_0)$ des Polyeders $\mathfrak{N}(\boldsymbol{\mu}^*)$. Nach Satz 6.7 definiert man den Lösbarkeitskegel

$$\mathfrak{A}^0_{\lambda\mu^*} = \{\boldsymbol{\lambda} \in E_m \mid \boldsymbol{h}^{lT} \boldsymbol{\lambda} \geqq 0,\ l = 1, \ldots, \varkappa_0\}\,.$$

Setzt man

$$I = \{l \in \{1, \ldots, \varkappa_0\} \mid \boldsymbol{h}^{lT} \boldsymbol{\lambda}^* = 0\}\,,$$

so stellt

$$A(\boldsymbol{\lambda}^*, \boldsymbol{\mu}^*) = \{\boldsymbol{\lambda} \in E_m \mid \boldsymbol{h}^{lT} \boldsymbol{\lambda} = 0,\ l \in I;\ \boldsymbol{h}^{lT} \boldsymbol{\lambda} \geqq 0\,,\quad l \notin I\}\,. \tag{8.25}$$

eine implizite Beschreibung von $A(\boldsymbol{\lambda}^*, \boldsymbol{\mu}^*)$ dar. Die Begründung für ein derartiges Vorgehen geben Satz 6.7 und Lemma 8.2. ▮

▮ L. 8.4 *Sei* $\begin{pmatrix}\boldsymbol{\lambda}^*\\ \boldsymbol{\mu}^*\end{pmatrix} \in \mathfrak{A}_{\lambda\mu}$ *ein fixierter Punkt und bezeichne* $Q(\boldsymbol{\lambda}^*, \boldsymbol{\mu}^*)$ *den lokalen Stabilitätsbereich dieses Parameterpunktes. Dann gilt*

$$\begin{pmatrix}\boldsymbol{\lambda}\\ \boldsymbol{\mu}\end{pmatrix} \in Q(\boldsymbol{\lambda}^*, \boldsymbol{\mu}^*) \iff \mathfrak{L}(\boldsymbol{\lambda}) \neq \emptyset\,, \quad \max \{F(\boldsymbol{x}, \boldsymbol{\mu}) \mid \boldsymbol{x} \in \mathfrak{M}^*(\boldsymbol{\lambda})\} \tag{8.26}$$

ist lösbar, wobei $\mathfrak{L}(\boldsymbol{\lambda})$ *in* (8.1) *und* $\mathfrak{M}^*(\boldsymbol{\lambda})$ *durch*

$$\mathfrak{M}^*(\boldsymbol{\lambda}) = \{\boldsymbol{x} \in E_n \mid \boldsymbol{A}\,\boldsymbol{x} = \boldsymbol{\lambda};\ x_\alpha \geqq 0,\ \alpha \in I_{\lambda\mu}(\boldsymbol{\lambda}^*, \boldsymbol{\mu}^*)\} \tag{8.27}$$

definiert sind. ▮

▮ Bws. Wir können hier auf den Beweis verzichten, denn er verläuft analog dem des Lemma 4.2. ▮

B. 8.8 Bezeichnen wir

$$P^*(\boldsymbol{\lambda}, \boldsymbol{\mu}): \quad \max \{F(\boldsymbol{x}, \boldsymbol{\mu}) \mid \boldsymbol{x} \in \mathfrak{M}^*(\boldsymbol{\lambda})\}, \qquad \begin{pmatrix}\boldsymbol{\lambda}\\ \boldsymbol{\mu}\end{pmatrix} \in E_{m+n},$$

$$D^*(\boldsymbol{\mu}, \boldsymbol{\lambda}): \quad \min \{G(\boldsymbol{u}, \boldsymbol{\lambda}) \mid \boldsymbol{u} \in \mathfrak{N}^*(\boldsymbol{\mu})\}, \qquad \begin{pmatrix}\boldsymbol{\lambda}\\ \boldsymbol{\mu}\end{pmatrix} \in E_{m+n}.$$

Dabei hat $\mathfrak{M}^*(\boldsymbol{\lambda})$ die Beschreibung (8.27), und das duale Polyeder $\mathfrak{N}^*(\boldsymbol{\mu})$ hat die Darstellung:

$$\mathfrak{N}^*(\boldsymbol{\mu}) = \Big\{\boldsymbol{u} \in E_m \mid \sum_{r=1}^{m} a_{r\alpha} u_r \geqq \mu_\alpha, \ \alpha \in I_{\lambda\mu}(\boldsymbol{\lambda}^*, \boldsymbol{\mu}^*); \quad \sum_{r=1}^{m} a_{r\alpha} u_r = \mu_\alpha, \ \alpha \notin I_{\lambda\mu}(\boldsymbol{\lambda}^*, \boldsymbol{\mu}^*)\Big\}.$$

Definieren wir die zulässigen Parametermengen

$$\left.\begin{aligned} \mathfrak{B}_\lambda^* &= \{\boldsymbol{\lambda} \in E_m \mid \mathfrak{M}^*(\boldsymbol{\lambda}) \neq \emptyset\}, \\ \mathfrak{B}_\mu^* &= \{\boldsymbol{\mu} \in E_n \mid \mathfrak{N}^*(\boldsymbol{\mu}) \neq \emptyset\}, \end{aligned}\right\} \tag{8.28}$$

so erhält man für die gemeinsame Lösbarkeitsmenge $\mathfrak{A}_{\lambda\mu}^*$ der parametrischen Dualprobleme $P^*(\boldsymbol{\lambda}, \boldsymbol{\mu})$ und $D^*(\boldsymbol{\mu}, \boldsymbol{\lambda})$ nach dem Dualitätsprinzip die Aussage

$$\mathfrak{A}_{\lambda\mu}^* = \mathfrak{B}_\lambda^* \times \mathfrak{B}_\mu^*. \tag{8.29}$$

B. 8.9 Das parametrische Problem

$$P(\boldsymbol{\lambda}^*, \boldsymbol{\mu}): \quad \max \{F(\boldsymbol{x}, \boldsymbol{\mu}) \mid \boldsymbol{x} \in \mathfrak{M}(\boldsymbol{\lambda}^*)\}, \qquad \boldsymbol{\mu} \in E_n$$

ist für festes $\boldsymbol{\lambda}^* \in E_m$ ein parametrisches Optimierungsproblem mit dem Restriktionspolyeder $\mathfrak{M}(\boldsymbol{\lambda}^*)$ in Gleichungsform,

$$\mathfrak{M}(\boldsymbol{\lambda}^*) = \{\boldsymbol{x} \in E_n \mid \boldsymbol{A}\boldsymbol{x} = \boldsymbol{\lambda}^*; \ \boldsymbol{x} \geqq \boldsymbol{o}\}.$$

Offenbar hat $\mathfrak{M}(\boldsymbol{\lambda}^*)$ die äquivalente Darstellung

$$\mathfrak{M}(\boldsymbol{\lambda}^*) = \{\boldsymbol{x} \in E_n \mid \boldsymbol{A}\boldsymbol{x} \leqq \boldsymbol{\lambda}^*; \ -\boldsymbol{A}\boldsymbol{x} \leqq -\boldsymbol{\lambda}^*; \ -\boldsymbol{x} \leqq \boldsymbol{o}\}.$$

Das zu $P(\boldsymbol{\lambda}^*, \boldsymbol{\mu})$ duale parametrische Problem $D(\boldsymbol{\mu}, \boldsymbol{\lambda}^*)$ ist äquivalent zu

$$D'(\boldsymbol{\mu}, \boldsymbol{\lambda}^*): \quad \min \left\{G'(\boldsymbol{w}^+, \boldsymbol{w}^-, \boldsymbol{\lambda}^*) \mid \begin{pmatrix}\boldsymbol{w}^+\\ \boldsymbol{w}^-\\ \boldsymbol{\xi}\end{pmatrix} \in \mathfrak{N}'(\boldsymbol{\mu})\right\}, \qquad \boldsymbol{\mu} \in E_n$$

mit der Zielfunktion

$$G'(\boldsymbol{w}^+, \boldsymbol{w}^-, \boldsymbol{\lambda}^*) = \boldsymbol{\lambda}^{*T} \boldsymbol{w}^+ - \boldsymbol{\lambda}^{*T} \boldsymbol{w}^-$$

und dem Restriktionspolyeder

$$\mathfrak{N}'(\boldsymbol{\mu}) = \left\{\begin{pmatrix}\boldsymbol{w}^+\\ \boldsymbol{w}^-\\ \boldsymbol{\xi}\end{pmatrix} \in E_{2m+n} \mid \boldsymbol{A}^T \boldsymbol{w}^+ - \boldsymbol{A}^T \boldsymbol{w}^- - \boldsymbol{\xi} = \boldsymbol{\mu}, \ \boldsymbol{\xi} \geqq 0, \ \boldsymbol{w}^+ \geqq \boldsymbol{o}, \ \boldsymbol{w}^- \geqq \boldsymbol{o}\right\}.$$

Das parametrische Problem $D'(\boldsymbol{\mu}, \boldsymbol{\lambda}^*)$ besitzt die Parameter μ_α $(\alpha = 1, \ldots, n)$ in den rechten Seiten der Gleichungsrestriktionen. Die Koeffizientenmatrix dieses Gleichungssystems hat offenbar den maximalen Rang n. Man kann daher für die Untersuchungen des Problems $D'(\boldsymbol{\mu}, \boldsymbol{\lambda}^*)$ die Theorie aus dem Kapitel 6 anwenden. Auf Grund der Dualitätstheorie haben die parametrischen Probleme $P(\boldsymbol{\lambda}^*, \boldsymbol{\mu})$ und $D'(\boldsymbol{\mu}, \boldsymbol{\lambda}^*)$ die gemeinsame Lösbarkeitsmenge $\mathfrak{A}_{\lambda^*\mu}$, die nach Satz 8.3 ein n-dimensionaler polyedrischer Kegel ist, der mit der zulässigen Parametermenge $\mathfrak{B}_\mu$ identisch ist. Nach den Sätzen 6.7 und 6.10 existiert eine Einteilung der Lösbarkeitsmenge $\mathfrak{A}_{\lambda^*\mu}$ mit den dort bewiesenen Eigenschaften. Nach Satz 6.12 besitzt die Einteilung bezüglich des Problems $P(\boldsymbol{\lambda}^*, \boldsymbol{\mu})$ die folgenden Eigenschaften:

1° Die Anzahl der Ecken vom Polyeder $\mathfrak{M}(\boldsymbol{\lambda}^*)$ stimmt mit der Anzahl der Kegel $\mathfrak{A}^k_{\lambda^*\mu}$ aus der Einteilung von $\mathfrak{A}_{\lambda^*\mu}$ überein. Für eine Ecke $\boldsymbol{x}^k$ von $\mathfrak{M}(\boldsymbol{\lambda}^*)$ gilt:

$$\boldsymbol{x}^k \in \mathfrak{M}_{\text{opt}}(\boldsymbol{\lambda}^*, \boldsymbol{\mu}) \Leftrightarrow \boldsymbol{\mu} \in \mathfrak{A}^k_{\lambda^*\mu} .$$

Weiterhin ist

$$\mathfrak{M}_{\text{opt}}(\boldsymbol{\lambda}^*, \boldsymbol{\mu}) = \{\boldsymbol{x}^k\} , \qquad \boldsymbol{\mu} \in \operatorname{int} \mathfrak{A}^k_{\lambda^*\mu} .$$

2° Für einen Randpunkt $\hat{\boldsymbol{\mu}}$ des Kegels $\mathfrak{A}^k_{\lambda^*\mu}$ muß

$$\dim \mathfrak{M}_{\text{opt}}(\boldsymbol{\lambda}^*, \hat{\boldsymbol{\mu}}) > 0$$

sein, und es gilt

$$\mathfrak{M}_{\text{opt}}(\boldsymbol{\lambda}^*, \hat{\boldsymbol{\mu}}) \neq \mathfrak{M}_{\text{opt}}(\boldsymbol{\lambda}^*, \boldsymbol{\mu}) , \qquad \boldsymbol{\mu} \in \mathfrak{A}_{\lambda^*\mu} \setminus \mathfrak{A}^k_{\lambda^*\mu} .$$

3° Die nach den Sätzen 6.7 und 6.10 existierende Einteilung von $\mathfrak{A}_{\lambda^*\mu}$ ist die einzige mit den hier angegebenen Eigenschaften 1° und 2°. ▌

▌ L. 8.5 *Für die Mengen* $A(\boldsymbol{\lambda}^*, \boldsymbol{\mu}^*)$ *aus* (8.10) *und* $\mathfrak{B}^*_\lambda$ *aus* (8.28) *gilt die Inklusion*

$$A(\boldsymbol{\lambda}^*, \boldsymbol{\mu}^*) \subseteq \mathfrak{B}^*_\lambda . \qquad ▌$$

▌ Bws. Aus den Darstellungen der Mengen $\mathfrak{L}(\boldsymbol{\lambda})$ (8.1) und $\mathfrak{M}^*(\boldsymbol{\lambda})$ (8.27) sowie des linearen Unterraums $L(\boldsymbol{\lambda})$ in (8.9) erhält man

$$\emptyset \subseteq \mathfrak{L}(\boldsymbol{\lambda}) \subseteq L(\boldsymbol{\lambda}) \subseteq \mathfrak{M}^*(\boldsymbol{\lambda}) , \qquad \boldsymbol{\lambda} \in A(\boldsymbol{\lambda}^*, \boldsymbol{\mu}^*) .$$

Daraus ergibt sich wegen (8.28) die behauptete Inklusion. ▌

▌ L. 8.6 *Die Menge*

$$B(\boldsymbol{\lambda}^*, \boldsymbol{\mu}^*) = \{\boldsymbol{\mu} \in E_n \mid \mathfrak{M}_{\text{opt}}(\boldsymbol{\lambda}^*, \boldsymbol{\mu}^*) \subseteq \mathfrak{M}_{\text{opt}}(\boldsymbol{\lambda}^*, \boldsymbol{\mu})\} \tag{8.30}$$

hat folgende Eigenschaften:

1° $B(\boldsymbol{\lambda}^*, \boldsymbol{\mu}^*) = \mathfrak{B}^*_\mu$, *mit* $\mathfrak{B}^*_\mu$ *aus* (8.28).

2° (a) *Ist* $\mathfrak{A}^k_{\lambda^*\mu}$ *ein Kegel aus der Einteilung der Lösbarkeitsmenge* $\mathfrak{A}_{\lambda^*\mu}$ *des Problems* $P(\boldsymbol{\lambda}^*, \boldsymbol{\mu})$ *(vgl. Bemerkung* 8.9) *mit der Eigenschaft* $\boldsymbol{\mu}^* \in \operatorname{int} \mathfrak{A}^k_{\lambda^*\mu}$, *so gilt:*

$$B(\boldsymbol{\lambda}^*, \boldsymbol{\mu}) = \mathfrak{A}^k_{\lambda^*\mu} .$$

(b) *Ist S_k eine Seite eines Kegels $\mathfrak{A}^k_{\lambda^*\mu}$ aus der Einteilung der Lösbarkeitsmenge $\mathfrak{A}_{\lambda^*\mu}$ mit der Eigenschaft $\mu^* \in S_k$, so gilt:*

$$B(\lambda^*, \mu^*) = \overline{\dot{S}}_k \,.$$ ∎

∎ Bws. Es sei $\mu \in \mathfrak{B}^*_\mu$ beliebig. Wegen $\lambda^* \in A(\lambda^*, \mu^*) \subseteq \mathfrak{B}^*_\lambda$ muß

$$\begin{pmatrix}\lambda^*\\ \mu\end{pmatrix} \in \mathfrak{B}^*_\lambda \times \mathfrak{B}^*_\mu = \mathfrak{A}^*_{\lambda\mu}$$

sein, was bedeutet, daß die Aufgabe $P^*(\lambda^*, \mu)$ lösbar ist. Da aber auch die Seite $\mathfrak{L}(\lambda^*)$ von $\mathfrak{M}(\lambda^*)$ nicht leer ist, gehört der Punkt $\begin{pmatrix}\lambda^*\\ \mu\end{pmatrix}$ zum lokalen Stabilitätsbereich $Q(\lambda^*, \mu^*)$ (nach Lemma 8.4), und nach dessen Definition ist

$$\emptyset \neq \mathfrak{L}(\lambda^*) \subseteq \mathfrak{M}_{\text{opt}}(\lambda^*, \mu) \,.$$

Wegen

$$\mathfrak{L}(\lambda^*) = \mathfrak{M}_{\text{opt}}(\lambda^*, \mu^*)$$

ergibt sich daher

$$\mathfrak{M}_{\text{opt}}(\lambda^*, \mu^*) \subseteq \mathfrak{M}_{\text{opt}}(\lambda^*, \mu) \,.$$

Daraus folgt aber auf Grund von (8.30) $\mu \in B(\lambda^*, \mu^*)$. Daher gilt

$$\mathfrak{B}^*_\mu \subseteq B(\lambda^*, \mu^*) \,.$$

Ist dagegen $\mu \in B(\lambda^*, \mu^*)$ beliebig, so folgt wegen $\lambda^* \in A(\lambda^*, \mu^*)$ unmittelbar

$$\emptyset \neq \mathfrak{L}(\lambda^*) = \mathfrak{M}_{\text{opt}}(\lambda^*, \mu^*) \subseteq \mathfrak{M}_{\text{opt}}(\lambda^*, \mu) \,.$$

Damit muß aber $\begin{pmatrix}\lambda^*\\ \mu\end{pmatrix} \in Q(\lambda^*, \mu^*)$ sein. Lemma 8.4 besagt dann, daß die Aussage

$$\lambda^* \in A(\lambda^*, \mu^*) \,, \qquad \max \{F(x, \mu) \mid x \in \mathfrak{M}^*(\lambda^*)\} \text{ lösbar,}$$

gilt. Der Punkt $\begin{pmatrix}\lambda^*\\ \mu\end{pmatrix}$ gehört also der Lösbarkeitsmenge $\mathfrak{A}^*_{\lambda\mu} = \mathfrak{B}^*_\lambda \times \mathfrak{B}^*_\mu$ an, und daher ist

$$B(\lambda^*, \mu^*) \subseteq \mathfrak{B}^*_\mu \,.$$

Es muß also

$$B(\lambda^*, \mu^*) = \mathfrak{B}^*_\mu$$

sein, womit die Aussage 1° bewiesen ist.

Ist $\mathfrak{A}_{\lambda^*\mu}$ die Lösbarkeitsmenge des parametrischen Problems $P(\lambda^*, \mu)$ mit der Einteilung, deren Eigenschaften in Bemerkung 8.9 angeführt sind, so gibt es für den Punkt μ zwei Möglichkeiten: entweder

(a) ist er innerer Punkt eines Kegels $\mathfrak{A}^k_{\lambda^*\mu}$ aus der Einteilung von $\mathfrak{A}_{\lambda^*\mu}$, oder

(b) er ist Randpunkt eines bestimmten Kegels $\mathfrak{A}^k_{\lambda^*\mu}$.

Im Fall (a) existiert nach Bemerkung 8.9 eine einzige Ecke $x^0 \in \mathfrak{M}(\lambda^*)$ mit der Eigenschaft

$$\mathfrak{M}_{\text{opt}}(\lambda^*, \mu^*) = \{x^0\} = \mathfrak{M}_{\text{opt}}(\lambda^*, \mu) \,, \qquad \mu \in \operatorname{int} \mathfrak{A}^k_{\lambda^*\mu} \,, \tag{8.31}$$

und es gilt

$$\left.\begin{array}{ll} \boldsymbol{x}^0 \notin \mathfrak{M}_{\text{opt}}(\boldsymbol{\lambda}^*, \boldsymbol{\mu}), & \boldsymbol{\mu} \in \mathfrak{A}_{\lambda^*\mu} \setminus \mathfrak{A}^k_{\lambda^*\mu}, \\ \boldsymbol{x}^0 \in \mathfrak{M}_{\text{opt}}(\boldsymbol{\lambda}^*, \boldsymbol{\mu}), & \boldsymbol{\mu} \in \mathfrak{A}^k_{\lambda^*\mu}. \end{array}\right\} \tag{8.32}$$

Aus (8.31) und (8.32) sowie (8.30) ergibt sich

$$B(\boldsymbol{\lambda}^*, \boldsymbol{\mu}^*) = \mathfrak{A}^k_{\lambda^*\mu}.$$

Im Fall (b) sei $\boldsymbol{\mu}^*$ Randpunkt eines Kegels $\mathfrak{A}^k_{\lambda^*\mu}$ aus der Einteilung von $\mathfrak{A}_{\lambda^*\mu}$, und er gehöre zu einer d-dimensionalen Seite S_k $(d < n)$ des polyedrischen Kegels $\mathfrak{A}^k_{\lambda^*\mu}$. Nach Bemerkung 8.9 gilt dann

$$\dim \mathfrak{M}_{\text{opt}}(\boldsymbol{\lambda}^*, \boldsymbol{\mu}^*) > 0; \qquad \dim \mathfrak{M}_{\text{opt}}(\boldsymbol{\lambda}^*, \boldsymbol{\mu}) = 0, \qquad \boldsymbol{\mu} \in \operatorname{int} \mathfrak{A}^k_{\lambda^*\mu}.$$

Wegen (8.30) folgt daher die Implikation

$$\boldsymbol{\mu} \in \operatorname{int} \mathfrak{A}^k_{\lambda^*\mu} \Rightarrow \boldsymbol{\mu} \notin B(\boldsymbol{\lambda}^*, \boldsymbol{\mu}^*). \tag{8.33}$$

Man überzeugt sich leicht, daß die in (8.28) definierte Menge $\mathfrak{B}^*_\mu$ konvex ist. Wegen der bereits bewiesenen Aussage 1° dieses Lemmas ist dann aber auch $B(\boldsymbol{\lambda}^*, \boldsymbol{\mu}^*)$ konvex. Sind $\dim S_k \geqq 1$ und $\hat{\boldsymbol{\mu}}$ ein Randpunkt von $\mathfrak{A}^k_{\lambda^*\mu}$ mit $\hat{\boldsymbol{\mu}} \notin \bar{S}_k$, so werden wir $\hat{\boldsymbol{\mu}} \notin B(\boldsymbol{\lambda}^*, \boldsymbol{\mu}^*)$ zeigen. Setzen wir also voraus, daß der Randpunkt $\hat{\boldsymbol{\mu}}$ mit $\hat{\boldsymbol{\mu}} \notin \bar{S}_k$ zu $B(\boldsymbol{\lambda}^*, \boldsymbol{\mu}^*)$ gehört. Da $B(\boldsymbol{\lambda}^*, \boldsymbol{\mu}^*)$ als konvexe Menge mit $\boldsymbol{\mu}^*$ und $\hat{\boldsymbol{\mu}}$ auch die Strecke $s(\boldsymbol{\mu}^*, \hat{\boldsymbol{\mu}})$ enthält, folgt aus (8.33)

$$s(\boldsymbol{\mu}^*, \hat{\boldsymbol{\mu}}) \cap \operatorname{int} \mathfrak{A}^k_{\lambda^*\mu} = \emptyset.$$

Die Strecke $s(\boldsymbol{\mu}^*, \hat{\boldsymbol{\mu}})$ gehört also zum Rand des Kegels $\mathfrak{A}^k_{\lambda^*\mu}$. (Wir bemerken, daß der Fall

$$s(\boldsymbol{\mu}^*, \hat{\boldsymbol{\mu}}) \cap \operatorname{int} \mathfrak{A}^k_{\lambda^*\mu} \neq \emptyset$$

nicht eintreten kann. Es gäbe nämlich sonst einen Punkt $\tilde{\boldsymbol{\mu}}$ mit

$$\tilde{\boldsymbol{\mu}} \in s(\boldsymbol{\mu}^*, \hat{\boldsymbol{\mu}}), \qquad \tilde{\boldsymbol{\mu}} \in \operatorname{int} \mathfrak{A}^k_{\lambda^*\mu}.$$

Nach (8.33) hieße das aber $\tilde{\boldsymbol{\mu}} \notin B(\boldsymbol{\lambda}^*, \boldsymbol{\mu}^*)$, das geht aber nicht, denn gemäß unserer Voraussetzung ist $s(\boldsymbol{\mu}^*, \hat{\boldsymbol{\mu}}) \subseteq B(\boldsymbol{\lambda}^*, \boldsymbol{\mu}^*)$.

Bezeichnen wir mit S_{k^*} diejenige Seite von $\mathfrak{A}^k_{\lambda^*\mu}$, zu welcher der Punkt $\hat{\boldsymbol{\mu}}$ gehört, so muß $\boldsymbol{\mu}^* \in \bar{S}_{k^*} \cap \bar{S}_k$ sein. Das bedeutet aber, daß $\boldsymbol{\mu}^*$ ein Randpunkt der Seite S_k ist, was aber offensichtlich im Widerspruch zu unserer Voraussetzung $\boldsymbol{\mu}^* \in S_k$ steht. Daher gilt

$$\hat{\boldsymbol{\mu}} \notin \bar{S}_k; \quad \hat{\boldsymbol{\mu}} \in \mathfrak{A}^k_{\lambda^*\mu} \setminus \operatorname{int} \mathfrak{A}^k_{\lambda^*\mu} \Rightarrow \hat{\boldsymbol{\mu}} \notin B(\boldsymbol{\lambda}^*, \boldsymbol{\mu}^*).$$

Aus der soeben erhaltenen Implikation und aus (8.33) ergibt sich die Inklusion

$$B(\boldsymbol{\lambda}^*, \boldsymbol{\mu}^*) \subseteq \bar{S}_k. \tag{8.34}$$

Da die Einteilung der Lösbarkeitsmenge $\mathfrak{A}^k_{\lambda^*\mu}$ die im Satz 6.7 bewiesenen Eigenschaften hat, existiert wegen des Dualitätsprinzips eine Ecke $\boldsymbol{x}^k$ vom Polyeder $\mathfrak{M}(\boldsymbol{\lambda}^*)$ mit folgenden Eigenschaften:

Sind k^s, $s = 1, \ldots, s_0$ alle von der Ecke x^k ausgehenden Kanten des Polyeders $\mathfrak{M}(\lambda^*)$ und k^s, $s = 1, \ldots, s_0$ Vektoren in Richtung dieser Kanten, so gilt

$$\mathfrak{A}^k_{\lambda^* \mu} = \{\mu \in E_n \mid k^{sT} \mu \leqq 0 , \qquad s = 1, \ldots, s_0\} . \tag{8.35}$$

(Wäre dim $\mathfrak{M}(\lambda^*) = 0$, also $\mathfrak{M}(\lambda^*) = \{x^k\}$, so müßte $\mathfrak{B}_\mu = \mathfrak{A}^k_{\lambda^* \mu} = E_n$ sein, was aber der Voraussetzung, daß μ^* ein Randpunkt des Kegels $\mathfrak{A}^k_{\lambda^* \mu}$ ist, widersprechen würde. Es ist also dim $\mathfrak{M}(\lambda^*) \geqq 1$.)
Weil μ^* ein Randpunkt von $\mathfrak{A}^k_{\lambda^* \mu}$ ist, so gilt:

$$I = \{s \in \{1, \ldots, s_0\} \mid k^{sT} \mu^* = 0\} \neq \emptyset; \ k^{sT} \mu^* < 0, \ s \notin I . \tag{8.36}$$

Die Seite S_k mit $\mu^* \in S_k$ besitzt daher die Darstellung

$$S_k = \{\mu \in E_n \mid k^{sT} \mu = 0, \ s \in I; \ k^{sT} \mu < 0, \ s \notin I\} . \tag{8.37}$$

Für einen beliebigen Punkt $\mu^1 \in \bar{S}_k$ gilt dann wegen (8.37)

$$k^{sT} \mu^1 = 0 , \quad s \in I; \qquad k^{sT} \mu^1 \leqq 0 , \quad s \notin I . \tag{8.38}$$

Zu jedem Punkt $x \in \mathfrak{M}(\lambda^*)$ existieren offenbar Zahlen v_s, $s = 1, \ldots, s_0$ mit

$$\left.\begin{aligned} x_\alpha - x_\alpha^k &= \sum_{s=1}^{s_0} k_\alpha^s v_s , \qquad \alpha = 1, \ldots, n; \\ v_s &\geqq 0 , \quad s = 1, \ldots, s_0 . \end{aligned}\right\} \tag{8.39}$$

Aus (8.38) und (8.39) ergibt sich

$$\sum_{\alpha=1}^{n} \mu_\alpha^1 (x_\alpha - x_\alpha^k) = \sum_{s=1}^{s_0} \sum_{\alpha=1}^{n} k_\alpha^s \mu_\alpha^1 v_s \leqq 0 , \qquad x \in \mathfrak{M}(\lambda^*) . \tag{8.40}$$

Daraus folgt aber

$$\sum_{\alpha=1}^{n} \mu_\alpha^1 x_\alpha \leqq \sum_{\alpha=1}^{n} \mu_\alpha^1 x_\alpha^k , \qquad x \in \mathfrak{M}(\lambda^*) .$$

Daher gehört x^k zur Optimalmenge $\mathfrak{M}_{\text{opt}}(\lambda^*, \mu^1)$. Ein beliebiger Punkt $x \in \mathfrak{M}_{\text{opt}}(\lambda^*, \mu^*)$ erfüllt die Gleichung

$$\sum_{\alpha=1}^{n} \mu_\alpha^* (x_\alpha - x_\alpha^k) = 0 .$$

Nach (8.39) und (8.36) ergibt sich daher

$$\sum_{\alpha=1}^{n} \sum_{s=1}^{s_0} k_\alpha^s v_s \mu_\alpha^* = \sum_{s \notin I} \left(\sum_{\alpha=1}^{n} k_\alpha^s \mu_\alpha^* \right) v_s = 0 . \tag{8.41}$$

Aus (8.36) und (8.39) erhält man

$$\sum_{\alpha=1}^{n} k_\alpha^s \mu_\alpha^* < 0 , \qquad v_s \geqq 0 , \qquad s \notin I .$$

Daher folgt aus (8.41) $v_s = 0$, $s \notin I$. Damit resultiert aus (8.40) und (8.38)

$$\sum_{\alpha=1}^{n} \mu_\alpha^1 (x_\alpha - x_\alpha^k) = \sum_{s \in I} \sum_{\alpha=1}^{n} k_\alpha^s \mu_\alpha^1 v_s = 0\,, \qquad \boldsymbol{x} \in \mathfrak{M}_{\text{opt}}(\boldsymbol{\lambda}^*, \boldsymbol{\mu}^*)$$

und deswegen

$$\sum_{\alpha=1}^{n} \mu_\alpha^1 x_\alpha = \sum_{\alpha=1}^{n} \mu_\alpha^1 x_\alpha^k\,, \qquad \boldsymbol{x} \in \mathfrak{M}_{\text{opt}}(\boldsymbol{\lambda}^*, \boldsymbol{\mu}^*)\,.$$

Da aber $\boldsymbol{x}^k \in \mathfrak{M}_{\text{opt}}(\boldsymbol{\lambda}^*, \boldsymbol{\mu}^1)$ ist, folgt aus dieser Gleichung die Inklusion

$$\mathfrak{M}_{\text{opt}}(\boldsymbol{\lambda}^*, \boldsymbol{\mu}^*) \subseteq \mathfrak{M}_{\text{opt}}(\boldsymbol{\lambda}^*, \boldsymbol{\mu}^1)\,,$$

also nach (8.30) $\boldsymbol{\mu}^1 \in B(\boldsymbol{\lambda}^*, \boldsymbol{\mu}^*)$. Der Punkt $\boldsymbol{\mu}^1$ der Seite $\bar{S}_k$ war beliebig gewählt, was uns zu

$$\bar{S}_k \subseteq B(\boldsymbol{\lambda}^*, \boldsymbol{\mu}^*)$$

führt. Mit (8.34) erhalten wir

$$\bar{S}_k = B(\boldsymbol{\lambda}^*, \boldsymbol{\mu}^*)\,.$$

Es bleibt noch der Fall zu untersuchen, bei welchem $\boldsymbol{\mu}^*$ Randpunkt von $\mathfrak{A}^k_{\lambda^*\mu}$ ist und in einer Seite S_k des Kegels $\mathfrak{A}^k_{\lambda^*\mu}$ liegt, für welche $\dim S_k = 0$ ist. Wir werden zeigen, daß dieser Fall nicht eintreten kann, daß also kein Kegel $\mathfrak{A}^k_{\lambda^*\mu}$ aus der Einteilung von $\mathfrak{A}_{\lambda^*\mu}$ eine Seite S_k mit der Dimension Null hat. Nehmen wir zum Beweis an, daß der Randpunkt $\boldsymbol{\mu}^*$ des Kegels $\mathfrak{A}^k_{\lambda^*\mu}$ eine nulldimensionale Seite, also eine Ecke der Menge $\mathfrak{A}^k_{\lambda^*\mu}$ ist. Da $\mathfrak{A}^k_{\lambda^*\mu}$ ein polyedrischer Kegel mit einem Scheitel im Koordinatenursprung $\boldsymbol{o} \in E_n$ (vgl. Satz 6.7) ist, muß notwendigerweise $\boldsymbol{\mu}^* = \boldsymbol{o}$ sein, und $\boldsymbol{o} \in E_n$ ist der einzige Scheitel dieses Kegels. Da dann $\mu_\alpha^* = 0$, $\alpha = 1, \ldots, n$ sein muß, ergibt sich aus der Formulierung von $P(\boldsymbol{\lambda}^*, \boldsymbol{\mu})$ in der Bemerkung 8.9

$$\mathfrak{M}_{\text{opt}}(\boldsymbol{\lambda}^*, \boldsymbol{\mu}^*) = \mathfrak{M}(\boldsymbol{\lambda}^*)\,, \tag{8.42}$$

und die Menge $B(\boldsymbol{\lambda}^*, \boldsymbol{\mu}^*)$ aus (8.30) reduziert sich auf

$$B(\boldsymbol{\lambda}^*, \boldsymbol{\mu}^*) = \{\boldsymbol{\mu} \in E_n \mid \mathfrak{M}_{\text{opt}}(\boldsymbol{\lambda}^*, \boldsymbol{\mu}) = \mathfrak{M}(\boldsymbol{\lambda}^*)\}\,,$$

da $\mathfrak{M}_{\text{opt}}(\boldsymbol{\lambda}^*, \boldsymbol{\mu})$ entweder eine abgeschlossene Seite des Polyeders $\mathfrak{M}(\boldsymbol{\lambda}^*)$ oder das Polyeder $\mathfrak{M}(\boldsymbol{\lambda}^*)$ selbst darstellt. Die Gleichung (8.42) gilt aber genau dann, wenn die Hyperebene

$$\{\boldsymbol{x} \in E_n \mid \boldsymbol{\mu}^T (\boldsymbol{x} - \boldsymbol{x}^k) = 0\}$$

das Polyeder $\mathfrak{M}(\boldsymbol{\lambda}^*)$ enthält. Das wiederum tritt genau dann ein, wenn alle von der Ecke $\boldsymbol{x}^k$ ausgehenden Kanten $\boldsymbol{k}^s$, $s = 1, \ldots, s_0$ in dieser Hyperebene liegen, wenn also gilt:

$$\boldsymbol{\mu}^T \boldsymbol{k}^s = 0\,, \qquad s = 1, \ldots, s_0\,. \tag{8.43}$$

Aus der Definition von $\mathfrak{M}(\boldsymbol{\lambda}^*)$ ergibt sich für alle $\boldsymbol{x} \in \mathfrak{M}(\boldsymbol{\lambda}^*)$

$$\boldsymbol{A}(\boldsymbol{x} - \boldsymbol{x}^k) = \boldsymbol{o}\,. \tag{8.44}$$

Weiterhin muß wegen (8.42) für alle $\boldsymbol{x} \in \mathfrak{M}(\boldsymbol{\lambda}^*)$

$$\boldsymbol{\mu}^T (\boldsymbol{x} - \boldsymbol{x}^k) = 0 \tag{8.45}$$

sein, wenn $\mathfrak{M}(\boldsymbol{\lambda}^*)$ in der obigen Hyperebene liegen soll. Da der Rang der Matrix $\boldsymbol{A} = (a_{r\alpha})_{m,n}$ gleich m vorausgesetzt wird, ergibt sich aus (8.44) und (8.45)

$$\mu_\alpha = \sum_{r=1}^{m} w_r a_{r\alpha}, \qquad \alpha = 1, \ldots, n.$$

Definieren wir

$$L_0 = \{\boldsymbol{\mu} \in E_n \mid \boldsymbol{\mu} = \boldsymbol{A}^T \boldsymbol{w}, \quad \boldsymbol{w} \in E_m\}, \tag{8.46}$$

so hat das durch (8.44) und (8.45) gegebene Gleichungssystem dann und nur dann eine Lösung $\boldsymbol{x}$ mit $\|\boldsymbol{x} - \boldsymbol{x}^k\| > 0$, wenn $\boldsymbol{\mu} \in L_0$ ist. Daher und auf Grund der obigen Überlegungen gilt die Äquivalenz

$$\mathfrak{M}_{\text{opt}}(\boldsymbol{\lambda}^*, \boldsymbol{\mu}) = \mathfrak{M}(\boldsymbol{\lambda}^*) \Leftrightarrow \boldsymbol{\mu} \in L_0. \tag{8.47}$$

Nach (3.43) ergibt sich aus (8.47) die Äquivalenz

$$\mathfrak{M}_{\text{opt}}(\boldsymbol{\lambda}^*, \boldsymbol{\mu}) = \mathfrak{M}(\boldsymbol{\lambda}^*) \quad \Leftrightarrow \quad \sum_{\alpha=1}^{n} k_\alpha^s \mu_\alpha = 0, \qquad s = 1, \ldots, s_0,$$

und daher nimmt L_0 aus (8.46) die Gestalt

$$L_0 = \left\{\boldsymbol{\mu} \in E_n \mid \sum_{\alpha=1}^{n} k_\alpha^s \mu_\alpha = 0,\ s = 1, \ldots, s_0\right\} \tag{8.48}$$

an. Aus (8.35) und (8.48) resultiert die Inklusion

$$L_0 \subseteq \mathfrak{A}^k_{\boldsymbol{\lambda}^*\boldsymbol{\mu}}.$$

Die in (8.46) definierte Menge L_0 ist ein linearer Unterraum im E_n, welcher die Vektoren

$$\boldsymbol{a}^r = (a_1^r, \ldots, a_n^r)^T, \qquad r = 1, \ldots, m,$$

enthält. Da diese aber linear unabhängig sind, denn die Matrix $\boldsymbol{A} = (a_{r\alpha})_{m,n}$ hat den Rang m mit $1 \leqq m < n$, muß $\dim L_0 = m$ gelten. Der polyedrische Kegel $\mathfrak{A}^k_{\boldsymbol{\lambda}^*\boldsymbol{\mu}}$ enthält also den linearen m-dimensionalen Unterraum L_0. Wäre nun

$$L_0 \cap \operatorname{int} \mathfrak{A}^k_{\boldsymbol{\lambda}^*\boldsymbol{\mu}} \neq \emptyset, \qquad \tilde{\boldsymbol{\mu}} \in L_0 \cap \operatorname{int} \mathfrak{A}^k_{\boldsymbol{\lambda}^*\boldsymbol{\mu}},$$

so müßte auf Grund von (8.31)

$$\mathfrak{M}_{\text{opt}}(\boldsymbol{\lambda}^*, \tilde{\boldsymbol{\mu}}) = \{\boldsymbol{x}^k\}$$

sein. Wegen (8.47) müßte aber auch auf Grund von $\tilde{\boldsymbol{\mu}} \in L_0$

$$\mathfrak{M}_{\text{opt}}(\boldsymbol{\lambda}^*, \tilde{\boldsymbol{\mu}}) = \mathfrak{M}(\boldsymbol{\lambda}^*)$$

sein, was aber offenbar ein Widerspruch ist.

Der lineare Unterraum L_0 gehört also zum Rand des Kegels $\mathfrak{A}^k_{\lambda^*\mu}$ und stellt nach (8.48) und (8.35) eine Seite kleinster Dimension des Kegels dar. Aus der Theorie konvexer Polyeder ist bekannt, daß der Kegel $\mathfrak{A}^k_{\lambda^*\mu}$ dann keine Seite besitzen kann, deren Dimension kleiner als die des linearen Unterraums L_0, also kleiner als m ist. Aus $1 \leqq m < n$ ergibt sich dann sofort, daß der Kegel $\mathfrak{A}^k_{\lambda^*\mu}$ keine Seite S_k mit $\dim S_k = 0$ besitzen kann. Der Randpunkt $\boldsymbol{\mu}^*$ kann also nicht zu einer derartigen Seite vom Kegel $\mathfrak{A}^k_{\lambda^*\mu}$ gehören.

Damit ist aber das Lemma 8.6 vollständig bewiesen. ▌

▌ B. 8.10 Aus dem Beweis von Lemma 8.6 ist ersichtlich, daß der lineare Unterraum L_0, der in (8.46) definiert wird, in jedem Kegel $\mathfrak{A}^k_{\lambda^*\mu}$ aus der Einteilung der Lösbarkeitsmenge $\mathfrak{A}_{\lambda^*\mu}$ enthalten ist. Man überzeugt sich leicht, daß L_0 die einzige m-dimensionale Seite eines jeden Kegels $\mathfrak{A}^k_{\lambda^*\mu}$ ist, und daß kein Kegel $\mathfrak{A}^k_{\lambda^*\mu}$ eine Seite hat, deren Dimension kleiner als m ist. Da

$$\dim L_0 = m \geqq 1$$

ist, hat keiner der Kegel $\mathfrak{A}^k_{\lambda^*\mu}$ eine Ecke. Nach Satz 8.3 ist L_0 aber auch eine Seite des Kegels $\mathfrak{A}_{\lambda^*\mu} = \mathfrak{B}_\mu$. Man überzeugt sich nun leicht davon, daß der lineare Unterraum L_0 die Scheitelmenge des Lösbarkeitskegels $\mathfrak{A}_{\lambda^*\mu}$ und eines jeden Kegels $\mathfrak{A}^k_{\lambda^*\mu}$ aus der Einteilung von $\mathfrak{A}_{\lambda^*\mu}$ darstellt. ▌

▌ L. 8.7 *Es seien* $\begin{pmatrix}\boldsymbol{\lambda}^*\\ \boldsymbol{\mu}^*\end{pmatrix} \in \mathfrak{A}_{\lambda\mu}$ *ein beliebiger Punkt und* $B(\boldsymbol{\lambda}^*, \boldsymbol{\mu}^*)$ *die in* (8.30) *definierte Menge. Dann gelten die Aussagen*

1° $\mathfrak{M}_{\text{opt}}(\boldsymbol{\lambda}^*, \boldsymbol{\mu}) = \mathfrak{M}_{\text{opt}}(\boldsymbol{\lambda}^*, \boldsymbol{\mu}^*)$; $\quad I_{\lambda\mu}(\boldsymbol{\lambda}^*, \boldsymbol{\mu}^*) = I_{\lambda\mu}(\boldsymbol{\lambda}^*, \boldsymbol{\mu})$,
$\boldsymbol{\mu} \in \operatorname{int} B(\boldsymbol{\lambda}^*, \boldsymbol{\mu}^*)$,

2° $\dim \mathfrak{M}_{\text{opt}}(\boldsymbol{\lambda}^*, \hat{\boldsymbol{\mu}}) > \dim \mathfrak{M}_{\text{opt}}(\boldsymbol{\lambda}^*, \boldsymbol{\mu}^*)$,
$I_{\lambda\mu}(\boldsymbol{\lambda}^*, \hat{\boldsymbol{\mu}}) \subset I_{\lambda\mu}(\boldsymbol{\lambda}^*, \boldsymbol{\mu}^*)$, $\quad \hat{\boldsymbol{\mu}} \in B(\boldsymbol{\lambda}^*, \boldsymbol{\mu}^*) \setminus \operatorname{int} B(\boldsymbol{\lambda}^*, \boldsymbol{\mu}^*)$,

3° $I_{\lambda\mu}(\boldsymbol{\lambda}^*, \boldsymbol{\mu}) \nsubseteq I_{\lambda\mu}(\boldsymbol{\lambda}^*, \boldsymbol{\mu}^*)$, $\quad \boldsymbol{\mu} \notin B(\boldsymbol{\lambda}^*, \boldsymbol{\mu}^*)$, $\quad \begin{pmatrix}\boldsymbol{\lambda}^*\\ \boldsymbol{\mu}\end{pmatrix} \in \mathfrak{A}_{\lambda\mu}$. ▌

▌ Bws. 1° Nach Lemma 8.6 ist die Menge $B(\boldsymbol{\lambda}^*, \boldsymbol{\mu}^*)$ entweder ein Kegel $\mathfrak{A}^k_{\lambda^*\mu}$ aus der Einteilung der Lösbarkeitsmenge $\mathfrak{A}_{\lambda^*\mu}$, oder sie ist eine abgeschlossene Seite $\bar{S}_k$ eines derartigen Kegels $\mathfrak{A}^k_{\lambda^*\mu}$, deren Dimension auf Grund der Bemerkung 8.10 größer oder gleich m ist. Die Menge $\operatorname{int} B(\boldsymbol{\lambda}^*, \boldsymbol{\mu}^*)$ läßt sich wegen (8.35) und (8.36) in der Form

$$\operatorname{int} B(\boldsymbol{\lambda}^*, \boldsymbol{\mu}^*) = \{\boldsymbol{\mu} \in E_n \mid \boldsymbol{k}^{sT} \boldsymbol{\mu} = 0,\ s \in I;\ \boldsymbol{k}^{sT} \boldsymbol{\mu} < 0,\ s \notin I\}$$

schreiben. Ist $B(\boldsymbol{\lambda}^*, \boldsymbol{\mu}^*) = \mathfrak{A}^k_{\lambda^*\mu}$, so muß I leer sein. Wegen der Definition von $B(\boldsymbol{\lambda}^*, \boldsymbol{\mu}^*)$ gilt auch für einen beliebigen Punkt $\boldsymbol{\mu}^1$ aus dem Innern dieser Menge

$$\mathfrak{M}_{\text{opt}}(\boldsymbol{\lambda}^*, \boldsymbol{\mu}^*) \subseteq \mathfrak{M}_{\text{opt}}(\boldsymbol{\lambda}^*, \boldsymbol{\mu}^1) . \tag{8.49}$$

Für den Punkt $\begin{pmatrix}\boldsymbol{\lambda}^*\\ \boldsymbol{\mu}^*\end{pmatrix} \in \mathfrak{A}_{\lambda\mu}$ gilt offenbar

$$\operatorname{int} B(\boldsymbol{\lambda}^*, \boldsymbol{\mu}^1) = \operatorname{int} B(\boldsymbol{\lambda}^*, \boldsymbol{\mu}^*)\,,$$

und deswegen ist auch

$$B(\boldsymbol{\lambda}^*, \boldsymbol{\mu}^1) = B(\boldsymbol{\lambda}^*, \boldsymbol{\mu}^*)\,.$$

Daraus folgt wegen (8.30)

$$\mathfrak{M}_{\mathrm{opt}}(\boldsymbol{\lambda}^*, \boldsymbol{\mu}^1) \subseteq \mathfrak{M}_{\mathrm{opt}}(\boldsymbol{\lambda}^*, \boldsymbol{\mu}^*)\,.$$

Mit (8.49) ergibt sich daraus die Gleichheit der beiden Optimalmengen. Da $\boldsymbol{\mu}^1 \in \operatorname{int} B(\boldsymbol{\lambda}^*, \boldsymbol{\mu}^*)$ ein beliebiger Punkt war, ist die Aussage 1° bewiesen.

2° Ist $\hat{\boldsymbol{\mu}}$ ein Randpunkt der Menge $B(\boldsymbol{\lambda}^*, \boldsymbol{\mu}^*)$, so existiert mindestens eine $(n-1)$-dimensionale Seite $S_k^{(n-1)}$ des Kegels $\mathfrak{A}^k_{\lambda^*\mu}$ mit den Eigenschaften

$$\hat{\boldsymbol{\mu}} \in \bar{S}_k^{(n-1)} \cap B(\boldsymbol{\lambda}^*, \boldsymbol{\mu}^*)\,; \qquad \bar{S}_k^{(n-1)} \cap \operatorname{int} B(\boldsymbol{\lambda}^*, \boldsymbol{\mu}^*) = \emptyset\,. \tag{8.50}$$

Nach Bemerkung 8.9 gibt es zu jedem Kegel $\mathfrak{A}^k_{\lambda^*\mu}$ aus der Einteilung der Lösbarkeitsmengen $\mathfrak{A}_{\lambda^*\mu}$ genau eine Ecke $\boldsymbol{x}^k \in \mathfrak{M}(\boldsymbol{\lambda}^*)$ mit den Eigenschaften

$$\left.\begin{aligned} \{\boldsymbol{x}^k\} &= \mathfrak{M}_{\mathrm{opt}}(\boldsymbol{\lambda}^*, \boldsymbol{\mu})\,, &\quad \boldsymbol{\mu} &\in \operatorname{int} \mathfrak{A}^k_{\lambda^*\mu}\,;\\ \boldsymbol{x}^k &\in \mathfrak{M}_{\mathrm{opt}}(\boldsymbol{\lambda}^*, \boldsymbol{\mu}) \;\Leftrightarrow &\quad \boldsymbol{\mu} &\in \mathfrak{A}^k_{\lambda^*\mu}\,. \end{aligned}\right\} \tag{8.51}$$

Ist $\boldsymbol{x}^{k_0}$ eine von $\boldsymbol{x}^k$ verschiedene Ecke des Polyeders $\mathfrak{M}(\boldsymbol{\lambda}^*)$, dann ergibt sich aus Satz 6.7 die Aussage: Entweder ist

$$\mathfrak{A}^{k_0}_{\lambda^*\mu} \cap \mathfrak{A}^k_{\lambda^*\mu} = L_0$$

(vgl. Bemerkung 8.10), oder dieser Durchschnitt ist eine den beiden Kegeln $\mathfrak{A}^{k_0}_{\lambda^*\mu}$ und $\mathfrak{A}^k_{\lambda^*\mu}$ gemeinsame abgeschlossene Seite mit einer Dimension größer als m. Diese Seite ist genau dann $(n-1)$-dimensional, wenn die Ecken $\boldsymbol{x}^k$ und $\boldsymbol{x}^{k_0}$ des Polyeders $\mathfrak{M}(\boldsymbol{\lambda}^*)$ benachbart sind. Wir müssen zwei Fälle unterscheiden:

(a) Ist die $(n-1)$-dimensionale Seite $S_k^{(n-1)}$ des Kegels $\mathfrak{A}^k_{\lambda^*\mu}$ mit der Eigenschaft (8.50) auch eine Seite des mit $\mathfrak{A}^k_{\lambda^*\mu}$ benachbarten Kegels $\mathfrak{A}^{k_0}_{\lambda^*\mu}$, so gilt wegen (8.51)

$$\boldsymbol{x}^{k_0} \in \mathfrak{M}_{\mathrm{opt}}(\boldsymbol{\lambda}^*, \boldsymbol{\mu}) \Leftrightarrow \boldsymbol{\mu} \in \mathfrak{A}^{k_0}_{\lambda^*\mu} \tag{8.52}$$

Da $\bar{S}_k^{(n-1)} \subseteq \mathfrak{A}^{k_0}_{\lambda^*\mu}$ und $\hat{\boldsymbol{\mu}} \in \bar{S}_k^{(n-1)}$ gilt, muß

$$\boldsymbol{x}^{k_0} \in \mathfrak{M}_{\mathrm{opt}}(\boldsymbol{\lambda}^*, \hat{\boldsymbol{\mu}})$$

sein. Aus

$$\mathfrak{A}^k_{\lambda^*\mu} \cap \mathfrak{A}^{k_0}_{\lambda^*\mu} = \bar{S}_k^{(n-1)}$$

folgt wegen (8.50)

$$\begin{aligned} \operatorname{int} B(\boldsymbol{\lambda}^*, \boldsymbol{\mu}^*) \cap \mathfrak{A}^{k_0}_{\lambda^*\mu} &= (\operatorname{int} B(\boldsymbol{\lambda}^*, \boldsymbol{\mu}^*) \cap \mathfrak{A}^k_{\lambda^*\mu}) \cap \mathfrak{A}^{k_0}_{\lambda^*\mu}\\ &= \operatorname{int} B(\boldsymbol{\lambda}^*, \boldsymbol{\mu}^*) \cap (\mathfrak{A}^k_{\lambda^*\mu} \cap \mathfrak{A}^{k_0}_{\lambda^*\mu}) = \operatorname{int} B(\boldsymbol{\lambda}^*, \boldsymbol{\mu}^*) \cap \bar{S}_k^{(n-1)} = \emptyset\,. \end{aligned}$$

Die Mengen int $B(\lambda^*, \mu^*)$ und $\mathfrak{A}^{k_0}_{\lambda^*\mu}$ haben also keine gemeinsamen Punkte. Daher gilt die Implikation:

$$\mu \in \operatorname{int} B(\lambda^*, \mu^*) \Rightarrow \mu \in \mathfrak{A}_{\lambda^*\mu} \setminus \mathfrak{A}^{k_0}_{\lambda^*\mu} ,$$

und aus (8.52) folgt deswegen

$$x^{k_0} \notin \mathfrak{M}_{\mathrm{opt}}(\lambda^*, \mu) , \qquad \mu \in \operatorname{int} B(\lambda^*, \mu^*) .$$

Weil $\hat{\mu} \in B(\lambda^*, \mu^*)$ ist, muß

$$\mathfrak{M}_{\mathrm{opt}}(\lambda^*, \mu^*) \subseteq \mathfrak{M}_{\mathrm{opt}}(\lambda^*, \hat{\mu})$$

sein. Weil nun aber die Ecke x^{k_0} wohl zur Optimalmenge $\mathfrak{M}_{\mathrm{opt}}(\lambda^*, \hat{\mu})$ gehört jedoch nicht zu $\mathfrak{M}_{\mathrm{opt}}(\lambda^*, \mu^*)$, ist

$$\mathfrak{M}_{\mathrm{opt}}(\lambda^*, \mu^*) \subset \mathfrak{M}_{\mathrm{opt}}(\lambda^*, \hat{\mu}) .$$

Jede der beiden Optimalmengen ist entweder eine abgeschlossene Seite des Polyeders $\mathfrak{M}(\lambda^*)$ oder dieses Polyeders selbst, daher gilt

$$\dim \mathfrak{M}_{\mathrm{opt}}(\lambda^*, \hat{\mu}) > \dim \mathfrak{M}_{\mathrm{opt}}(\lambda^*, \mu^*) ,$$

$$I_{\lambda\mu}(\lambda^*, \hat{\mu}) \subset I_{\lambda\mu}(\lambda^*, \mu^*) .$$

(b) Ist die $(n-1)$-dimensionale Seite $S^{(n-1)}_k$ des Kegels $\mathfrak{A}^k_{\lambda^*\mu}$ keine Randseite irgendeines anderen Kegels $\mathfrak{A}^r_{\lambda^*\mu}$ aus der Einteilung des Lösbarkeitskegels $\mathfrak{A}_{\lambda^*\mu}$, so muß $S^{(n-1)}_k$ offenbar eine Seite des Kegels $\mathfrak{A}_{\lambda^*\mu}$ sein. Es sei

$$H(K) = \left\{x \in E_n \mid \sum_{\alpha=1}^{n} x_\alpha < K\right\}$$

mit $K > 0$ ein Halbraum, der alle Ecken des Polyeders $\mathfrak{M}(\lambda^*)$ enthält.

Wäre das Polyeder $\mathfrak{M}(\lambda^*)$ beschränkt, würde die Lösbarkeitsmenge $\mathfrak{A}_{\lambda^*\mu}$ der gesamte E_n sein. Das kann aber nicht sein, denn nach unserer Voraussetzung ist $S^{(n-1)}_k$ eine $(n-1)$-dimensionale Seite des Kegels $\mathfrak{A}_{\lambda^*\mu}$. Die Menge $\mathfrak{M}(\lambda^*)$ muß also unbeschränkt sein. Die Menge

$$\mathfrak{M}_K(\lambda^*) = \{x \in \mathfrak{M}(\lambda^*) \mid x \in \overline{H}(K)\} \tag{8.53}$$

ist aber ein beschränktes Polyeder im E_n mit

$$\mathfrak{M}_K(\lambda^*) \subset \mathfrak{M}(\lambda^*) .$$

Alle Ecken des Polyeders $\mathfrak{M}(\lambda^*)$ sind auch Ecken von $\mathfrak{M}_K(\lambda^*)$, und darüber hinaus besitzt $\mathfrak{M}_K(\lambda^*)$ noch die Ecken $y^1, \ldots, y^\varrho$, die dadurch entstehen, daß die unbeschränkten Kanten des Polyeders $\mathfrak{M}(\lambda^*)$ mit der Hyperebene

$$R(K) = \left\{x \in E_n \mid \sum_{\alpha=1}^{n} x_\alpha = K\right\}$$

„geschnitten" werden. Betrachten wir nun das parametrische Problem

$$\max \{F(x, \mu) \mid x \in \mathfrak{M}_K(\lambda^*)\} , \qquad \mu \in E_n , \tag{8.54}$$

dann ist wegen der Beschränktheit von $\mathfrak{M}_K(\boldsymbol{\lambda}^*)$ dessen Lösbarkeitsmenge der gesamte E_n. Es existiert dann eine Einteilung der Lösbarkeitsmenge E_n mit ähnlichen Eigenschaften wie die Einteilung von $\mathfrak{A}_{\lambda^*\mu}$. Die Ecke $\boldsymbol{x}^k$ ist sowohl eine Ecke des Polyeders $\mathfrak{M}(\boldsymbol{\lambda}^*)$ als auch des Polyeders $\mathfrak{M}_K(\boldsymbol{\lambda}^*)$, und die Kanten, welche von der Ecke $\boldsymbol{x}^k$ ausgehen, sind dieselben. Aus (8.35) ergibt sich dann, daß der Kegel $\mathfrak{A}^k_{\lambda^*\mu}$ auch eine Einteilungsmenge aus der Einteilung des E_n ist. In dieser Einteilung gibt es dann offensichtlich einen Kegel $\mathfrak{A}^*$, der mit $\mathfrak{A}^k_{\lambda^*\mu}$ benachbart ist, und es existiert eine Ecke $\boldsymbol{y}^*$ vom Polyeder $\mathfrak{M}_K(\boldsymbol{\lambda}^*)$ mit

$$\left.\begin{aligned} \{\boldsymbol{y}^*\} &= \mathfrak{M}_{K\,\text{opt}}(\boldsymbol{\lambda}^*, \boldsymbol{\mu}), && \boldsymbol{\mu} \in \text{int}\, \mathfrak{A}^* \\ \boldsymbol{y}^* &\in \mathfrak{M}_{K\,\text{opt}}(\boldsymbol{\lambda}^*, \boldsymbol{\mu}) && \Leftrightarrow \boldsymbol{\mu} \in \mathfrak{A}^*, \end{aligned}\right\} \tag{8.55}$$

wobei

$$\mathfrak{M}_{K\,\text{opt}}(\boldsymbol{\lambda}^*, \boldsymbol{\mu}) = \{\boldsymbol{x}^0 \in \mathfrak{M}_K(\boldsymbol{\lambda}^*) \mid F(\boldsymbol{x}^0, \boldsymbol{\mu}) = \max_{\boldsymbol{x} \in \mathfrak{M}_K(\boldsymbol{\lambda}^*)} F(\boldsymbol{x}, \boldsymbol{\mu})\}$$

ist. Offenbar ist $\boldsymbol{y}^* \in \{\boldsymbol{y}^1, \ldots, \boldsymbol{y}^\varrho\}$ und es gilt:

$$\left.\begin{aligned} \{\boldsymbol{x}^k\} &= \mathfrak{M}_{K\,\text{opt}}(\boldsymbol{\lambda}^*, \boldsymbol{\mu}), && \boldsymbol{\mu} \in \text{int}\, \mathfrak{A}^k_{\lambda^*\mu} \\ \boldsymbol{x}^k &\in \mathfrak{M}_{K\,\text{opt}}(\boldsymbol{\lambda}^*, \boldsymbol{\mu}) && \Leftrightarrow \boldsymbol{\mu} \in \mathfrak{A}^k_{\lambda^*\mu}. \end{aligned}\right\} \tag{8.56}$$

Ähnlich wie im Fall (a) kann nun gezeigt werden, daß

$$\boldsymbol{y}^* \in \mathfrak{M}_{K\,\text{opt}}(\boldsymbol{\lambda}^*, \hat{\boldsymbol{\mu}}), \qquad \boldsymbol{y}^* \notin \mathfrak{M}_{K\,\text{opt}}(\boldsymbol{\lambda}^*, \boldsymbol{\mu}^*) \tag{8.57}$$

ist. Wegen (8.55), (8.56) und (8.51) ergibt sich

$$F(\boldsymbol{y}^*, \hat{\boldsymbol{\mu}}) = \max_{\boldsymbol{x} \in \mathfrak{M}_K(\boldsymbol{\lambda}^*)} F(\boldsymbol{x}, \hat{\boldsymbol{\mu}}) = F(\boldsymbol{x}^k, \hat{\boldsymbol{\mu}}) = \max_{\boldsymbol{x} \in \mathfrak{M}(\boldsymbol{\lambda}^*)} F(\boldsymbol{x}, \hat{\boldsymbol{\mu}});$$

$\boldsymbol{y}^*$ gehört also zu $\mathfrak{M}_{\text{opt}}(\boldsymbol{\lambda}^*, \hat{\boldsymbol{\mu}})$.

Da $\mathfrak{M}_K(\boldsymbol{\lambda}^*)$ eine Teilmenge von $\mathfrak{M}(\boldsymbol{\lambda}^*)$ ist, folgt

$$F(\boldsymbol{y}^*, \boldsymbol{\mu}^*) < \max_{\boldsymbol{x} \in \mathfrak{M}_K(\boldsymbol{\lambda}^*)} F(\boldsymbol{x}, \boldsymbol{\mu}^*) \leqq \max_{\boldsymbol{x} \in \mathfrak{M}(\boldsymbol{\lambda}^*)} F(\boldsymbol{x}, \boldsymbol{\mu}^*).$$

Der Punkt $\boldsymbol{y}^*$ gehört also nicht zur Optimalmenge $\mathfrak{M}_{\text{opt}}(\boldsymbol{\lambda}^*, \boldsymbol{\mu}^*)$. In ähnlicher Weise wie im Fall (a) ergibt sich jetzt die Aussage 2° des Lemmas. Die Behauptung 3° ergibt sich unmittelbar aus der Definition der Menge $B(\boldsymbol{\lambda}^*, \boldsymbol{\mu}^*)$ (8.30). ▌

▌ B. 8.11 Die abgeschlossene Seite $\bar{S}_k$ des Kegels $\mathfrak{A}^k_{\lambda^*\mu}$ aus der Einteilung der Lösbarkeitsmenge $\mathfrak{A}_{\lambda^*\mu}$, die den inneren Punkt $\boldsymbol{\mu}^*$ enthält, fällt nach Lemma 8.6 mit der Menge $B(\boldsymbol{\lambda}^*, \boldsymbol{\mu}^*)$ zusammen. Daraus ergibt sich, daß die Eigenschaften 1°, 2°, 3° aus dem Lemma 8.7 für jede abgeschlossene Seite des Kegels $B(\boldsymbol{\lambda}^*, \boldsymbol{\mu}^*)$ erhalten bleiben. ▌

▌ B. 8.12 Zur Berechnung der Menge $B(\boldsymbol{\lambda}^*, \boldsymbol{\mu}^*)$ kann man folgendermaßen vorgehen. Man löst das lineare Optimierungsproblem $P(\boldsymbol{\lambda}^*, \boldsymbol{\mu}^*)$ (z. B. mit der Simplexmethode) und erhält dadurch eine optimale Ecke $\boldsymbol{x}^k$. Dann bestimmt man Vektoren $\boldsymbol{k}^s$, $s = 1, \ldots, s_0$ in Richtung aller Kanten des Polyeders $\mathfrak{M}(\boldsymbol{\lambda}^*)$

aus dieser Ecke, mit denen man den Kegel $\mathfrak{A}_{\lambda^*\mu}$ implizit beschreiben kann (8.35). Dann hat $B(\boldsymbol{\lambda}^*, \boldsymbol{\mu}^*)$ als Seite dieses Kegels die Darstellung

$$B(\boldsymbol{\lambda}^*, \boldsymbol{\mu}^*) = \left\{\boldsymbol{\mu} \in E_n \mid \sum_{\alpha=1}^{n} k_\alpha^s \mu_\alpha = 0,\ s \in I;\ \sum_{\alpha=1}^{n} k_\alpha^s \mu_\alpha \leqq 0,\ s \notin I\right\},$$

wobei I folgende Indexmenge ist

$$I = \left\{s \in \{1, \ldots, s_0\} \mid \sum_{\alpha=1}^{n} k_\alpha^s \mu_\alpha^* = 0\right\}.$$ ∎

S. 8.4 *Es sei* $\begin{pmatrix}\boldsymbol{\lambda}^*\\ \boldsymbol{\mu}^*\end{pmatrix} \in \mathfrak{A}_{\lambda\mu}$ *ein beliebiger Punkt. Dann hat der lokale Stabilitätsbereich* $Q(\boldsymbol{\lambda}^*, \boldsymbol{\mu}^*)$ *folgende Eigenschaften:*

1° *Der lokale Stabilitätsbereich ist ein polyedrischer Kegel im Parameterraum* E_{m+n}, *der den linearen Unterraum:*

$$L^* = \left\{\begin{pmatrix}\boldsymbol{\lambda}\\ \boldsymbol{\mu}\end{pmatrix} \in E_{m+n} \mid \boldsymbol{\lambda} = \boldsymbol{o},\ \boldsymbol{\mu} = \boldsymbol{A}^T \boldsymbol{u},\ \boldsymbol{u} \in E_m\right\} \qquad (8.57)^*$$

als Scheitelmenge besitzt, und es gilt:

(a) $\dim Q(\boldsymbol{\lambda}^*, \boldsymbol{\mu}^*) \geqq m$,

(b) $\begin{pmatrix}\boldsymbol{\lambda}^*\\ \boldsymbol{\mu}^*\end{pmatrix} \in \operatorname{int} Q(\boldsymbol{\lambda}^*, \boldsymbol{\mu}^*)$,

(c) $Q(\boldsymbol{\lambda}^*, \boldsymbol{\mu}^*) = A(\boldsymbol{\lambda}^*, \boldsymbol{\mu}^*) \times B(\boldsymbol{\lambda}^*, \boldsymbol{\mu}^*)$,

wobei $A(\boldsymbol{\lambda}^*, \boldsymbol{\mu}^*)$ *und* $B(\boldsymbol{\lambda}^*, \boldsymbol{\mu}^*)$ *die Eigenschaften aus den Lemmata* 8.1 *bis* 8.3 *sowie* 8.6 *und* 8.7 *haben.*

2° $Q(\boldsymbol{\lambda}, \boldsymbol{\mu}) = Q(\boldsymbol{\lambda}^*, \boldsymbol{\mu}^*)$, $\quad \begin{pmatrix}\boldsymbol{\lambda}\\ \boldsymbol{\mu}\end{pmatrix} \in \operatorname{int} Q(\boldsymbol{\lambda}^*, \boldsymbol{\mu}^*)$.

3° (a) $\mathfrak{L}(\boldsymbol{\lambda}) = \mathfrak{M}_{\text{opt}}(\boldsymbol{\lambda}, \boldsymbol{\mu})$, $\quad \begin{pmatrix}\boldsymbol{\lambda}\\ \boldsymbol{\mu}\end{pmatrix} \in \operatorname{int} Q(\boldsymbol{\lambda}^*, \boldsymbol{\mu}^*)$,

(b) $\dim \mathfrak{M}_{\text{opt}}(\boldsymbol{\lambda}, \boldsymbol{\mu}) = \dim \mathfrak{M}_{\text{opt}}(\boldsymbol{\lambda}^*, \boldsymbol{\mu}^*)$, $\quad \begin{pmatrix}\boldsymbol{\lambda}\\ \boldsymbol{\mu}\end{pmatrix} \in \operatorname{int} Q(\boldsymbol{\lambda}^*, \boldsymbol{\mu}^*)$.

(c) *Die Indexmenge* $I_{\lambda\mu}(\boldsymbol{\lambda}^*, \boldsymbol{\mu}^*)$ *ist charakteristische Indexmenge der Optimalmenge* $\mathfrak{M}_{\text{opt}}(\boldsymbol{\lambda}, \boldsymbol{\mu})$ *für alle* $\begin{pmatrix}\boldsymbol{\lambda}\\ \boldsymbol{\mu}\end{pmatrix} \in \operatorname{int} Q(\boldsymbol{\lambda}^*, \boldsymbol{\mu}^*)$.

(d) *Die Menge* int $Q(\boldsymbol{\lambda}^*, \boldsymbol{\mu}^*)$ *ist maximal bezüglich der Aussagen* (a), (b), (c).

4° (a) *Ist* $S(\boldsymbol{\lambda}^*, \boldsymbol{\mu}^*)$ *eine (offene) Seite des Kegels* $Q(\boldsymbol{\lambda}^*, \boldsymbol{\mu}^*)$, *und ist* $\begin{pmatrix}\hat{\boldsymbol{\lambda}}\\ \hat{\boldsymbol{\mu}}\end{pmatrix}$ *ein beliebiger Punkt dieser Seite, dann gilt:*

$$Q(\boldsymbol{\lambda}, \boldsymbol{\mu}) = Q(\hat{\boldsymbol{\lambda}}, \hat{\boldsymbol{\mu}}) , \qquad \begin{pmatrix}\boldsymbol{\lambda}\\ \boldsymbol{\mu}\end{pmatrix} \in S(\boldsymbol{\lambda}^*, \boldsymbol{\mu}^*)$$

und

$$S(\boldsymbol{\lambda}^*, \boldsymbol{\mu}^*) \subseteq Q(\hat{\boldsymbol{\lambda}}, \hat{\boldsymbol{\mu}}) .$$

(b) *Ist* $I_{\lambda\mu}(\hat{\boldsymbol{\lambda}}, \hat{\boldsymbol{\mu}})$ *die charakteristische Indexmenge der Optimalmenge* $\mathfrak{M}_{\text{opt}}(\hat{\boldsymbol{\lambda}}, \hat{\boldsymbol{\mu}})$ *und bezeichne* $\hat{\mathfrak{L}}(\boldsymbol{\lambda})$ *die Menge*

$$\hat{\mathfrak{L}}(\boldsymbol{\lambda}) = \{\boldsymbol{x} \in \mathfrak{M}(\boldsymbol{\lambda}) \mid x_\alpha = 0 \,,\ \alpha \in I_{\lambda\mu}(\hat{\boldsymbol{\lambda}}, \hat{\boldsymbol{\mu}})\} \,,$$

so gilt

$$(\alpha)\ \hat{\mathfrak{L}}(\boldsymbol{\lambda}) = \mathfrak{M}_{\text{opt}}(\boldsymbol{\lambda}, \boldsymbol{\mu}) \,, \qquad \begin{pmatrix} \boldsymbol{\lambda} \\ \boldsymbol{\mu} \end{pmatrix} \in S(\boldsymbol{\lambda}^*, \boldsymbol{\mu}^*) \,,$$

$$(\beta)\ \dim \mathfrak{M}_{\text{opt}}(\boldsymbol{\lambda}, \boldsymbol{\mu}) = \dim \mathfrak{M}_{\text{opt}}(\hat{\boldsymbol{\lambda}}, \hat{\boldsymbol{\mu}}) \,, \qquad \begin{pmatrix} \boldsymbol{\lambda} \\ \boldsymbol{\mu} \end{pmatrix} \in S(\boldsymbol{\lambda}^*, \boldsymbol{\mu}^*) \,. \quad \blacksquare$$

▌ Bws. Die Menge $Q(\boldsymbol{\lambda}^*, \boldsymbol{\mu}^*)$, der lokale Stabilitätsbereich, kann wegen (8.26), (8.29) und (8.10) in der Form

$$Q(\boldsymbol{\lambda}^*, \boldsymbol{\mu}^*) = \left\{\begin{pmatrix} \boldsymbol{\lambda} \\ \boldsymbol{\mu} \end{pmatrix} \in E_{m+n} \mid \boldsymbol{\lambda} \in \mathfrak{B}^*_\lambda \cap A(\boldsymbol{\lambda}^*, \boldsymbol{\mu}^*),\ \boldsymbol{\mu} \in \mathfrak{B}^*_\mu\right\}$$

geschrieben werden. Mit den Lemmata 8.5 und 8.6 folgt daraus

$$Q(\boldsymbol{\lambda}^*, \boldsymbol{\mu}^*) = A(\boldsymbol{\lambda}^*, \boldsymbol{\mu}^*) \times B(\boldsymbol{\lambda}^*, \boldsymbol{\mu}^*) \,,$$

über $A(\boldsymbol{\lambda}^*, \boldsymbol{\mu}^*)$ und $B(\boldsymbol{\lambda}^*, \boldsymbol{\mu}^*)$ sind in den Lemmata 8.1, 8.2, 8.3, 8.6 und 8.7 Aussagen gemacht. Die Dimension von $A(\boldsymbol{\lambda}^*, \boldsymbol{\mu}^*)$ ist nicht negativ, und nach Lemma 8.6 und Bemerkung 8.10 ist $\dim B(\boldsymbol{\lambda}^*, \boldsymbol{\mu}^*) \geqq m$, daher muß

$$\dim (A(\boldsymbol{\lambda}^*, \boldsymbol{\mu}^*) \times B(\boldsymbol{\lambda}^*, \boldsymbol{\mu}^*)) = \dim Q(\boldsymbol{\lambda}^*, \boldsymbol{\mu}^*) \geqq m$$

sein. In Bemerkung 8.10 wurde ausgeführt, daß jeder Kegel $\mathfrak{A}^k_{\lambda^*\mu}$ aus der Einteilung vom Kegel $\mathfrak{A}_{\lambda^*\mu}$ sowie letzterer Kegel selbst den linearen Unterraum

$$\{\boldsymbol{\mu} \in E_n \mid \boldsymbol{\mu} = \boldsymbol{A}^T \boldsymbol{u} \,, \quad \boldsymbol{u} \in E_m\}$$

als Scheitelmenge enthält. Dieser lineare Unterraum ist darüber hinaus die einzige m-dimensionale Seite eines jeden Kegels $\mathfrak{A}^k_{\lambda^*\mu}$, daher muß jede abgeschlossene Seite eines jeden Kegels $\mathfrak{A}^k_{\lambda^*\mu}$ selbst ein polyedrischer Kegel sein, dessen Scheitelmenge besagter linearer Unterraum ist. Nach Lemma 8.6 ist die Menge $B(\boldsymbol{\lambda}^*, \boldsymbol{\mu}^*)$ entweder ein bestimmter Kegel $\mathfrak{A}^k_{\lambda^*\mu}$, oder sie stellt eine abgeschlossene Seite eines solchen dar, daher ist der angeführte lineare Unterraum auch die Scheitelmenge des Kegels $B(\boldsymbol{\lambda}^*, \boldsymbol{\mu}^*)$. Daraus folgt aber, daß der lineare Unterraum L^* (8.57) die Scheitelmenge des Kegels $Q(\boldsymbol{\lambda}^*, \boldsymbol{\mu}^*)$ sein muß. Für einen Randpunkt $\hat{\boldsymbol{\lambda}} \in A(\boldsymbol{\lambda}^*, \boldsymbol{\mu}^*)$ gilt nach Lemma 8.3

$$I_{\lambda\mu}(\hat{\boldsymbol{\lambda}}, \boldsymbol{\mu}^*) \supset I_{\lambda\mu}(\boldsymbol{\lambda}^*, \boldsymbol{\mu}^*) \,,$$

und $\boldsymbol{\lambda}^*$ muß ein innerer Punkt von $A(\boldsymbol{\lambda}^*, \boldsymbol{\mu}^*)$ sein. Für einen Randpunkt $\hat{\boldsymbol{\mu}} \in B(\boldsymbol{\lambda}^*, \boldsymbol{\mu}^*)$ gilt nach Lemma 8.7

$$I_{\lambda\mu}(\boldsymbol{\lambda}^*, \hat{\boldsymbol{\mu}}) \subset I_{\lambda\mu}(\boldsymbol{\lambda}^*, \boldsymbol{\mu}^*) \,,$$

daraus folgt $\boldsymbol{\mu}^* \in \operatorname{int} B(\boldsymbol{\lambda}^*, \boldsymbol{\mu}^*)$. Wegen der Darstellung von $Q(\boldsymbol{\lambda}^*, \boldsymbol{\mu}^*)$ als kartesisches Produkt der Kegel $A(\boldsymbol{\lambda}^*, \boldsymbol{\mu}^*)$ und $B(\boldsymbol{\lambda}^*, \boldsymbol{\mu}^*)$ folgt daher

$$\begin{pmatrix}\boldsymbol{\lambda}^*\\ \boldsymbol{\mu}^*\end{pmatrix} \in \operatorname{int} Q(\boldsymbol{\lambda}^*, \boldsymbol{\mu}^*) .$$

Damit ist aber die Aussage 1° des Satzes bewiesen. Nach Lemma 8.7 ist

$$\mathfrak{M}_{\text{opt}}(\boldsymbol{\lambda}^*, \boldsymbol{\mu}) = \mathfrak{M}_{\text{opt}}(\boldsymbol{\lambda}^*, \boldsymbol{\mu}^*) , \qquad \boldsymbol{\mu} \in \operatorname{int} B(\boldsymbol{\lambda}^*, \boldsymbol{\mu}^*) , \tag{8.58}$$

und daher ist

$$\mathfrak{M}_{\text{opt}}(\boldsymbol{\lambda}^*, \boldsymbol{\mu}) = \{\boldsymbol{x} \in \mathfrak{M}(\boldsymbol{\lambda}^*) \mid x_\alpha = 0,\ \alpha \in I_{\lambda\mu}(\boldsymbol{\lambda}^*, \boldsymbol{\mu}^*)\} , \qquad \boldsymbol{\mu} \in \operatorname{int} B(\boldsymbol{\lambda}^*, \boldsymbol{\mu}^*);$$

demzufolge gilt:

$$I_{\lambda\mu}(\boldsymbol{\lambda}^*, \boldsymbol{\mu}) = I_{\lambda\mu}(\boldsymbol{\lambda}^*, \boldsymbol{\mu}^*) , \qquad \boldsymbol{\mu} \in \operatorname{int} B(\boldsymbol{\lambda}^*, \boldsymbol{\mu}^*) . \tag{8.59}$$

Für einen beliebigen fixierten Punkt $\boldsymbol{\mu} \in \operatorname{int} B(\boldsymbol{\lambda}^*, \boldsymbol{\mu}^*)$ ergibt sich nach Lemma 8.3, 1° (wenn $\boldsymbol{\mu}^*$ durch $\boldsymbol{\mu}$ ersetzt wird)

$$\mathfrak{M}_{\text{opt}}(\boldsymbol{\lambda}, \boldsymbol{\mu}) = \{\boldsymbol{x} \in \mathfrak{M}(\boldsymbol{\lambda}) \mid x_\alpha = 0,\ \alpha \in I_{\lambda\mu}(\boldsymbol{\lambda}^*, \boldsymbol{\mu})\} , \qquad \boldsymbol{\lambda} \in \operatorname{int} A(\boldsymbol{\lambda}^*, \boldsymbol{\mu}^*) .$$

Wegen (8.59) und (8.1) erhält man hieraus

$$\mathfrak{M}_{\text{opt}}(\boldsymbol{\lambda}, \boldsymbol{\mu}) = \{\boldsymbol{x} \in \mathfrak{M}(\boldsymbol{\lambda}) \mid x_\alpha = 0,\ \alpha \in I_{\lambda\mu}(\boldsymbol{\lambda}^*, \boldsymbol{\mu}^*)\} = \mathfrak{L}(\boldsymbol{\lambda}) .$$

Damit haben wir aber

$$\mathfrak{L}(\boldsymbol{\lambda}) = \mathfrak{M}_{\text{opt}}(\boldsymbol{\lambda}, \boldsymbol{\mu}) , \qquad \begin{pmatrix}\boldsymbol{\lambda}\\ \boldsymbol{\mu}\end{pmatrix} \in \operatorname{int} Q(\boldsymbol{\lambda}^*, \boldsymbol{\mu}^*)$$

erhalten. Nach Lemma 8.1 gilt

$$\dim \mathfrak{L}(\boldsymbol{\lambda}) = \dim \mathfrak{L}(\boldsymbol{\lambda}^*) = \dim \mathfrak{M}_{\text{opt}}(\boldsymbol{\lambda}^*, \boldsymbol{\mu}^*) , \qquad \boldsymbol{\lambda} \in \operatorname{int} A(\boldsymbol{\lambda}^*, \boldsymbol{\mu}^*) .$$

Damit ist aber $I_{\lambda\mu}(\boldsymbol{\lambda}^*, \boldsymbol{\mu}^*)$ maximal bezüglich der Darstellung (8.1) von $\mathfrak{L}(\boldsymbol{\lambda})$, also charakteristisch, für alle

$$\boldsymbol{\lambda} \in \operatorname{int} A(\boldsymbol{\lambda}^*, \boldsymbol{\mu}^*) .$$

Damit sind aber die Aussagen (a), (b) und (c) der Behauptung 3° bewiesen.

Weiter unten werden wir beweisen, daß int $Q(\boldsymbol{\lambda}^*, \boldsymbol{\mu}^*)$ die größte Menge mit den Eigenschaften (a), (b) und (c) aus 3° ist, d. h. die Aussage 3° (d).

Es sei $\begin{pmatrix}\hat{\boldsymbol{\lambda}}\\ \hat{\boldsymbol{\mu}}\end{pmatrix}$ ein beliebiger Punkt einer (offenen) Seite $S(\boldsymbol{\lambda}^*, \boldsymbol{\mu}^*)$ des Kegels $Q(\boldsymbol{\lambda}^*, \boldsymbol{\mu}^*)$. Da $Q(\boldsymbol{\lambda}^*, \boldsymbol{\mu}^*) = A(\boldsymbol{\lambda}^*, \boldsymbol{\mu}^*) \times B(\boldsymbol{\lambda}^*, \boldsymbol{\mu}^*)$ ist, ergibt sich aus (8.25) und der Darstellung von $B(\boldsymbol{\lambda}^*, \boldsymbol{\mu}^*)$ in der Bemerkung 8.12

$$Q(\boldsymbol{\lambda}^*, \boldsymbol{\mu}^*) = \left\{\begin{pmatrix}\boldsymbol{\lambda}\\ \boldsymbol{\mu}\end{pmatrix} \in E_{m+n} \mid \boldsymbol{h}^{l\,T} \boldsymbol{\lambda} = 0,\ l \in J;\ \boldsymbol{h}^{l\,T} \boldsymbol{\lambda} \geqq 0,\ l \notin J;\right.$$
$$\left. \boldsymbol{k}^{s\,T} \boldsymbol{\mu} = 0,\ s \in I;\ \boldsymbol{k}^{s\,T} \boldsymbol{\mu} \leqq 0,\ s \notin I\right\}$$

mit

$$J = \{l \in \{1, \ldots, \varkappa_0\} \mid \boldsymbol{h}^{l\,T} \boldsymbol{\lambda}^* = 0\} , \qquad I = \{s \in \{1, \ldots, s_0\} \mid \boldsymbol{k}^{s\,T} \boldsymbol{\mu}^* = 0\} .$$

(Man vergleiche auch mit Bemerkung 8.7 und (8.12)). Da $\begin{pmatrix}\hat{\boldsymbol{\lambda}}\\ \hat{\boldsymbol{\mu}}\end{pmatrix}$ ein Randpunkt des Kegels $Q(\boldsymbol{\lambda}^*, \boldsymbol{\mu}^*)$ ist, gibt es Indexmengen

$$\hat{J} \subseteq \{1, \ldots, \varkappa_0\} \qquad \text{und} \qquad \hat{I} \subseteq \{1, \ldots, s_0\}$$

mit $\hat{J} \supseteq J$ und $\hat{I} \supseteq I$, so daß

$$\begin{aligned} \boldsymbol{h}^{lT} \hat{\boldsymbol{\lambda}} &= 0\,, \quad l \in \hat{J}\,; &\quad \boldsymbol{h}^{lT} \hat{\boldsymbol{\lambda}} &> 0\,, \quad l \notin \hat{J}\,;\\ \boldsymbol{k}^{sT} \hat{\boldsymbol{\mu}} &= 0\,, \quad s \in \hat{I}\,; &\quad \boldsymbol{k}^{sT} \hat{\boldsymbol{\mu}} &< 0\,, \quad s \notin \hat{I} \end{aligned}$$

gilt. Dabei ist entweder $\hat{J} \neq J$ oder $\hat{I} \neq I$. Daraus erhalten wir für die Seite $S(\boldsymbol{\lambda}^*, \boldsymbol{\mu}^*)$ die Beschreibung

$$\begin{aligned} S(\boldsymbol{\lambda}^*, \boldsymbol{\mu}^*) = \Big\{\begin{pmatrix}\boldsymbol{\lambda}\\ \boldsymbol{\mu}\end{pmatrix} \in E_{m+n} \mid \boldsymbol{h}^{lT} \boldsymbol{\lambda} = 0,\ l \in \hat{J};\ \boldsymbol{h}^{lT} \boldsymbol{\lambda} > 0,\ l \notin \hat{J},\\ \boldsymbol{k}^{sT} \boldsymbol{\mu} = 0,\ s \in \hat{I};\ \boldsymbol{k}^{sT} \boldsymbol{\mu} < 0,\ s \notin \hat{I}\Big\} \end{aligned} \tag{8.60}$$

Es seien folgende Mengen definiert:

$$\left.\begin{aligned} S_A &= \{\boldsymbol{\lambda} \in E_m \mid \boldsymbol{h}^{lT} \boldsymbol{\lambda} = 0,\ l \in \hat{J};\ \boldsymbol{h}^{lT} \boldsymbol{\lambda} > 0,\ l \notin \hat{J}\}\,,\\ S_B &= \{\boldsymbol{\mu} \in E_n \mid \boldsymbol{k}^{sT} \boldsymbol{\mu} = 0,\ s \in \hat{I};\ \boldsymbol{k}^{sT} \boldsymbol{\mu} < 0,\ s \notin \hat{I}\}\,. \end{aligned}\right\} \tag{8.61}$$

Dann gilt offenbar

$$S(\boldsymbol{\lambda}^*, \boldsymbol{\mu}^*) = S_A \times S_B\,. \tag{8.62}$$

Vergleicht man die Mengen S_A und S_B aus (8.61) mit den entsprechenden Darstellungen von $A(\boldsymbol{\lambda}^*, \boldsymbol{\mu}^*)$ und $B(\boldsymbol{\lambda}^*, \boldsymbol{\mu}^*)$ in den Bemerkungen 8.7 und 8.12, so erkennt man, daß im Falle $\hat{J} = J$ (bzw. $\hat{I} = I$)

$$S_A = \operatorname{int} A(\boldsymbol{\lambda}^*, \boldsymbol{\mu}^*) \qquad (\text{bzw. } S_B = \operatorname{int} B(\boldsymbol{\lambda}^*, \boldsymbol{\mu}^*))$$

ist. Falls $\hat{J} \neq J$ (bzw. $\hat{I} \neq I$), so stellt die Menge S_A (bzw. S_B) eine (offene) Seite des Kegels $A(\boldsymbol{\lambda}^*, \boldsymbol{\mu}^*)$ (bzw. $B(\boldsymbol{\lambda}^*, \boldsymbol{\mu}^*)$) dar. Da $\hat{J} \neq J$ oder $\hat{I} \neq I$ ist, stellt mindestens eine der Mengen S_A und S_B eine Seite des entsprechenden Kegels dar.

Ist $I_{\lambda\mu}(\hat{\boldsymbol{\lambda}}, \hat{\boldsymbol{\mu}})$ die charakteristische Indexmenge der Optimalmenge $\mathfrak{M}_{\text{opt}}(\hat{\boldsymbol{\lambda}}, \hat{\boldsymbol{\mu}})$, und die Seite $\hat{\mathfrak{L}}(\boldsymbol{\lambda})$ des Polyeders $\mathfrak{M}(\boldsymbol{\lambda})$ sei wie in der Aussage 4° dieses Satzes definiert, dann ergibt sich aus dem Lemma 8.1 sowie der Bemerkung 8.4

$$\dim \hat{\mathfrak{L}}(\boldsymbol{\lambda}) = \dim \hat{\mathfrak{L}}(\hat{\boldsymbol{\lambda}}) = \dim \mathfrak{M}_{\text{opt}}(\hat{\boldsymbol{\lambda}}, \hat{\boldsymbol{\mu}})\,, \qquad \boldsymbol{\lambda} \in S_A\,. \tag{8.63}$$

Sei $\begin{pmatrix}\boldsymbol{\lambda}\\ \boldsymbol{\mu}\end{pmatrix} \in S(\boldsymbol{\lambda}^*, \boldsymbol{\mu}^*)$ ein beliebiger aber fixierter Punkt, dann muß wegen (8.62) $\boldsymbol{\lambda} \in S_A$ und $\boldsymbol{\mu} \in S_B$ sein. Nach Lemma 8.3 bzw. nach der Bemerkung 8.6 resultiert dann

$$\left.\begin{aligned} \dim \mathfrak{M}_{\text{opt}}(\boldsymbol{\lambda}, \boldsymbol{\mu}) &= \dim \mathfrak{M}_{\text{opt}}(\hat{\boldsymbol{\lambda}}, \boldsymbol{\mu})\,,\\ I_{\lambda\mu}(\boldsymbol{\lambda}, \boldsymbol{\mu}) &= I_{\lambda\mu}(\hat{\boldsymbol{\lambda}}, \boldsymbol{\mu})\,. \end{aligned}\right\} \tag{8.64}$$

Dem Lemma 8.7 bzw. der Bemerkung 8.11 zufolge ist

$$\mathfrak{M}_{\text{opt}}(\hat{\boldsymbol{\lambda}}, \boldsymbol{\mu}) = \mathfrak{M}_{\text{opt}}(\hat{\boldsymbol{\lambda}}, \hat{\boldsymbol{\mu}}) , \qquad I_{\lambda\mu}(\hat{\boldsymbol{\lambda}}, \boldsymbol{\mu}) = I_{\lambda\mu}(\hat{\boldsymbol{\lambda}}, \hat{\boldsymbol{\mu}}) . \tag{8.65}$$

Aus (8.64) und (8.65) erhält man:

$$\dim \mathfrak{M}_{\text{opt}}(\boldsymbol{\lambda}, \boldsymbol{\mu}) = \dim \mathfrak{M}_{\text{opt}}(\hat{\boldsymbol{\lambda}}, \hat{\boldsymbol{\mu}}) , \qquad I_{\lambda\mu}(\boldsymbol{\lambda}, \boldsymbol{\mu}) = I_{\lambda\mu}(\hat{\boldsymbol{\lambda}}, \hat{\boldsymbol{\mu}}) . \tag{8.66}$$

Wegen (8.63) bedeutet das aber

$$\begin{aligned} \dim \hat{\mathfrak{L}}(\boldsymbol{\lambda}) &= \dim \mathfrak{M}_{\text{opt}}(\boldsymbol{\lambda}, \boldsymbol{\mu}) , \\ \hat{\mathfrak{L}}(\boldsymbol{\lambda}) &= \{\boldsymbol{x} \in \mathfrak{M}(\boldsymbol{\lambda}) \mid x_\alpha = 0, \ \alpha \in I_{\lambda\mu}(\hat{\boldsymbol{\lambda}}, \hat{\boldsymbol{\mu}})\} \\ &= \{\boldsymbol{x} \in \mathfrak{M}(\boldsymbol{\lambda}) \mid x_\alpha = 0, \ \alpha \in I_{\lambda\mu}(\boldsymbol{\lambda}, \boldsymbol{\mu})\} = \mathfrak{M}_{\text{opt}}(\boldsymbol{\lambda}, \boldsymbol{\mu}) . \end{aligned} \tag{8.67}$$

Da $\begin{pmatrix}\boldsymbol{\lambda}\\ \boldsymbol{\mu}'\end{pmatrix} \in S(\boldsymbol{\lambda}^*, \boldsymbol{\mu}^*)$ beliebig war, bedeutet (8.67), daß die Indexmenge $I_{\lambda\mu}(\hat{\boldsymbol{\lambda}}, \hat{\boldsymbol{\mu}})$ charakteristisch ist für die Optimalmengen $\mathfrak{M}_{\text{opt}}(\boldsymbol{\lambda}, \boldsymbol{\mu})$ für alle $\begin{pmatrix}\boldsymbol{\lambda}\\ \boldsymbol{\mu}\end{pmatrix} \in S(\boldsymbol{\lambda}^*, \boldsymbol{\mu}^*)$. Desweiteren sind durch (8.66) und (8.67) alle Aussagen aus 4° (b) des Satzes bewiesen.

Um die Aussage 2° zu beweisen, definieren wir für einen beliebigen festen Punkt $\begin{pmatrix}\boldsymbol{\lambda}'\\ \boldsymbol{\mu}'\end{pmatrix} \in \operatorname{int} Q(\boldsymbol{\lambda}^*, \boldsymbol{\mu}^*)$ den lokalen Stabilitätsbereich

$$Q(\boldsymbol{\lambda}', \boldsymbol{\mu}') = \left\{\begin{pmatrix}\boldsymbol{\lambda}\\ \boldsymbol{\mu}\end{pmatrix} \in \mathfrak{A}_{\lambda\mu} \mid \emptyset \neq \mathfrak{L}'(\boldsymbol{\lambda}) \subseteq \mathfrak{M}_{\text{opt}}(\boldsymbol{\lambda}, \boldsymbol{\mu})\right\} \tag{8.68}$$

mit

$$\mathfrak{L}'(\boldsymbol{\lambda}) = \{\boldsymbol{x} \in \mathfrak{M}(\boldsymbol{\lambda}) \mid x_\alpha = 0, \ \alpha \in I_{\lambda\mu}(\boldsymbol{\lambda}', \boldsymbol{\mu}')\} , \tag{8.69}$$

wobei $I_{\lambda\mu}(\boldsymbol{\lambda}', \boldsymbol{\mu}')$ die charakteristische Indexmenge der Optimalmenge $\mathfrak{M}_{\text{opt}}(\boldsymbol{\lambda}', \boldsymbol{\mu}')$ ist. Wegen der bereits bewiesenen Aussage 3° (a) muß

$$\mathfrak{L}(\boldsymbol{\lambda}') = \mathfrak{M}_{\text{opt}}(\boldsymbol{\lambda}', \boldsymbol{\mu}') \qquad \text{und} \qquad I_{\lambda\mu}(\boldsymbol{\lambda}', \boldsymbol{\mu}') = I_{\lambda\mu}(\boldsymbol{\lambda}^*, \boldsymbol{\mu}^*)$$

sein, denn $\begin{pmatrix}\boldsymbol{\lambda}'\\ \boldsymbol{\mu}'\end{pmatrix}$ ist aus $\operatorname{int} Q(\boldsymbol{\lambda}^*, \boldsymbol{\mu}^*)$. Aus (8.69) ergibt sich dann wegen (8.1) $\mathfrak{L}(\boldsymbol{\lambda}) = \mathfrak{L}'(\boldsymbol{\lambda})$. Weiter folgt aus der Definition des lokalen Stabilitätsbereiches $Q(\boldsymbol{\lambda}^*, \boldsymbol{\mu}^*)$ und (8.68) die Aussage 2°.

Sei $\begin{pmatrix}\hat{\boldsymbol{\lambda}}\\ \hat{\boldsymbol{\mu}}\end{pmatrix} \in S(\boldsymbol{\lambda}^*, \boldsymbol{\mu}^*)$ beliebig, wobei $S(\boldsymbol{\lambda}^*, \boldsymbol{\mu}^*)$ die in 4° definierte Seite des Kegels $Q(\boldsymbol{\lambda}^*, \boldsymbol{\mu}^*)$ ist, und der lokale Stabilitätsbereich $Q(\hat{\boldsymbol{\lambda}}, \hat{\boldsymbol{\mu}})$ sei mit $\hat{\mathfrak{L}}(\boldsymbol{\lambda})$ aus (8.63) in ähnlicher Weise wie $Q(\boldsymbol{\lambda}^*, \boldsymbol{\mu}^*)$ definiert. Nach den Aussagen unter 4° (b), die wir bereits bewiesen haben, gilt

$$\hat{\mathfrak{L}}(\boldsymbol{\lambda}) = \mathfrak{M}_{\text{opt}}(\boldsymbol{\lambda}, \boldsymbol{\mu}) \neq \emptyset , \qquad \begin{pmatrix}\boldsymbol{\lambda}\\ \boldsymbol{\mu}\end{pmatrix} \in S(\boldsymbol{\lambda}^*, \boldsymbol{\mu}^*) ,$$

und daher folgt

$$\bar{S}(\boldsymbol{\lambda}^*, \boldsymbol{\mu}^*) \subseteq Q(\hat{\boldsymbol{\lambda}}, \hat{\boldsymbol{\mu}}) , \tag{8.70}$$

denn $Q(\hat{\boldsymbol{\lambda}}, \hat{\boldsymbol{\mu}})$ ist als polyedrischer Kegel abgeschlossen. Ein beliebiger Punkt $\begin{pmatrix}\boldsymbol{\lambda}\\ \boldsymbol{\mu}\end{pmatrix} \in S(\boldsymbol{\lambda}^*, \boldsymbol{\mu}^*)$ hat wegen (8.70) offenbar die Eigenschaft $\begin{pmatrix}\boldsymbol{\lambda}\\ \boldsymbol{\mu}\end{pmatrix} \in \operatorname{int} Q(\hat{\boldsymbol{\lambda}}, \hat{\boldsymbol{\mu}})$, und nach Aussage 2° gilt daher

$$Q(\boldsymbol{\lambda}, \boldsymbol{\mu}) = Q(\hat{\boldsymbol{\lambda}}, \hat{\boldsymbol{\mu}}) , \qquad \begin{pmatrix} \boldsymbol{\lambda} \\ \boldsymbol{\mu} \end{pmatrix} \in S(\boldsymbol{\lambda}^*, \boldsymbol{\mu}^*) . \tag{8.71}$$

Durch (8.70) und (8.71) sind aber auch die unter 4° (a) getroffenen Aussagen bewiesen.

Zu beweisen bleibt nun noch die Aussage 3° (d), d. h. daß die Menge int $Q(\boldsymbol{\lambda}^*, \boldsymbol{\mu}^*)$ maximal bezüglich der Aussagen 3° (a), 3° (b) und 3° (c) ist. Zeigen wir zunächst, daß kein Punkt $\begin{pmatrix} \boldsymbol{\lambda} \\ \boldsymbol{\mu} \end{pmatrix} \in \mathfrak{A}_{\lambda\mu}$, der nicht dem lokalen Stabilitätsbereich $Q(\boldsymbol{\lambda}^*, \boldsymbol{\mu}^*)$ angehört, die Bedingungen 3° (a), 3° (b), 3° (c) erfüllen kann. Sei also $\begin{pmatrix} \boldsymbol{\lambda} \\ \boldsymbol{\mu} \end{pmatrix}$ ein derartiger Punkt aus $\mathfrak{A}_{\lambda\mu}$, der nicht in $Q(\boldsymbol{\lambda}^*, \boldsymbol{\mu}^*)$ liegt. Dann ist entweder $\boldsymbol{\lambda} \notin A(\boldsymbol{\lambda}^*, \boldsymbol{\mu}^*)$ oder $\boldsymbol{\mu} \notin B(\boldsymbol{\lambda}^*, \boldsymbol{\mu}^*)$. Ist $\boldsymbol{\lambda} \notin A(\boldsymbol{\lambda}^*, \boldsymbol{\mu}^*)$; so ist $\mathfrak{L}(\boldsymbol{\lambda}) = \emptyset$. Da aber $\begin{pmatrix} \boldsymbol{\lambda} \\ \boldsymbol{\mu} \end{pmatrix} \in \mathfrak{A}_{\lambda\mu}$ vorausgesetzt wird, muß $\mathfrak{M}_{\text{opt}}(\boldsymbol{\lambda}, \boldsymbol{\mu}) \neq \emptyset$ sein, deswegen kann 3° (a) nicht erfüllt sein. Falls $\boldsymbol{\mu} \notin B(\boldsymbol{\lambda}^*, \boldsymbol{\mu}^*)$ und $\boldsymbol{\lambda} \in A(\boldsymbol{\lambda}^*, \boldsymbol{\mu}^*)$ gilt, so ist wohl $\mathfrak{L}(\boldsymbol{\lambda}) \neq \emptyset$ und $\mathfrak{M}_{\text{opt}}(\boldsymbol{\lambda}, \boldsymbol{\mu}) \neq \emptyset$, aber aus $\begin{pmatrix} \boldsymbol{\lambda} \\ \boldsymbol{\mu} \end{pmatrix} \notin Q(\boldsymbol{\lambda}^*, \boldsymbol{\mu}^*)$ ergibt sich $\mathfrak{L}(\boldsymbol{\lambda}) \not\subseteq \mathfrak{M}_{\text{opt}}(\boldsymbol{\lambda}, \boldsymbol{\mu})$. Die Bedingung 3° (a) ist also auch in diesem Fall verletzt.

Sei nun $\begin{pmatrix} \hat{\boldsymbol{\lambda}} \\ \hat{\boldsymbol{\mu}} \end{pmatrix}$ ein Randpunkt des lokalen Stabilitätsbereiches. Nach 1° (b) ist $\begin{pmatrix} \boldsymbol{\lambda}^* \\ \boldsymbol{\mu}^* \end{pmatrix} \in \text{int } Q(\boldsymbol{\lambda}^*, \boldsymbol{\mu}^*)$, deswegen muß $\begin{pmatrix} \hat{\boldsymbol{\lambda}} \\ \hat{\boldsymbol{\mu}} \end{pmatrix} \neq \begin{pmatrix} \boldsymbol{\lambda}^* \\ \boldsymbol{\mu}^* \end{pmatrix}$ sein. Für diese Ungleichheit kommen drei Möglichkeiten in Frage:

(I) $\hat{\boldsymbol{\lambda}} = \boldsymbol{\lambda}^* , \quad \hat{\boldsymbol{\mu}} \neq \boldsymbol{\mu}^* ,$

(II) $\hat{\boldsymbol{\lambda}} \neq \boldsymbol{\lambda}^* , \quad \hat{\boldsymbol{\mu}} = \boldsymbol{\mu}^* ,$

(III) $\hat{\boldsymbol{\lambda}} \neq \boldsymbol{\lambda}^* , \quad \hat{\boldsymbol{\mu}} \neq \boldsymbol{\mu}^* .$

Im Fall (I) entsteht aus der Aufgabe $P(\hat{\boldsymbol{\lambda}}, \hat{\boldsymbol{\mu}})$ die Aufgabe $P(\boldsymbol{\lambda}^*, \hat{\boldsymbol{\mu}})$. Aus 1° (c) ergibt sich dann

$$\hat{\boldsymbol{\lambda}} = \boldsymbol{\lambda}^* \in \text{int } A(\boldsymbol{\lambda}^*, \boldsymbol{\mu}^*) , \qquad \hat{\boldsymbol{\mu}} \in B(\boldsymbol{\lambda}^*, \boldsymbol{\mu}^*) \setminus \text{int } B(\boldsymbol{\lambda}^*, \boldsymbol{\mu}^*) . \tag{8.72}$$

Nach Lemma 8.7, 2° gilt

$$\dim \mathfrak{M}_{\text{opt}}(\boldsymbol{\lambda}^*, \hat{\boldsymbol{\mu}}) > \dim \mathfrak{M}_{\text{opt}}(\boldsymbol{\lambda}^*, \boldsymbol{\mu}^*)$$

und wegen $\boldsymbol{\lambda}^* = \hat{\boldsymbol{\lambda}}$ folgt

$$\dim \mathfrak{M}_{\text{opt}}(\hat{\boldsymbol{\lambda}}, \hat{\boldsymbol{\mu}}) > \dim \mathfrak{M}_{\text{opt}}(\boldsymbol{\lambda}^*, \boldsymbol{\mu}^*) ,$$

so daß im Fall (I) die Bedingung 3° (b) verletzt ist.

Im Fall (II) entsteht aus $P(\hat{\boldsymbol{\lambda}}, \hat{\boldsymbol{\mu}})$ die Aufgabe $P(\hat{\boldsymbol{\lambda}}, \boldsymbol{\mu}^*)$ mit $\hat{\boldsymbol{\mu}} = \boldsymbol{\mu}^* \in \text{int } B(\boldsymbol{\lambda}^*, \boldsymbol{\mu}^*)$ und $\hat{\boldsymbol{\lambda}} \in A(\boldsymbol{\lambda}^*, \boldsymbol{\mu}^*) \setminus \text{int } A(\boldsymbol{\lambda}^*, \boldsymbol{\mu}^*)$. Nach Lemma 8.3, 2° gilt

$$\dim \mathfrak{M}_{\text{opt}}(\boldsymbol{\lambda}, \boldsymbol{\mu}^*) \leqq \dim \mathfrak{M}_{\text{opt}}(\boldsymbol{\lambda}^*, \boldsymbol{\mu}^*) ,$$

$$I_{\lambda\mu}(\boldsymbol{\lambda}, \boldsymbol{\mu}^*) \supset I_{\lambda\mu}(\boldsymbol{\lambda}^*, \boldsymbol{\mu}^*) ,$$

woraus wegen $\hat{\boldsymbol{\mu}} = \boldsymbol{\mu}^*$

$$\left.\begin{array}{c} \dim \mathfrak{M}_{\text{opt}}(\hat{\boldsymbol{\lambda}}, \hat{\boldsymbol{\mu}}) \leqq \dim \mathfrak{M}_{\text{opt}}(\boldsymbol{\lambda}^*, \boldsymbol{\mu}^*) , \\ I_{\lambda\mu}(\hat{\boldsymbol{\lambda}}, \hat{\boldsymbol{\mu}}) \supset I_{\lambda\mu}(\boldsymbol{\lambda}^*, \boldsymbol{\mu}^*) \end{array}\right\} \quad (8.73)$$

entsteht. Das bedeutet wegen (8.1)

$$\begin{aligned} \mathfrak{L}(\hat{\boldsymbol{\lambda}}) &= \{\boldsymbol{x} \in \mathfrak{M}(\hat{\boldsymbol{\lambda}}) \mid x_\alpha = 0,\ \alpha \in I_{\lambda\mu}(\boldsymbol{\lambda}^*, \boldsymbol{\mu}^*)\} \\ &\supseteq \{\boldsymbol{x} \in \mathfrak{M}(\hat{\boldsymbol{\lambda}}) \mid x_\alpha = 0,\ \alpha \in I_{\lambda\mu}(\hat{\boldsymbol{\lambda}}, \hat{\boldsymbol{\mu}})\} = \mathfrak{M}_{\text{opt}}(\hat{\boldsymbol{\lambda}}, \hat{\boldsymbol{\mu}}) . \end{aligned} \quad (8.74)$$

Da $\begin{pmatrix}\hat{\boldsymbol{\lambda}} \\ \hat{\boldsymbol{\mu}}\end{pmatrix}$ zum Stabilitätsbereich $Q(\boldsymbol{\lambda}^*, \boldsymbol{\mu}^*)$ gehört, muß

$$\mathfrak{L}(\hat{\boldsymbol{\lambda}}) \subseteq \mathfrak{M}_{\text{opt}}(\hat{\boldsymbol{\lambda}}, \hat{\boldsymbol{\mu}})$$

sein, und daher ist wegen (8.74)

$$\mathfrak{L}(\hat{\boldsymbol{\lambda}}) = \mathfrak{M}_{\text{opt}}(\hat{\boldsymbol{\lambda}}, \hat{\boldsymbol{\mu}}) ,$$

wobei die Indexmenge $I_{\lambda\mu}(\hat{\boldsymbol{\lambda}}, \hat{\boldsymbol{\mu}})$ für die Optimalmenge $\mathfrak{M}_{\text{opt}}(\hat{\boldsymbol{\lambda}}, \hat{\boldsymbol{\mu}})$ charakteristisch ist.

Wegen (8.73) ist $I_{\lambda\mu}(\boldsymbol{\lambda}^*, \boldsymbol{\mu}^*)$ $\left(\subset I_{\lambda\mu}(\hat{\boldsymbol{\lambda}}, \hat{\boldsymbol{\mu}})\right)$ nicht die charakteristische Indexmenge von $\mathfrak{M}_{\text{opt}}(\hat{\boldsymbol{\lambda}}, \hat{\boldsymbol{\mu}})$, wodurch die Bedingung 3° (c) verletzt ist.

Um den Fall (III) zu untersuchen, werden wir folgendes zweifach einparametrische Optimierungsproblem

$$\max \{f(\boldsymbol{x}, \mu) \mid \boldsymbol{x} \in \widetilde{\mathfrak{M}}(\lambda)\} \quad (8.75)$$

betrachten, bei dem

$$f(\boldsymbol{x}, \mu) = \sum_{\alpha=1}^{n} [\mu_\alpha^* + \mu\,(\hat{\mu}_\alpha - \mu_\alpha^*)]\, x_\alpha \quad (8.76)$$

die Zielfunktion und

$$\widetilde{\mathfrak{M}}(\lambda) = \Big\{\boldsymbol{x} \in E_n \mid \sum_{\alpha=1}^{n} a_{r\alpha}\, x_\alpha = \lambda_r^* + \lambda\,(\hat{\lambda}_r - \lambda_r^*),\ r = 1, \ldots, m; \\ x_\alpha \geqq 0,\ \alpha = 1, \ldots, n\Big\} \quad (8.77)$$

das Restriktionspolyeder sind. Entsprechend unseren Vereinbarungen definieren wir:

$$\left.\begin{array}{l} \widetilde{\mathfrak{M}}_{\text{opt}}(\lambda, \mu) = \Big\{\boldsymbol{x}^0 \in \widetilde{\mathfrak{M}}(\lambda) \mid f(\boldsymbol{x}^0, \mu) = \max\limits_{\boldsymbol{x} \in \widetilde{\mathfrak{M}}(\lambda)} f(\boldsymbol{x}, \mu)\Big\} , \\ \widetilde{\mathfrak{M}}_{\text{opt}}(\lambda, \mu) = \{\boldsymbol{x} \in \widetilde{\mathfrak{M}}(\lambda) \mid x_\alpha = 0,\ \alpha \in \tilde{I}_{\lambda\mu}(\lambda, \mu)\} , \end{array}\right\} \quad (8.78)$$

($\tilde{I}_{\lambda\mu}(\lambda, \mu)$ ist die charakteristische Indexmenge zu $\widetilde{\mathfrak{M}}_{\text{opt}}(\lambda, \mu)$)

$$\widetilde{\mathfrak{A}}_{\lambda\mu} = \{(\lambda, \mu) \in E_2 \mid \widetilde{\mathfrak{M}}_{\text{opt}}(\lambda, \mu) \neq \emptyset\} .$$

Für ein festes Paar $(\lambda', \mu') \in \tilde{\mathfrak{A}}_{\lambda\mu}$ mit der Optimalmenge $\tilde{\mathfrak{M}}_{\text{opt}}(\lambda', \mu')$ nach (8.78) definieren wir die Mengen

$$\tilde{\mathfrak{L}}(\lambda) = \{\boldsymbol{x} \in \tilde{\mathfrak{M}}(\lambda) \mid x_\alpha = 0\,,\ \alpha \in \tilde{I}_{\lambda\mu}(\lambda', \mu')\}\,, \tag{8.79}$$

$$\tilde{Q}(\lambda', \mu') = \{(\lambda, \mu) \in \tilde{\mathfrak{A}}_{\lambda\mu} \mid \emptyset \neq \tilde{\mathfrak{L}}(\lambda) \subseteq \tilde{\mathfrak{M}}_{\text{opt}}(\lambda, \mu)\}\,. \tag{8.80}$$

Ist $(\lambda, \mu) = (0, 0) \in E_2$ der Nullpunkt des E_2, so entsteht aus der Aufgabe (8.75) wegen (8.76) und (8.77) das Problem $P(\boldsymbol{\lambda}^*, \boldsymbol{\mu}^*)$. Für $(\lambda, \mu) = (1, 1) \in E_2$ entsteht aus (8.75) die Aufgabe $P(\hat{\boldsymbol{\lambda}}, \hat{\boldsymbol{\mu}})$. Weil sowohl $\begin{pmatrix}\boldsymbol{\lambda}^*\\ \boldsymbol{\mu}^*\end{pmatrix} \in Q(\boldsymbol{\lambda}^*, \boldsymbol{\mu}^*)$ als auch $\begin{pmatrix}\hat{\boldsymbol{\lambda}}\\ \hat{\boldsymbol{\mu}}\end{pmatrix} \in$ $\in Q(\boldsymbol{\lambda}^*, \boldsymbol{\mu}^*)$ ist, sind die beiden Aufgaben $P(\boldsymbol{\lambda}^*, \boldsymbol{\mu}^*)$ und $P(\hat{\boldsymbol{\lambda}}, \hat{\boldsymbol{\mu}})$ lösbar. Daher gehören auch die Paare (0, 0) und (1, 1) zur Lösbarkeitsmenge $\tilde{\mathfrak{A}}_{\lambda\mu}$ der Aufgabe (8.75). Wegen der Definition des Polyeders $\mathfrak{M}(\boldsymbol{\lambda})$ folgt aus (8.77)

$$\tilde{\mathfrak{M}}(0) = \mathfrak{M}(\boldsymbol{\lambda}^*)\,, \qquad \tilde{\mathfrak{M}}(1) = \mathfrak{M}(\hat{\boldsymbol{\lambda}})\,. \tag{8.81}$$

Aus der Äquivalenz der Optimierungsaufgaben ergibt sich

$$\tilde{\mathfrak{M}}_{\text{opt}}(0, 0) = \mathfrak{M}_{\text{opt}}(\boldsymbol{\lambda}^*, \boldsymbol{\mu}^*)\,, \qquad \tilde{\mathfrak{M}}_{\text{opt}}(1, 1) = \mathfrak{M}_{\text{opt}}(\hat{\boldsymbol{\lambda}}, \hat{\boldsymbol{\mu}})\,. \tag{8.82}$$

Wegen (8.82) muß für die charakteristischen Indexmengen

$$\tilde{I}_{\lambda\mu}(0, 0) = I_{\lambda\mu}(\boldsymbol{\lambda}^*, \boldsymbol{\mu}^*)\,, \qquad \tilde{I}_{\lambda\mu}(1, 1) = I_{\lambda\mu}(\hat{\boldsymbol{\lambda}}, \hat{\boldsymbol{\mu}}) \tag{8.83}$$

gelten. Wählt man den festen Punkt (λ', μ') als den Nullpunkt $(0, 0) \in E_2$, dann gilt für $\tilde{\mathfrak{L}}(\lambda)$ aus (8.79)

$$\begin{aligned}\tilde{\mathfrak{L}}(\lambda) &= \{\boldsymbol{x} \in \tilde{\mathfrak{M}}(\lambda) \mid x_\alpha = 0,\ \alpha \in \tilde{I}_{\lambda\mu}(0, 0)\}\\ &= \{\boldsymbol{x} \in \tilde{\mathfrak{M}}(\lambda) \mid x_\alpha = 0,\ \alpha \in I_{\lambda\mu}(\boldsymbol{\lambda}^*, \boldsymbol{\mu}^*)\}\,,\end{aligned} \tag{8.84}$$

und es wird

$$\tilde{Q}(0, 0) = \{(\lambda, \mu) \in \tilde{\mathfrak{A}}_{\lambda\mu} \mid \emptyset \neq \tilde{\mathfrak{L}}(\lambda) \subseteq \tilde{\mathfrak{M}}_{\text{opt}}(\lambda, \mu)\}\,.$$

Offenbar ist $(0, 0) \in \tilde{Q}(0, 0)$. Für den Punkt (1, 1) ergibt aus (8.84), (8.83), (8.81) und (8.1)

$$\left.\begin{aligned}\tilde{\mathfrak{L}}(1) = \{\boldsymbol{x} \in \mathfrak{M}(\hat{\lambda}) \mid x_\alpha = 0,\ \alpha \in I_{\lambda\mu}(\boldsymbol{\lambda}^*, \boldsymbol{\mu}^*)\} = \mathfrak{L}(\hat{\boldsymbol{\lambda}})\,,\\ \tilde{\mathfrak{M}}_{\text{opt}}(1, 1) = \mathfrak{M}_{\text{opt}}(\hat{\boldsymbol{\lambda}}, \hat{\boldsymbol{\mu}})\,.\end{aligned}\right\} \tag{8.85}$$

Für $\begin{pmatrix}\hat{\boldsymbol{\lambda}}\\ \hat{\boldsymbol{\mu}}\end{pmatrix} \in Q(\boldsymbol{\lambda}^*, \boldsymbol{\mu}^*)$ gilt ja, wie wir wissen,

$$\emptyset \neq \mathfrak{L}(\hat{\boldsymbol{\lambda}}) \subseteq \mathfrak{M}_{\text{opt}}(\hat{\boldsymbol{\lambda}}, \hat{\boldsymbol{\mu}})\,,$$

und deswegen impliziert (8.85)

$$\emptyset \neq \tilde{\mathfrak{L}}(1) \subseteq \tilde{\mathfrak{M}}_{\text{opt}}(1, 1)\,,$$

was aber wegen der Definition des lokalen Stabilitätsbereiches $\tilde{Q}(0, 0)$ in (8.80) bedeutet $(1, 1) \in \tilde{Q}(0, 0)$.

Die Menge $\tilde{Q}(0, 0)$ enthält also die Punkte $(0, 0), (1, 1) \in E_2$, ist aber somit auf Grund von Satz 4.2 als lokaler Stabilitätsbereich ein abgeschlossenes zweidimensionales Intervall, und es gilt

$$\tilde{Q}(0, 0) = \tilde{A}(0, 0) \times \tilde{B}(0, 0) ,$$

wobei $\tilde{A}(0, 0)$ und $\tilde{B}(0,0)$ eindimensionale abgeschlossene Intervalle sind. Weiterhin ist

$$(0, 0) \in \operatorname{int} \tilde{Q}(0, 0) .$$

Die Menge

$$p = \left\{\begin{pmatrix}\boldsymbol{\lambda}\\ \boldsymbol{\mu}\end{pmatrix} \in E_{m+n} \mid \boldsymbol{\lambda} = \boldsymbol{\lambda}^* + t\,(\hat{\boldsymbol{\lambda}} - \boldsymbol{\lambda}^*),\ \boldsymbol{\mu} = \boldsymbol{\mu}^* + t\,(\hat{\boldsymbol{\mu}} - \boldsymbol{\mu}^*),\ t \in (-\infty, +\infty)\right\}$$

beschreibt eine Gerade im Raum E_{m+n} mit der Eigenschaft

$$\begin{pmatrix}\boldsymbol{\lambda}(0)\\ \boldsymbol{\mu}(0)\end{pmatrix} = \begin{pmatrix}\boldsymbol{\lambda}^*\\ \boldsymbol{\mu}^*\end{pmatrix}, \qquad \begin{pmatrix}\boldsymbol{\lambda}(1)\\ \boldsymbol{\mu}(1)\end{pmatrix} = \begin{pmatrix}\hat{\boldsymbol{\lambda}}\\ \hat{\boldsymbol{\mu}}\end{pmatrix}$$

Aus der Konvexität von $Q(\boldsymbol{\lambda}^*, \boldsymbol{\mu}^*)$ und der Tatsache, daß der Punkt $\begin{pmatrix}\boldsymbol{\lambda}^*\\ \boldsymbol{\mu}^*\end{pmatrix}$ im Innern von $Q(\boldsymbol{\lambda}^*, \boldsymbol{\mu}^*)$ liegt, und $\begin{pmatrix}\hat{\boldsymbol{\lambda}}\\ \hat{\boldsymbol{\mu}}\end{pmatrix}$ ein Randpunkt dieser Menge ist, ergibt sich

$$\begin{pmatrix}\boldsymbol{\lambda}(t)\\ \boldsymbol{\mu}(t)\end{pmatrix} \notin Q(\boldsymbol{\lambda}^*, \boldsymbol{\mu}^*) , \qquad t \in (1, \infty) .$$

Es muß also für $t > 1$ entweder

$$\mathfrak{L}(\boldsymbol{\lambda}(t)) \neq \emptyset , \qquad \mathfrak{L}(\boldsymbol{\lambda}(t)) \not\subseteq \mathfrak{M}_{\text{opt}}(\boldsymbol{\lambda}(t), \boldsymbol{\mu}(t))$$

oder

$$\mathfrak{L}(\boldsymbol{\lambda}(t)) = \emptyset$$

sein.

Für $\mu = \lambda = t$ entsteht aus (8.75) die Aufgabe

$$\max \{f(\boldsymbol{x}, t) \mid \boldsymbol{x} \in \tilde{\mathfrak{M}}(t)\} ,$$

die zu dem Problem

$$\max \{F(\boldsymbol{x}, \boldsymbol{\mu}(t)) \mid \boldsymbol{x} \in \mathfrak{M}(\boldsymbol{\lambda}(t))\}$$

äquivalent ist. Und wir erhalten analog wie oben

$$\tilde{\mathfrak{L}}(t) = \mathfrak{L}(\boldsymbol{\lambda}(t)) , \qquad \tilde{\mathfrak{M}}_{\text{opt}}(t, t) = \mathfrak{M}_{\text{opt}}(\boldsymbol{\lambda}(t), \boldsymbol{\mu}(t)) .$$

Für $t \in (1, \infty)$ ergibt sich daher, entweder ist

$$\tilde{\mathfrak{L}}(t) \neq \emptyset , \qquad \tilde{\mathfrak{L}}(t) \not\subseteq \tilde{\mathfrak{M}}_{\text{opt}}(t, t) ,$$

oder es muß $\tilde{\mathfrak{L}}(t) = \emptyset$ sein. Somit gehört der Punkt $(t, t) \in E_2$ für $t \in (1, \infty)$ nicht zum lokalen Stabilitätsbereich $\tilde{Q}(0, 0)$. Die durch $\lambda = t$ und $\mu = t$ im E_2 beschriebene Gerade „schneidet“ den Rand von $\tilde{Q}(0, 0)$ im Punkt $(1, 1)$. Der Punkt $(1, 1) \in \tilde{Q}(0, 0)$ ist also ein Randpunkt von $\tilde{Q}(0, 0)$. Daher gilt

$$(0, 0) \in \operatorname{int} \tilde{Q}(0, 0) , \qquad (1, 1) \in \tilde{Q}(0, 0) \setminus \operatorname{int} \tilde{Q}(0, 0) . \tag{8.86}$$

Für den Punkt $(1, 1) \in \tilde{Q}(0, 0) \setminus \operatorname{int} \tilde{Q}(0, 0)$ bestehen drei Möglichkeiten.

(i) Ist $(1, 1)$ ein Punkt einer mit der λ-Achse parallelen (offenen) Kante des Intervalls $\tilde{Q}(0, 0)$, so ergibt sich aus dem Beweis des Satzes 4.2 (4.56), (4.57)

$$\tilde{\mathfrak{L}}(1) \subset \tilde{\mathfrak{M}}_{\text{opt}}(1, 1),$$
$$\dim \tilde{\mathfrak{M}}_{\text{opt}}(1, 1) > \dim \tilde{\mathfrak{M}}_{\text{opt}}(0, 0),$$
$$\tilde{\mathfrak{M}}_{\text{opt}}(1, 1) = \{x \in \tilde{\mathfrak{M}}(1) \mid x_\alpha = 0,\ \alpha \in \tilde{I}_{\lambda\mu}(1, 1)\},$$
$$\tilde{I}_{\lambda\mu}(1, 1) \subset \tilde{I}_{\lambda\mu}(0, 0).$$

Daraus und aus (8.85), (8.81), (8.82) und (8.83) folgt

$$\left.\begin{aligned} &\mathfrak{L}(\hat{\boldsymbol{\lambda}}) \subset \mathfrak{M}_{\text{opt}}(\hat{\boldsymbol{\lambda}}, \hat{\boldsymbol{\mu}}), \\ &\dim \mathfrak{M}_{\text{opt}}(\hat{\boldsymbol{\lambda}}, \hat{\boldsymbol{\mu}}) > \dim \mathfrak{M}_{\text{opt}}(\boldsymbol{\lambda}^*, \boldsymbol{\mu}^*), \\ &\mathfrak{M}_{\text{opt}}(\hat{\boldsymbol{\lambda}}, \hat{\boldsymbol{\mu}}) = \{\boldsymbol{x} \in \mathfrak{M}(\boldsymbol{\lambda}) \mid x_\alpha = 0,\ \alpha \in I_{\lambda\mu}(\hat{\boldsymbol{\lambda}}, \hat{\boldsymbol{\mu}})\}, \\ &I_{\lambda\mu}(\hat{\boldsymbol{\lambda}}, \hat{\boldsymbol{\mu}}) \subset I_{\lambda\mu}(\boldsymbol{\lambda}^*, \boldsymbol{\mu}^*). \end{aligned}\right\} \tag{8.87}$$

(ii) Ist $(1, 1)$ ein Punkt einer mit der μ-Achse parallelen (offenen) Kante des Intervalls $\tilde{Q}(0, 0)$, so ergibt sich aus dem Beweis des Satzes 4.2, (4.53), (4.54)

$$\tilde{\mathfrak{L}}(1) = \tilde{\mathfrak{M}}_{\text{opt}}(1, 1),$$
$$\dim \tilde{\mathfrak{M}}_{\text{opt}}(1, 1) \leqq \dim \tilde{\mathfrak{M}}_{\text{opt}}(0, 0),$$
$$\tilde{\mathfrak{M}}_{\text{opt}}(1, 1) = \{x \in \tilde{\mathfrak{M}}(1) \mid x_\alpha = 0,\ \alpha \in \tilde{I}_{\lambda\mu}(1, 1)\},$$
$$\tilde{I}_{\lambda\mu}(1, 1) \supset \tilde{I}_{\lambda\mu}(0, 0).$$

Und daher ist wegen (8.85), (8.81), (8.82) und (8.83)

$$\left.\begin{aligned} &\mathfrak{L}(\hat{\boldsymbol{\lambda}}) = \mathfrak{M}_{\text{opt}}(\hat{\boldsymbol{\lambda}}, \hat{\boldsymbol{\mu}}), \\ &\dim \mathfrak{M}_{\text{opt}}(\hat{\boldsymbol{\lambda}}, \hat{\boldsymbol{\mu}}) \leqq \dim \mathfrak{M}_{\text{opt}}(\boldsymbol{\lambda}^*, \boldsymbol{\mu}^*), \\ &\mathfrak{M}_{\text{opt}}(\hat{\boldsymbol{\lambda}}, \hat{\boldsymbol{\mu}}) = \{\boldsymbol{x} \in \mathfrak{M}(\hat{\boldsymbol{\lambda}}) \mid x_\alpha = 0,\ \alpha \in I_{\lambda\mu}(\hat{\boldsymbol{\lambda}}, \hat{\boldsymbol{\mu}})\}, \\ &I_{\lambda\mu}(\hat{\boldsymbol{\lambda}}, \hat{\boldsymbol{\mu}}) \supset I_{\lambda\mu}(\boldsymbol{\lambda}^*, \boldsymbol{\mu}^*). \end{aligned}\right\} \tag{8.88}$$

(iii) Ist der Punkt $(1, 1)$ eine Ecke des zweidimensionalen Intervalls $\tilde{Q}(0, 0)$, so ergibt sich aus dem Beweis des Satzes 4.2, daß entweder die Aussagen (8.87) oder (8.88) gelten, oder es ist

$$\mathfrak{L}(\hat{\boldsymbol{\lambda}}) \subset \mathfrak{M}(\hat{\boldsymbol{\lambda}}, \hat{\boldsymbol{\mu}}), \tag{8.89}$$

und weitere Aussagen über die Zusammenhänge der Dimensionen von $\mathfrak{M}_{\text{opt}}(\hat{\boldsymbol{\lambda}}, \hat{\boldsymbol{\mu}})$ und $\mathfrak{M}_{\text{opt}}(\boldsymbol{\lambda}^*, \boldsymbol{\mu}^*)$ und der charakteristischen Indexmengen $I_{\lambda\mu}(\hat{\boldsymbol{\lambda}}, \hat{\boldsymbol{\mu}})$ und $I_{\lambda\mu}(\boldsymbol{\lambda}^*, \boldsymbol{\mu}^*)$ können nicht getroffen werden.

Für einen Randpunkt $\begin{pmatrix}\hat{\boldsymbol{\lambda}}\\ \hat{\boldsymbol{\mu}}\end{pmatrix}$ des Kegels $Q(\boldsymbol{\lambda}^*, \boldsymbol{\mu}^*)$ gibt es wegen $Q(\boldsymbol{\lambda}^*, \boldsymbol{\mu}^*) = A(\boldsymbol{\lambda}^*, \boldsymbol{\mu}^*) \times B(\boldsymbol{\lambda}^*, \boldsymbol{\mu}^*)$ genau eine der folgenden Möglichkeiten:

$$\text{(I)}^* \quad \hat{\boldsymbol{\lambda}} \in A(\boldsymbol{\lambda}^*, \boldsymbol{\mu}^*) \setminus \operatorname{int} A(\boldsymbol{\lambda}^*, \boldsymbol{\mu}^*)\,, \qquad \hat{\boldsymbol{\mu}} \in \operatorname{int} B(\boldsymbol{\lambda}^*, \boldsymbol{\mu}^*)\,,$$

$$\text{(II)}^* \quad \hat{\boldsymbol{\lambda}} \in \operatorname{int} A(\boldsymbol{\lambda}^*, \boldsymbol{\mu}^*)\,, \qquad \hat{\boldsymbol{\mu}} \in B(\boldsymbol{\lambda}^*, \boldsymbol{\mu}^*) \setminus \operatorname{int} B(\boldsymbol{\lambda}^*, \boldsymbol{\mu}^*)\,,$$

$$\text{(III)}^* \quad \hat{\boldsymbol{\lambda}} \in A(\boldsymbol{\lambda}^*, \boldsymbol{\mu}^*) \setminus \operatorname{int} A(\boldsymbol{\lambda}^*, \boldsymbol{\mu}^*)\,, \qquad \hat{\boldsymbol{\mu}} \in B(\boldsymbol{\lambda}^*, \boldsymbol{\mu}^*) \setminus \operatorname{int} B(\boldsymbol{\lambda}^*, \boldsymbol{\mu}^*)\,.$$

Im Fall (I)* gilt entweder

$$\|\hat{\boldsymbol{\lambda}} - \boldsymbol{\lambda}^*\| > 0\,, \qquad \|\hat{\boldsymbol{\mu}} - \boldsymbol{\mu}^*\| > 0 \tag{8.90}$$

oder

$$\|\hat{\boldsymbol{\lambda}} - \boldsymbol{\lambda}^*\| > 0\,, \qquad \|\hat{\boldsymbol{\mu}} - \boldsymbol{\mu}^*\| = 0\,. \tag{8.91}$$

Der Fall (8.90) entspricht der Möglichkeit (III) in diesem Beweis, für den die oben diskutierten Situationen (i), (ii) und (iii) eintreten können. Um festzustellen, welche Situation eintritt, wählen wir die Punkte

$$\boldsymbol{\mu}^+ = \boldsymbol{\mu}^* + (1 + \varepsilon)\,(\hat{\boldsymbol{\mu}} - \boldsymbol{\mu}^*)\,,$$
$$\boldsymbol{\mu}^- = \boldsymbol{\mu}^* + (1 - \varepsilon)\,(\hat{\boldsymbol{\mu}} - \boldsymbol{\mu}^*)$$

mit $\varepsilon > 0$, so daß

$$\boldsymbol{\mu}^+ \in \operatorname{int} B(\boldsymbol{\lambda}^*, \boldsymbol{\mu}^*)\,, \qquad \boldsymbol{\mu}^- \in \operatorname{int} B(\boldsymbol{\lambda}^*, \boldsymbol{\mu}^*)$$

gilt. Da $\hat{\boldsymbol{\mu}} \in \operatorname{int} B(\boldsymbol{\lambda}^*, \boldsymbol{\mu}^*)$ ist, existiert ein solches $\varepsilon > 0$ immer. Dann gilt $\begin{pmatrix}\hat{\boldsymbol{\lambda}}\\ \boldsymbol{\mu}^+\end{pmatrix} \in Q(\boldsymbol{\lambda}^*, \boldsymbol{\mu}^*)$ und $\begin{pmatrix}\hat{\boldsymbol{\lambda}}\\ \boldsymbol{\mu}^-\end{pmatrix} \in Q(\boldsymbol{\lambda}^*, \boldsymbol{\mu}^*)$ und daher ist wegen der Definition von $Q(\boldsymbol{\lambda}^*, \boldsymbol{\mu}^*)$

$$\left.\begin{aligned} \emptyset \neq \mathfrak{L}(\hat{\boldsymbol{\lambda}}) &\subseteq \mathfrak{M}_{\text{opt}}(\hat{\boldsymbol{\lambda}}, \boldsymbol{\mu}^+)\,, \\ \emptyset \neq \mathfrak{L}(\hat{\boldsymbol{\lambda}}) &\subseteq \mathfrak{M}_{\text{opt}}(\hat{\boldsymbol{\lambda}}, \boldsymbol{\mu}^-)\,. \end{aligned}\right\} \tag{8.92}$$

Wie wir wissen, sind die Probleme

$$\max\,\{F(\boldsymbol{x}, \boldsymbol{\mu}^+) \mid \boldsymbol{x} \in \mathfrak{M}(\hat{\boldsymbol{\lambda}})\}\,, \qquad \max\,\{f(\boldsymbol{x}, 1 + \varepsilon) \mid \boldsymbol{x} \in \tilde{\mathfrak{M}}(1)\}$$

bzw.

$$\max\,\{F(\boldsymbol{x}, \boldsymbol{\mu}^-) \mid \boldsymbol{x} \in \mathfrak{M}(\hat{\boldsymbol{\lambda}})\}\,, \qquad \max\,\{f(\boldsymbol{x}, 1 - \varepsilon) \mid \boldsymbol{x} \in \tilde{\mathfrak{M}}(1)\}$$

dann äquivalent, daher folgt

$$\mathfrak{M}_{\text{opt}}(\hat{\boldsymbol{\lambda}}, \boldsymbol{\mu}^+) = \tilde{\mathfrak{M}}_{\text{opt}}\,(1, 1 + \varepsilon)\,,$$
$$\mathfrak{M}_{\text{opt}}(\hat{\boldsymbol{\lambda}}, \boldsymbol{\mu}^-) = \tilde{\mathfrak{M}}_{\text{opt}}\,(1, 1 - \varepsilon)\,.$$

Da nach (8.85) $\tilde{\mathfrak{L}}(1) = \mathfrak{L}(\hat{\boldsymbol{\lambda}})$ ist, folgt aus der Gleichheit der Optimalmengen wegen (8.92)

$$\emptyset \neq \tilde{\mathfrak{L}}(1) \subseteq \tilde{\mathfrak{M}}_{\text{opt}}\,(1, 1 + \varepsilon)$$
$$\emptyset \neq \tilde{\mathfrak{L}}(1) \subseteq \tilde{\mathfrak{M}}_{\text{opt}}\,(1, 1 - \varepsilon)\,.$$

Deswegen gilt

$$(1, 1 + \varepsilon) \in \tilde{Q}(0, 0)\,, \qquad (1, 1 - \varepsilon) \in \tilde{Q}(0, 0)\,,$$

woraus sich ergibt, daß der Punkt (1, 1) ein innerer Punkt einer mit der μ-Achse parallelen Kante des Intervalls $\tilde{Q}(0, 0)$ ist. Das entspricht aber der oben diskutierten Möglichkeit (ii), und deswegen gilt (8.88). Für den Fall (8.91), der dem Fall (II) entspricht, gelten die Aussagen (8.73) und (8.74), d. h. dieselbe Aussage wie (8.88).

In ähnlicher Weise läßt sich zeigen, daß im Fall (II)* die Relationen (8.87) Gültigkeit haben. Für die Situation (III)* gelten entweder die Aussagen (8.88) oder (8.87), oder es tritt der Fall (iii) ein, d. h., es gilt nur (8.89).

Allen hier diskutierten Fällen, die für einen Randpunkt $\begin{pmatrix}\hat{\boldsymbol{\lambda}}\\ \hat{\boldsymbol{\mu}}\end{pmatrix}$ des Kegels $Q(\boldsymbol{\lambda}^*, \boldsymbol{\mu}^*)$ möglich sind, ist gemeinsam, daß stets mindestens eine der Bedingungen 3° (a), 3° (b), 3° (c) verletzt ist. Damit ist aber 3° (d) und daher der Satz 8.4 vollständig bewiesen. ▮

▮ B. 8.13 Aus der Aussage 2° des Satzes 8.4 ergibt sich, daß zwei verschiedene lokale Stabilitätsbereiche $Q(\boldsymbol{\lambda}^1, \boldsymbol{\mu}^1)$ und $Q(\boldsymbol{\lambda}^2, \boldsymbol{\mu}^2)$ zu Parameterpunkten $\begin{pmatrix}\boldsymbol{\lambda}^1\\ \boldsymbol{\mu}^1\end{pmatrix}$ und $\begin{pmatrix}\boldsymbol{\lambda}^2\\ \boldsymbol{\mu}^2\end{pmatrix}$ aus der Lösbarkeitsmenge $\mathfrak{A}_{\lambda\mu}$ höchstens gemeinsame Randpunkte besitzen, sich also nicht „überlappen“. ▮

▮ B. 8.14 Im Beweis des Satzes 8.4 sind die Optimalmengen $\mathfrak{M}_{\text{opt}}(\boldsymbol{\lambda}, \boldsymbol{\mu})$ auch in den Randpunkten des lokalen Stabilitätsbereiches $Q(\boldsymbol{\lambda}^*, \boldsymbol{\mu}^*)$ hinreichend charakterisiert, das gestattet es, sie mit den Optimalmengen $\mathfrak{M}_{\text{opt}}(\boldsymbol{\lambda}, \boldsymbol{\mu})$ für $(\boldsymbol{\lambda}, \boldsymbol{\mu}) \in \text{int}\, Q(\boldsymbol{\lambda}, \boldsymbol{\mu})$ zu vergleichen. Die erzielten Resultate kommen im folgenden Satz 8.5 noch einmal zum Ausdruck. ▮

▮ S. 8.5 *Für die Punkte des lokalen Stabilitätsbereiches*

$$Q(\boldsymbol{\lambda}^*, \boldsymbol{\mu}^*) = A(\boldsymbol{\lambda}^*, \boldsymbol{\mu}^*) \times B(\boldsymbol{\lambda}^*, \boldsymbol{\mu}^*)$$

gelten die Aussagen:

1° *Ist* $\begin{pmatrix}\boldsymbol{\lambda}\\ \boldsymbol{\mu}\end{pmatrix}$ *ein innerer Punkt von* $Q(\boldsymbol{\lambda}^*, \boldsymbol{\mu}^*)$, *so gilt:*

$$\dim \mathfrak{M}_{\text{opt}}(\boldsymbol{\lambda}, \boldsymbol{\mu}) = \dim \mathfrak{M}_{\text{opt}}(\boldsymbol{\lambda}^*, \boldsymbol{\mu}^*)\,,$$

$$\mathfrak{L}(\boldsymbol{\lambda}) = \mathfrak{M}_{\text{opt}}(\boldsymbol{\lambda}, \boldsymbol{\mu}) = \{\boldsymbol{x} \in \mathfrak{M}(\boldsymbol{\lambda}) \mid x_\alpha = 0,\ \alpha \in I_{\lambda\mu}(\boldsymbol{\lambda}^*, \boldsymbol{\mu}^*)\}\,,$$

$I_{\lambda\mu}(\boldsymbol{\lambda}^*, \boldsymbol{\mu}^*)$ *ist die charakteristische Indexmenge aller Optimalmengen* $\mathfrak{M}_{\text{opt}}(\boldsymbol{\lambda}, \boldsymbol{\mu})$, $(\boldsymbol{\lambda}, \boldsymbol{\mu}) \in \text{int}\, Q(\boldsymbol{\lambda}^*, \boldsymbol{\mu}^*)$.

2° *Ist* $\begin{pmatrix}\hat{\boldsymbol{\lambda}}\\ \hat{\boldsymbol{\mu}}\end{pmatrix}$ *ein Randpunkt von* $Q(\boldsymbol{\lambda}^*, \boldsymbol{\mu}^*)$, *so gilt, falls*

(a) $\hat{\boldsymbol{\lambda}} \in A(\boldsymbol{\lambda}^*, \boldsymbol{\mu}^*) \setminus \text{int}\, A(\boldsymbol{\lambda}^*, \boldsymbol{\mu}^*)\,, \qquad \boldsymbol{\mu} \in \text{int}\, B(\boldsymbol{\lambda}^*, \boldsymbol{\mu}^*)$ *sind,*

$$\mathfrak{L}(\hat{\boldsymbol{\lambda}}) = \mathfrak{M}_{\text{opt}}(\hat{\boldsymbol{\lambda}}, \hat{\boldsymbol{\mu}})$$

$$\dim \mathfrak{M}_{\text{opt}}(\hat{\boldsymbol{\lambda}}, \hat{\boldsymbol{\mu}}) \leqq \dim \mathfrak{M}_{\text{opt}}(\boldsymbol{\lambda}^*, \boldsymbol{\mu}^*)\,,$$

$$\mathfrak{M}_{\text{opt}}(\hat{\boldsymbol{\lambda}}, \hat{\boldsymbol{\mu}}) = \{\boldsymbol{x} \in \mathfrak{M}(\hat{\boldsymbol{\lambda}}) \mid x_\alpha = 0,\ \alpha \in I_{\lambda\mu}(\hat{\boldsymbol{\lambda}}, \hat{\boldsymbol{\mu}})\}\,,$$

$$I_{\lambda\mu}(\hat{\boldsymbol{\lambda}}, \hat{\boldsymbol{\mu}}) \supset I_{\lambda\mu}(\boldsymbol{\lambda}^*, \boldsymbol{\mu}^*)\,.$$

(b) $\hat{\boldsymbol{\lambda}} \in \operatorname{int} A(\boldsymbol{\lambda}^*, \boldsymbol{\mu}^*)$, $\hat{\boldsymbol{\mu}} \in B(\boldsymbol{\lambda}^*, \boldsymbol{\mu}^*) \setminus \operatorname{int} B(\boldsymbol{\lambda}^*, \boldsymbol{\mu}^*)$ *sind,*

$\mathfrak{L}(\hat{\boldsymbol{\lambda}}) \subset \mathfrak{M}_{\text{opt}}(\hat{\boldsymbol{\lambda}}, \hat{\boldsymbol{\mu}})$,

$\dim \mathfrak{M}_{\text{opt}}(\hat{\boldsymbol{\lambda}}, \hat{\boldsymbol{\mu}}) > \dim \mathfrak{M}_{\text{opt}}(\boldsymbol{\lambda}^*, \boldsymbol{\mu}^*)$,

$\mathfrak{M}_{\text{opt}}(\hat{\boldsymbol{\lambda}}, \hat{\boldsymbol{\mu}}) = \{\boldsymbol{x} \in \mathfrak{M}(\hat{\boldsymbol{\lambda}}) \mid x_\alpha = 0,\ \alpha \in I_{\lambda\mu}(\hat{\boldsymbol{\lambda}}, \hat{\boldsymbol{\mu}})\}$,

$I_{\lambda\mu}(\hat{\boldsymbol{\lambda}}, \hat{\boldsymbol{\mu}}) \subset I_{\lambda\mu}(\boldsymbol{\lambda}^*, \boldsymbol{\mu}^*)$.

(c) $\hat{\boldsymbol{\lambda}} \in A(\boldsymbol{\lambda}^*, \boldsymbol{\mu}^*) \setminus \operatorname{int} A(\boldsymbol{\lambda}^*, \boldsymbol{\mu}^*)$, $\hat{\boldsymbol{\mu}} \in B(\boldsymbol{\lambda}^*, \boldsymbol{\mu}^*) \setminus \operatorname{int} B(\boldsymbol{\lambda}^*, \boldsymbol{\mu}^*)$

sind, entweder der Aussagekomplex (a) *oder* (b), *oder es ist*

$$\mathfrak{L}(\hat{\boldsymbol{\lambda}}) \subset \mathfrak{M}_{\text{opt}}(\hat{\boldsymbol{\lambda}}, \hat{\boldsymbol{\mu}}),$$

und Aussagen über die Beziehungen zwischen den Dimensionen der Optimalmengen $\mathfrak{M}_{\text{opt}}(\hat{\boldsymbol{\lambda}}, \hat{\boldsymbol{\mu}})$ *und* $\mathfrak{M}_{\text{opt}}(\boldsymbol{\lambda}^*, \boldsymbol{\mu}^*)$ *sowie über Inklusionen der Indexmengen* $I_{\lambda\mu}(\hat{\boldsymbol{\lambda}}, \hat{\boldsymbol{\mu}})$ *und* $I_{\lambda\mu}(\boldsymbol{\lambda}^*, \boldsymbol{\mu}^*)$ *existieren nicht.*

3° *Ist* $\begin{pmatrix}\boldsymbol{\lambda}^1\\ \boldsymbol{\mu}^1\end{pmatrix} \in \mathfrak{A}_{\lambda\mu} \setminus Q(\boldsymbol{\lambda}^*, \boldsymbol{\mu}^*)$, *so gilt entweder*

$$\mathfrak{L}(\boldsymbol{\lambda}^1) \neq \emptyset, \qquad \mathfrak{L}(\boldsymbol{\lambda}^1) \not\subseteq \mathfrak{M}_{\text{opt}}(\boldsymbol{\lambda}^1, \boldsymbol{\mu}^1)$$

oder

$$\mathfrak{L}(\boldsymbol{\lambda}^1) = \emptyset .$$

Falls $\begin{pmatrix}\boldsymbol{\lambda}^1\\ \boldsymbol{\mu}^1\end{pmatrix} \in \operatorname{int} Q(\tilde{\boldsymbol{\lambda}}, \tilde{\boldsymbol{\mu}})$ *ist, und der lokale Stabilitätsbereich* $Q(\tilde{\boldsymbol{\lambda}}, \tilde{\boldsymbol{\mu}})$ *ist verschieden von* $Q(\boldsymbol{\lambda}^*, \boldsymbol{\mu}^*)$, *so kann weder*

$$I_{\lambda\mu}(\boldsymbol{\lambda}^*, \boldsymbol{\mu}^*) \subseteq I_{\lambda\mu}(\boldsymbol{\lambda}^1, \boldsymbol{\mu}^1)$$

noch

$$I_{\lambda\mu}(\boldsymbol{\lambda}^*, \boldsymbol{\mu}^*) \supseteq I_{\lambda\mu}(\boldsymbol{\lambda}^1, \boldsymbol{\mu}^1)$$

sein. ▮

▮ Bws. Bis auf den zweiten Teil der Aussage 3° ist bereits alles im Beweis des Satzes 8.4 gezeigt. Wir müssen zwei Fälle unterscheiden.

(α) Ist $\mathfrak{L}(\boldsymbol{\lambda}^1)$ die leere Menge, so muß $\mathfrak{M}_{\text{opt}}(\boldsymbol{\lambda}^1, \boldsymbol{\mu}^1) \neq \emptyset$ sein, denn $\begin{pmatrix}\boldsymbol{\lambda}^1\\ \boldsymbol{\mu}^1\end{pmatrix}$ gehört zur Lösbarkeitsmenge $\mathfrak{A}_{\lambda\mu}$. Wäre

$$I_{\lambda\mu}(\boldsymbol{\lambda}^1, \boldsymbol{\mu}^1) \supseteq I_{\lambda\mu}(\boldsymbol{\lambda}^*, \boldsymbol{\mu}^*),$$

so müßte

$$\begin{aligned}\mathfrak{M}_{\text{opt}}(\boldsymbol{\lambda}^1, \boldsymbol{\mu}^1) &= \{\boldsymbol{x} \in \mathfrak{M}(\boldsymbol{\lambda}^1) \mid x_\alpha = 0,\ \alpha \in I_{\lambda\mu}(\boldsymbol{\lambda}^1, \boldsymbol{\mu}^1)\}\\ &\subseteq \{\boldsymbol{x} \in \mathfrak{M}(\boldsymbol{\lambda}^1) \mid x_\alpha = 0,\ \alpha \in I_{\lambda\mu}(\boldsymbol{\lambda}^*, \boldsymbol{\mu}^*)\} = \mathfrak{L}(\boldsymbol{\lambda}^1) = \emptyset\end{aligned}$$

sein, was offenbar ein Widerspruch wäre. Daher muß

$$I_{\lambda\mu}(\boldsymbol{\lambda}^1, \boldsymbol{\mu}^1) \not\supseteq I_{\lambda\mu}(\boldsymbol{\lambda}^*, \boldsymbol{\mu}^*)$$

sein.

(β) Ist $\mathfrak{L}(\boldsymbol{\lambda}^1) \neq \emptyset$ und $\mathfrak{L}(\boldsymbol{\lambda}^1) \subsetneq \mathfrak{M}_{\text{opt}}(\boldsymbol{\lambda}^1, \boldsymbol{\mu}^1)$, so implizierten

$$\mathfrak{L}(\boldsymbol{\lambda}^1) = \{\boldsymbol{x} \in \mathfrak{M}(\boldsymbol{\lambda}^1) \mid x_\alpha = 0,\ \alpha \in I_{\lambda\mu}(\boldsymbol{\lambda}^*, \boldsymbol{\mu}^*)\}\,,$$
$$\mathfrak{M}_{\text{opt}}(\boldsymbol{\lambda}^1, \boldsymbol{\mu}^1) = \{\boldsymbol{x} \in \mathfrak{M}(\boldsymbol{\lambda}^1) \mid x_\alpha = 0,\ \alpha \in I_{\lambda\mu}(\boldsymbol{\lambda}^1, \boldsymbol{\mu}^1)\}$$

die Aussage

$$I_{\lambda\mu}(\boldsymbol{\lambda}^1, \boldsymbol{\mu}^1) \subsetneq I_{\lambda\mu}(\boldsymbol{\lambda}^*, \boldsymbol{\mu}^*)\,.$$

Da sich zwei verschiedene lokale Stabilitätsbereiche $Q(\tilde{\boldsymbol{\lambda}}, \tilde{\boldsymbol{\mu}})$ und $Q(\boldsymbol{\lambda}^*, \boldsymbol{\mu}^*)$ nicht überlappen, ist

$$\begin{pmatrix}\tilde{\boldsymbol{\lambda}}\\ \tilde{\boldsymbol{\mu}}\end{pmatrix} \in \mathfrak{A}_{\lambda\mu} \setminus Q(\boldsymbol{\lambda}^*, \boldsymbol{\mu}^*)\,.$$

Da $\begin{pmatrix}\boldsymbol{\lambda}^1\\ \boldsymbol{\mu}^1\end{pmatrix}$ ein innerer Punkt von $Q(\tilde{\boldsymbol{\lambda}}, \tilde{\boldsymbol{\mu}})$ ist, folgt aus Satz 8.4, 2°

$$Q(\boldsymbol{\lambda}^1, \boldsymbol{\mu}^1) = Q(\tilde{\boldsymbol{\lambda}}, \tilde{\boldsymbol{\mu}})\,,$$

und es gilt auch

$$\begin{pmatrix}\boldsymbol{\lambda}^*\\ \boldsymbol{\mu}^*\end{pmatrix} \in \mathfrak{A}_{\lambda\mu} \setminus Q(\boldsymbol{\lambda}^1, \boldsymbol{\mu}^1)\,.$$

Nun kann man ähnlich wie oben zeigen, daß

$$I_{\lambda\mu}(\boldsymbol{\lambda}^1, \boldsymbol{\mu}^1) \subsetneq I_{\lambda\mu}(\boldsymbol{\lambda}^*, \boldsymbol{\mu}^*)$$

im Fall (α) ist, und im Fall (β)

$$I_{\lambda\mu}(\boldsymbol{\lambda}^1, \boldsymbol{\mu}^1) \supsetneq I_{\lambda\mu}(\boldsymbol{\lambda}^*, \boldsymbol{\mu}^*)$$

gilt. ∎

∎ B. 8.15 Die Menge int $Q(\boldsymbol{\lambda}^*, \boldsymbol{\mu}^*)$, das Innere des lokalen Stabilitätsbereiches $Q(\boldsymbol{\lambda}^*, \boldsymbol{\mu}^*)$, ist dadurch gekennzeichnet, daß für alle Punkte $\begin{pmatrix}\boldsymbol{\lambda}\\ \boldsymbol{\mu}\end{pmatrix} \in \operatorname{int} Q(\boldsymbol{\lambda}^*, \boldsymbol{\mu}^*)$ einunddieselbe Indexmenge $I_{\lambda\mu}(\boldsymbol{\lambda}^*, \boldsymbol{\mu}^*)$ charakteristisch ist, also alle Optimalmengen dieselbe Beschreibung haben. Die Dimension der Optimalmengen $\mathfrak{M}_{\text{opt}}(\boldsymbol{\lambda}, \boldsymbol{\mu})$, $\begin{pmatrix}\boldsymbol{\lambda}\\ \boldsymbol{\mu}\end{pmatrix} \in \operatorname{int} Q(\boldsymbol{\lambda}^*, \boldsymbol{\mu}^*)$, ist demzufolge auch gleich. Das Innere des lokalen Stabilitätsbereiches ist die maximale Menge mit diesen Eigenschaften. ∎

∎ B. 8.16 Wie wir wissen, ist der lokale Stabilitätsbereich $Q(\boldsymbol{\lambda}^*, \boldsymbol{\mu}^*)$ das kartesische Produkt der Mengen $A(\boldsymbol{\lambda}^*, \boldsymbol{\mu}^*)$ und $B(\boldsymbol{\lambda}^*, \boldsymbol{\mu}^*)$. In den Bemerkungen 8.7 und 8.12, sind wir darauf eingegangen, wie man die Kegel $A(\boldsymbol{\lambda}^*, \boldsymbol{\mu}^*)$ und $B(\boldsymbol{\lambda}^*, \boldsymbol{\mu}^*)$ berechnen kann. Mit den in diesen Bemerkungen angegebenen Darstellungen von $A(\boldsymbol{\lambda}^*, \boldsymbol{\mu}^*)$ und $B(\boldsymbol{\lambda}^*, \boldsymbol{\mu}^*)$ kann der Kegel $Q(\boldsymbol{\lambda}^*, \boldsymbol{\mu}^*)$ implizit beschrieben werden:

$$\begin{aligned} Q(\boldsymbol{\lambda}^*, \boldsymbol{\mu}^*) = \Big\{\begin{pmatrix}\boldsymbol{\lambda}\\ \boldsymbol{\mu}\end{pmatrix} \in \mathfrak{A}_{\lambda\mu} \mid\ & \boldsymbol{h}^{l\,T}\boldsymbol{\lambda} = 0,\ l \in J;\ \boldsymbol{h}^{l\,T}\boldsymbol{\lambda} \geqq 0,\ l \notin J;\\ & \boldsymbol{k}^{s\,T}\boldsymbol{\mu} = 0,\ s \in I;\ \boldsymbol{k}^{s\,T}\boldsymbol{\mu} \leqq 0,\ s \notin I\Big\} \end{aligned} \qquad (8.93)$$

8.4. Invariante Zerlegung und invariante Einteilung der Lösbarkeitsmenge

Jedem Parameterpunkt $\begin{pmatrix}\boldsymbol{\lambda}^*\\ \boldsymbol{\mu}^*\end{pmatrix}$ der Lösbarkeitsmenge ist eindeutig ein lokaler Stabilitätsbereich $Q(\boldsymbol{\lambda}^*, \boldsymbol{\mu}^*)$ zugeordnet, dessen Eigenschaften durch die Sätze 8.4 bzw. 8.5 beschrieben sind. Nach Satz 8.3 ist die Lösbarkeitsmenge $\mathfrak{A}_{\lambda\mu}$ ein $(m + n)$-dimensionaler polyedrischer Kegel im Parameterraum E_{m+n} mit einem Scheitel im Koordinatenursprung dieses Raumes. Wie wir gesehen haben, ist der Kegel $\mathfrak{A}_{\lambda\mu}$ das kartesische Produkt der zulässigen Parametermengen $\mathfrak{B}_\lambda$ und $\mathfrak{B}_\mu$, die ihrerseits polyedrische Kegel sind, und zwar $\mathfrak{B}_\lambda$ ein m-dimensionaler Kegel im Raum E_m mit einem Scheitel in $\boldsymbol{o} \in E_m$, und $\mathfrak{B}_\mu$ ein n-dimensionaler Kegel im E_n mit einem Scheitel im Koordinatenursprung $\boldsymbol{o} \in E_n$. Der lokale Stabilitätsbereich $Q(\boldsymbol{\lambda}^*, \boldsymbol{\mu}^*)$ ist ebenfalls ein polyedrischer Kegel im Raum E_{m+n} mit einem Scheitel in dessen Koordinatenursprung $\boldsymbol{o} \in E_{m+n}$, und es gilt

$$Q(\boldsymbol{\lambda}^*, \boldsymbol{\mu}^*) \subseteq \mathfrak{A}_{\lambda\mu}, \qquad m \leqq \dim Q(\boldsymbol{\lambda}^*, \boldsymbol{\mu}^*) \leqq \dim \mathfrak{A}_{\lambda\mu},$$

$$\begin{pmatrix}\boldsymbol{\lambda}^*\\ \boldsymbol{\mu}^*\end{pmatrix} \in \operatorname{int} Q(\boldsymbol{\lambda}^*, \boldsymbol{\mu}^*),$$

$$Q(\boldsymbol{\lambda}^*, \boldsymbol{\mu}^*) = A(\boldsymbol{\lambda}^*, \boldsymbol{\mu}^*) \times B(\boldsymbol{\lambda}^*, \boldsymbol{\mu}^*).$$

Dabei sind $A(\boldsymbol{\lambda}^*, \boldsymbol{\mu}^*)$ und $B(\boldsymbol{\lambda}^*, \boldsymbol{\mu}^*)$ polyedrische Kegel, wobei $A(\boldsymbol{\lambda}^*, \boldsymbol{\mu}^*)$ einen Scheitel in $\boldsymbol{o} \in E_m$ und $B(\boldsymbol{\lambda}^*, \boldsymbol{\mu}^*)$ einen Scheitel in $\boldsymbol{o} \in E_n$ hat. Weiterhin ist bekannt

$$A(\boldsymbol{\lambda}^*, \boldsymbol{\mu}^*) \subseteq \mathfrak{B}_\lambda, \qquad B(\boldsymbol{\lambda}^*, \boldsymbol{\mu}^*) \subseteq \mathfrak{B}_\mu.$$

Ähnlich wie im Kapitel 4 (beim Beweis des Satzes 4.3) können wir zeigen, daß es nur endlich viele verschiedene Mengen

$$Q' = Q(\boldsymbol{\lambda}', \boldsymbol{\mu}') = \left\{\begin{pmatrix}\boldsymbol{\lambda}\\ \boldsymbol{\mu}\end{pmatrix} \in \mathfrak{A}_{\lambda\mu} \mid \emptyset \neq \mathfrak{L}'(\boldsymbol{\lambda}) \subseteq \mathfrak{M}_{\text{opt}}(\boldsymbol{\lambda}, \boldsymbol{\mu})\right\}$$

mit $\begin{pmatrix}\boldsymbol{\lambda}'\\ \boldsymbol{\mu}'\end{pmatrix} \in \mathfrak{A}_{\lambda\mu}$ gibt. O. B. d. A. seien dies die Mengen $Q'_1, \ldots, Q'_{N'}$. Jeder Punkt $\begin{pmatrix}\boldsymbol{\lambda}\\ \boldsymbol{\mu}\end{pmatrix} \in \mathfrak{A}_{\lambda\mu}$ gehört also zu einer der Mengen $Q'_1, \ldots, Q'_{N'}$. Unter $\operatorname{int} Q'_k$ wollen wir wie stets, die Menge aller inneren Punkte von Q'_k bezüglich einer Topologie in demjenigen linearen Unterraum kleinster Dimension, der die Menge Q'_k enthält, verstehen. Dann gilt offenbar

$$\mathfrak{A}_{\lambda\mu} \setminus \{\boldsymbol{o}\} = \bigcup_{k=1}^{N'} \operatorname{int} Q'_k, \tag{8.94}$$

wodurch wir eine Zerlegung der Lösbarkeitsmenge $\mathfrak{A}_{\lambda\mu}$ in offene Mengen erhalten haben, und zwar eine Zerlegung in solche Teilmengen von $\mathfrak{A}_{\lambda\mu}$, die bezüglich, der in der Bemerkung 8.15 zusammengefaßten Eigenschaften maximal sind. Wir bringen das in folgendem Satz nochmals zum Ausdruck.

S. 8.6 *Die Zerlegung* (8.94) *der Lösbarkeitsmenge* $\mathfrak{A}_{\lambda\mu}\setminus\{\boldsymbol{o}\}$ *des parametrischen Problems* $P(\boldsymbol{\lambda}, \boldsymbol{\mu})$ *hat folgende Eigenschaften:*

1° *Jeder Punkt* $\begin{pmatrix}\boldsymbol{\lambda}\\ \boldsymbol{\mu}\end{pmatrix} \in \mathfrak{A}_{\lambda\mu}\setminus\{\boldsymbol{o}\}$ *gehört zu genau einer Menge* int Q'_k $(k = 1, \ldots, N')$.

2° *Jeder Menge* int Q'_k *ist umkehrbar eindeutig eine charakteristische Indexmenge* $I^k_{\lambda\mu}$ *zugeordnet, und es gilt:*

$$\mathfrak{L}'_k(\boldsymbol{\lambda}) = \mathfrak{M}_{\text{opt}}(\boldsymbol{\lambda}, \boldsymbol{\mu}) = \{\boldsymbol{x} \in \mathfrak{M}(\boldsymbol{\lambda}) \mid x_\alpha = 0,\ \alpha \in I^k_{\lambda\mu}\}, \quad \begin{pmatrix}\boldsymbol{\lambda}\\ \boldsymbol{\mu}\end{pmatrix} \in \text{int } Q'_k;$$

$$I^k_{\lambda\mu} = I_{\lambda\mu}(\boldsymbol{\lambda}^*, \boldsymbol{\mu}^*), \quad \begin{pmatrix}\boldsymbol{\lambda}^*\\ \boldsymbol{\mu}^*\end{pmatrix} \in \text{int } Q'_k; \tag{8.95}$$

$$\dim \mathfrak{M}_{\text{opt}}(\boldsymbol{\lambda}^1, \boldsymbol{\mu}^1) = \dim \mathfrak{M}_{\text{opt}}(\boldsymbol{\lambda}^2, \boldsymbol{\mu}^2), \quad \begin{pmatrix}\boldsymbol{\lambda}^1\\ \boldsymbol{\mu}^1\end{pmatrix}, \quad \begin{pmatrix}\boldsymbol{\lambda}^2\\ \boldsymbol{\mu}^2\end{pmatrix} \in \text{int } Q'_k.$$

3° *Durch* (8.94) *ist die einzige Zerlegung der Lösbarkeitsmenge* $\mathfrak{A}_{\lambda\mu}\setminus\{\boldsymbol{o}\}$ *mit den Eigenschaften* 1° *und* 2° *gegeben.*

B. 8.17 Da die Lösbarkeitsmenge $\mathfrak{A}_{\lambda\mu}$ ein $(m + n)$-dimensionaler Kegel ist, muß es in der Zerlegung (8.94) Mengen int Q'_k geben, für welche gilt:

$$\dim Q'_k = \dim(\text{int } Q'_k) = m + n .$$

Es existiert daher eine nicht leere Teilmenge

$$\{Q_1, \ldots, Q_N\} \subseteq \{Q'_1, \ldots, Q'_{N'}\}$$

mit

$$\dim Q_k = m + n, \qquad k = 1, \ldots, N .$$

Wir setzen

$$Q_k = \mathfrak{A}^k_{\lambda\mu}, \qquad k = 1, \ldots, N .$$

Offenbar gilt

$$\mathfrak{A}_{\lambda\mu} = \bigcup_{k=1}^{N} \mathfrak{A}^k_{\lambda\mu}, \tag{8.96}$$

$$\text{int } \mathfrak{A}^{k_1}_{\lambda\mu} \cap \text{int } \mathfrak{A}^{k_2}_{\lambda\mu} = \emptyset, \qquad k_1, k_2 \in \{1, \ldots, N\}, \qquad k_1 \neq k_2 .$$

Die Mengen $\mathfrak{A}^k_{\lambda\mu}$, $k = 1, \ldots, N$, sind $(m + n)$-dimensionale Kegel im E_{m+n} und bilden eine Einteilung der Lösbarkeitsmenge $\mathfrak{A}_{\lambda\mu}$. Die Eigenschaften dieser Einteilung sind durch die Eigenschaften der lokalen Stabilitätsbereiche $\mathfrak{A}^k_{\lambda\mu} = Q_k$ $k = 1, \ldots, N$ bestimmt, die sich aus den Sätzen 8.4 und 8.5 ergeben. Wir wollen die Eigenschaften der Einteilung (8.96) im nachstehenden Satz hervorheben.

S. 8.7 *Es existiert eine eindeutige Einteilung der Lösbarkeitsmenge* $\mathfrak{A}_{\lambda\mu}$ *des parametrischen Problems* $P(\boldsymbol{\lambda}, \boldsymbol{\mu})$ *in eine endliche Anzahl* N *von* $(m + n)$-*dimensionalen polyedrischen Kegeln* $\mathfrak{A}^k_{\lambda\mu}$ $(k = 1, \ldots, N)$. *Für die Einteilung gelten folgende Aussagen:*

1° *Jedem Kegel* $\mathfrak{A}^k_{\lambda\mu}$ *ist umkehrbar eindeutig eine charakteristische Indexmenge* $I^k_{\lambda\mu}$ *zugeordnet, so daß*

$$\text{(a)}\ \mathfrak{L}_k(\boldsymbol{\lambda}) = \mathfrak{M}_{\text{opt}}(\boldsymbol{\lambda}, \boldsymbol{\mu}) , \qquad \begin{pmatrix}\boldsymbol{\lambda}\\ \boldsymbol{\mu}\end{pmatrix} \in \operatorname{int} \mathfrak{A}^k_{\lambda\mu} , \tag{8.97}$$

$$\text{(b)}\ \dim \mathfrak{M}_{\text{opt}}(\boldsymbol{\lambda}^1, \boldsymbol{\mu}^1) = \dim \mathfrak{M}_{\text{opt}}(\boldsymbol{\lambda}^2, \boldsymbol{\mu}^2) , \qquad \begin{pmatrix}\boldsymbol{\lambda}^1\\ \boldsymbol{\mu}^1\end{pmatrix}, \begin{pmatrix}\boldsymbol{\lambda}^2\\ \boldsymbol{\mu}^2\end{pmatrix} \in \operatorname{int} \mathfrak{A}^k_{\lambda\mu}$$

Dabei ist

$$\mathfrak{L}_k(\boldsymbol{\lambda}) = \{\boldsymbol{x} \in \mathfrak{M}(\boldsymbol{\lambda}) \mid x_\alpha = 0,\ \alpha \in I^k_{\lambda\mu}\} . \tag{8.98}$$

2° *Definieren wir die Mengen*

$$\mathfrak{N}^k(\boldsymbol{\mu}) = \left\{\boldsymbol{u} \in E_m \mid \sum_{r=1}^{m} a_{r\alpha}\, u_r \geqq \mu_\alpha,\ \alpha \in I^k_{\lambda\mu};\ \sum_{r=1}^{m} a_{r\alpha}\, u_r = \mu_\alpha,\ \alpha \notin I^k_{\lambda\mu}\right\},$$

$$A^k(\boldsymbol{\lambda}, \boldsymbol{\mu}) = \{\boldsymbol{\lambda} \in E_m \mid \mathfrak{L}_k(\boldsymbol{\lambda}) \neq \emptyset\} ,$$

$$B^k(\boldsymbol{\lambda}, \boldsymbol{\mu}) = \{\boldsymbol{u} \in E_n \mid \mathfrak{N}^k(\boldsymbol{\mu}) \neq \emptyset\} ,$$

so ist $A^k(\boldsymbol{\lambda}, \boldsymbol{\mu})$ *ein m-dimensionaler polyedrischer Kegel im* E_m *mit einem Scheitel im Koordinatenursprung* $\boldsymbol{o} \in E_m$, *und* $B^k(\boldsymbol{\lambda}, \boldsymbol{\mu})$ *ist ein n-dimensionaler polyedrischer Kegel im* E_n *mit einem Scheitel im Punkt* $\boldsymbol{o} \in E_n$. *Weiterhin gilt*

$$\mathfrak{A}^k_{\lambda\mu} = A^k(\boldsymbol{\lambda}, \boldsymbol{\mu}) \times B^k(\boldsymbol{\lambda}, \boldsymbol{\mu}) .$$

3° *Ist* $\begin{pmatrix}\hat{\boldsymbol{\lambda}}\\ \hat{\boldsymbol{\mu}}\end{pmatrix}$ *ein Randpunkt vom Kegel* $\mathfrak{A}^k_{\lambda\mu}$, *so gilt, falls*

(a) $\hat{\boldsymbol{\lambda}} \in A^k(\boldsymbol{\lambda}, \boldsymbol{\mu}) \setminus \operatorname{int} A^k(\boldsymbol{\lambda}, \boldsymbol{\mu})$ *und* $\hat{\boldsymbol{\mu}} \in \operatorname{int} B^k(\boldsymbol{\lambda}, \boldsymbol{\mu})$ *sind,*

$$\mathfrak{L}_k(\hat{\boldsymbol{\lambda}}) = \mathfrak{M}_{\text{opt}}(\hat{\boldsymbol{\lambda}}, \hat{\boldsymbol{\mu}}) ,$$

$$\dim \mathfrak{M}_{\text{opt}}(\hat{\boldsymbol{\lambda}}, \hat{\boldsymbol{\mu}}) \leqq \dim \mathfrak{M}_{\text{opt}}(\boldsymbol{\lambda}, \boldsymbol{\mu}) , \qquad \begin{pmatrix}\boldsymbol{\lambda}\\ \boldsymbol{\mu}\end{pmatrix} \in \operatorname{int} \mathfrak{A}^k_{\lambda\mu} ,$$

$$\mathfrak{M}_{\text{opt}}(\hat{\boldsymbol{\lambda}}, \hat{\boldsymbol{\mu}}) = \{\boldsymbol{x} \in \mathfrak{M}(\hat{\boldsymbol{\lambda}}) \mid x_\alpha = 0,\ \alpha \in I_{\lambda\mu}(\hat{\boldsymbol{\lambda}}, \hat{\boldsymbol{\mu}})\} ,$$

$$I_{\lambda\mu}(\hat{\boldsymbol{\lambda}}, \hat{\boldsymbol{\mu}}) \supset I^k_{\lambda\mu} ;$$

(b) $\hat{\boldsymbol{\lambda}} \in \operatorname{int} A^k(\boldsymbol{\lambda}, \boldsymbol{\mu})$ *und* $\hat{\boldsymbol{\mu}} \in B^k(\boldsymbol{\lambda}, \boldsymbol{\mu}) \setminus \operatorname{int} B^k(\boldsymbol{\lambda}, \boldsymbol{\mu})$ *sind,*

$$\mathfrak{L}_k(\hat{\boldsymbol{\lambda}}) \subset \mathfrak{M}_{\text{opt}}(\hat{\boldsymbol{\lambda}}, \hat{\boldsymbol{\mu}}) ,$$

$$\dim \mathfrak{M}_{\text{opt}}(\hat{\boldsymbol{\lambda}}, \hat{\boldsymbol{\mu}}) > \dim \mathfrak{M}_{\text{opt}}(\boldsymbol{\lambda}, \boldsymbol{\mu}) , \qquad \begin{pmatrix}\boldsymbol{\lambda}\\ \boldsymbol{\mu}\end{pmatrix} \in \operatorname{int} A^k_{\lambda\mu} ,$$

$$\mathfrak{M}_{\text{opt}}(\hat{\boldsymbol{\lambda}}, \hat{\boldsymbol{\mu}}) = \{\boldsymbol{x} \in \mathfrak{M}(\hat{\boldsymbol{\lambda}}) \mid x_\alpha = 0,\ \alpha \in I_{\lambda\mu}(\hat{\boldsymbol{\lambda}}, \hat{\boldsymbol{\mu}})\} ,$$

$$I_{\lambda\mu}(\hat{\boldsymbol{\lambda}}, \boldsymbol{\mu}) \subset I^k_{\lambda\mu} .$$

(c) $\hat{\boldsymbol{\lambda}} \in A^k(\boldsymbol{\lambda}, \boldsymbol{\mu}) \setminus \operatorname{int} A^k(\boldsymbol{\lambda}, \boldsymbol{\mu})$ *und* $\hat{\boldsymbol{\mu}} \in B^k(\boldsymbol{\lambda}, \boldsymbol{\mu}) \setminus \operatorname{int} B^k(\boldsymbol{\lambda}, \boldsymbol{\mu})$ *sind, entweder das im Fall* (a) *gesagte, oder es gelten die Bedingungen* (b), *oder es ist*

$$\mathfrak{L}_k(\hat{\boldsymbol{\lambda}}) \subset \mathfrak{M}_{\text{opt}}(\hat{\boldsymbol{\lambda}}, \boldsymbol{\mu})$$

und weitere Aussagen lassen sich nicht machen.

4° *Ist* $\begin{pmatrix}\lambda^1\\ \mu^1\end{pmatrix} \in \mathfrak{A}_{\lambda\mu} \setminus \mathfrak{A}^k_{\lambda\mu}$, *so muß entweder*

$$\mathfrak{L}_k(\lambda^1) \neq \emptyset \qquad \text{und} \qquad \mathfrak{L}_k(\lambda^1) \nsubseteq \mathfrak{M}_{\text{opt}}(\lambda^1, \mu^1)$$

sein, oder es gilt

$$\mathfrak{L}_k(\lambda^1) = \emptyset\,.$$

Falls $\begin{pmatrix}\lambda^1\\ \mu^1\end{pmatrix}$ *ein innerer Punkt des Kegels* $\mathfrak{A}^{k_1}_{\lambda\mu}$ *ist mit* $k_1 \in \{1, \ldots, N\}$ *und* $k_1 \neq k$, *so gilt*

$$I^{k_1}_{\lambda\mu} \nsubseteq I^k_{\lambda\mu} \qquad \textit{und} \qquad I^{k_1}_{\lambda\mu} \nsupseteq I^k_{\lambda\mu}\,.$$

5° *Ist* S^k *eine Seite des Kegels* $\mathfrak{A}^k_{\lambda\mu}$ *(für* dim $S^k > 0$ *ist die Seite* S^k *immer offen), und sei* $\begin{pmatrix}\hat{\lambda}\\ \hat{\mu}\end{pmatrix} \in S^k$, *so gilt*

$$\hat{\mathfrak{L}}(\lambda) = \mathfrak{M}_{\text{opt}}(\lambda, \mu)\,, \qquad \begin{pmatrix}\lambda\\ \mu\end{pmatrix} \in S^k\,,$$

$$\dim \mathfrak{M}_{\text{opt}}(\lambda, \mu) = \dim \mathfrak{M}_{\text{opt}}(\hat{\lambda}, \hat{\mu})\,, \qquad \begin{pmatrix}\lambda\\ \mu\end{pmatrix} \in S^k\,,$$

$$\hat{\mathfrak{L}}(\lambda) = \{x \in \mathfrak{M}(\lambda) \mid x_\alpha = 0,\ \alpha = I_{\lambda\mu}(\hat{\lambda}, \hat{\mu})\} = \mathfrak{M}_{\text{opt}}(\hat{\lambda}, \hat{\mu})\}\,,$$

$I_{\lambda\mu}(\hat{\lambda}, \hat{\mu})$ *ist für* $\mathfrak{M}_{\text{opt}}(\hat{\lambda}, \hat{\mu})$ *charakteristisch.* ▌

▌ Bws. Die Aussagen 1° bis 5° für obige Einteilung sind bereits durch die Bemerkung 8.17 sowie durch die Sätze 8.4 und 8.5 bewiesen. Zu zeigen bleibe noch, daß durch (8.96) die einzige Einteilung gegeben ist, die die Eigenschaften 1° bis 5° hat. Dieser Beweis verläuft aber analog zum entsprechenden Teil im Beweis des Satzes 4.3. ▌

8.5. Eigenschaften der Lösungsfunktion

Mit dem folgenden Satz wollen wir die Antwort auf die fünfte Frage in der Einleitung geben. Wir wollen eine hinreichende Charakterisierung der Funktion

$$\varphi(\lambda, \mu) = \max_{x \in \mathfrak{M}(\lambda)} F(x, \mu)$$

vornehmen, deren maximaler Definitionsbereich, wie bereits bekannt ist, die Lösbarkeitsmenge $\mathfrak{A}_{\lambda\mu}$ des parametrischen Problems $P(\lambda, \mu)$ ist.

▌ S. 8.8 1° *Die Lösungsfunktion* $\varphi(\lambda, \mu)$ *ist stetig über ihrem maximalen Definitionsbereich* $\mathfrak{A}_{\lambda\mu}$.

2° *Ist* $\begin{pmatrix}\lambda^*\\ \mu^*\end{pmatrix} \in \mathfrak{A}_{\lambda\mu}$ *ein fixierter Punkt, so ist die Funktion* $\varphi(\lambda, \mu^*)$ *konkav und stetig über der zulässigen Parametermenge* $\mathfrak{B}_\lambda$ *des parametrischen Primal-*

problems $P(\boldsymbol{\lambda}, \boldsymbol{\mu})$, *und die Funktion* $\varphi(\boldsymbol{\lambda}^*, \boldsymbol{\mu})$ *ist konvex und stetig über der zulässigen Parametermenge* $\mathfrak{B}_\mu$ *des Dualproblems* $D(\boldsymbol{\mu}, \boldsymbol{\lambda})$.

3° *Es existieren eindeutig Zahlen* $c_{\alpha r}^k$ $(k = 1, \ldots, N; \alpha = 1, \ldots, n; r = 1, \ldots, m)$ *mit der Eigenschaft*

$$\sum_{\alpha=1}^{n} c_{\alpha r}^k a_{s\alpha} = \delta_{rs}, \qquad r, s = 1, \ldots, m; \qquad k = 1, \ldots, N, \tag{8.99}$$

so daß die Lösungsfunktion $\varphi(\boldsymbol{\lambda}, \boldsymbol{\mu})$ *über jedem Einteilungskegel* $\mathfrak{A}_{\lambda\mu}^k$, $k=1, \ldots, N$, *der Lösbarkeitsmenge* $\mathfrak{A}_{\lambda\mu}$ *die Form*

$$\varphi(\boldsymbol{\lambda}, \boldsymbol{\mu}) = \sum_{\alpha=1}^{n} \sum_{r=1}^{m} c_{r\alpha}^k \mu_\alpha \lambda_r, \qquad \begin{pmatrix} \boldsymbol{\lambda} \\ \boldsymbol{\mu} \end{pmatrix} \in \mathfrak{A}_{\lambda\mu}^k \tag{8.100}$$

hat. ∎

∎ Bws. Betrachten wir für einen festen Punkt $\begin{pmatrix} \boldsymbol{\lambda}^* \\ \boldsymbol{\mu}^* \end{pmatrix} \in \mathfrak{A}_{\lambda\mu}$ die parametrischen Probleme

$$P(\boldsymbol{\lambda}, \boldsymbol{\mu}^*): \max \{F(\boldsymbol{x}, \boldsymbol{\mu}^*) \mid \boldsymbol{x} \in \mathfrak{M}(\boldsymbol{\lambda})\}, \qquad \boldsymbol{\lambda} \in E_m$$

$$P(\boldsymbol{\lambda}^*, \boldsymbol{\mu}): \max \{F(\boldsymbol{x}, \boldsymbol{\mu}) \mid \boldsymbol{x} \in \mathfrak{M}(\boldsymbol{\lambda}^*)\}, \qquad \boldsymbol{\mu} \in E_n.$$

Aus der Bemerkung 8.5 entnehmen wir

(a) die Lösungsfunktion $\varphi(\boldsymbol{\lambda}, \boldsymbol{\mu}^*)$ hat den polyedrischen Kegel $\mathfrak{B}_\lambda = \mathfrak{A}_{\lambda\mu^*}$ als maximalen Definitionsbereich;

(b) die Lösungsfunktion $\varphi(\boldsymbol{\lambda}, \boldsymbol{\mu}^*)$ ist linear in $\boldsymbol{\lambda}$ über jedem Kegel $\mathfrak{A}_{\lambda\mu^*}^k$ aus der Einteilung der Lösbarkeitsmenge $\mathfrak{A}_{\lambda\mu^*}$, welche mit dem Kegel $\mathfrak{B}_\lambda$ identisch ist.

Aus der Bemerkung 8.9 ergibt sich:

(α) die Lösungsfunktion $\varphi(\boldsymbol{\lambda}^*, \boldsymbol{\mu})$ hat den polyedrischen Kegel $\mathfrak{B}_\mu = \mathfrak{A}_{\lambda^*\mu}$, welcher nach Satz 8.3 und dessen Beweis den linearen Unterraum

$$\left\{\boldsymbol{\mu} \in E_n \mid \mu_\alpha = \sum_{r=1}^{m} a_{r\alpha} w_r,\ \alpha = 1, \ldots, n;\ w_r \in R^1,\ r = 1, \ldots, m\right\}$$

als Seite kleinster Dimension enthält, als maximalen Definitionsbereich.

β) die Lösungsfunktion $\varphi(\boldsymbol{\lambda}^*, \boldsymbol{\mu})$ ist linear in $\boldsymbol{\mu}$ über jedem Kegel $\mathfrak{A}_{\lambda^*\mu}^k$ aus der Einteilung der Lösbarkeitsmenge $\mathfrak{A}_{\lambda^*\mu}$, die mit dem zulässigen Parameterbereich $\mathfrak{B}_\mu$ des parametrischen Dualproblems $D(\boldsymbol{\mu}, \boldsymbol{\lambda})$ zusammenfällt.

Aus der Aussage (a) und dem Satz 6.9 ergibt sich, daß die Lösungsfunktion $\varphi(\boldsymbol{\lambda}, \boldsymbol{\mu}^*)$ konkav und stetig über ihrem maximalen Definitionsbereich $\mathfrak{B}_\lambda$ ist. Die Aussage (α) und der Satz 6.9 gestatten mit Rücksicht auf den Dualitätssatz der linearen Optimierung die Folgerung, daß die Lösungsfunktion $\varphi(\boldsymbol{\lambda}^*, \boldsymbol{\mu})$ über ihrem maximalen Definitionsbereich $\mathfrak{B}_\mu$ konvex und stetig ist. Die Aussage 2° des Satzes ist also richtig.

Es sei $\mathfrak{A}^k_{\lambda\mu}$ ein beliebiger Einteilungskegel, und es sei $\begin{pmatrix}\lambda^*\\ \mu^*\end{pmatrix} \in \operatorname{int} \mathfrak{A}^k_{\lambda\mu}$ ein fester Punkt. Nach Satz 8.7 gilt:

$$\mathfrak{A}^k_{\lambda\mu} = A^k(\lambda, \mu) \times B^k(\lambda, \mu)\,,$$

$$\dim \mathfrak{A}^k_{\lambda\mu} = m + n\,, \qquad \dim A^k(\lambda, \mu) = m\,, \qquad \dim B^k(\lambda, \mu) = n\,.$$

Aus $\begin{pmatrix}\lambda^*\\ \mu^*\end{pmatrix} \in \operatorname{int} \mathfrak{A}^k_{\lambda\mu}$ folgt $\lambda^* \in \operatorname{int} A^k(\lambda, \mu)$ und $\mu^* \in \operatorname{int} B^k(\lambda, \mu)$. Aus den Hilfssätzen 8.2 und 8.6 ist bekannt, daß $A^k(\lambda, \mu)$ mit einem Kegel $\mathfrak{A}^k_{\lambda\mu^*}$ aus der Einteilung der Lösbarkeitsmenge $\mathfrak{A}_{\lambda\mu^*}$ des Problems $P(\lambda, \mu^*)$ zusammenfällt, und daß $B^k(\lambda, \mu)$ mit einem Kegel $\mathfrak{A}^k_{\lambda^*\mu}$ aus der Einteilung von $\mathfrak{A}_{\lambda^*\mu}$, der Lösbarkeitsmenge des parametrischen Problems $P(\lambda^*, \mu)$ übereinstimmt. Aus der Linearität der Lösungsfunktion $\varphi(\lambda, \mu^*)$ bzw. $\varphi(\lambda^*, \mu)$ über den entsprechenden Kegeln $\mathfrak{A}^k_{\lambda\mu^*}$ bzw. $\mathfrak{A}^k_{\lambda^*\mu}$, die in den Aussagen (b) und (β) zum Ausdruck kommt, ergibt sich, daß eindeutig Zahlen $c^k_{\alpha r}$, v_α, p_r, z $(\alpha = 1, \ldots, n;\ r = 1, \ldots, m)$ existieren, so daß

$$\varphi(\lambda, \mu) = \sum_{\alpha=1}^{n} \sum_{r=1}^{m} c^k_{\alpha r}\, \mu_\alpha \lambda_r + \sum_{\alpha=1}^{n} v_\alpha \mu_\alpha + \sum_{r=1}^{m} p_r \lambda_r + z\,, \qquad \begin{pmatrix}\lambda\\ \mu\end{pmatrix} \in \operatorname{int} \mathfrak{A}^k_{\lambda\mu}\,, \tag{8.101}$$

gilt. Die Zahlen $c^k_{\alpha r}$, v_α, p_r und z hängen offenbar von der Wahl des Einteilungskegels $\mathfrak{A}^k_{\lambda\mu}$ ab. Um zu beweisen, daß (8.101) für alle Punkte $\begin{pmatrix}\lambda\\ \mu\end{pmatrix} \in \mathfrak{A}^k_{\lambda\mu}$ gilt, reicht es offenbar, die Stetigkeit der Funktion aus (8.101) über $\mathfrak{A}^k_{\lambda\mu}$ zu zeigen. Da $\varphi(\lambda, \mu)$ aus (8.101) über $\operatorname{int} \mathfrak{A}^k_{\lambda\mu}$ stetig ist, reicht es auch, die Stetigkeit der Funktion $\varphi(\lambda, \mu)$ in einem beliebigen Randpunkt $\begin{pmatrix}\hat{\lambda}\\ \hat{\mu}\end{pmatrix}$ des Kegels $\mathfrak{A}^k_{\lambda\mu}$ zu beweisen. Es sei $\left\{\begin{pmatrix}\lambda^j\\ \mu^j\end{pmatrix}\right\}$ eine Folge von Punkten aus dem Raum E_{m+n} mit

$$\begin{pmatrix}\lambda^j\\ \mu^j\end{pmatrix} \in \mathfrak{A}^k_{\lambda\mu} \qquad \lambda^j \to \hat{\lambda} \qquad \text{und} \qquad \mu^j \to \hat{\mu}\,.$$

Wegen $\mathfrak{A}^k_{\lambda\mu} = A^k(\lambda, \mu) \times B^k(\lambda, \mu)$ muß $\lambda^j \in A^k(\lambda, \mu)$ und $\mu^j \in B^k(\lambda, \mu)$ sein. Nach Satz 8.7 ist dem Kegel $\mathfrak{A}^k_{\lambda\mu}$ umkehrbar eindeutig eine charakteristische Indexmenge $I^k_{\lambda\mu}$ zugeordnet, so daß jeder Punkt x aus der Menge

$$\mathfrak{L}(\lambda^j) = \{x \in \mathfrak{M}(\lambda^j) \mid x_\alpha = 0,\ \alpha \in I^k_{\lambda\mu}\}$$

optimal für die Aufgabe $P(\lambda^j, \mu^j)$ ist. Sei $\hat{x} \in \mathfrak{L}(\hat{\lambda})$ beliebig, wobei

$$\mathfrak{L}(\hat{\lambda}) = \{x \in \mathfrak{M}(\hat{\lambda}) \mid x_\alpha = 0,\ \alpha \in I^k_{\lambda\mu}\}$$

ist, so muß $\hat{x}$ ein optimaler Punkt der Aufgabe $P(\hat{\lambda}, \hat{\mu})$ sein. Da jede Menge $\mathfrak{L}(\lambda^j)$ $(j = 1, 2, \ldots)$ im E_n abgeschlossen ist, existiert ein Punkt $x^j \in E_n$ mit

$$x^j \in \mathfrak{L}(\lambda^j)\,, \qquad \varrho(\hat{x}, x^j) = \min_{x \in \mathfrak{L}(\lambda^j)} \varrho(\hat{x}, x)\,,$$

wobei $\varrho(\hat{x}, x)$ den Abstand der Punkte $\hat{x}$ und x im E_m bezeichnet. Da $\lambda^j \to \hat{\lambda}$, ergibt sich $x^j \to \hat{x}$. Daraus ergibt sich, daß die Folge $\{\|x^j\|\}$ beschränkt ist, daher existiert eine Zahl $K > 0$ mit

$$||\boldsymbol{x}^j|| < K\,, \qquad j = 1, 2, \ldots . \tag{8.102}$$

Aus $\boldsymbol{x}^j \in \mathfrak{L}(\boldsymbol{\lambda}^j)$ folgt $\boldsymbol{x}^j \in \mathfrak{M}_{\text{opt}}(\boldsymbol{\lambda}^j, \boldsymbol{\mu}^j)$. Aus den Definitionen von Ziel- und Lösungsfunktion folgt aber daher

$$\varphi(\boldsymbol{\lambda}^j, \boldsymbol{\mu}^j) = \sum_{\alpha=1}^{n} \mu_\alpha^j\, x_\alpha^j\,. \tag{8.103}$$

Da aber

$$\mathfrak{A}^k_{\lambda\mu} = \left\{\begin{pmatrix}\boldsymbol{\lambda}\\ \boldsymbol{\mu}\end{pmatrix} \in \mathfrak{A}_{\lambda\mu} \mid \emptyset \neq \mathfrak{L}(\boldsymbol{\lambda}) \subseteq \mathfrak{M}_{\text{opt}}(\boldsymbol{\lambda}, \boldsymbol{\mu})\right\}$$

ist, und $\begin{pmatrix}\boldsymbol{\lambda}^j\\ \hat{\boldsymbol{\mu}}\end{pmatrix}$ zu $\mathfrak{A}^k_{\lambda\mu}$ gehört, ist auch

$$\mathfrak{L}(\boldsymbol{\lambda}^j) \subseteq \mathfrak{M}_{\text{opt}}(\boldsymbol{\lambda}^j, \hat{\boldsymbol{\mu}})\,.$$

Wegen $\boldsymbol{x}^j \in \mathfrak{L}(\boldsymbol{\lambda}^j)$ gilt darum aber auch $\boldsymbol{x}^j \in \mathfrak{M}_{\text{opt}}(\boldsymbol{\lambda}^j, \hat{\boldsymbol{\mu}})$. Daraus ergibt sich aber analog wie bei (8.103)

$$\varphi(\boldsymbol{\lambda}^j, \hat{\boldsymbol{\mu}}) = \sum_{\alpha=1}^{n} \hat{\mu}_\alpha\, x_\alpha^j\,. \tag{8.104}$$

Aus (8.102), (8.103) und (8.104) folgt aber:

$$|\varphi(\boldsymbol{\lambda}^j, \boldsymbol{\mu}^j) - \varphi(\boldsymbol{\lambda}^j, \hat{\boldsymbol{\mu}})| = \left|\sum_{\alpha=1}^{n} x_\alpha^j\,(\mu_\alpha^j - \hat{\mu}_\alpha)\right|$$

$$\leqq ||\boldsymbol{x}^j||\; ||\boldsymbol{\mu}^j - \hat{\boldsymbol{\mu}}|| \leqq K\, ||\boldsymbol{\mu}^j - \hat{\boldsymbol{\mu}}||\,.$$

Es sei $\varepsilon > 0$ beliebig, so existiert wegen $\boldsymbol{\mu}^j \to \hat{\boldsymbol{\mu}}$ ein j_0, so daß

$$||\boldsymbol{\mu}^j - \hat{\boldsymbol{\mu}}|| < \frac{\varepsilon}{2K} \qquad \text{für} \quad j > j_0$$

ist.

Daher muß aber

$$|\varphi(\boldsymbol{\lambda}^j, \boldsymbol{\mu}^j) - \varphi(\boldsymbol{\lambda}^j, \hat{\boldsymbol{\mu}})| < \frac{\varepsilon}{2}\,, \qquad j > j_0 \tag{8.105}$$

sein. Nach der schon bewiesenen Aussage 2° dieses Satzes ist die Funktion $\varphi(\boldsymbol{\lambda}, \hat{\boldsymbol{\mu}})$ stetig über dem Kegel $\mathfrak{B}_\lambda$. Da $A^k(\boldsymbol{\lambda}, \boldsymbol{\mu}) \subseteq \mathfrak{B}_\lambda$ ist, ist diese Funktion auch stetig über $A^k(\boldsymbol{\lambda}, \boldsymbol{\mu})$. Da $\boldsymbol{\lambda}^j \to \hat{\boldsymbol{\lambda}}$, $\boldsymbol{\lambda}^j \in A^k(\boldsymbol{\lambda}, \boldsymbol{\mu})$ und $\hat{\boldsymbol{\lambda}} \in A^k(\boldsymbol{\lambda}, \boldsymbol{\mu})$ gilt, folgt die Existenz einer natürlichen Zahl $j_1 > 0$, so daß

$$|\varphi(\boldsymbol{\lambda}^j, \hat{\boldsymbol{\mu}}) - \varphi(\hat{\boldsymbol{\lambda}}, \hat{\boldsymbol{\mu}})| < \frac{\varepsilon}{2}\,, \qquad j > j_1 \tag{8.106}$$

ist. Wählt man

$$\hat{j} = \max\,\{j_0, j_1\}\,,$$

so ergibt sich aus (8.105) und (8.106)

$$|\varphi(\boldsymbol{\lambda}^j, \boldsymbol{\mu}^j) - \varphi(\hat{\boldsymbol{\lambda}}, \hat{\boldsymbol{\mu}})| = |\varphi(\boldsymbol{\lambda}^j, \boldsymbol{\mu}^j) - \varphi(\boldsymbol{\lambda}^j, \hat{\boldsymbol{\mu}}) + \varphi(\boldsymbol{\lambda}^j, \hat{\boldsymbol{\mu}}) - \varphi(\hat{\boldsymbol{\lambda}}, \hat{\boldsymbol{\mu}})|$$

$$\leqq |\varphi(\boldsymbol{\lambda}^j, \boldsymbol{\mu}^j) - \varphi(\boldsymbol{\lambda}^j, \hat{\boldsymbol{\mu}})| + |\varphi(\boldsymbol{\lambda}^j, \hat{\boldsymbol{\mu}}) - \varphi(\hat{\boldsymbol{\lambda}}, \hat{\boldsymbol{\mu}})| < \varepsilon\,, \qquad j > \hat{j}\,.$$

Also ist

$$\lim_{j \to \infty} \varphi(\boldsymbol{\lambda}^j, \boldsymbol{\mu}^j) = \varphi(\hat{\boldsymbol{\lambda}}, \hat{\boldsymbol{\mu}}) .$$

Wir hatten eine beliebige Folge $\left\{\begin{pmatrix} \boldsymbol{\lambda}^j \\ \boldsymbol{\mu}^j \end{pmatrix}\right\}$ mit $\boldsymbol{\lambda}^j \to \hat{\boldsymbol{\lambda}}$, $\boldsymbol{\mu}^j \to \hat{\boldsymbol{\mu}}$ gewählt, und daher ist die Funktion $\varphi(\boldsymbol{\lambda}, \boldsymbol{\mu})$ in einem beliebigen Randpunkt von $\mathfrak{A}^k_{\lambda\mu}$ stetig. Die Funktion $\varphi(\boldsymbol{\lambda}, \boldsymbol{\mu})$ ist daher über einem Kegel $\mathfrak{A}^k_{\lambda\mu}$ stetig, und es gilt (8.101) für alle $\begin{pmatrix} \boldsymbol{\lambda} \\ \boldsymbol{\mu} \end{pmatrix} \in \mathfrak{A}^k_{\lambda\mu}$. Nach Satz 8.7, 2° gilt

$$\boldsymbol{o} \in A^k(\boldsymbol{\lambda}, \boldsymbol{\mu}) \qquad (\boldsymbol{o} \in E_m) ,$$

$$\boldsymbol{o} \in B^k(\boldsymbol{\lambda}, \boldsymbol{\mu}) \qquad (\boldsymbol{o} \in E_n) .$$

Da der Kegel $\mathfrak{A}^k_{\lambda\mu}$ das kartesische Produkt der Kegel $A^k(\boldsymbol{\lambda}, \boldsymbol{\mu})$ und $B^k(\boldsymbol{\lambda}, \boldsymbol{\mu})$ ist, müssen daher die Zahlen v_α, p_r und z ($\alpha = 1, \ldots, n$; $r = 1, \ldots, m$) aus (8.101) alle Null sein, so daß

$$\varphi(\boldsymbol{\lambda}, \boldsymbol{\mu}) = \sum_{\alpha=1}^{n} \sum_{r=1}^{m} c^k_{\alpha r} \mu_\alpha \lambda_r , \qquad \begin{pmatrix} \boldsymbol{\lambda} \\ \boldsymbol{\mu} \end{pmatrix} \in \mathfrak{A}^k_{\lambda\mu} \tag{8.107}$$

gilt. Der Kegel $B^k(\boldsymbol{\lambda}, \boldsymbol{\mu})$ ist einem Kegel $\mathfrak{A}^k_{\lambda * \mu}$ aus der Einteilung der Lösbarkeitsmenge $\mathfrak{A}_{\lambda * \mu}$ gleich, und er enthält deswegen den linearen Unterraum L_0 (8.46). Jeder Punkt $\begin{pmatrix} \boldsymbol{\lambda} \\ \boldsymbol{\mu} \end{pmatrix}$ mit $\boldsymbol{\lambda} \in A^k(\boldsymbol{\lambda}, \boldsymbol{\mu})$ und $\boldsymbol{\mu} \in L_0$ gehört daher zu $\mathfrak{A}^k_{\lambda\mu}$ und es gilt für ihn (8.107).

Nach (8.46) und (8.107) erhalten wir daher

$$\left.\begin{aligned} \varphi(\boldsymbol{\lambda}, \boldsymbol{\mu}) = \sum_{\alpha=1}^{n} \sum_{r=1}^{m} c^k_{\alpha r} \sum_{s=1}^{m} w_s a_{s\alpha} \lambda_r = \sum_{r,s=1}^{m} \sum_{\alpha=1}^{n} c^k_{\alpha r} a_{s\alpha} w_s \lambda_r , \\ \boldsymbol{\lambda} \in A^k(\boldsymbol{\lambda}, \boldsymbol{\mu}) , \qquad \boldsymbol{\mu} \in L_0 . \end{aligned}\right\} \tag{8.108}$$

Für $\boldsymbol{\mu} \in L_0$ ergibt sich für die Zielfunktion

$$F(\boldsymbol{x}, \boldsymbol{\mu}) = \sum_{\alpha=1}^{n} \mu_\alpha x_\alpha = \sum_{\alpha=1}^{n} \sum_{r=1}^{m} w_r a_{r\alpha} x_\alpha = \sum_{r=1}^{m} w_r \lambda_r , \qquad \boldsymbol{x} \in \mathfrak{M}(\boldsymbol{\lambda}) .$$

Die Zielfunktion hat also in diesem Fall für alle $\boldsymbol{x} \in \mathfrak{M}(\boldsymbol{\lambda})$ denselben Wert. Daraus folgt

$$\varphi(\boldsymbol{\lambda}, \boldsymbol{\mu}) = \sum_{r=1}^{m} w_r \lambda_r , \qquad \boldsymbol{\lambda} \in A^k(\boldsymbol{\lambda}, \boldsymbol{\mu}) , \quad \boldsymbol{\mu} \in L_0 . \tag{8.109}$$

Aus (8.108) und (8.109) resultiert

$$\sum_{r=1}^{m} \left[\sum_{s=1}^{m} \sum_{\alpha=1}^{n} c^k_{\alpha r} a_{s\alpha} w_s - w_r \right] \lambda_r = 0 , \qquad \begin{aligned} &\boldsymbol{\lambda} \in A^k(\boldsymbol{\lambda}, \boldsymbol{\mu}) \\ &w_r \in E_1 , \quad r = 1, \ldots, m , \end{aligned}$$

also

$$\sum_{s=1}^{m} c^k_{\alpha r} a_{s\alpha} w_s = w_r , \qquad r = 1, \ldots, m; \qquad w_r \in E_1 .$$

Diese Gleichungen sind genau dann erfüllt, wenn

$$\sum_{\alpha=1}^{n} c_{\alpha r}^{k} a_{s\alpha} = \delta_{rs}, \qquad r, s = 1, \ldots, m, \qquad k = 1, \ldots, N$$

gilt. Damit ist aber auch die Aussage 3° des Satzes bewiesen.

Die Funktion $\varphi(\boldsymbol{\lambda}, \boldsymbol{\mu})$ ist, wie gezeigt wurde, stetig über jedem Kegel $\mathfrak{A}_{\lambda\mu}^{k}$, $k = 1, \ldots, N$. Die Kegel $\mathfrak{A}_{\lambda\mu}^{k}$ sind abgeschlossene Punktmengen und überdecken die Lösbarkeitsmenge $\mathfrak{A}_{\lambda\mu}$, daraus ergibt sich die Stetigkeit der Lösungsfunktion $\varphi(\boldsymbol{\lambda}, \boldsymbol{\mu})$ über der Menge $\mathfrak{A}_{\lambda\mu}$, also die Aussage 1°. ▮

▮ B. 8.18 In der Bemerkung 8.16 sind wir darauf eingegangen, wie man zu einem Punkt $\begin{pmatrix}\boldsymbol{\lambda}^*\\ \boldsymbol{\mu}^*\end{pmatrix} \in \mathfrak{A}_{\lambda\mu}$ den lokalen Stabilitätsbereich $Q(\boldsymbol{\lambda}^*, \boldsymbol{\mu}^*)$ ermitteln kann. Ist $\dim Q(\boldsymbol{\lambda}^*, \boldsymbol{\mu}^*) = m + n$, dann muß der lokale Stabilitätsbereich $Q(\boldsymbol{\lambda}^*, \boldsymbol{\mu}^*)$ mit einem Kegel $\mathfrak{A}_{\lambda\mu}^{k}$ der Einteilung aus Satz 8.7 identisch sein. Um die Lösungsfunktion $\varphi(\boldsymbol{\lambda}, \boldsymbol{\mu})$ über diesem Kegel $\mathfrak{A}_{\lambda\mu}^{k}$ zu bestimmen, genügt es nach (8.100), die Zahlen $c_{\alpha r}^{k}$ ($\alpha = 1, \ldots, n$; $r = 1, \ldots, m$) zu berechnen. Sei $\begin{pmatrix}\boldsymbol{\lambda}^*\\ \boldsymbol{\mu}^*\end{pmatrix} \in \mathfrak{A}_{\lambda\mu}$ mit

$$\dim Q(\boldsymbol{\lambda}^*, \boldsymbol{\mu}^*) = \dim \mathfrak{A}_{\lambda\mu}^{k} = m + n .$$

Nach Satz 8.4 ist $\begin{pmatrix}\boldsymbol{\lambda}^*\\ \boldsymbol{\mu}^*\end{pmatrix}$ ein innerer Punkt von $Q(\boldsymbol{\lambda}^*, \boldsymbol{\mu}^*)$ und wegen der Darstellung von $Q(\boldsymbol{\lambda}^*, \boldsymbol{\mu}^*)$ in 1° (c) vom Satz 8.4 muß $\boldsymbol{\lambda}^* \in \operatorname{int} A(\boldsymbol{\lambda}^*, \boldsymbol{\mu}^*)$ und $\boldsymbol{\mu}^* \in \operatorname{int} B(\boldsymbol{\lambda}^*, \boldsymbol{\mu}^*)$ sein. Es sei weiterhin $\boldsymbol{x}^0$ ein optimaler Punkt der Aufgabe $P(\boldsymbol{\lambda}^*, \boldsymbol{\mu}^*)$. Nach (8.30) ist $\boldsymbol{x}^0 \in \mathfrak{M}_{\text{opt}}(\boldsymbol{\lambda}^*, \boldsymbol{\mu})$ für alle $\boldsymbol{\mu} \in B(\boldsymbol{\lambda}^*, \boldsymbol{\mu}^*)$, so daß für die Lösungsfunktion

$$\varphi(\boldsymbol{\lambda}^*, \boldsymbol{\mu}) = \sum_{\alpha=1}^{n} \mu_\alpha x_\alpha^0, \qquad \boldsymbol{\mu} \in B(\boldsymbol{\lambda}^*, \boldsymbol{\mu}^*) \tag{8.110}$$

gilt. Anderserseits folgt aus (8.100)

$$\varphi(\boldsymbol{\lambda}^*, \boldsymbol{\mu}) = \sum_{\alpha=1}^{n} \sum_{r=1}^{m} c_{\alpha r}^{k} \mu_\alpha \lambda_r^*, \qquad \boldsymbol{\mu} \in B(\boldsymbol{\lambda}^*, \boldsymbol{\mu}^*) . \tag{8.111}$$

Aus (8.110) und (8.111) ergibt sich aber

$$\sum_{\alpha=1}^{n} \left[\sum_{r=1}^{m} c_{\alpha r}^{k} \lambda_r^* - x_\alpha^0\right] \mu_\alpha = 0, \qquad \boldsymbol{\mu} \in B(\boldsymbol{\lambda}^*, \boldsymbol{\mu}^*)$$

und deswegen

$$\sum_{r=1}^{m} c_{\alpha r}^{k} \lambda_r^* = x_\alpha^0, \qquad \alpha = 1, \ldots, n . \tag{8.112}$$

Aus (8.112) ergibt sich unmittelbar, daß der Punkt $\boldsymbol{x}^0$ der einzige optimale Punkt der Aufgabe $P(\boldsymbol{\lambda}^*, \boldsymbol{\mu}^*)$ ist, denn die linke Seite des Gleichungssystems enthält nur fixierte Größen.

Da im vorliegenden Fall dim $A(\boldsymbol{\lambda}^*, \boldsymbol{\mu}^*) = m$ ist, existieren in int $A(\boldsymbol{\lambda}^*, \boldsymbol{\mu}^*)$ stets Punkte $\boldsymbol{\lambda}^1, \ldots, \boldsymbol{\lambda}^m$ mit

$$\begin{vmatrix} \lambda_1^1 & \cdots & \lambda_m^1 \\ \cdots & \cdots & \cdots \\ \lambda_1^m & \cdots & \lambda_m^m \end{vmatrix} \neq 0 .$$

Haben die Punkte $\boldsymbol{\lambda}^1, \ldots, \boldsymbol{\lambda}^m$ aus int $A(\boldsymbol{\lambda}^*, \boldsymbol{\mu}^*)$ letztgenannte Eigenschaften und sei $\boldsymbol{x}^i$ der optimale Punkt der Aufgabe $P(\boldsymbol{\lambda}^i, \boldsymbol{\mu}^*)$ $(i = 1, \ldots, m)$, so gilt nach (8.112)

$$\sum_{r=1}^{m} c_{\alpha r}^k \lambda_r^i = x_\alpha^i , \qquad \alpha = 1, \ldots, m; \qquad i = 1, \ldots, m . \tag{8.113}$$

Für jeden Index $\alpha \in \{1, \ldots, n\}$ stellt (8.113) ein (wegen der Wahl der Punkte $\boldsymbol{\lambda}^i$) eindeutig lösbares Gleichungssystem in den m unbekannten Größen $c_{\alpha r}^k$ $(r = 1, \ldots, m)$ dar. Mit Hilfe der Gleichungssysteme aus (8.113) lassen sich also die Koeffizienten $c_{\alpha r}^k$ bestimmen. ▌

▌ B. 8.19 Wie wir in der Bemerkung 8.18 gesehen haben, hat die Einteilung der Lösbarkeitsmenge $\mathfrak{A}_{\lambda\mu}$ des Problems $P(\boldsymbol{\lambda}, \boldsymbol{\mu})$ eine weitere wichtige Eigenschaft, die im Satz 8.7 noch nicht zum Ausdruck gebracht werden konnte. Für einen beliebigen Punkt $\begin{pmatrix} \bar{\boldsymbol{\lambda}} \\ \bar{\boldsymbol{\mu}} \end{pmatrix}$ aus dem Inneren eines Kegels $\mathfrak{A}_{\lambda\mu}^k$, $k = 1, \ldots, N$, ist die lineare Optimierungsaufgabe $P(\bar{\boldsymbol{\lambda}}, \bar{\boldsymbol{\mu}})$ eindeutig lösbar. ▌

KAPITEL 9

MEHRPARAMETRISCHE LINEARE OPTIMIERUNG – PARAMETER IN DER ZIELFUNKTION UND IN DEN RECHTEN SEITEN DER RESTRIKTIONEN

9.1. Einleitung

In diesem Kapitel werden wir folgendes mehrparametrische lineare Optimierungsproblem untersuchen:

$$P(\boldsymbol{\nu}, \boldsymbol{\eta}):\quad \max\,\{F(\boldsymbol{x}, \boldsymbol{\eta}) \mid \boldsymbol{x} \in \mathfrak{M}(\boldsymbol{\nu})\}\,, \qquad \begin{pmatrix}\boldsymbol{\nu}\\ \boldsymbol{\eta}\end{pmatrix} \in E_{q+p} \tag{9.1}$$

mit

$$F(\boldsymbol{x}, \boldsymbol{\eta}) = \sum_{\alpha=1}^{n} \left(c_\alpha + \sum_{k=1}^{p} c_{k\alpha}\,\eta_k\right) x_\alpha \;(= (\boldsymbol{c} + \boldsymbol{C}\,\boldsymbol{\eta})^T \boldsymbol{x})\,, \qquad 1 \leqq p < n \tag{9.2}$$

und

$$\mathfrak{M}(\boldsymbol{\nu}) = \left\{\boldsymbol{x} \in E_n \mid \sum_{\alpha=1}^{n} a_{r\alpha}\, x_\alpha = b_r + \sum_{l=1}^{q} b_{lr}\,\nu_l,\ r = 1, \ldots, m;\ x_\alpha \geqq 0,\ \alpha = 1, \ldots, n\right\}$$
$$(= \{\boldsymbol{x} \in E_n \mid \boldsymbol{A}\,\boldsymbol{x} = \boldsymbol{b} + \boldsymbol{B}\,\boldsymbol{\nu},\ \boldsymbol{x} \geqq \boldsymbol{o}\})\,, \qquad 1 \leqq q < m\,. \tag{9.3}$$

O. B. d. A. können wir voraussetzen, daß die Matrizen $\boldsymbol{C} = (c_{k\alpha})_{p,n}$ und $\boldsymbol{B} = (b_{lr})_{q,m}$ den maximalen Rang p und q besitzen. Wir werden zunächst einige Begriffe zusammenstellen; im Anschluß daran wird die Zielstellung, die mehrparametrische Optimierungsaufgabe $P(\boldsymbol{\nu}, \boldsymbol{\eta})$ betreffend, erläutert. Analog zu Definition 2.1 verwenden wir den Begriff der Lösbarkeitsmenge $\mathfrak{A}_{\nu\eta}$ des Problems $P(\boldsymbol{\nu}, \boldsymbol{\eta})$. Die duale parametrische Aufgabe zu $P(\boldsymbol{\nu}, \boldsymbol{\eta})$ hat folgende Form:

$$D(\boldsymbol{\eta}, \boldsymbol{\nu}):\quad \min\,\{G(\boldsymbol{u}, \boldsymbol{\nu}) \mid \boldsymbol{u} \in \mathfrak{N}(\boldsymbol{\eta})\}\,, \qquad (\boldsymbol{\nu}, \boldsymbol{\eta}) \in E_{q+p}\,, \tag{9.4}$$

wobei

$$G(\boldsymbol{u}, \boldsymbol{\nu}) = \sum_{r=1}^{m} \left(b_r + \sum_{l=1}^{q} b_{lr}\,\nu_l\right) u_r \;(= (\boldsymbol{c} + \boldsymbol{B}\,\boldsymbol{\nu})^T \boldsymbol{u}) \tag{9.5}$$

und

$$\mathfrak{N}(\boldsymbol{\eta}) = \left\{\boldsymbol{u} \in E_m \mid \sum_{r=1}^{m} a_{r\alpha}\, u_r \geqq c_\alpha + \sum_{k=1}^{p} c_{k\alpha}\,\eta_k,\ \alpha = 1, \ldots, n\right\}$$
$$(= \{\boldsymbol{u} \in E_m \mid \boldsymbol{A}^T \boldsymbol{u} \geqq \boldsymbol{b} + \boldsymbol{C}\,\boldsymbol{\eta}\}) \tag{9.6}$$

ist. Auf Grund der Dualitätstheorie der linearen Optimierung stellt $\mathfrak{A}_{\nu\eta}$ auch die Lösbarkeitsmenge des parametrischen Dualproblems $D(\boldsymbol{\eta}, \boldsymbol{\nu})$ dar. Analog zu (7.10) bezeichnen wir mit $\mathfrak{B}_\nu$ die zulässige Parametermenge des Primalproblems $P(\boldsymbol{\nu}, \boldsymbol{\eta})$ und mit $\mathfrak{B}_\eta$ die zulässige Parametermenge des Dualproblems $D(\boldsymbol{\eta}, \boldsymbol{\nu})$, d. h. die Mengen

$$\mathfrak{B}_\nu = \{\boldsymbol{\nu} \in E_q \mid \mathfrak{M}(\boldsymbol{\nu}) \neq \emptyset\}\,, \tag{9.7}$$
$$\mathfrak{B}_\eta = \{\boldsymbol{\eta} \in E_p \mid \mathfrak{N}(\boldsymbol{\eta}) \neq \emptyset\}\,. \tag{9.8}$$

Es seien $\binom{\boldsymbol{\nu}^*}{\boldsymbol{\eta}^*} \in \mathfrak{A}_{\nu\eta}$ beliebig aber fest gewählt und $\mathfrak{M}_{\text{opt}}(\boldsymbol{\nu}^*, \boldsymbol{\eta}^*)$ die entsprechende Optimalmenge (siehe Definition 2.2). Jeder Optimalmenge ist eindeutig eine charakteristische Indexmenge (siehe Definition 3.3) zugeordnet, d. h. eine Indexmenge $I_{\nu\eta}(\boldsymbol{\nu}^*, \boldsymbol{\eta}^*) \subseteq \{1, \ldots, n\}$, so daß sich die Optimalmenge $\mathfrak{M}_{\text{opt}}(\boldsymbol{\nu}^*, \boldsymbol{\eta}^*)$ in der Form

$$\mathfrak{M}_{\text{opt}}(\boldsymbol{\nu}^*, \boldsymbol{\eta}^*) = \{\boldsymbol{x} \in \mathfrak{M}(\boldsymbol{\nu}^*) \mid x_\alpha = 0, \ \alpha \in I_{\nu\eta}(\boldsymbol{\nu}^*, \boldsymbol{\eta}^*)\} \tag{9.9}$$

schreiben läßt und $I_{\nu\eta}(\boldsymbol{\nu}^*, \boldsymbol{\eta}^*)$ die maximale Menge mit der Eigenschaft (9.9) ist. Es sei

$$\mathfrak{L}(\boldsymbol{\nu}) = \{\boldsymbol{x} \in \mathfrak{M}(\boldsymbol{\nu}) \mid x_\alpha = 0, \ \alpha \in I_{\nu\eta}(\boldsymbol{\nu}^*, \boldsymbol{\eta}^*)\} \ ; \tag{9.10}$$

insbesondere gilt dann

$$\mathfrak{L}(\boldsymbol{\nu}^*) = \mathfrak{M}_{\text{opt}}(\boldsymbol{\nu}^*, \boldsymbol{\eta}^*) \, .$$

Die Menge $\mathfrak{L}(\boldsymbol{\nu})$ ist offensichtlich für verschiedene $\boldsymbol{\nu}$ die parallel verschobene Optimalmenge $\mathfrak{M}_{\text{opt}}(\boldsymbol{\nu}^*, \boldsymbol{\eta}^*)$ in dem folgenden Sinne: Die Menge $\mathfrak{L}(\boldsymbol{\nu})$ aus (9.10) ist in dem linearen Unterraum

$$L(\boldsymbol{\nu}) = \{\boldsymbol{x} \in E_n \mid \boldsymbol{A}\,\boldsymbol{x} = \boldsymbol{b} + \boldsymbol{B}\,\boldsymbol{\nu}; \ x_\alpha = 0, \ \alpha \in I_{\nu\eta}(\boldsymbol{\nu}^*, \boldsymbol{\eta}^*)\}$$

enthalten. Für verschiedene $\boldsymbol{\nu}^1$ und $\boldsymbol{\nu}^2$ sind dann die linearen Unterräume $L(\boldsymbol{\nu}^1)$ und $L(\boldsymbol{\nu}^2)$ parallel zueinander.

Analog zu Definition 4.1 sei

$$Q(\boldsymbol{\nu}^*, \boldsymbol{\eta}^*) = \left\{\binom{\boldsymbol{\nu}}{\boldsymbol{\eta}} \in \mathfrak{A}_{\nu\eta} \mid \emptyset \neq \mathfrak{L}(\boldsymbol{\nu}) \subseteq \mathfrak{M}_{\text{opt}}(\boldsymbol{\nu}, \boldsymbol{\eta})\right\} \tag{9.11}$$

der lokale Stabilitätsbereich des Parameterpunktes $\binom{\boldsymbol{\nu}^*}{\boldsymbol{\eta}^*} \in \mathfrak{A}_{\nu\eta}$. Offensichtlich ist jeder Punkt $\boldsymbol{x} \in E_n$ aus der abgeschlossenen Seite $\mathfrak{L}(\boldsymbol{\nu})$ des Polyeders $\mathfrak{M}(\boldsymbol{\nu})$, welche die Eigenschaft

$$\emptyset \neq \mathfrak{L}(\boldsymbol{\nu}) \subseteq \mathfrak{M}_{\text{opt}}(\boldsymbol{\nu}, \boldsymbol{\eta})$$

besitzt, optimal für das lineare Optimierungsproblem $P(\boldsymbol{\nu}, \boldsymbol{\eta})$. Der lokale Stabilitätsbereich $Q(\boldsymbol{\nu}^*, \boldsymbol{\eta}^*)$ ist die größte Menge mit dieser Eigenschaft. Wir führen nun folgende Mengen ein:

$$A(\boldsymbol{\nu}^*, \boldsymbol{\eta}^*) = \{\boldsymbol{\nu} \in E_q \mid \mathfrak{L}(\boldsymbol{\nu}) \neq \emptyset\} \, , \tag{9.12}$$

$$B(\boldsymbol{\nu}^*, \boldsymbol{\eta}^*) = \{\boldsymbol{\eta} \in E_p \mid \mathfrak{M}_{\text{opt}}(\boldsymbol{\nu}^*, \boldsymbol{\eta}^*) \subseteq \mathfrak{M}_{\text{opt}}(\boldsymbol{\nu}^*, \boldsymbol{\eta})\} \, . \tag{9.13}$$

Bezeichnen wir mit $\varphi(\boldsymbol{\nu}, \boldsymbol{\eta})$ die Lösungsfunktion des Primalproblems und mit $\psi(\boldsymbol{\nu}, \boldsymbol{\eta})$ die Lösungsfunktion des Dualproblems (siehe Definition 2.3). Die Lösbarkeitsmenge $\mathfrak{A}_{\nu\eta}$ ist der maximale Definitionsbereich der dualen Lösungsfunktionen $\varphi(\boldsymbol{\nu}, \boldsymbol{\eta})$ und $\psi(\boldsymbol{\nu}, \boldsymbol{\eta})$.

Wir werden nun skizzieren, welche qualitativen Untersuchungen in diesem Kapitel durchgeführt werden:

1° Charakterisierung der Lösbarkeitsmenge $\mathfrak{A}_{\nu\eta}$ und der Zusammenhang zwischen $\mathfrak{A}_{\nu\eta}$ und den zulässigen Parameterbereichen $\mathfrak{B}_{\nu}$ und $\mathfrak{B}_{\eta}$ aus (9.7) und (9.8).

2° Charakterisierung des lokalen Stabilitätsbereiches $Q(\boldsymbol{\nu}^*, \boldsymbol{\eta}^*)$ und der Mengen $A(\boldsymbol{\nu}^*, \boldsymbol{\eta}^*)$ sowie $B(\boldsymbol{\nu}^*, \boldsymbol{\eta}^*)$ aus (9.12), (9.13); der Zusammenhang zwischen $Q(\boldsymbol{\nu}^*, \boldsymbol{\eta}^*)$ und den Mengen $A(\boldsymbol{\nu}^*, \boldsymbol{\eta}^*)$ sowie $B(\boldsymbol{\nu}^*, \boldsymbol{\eta}^*)$.

3° Existenz einer eindeutigen Einteilung der Lösbarkeitsmenge $\mathfrak{A}_{\nu\eta}$ in endlich viele lokale Stabilitätsbereiche, für welche die Dimension der Optimalmengen sowohl im Innern als auch auf dem Rand untersucht werden.

4° Eigenschaften der Lösungsfunktion über der Lösbarkeitsmenge einerseits und den Einteilungsmengen andererseits.

Bei den folgenden Untersuchungen können wir auf die Ergebnisse der vorherigen Kapitel, insbesondere auf die des Kapitels 8, zurückgreifen. Um den Zusammenhang zu den parametrischen Dualproblemen $P(\boldsymbol{\lambda}, \boldsymbol{\mu})$ und $D(\boldsymbol{\mu}, \boldsymbol{\lambda})$ aus dem Kapitel 8 herzustellen, betrachten wir die Abbildungen

$$\left.\begin{aligned} &\psi_\nu: \quad \boldsymbol{\lambda} = \boldsymbol{b} + \boldsymbol{B}\,\boldsymbol{\nu} \quad (E_q \to E_m); \\ &\psi_\eta: \quad \boldsymbol{\mu} = \boldsymbol{c} + \boldsymbol{C}\,\boldsymbol{\eta} \quad (E_p \to E_n); \\ &\psi_{\nu\eta}: \quad \boldsymbol{\lambda} = \boldsymbol{b} + \boldsymbol{B}\,\boldsymbol{\nu}\,, \quad \boldsymbol{\mu} = \boldsymbol{c} + \boldsymbol{C}\,\boldsymbol{\eta} \quad (E_{q+p} \to E_{m+n})\,. \end{aligned}\right\} \tag{9.14}$$

Es seien

$$\left.\begin{aligned} \psi_\nu(E_q) &= L_q\,, \\ \psi_\eta(E_p) &= L_p\,, \\ \psi_{\nu\eta}(E_{q+p}) &= L_{q+p}\,. \end{aligned}\right\} \tag{9.15}$$

Da der Rang der Matrix $\boldsymbol{B}$ gleich q ist, ist die Menge

$$L_q = \{\boldsymbol{\lambda} \in E_m \mid \boldsymbol{\lambda} = \boldsymbol{b} + \boldsymbol{B}\,\boldsymbol{\nu};\ \boldsymbol{\nu} \in E_q\}$$

ein q-dimensionaler linearer Unterraum des Raumes E_m, analog gilt, daß

$$L_p = \{\boldsymbol{\mu} \in E_n \mid \boldsymbol{\mu} = \boldsymbol{c} + \boldsymbol{C}\,\boldsymbol{\eta};\ \boldsymbol{\eta} \in E_p\}$$

ein p-dimensionaler linearer Unterraum des Raumes E_n ist, und daß

$$L_{q+p} = \left\{\begin{pmatrix}\boldsymbol{\lambda}\\ \boldsymbol{\mu}\end{pmatrix} \in E_{m+n} \mid \boldsymbol{\lambda} = \boldsymbol{b} + \boldsymbol{B}\,\boldsymbol{\nu};\ \boldsymbol{\mu} = \boldsymbol{c} + \boldsymbol{C}\,\boldsymbol{\eta};\ \begin{pmatrix}\boldsymbol{\nu}\\ \boldsymbol{\eta}\end{pmatrix} \in E_{q+p}\right\}$$

ein $(q + p)$-dimensionaler linearer Unterraum des Raumes E_{m+n} ist.

▌L. 9.1 *Die Abbildungen* ψ_ν, ψ_η *und* $\psi_{\nu\eta}$ *aus* (9.14) *besitzen folgende Eigenschaften:*

1° *Die Abbildungen* ψ_ν, ψ_η *und* $\psi_{\nu\eta}$ *sind Isomorphismen der Räume* E_q, E_p *und* E_{q+p} *auf die linearen Unterräume* L_q, L_p *und* L_{q+p} *aus* (9.15).

2° *Die Abbildungen* ψ_ν, ψ_η *und* $\psi_{\nu\eta}$ *sind topologische Abbildungen der Räume* E_q, E_p *und* E_{q+p} *auf die linearen Unterräume* L_q, L_p *und* L_{q+p}. ▌

9.2. Charakterisierung der Lösbarkeitsmenge

Um die Eigenschaften der Lösbarkeitsmenge $\mathfrak{A}_{\nu\eta}$ und der zulässigen Parametermengen $\mathfrak{B}_\nu$ und $\mathfrak{B}_\eta$ der dualen parametrischen Aufgaben aus (9.1) und (9.4) über die entsprechenden Resultate aus dem Kapitel 8 zu gewinnen, benötigen wir zunächst folgenden Hilfssatz:

L. 9.2 *Es gilt*

$$\psi_\nu(\mathfrak{B}_\nu) = \mathfrak{B}_\lambda \cap L_q\,, \tag{9.16)a}$$

$$\psi_\eta(\mathfrak{B}_\eta) = \mathfrak{B}_\mu \cap L_p\,, \tag{9.16)b}$$

$$\psi_{\nu\eta}(\mathfrak{A}_{\nu\eta}) = \mathfrak{A}_{\lambda\mu} \cap L_{q+p}\,. \tag{9.16)c}$$

(*hierbei sind* $\mathfrak{B}_\lambda$ *und* $\mathfrak{B}_\mu$ *die zulässigen Parametermengen für die in Kapitel* 8 *behandelten Dualprobleme* $P(\boldsymbol{\lambda}, \boldsymbol{\mu})$ *und* $D(\boldsymbol{\mu}, \boldsymbol{\lambda})$, $\mathfrak{A}_{\lambda\mu}$ *die Lösbarkeitsmenge für das Problem* $P(\boldsymbol{\lambda}, \boldsymbol{\mu})$ *und* L_q, L_p *und* L_{q+p} *die linearen Unterräume* (9.15)).

Bws. In Lemma 7.2 wurde bereits die Aussage (9.16)a bewiesen; der Beweis für (9.16)b läßt sich analog dazu führen; die Relation (9.16)c läßt sich ähnlich wie bei Lemma 5.2 beweisen.

S. 9.1 *Die zulässigen Parameterbereiche* $\mathfrak{B}_\nu$ *und* $\mathfrak{B}_\eta$ *sowie die Lösbarkeitsmenge* $\mathfrak{A}_{\nu\eta}$ *der parametrischen Aufgaben* $P(\boldsymbol{\nu}, \boldsymbol{\eta})$ *und* $D(\boldsymbol{\eta}, \boldsymbol{\nu})$ *sind (falls sie nicht leer sind) konvexe Polyeder in den entsprechenden Parameterräumen* E_q, E_p *und* E_{q+p}.

Bws. Im Satz 7.1 wurden Aussagen über die zulässige Parametermenge $\mathfrak{B}_\nu = \{\boldsymbol{\nu} \in E_d \mid \mathfrak{M}(\boldsymbol{\nu}) \neq \emptyset\}$ des Problems $P(\boldsymbol{\nu}, \boldsymbol{o})$ gemacht. Diese Menge $\mathfrak{B}_\nu$ stimmt bis auf die Dimension des Raumes mit der hier betrachteten zulässigen Parametermenge überein. Es gelten also die drei Aussagen aus dem Satz 7.1, insbesondere die, daß $\mathfrak{B}_\nu$ ein konvexes Polyeder ist ($\mathfrak{B}_\nu$ kann leer oder einelementig sein). Betrachten wir nun die zulässige Parametermenge $\mathfrak{B}_\mu$ für das Problem $D(\boldsymbol{\mu}, \boldsymbol{\lambda})$ und die Lösbarkeitsmenge $\mathfrak{A}_{\lambda\mu}$ für das Problem $P(\boldsymbol{\lambda}, \boldsymbol{\mu})$ aus Kapitel 8. In den Sätzen 8.2 und 8.3 wird gezeigt, daß diese Mengen konvexe Kegel sind. Dann sind die Mengen $\mathfrak{B}_\mu \cap L_p$ und $\mathfrak{A}_{\lambda\mu} \cap L_{q+p}$ konvexe Polyeder, die auch leer oder einelementig sein können. Auf Grund von Lemma 9.1 und 9.2 besitzen dann auch die Mengen $\mathfrak{B}_\eta$ und $\mathfrak{A}_{\nu\eta}$ diese Eigenschaft.

S. 9.2 *Es seien* $\mathfrak{A}_{\nu\eta}$ *die Lösbarkeitsmenge und* $\mathfrak{B}_\nu$ *sowie* $\mathfrak{B}_\eta$ *die zulässigen Parametermengen für die parametrischen Dualprobleme* $P(\boldsymbol{\nu}, \boldsymbol{\eta})$ *und* $D(\boldsymbol{\eta}, \boldsymbol{\nu})$; *dann gilt*

$$\mathfrak{A}_{\nu\eta} = \mathfrak{B}_\nu \times \mathfrak{B}_\eta\,. \tag{9.17}$$

Bws. Nach der Dualitätstheorie sind die beiden Dualprobleme $P(\boldsymbol{\nu}, \boldsymbol{\eta})$, $D(\boldsymbol{\eta}, \boldsymbol{\nu})$ genau dann lösbar, wenn die Restriktionsmengen $\mathfrak{M}(\boldsymbol{\nu})$ und $\mathfrak{N}(\boldsymbol{\eta})$

nicht leer sind. Das ist auf Grund von (9.7) und (9.8) genau dann der Fall, wenn $\boldsymbol{\nu} \in \mathfrak{B}_\nu$ und $\boldsymbol{\eta} \in \mathfrak{B}_\eta$ ist, d. h. wenn $\binom{\boldsymbol{\nu}}{\boldsymbol{\eta}} \in \mathfrak{B}_\nu \times \mathfrak{B}_\eta$ gilt. ▌

Wir werden uns nun damit beschäftigen, wie man die zulässigen Parametermengen $\mathfrak{B}_\nu$ und $\mathfrak{B}_\eta$ und damit die Lösbarkeitsmenge $\mathfrak{A}_{\nu\eta}$ des diesem Kapitel zugrunde liegenden mehrparametrischen Problems bestimmen kann.

▌ S. 9.3 1° *Es seien* $\boldsymbol{h}^s$ $(s = 1, \ldots, N)$ *von* $\boldsymbol{o}$ *ausgehende Vektoren in Richtung aller Kanten* $\boldsymbol{h}^s$ $(s = 1, \ldots, N)$ *des polyedrischen Kegels*

$$^*\mathfrak{B}_\lambda = \left\{\boldsymbol{\lambda} \in E_m \mid \sum_{r=1}^{m} a_{r\alpha}\lambda_r \leqq 0,\ \alpha = 1, \ldots, n\right\}.$$

Dann besitzt die zulässige Parametermenge $\mathfrak{B}_\nu$ *die folgende Darstellung:*[1]

$$\mathfrak{B}_\nu = \left\{\boldsymbol{\nu} \in E_q \mid \sum_{r=1}^{m} h_r^s\left(\sum_{l=1}^{q} b_{lr}\nu_l\right) \leqq -\sum_{r=1}^{m} h_r^s b_r,\ s = 1, \ldots, N\right\}. \quad (9.18)$$

2° *Es seien* $\boldsymbol{k}^f$ $(f = 1, \ldots, M)$ *von* $\boldsymbol{o}$ *ausgehende Vektoren in Richtung aller Kanten des Kegels*

$$^*\mathfrak{B}_\mu = \left\{\boldsymbol{\mu} \in E_n \mid \sum_{\alpha=1}^{n} a_{r\alpha}\mu_\alpha = 0,\ r = 1, \ldots, m;\ \mu_\alpha \geqq 0,\ \alpha = 1, \ldots, n\right\}.$$

Dann läßt sich die zulässige Parametermenge $\mathfrak{B}_\eta$ *wie folgt beschreiben:*

$$\mathfrak{B}_\eta = \left\{\boldsymbol{\eta} \in E_p \mid \sum_{\alpha=1}^{n} k_\alpha^f\left(\sum_{k=1}^{p} c_{k\alpha}\eta_k\right) \leqq -\sum_{\alpha=1}^{n} c_\alpha k_\alpha^f,\ f = 1, \ldots, M\right\}. \quad (9.19)$$ ▌

▌ Bws. Der Beweis wird trivial, wenn man die Sätze 8.1 und 8.2 und Lemma 9.1 zugrunde legend in (8.4) und (8.7) die linearen Transformationen

$$\boldsymbol{\lambda} = \boldsymbol{b} + \boldsymbol{B}\boldsymbol{\nu}, \qquad \boldsymbol{\mu} = \boldsymbol{c} + \boldsymbol{C}\boldsymbol{\eta}$$

aus (9.14) anwendet. ▌

▌ B. 9.1 Die zulässigen Parameterbereiche $\mathfrak{B}_\nu$ und $\mathfrak{B}_\eta$ lassen sich auf Grund der Formeln (9.18) und (9.19) berechnen. Man bestimmt alle Kanten des Kegels $^*\mathfrak{B}_\lambda$ bzw. $^*\mathfrak{B}_\mu$ und mit Hilfe der entsprechenden Kantenvektoren lassen sich die Bereiche $\mathfrak{B}_\nu$ und $\mathfrak{B}_\eta$ implizit beschreiben. Gleichzeitig können wir nach (9.17) die Lösbarkeitsmenge angeben. Auf die Berechnung der Kantenvektoren wollen wir an dieser Stelle nicht eingehen. ▌

9.3. Lokale Stabilitätsbereiche

Die Lösbarkeitsmenge $\mathfrak{A}_{\nu\eta}$ des parametrischen Problems $P(\boldsymbol{\nu}, \boldsymbol{\eta})$ aus (9.1) sei eine nicht leere Menge. Dann ist der lokale Stabilitätsbereich $Q(\boldsymbol{\nu}^*, \boldsymbol{\eta}^*)$

[1]) Man vergleiche hierzu auch die Beschreibung der Menge $\mathfrak{B}_\nu$ in Satz 7.1.

nach (9.11), d. h. die Menge

$$Q(\boldsymbol{\nu}^*, \boldsymbol{\eta}^*) = \left\{\begin{pmatrix}\boldsymbol{\nu}\\ \boldsymbol{\eta}\end{pmatrix} \in E_{q+p} \mid \emptyset \neq \mathfrak{L}(\boldsymbol{\nu}) \subseteq \mathfrak{M}_{\text{opt}}(\boldsymbol{\nu}, \boldsymbol{\eta})\right\}$$

für einen beliebigen Parameterpunkt $\begin{pmatrix}\boldsymbol{\nu}^*\\ \boldsymbol{\eta}^*\end{pmatrix} \in \mathfrak{A}_{\nu\eta}$ ebenfalls nicht leer.

▌ S. 9.4 *Der lokale Stabilitätsbereich* $Q(\boldsymbol{\nu}^*, \boldsymbol{\eta}^*)$ *aus* (9.11) *für den Parameterpunkt* $\begin{pmatrix}\boldsymbol{\nu}^*\\ \boldsymbol{\eta}^*\end{pmatrix}$ *ist ein konvexes Polyeder im Raum* E_{q+p} *mit*

$$\begin{pmatrix}\boldsymbol{\nu}^*\\ \boldsymbol{\eta}^*\end{pmatrix} \in \operatorname{int} Q(\boldsymbol{\nu}^*, \boldsymbol{\eta}^*)\,. \tag{9.20}$$ ▌

▌ Bws. Betrachten wir den Parameterpunkt $\begin{pmatrix}\boldsymbol{\nu}^*\\ \boldsymbol{\eta}^*\end{pmatrix} \in \mathfrak{A}_{\nu\eta}$. Dann ist diesem auf Grund der Abbildung $\psi_{\nu\eta}$ aus (9.14) genau ein Punkt $\begin{pmatrix}\boldsymbol{\lambda}^*\\ \boldsymbol{\mu}^*\end{pmatrix}$ zugeordnet, der wegen (9.16)c in der Lösbarkeitsmenge $\mathfrak{A}_{\lambda\mu}$ des parametrischen Problems $P(\boldsymbol{\lambda}, \boldsymbol{\mu})$ aus (8.1) liegt. Der zu $\begin{pmatrix}\boldsymbol{\lambda}^*\\ \boldsymbol{\mu}^*\end{pmatrix} \in \mathfrak{A}_{\lambda\mu}$ gehörende lokale Stabilitätsbereich $Q(\boldsymbol{\lambda}^*, \boldsymbol{\mu}^*)$ ist nach Satz 8.4 ein polyedrischer Kegel im Raum E_{m+n} mit einem Scheitel im Koordinatenursprung $\boldsymbol{o} \in E_{m+n}$. Offensichtlich ist die Menge

$$Q(\boldsymbol{\lambda}^*, \boldsymbol{\mu}^*) \cap L_{q+p}$$

(hierbei ist L_{q+p} der $(q+p)$-dimensionale lineare Unterraum aus (9.15)) ein konvexes Polyeder. Wir überlassen dem Leser den Beweis der folgenden Relation

$$\psi_{\nu\eta}\big(Q(\boldsymbol{\nu}^*, \boldsymbol{\eta}^*)\big) = Q(\boldsymbol{\lambda}^*, \boldsymbol{\mu}^*) \cap L_{q+p}\,. \tag{9.21}$$

Auf Grund von Lemma 9.1 ist dann auch der lokale Stabilitätsbereich $Q(\boldsymbol{\nu}^*, \boldsymbol{\eta}^*)$ ein Polyeder, das zunächst mindestens einelementig ist $\left(\text{da } \begin{pmatrix}\boldsymbol{\nu}^*\\ \boldsymbol{\eta}^*\end{pmatrix} \in Q(\boldsymbol{\nu}^*, \boldsymbol{\eta}^*) \text{ gilt}\right)$. Nach Satz 8.4 besitzt der lokale Stabilitätsbereich $Q(\boldsymbol{\lambda}^*, \boldsymbol{\mu}^*)$ die Eigenschaft

$$\begin{pmatrix}\boldsymbol{\lambda}^*\\ \boldsymbol{\mu}^*\end{pmatrix} \in \operatorname{int} Q(\boldsymbol{\lambda}^*, \boldsymbol{\mu}^*)\,.$$

Dann ergibt sich aus (9.21), (9.14) und Lemma 9.1 die Beziehung (9.20). ▌

Im folgenden Satz wird nun der Zusammenhang zwischen den Mengen $Q(\boldsymbol{\nu}^*, \boldsymbol{\eta}^*)$ und $A(\boldsymbol{\nu}^*, \boldsymbol{\eta}^*)$, $B(\boldsymbol{\nu}^*, \boldsymbol{\eta}^*)$ aus (9.12), (9.13) hergestellt. Wenn wir uns die Bedeutung der Mengen $Q(\boldsymbol{\nu}^*, \boldsymbol{\eta}^*)$, $A(\boldsymbol{\nu}^*, \boldsymbol{\eta}^*)$ und $B(\boldsymbol{\nu}^*, \boldsymbol{\eta}^*)$ in Erinnerung rufen

$$Q(\boldsymbol{\nu}^*, \boldsymbol{\eta}^*) = \left\{\begin{pmatrix}\boldsymbol{\nu}\\ \boldsymbol{\eta}\end{pmatrix} \in E_{q+p} \mid \emptyset \neq \mathfrak{L}(\boldsymbol{\nu}) \subseteq \mathfrak{M}_{\text{opt}}(\boldsymbol{\nu}, \boldsymbol{\eta})\right\},$$

$$A(\boldsymbol{\nu}^*, \boldsymbol{\eta}^*) = \{\boldsymbol{\nu} \in E_q \mid \mathfrak{L}(\boldsymbol{\nu}) \neq \emptyset\}\,,$$

$$B(\boldsymbol{\nu}^*, \boldsymbol{\eta}^*) = \{\boldsymbol{\eta} \in E_p \mid \mathfrak{M}_{\text{opt}}(\boldsymbol{\nu}^*, \boldsymbol{\eta}^*) \subseteq \mathfrak{M}_{\text{opt}}(\boldsymbol{\nu}^*, \boldsymbol{\eta})\}\,,$$

so können wir leicht zeigen, daß der lokale Stabilitätsbereich $Q(\boldsymbol{\nu}^*, \boldsymbol{\eta}^*)$ das kartesische Produkt der Mengen $A(\boldsymbol{\nu}^*, \boldsymbol{\eta}^*)$ und $B(\boldsymbol{\nu}^*, \boldsymbol{\eta}^*)$ ist.

S. 9.5 *Der lokale Stabilitätsbereich* $Q(\boldsymbol{\nu}^*, \boldsymbol{\eta}^*)$ *besitzt die Darstellung*

$$Q(\boldsymbol{\nu}^*, \boldsymbol{\eta}^*) = A(\boldsymbol{\nu}^*, \boldsymbol{\eta}^*) \times B(\boldsymbol{\nu}^*, \boldsymbol{\eta}^*) . \quad (9.22)$$

Im weiteren werden wir nun Eigenschaften der beiden Mengen $A(\boldsymbol{\nu}^*, \boldsymbol{\eta}^*)$ und $B(\boldsymbol{\nu}^*, \boldsymbol{\eta}^*)$ herleiten.

S. 9.6 *Die Menge* $A(\boldsymbol{\nu}^*, \boldsymbol{\eta}^*)$ *aus* (9.12) *besitzt folgende Eigenschaften:*

1° $A(\boldsymbol{\nu}^*, \boldsymbol{\eta}^*)$ *ist ein konvexes nicht leeres Polyeder im Raum* E_q;

2° $\dim \mathfrak{L}(\boldsymbol{\nu}) = \dim \mathfrak{L}(\boldsymbol{\nu}^*) = \dim \mathfrak{M}_{\text{opt}}(\boldsymbol{\nu}^*, \boldsymbol{\eta}^*)\,, \qquad \boldsymbol{\nu} \in \operatorname{int} A(\boldsymbol{\nu}^*, \boldsymbol{\eta}^*)$;

3° $\dim \mathfrak{L}(\boldsymbol{\nu}^0) \leqq \dim \mathfrak{L}(\boldsymbol{\nu}^*)\,, \qquad \boldsymbol{\nu}^0 \in A(\boldsymbol{\nu}^*, \boldsymbol{\eta}^*) \setminus \operatorname{int} A(\boldsymbol{\nu}^*, \boldsymbol{\eta}^*)$;

4° $\dim \mathfrak{M}_{\text{opt}}(\boldsymbol{\nu}, \boldsymbol{\eta}^*) = \dim \mathfrak{M}_{\text{opt}}(\boldsymbol{\nu}^*, \boldsymbol{\eta}^*)\,, \qquad \boldsymbol{\nu} \in \operatorname{int} A(\boldsymbol{\nu}^*, \boldsymbol{\eta}^*)$;

es seien $I_{\nu\eta}(\boldsymbol{\nu}, \boldsymbol{\eta}^*)$ *und* $I_{\nu\eta}(\boldsymbol{\nu}^*, \boldsymbol{\eta}^*)$ *die charakteristischen Indexmengen*[1]) *zu den Optimalmengen* $\mathfrak{M}_{\text{opt}}(\boldsymbol{\nu}, \boldsymbol{\eta}^*)$ *und* $\mathfrak{M}_{\text{opt}}(\boldsymbol{\nu}^*, \boldsymbol{\eta}^*)$, *dann gilt*

$$I_{\nu\eta}(\boldsymbol{\nu}, \boldsymbol{\eta}^*) = I_{\nu\eta}(\boldsymbol{\nu}^*, \boldsymbol{\eta}^*)\,, \qquad \boldsymbol{\nu} \in \operatorname{int} A(\boldsymbol{\nu}^*, \boldsymbol{\eta}^*);$$

5° $\dim \mathfrak{M}_{\text{opt}}(\boldsymbol{\nu}^0, \boldsymbol{\eta}^*) \leqq \dim \mathfrak{M}_{\text{opt}}(\boldsymbol{\nu}^*, \boldsymbol{\eta}^*)\,, \qquad \boldsymbol{\nu}^0 \in A(\boldsymbol{\nu}^*, \boldsymbol{\eta}^*) \setminus \operatorname{int} A(\boldsymbol{\nu}^*, \boldsymbol{\eta}^*)\,,$

für die charakteristischen Indexmengen zu den Optimalmengen $\mathfrak{M}_{\text{opt}}(\boldsymbol{\nu}^0, \boldsymbol{\eta}^*)$ *und* $\mathfrak{M}_{\text{opt}}(\boldsymbol{\nu}^*, \boldsymbol{\eta}^*)$ *gilt*

$$I_{\nu\eta}(\boldsymbol{\nu}^0, \boldsymbol{\eta}^*) \supset I_{\nu\eta}(\boldsymbol{\nu}^*, \boldsymbol{\eta}^*)\,, \qquad \boldsymbol{\nu}^0 \in A(\boldsymbol{\nu}^*, \boldsymbol{\eta}^*) \setminus \operatorname{int} A(\boldsymbol{\nu}^*, \boldsymbol{\eta}^*)\,.$$

6° *Wenn* $\boldsymbol{\nu} \notin A(\boldsymbol{\nu}^*, \boldsymbol{\eta}^*)$ *und* $(\boldsymbol{\nu}, \boldsymbol{\eta}^*) \in \mathfrak{A}_{\nu\eta}$ *ist, so gilt für die den Optimalmengen* $\mathfrak{M}_{\text{opt}}(\boldsymbol{\nu}, \boldsymbol{\eta}^*)$ *und* $\mathfrak{M}_{\text{opt}}(\boldsymbol{\nu}^*, \boldsymbol{\eta}^*)$ *zugeordneten charakteristischen Indexmengen*

$$I_{\nu\eta}(\boldsymbol{\nu}, \boldsymbol{\eta}^*) \not\supseteq I_{\nu\eta}(\boldsymbol{\nu}^*, \boldsymbol{\eta}^*)\,.$$

Bws. Für den Beweis verwenden wir den Zusammenhang zwischen den parametrischen Problemen $P(\boldsymbol{\nu}, \boldsymbol{\eta})$ und $D(\boldsymbol{\lambda}, \boldsymbol{\mu})$. Betrachten wir die Abbildung ψ_ν aus (9.14) mit den Eigenschaften aus Lemma 9.1. Der Leser möge sich überzeugen[2]), daß

$$\psi_\nu\big(A(\boldsymbol{\nu}^*, \boldsymbol{\eta}^*)\big) = A(\boldsymbol{\lambda}^*, \boldsymbol{\mu}^*) \cap L_q \quad (9.23)$$

gilt (hierbei sind $A(\boldsymbol{\lambda}^*, \boldsymbol{\mu}^*)$ und L_q die Mengen aus (8.10) und (9.15)). Dann erhalten wir aber aus Lemma 8.1 die Eigenschaften 1°, 2° und 3° und aus Lemma 8.3 die Eigenschaften 4°, 5° und 6° der Menge $A(\boldsymbol{\nu}^*, \boldsymbol{\eta}^*)$.

Bezeichnen wir nun analog zu (8.27) mit $\mathfrak{M}^*(\boldsymbol{\nu})$ die folgende Menge

$$\mathfrak{M}^*(\boldsymbol{\nu}) = \{\boldsymbol{x} \in E_n \mid \boldsymbol{A}\,\boldsymbol{x} = \boldsymbol{b} + \boldsymbol{B}\,\boldsymbol{\nu}; \quad x_\alpha \geqq 0\,, \quad \alpha \in I_{\nu\eta}(\boldsymbol{\nu}^*, \boldsymbol{\eta}^*)\} \quad (9.24)$$

[1]) Siehe Definition 3.3.
[2]) Ein ähnlicher Beweis wurde für Lemma 7.2 geführt.

Die Menge $\mathfrak{M}^*(\boldsymbol{\nu})$ sei der Restriktionsbereich des parametrischen Optimierungsproblems

$$\max \{F(\boldsymbol{x}, \boldsymbol{\eta}) \mid \boldsymbol{x} \in \mathfrak{M}^*(\boldsymbol{\nu})\}, \qquad \begin{pmatrix}\boldsymbol{\nu}\\ \boldsymbol{\eta}\end{pmatrix} \in E_{q+p}, \tag{9.25}$$

zu dem das parametrische Dualproblem

$$\min \{G(\boldsymbol{u}, \boldsymbol{\nu}) \mid \boldsymbol{u} \in \mathfrak{N}^*(\boldsymbol{\eta})\}, \qquad \begin{pmatrix}\boldsymbol{\nu}\\ \boldsymbol{\eta}\end{pmatrix} \in E_{q+p} \tag{9.26}$$

gehört. Hierbei sind die Zielfunktionen $F(\boldsymbol{x}, \boldsymbol{\eta})$ und $G(\boldsymbol{u}, \boldsymbol{\nu})$ aus (9.2) und (9.5) sowie die Restriktionsmenge

$$\mathfrak{N}^*(\boldsymbol{\eta}) = \Big\{\boldsymbol{u} \in E_m \mid \sum_{r=1}^{m} a_{r\alpha} u_r \geqq c_\alpha + \sum_{k=1}^{p} c_{k\alpha} \eta_k,\ \alpha \in I_{\nu\eta}(\boldsymbol{\nu}^*, \boldsymbol{\eta}^*);$$
$$\sum_{r=1}^{m} a_{r\alpha} u_r = c_\alpha + \sum_{k=1}^{p} c_{k\alpha} \eta_k,\ \alpha \notin I_{\nu\eta}(\boldsymbol{\nu}^*, \boldsymbol{\eta}^*)\Big\}. \tag{9.27}$$

Die zulässigen Parametermengen der parametrischen Dualprobleme (9.25) und (9.26) bezeichnen wir mit $\mathfrak{B}_\nu^*$ und $\mathfrak{B}_\eta^*$. Es handelt sich also um die Mengen

$$\mathfrak{B}_\nu^* = \{\boldsymbol{\nu} \in E_q \mid \mathfrak{M}^*(\boldsymbol{\nu}) \neq \emptyset\}, \tag{9.28}$$

$$\mathfrak{B}_\eta^* = \{\boldsymbol{\eta} \in E_p \mid \mathfrak{N}^*(\boldsymbol{\eta}) \neq \emptyset\}. \tag{9.29}$$

▌ S. 9.7 *Die Menge* $A(\boldsymbol{\nu}^*, \boldsymbol{\eta}^*)$ *aus* (9.12) *ist eine Teilmenge von* $\mathfrak{B}_\nu^*$ *aus* (9.28). ▌

Der Beweis läßt sich analog zu dem des Lemmas 8.5 führen. Wir fixieren nun bei der parametrischen Aufgabe aus (9.1) den Parameter $\boldsymbol{\eta} = \boldsymbol{\eta}^*$ und lassen $\boldsymbol{\nu} \in E_q$ variabel; dann erhalten wir die parametrische Aufgabe

$$P(\boldsymbol{\nu}, \boldsymbol{\eta}^*)\colon\quad \max \{F(\boldsymbol{x}, \boldsymbol{\eta}^*) \mid \boldsymbol{x} \in \mathfrak{M}(\boldsymbol{\nu})\}, \qquad \boldsymbol{\nu} \in E_q. \tag{9.30}$$

Probleme dieser Form wurden in Kapitel 7 untersucht. Die zulässige Parametermenge für $P(\boldsymbol{\nu}, \boldsymbol{\eta}^*)$ ist die Menge

$$\mathfrak{B}_\nu = \{\boldsymbol{\nu} \in E_q \mid \mathfrak{M}(\boldsymbol{\nu}) \neq \emptyset\}. \tag{9.31}$$

Diese stimmt auf Grund der Tatsache, daß das Problem $P(\boldsymbol{\nu}^*, \boldsymbol{\eta}^*)$ lösbar ist, mit der Lösbarkeitsmenge der parametrischen Aufgabe $P(\boldsymbol{\nu}, \boldsymbol{\eta}^*)$ überein (siehe Satz 7.3).

▌ S. 9.8 *Es seien* $\begin{pmatrix}\boldsymbol{\nu}^*\\ \boldsymbol{\eta}^*\end{pmatrix} \in \mathfrak{A}_{\nu\eta}$ *beliebig und* $\mathfrak{B}_\nu$ *aus* (9.31) *die Lösbarkeitsmenge zu* $P(\boldsymbol{\nu}, \boldsymbol{\eta}^*)$ *aus* (9.30); *weiter seien die Mengen* $\mathfrak{A}_{\nu\eta^*}^k$ $(k = 1, \ldots, \tilde{N})$ *die Einteilungspolyeder der eindeutigen Einteilung der Lösbarkeitsmenge* $\mathfrak{B}_\nu$ *mit den Eigenschaften* 1° *bis* 9° *aus dem Satz* 7.6.

1° *Falls ein* $j^* \in \{1, \ldots, \tilde{N}\}$ *mit* $\boldsymbol{\nu}^* \in \operatorname{int} \mathfrak{A}_{\nu\eta^*}^{j^*}$ *existiert, so gilt*

$$A(\boldsymbol{\nu}^*, \boldsymbol{\eta}^*) = \mathfrak{A}_{\nu\eta^*}^{j^*}.$$

2° *Falls $\boldsymbol{\nu}^*$ zu einer d-dimensionalen (offenen) Seite $S_\nu^{j^*}$ eines Einteilungspolyeders $\mathfrak{A}_{\nu\eta^*}^{j^*}$ gehört, so gilt*

$$A(\boldsymbol{\nu}^*, \boldsymbol{\eta}^*) = \bar{S}_\nu^{j^*} . \qquad \blacksquare$$

▌ Bws. Wenn wir auf Lemma 8.2 die Beziehungen (9.14) und (9.23) anwenden, erkennen wir zunächst, daß die Aussage 1° des Satzes gültig ist. Betrachten wir nun die Randseite S^{j^*} des Einteilungskegels $\mathfrak{A}_{\lambda\mu^*}^{j^*}$ aus dem Hilfssatz 8.2. Der Einteilungskegel besitzt nach (6.113) eine Darstellung der Form

$$\mathfrak{A}_{\lambda\mu^*}^{j^*} = \left\{\boldsymbol{\lambda} \in E_m \mid \sum_{r=1}^{m} h_{ir}^{j^*} \lambda_r \geqq 0,\ i = 1, \ldots, \delta_{j^*}\right\}.$$

Dann ist der Randseite S^{j^*} eindeutig eine Indexmenge $I^* \subseteq \{1, \ldots, \delta^{j^*}\}$ derart zugeordnet, daß

$$S^{j^*} = \left\{\boldsymbol{\lambda} \in \mathfrak{A}_{\lambda\mu^*}^{j^*} \mid \sum_{r=1}^{m} h_{ir}^{j^*} \lambda_r = 0,\ i \in I^*\right\}, \tag{9.32}$$

wobei I^* die maximale Indexmenge mit der Eigenschaft (9.32) ist. Die Indexmenge I^* ist also die charakteristische Indexmenge der Randseite $\bar{S}^{j^*}$. Bilden wir den Durchschnitt der Randseite $\bar{S}^{j^*}$ mit dem q-dimensionalen linearen Unterraum L_q aus (9.15), so sehen wir, daß

$$\psi_\nu(\bar{S}_\nu^{j^*}) = \bar{S}^{j^*} \cap L_q \tag{9.33}$$

gilt. Berücksichtigen wir die Beziehung (9.33) beim Ausnutzen von (9.14) in Lemma 8.2, so erhalten wir die Aussage 2° dieses Satzes. ▌

▌ S. 9.9 *Es sei* $\begin{pmatrix}\boldsymbol{\nu}^*\\ \boldsymbol{\eta}^*\end{pmatrix} \in \mathfrak{A}_{\nu\eta}$. *Dann besitzt die Menge $B(\boldsymbol{\nu}^*, \boldsymbol{\eta}^*)$ aus* (9.13) *folgende Eigenschaften:*

1° *$B(\boldsymbol{\nu}^*, \boldsymbol{\eta}^*)$ ist ein nicht leeres konvexes Polyeder im Raum E_p.*

2° *Die Menge $B(\boldsymbol{\nu}^*, \boldsymbol{\eta}^*)$ stimmt mit der zulässigen Parametermenge $\mathfrak{B}_\eta^*$ aus* (9.29) *überein.*

3° $\mathfrak{M}_{\text{opt}}(\boldsymbol{\nu}^*, \boldsymbol{\eta}) = \mathfrak{M}_{\text{opt}}(\boldsymbol{\nu}^*, \boldsymbol{\eta}^*)$, $\quad \boldsymbol{\eta} \in \text{int}\, B(\boldsymbol{\nu}^*, \boldsymbol{\eta}^*)$,

$I_{\nu\eta}(\boldsymbol{\nu}^*, \boldsymbol{\eta}) = I_{\nu\eta}(\boldsymbol{\nu}^*, \boldsymbol{\eta}^*)$, $\quad \boldsymbol{\eta} \in \text{int}\, B(\boldsymbol{\nu}^*, \boldsymbol{\eta}^*)$

(hierbei sind $I_{\nu\eta}(\boldsymbol{\nu}^*, \boldsymbol{\eta})$ und $I_{\nu\eta}(\boldsymbol{\nu}^*, \boldsymbol{\eta}^*)$ die zu den Optimalmengen $\mathfrak{M}_{\text{opt}}(\boldsymbol{\nu}^*, \boldsymbol{\eta})$ und $\mathfrak{M}_{\text{opt}}(\boldsymbol{\nu}^*, \boldsymbol{\eta}^*)$ gehörenden charakteristischen Indexmengen).

4° $\dim \mathfrak{M}_{\text{opt}}(\boldsymbol{\nu}^*, \boldsymbol{\eta}^0) > \dim \mathfrak{M}_{\text{opt}}(\boldsymbol{\nu}^*, \boldsymbol{\eta}^*)$, $\quad \boldsymbol{\eta}^0 \in B(\boldsymbol{\nu}^*, \boldsymbol{\eta}^*)\backslash\text{int}\, B(\boldsymbol{\nu}^*, \boldsymbol{\eta}^*)$

und für die entsprechenden charakteristischen Indexmengen gilt

$$I_{\nu\eta}(\boldsymbol{\nu}^*, \boldsymbol{\eta}^0) \subset I_{\nu\eta}(\boldsymbol{\nu}^*, \boldsymbol{\eta}^*) , \qquad \boldsymbol{\eta}^0 \in B(\boldsymbol{\nu}^*, \boldsymbol{\eta}^*)\backslash\text{int}\, B(\boldsymbol{\nu}^*, \boldsymbol{\eta}^*) .$$

5° *Wenn* $\eta \notin B(\nu^*, \eta^*)$ *und* $(\nu^*, \eta) \in \mathfrak{A}_{\nu\eta}$ *ist, so gilt für die den Optimalmengen* $\mathfrak{M}_{\text{opt}}(\nu^*, \eta)$ *und* $\mathfrak{M}_{\text{opt}}(\nu^*, \eta^*)$ *zugeordneten charakteristischen Indexmengen*

$$I_{\nu\eta}(\nu^*, \eta) \nsubseteq I_{\nu\eta}(\nu^*, \eta^*) .$$ ▮

▮ Bws. Wir verwenden für den Beweis die Abbildung ψ_η aus (9.14) mit den Eigenschaften aus Lemma 9.1. Dann ist

$$\psi_\eta(B(\nu^*, \eta^*)) = B(\lambda^*, \mu^*) \cap L_p , \tag{9.34}$$

wobei $B(\lambda^*, \mu^*)$ und L_p die Mengen aus (8.30) und (9.15) sind. Dann gelten nach Lemma 8.7 die Eigenschaften 3°, 4° und 5° dieses Satzes. Analog zu (9.16)b läßt sich auch

$$\psi_\eta(\mathfrak{B}^*_\eta) = \mathfrak{B}^*_\mu \cap L_p \tag{9.35}$$

beweisen. Auf Grund von (9.34) und (9.35) erkennen wir, daß die Aussage 2° richtig ist. Im Satz 9.2 wird gesagt, daß die zulässige Parametermenge $\mathfrak{B}_\eta$ ein konvexes Polyeder darstellt. Das läßt sich natürlich auch für die zulässige Parametermenge $\mathfrak{B}^*_\eta$ zeigen, wodurch wegen Aussage 2° klar ist, daß die Menge $B(\nu^*, \eta^*)$ ein konvexes Polyeder darstellt. Die Menge $B(\nu^*, \eta^*)$ ist nicht leer, da η^* in ihr enthalten ist. ▮

Bei der parametrischen Aufgabe $P(\nu, \eta)$ aus (9.1) wählen wir nun im folgenden den Parameter $\nu = \nu^*$ fest und lassen $\eta \in E_p$ variabel. Wir erhalten auf diese Weise die parametrische Aufgabe $P(\nu^*, \eta)$. Um die Ergebnisse aus Kapitel 7 anwenden zu können, überführen wir den Restriktionsbereich $\mathfrak{M}(\nu^*)$ in eine entsprechende Form

$$\mathfrak{M}(\nu^*) = \{x \in E_n \mid A\,x \geqq b + B\,\nu^*,\ -A\,x \geqq -b - B\,\nu^*,\ x \geqq o\} .$$

▮ S. 9.10 *Es seien* $\begin{pmatrix}\nu^*\\ \eta^*\end{pmatrix} \in \mathfrak{A}_{\nu\eta}$ *beliebig und* $\mathfrak{A}_{\nu^*\eta}$ *die Lösbarkeitsmenge zu* $P(\nu^*, \eta)$; *es seien weiter die Mengen* $\mathfrak{A}^k_{\nu^*\eta}$ $(k = 1, \ldots, N^*)$ *die Einteilungspolyeder der eindeutigen Einteilung der Lösbarkeitsmenge* $\mathfrak{A}_{\nu^*\eta}$ *mit den Eigenschaften* 1° *bis* 9° *aus dem Satz* 7.6.[1]) *Dann haben wir für die Menge* $B(\nu^*, \eta^*)$ *zwei Fälle zu unterscheiden:*

1° *Falls es ein* $j^* \in \{1, \ldots, N^*\}$ *mit* $\eta^* \in \operatorname{int} \mathfrak{A}^{j^*}_{\nu^*\eta}$ *gibt, so stimmt die Menge* $B(\nu^*, \eta^*)$ *mit dem Einteilungspolyeder* $\mathfrak{A}^{j^*}_{\nu^*\eta}$ *überein.*

2° *Falls* η^* *zu einer d-dimensionalen (offenen) Seite* $S^{j^*}_\eta$ *eines Einteilungspolyeders* $\mathfrak{A}^{j^*}_{\nu^*\eta}$ *gehört, so gilt*

$$B(\nu^*, \eta^*) = \bar{S}^{j^*}_\eta .$$ ▮

Der Beweis erfolgt analog zum Beweis von Satz 9.8.

[1]) Das zum parametrischen Problem $P(\nu^*, \eta)$ gehörende duale Problem kann man wie üblich aufstellen.

B. 9.2 Aus Satz 9.8 und Satz 7.6 ergibt sich folgende Möglichkeit, die Menge $A(\boldsymbol{\nu}^*, \boldsymbol{\eta}^*)$ aus (9.12) zu berechnen:

Wir stellen zu dem linearen Optimierungsproblem $P(\boldsymbol{\nu}^*, \boldsymbol{\eta}^*)$ das zugehörige Dualproblem $D(\boldsymbol{\eta}^*, \boldsymbol{\nu}^*)$ auf, wobei

$$G(\boldsymbol{u}, \boldsymbol{\nu}^*) = (\boldsymbol{b} + \boldsymbol{B}\,\boldsymbol{\nu}^*)^T \boldsymbol{u}\,,$$

$$\mathfrak{N}(\boldsymbol{\eta}^*) = \{\boldsymbol{u} \in E_m \mid \boldsymbol{A}^T \boldsymbol{u} \geqq \boldsymbol{c} + \boldsymbol{C}\,\boldsymbol{\eta}^*\}$$

ist. Dann bestimmen wir für das Dualproblem eine optimale Ecke $\boldsymbol{u}^0$ des Polyeders $\mathfrak{N}(\boldsymbol{\eta}^*)$. Es seien $\boldsymbol{h}_i^0$ $(i = 1, \ldots, \varkappa_0)$ Vektoren in Richtung aller Kanten h_i^0 $(i = 1, \ldots, \varkappa_0)$ des Polyeders $\mathfrak{N}$, die von der Ecke $\boldsymbol{u}^0$ ausgehen. Dann bezeichnen wir nach (7.21)

$$\mathfrak{A}^0_{\nu o} = \left\{\boldsymbol{\nu} \in E_q \mid \sum_{r=1}^m h_{ir}^0 \left(\sum_{l=1}^q b_{lr}\,\nu_l\right) \geqq -\sum_{r=1}^m h_{ir}^0\, b_r,\ i = 1, \ldots, \varkappa_0\right\}.$$

Es sei

$$J^0 = \left\{i \in \{1, \ldots, \varkappa_0\} \mid \sum_{r=1}^m h_{ir}^0 \left(\sum_{l=1}^q b_{lr}\,\nu_l^*\right) = -\sum_{r=1}^m h_{ir}^0\, b_r\right\};$$

dann gilt

$$A(\boldsymbol{\nu}^*, \boldsymbol{\eta}^*) = \left\{\boldsymbol{\nu} \in E_q \mid \sum_{r=1}^m h_{ir}^0 \left(\sum_{l=1}^q b_{lr}\,\nu_l\right) = -\sum_{r=1}^m h_{ir}^0\, b_r,\ i \in J^0;\right.$$
$$\left.\sum_{r=1}^m h_{ir}^0 \left(\sum_{l=1}^q b_{lr}\,\nu_l\right) \geqq -\sum_{r=1}^m h_{ir}^0\, b_r,\ i \in \{1, \ldots, \varkappa_0\}\setminus J^0\right\}. \tag{9.37}$$

B. 9.3 Zur Berechnung der Menge $B(\boldsymbol{\nu}^*, \boldsymbol{\eta}^*)$ aus (9.13) können wir folgendes Vorgehen empfehlen: Man löst das lineare Optimierungsproblem $P(\boldsymbol{\nu}^*, \boldsymbol{\eta}^*)$ und bestimmt eine optimale Ecke $\boldsymbol{x}^0 \in \mathfrak{M}(\boldsymbol{\nu}^*)$. Dann werden alle Vektoren in Richtung der von der Ecke $\boldsymbol{x}^0$ ausgehenden Kanten k_s^0 $(s = 1, \ldots, \varrho_0)$ des Polyeders $\mathfrak{M}(\boldsymbol{\nu}^*)$ ermittelt. Mit Hilfe der Kantenvektoren $\boldsymbol{k}_s^0$ definieren wir die Menge

$$\mathfrak{A}^0_{o\eta} = \left\{\boldsymbol{\eta} \in E_p \mid \sum_{\alpha=1}^n k_{s\alpha}^0 \left(\sum_{k=1}^p c_{k\alpha}\,\eta_k\right) \leqq -\sum_{\alpha=1}^n k_{s\alpha}^0\, c_\alpha,\ s = 1, \ldots, \varrho_0\right\}.$$

Bezeichnen wir mit $\tilde{I}$ die folgende Indexmenge

$$\tilde{I} = \left\{s \in \{1, \ldots, \varrho_0\} \mid \sum_{\alpha=1}^n k_{s\alpha}^0 \left(\sum_{k=1}^p c_{k\alpha}\,\eta_k^*\right) = -\sum_{\alpha=1}^n k_{s\alpha}^0\, c_\alpha\right\},$$

dann besitzt die Menge $B(\boldsymbol{\nu}^*, \boldsymbol{\eta}^*)$ die Darstellung

$$B(\boldsymbol{\nu}^*, \boldsymbol{\eta}^*) = \left\{\boldsymbol{\eta} \in E_p \mid \sum_{\alpha=1}^n k_{s\alpha}^0 \left(\sum_{k=1}^p c_{k\alpha}\,\eta_k\right) = -\sum_{\alpha=1}^n k_{s\alpha}^0\, c_\alpha,\ s \in \tilde{I};\right.$$
$$\left.\sum_{\alpha=1}^n k_{s\alpha}^0 \left(\sum_{k=1}^p c_{k\alpha}\,\eta_k\right) \leqq -\sum_{\alpha=1}^n k_{s\alpha}^0 c_\alpha,\ s \in \{1, \ldots, \varrho_0\}\setminus\tilde{I}\right\}. \tag{9.38}$$

B. 9.4 Die Sätze 9.6 bis 9.10, in denen Eigenschaften der beiden Mengen $A(\nu^*, \eta^*)$ und $B(\nu^*, \eta^*)$ dargestellt sind, liefern gleichzeitig auf Grund der Beziehung

$$Q(\nu^*, \eta^*) = A(\nu^*, \eta^*) \times B(\nu^*, \eta^*)$$

(siehe Satz 9.5) eine Charakterisierung des zum Parameterpunkt $\begin{pmatrix}\nu^*\\ \eta^*\end{pmatrix} \in \mathfrak{A}_{\nu\eta}$ gehörenden lokalen Stabilitätsbereiches $Q(\nu^*, \eta^*)$. Die Bemerkungen 9.2 und 9.3 liefern uns außerdem eine Möglichkeit, einen lokalen Stabilitätsbereich zu bestimmen.

Im folgenden werden wir weitere Aussagen über den lokalen Stabilitätsbereich $Q(\nu^*, \eta^*)$ machen.

S. 9.11 *Der lokale Stabilitätsbereich* $Q(\nu^*, \eta^*)$ *aus* (9.11) *für den Parameterpunkt* $\begin{pmatrix}\nu^*\\ \eta^*\end{pmatrix} \in \mathfrak{A}_{\nu\eta}$ *besitzt die folgenden Eigenschaften:*

1° $Q(\nu, \eta) = Q(\nu^*, \eta^*)$, $\quad \begin{pmatrix}\nu\\ \eta\end{pmatrix} \in \operatorname{int} Q(\nu^*, \eta^*)$;

2° $\mathfrak{L}(\nu) = \mathfrak{M}_{\mathrm{opt}}(\nu, \eta)$, $\quad \begin{pmatrix}\nu\\ \eta\end{pmatrix} \in \operatorname{int} Q(\nu^*, \eta^*)$

(*hierbei ist* $\mathfrak{L}(\nu)$ *die Menge aus* (9.10));

3° $\dim \mathfrak{M}_{\mathrm{opt}}(\nu, \eta) = \dim \mathfrak{M}_{\mathrm{opt}}(\nu^*, \eta^*)$, $\quad \begin{pmatrix}\nu\\ \eta\end{pmatrix} \in \operatorname{int} Q(\nu^*, \eta^*)$;

4° *es sei* $I_{\nu\eta}(\nu^*, \eta^*)$ *die charakteristische Indexmenge zur Optimalmenge* $\mathfrak{M}_{\mathrm{opt}}(\nu^*, \eta^*)$; *die Menge* $I_{\nu\eta}(\nu^*, \eta^*)$ *ist die größte Indexmenge mit der Eigenschaft*

$$\mathfrak{L}(\nu) = \mathfrak{M}_{\mathrm{opt}}(\nu, \eta) = \{x \in \mathfrak{M}(\nu) \mid x_\alpha = 0,\ \alpha \in I_{\nu\eta}(\nu^*, \eta^*)\};$$

5° *das Innere des lokalen Stabilitätsbereiches* $Q(\nu^*, \eta^*)$ *ist die größte Menge mit den Eigenschaften* 2°, 3° *und* 4°;

6° *wenn* $\begin{pmatrix}\nu^0\\ \eta^0\end{pmatrix} \in Q(\nu^*, \eta^*)\setminus\operatorname{int} Q(\nu^*, \eta^*)$ *ist, so gelten die folgenden Aussagen:*

(a) *falls* $\nu^0 \in A(\nu^*, \eta^*)\setminus\operatorname{int} A(\nu^*, \eta^*)$, $\dim A(\nu^*, \eta^*) \geqq 1$ *und* $\eta^0 \in \operatorname{int} B(\nu^*, \eta^*)$ *sind, so folgt*

$$\mathfrak{L}(\nu^0) = \mathfrak{M}_{\mathrm{opt}}(\nu^0, \eta^0), \quad \dim \mathfrak{M}_{\mathrm{opt}}(\nu^0, \eta^0) \leqq \dim \mathfrak{M}_{\mathrm{opt}}(\nu^*, \eta^*),$$

$I_{\nu\eta}(\nu^0, \eta^0) \supset I_{\nu\eta}(\nu^*, \eta^*)$, *wobei* $I_{\nu\eta}(\nu^*, \eta^*)$ *die charakteristische Indexmenge zur Optimalmenge* $\mathfrak{M}_{\mathrm{opt}}(\nu^*, \eta^*)$ *ist;*

(b) *falls* $\nu^0 \in \operatorname{int} A(\nu^*, \eta^*)$, $\dim A(\nu^*, \eta^*) \geqq 1$ *und* $\eta^0 \in B(\nu^*, \eta^*)\setminus\operatorname{int} B(\nu^*, \eta^*)$ *sind, so gilt*

$$\mathfrak{L}(\nu^0) \subset \mathfrak{M}_{\mathrm{opt}}(\nu^0, \eta^0), \quad \dim \mathfrak{M}_{\mathrm{opt}}(\nu^0, \eta^0) > \dim \mathfrak{M}_{\mathrm{opt}}(\nu^*, \eta^*),$$

$I_{\nu\eta}(\nu^0, \eta^0) \subset I_{\nu\eta}(\nu^*, \eta^*)$,

7° *wenn* $(\boldsymbol{\nu}^1, \boldsymbol{\eta}^1) \in \mathfrak{A}_{\nu\eta} \backslash Q(\boldsymbol{\nu}^*, \boldsymbol{\eta}^*)$ *ist, so gilt entweder* $\mathfrak{L}(\boldsymbol{\nu}^1) \neq \emptyset$, $\mathfrak{L}(\boldsymbol{\nu}^1) \nsubseteq \mathfrak{M}_{\mathrm{opt}}(\boldsymbol{\nu}^1, \boldsymbol{\eta}^1)$ *oder* $\mathfrak{L}(\boldsymbol{\nu}^1) = \emptyset$; *ist* $(\boldsymbol{\nu}^1, \boldsymbol{\eta}^1) \in \operatorname{int} Q(\tilde{\boldsymbol{\nu}}, \tilde{\boldsymbol{\eta}})$ *mit* $Q(\tilde{\boldsymbol{\nu}}, \tilde{\boldsymbol{\eta}}) \neq Q(\boldsymbol{\nu}^*, \boldsymbol{\eta}^*)$, *so gilt*

$$I_{\nu\eta}(\boldsymbol{\nu}^1, \boldsymbol{\eta}^1) \nsubseteq I_{\nu\eta}(\tilde{\boldsymbol{\nu}}, \tilde{\boldsymbol{\eta}}) \qquad \text{und} \qquad I_{\nu\eta}(\boldsymbol{\nu}^1, \boldsymbol{\eta}^1) \nsupseteq I_{\nu\eta}(\tilde{\boldsymbol{\nu}}, \tilde{\boldsymbol{\eta}}) \,.$$ ▮

▮ Bws. Wenn wir die Beziehung (9.21) mit den Eigenschaften der Abbildung $\psi_{\nu\eta}$ aus Lemma 9.1 auf die Sätze 8.4 und 8.5 anwenden, erhalten wir ohne große Schwierigkeiten die Aussagen dieses Satzes. ▮

Wir geben nun eine notwendige und hinreichende Bedingung dafür an, daß ein Parameterpunkt $\begin{pmatrix}\boldsymbol{\nu}\\ \boldsymbol{\eta}\end{pmatrix}$ aus der Lösbarkeitsmenge $\mathfrak{A}_{\nu\eta}$ zu einem vorgegebenen lokalen Stabilitätsbereich $Q(\boldsymbol{\nu}^*, \boldsymbol{\eta}^*)$ gehört.

▮ S. 9.12 *Der Parameterpunkt* $\begin{pmatrix}\boldsymbol{\nu}\\ \boldsymbol{\eta}\end{pmatrix}$ *gehört genau dann zum lokalen Stabilitätsbereich* $Q(\boldsymbol{\nu}^*, \boldsymbol{\eta}^*)$, *wenn die Menge* $\mathfrak{L}(\boldsymbol{\nu})$ *nicht leer und das lineare Optimierungsproblem* $\max \{F(\boldsymbol{x}, \boldsymbol{\eta}) \mid \boldsymbol{x} \in \mathfrak{M}^*(\boldsymbol{\nu})\}$ *lösbar ist (hierbei sind* $\mathfrak{L}(\boldsymbol{\nu})$ *und* $\mathfrak{M}^*(\boldsymbol{\nu})$ *die Mengen aus* (9.10) *und* (9.24)). ▮

▮ Bws. Den Beweis kann man kurz führen, wenn man (9.21), (9.14) und Lemma 9.1 bei der entsprechenden notwendigen und hinreichenden Bedingung für das parametrische Problem $P(\boldsymbol{\lambda}, \boldsymbol{\mu})$, die in Lemma 8.4 dargestellt wurde, berücksichtigt. ▮

9.4. Einteilung der Lösbarkeitsmenge und Eigenschaften der Lösungsfunktion

In diesem Abschnitt werden wir zunächst den Einteilungssatz formulieren und dann in einem weiteren Satz Eigenschaften der Lösungsfunktion angeben.

▮ S. 9.13 *Die Lösbarkeitsmenge* $\mathfrak{A}_{\nu\eta}$ *sei mindestens zweielementig. Dann existiert eindeutig eine Einteilung der Lösbarkeitsmenge* $\mathfrak{A}_{\nu\eta}$ *in endlich viele konvexe Polyeder* $\mathfrak{A}^k_{\nu\eta}$ $(k = 1, \ldots, R;\ R \geqq 1)$ *mit den folgenden Eigenschaften:*

1° *Jedes Einteilungspolyeder* $\mathfrak{A}^k_{\nu\eta}$ *ist ein lokaler Stabilitätsbereich.*

2° *Jedem Einteilungspolyeder* $\mathfrak{A}^k_{\nu\eta}$ *ist eindeutig eine charakteristische Indexmenge* $I^k_{\nu\eta}$ *zugeordnet mit*

(a) $\mathfrak{L}^k(\boldsymbol{\nu}) = \mathfrak{M}_{\mathrm{opt}}(\boldsymbol{\nu}, \boldsymbol{\eta})\,, \qquad \begin{pmatrix}\boldsymbol{\nu}\\ \boldsymbol{\eta}\end{pmatrix} \in \operatorname{int} \mathfrak{A}^k_{\nu\eta}\,,$

(b) $\dim \mathfrak{M}_{\mathrm{opt}}(\boldsymbol{\nu}_1, \boldsymbol{\eta}_1) = \dim \mathfrak{M}_{\mathrm{opt}}(\boldsymbol{\nu}_2, \boldsymbol{\eta}_2)\,, \qquad \begin{pmatrix}\boldsymbol{\nu}_1\\ \boldsymbol{\eta}_1\end{pmatrix}, \begin{pmatrix}{}_2\boldsymbol{\nu}\\ \boldsymbol{\mu}_2\end{pmatrix} \in \operatorname{int} \mathfrak{A}^k_{\nu\eta}$

(hierbei hat $\mathfrak{L}^k(\boldsymbol{\nu})$ *die Bedeutung*

$$\mathfrak{L}^k(\boldsymbol{\nu}) = \{\boldsymbol{x} \in \mathfrak{M}(\boldsymbol{\nu}) \mid x_\alpha = 0,\ \alpha \in I^k_{\nu\eta}\}\,,$$

vergleiche auch (9.10)).

3° *Wenn wir*

$$(\mathfrak{N}^*(\boldsymbol{\eta}))^k = \Big\{\boldsymbol{u} \in E_m \mid \sum_{r=1}^{m} a_{r\alpha} u_r \geqq c_\alpha + \sum_{k=1}^{p} c_{k\alpha} \eta_k,\ \alpha \in I^k_{\nu\eta};$$

$$\sum_{r=1}^{m} a_{r\alpha} u_r = c_\alpha + \sum_{k=1}^{p} c_{k\alpha} \eta_k,\ \alpha \notin I^k_{\nu\eta}\Big\},$$ [1]

$$A^k_{\nu\eta} = \{\boldsymbol{\nu} \in E_q \mid \mathfrak{L}^k(\boldsymbol{\nu}) \neq \emptyset\}$$ [2]

und

$$B^k_{\nu\eta} = \{\boldsymbol{\eta} \in E_p \mid \mathfrak{N}^*(\boldsymbol{\eta}) \neq \emptyset\}$$ [3]

bezeichnen, so gilt

$$\mathfrak{A}^k_{\nu\eta} = A^k_{\nu\eta} \times B^k_{\nu\eta}\,.$$

4° *Für einen Punkt* $\begin{pmatrix}\boldsymbol{\nu}^0\\ \boldsymbol{\eta}^0\end{pmatrix} \in \mathfrak{A}^k_{\nu\eta} \backslash \operatorname{int} \mathfrak{A}^k_{\nu\eta}$ *gilt unter den zusätzlichen Voraussetzungen*

a) $\boldsymbol{\nu}^0 \in A^k_{\nu\eta} \backslash \operatorname{int} A^k_{\nu\eta}\,, \qquad \boldsymbol{\mu} \in \operatorname{int} B^k_{\nu\eta};$

$\mathfrak{L}^k(\boldsymbol{\nu}^0) = \mathfrak{M}_{\text{opt}}(\boldsymbol{\nu}^0, \boldsymbol{\eta}^0)\,,$

$\dim \mathfrak{M}_{\text{opt}}(\boldsymbol{\nu}^0, \boldsymbol{\eta}^0) \leqq \dim \mathfrak{M}_{\text{opt}}(\boldsymbol{\nu}, \boldsymbol{\eta})\,, \qquad \begin{pmatrix}\boldsymbol{\nu}\\ \boldsymbol{\eta}\end{pmatrix} \in \operatorname{int} \mathfrak{A}^k_{\nu\eta}\,,$

$I_{\nu\eta}(\boldsymbol{\nu}^0, \boldsymbol{\eta}^0) \supset I^k_{\nu\eta}$, *wobei* $I_{\nu\eta}(\boldsymbol{\nu}^0, \boldsymbol{\eta}^0)$ *die charakteristische Indexmenge zur Optimalmenge* $\mathfrak{M}_{\text{opt}}(\boldsymbol{\nu}^0, \boldsymbol{\eta}^0)$ *ist;*

b) $\boldsymbol{\nu}^0 \in \operatorname{int} A^k_{\nu\eta}\,, \qquad \boldsymbol{\eta}^0 \in B^k_{\nu\eta} \backslash \operatorname{int} B^k_{\nu\eta}$:

$\mathfrak{L}^k(\boldsymbol{\nu}^0) \subset \mathfrak{M}_{\text{opt}}(\boldsymbol{\nu}^0, \boldsymbol{\eta}^0)\,,$

$\dim \mathfrak{M}_{\text{opt}}(\boldsymbol{\nu}^0, \boldsymbol{\eta}^0) > \dim \mathfrak{M}_{\text{opt}}(\boldsymbol{\nu}, \boldsymbol{\eta})\,, \qquad \begin{pmatrix}\boldsymbol{\nu}\\ \boldsymbol{\eta}\end{pmatrix} \in \operatorname{int} \mathfrak{A}^k_{\nu\eta}\,,$

$I_{\nu\eta}(\boldsymbol{\nu}^0, \boldsymbol{\eta}^0) \subset I^k_{\nu\eta}\,.$

5° *Für einen Punkt* $\begin{pmatrix}\boldsymbol{\nu}^1\\ \boldsymbol{\eta}^1\end{pmatrix} \in \mathfrak{A}_{\nu\eta} \backslash \mathfrak{A}^k_{\nu\eta}$ *gilt entweder* $\mathfrak{L}^k(\boldsymbol{\nu}^1) \neq \emptyset$; $\mathfrak{L}^k(\boldsymbol{\nu}^1) \not\subseteq \mathfrak{M}_{\text{opt}}(\boldsymbol{\nu}^1, \boldsymbol{\eta}^1)$ *oder* $\mathfrak{L}^k(\boldsymbol{\nu}^1) = \emptyset$. *Wenn* $\begin{pmatrix}\boldsymbol{\nu}^1\\ \boldsymbol{\eta}^1\end{pmatrix} \in \operatorname{int} \mathfrak{A}^{k_1}_{\nu\eta}$ *mit* $k_1 \neq k$ *ist, so ist die charakteristische Indexmenge* $I^{k_1}_{\nu\eta}$ *nicht in der charakteristischen Indexmenge* $I^k_{\nu\eta}$ *enthalten und umgekehrt, d. h., es gilt*

$$I^{k_1}_{\nu\eta} \not\subseteq I^k_{\nu\eta}\,, \qquad I^{k_1}_{\nu\eta} \not\supseteq I^k_{\nu\eta}\,.$$

6° *Wenn* S^k *eine Seite*[4] *des Einteilungspolyeders bezeichnet und* $\begin{pmatrix}\hat{\boldsymbol{\nu}}\\ \hat{\boldsymbol{\eta}}\end{pmatrix}$ *ein beliebiger Punkt dieser Seite ist, so gilt*

$$\hat{\mathfrak{L}}(\boldsymbol{\nu}) = \mathfrak{M}_{\text{opt}}(\boldsymbol{\nu}, \boldsymbol{\eta})\,, \qquad (\boldsymbol{\nu}, \boldsymbol{\eta}) \in S^k\,,$$

$$\dim \mathfrak{M}_{\text{opt}}(\boldsymbol{\nu}, \boldsymbol{\eta}) = \dim \mathfrak{M}_{\text{opt}}(\hat{\boldsymbol{\nu}}, \hat{\boldsymbol{\eta}})\,, \qquad (\boldsymbol{\nu}, \boldsymbol{\eta}) \in S^k$$

---

[1]) Vergleiche (9.27).
[2]) Vergleiche (9.12).
[3]) Vergleiche (9.13), (9.29) und Satz 9.9, 2°.
[4]) Wir erinnern daran, daß eine Seite eines Polyeders offen ist, falls sie mindestens eindimensional ist (vgl. [152]).

(*hierbei ist*

$$\hat{\mathfrak{L}}(\boldsymbol{\nu}) = \{\boldsymbol{x} \in \mathfrak{M}(\boldsymbol{\nu}) \mid x_\alpha = 0,\ \alpha \in I_{\nu\eta}(\hat{\boldsymbol{\nu}}, \hat{\boldsymbol{\eta}})\}\ .$$ ▮

Der Beweis verläuft analog zum Beweis des Satzes 8.7.

▮ S. 9.14 *Die Lösungsfunktion* $\varphi(\boldsymbol{\nu}, \boldsymbol{\eta})$ *besitzt folgende Eigenschaften:*

1° *Die Lösbarkeitsmenge* $\mathfrak{A}_{\nu\eta}$ *ist der maximale Definitionsbereich der Lösungsfunktion.*

2° *Die Funktion* $\varphi(\boldsymbol{\nu}, \boldsymbol{\eta})$ *ist stetig über* $\mathfrak{A}_{\nu\eta}$.

3° *Es sei* $(\boldsymbol{\nu}^0, \boldsymbol{\eta}^0) \in \mathfrak{A}_{\nu\eta}$ *beliebig aber festgewählt. Dann ist die Funktion*

$$\varphi^1(\boldsymbol{\nu}) = \varphi(\boldsymbol{\nu}, \boldsymbol{\eta}^0)$$

konkav und stetig über der zulässigen Parametermenge $\mathfrak{B}_\nu$ *aus* (9.7), *und die Funktion*

$$\varphi^2(\boldsymbol{\eta}) = \varphi(\boldsymbol{\nu}^0, \boldsymbol{\eta})$$

ist konvex und stetig über der zulässigen Parametermenge $\mathfrak{B}_\eta$ *aus* (9.8).

4° *Zu jedem Einteilungspolyeder* $\mathfrak{A}^k_{\nu\eta}$ *gibt es eindeutig Zahlen* $d^k_{\alpha r}$ $(\alpha = 1, \ldots, n;$ $r = 1, \ldots, m)$ *in der Weise, daß*

$$\varphi(\boldsymbol{\nu}, \boldsymbol{\eta}) = \sum_{\alpha=1}^{n} \sum_{r=1}^{m} d^k_{\alpha r} \left(c_\alpha + \sum_{k=1}^{p} c_{k\alpha} \eta_k\right)\left(b_r + \sum_{l=1}^{q} b_{lr} \nu_l\right), \qquad \begin{pmatrix}\boldsymbol{\nu}\\ \boldsymbol{\eta}\end{pmatrix} \in \mathfrak{A}^k_{\nu\eta}$$

gilt, wobei die Zahlen $d^k_{r\alpha}$ *eindeutige Lösung des Gleichungssystems*

$$\sum_{\alpha=1}^{n} d^k_{r\alpha}\, a_{s\alpha} = \delta_{rs} \qquad (r, s = 1, \ldots, m)$$

sind. ▮

▮ Bws. Der Beweis ergibt sich unmittelbar aus Satz 8.8, wenn man den in der Einleitung zu diesem Kapitel dargestellten Zusammenhang der parametrischen Probleme $P(\boldsymbol{\nu}, \boldsymbol{\eta})$ und $P(\boldsymbol{\lambda}, \boldsymbol{\mu})$ beachtet. ▮

KAPITEL 10

MEHRPARAMETRISCHE LINEARE OPTIMIERUNG – GLEICHE PARAMETER IN DER ZIELFUNKTION UND IM RESTRIKTIONSVEKTOR

Wir untersuchen das folgende mehrparametrische Problem

$$P(\boldsymbol{t}): \quad \max \{F(\boldsymbol{x}, \boldsymbol{t}) \mid \boldsymbol{x} \in \mathfrak{M}(\boldsymbol{t})\}, \qquad \boldsymbol{t} \in E_s, \tag{10.1}$$

wobei

$$F(\boldsymbol{x}, \boldsymbol{t}) = \sum_{\alpha=1}^{n} \left(c_\alpha + \sum_{k=1}^{s} c_{k\alpha} t_k\right) x_\alpha$$

$$(= (\boldsymbol{c} + \boldsymbol{C}\,\boldsymbol{t})^T \boldsymbol{x}), \quad 1 \leqq s < m; \quad m < n \tag{10.2}$$

und

$$\mathfrak{M}(\boldsymbol{t}) = \Big\{\boldsymbol{x} \in E_n \mid \sum_{\alpha=1}^{n} a_{r\alpha} x_\alpha = b_r + \sum_{k=1}^{s} b_{kr} t_k, \ r = 1, \ldots, m;$$

$$x_\alpha \geqq 0, \ \alpha = 1, \ldots, n\Big\}$$

$$(= \{\boldsymbol{x} \in E_n \mid \boldsymbol{A}\,\boldsymbol{x} = \boldsymbol{b} + \boldsymbol{B}\,\boldsymbol{t}; \ \boldsymbol{x} \geqq \boldsymbol{o}\}) \tag{10.3}$$

ist. Wir setzen hier voraus, daß die Matrizen $\boldsymbol{C} = (c_{k\alpha})_{s,n}$ und $\boldsymbol{B} = (b_{kr})_{s,m}$ den maximalen Rang besitzen. Wir werden nun den Zusammenhang des parametrischen Problems $P(\boldsymbol{t})$ aus (10.1) mit dem parametrischen Problem $P(\boldsymbol{\lambda}, \boldsymbol{\mu})$ aus Kapitel 8 erläutern. Durch die lineare Transformation

$$\boldsymbol{\lambda} = \boldsymbol{b} + \boldsymbol{B}\,\boldsymbol{t}, \qquad \boldsymbol{\mu} = \boldsymbol{c} + \boldsymbol{C}\,\boldsymbol{t} \tag{10.4}$$

erhalten wir aus der parametrischen Aufgabe $P(\boldsymbol{\lambda}, \boldsymbol{\mu})$ das uns hier interessierende Problem $P(\boldsymbol{t})$. Wir bezeichnen mit ψ_t die durch (10.4) definierte lineare Abbildung des Raumes E_s in den Raum E_{m+n}. Es sei $\psi_t(E_s) = L_s$, d. h.

$$L_s = \left\{\begin{pmatrix}\boldsymbol{\lambda}\\ \boldsymbol{\mu}\end{pmatrix} \in E_{m+n} \mid \boldsymbol{\lambda} = \boldsymbol{b} + \boldsymbol{B}\,\boldsymbol{t}, \ \boldsymbol{\mu} = \boldsymbol{c} + \boldsymbol{C}\,\boldsymbol{t}, \ \boldsymbol{t} \in E_s\right\} \tag{10.5}$$

L. 10.1 *Die Abbildung ψ_t nach* (10.4) *hat folgende Eigenschaften:*

1° *ψ_t ist ein Isomorphismus des Raumes E_s auf den s-dimensionalen linearen Unterraum L_s aus* (10.5).

2° *ψ_t ist eine topologische Abbildung des Raumes E_s auf L_s.*

Wir werden in diesem Kapitel auf alle Beweise verzichten, da sie auf dem dargestellten Zusammenhang der beiden parametrischen Aufgaben beruhen. Dem Leser wurden in Kapitel 5, 7 und 9 bereits ähnliche Beweise vorgeführt. Die Sätze in diesem Kapitel ergeben sich aus den entsprechenden Sätzen des

Kapitels 8. Wir benutzen auch hier wieder die Begriffe einer Lösbarkeitsmenge $\mathfrak{A}_t$, einer Optimalmenge $\mathfrak{M}_{\text{opt}}(\boldsymbol{t})$ und einer Lösungsfunktion $\varphi(\boldsymbol{t})$. Das zu $P(\boldsymbol{t})$ gehörende duale parametrische Problem ist das folgende:

$$D(\boldsymbol{t}):\quad \min\,\{G(\boldsymbol{u}, \boldsymbol{t}) \mid \boldsymbol{u} \in \mathfrak{N}(\boldsymbol{t})\}\,, \qquad \boldsymbol{t} \in E_s \tag{10.6}$$

mit

$$G(\boldsymbol{u}, \boldsymbol{t}) = (\boldsymbol{b} + \boldsymbol{B}\,\boldsymbol{t})^T\,\boldsymbol{u}$$

und

$$\mathfrak{N}(\boldsymbol{t}) = \{\boldsymbol{u} \in E_m \mid \boldsymbol{A}^T\,\boldsymbol{u} \geqq \boldsymbol{c} + \boldsymbol{C}\,\boldsymbol{t}\}$$

Wir bezeichnen dann mit $\mathfrak{B}_t$ und $\hat{\mathfrak{B}}_t$ die zulässigen Parametermengen zu den Dualproblemen $P(\boldsymbol{t})$ und $D(\boldsymbol{t})$, d. h. die Mengen

$$\mathfrak{B}_t = \{\boldsymbol{t} \in E_s \mid \mathfrak{M}(\boldsymbol{t}) \neq \emptyset\}\,,$$
$$\hat{\mathfrak{B}}_t = \{\boldsymbol{t} \in E_s \mid \mathfrak{N}(\boldsymbol{t}) \neq \emptyset\}\,.$$

▌ S. 10.1 *Die zulässigen Parametermengen $\mathfrak{B}_t$ und $\hat{\mathfrak{B}}_t$ sowie die Lösbarkeitsmenge $\mathfrak{A}_t$ sind konvexe Polyeder im Parameterraum E_s, und es gilt*

$$\mathfrak{A}_t = \mathfrak{B}_t \cap \hat{\mathfrak{B}}_t\,.$$ ▌

Wir geben nun eine Möglichkeit an, die zulässigen Parametermengen $\mathfrak{B}_t$ und $\hat{\mathfrak{B}}_t$ und damit die Lösbarkeitsmenge $\mathfrak{A}_t$ zu berechnen.

▌ S. 10.2 1° *Es seien $\boldsymbol{h}^l$ $(l = 1, \ldots, R)$ von $\boldsymbol{o}$ ausgehende Vektoren in Richtung aller Kanten h^l $(l = 1, \ldots, R)$ des polyedrischen Kegels*

$$^*\mathfrak{B}_\lambda = \left\{\boldsymbol{\lambda} \in E_m \mid \sum_{r=1}^{m} a_{r\alpha}\,\lambda_r \leqq 0,\ \alpha = 1, \ldots, n\right\}.$$

Die zulässige Parametermenge $\mathfrak{B}_t$ läßt sich dann durch

$$\mathfrak{B}_t = \left\{\boldsymbol{t} \in E_s \mid \sum_{r=1}^{m} h_r^l\left(\sum_{k=1}^{s} b_{kr}\,t_k\right) \leqq -\sum_{r=1}^{m} h_r^l\,b_r,\ l = 1, \ldots, R\right\}$$

beschreiben.

2° *Es seien $\boldsymbol{k}^g$ $(g = 1, \ldots, T)$ von $\boldsymbol{o}$ ausgehende Vektoren in Richtung aller Kanten des Kegels*

$$^*\mathfrak{B}_\mu = \left\{\boldsymbol{\mu} \in E_n \mid \sum_{\alpha=1}^{n} a_{r\alpha}\,\mu_\alpha = 0,\ r = 1, \ldots, m;\ \mu_\alpha \geqq 0,\ \alpha = 1, \ldots, n\right\}.$$

Dann besitzt die zulässige Parametermenge $\hat{\mathfrak{B}}_t$ die Darstellung

$$\hat{\mathfrak{B}}_t = \left\{\boldsymbol{t} \in E_s \mid \sum_{\alpha=1}^{n} k_\alpha^g\left(\sum_{k=1}^{s} c_{k\alpha}\,t_k\right) \leqq -\sum_{\alpha=1}^{n} k_\alpha^g\,c_\alpha,\ g = 1, \ldots, T\right\}.$$ ▌

Es sei nun $\boldsymbol{t}^* \in \mathfrak{A}_t$ beliebig fixiert und $\mathfrak{M}_{\text{opt}}(\boldsymbol{t}^*)$ die zugehörige Optimalmenge. Dann ist $\mathfrak{M}_{\text{opt}}(\boldsymbol{t}^*)$ eindeutig eine charakteristische Indexmenge $I_t(\boldsymbol{t}^*)$

zugeordnet. Wir bezeichnen wie in den Kapiteln 4, 8 und 9 die folgenden Mengen:

$$\mathfrak{L}(\boldsymbol{t}) = \{\boldsymbol{x} \in \mathfrak{M}(\boldsymbol{t}) \mid x_\alpha = 0,\ \alpha \in I_t(\boldsymbol{t}^*)\}\,,$$

$$Q_t(\boldsymbol{t}^*) = \{\boldsymbol{t} \in E_s \mid \emptyset \neq \mathfrak{B}(\boldsymbol{t}) \subseteq \mathfrak{M}_{\text{opt}}(\boldsymbol{t})\}\,.$$

Die Menge $Q(\boldsymbol{t}^*)$ nennen wir dann den lokalen Stabilitätsbereich des Parameterpunktes $\boldsymbol{t}^* \in \mathfrak{A}_t$. Im folgenden Satz, der gleichzeitig der Hauptsatz dieses Kapitels ist, wird die Existenz einer eindeutigen Einteilung der Lösbarkeitsmenge $\mathfrak{A}_t$ in endlich viele lokale Stabilitätsbereiche hervorgehoben.

▌ S. 10.3 *Die Lösbarkeitsmenge $\mathfrak{A}_t$ sei mindestens zweielementig. Dann existiert eindeutig eine Einteilung der Lösbarkeitsmenge $\mathfrak{A}_t$ in endlich viele konvexe Polyeder $\mathfrak{A}_t^k$ $(k = 1, \ldots, S;\ S \geqq 1)$ mit den folgenden Eigenschaften:*

1° *Jedes Einteilungspolyeder $\mathfrak{A}_t^k$ ist ein lokaler Stabilitätsbereich.*

2° *Jedem Einteilungspolyeder $\mathfrak{A}_t^k$ ist eindeutig eine charakteristische Indexmenge I_t^k zugeordnet mit*

a) $\mathfrak{M}_{\text{opt}}(\boldsymbol{t}) = \{\boldsymbol{x} \in \mathfrak{M}(\boldsymbol{t}) \mid x_\alpha = 0,\ \alpha \in I_t^k\}\,, \qquad \boldsymbol{t} \in \operatorname{int} \mathfrak{A}_t^k;$

b) $\dim \mathfrak{M}_{\text{opt}}(\boldsymbol{t}^1) = \dim \mathfrak{M}_{\text{opt}}(\boldsymbol{t}^2)\,, \qquad \boldsymbol{t}^1, \boldsymbol{t}^2 \in \operatorname{int} \mathfrak{A}_t^k\,.$

3° *Wenn $\boldsymbol{t}^1 \in \operatorname{int} \mathfrak{A}_t^{k_1}$ mit $k_1 \in \{1, \ldots, S\}$ und $k_1 \neq k$ ist, so gilt*

$$I_t^{k_1} \not\subseteq I_t^k\,, \qquad I_t^{k_1} \not\supseteq I_t^k$$

(hierbei ist $I_t^{k_1}$ die charakteristische Indexmenge, die dem Einteilungsbereich $\mathfrak{A}_t^{k_1}$ eineutig zugeordnet ist). ▌

In einem weiteren Satz werden wir Aussagen über die Lösungsfunktion

$$\varphi(\boldsymbol{t}) = \max_{\boldsymbol{x} \in \mathfrak{M}(\boldsymbol{t})} F(\boldsymbol{x}, (\boldsymbol{t})$$

machen.

▌ S. 10.4 *Die Lösungsfunktion $\varphi(\boldsymbol{t})$ besitzt folgende Eigenschaften:*

1° *Die Lösbarkeitsmenge $\mathfrak{A}_t$ ist der maximale Definitionsbereich der Lösungsfunktion.*

2° *Die Lösungsfunktion ist stetig über $\mathfrak{A}_t$.*

3° *Zu jedem Einteilungspolyeder $\mathfrak{A}_t^k$ gehören eindeutig Zahlen $h_{\alpha r}^k$ $(\alpha = 1, \ldots, n;\ r = 1, \ldots, m)$ derart, daß die Lösungsfunktion über $\mathfrak{A}_t^k$ die Darstellung*

$$\varphi(\boldsymbol{t}) = \sum_{\alpha=1}^{n} \sum_{r=1}^{m} h_{\alpha r}^k \left(c_\alpha + \sum_{k=1}^{s} c_{k\alpha}\, t_k\right)\left(b_r + \sum_{k=1}^{s} b_{kr}\, t_k\right)$$

besitzt. Die Zahlen $h_{\alpha r}^s$ genügen dem Gleichungssystem

$$\sum_{\alpha=1}^{n} h_{\alpha r}^k\, a_{s\alpha} = \delta_{rs} \qquad (r, s = 1, \ldots, m)\,.$$ ▌

KAPITEL 11

LÖSUNGSVERFAHREN FÜR MEHRPARAMETRISCHE LINEARE OPTIMIERUNGSPROBLEME

Die theoretischen Untersuchungen der vorangegangenen Kapitel haben insbesondere gezeigt, wie man aus den Resultaten für die Probleme $P(\boldsymbol{\lambda}, \boldsymbol{o})$, $P(\boldsymbol{o}, \boldsymbol{\mu})$ und $P(\boldsymbol{\lambda}, \boldsymbol{\mu})$ alle wichtigen Ergebnisse bei spezieller Wahl der Parameterabhängigkeit erhalten kann. Hat man daher Algorithmen zur Bestimmung der Einteilungskegel und der zugehörenden Optimalmengen, so liefern diese Verfahren gleichzeitig die entsprechenden Mengen bei spezieller Parameterabhängigkeit. Wir werden uns daher im wesentlichen auf Lösungsverfahren für die Probleme $P(\boldsymbol{\lambda}, \boldsymbol{o})$, $P(\boldsymbol{o}, \boldsymbol{\mu})$ $P(\boldsymbol{\lambda}, \boldsymbol{\mu})$ beschränken, für deren Begründung jedoch einige Voruntersuchungen erforderlich sind, die in einer passenden Form dargelegt werden sollen.

11.1. Über polyedrische Kegel und konvexe Polyeder

Wir bringen hier zunächst einige mehr oder minder bekannte Aussagen über polyedrische Kegel und konvexe Polyeder, soweit sie für die Begründung der Lösungsverfahren wichtig sind. Ziel dieses Abschnittes ist es, die bekannten Darstellungssätze für polyedrische Kegel und konvexe Polyeder zu beweisen. Als Ausgangspunkt wählen wir einen polyedrischen Kegel im E_n:

$$\mathfrak{K} = \left\{\boldsymbol{x} \in E_n \mid x_\alpha = \sum_{r=1}^{m} a_{r\alpha}\, u_r,\ \alpha = 1, \ldots, n;\ u_r \geqq 0,\ r = 1, \ldots, m\right\},$$

der die Dimension $p = \operatorname{rang} \boldsymbol{A}$ $(\boldsymbol{A} = (a_{r\alpha})_{m,n})$ hat.

D. 11.1 Der Halbraum

$$H^- = \left\{\boldsymbol{x} \in E_n \mid \sum_{\alpha=1}^{n} a_\alpha x_\alpha \leqq a_0\right\} \qquad \left(\sum_{\alpha=1}^{n} |a_\alpha| > 0\right)$$

heißt *Stützraum* für das konvexe Polyeder

$$\mathfrak{M} = \left\{\boldsymbol{x} \in E_n \mid \sum_{\alpha=1}^{n} a_{r\alpha}\, x_\alpha \leqq b_r,\ r = 1, \ldots, m\right\},$$

falls $\mathfrak{M} \cap H^- = \mathfrak{M}$ gilt, d. h. falls alle Lösungen von

$$\sum_{\alpha=1}^{n} a_{r\alpha}\, x_\alpha \leqq b_r\,, \qquad r = 1, \ldots, m\,, \tag{11.1}$$

die Ungleichung

$$\sum_{\alpha=1}^{n} a_\alpha x_\alpha \leqq a_0 \tag{11.2}$$

erfüllen.

Der Stützraum H^- heißt *äußerster Stützraum* von $\mathfrak{M}$, falls (11.2) für $p - 1$ linear unabhängige Lösungen von (11.1) als Gleichung erfüllt ist; hierin ist $p = \operatorname{rang} \boldsymbol{A}$. Dabei soll H^- *äußerster Stützraum erster Art* von $\mathfrak{M}$ heißen, wenn p linear unabhängige Lösungen von (11.1) die Ungleichung (11.2) in eine Gleichung überführen; andernfalls heiße H^- *äußerster Stützraum zweiter Art*. Zwei äußerste Stützräume zweiter Art sehen wir als ***gleich*** an, wenn sich die sie definierenden Ungleichungen für $p - 1$ linear unabhängige Lösungen von (11.1) gleichzeitig in Gleichungen verwandeln. ▮

Geometrisch gesprochen bedeutet diese Definition folgendes: Stützräume sind alle jene Halbräume in E_n, in denen das Polyeder $\mathfrak{M}$ liegt. Im Rand der äußersten Stützräume von $\mathfrak{M}$ liegen die Randseiten größter Dimension von $\mathfrak{M}$.

Für $p = n$ würde (11.2) als definierende Ungleichung für einen äußersten Stützraum erster Art für n linear unabhängige Vektoren in eine Gleichung übergehen, was wegen $\sum_{\alpha=1}^{n} |a_\alpha| > 0$ unmöglich ist. Also hat $\mathfrak{M}$ in diesem Falle keine äußersten Stützräume erster Art. Andererseits ist klar, daß $\mathfrak{M}$ höchstens endlich viele verschiedene äußerste Stützräume zweiter Art besitzen kann.

▮ L. 11.1 *Wenn* $p \geqq 2$ und *die Ungleichung*

$$\sum_{\alpha=1}^{n} z_\alpha x_\alpha \leqq 0 \qquad \left(\sum_{\alpha=1}^{n} |z_\alpha| > 0\right) \tag{11.3}$$

mit

$$z_\alpha = \sum_{r=1}^{m} a_{r\alpha} u_r\,, \qquad \alpha = 1, \ldots, n\,,$$

(bei festem $\boldsymbol{u} \in E_m$*) keinen Stützraum für die Lösungsmenge des Systems*

$$\sum_{\alpha=1}^{n} a_{r\alpha} x_\alpha \leqq 0\,, \qquad r = 1, \ldots, m\,, \tag{11.4}$$

definiert, so existiert eine Lösung $\boldsymbol{x}^0$ *von* (11.4), *die* (11.3) *nicht erfüllt, aber zu* $p - 1$ *linear unabhängigen Zeilenvektoren der Matrix* $\boldsymbol{A} = (a_{r\alpha})_{m,n}$ *orthogonal ist, d. h.* $p - 1$ *linear unabhängige Ungleichungen von* (11.4) *in Gleichungen verwandelt.* ▮

▮ Bws. Nach Voraussetzung existiert eine Lösung $\boldsymbol{x}^* \in E_n$ von (11.4), die (11.3) nicht erfüllt. Damit ist aber $\boldsymbol{x}^* \neq \boldsymbol{o}$ und das System

$$\sum_{\alpha=1}^{n} a_{r\alpha} x_\alpha \leqq 0\,, \qquad r = 1, \ldots, m; \qquad -\sum_{\alpha=1}^{n} z_\alpha x_\alpha \leqq -\frac{1}{2} \sum_{\alpha=1}^{n} z_\alpha x_\alpha^* \tag{11.5}$$

lösbar ($\boldsymbol{x}^*$ ist Lösung); die Lösungsmenge ist ein konvexes Polyeder, das mindestens eine $(n-p)$-dimensionale Randseite $S^{(n-p)}$ als Randseite kleinster Dimension besitzt[1]). Es sei $\boldsymbol{x}^0 \in S^{(n-p)}$; dann müssen p linear unabhängige Ungleichungen des Systems (11.5) für $\boldsymbol{x} = \boldsymbol{x}^0$ in Gleichungen übergehen. Es sei (o. B. d. A.)

$$\sum_{\alpha=1}^{n} a_{r\alpha}\, x_\alpha \leqq 0\,, \qquad r = 1, \ldots, q\,, \tag{11.6}$$

das maximale Teilsystem aus (11.4), dessen sämtliche Ungleichungen sich für $\boldsymbol{x} = \boldsymbol{x}^0$ in Gleichungen verwandeln. Angenommen, die Koeffizientenmatrix $\boldsymbol{A}^0$ von (11.6) hat den Rang p. Dann läßt sich $\boldsymbol{z}$ aus (11.3) auch als Linearkombination der Zeilenvektoren von $\boldsymbol{A}^0$ darstellen:

$$z_\alpha = \sum_{r=1}^{q} a_{r\alpha}\, u_r^0\,, \qquad \alpha = 1, \ldots, n\,,$$

und wir erhalten daraus nach (11.5)

$$0 \geqq \frac{1}{2}\sum_{\alpha=1}^{n} z_\alpha x_\alpha^* - \sum_{\alpha=1}^{n} z_\alpha x_\alpha^0 = \frac{1}{2}\sum_{\alpha=1}^{n} x_\alpha^* z_\alpha - \sum_{\alpha=1}^{n}\sum_{r=1}^{q} a_{r\alpha}\, x_\alpha^0\, u_r^0 = \frac{1}{2}\sum_{\alpha=1}^{n} z_\alpha x_\alpha^*$$

was wegen

$$\sum_{\alpha=1}^{n} z_\alpha x_\alpha^* > 0$$

unmöglich ist. Somit muß rang $\boldsymbol{A}^0 = p - 1$ sein. ▌

▌ L. 11.2 *Jeder n-dimensionale polyedrische Kegel $\mathfrak{K} \subset E_n$ ist Durchschnitt seiner (endlich vielen) äußersten Stützräume.* ▌

▌ Bws. Es sei

$$\mathfrak{K} = \left\{\boldsymbol{x} \in E_n \mid x_\alpha = \sum_{r=1}^{m} a_{r\alpha}\, u_r,\ \alpha = 1, \ldots, n;\ u_r \geqq 0,\ r = 1, \ldots, m\right\}$$

und $\boldsymbol{c} \in E_n$ ($\boldsymbol{c} \neq \boldsymbol{o}$), $\boldsymbol{c} \notin \mathfrak{K}$. Nach dem Satz von Farkas ist das System

$$\sum_{\alpha=1}^{n} a_{r\alpha}\, x_\alpha \leqq 0\,, \qquad r = 1, \ldots, m; \qquad \sum_{\alpha=1}^{n} c_\alpha x_\alpha > 0$$

lösbar, d. h. der Halbraum

$$H^- = \left\{\boldsymbol{x} \in E_n \mid \sum_{\alpha=1}^{n} c_\alpha x_\alpha \leqq 0\right\}$$

ist kein Stützraum für die Lösungsmenge von (11.4).
Nach Lemma 11.1 existiert eine Lösung $\boldsymbol{x}^0 \neq \boldsymbol{o}$ von (11.4), und es läßt sich zeigen, daß

$$\sum_{\alpha=1}^{n} x_\alpha^0 x_\alpha \leqq 0$$

[1]) Da $p = \operatorname{rang} \boldsymbol{A}$ und $z_\alpha = \sum_{r=1}^{m} a_{r\alpha}\, u_r$, $\alpha = 1, \ldots, n$, sind.

einen äußersten Stützraum von $\mathfrak{K}$ definiert, der wegen

$$\sum_{\alpha=1}^{n} x_\alpha^0 c_\alpha > 0$$

den Punkt $\boldsymbol{c}$ nicht enthält. Da $\boldsymbol{c}$ beliebig ($\boldsymbol{c} \notin \mathfrak{K}$) war, muß $\mathfrak{K}$ Durchschnitt seiner äußersten Stützräume sein, ihre Anzahl ist offenbar endlich. ▮

▮ L. 11.3 *Jeder p-dimensionale polyedrische Kegel $\mathfrak{K} \subset E_n$ hat äußerste Stützräume. Aus ihnen kann man endlich viele auswählen, deren Durchschnitt den Kegel $\mathfrak{K}$ liefert.* ▮

▮ Bws. Es sei R der minimale lineare Unterraum von E_n, in dem der Kegel $\mathfrak{K}$ liegt; offenbar ist $\dim \mathfrak{K} = \dim R = p$. Der Unterraum R kann durch $n - p$ linear unabhängige Hyperebenen erzeugt werden:

$$R = \left\{\boldsymbol{x} \in E_n \mid \sum_{\alpha=1}^{n} y_\alpha^i x_\alpha = 0,\ i = 1, \ldots, n - p\right\}.$$

Jedes $\boldsymbol{y}^i$ definiert dabei[1]) einen äußersten Stützraum erster Art von $\mathfrak{K}$. Im Falle $R = \mathfrak{K}$ folgt daraus bereits die Behauptung. Sei daher $\mathfrak{K} \subset R$; wir wenden Lemma 11.2 auf R an: Man kann die echte Teilmenge $\mathfrak{K}$ von R als Durchschnitt einer endlichen Anzahl von verschiedenen äußersten Stützräumen in R darstellen; diese lassen sich offensichtlich zu verschiedenen äußersten Stützräumen zweiter Art von $\mathfrak{K}$ in E_n erweitern; die Vektoren $\boldsymbol{x}^1, \ldots, \boldsymbol{x}^h$ mögen diese Stützräume definieren. Wir erhalten somit

$$\mathfrak{K} = \left\{\boldsymbol{x} \in E_n \mid \sum_{\alpha=1}^{n} y_\alpha^i x_\alpha = 0,\ i = 1, \ldots, n - p;\right.$$
$$\left.\sum_{\alpha=1}^{n} x_\alpha^i x_\alpha \leqq 0,\ i = 1, \ldots, h\right\},$$

womit die verlangte Darstellung gefunden ist. ▮

▮ L. 11.4 *Das System* (11.4) *mit* rang $\boldsymbol{A} = p$ *ist genau dann nur trivial lösbar, wenn der Kegel $\mathfrak{K}$ mit dem ganzen Raum E_n zusammenfällt.*

▮ Bws. Hat bei $\mathfrak{K} = E_n$ das System (11.4) eine nichttriviale Lösung $\boldsymbol{x}^0$, so gilt (da $\mathfrak{K}$ der Polarkegel des in (11.4) beschriebenen Kegels ist)

$$\mathfrak{K} \subseteq \left\{\boldsymbol{x} \in E_n \mid \sum_{\alpha=1}^{n} x_\alpha^0 x_\alpha \leqq 0\right\},$$

was unmöglich ist. Sei $\mathfrak{K} \neq E_n$; dann existiert nach Lemma 11.3 ein $\boldsymbol{c} \neq \boldsymbol{o}$ mit

$$\mathfrak{K} \subseteq \left\{\boldsymbol{x} \in E_n \mid \sum_{\alpha=1}^{n} c_\alpha x_\alpha \leqq 0\right\}.$$

[1]) Wegen $\mathfrak{K} \subseteq R$.

Da sämtliche Zeilenvektoren der Matrix $\boldsymbol{A}$ zu $\mathfrak{K}$ gehören, folgt daraus

$$\sum_{\alpha=1}^{n} a_{r\alpha} c_\alpha \leqq 0\,, \qquad r = 1, \ldots, m\,,$$

d. h., $\boldsymbol{c}$ ist Lösung von (11.4). ∎

Bekanntlich definiert man den Polarkegel $\mathfrak{K}^*$ eines Kegels $\mathfrak{K}$ mit einem Scheitel in $\boldsymbol{o} \in E_n$ durch

$$\mathfrak{K}^* = \left\{\boldsymbol{y} \in E_n \mid \sum_{\alpha=1}^{n} y_\alpha x_\alpha \leqq \boldsymbol{o} \text{ für alle } \boldsymbol{x} \in \mathfrak{K}\right\},$$

d. h. wenn wir die Ausgangsdarstellung von $\mathfrak{K}$ berücksichtigen:

$$\begin{aligned}\mathfrak{K}^* &= \left\{\boldsymbol{y} \in E_n \mid \sum_{r=1}^{m} \sum_{\alpha=1}^{n} a_{r\alpha} y_\alpha u_r \leqq 0 \text{ für alle } \boldsymbol{u} \geqq \boldsymbol{o}\right\} \\ &= \left\{\boldsymbol{y} \in E_n \mid \sum_{\alpha=1}^{n} a_{r\alpha} y_\alpha \leqq 0,\ r = 1, \ldots, m\right\};\end{aligned}$$

also ist $\mathfrak{K}^*$ die Lösungsmenge von (11.4).

Nach dem Satz von FARKAS lautet der Polarkegel $\mathfrak{K}^{**}$ von $\mathfrak{K}^*$

$$\begin{aligned}\mathfrak{K}^{**} &= \left\{\boldsymbol{x} \in E_n \mid \sum_{\alpha=1}^{n} y_\alpha x_\alpha \leqq 0 \text{ für alle } \boldsymbol{y} \in \mathfrak{K}^*\right\} \\ &= \left\{\boldsymbol{x} \in E_n \mid x_\alpha = \sum_{r=1}^{m} a_{r\alpha} u_r,\ \alpha = 1, \ldots, n;\ \boldsymbol{u} \geqq \boldsymbol{o}\right\},\end{aligned}$$

d. h. $\mathfrak{K} = \mathfrak{K}^{**}$. Betrachten wir nun mit den Bezeichnungen aus dem Beweis von Lemma 11.3 den Kegel

$$\tilde{\mathfrak{K}} = \left\{\boldsymbol{x} \in E_n \mid \boldsymbol{x} = \sum_{i=1}^{n-p} q_i \boldsymbol{y}^i + \sum_{k=1}^{h} p_k \boldsymbol{x}^k,\ p_k \geqq 0,\ k = 1, \ldots, h\right\}.$$

Mit Anwendung von Lemma 11.3 erhalten wir

$$\tilde{\mathfrak{K}}^* = \mathfrak{K}$$

und daraus wegen $\tilde{\mathfrak{K}}^{**} = \tilde{\mathfrak{K}}$

$$\tilde{\mathfrak{K}} = \mathfrak{K}^*\,.$$

Erinnern wir uns an die Definition der $\boldsymbol{y}^i$ und $\boldsymbol{x}^k$: Die Vektoren $\boldsymbol{y}^1, \ldots, \boldsymbol{y}^{n-p}$ sind linear unabhängig und jedes $\boldsymbol{y}^i$ ist orthogonal zu p linear unabhängigen Zeilenvektoren der Matrix $\boldsymbol{A} = (a_{r\alpha})_{m,n}$ vom Range p; also gilt

$$\sum_{\alpha=1}^{n} a_{r\alpha} y_\alpha^i = 0\,, \qquad r = 1, \ldots, m; \qquad i = 1, \ldots, n-p\,.$$

Die Vektoren $\boldsymbol{x}^k$ definieren äußerste Stützräume zweiter Art und sind daher orthogonal zu $p - 1$ linear unabhängigen Zeilenvektoren der Matrix $\boldsymbol{A}$ aber nicht zu p linear unabhängigen Zeilenvektoren. Anders ausgedrückt: Die Vektoren $\boldsymbol{y}^i$ ($i = 1, \ldots, n - p$), welche ein maximales System linear unabhängiger äußerster Stützräume erster Art von $\mathfrak{K}$ definieren, stellen eine Basis des maximalen linearen Unterraumes von E_n dar, der in dem Polarkegel $\mathfrak{K}^*$ von $\mathfrak{K}$ liegt. Die Vektoren $\boldsymbol{x}^k$ ($k = 1, \ldots, h$), die ein maximales System verschiedener äußerster Stützräume zweiter Art von $\mathfrak{K}$ definieren, sind sämtliche (verschiedenen) Vektoren in Richtung der Kanten von $\mathfrak{K}^*$ bezüglich des maximalen Unterraumes in $\mathfrak{K}^*$. Für $p = n$ existieren — wie oben bemerkt — keine äußersten Stützräume erster Art für $\mathfrak{K}$ und die $\boldsymbol{x}^k$ sind daher die (verschiedenen) Vektoren in Richtung der Kanten von $\mathfrak{K}^*$. Diese Überlegungen geben zu folgender Definition Anlaß.

Es sei

$$\sum_{\alpha=1}^{n} a_{r\alpha} x_\alpha \leqq 0\,, \qquad r = 1, \ldots, m \tag{11.7}$$

ein System, dessen Koeffizientenmatrix $\boldsymbol{A}$ den Rang p ($p > 0$) haben möge.

▌ D. 11.2 Ein Vektor $\boldsymbol{x}^0 \in E_n$ als Lösung von (11.7), der orthogonal zu p linear unabhängigen Zeilenvektoren der Matrix $\boldsymbol{A}$ ist, heiße *unwesentliche Lösung*.[1])

Ein Vektor $\boldsymbol{x}^0 \in E_n$, der keine unwesentliche Lösung von (11.7) aber orthogonal zu $p - 1$ linear unabhängigen Zeilenvektoren der Matrix $\boldsymbol{A}$ ist, heiße *Fundamentallösung*. Zwei Fundamentallösungen $\boldsymbol{x}^1, \boldsymbol{x}^2$ sehen wir als verschieden an, wenn sie nicht zu den gleichen $p - 1$ linear unabhängigen Zeilenvektoren von $\boldsymbol{A}$ orthogonal sind. Ein maximales System verschiedener Fundamentallösungen heiße *Fundamentalsystem*. ▌

Die obigen Überlegungen fassen wir zu einem Satz zusammen.

▌ S. 11.1 *Jedes System* (11.7) *mit wesentlichen Lösungen hat auch Fundamentallösungen. Jede Lösung des Systems ist in der Form*

$$\boldsymbol{x} = \bar{\boldsymbol{x}} + \sum_{k=1}^{h} p_k \boldsymbol{x}^k \qquad (p_k \geqq 0\,, \qquad k = 1, \ldots, h)$$

darstellbar, wo $\{\boldsymbol{x}^1, \ldots, \boldsymbol{x}^h\}$ *ein Fundamentalsystem von* (11.7) *bilden möge und* $\bar{\boldsymbol{x}}$ *unwesentliche Lösung ist. Die Elemente zweier Fundamentalsysteme stimmen bis auf positive Faktoren und additive Glieder* $\bar{\boldsymbol{x}}$, *die unwesentliche Lösungen sind, überein.* ▌

▌ Bws. Jede Fundamentallösung definiert einen äußersten Stützraum zweiter Art des Kegels $\mathfrak{K}$ und umgekehrt; damit folgen die ersten beiden Behauptungen aus Lemma 11.3 und der oben abgeleiteten Relation: $\tilde{\mathfrak{K}} = \mathfrak{K}^*$. Wir zeigen noch die letzte Behauptung. Dazu sei $\boldsymbol{x}^0$ eine beliebige Fundamentallösung von (11.7).

---

[1]) Offenbar gilt für $\boldsymbol{x}^0$: $\sum_{\alpha=1}^{n} a_{r\alpha} x_\alpha^0 = 0$, $r = 1, \ldots, m$.

Zunächst ist

$$\boldsymbol{x}^0 = \sum_{i=1}^{n-p} q_i^0 \boldsymbol{y}^i + \sum_{k=1}^{h} p_k^0 \boldsymbol{x}^k , \qquad p_k^0 \geqq 0 , \qquad k = 1, \ldots, h .$$

Sei (o. B. d. A.)

$$\sum_{\alpha=1}^{n} a_{r\alpha} x_\alpha \leqq 0 , \qquad r = 1, \ldots, m^0$$

das zugeordnete größte Teilsystem aus (11.7), zu dessen Zeilenvektoren $\boldsymbol{a}^1, \ldots, \boldsymbol{a}^{m^0}$ der Vektor $\boldsymbol{x}^0$ orthogonal ist. Wir erhalten

$$0 = \boldsymbol{a}^{rT} \boldsymbol{x}^0 = \sum_{i=1}^{n-p} q_i^0 \boldsymbol{a}^{rT} \boldsymbol{y}^i + \sum_{k=1}^{h} p_k^0 \boldsymbol{a}^{rT} \boldsymbol{x}^k , \qquad r = 1, \ldots, m^0$$

$$= \sum_{k=1}^{h} p_k^0 \boldsymbol{a}^{rT} \boldsymbol{x}^k , \qquad p_k^0 \geqq 0 , \qquad k = 1, \ldots, h ,$$

woraus wegen

$$\boldsymbol{a}^{rT} \boldsymbol{x}^k \leqq 0 , \quad r = 1, \ldots, m^0; \quad k = 1, \ldots, h$$

folgt, daß

$$p_k^0 \boldsymbol{a}^{rT} \boldsymbol{x}^k = 0 , \quad r = 1, \ldots, m^0; \quad k = 1, \ldots, h$$

sein muß. Da $\boldsymbol{x}^1, \ldots, \boldsymbol{x}^h$ verschiedene Fundamentallösungen sind, rang $(\boldsymbol{a}^1, \ldots, \boldsymbol{a}^{m^0}) = p - 1$ ist, muß genau ein p_k^0 positiv sein; etwa $p_1^0 > 0$. Also ergibt sich

$$\boldsymbol{x}^0 = \overline{\boldsymbol{x}} + t\, \boldsymbol{x}^1 \qquad (t > 0)$$

mit

$$\overline{\boldsymbol{x}} = \sum_{i=1}^{n-p} q_i^0 \boldsymbol{y}^i ,$$

was zu zeigen war. ∎

Wir bemerken, daß dieser Darstellungssatz auch dann gilt, wenn man ein System von Lösungsvektoren hat, in dem ein Fundamentalsystem enthalten ist. Wir werden ein solches Vektorsystem *Erzeugenden-System* nennen.

Der Satz 11.1 liefert auch eine fundamentale Aussage über die Darstellung konvexer Polyeder. Wir betrachten dazu das konvexe Polyeder aus der Definition 11.1. Dem System (11.1) ordnen wir das System

$$\begin{aligned} \sum_{\alpha=1}^{n} a_{r\alpha} x_\alpha - b_r t &\leqq 0 , \qquad r = 1, \ldots, m \\ - t &\leqq 0 \end{aligned} \tag{11.8}$$

über dem E_{n+1} zu, dessen Lösungsmenge ein polyedrischer Kegel im E_{n+1} ist.

Wir interessieren uns hier nur für den Fall $p = n$, d. h., die Matrix $\boldsymbol{A}$ möge den Rang n haben. In diesem Falle hat (11.4) keine nichttrivialen unwesentlichen Lösungen und im Satz 11.1 ist $\overline{\boldsymbol{x}} = \boldsymbol{o}$.

S. 11.2 *Es sei* $\left\{\begin{pmatrix} x^1 \\ t_1 \end{pmatrix}, \ldots, \begin{pmatrix} x^l \\ t_l \end{pmatrix}, \begin{pmatrix} y^1 \\ 0 \end{pmatrix}, \ldots, \begin{pmatrix} y^d \\ 0 \end{pmatrix}\right\}$ *ein Fundamentalsystem von* (11.8) *mit* $t_k > 0$ $(k = 1, \ldots, l)$. *Dann sind die Vektoren*

$$z^k = \frac{1}{t_k} x^k, \qquad k = 1, \ldots, l$$

sämtliche Ecken des konvexen Polyeders

$$\mathfrak{M} = \left\{x \in E_n \mid \sum_{\alpha=1}^{n} a_{r\alpha} x_\alpha \leqq b_r, \ r = 1, \ldots, m\right\}$$

und $\{y^1, \ldots, y^d\}$ *bildet ein Fundamentalsystem von* (11.4) [1]. *Für die Punkte von* $\mathfrak{M}$ *gilt die Darstellung*

$$\mathfrak{M} = \left\{x \in E_n \mid x = \sum_{k=1}^{l} p_k z^k + \sum_{i=1}^{d} q_i y^i; \ \sum_{k=1}^{l} p_k = 1; \right.$$
$$\left. p_k \geqq 0, \ k = 1, \ldots, l; \ q_i \geqq 0, \ i = 1, \ldots, d\right\}.$$

Bws. Nach Satz 11.1 gilt für den Lösungskegel $\mathfrak{K}(\mathfrak{M})$ von (11.8) die Darstellung

$$\mathfrak{K}(\mathfrak{M}) = \left\{\begin{pmatrix} x \\ t \end{pmatrix} \in E_{n+1} \,\middle|\, \begin{pmatrix} x \\ t \end{pmatrix} = \sum_{k=1}^{l} p_k \begin{pmatrix} z^k \\ 1 \end{pmatrix} + \sum_{i=1}^{d} q_i \begin{pmatrix} y^i \\ 0 \end{pmatrix}; \right.$$
$$\left. p_k \geqq 0, \ k = 1, \ldots, l; \ q_i \geqq 0, \ i = 1, \ldots, d\right\}.$$

Es sei

$$\hat{\mathfrak{M}} = \left\{\begin{pmatrix} x \\ 1 \end{pmatrix} \in E_{n+1} \mid x \in \mathfrak{M}\right\}.$$

Wegen $\hat{\mathfrak{M}} \subseteq \mathfrak{K}(\mathfrak{M})$ folgt: Ein Punkt x^0 gehört dann und nur dann zu $\mathfrak{M}$, wenn für ihn die Darstellung

$$x^0 = \sum_{k=1}^{l} p_k^0 z^k + \sum_{i=1}^{d} q_i^0 y^i; \qquad \sum_{k=1}^{l} p_k^0 = 1;$$
$$p_k^0 \geqq 0, \quad k = 1, \ldots, l; \qquad q_i^0 \geqq 0, \quad i = 1, \ldots, d$$

gilt. Da der Vektor $\begin{pmatrix} z^k \\ 1 \end{pmatrix}$ als Fundamentallösung von (11.8) n linear unabhängige Ungleichungen in Gleichungen überführt, müssen wegen $t = 1$ im System (11.1) für $x = z^k$ ebenfalls n linear unabhängige Ungleichungen in Gleichungen übergehen, d. h. z^k ist Eckpunkt von $\mathfrak{M}$. Andererseits ist offenbar auch $\begin{pmatrix} x^0 \\ 1 \end{pmatrix}$ Fundamentallösung von (11.8), sofern x^0 Ecke von $\mathfrak{M}$ ist. Wenn x^0 Fundamentallösung von (11.4) ist, so ist $\begin{pmatrix} x^0 \\ 0 \end{pmatrix}$ Fundamentallösung von (11.8), kommt also unter den y^i vor. Umgekehrt ist $\begin{pmatrix} y^i \\ 0 \end{pmatrix}$ als Fundamentallösung

[1]) $y^1, \ldots, y^d$ definieren sämtliche unbeschränkten Kanten von $\mathfrak{M}$.

orthogonal zu n linear unabhängigen Zeilenvektoren der Matrix

$$\begin{pmatrix} a_{11} & \cdots & a_{1n} & -b_1 \\ \cdot & \cdot & \cdot & \cdot \\ a_{m1} & \cdots & a_{mn} & -b_m \\ 0 & \cdots & 0 & -1 \end{pmatrix}$$

also muß wegen $\boldsymbol{y}^i \neq \boldsymbol{o}$ und rang $\boldsymbol{A} = n$ der Vektor $\boldsymbol{y}^i$ orthogonal zu $n - 1$ linear unabhängigen Zeilenvektoren von $\boldsymbol{A}$ und daher Fundamentallösung von (11.4) sein. ∎

Durch diesen Satz ist die Bestimmung aller Eckpunkte und aller unbeschränkten Kanten eines konvexen Polyeders in E_n auf die Ermittlung eines Fundamentalsystems eines dem Polyeder zugeordneten polyedrischen Kegels in E_{n+1} zurückgeführt. Wir werden im nächsten Abschnitt sehen, wie man Fundamentalsysteme bestimmen kann.

11.2. Bestimmung von Fundamentalsystemen bei polyedrischen Kegeln

Es sei $\mathfrak{K}$ der Lösungskegel des Systems

$$\sum_{\alpha=1}^{n} a_{r\alpha} x_\alpha \leqq 0\,, \qquad r = 1, \ldots, m\,, \tag{11.9}$$

wo die Koeffizientenmatrix $\boldsymbol{A}$ den Rang p haben möge. Es sei

$$V(\mathfrak{K}) = \{\boldsymbol{x}^1, \ldots, \boldsymbol{x}^h\} \qquad (h \geqq 0)$$

ein Fundamentalsystem von (11.9) und

$$U(\mathfrak{K}) = \{\boldsymbol{y}^1, \ldots, \boldsymbol{y}^l\} \qquad (l = n - p)$$

eine Basis des größten Unterraumes L, der im Lösungskegel $\mathfrak{K}$ liegt.

Fügt man zu (11.9) eine Ungleichung

$$\sum_{\alpha=1}^{n} a_\alpha x_\alpha \leqq 0 \qquad (\boldsymbol{a} \in E_n)$$

hinzu, so erhält man das System

$$\sum_{\alpha=1}^{n} a_{r\alpha} x_\alpha \leqq 0\,, \qquad r = 1, \ldots, m; \qquad \sum_{\alpha=1}^{n} a_\alpha x_\alpha \leqq 0 \tag{11.10}$$

mit einem Lösungskegel $\hat{\mathfrak{K}} \subseteq \mathfrak{K}$, einem Fundamentalsystem $V(\hat{\mathfrak{K}})$ und einer Basis $U(\hat{\mathfrak{K}})$ des größten Unterraumes $\hat{L}$ in $\hat{\mathfrak{K}}$. Das Problem der Bestimmung eines Fundamentalsystems $V(\mathfrak{K})$ und einer Basis $U(\mathfrak{K})$ ist gelöst, wenn man aus $V(\mathfrak{K})$ und $U(\mathfrak{K})$ das Fundamentalsystem $V(\hat{\mathfrak{K}})$ und die Basis $U(\hat{\mathfrak{K}})$ von $\hat{L}$ konstruieren kann. Vereinigt man nämlich nacheinander jede Ungleichung von

(11.9) mit einem Teilsystem von (11.9), dessen Fundamentalsystem und Basis man kennt, und konstruiert jedes Mal ein zugeordnetes Fundamentalsystem und eine Basis, so hat man am Ende $V(\mathfrak{K})$ und $U(\mathfrak{K})$. So kann man z. B. mit der trivialen Ungleichung

$$\sum_{\alpha=1}^{n} 0 \cdot x_\alpha \leqq 0$$

beginnen und nacheinander eine Ungleichung von (11.9) hinzunehmen.

Die folgenden Sätze geben Auskunft darüber, wie man aus $V(\mathfrak{K})$ und $U(\mathfrak{K})$ die Vektorsysteme $V(\hat{\mathfrak{K}})$ und $U(\hat{\mathfrak{K}})$ bestimmen kann.

S. 11.3 *Falls $\boldsymbol{a}$ orthogonal zu allen Vektoren aus $U(\mathfrak{K})$, d. h.*

$$\sum_{\alpha=1}^{n} a_\alpha y_\alpha^i = 0\,, \qquad i = 1, \ldots, l$$

so ist $U(\mathfrak{K})$ auch Basis von $\hat{L}$, d. h. $U(\hat{\mathfrak{K}}) = U(\mathfrak{K})$. Falls ein i_0 $(1 \leqq i_0 \leqq l)$ derart existiert, daß $\boldsymbol{y}^{i_0} \in U(\mathfrak{K})$ nicht orthogonal zu $\boldsymbol{a}$ ist, d. h.

$$\sum_{\alpha=1}^{n} a_\alpha y_\alpha^{i_0} \neq 0\,,$$

so bilden die $l - 1$ Vektoren

$$(\boldsymbol{a}^T \boldsymbol{y}^{i_0})\, \boldsymbol{y}^i - (\boldsymbol{a}^T \boldsymbol{y}^i)\, \boldsymbol{y}^{i_0}\,, \qquad i = 1, \ldots, l; \qquad i \neq i_0$$

eine Basis des maximalen Unterraumes $\hat{L}$ in $\hat{\mathfrak{K}}$. ▌

Bws. Zunächst muß in jedem Falle $\hat{L} \subseteq L$ sein. Im ersten Falle ist offenbar

$$\sum_{\alpha=1}^{n} a_{r\alpha} x_\alpha^0 = 0\,, \qquad r = 1, \ldots, m; \qquad \sum_{\alpha=1}^{n} a_\alpha x_\alpha^0 = 0$$

für jedes $\boldsymbol{x}^0 \in L$, also $L \subseteq \hat{L}$ und damit $\hat{L} = L$. Im zweiten Falle ist $\boldsymbol{a}$ linear unabhängig von den Zeilen von $\boldsymbol{A}$, also ist $\dim \hat{L} = l - 1$. Die angegebenen Vektoren gehören zu $\hat{L}$. Wir haben nur ihre lineare Unabhängigkeit zu zeigen. Betrachten wir

$$\sum_{\substack{i=1\\ i\neq i_0}}^{l} q_i\, (\boldsymbol{a}^T \boldsymbol{y}^{i_0})\, \boldsymbol{y}^i - \boldsymbol{y}^{i_0} \sum_{\substack{i=1\\ i\neq i_0}}^{l} q_i\, (\boldsymbol{a}^T \boldsymbol{y}^i) = 0\,.$$

Wegen der linearen Unabhängigkeit der $\boldsymbol{y}^i$ folgt insbesondere, da $(\boldsymbol{a}^T \boldsymbol{y}^i) = 0$ ist,

$$q_i(\boldsymbol{a}^T \boldsymbol{y}^{i_0}) = 0\,, \qquad i = 1, \ldots, l; \qquad i \neq i_0$$

d. h. wegen $\boldsymbol{a}^T \boldsymbol{y}^{i_0} \neq 0$

$$q_i = 0\,, \quad i = 1, \ldots, l; \quad i \neq i_0\,.$$ ▌

S. 11.4 *Mit den oben eingeführten Bezeichnungen gilt:*

1° *Wenn* $a^T y^i = 0$, $i = 1, \ldots, l$, *so wird das Fundamentalsystem* $V(\hat{\mathfrak{K}})$ *von* (11.10) *aus allen Vektoren* $x^k \in V(\mathfrak{K})$ *mit* $a^T x^k \leqq 0$ *gebildet und außerdem aus allen Vektoren*

$$z(i, j) = |a^T x^i|\, x^j + |a^T x^j|\, x^i \qquad (x^i, x^j \in V(k))\,,$$

wo das Paar (x^i, x^j) *folgende Eigenschaften hat:*

$$\frac{a^T x^i}{a^T x^j} < 0\,. \tag{11.11}$$

$$\left.\begin{array}{l}\textit{die Matrix } A \textit{ enthält } p-2 \textit{ linear unabhängige Zeilenvektoren, zu}\\ \textit{denen sowohl } x^i \textit{ als auch } x^j \textit{ orthogonal ist.}\end{array}\right\} \tag{11.12}$$

2° *Wenn es ein* i_0 $(1 \leqq i_0 \leqq l)$ *gibt mit* $y^{i_0} \in U(\mathfrak{K})$ *und* $a^T y^{i_0} \neq 0$, *so besteht* $V(\hat{\mathfrak{K}})$ *aus genau den Vektoren*

$$y^0,\ (a^T x^k)\, y^0 - (a^T y^0)\, x^k\,, \qquad k = 1, \ldots, h\,,$$

wobei y^0 *ein beliebiger Vektor aus* L *ist mit* $a^T y^0 < 0$, *also etwa* $y^0 = y^{i_0}$ *oder* $y^0 = -y^{i_0}$.

Bws. Wir beweisen den Fall 2° des Satzes und zeigen zuerst, daß die genannten Vektoren zu $\hat{\mathfrak{K}}$ gehören. In der Tat ist wegen $y^0 \in L$ und $a^T y^0 < 0$ der Vektor y^0 aus $\hat{\mathfrak{K}}$. Die übrigen Vektoren sind orthogonal zu a und außerdem

$$\sum_{\alpha=1}^{n} a_{r\alpha}[(a^T x^k)\, y^0_\alpha - (a^T y^0)\, x^k_\alpha] = a^T x^k \sum_{\alpha=1}^{n} a_{r\alpha}\, y^0_\alpha - a^T y^0_\alpha \sum_{\alpha=1}^{n} a_{r\alpha}\, x^k_\alpha$$
$$= -a^T y^0 \sum_{\alpha=1}^{n} a_{r\alpha}\, x^k_\alpha \leqq 0\,, \qquad r = 1, \ldots, m; \qquad k = 1, \ldots, h;$$

also gehören sie auch zu $\hat{\mathfrak{K}}$. Wegen $a^T y^0 < 0$ gehört y^0 nicht zu $\hat{L}$ und ist wegen $y^0 \in L$ orthogonal zu allen Zeilen von A, unter denen sich p linear unabhängige befinden. Der Vektor

$$z^k = (a^T x^k)\, y^0 - (a^T y^0)\, x^k$$

gehört wegen $x^k \notin L$ nicht zu L, also erst recht nicht zu $\hat{L}$ (da $\hat{L} \subseteq L$). x^k ist orthogonal zu $p - 1$ Zeilen von A und y^0 zu allen Zeilen, also ist z^k orthogonal zu $p - 1$ Zeilen von A und außerdem auch zur Zeile a^T, die im Falle 2° von den Zeilen der Matrix A linear unabhängig ist. Damit sind die genannten Vektoren Fundamentallösungen. Wir zeigen weiter, daß sie verschiedene Fundamentallösungen darstellen. Angenommen, y^0 und z^k wären keine verschiedenen Fundamentallösungen von (11.10). Nach Satz 11.1 existiert dann ein $t > 0$ mit $z^k - t\, y^0 \in \hat{L} \subseteq L$, was unmöglich ist, da $z^k \notin \hat{L}$. Nehmen wir an, daß etwa z^1 und z^2 gleiche Fundamentallösungen von (11.10) darstellen, so erhalten wir aus $z^1 - t\, z^2 \in \hat{L} \subseteq L$, daß $t\, x^2 - x^1 \in L$ sein muß. Damit sind x^1 und x^2 gleiche Fundamentallösungen von (11.9), was nicht sein kann. Schließlich ist für den Fall 2° noch zu zeigen, daß (11.10) keine weiteren (von den genannten verschiedenen) Fundamentallösungen hat. Sei $\hat{x}$ Fundamentallösung von (11.10), d. h. $\hat{x} \notin \hat{L}$ und $\hat{x}$ ist zu p linear unabhängigen Zeilen der Matrix $\begin{pmatrix} A \\ a^T \end{pmatrix}$ orthogonal. Falls $\hat{x} \in L$, so existiert ein $t \neq 0$ mit $\hat{x} = t\, y^0 + \hat{y}$ und $\hat{y} \in \hat{L}$, da der Teilraum L wegen $y^0 \in L$, $y^0 \notin \hat{L}$ von $\hat{L}$ und y^0 aufgespannt wird. Aus $\hat{x} \notin \hat{L}$ folgt $a^T \hat{x} \neq 0$ und wegen $\hat{x} \in \mathfrak{K}$ muß

$$a^T \hat{x} = t\, a^T y^0 + a^T \hat{y} < 0$$

sein, woraus $t > 0$ folgt[1]), d. h., in diesem Falle sind y^0 und $\hat{x}$ gleiche Fundamentallösungen. Falls andererseits $\hat{x} \notin L$, so ist $\hat{x}$ als Fundamentallösung von (11.10) orthogonal zu $p-1$ linear unabhängigen Zeilen der Matrix A und orthogonal zu a^T. Damit ist $\hat{x}$ insbesondere Fundamentallösung von (11.9), muß also bis auf additive Glieder $y \in L$ und einem positiven Faktor gleich einem der x^k $(k = 1, \ldots, h)$ sein; sei dies etwa x^1, d. h. es gilt $\hat{x} = t\, x^1 + y^1$ mit $y^1 \in L$ und $t > 0$. Da L aber von $\hat{L}$ und y^0 aufgespannt wird, folgt $y^1 = b\, y^0 + \hat{y}$ mit $\hat{y} \in \hat{L}$ und daraus

$$\hat{x} = t\, x^1 + b\, y^0 + \hat{y}\,.$$

Da $\hat{x}$ orthogonal zu a^T ist, ergibt sich hieraus[1])

$$a^T \hat{x} = t\, a^T x^1 + b\, a^T y^0 = 0\,.$$

Setzen wir $c = -\dfrac{t}{a^T y^0}$, so folgt

$$\hat{x} = c\left((a^T x^1)\, y^0 - (a^T y^0)\, x^1\right) + \hat{y} = c\, z^1 + \hat{y}$$

mit $c > 0$. Damit haben wir gezeigt, daß $\hat{x}$ und z^1 gleiche Fundamentallösungen von (11.10) sind. Zusammen mit den obigen Untersuchungen ist bewiesen, daß die im Fall 2° des Satzes angegebenen Vektoren ein Fundamentalsystem von (11.10) bilden.

Wir wenden uns nun dem Fall 1° des Satzes zu und nehmen folgende Behauptungen als bewiesen an:

▌ L. 11.5 *Es sei $L(i, j)$ der lineare Unterraum in E_n, der von allen und nur den linear unabhängigen Zeilenvektoren der Matrix A aufgespannt wird, die sowohl zu $x^i \in V(\mathfrak{K})$ als auch zu $x^j \in V(\mathfrak{K})$ orthogonal sind, wobei $x^i \neq x^j$. Ferner sei $L^\perp(i, j)$ das orthogonale Komplement von $L(i, j)$ in E_n.*

Wenn $x^i, x^j \in V(\mathfrak{K})$, so gilt:

1° *Die Vektoren x^i, x^j sind zusammen mit einer Basis von L linear unabhängig.*

2° *Wenn* $\dim L(i, j) = p - 2$, *so hat jeder Vektor $x^0 \in L^\perp(i, j)$ eine Darstellung der Form*

$$x^0 = t_1 x^i + t_2 x^j + y$$

mit $y \in L$.

---

[1]) Wegen $\hat{y} \in \hat{L}$ ist $a^T \hat{y} = 0$.

3° *Wenn* $\dim L(i, j) = p - 2$ *und* x^0 *Fundamentallösung von* (11.9) *ist, so ist* x^0 *nicht verschieden von* x^i *oder* x^j, *falls* $x^0 \in L^\perp(i, j)$. ▮

Beweisen wir nun den Fall 1° im Satze 11.4. Wir bemerken, daß aus der Voraussetzung nach Satz 11.3 $\hat{L} = L$ folgt, also $\dim \hat{L} = \dim L = p$. Wir zeigen, daß die genannten Vektoren Fundamentallösungen von (11.10) sind. Für jene $x^k \in V(\mathfrak{K})$ mit $a^T x^k \leqq 0$ ist dies klar. Nehmen wir daher einen der Vektoren $z(i, j)$. Nach (11.12) ist $\dim L(i, j) = p - 2$ und nach (11.11) ist $a \notin L(i, j)$; somit hat der durch den Vektor a und den Unterraum $L(i, j)$ aufgespannte Teilraum $L(i, j; a)$ die Dimension $p - 1$. Nach Punkt 1° aus Lemma 11.5 ist $z(i, j) \neq o$ und nach Definition orthogonal zu allen Vektoren aus $L(i, j; a)$, also Fundamentallösung von (11.10). Wir zeigen jetzt, daß die im Fall 1° des Satzes genannten Fundamentallösungen paarweise verschieden sind. Für je zwei Vektoren $x^k \in V(\mathfrak{K})$ mit $a^T x^k \leqq 0$ ist kein Beweis erforderlich. Angenommen, die Fundamentallösungen x^k und $z(i, j)$ sind gleich. Dann ist $x^k \in L^\perp(i, j)$ und nach Punkt 2° aus Lemma 11.5 ist x^k bis auf additive Glieder $y \in L$ linear abhängig von x^i und x^j. Nach (11.11) ist $\dim L(i, j) = p - 2$; wegen $x^i, x^j, x^k \in V(\mathfrak{K})$ ist daher Punkt 3° aus Lemma 11.5 anwendbar, dessen Behauptung den gewünschten Widerspruch liefert, da $V(\mathfrak{K})$ nur verschiedene Fundamentallösungen enthält.

Angenommen, $z(i_1, j_1)$ und $z(i_2, j_2)$ sind gleich; dann ist $L(i_1, j_1) = L(i_2, j_2)$; also erhalten wir $\{x^{i_1}, x^{j_1}, x^{i_2}, x^{j_2}\} \subset L^\perp(i_2, j_2)$, woraus mit Punkt 3° aus Lemma 11.5 folgt, daß x^{i_1} gleich x^{i_2} oder x^{j_2} und x^{j_1} gleich x^{i_2} oder x^{j_2} sein muß, was der Definition eines Fundamentalsystems widerspricht. Somit sind sämtliche angegebenen Fundamentallösungen verschieden.

Wir haben noch zu zeigen, daß ein Fundamentalsystem vorliegt. Dazu sei x^0 Fundamentallösung von (11.10). Ist x^0 orthogonal zu $p - 1$ linear unabhängigen Zeilen von A, so ist x^0 auch Fundamentallösung von (11.9); außerdem muß $a^T x^0 \leqq 0$ sein. Also ist x^0 gleich einem der $x^k \in V(\mathfrak{K})$ mit $a^T x^k \leqq 0$. Wir nehmen daher an, daß x^0 orthogonal zu nur $p - 2$ linear unabhängigen Zeilen von A ist und auch orthogonal zu a^T. Wegen $x^0 \in \mathfrak{K}$ existiert nach Satz 11.1 eine Darstellung der Form

$$x^0 = \bar{x} + \sum_{k=1}^{h} p_k^0 x^k, \qquad p_k^0 \geqq 0, \qquad k = 1, \ldots, h$$

mit $\bar{x} \in L$. Hierin sind mindestens zwei Koeffizienten $p_{i_0}^0$ und $p_{j_0}^0$ positiv; andernfalls wäre x^0 doch Fundamentallösung von (11.9). Es gilt $x^0 \in L^\perp(i_0, j_0)$, $\dim L(i_0, j_0) = p - 2$ und $\dim L(i, j; a) = p - 1$. Nach Punkt 2° aus Lemma 11.5 erhalten wir

$$x^0 = p_1^* x^{i_0} + p_2^* x^{j_0} + y \qquad (y \in L). \tag{11.13}$$

Sei hier etwa $p_1^* \leqq 0$. Dann folgt aus

$$x^0 + |p_1^*| x^{i_0} = p_2^* x^{j_0} + y,$$

daß x^0 zu den selben $p - 1$ linear unabhängigen Zeilen von A orthogonal ist wie x^{j_0}, was nach Voraussetzung nicht der Fall sein kann. Also ist $p_1^* > 0$ und ebenso $p_2^* > 0$. Wegen $x^0 \in L^\perp(i_0, j_0)$ muß $a^T x^{i_0} \neq 0$ sein, da sonst x^0 und x^{i_0} orthogonal zu den gleichen $p - 1$ linear unabhängigen Zeilenvektoren der Matrix $\begin{pmatrix} A \\ a^T \end{pmatrix}$ wären; entsprechend ist $a^T x^{j_0} \neq 0$. Aus (11.13) folgt mit $a^T x^0 = 0$

$$a^T x^0 = p_1^* a^T x^{i_0} + p_2^* a^T x^{j_0} = 0$$

und wegen $p_1^* > 0$, $p_2^* > 0$ hieraus

$$\frac{a^T x^{i_0}}{a^T x^{j_0}} < 0 .$$

Also ist der Vektor

$$z(i_0, j_0) = |a^T x^{i_0}|\, x^{j_0} + |a^T x^{j_0}|\, x^{i_0}$$

einer der im Satz auftretenden Fundamentallösungen, der bis auf einen positiven Faktor und ein additives Glied aus L mit x^0 übereinstimmt. ▮

Für die Vollständigkeit des Beweises von Satz 11.4 fehlt noch der Nachweis für die Behauptungen in Lemma 11.5.

▮ Bws. Zu 1°. Sei etwa $t_1 x^1 + t_2 x^2 + y = o$ mit $y \in L$. Wenn $t_1 > 0$, $t_2 < 0$, so sind wegen $t_1 x^1 + y = |t_2|\, x^2$ die Vektoren x^1 und x^2 gleiche Fundamentallösungen, was unmöglich ist. Wir können also $t_1 \geqq 0$, $t_2 \geqq 0$ annehmen. Dann ist $t_1 x^1 \in \mathfrak{K}$ und $-t_1 x^1 = t_2 x^2 + y \in \mathfrak{K}$ also $t_1 x^1 \in L$, womit wir $t_1 = 0$ erhalten; ebenso $t_2 = 0$ und daher auch $y = o$, womit 1° bewiesen ist.

Zu 2°. Wegen $\dim L(i, j) = p - 2$, $\dim L = n - p$ folgt aus

$$\dim L(i, j) + \dim L^\perp(i, j) = \dim E_n = n ,$$

daß $\dim L^\perp(i, j) = n - p + 2$ sein muß, woraus wir mit $\{L, x^i, x^j\} \subseteq L^\perp(i, j)$ aus 1° die Behauptung erhalten.

Zu 3°. Sei x^0 Fundamentallösung und $x^0 \in L^\perp(i, j)$; nach 2° gilt eine Darstellung der Form

$$x^0 = t_1 x^i + t_2 x^j + y , \qquad (y \in L) .$$

Hierin ist $t_1 > 0$, $t_2 > 0$ unmöglich, da sonst x^i und x^j orthogonal zu jenen $p - 1$ linear unabhängigen Zeilen wären, zu denen x^0 orthogonal ist, d. h. x^i und x^j wären keine verschiedenen Fundamentallösungen. Sei also $t_1 \leqq 0$; dann haben wir aus $x^0 + |t_1|\, x^i = t_2 x^j + y$, daß x^0 zu denjenigen $p - 1$ linear unabhängigen Zeilen von A orthogonal ist, die zu x^j orthogonal sind, also sind x^0 und x^j gleiche Fundamentallösungen. ▮

Im Falle 1° aus dem Satz 11.4 sind Entscheidungen über die lineare Unabhängigkeit von Zeilen der Matrix A zu fällen, nämlich (siehe (11.12)) bei der

Feststellung, ob sich unter den Zeilen, die sowohl zu x^i als auch zu x^j orthogonal sind, $p - 2$ linear unabhängige befinden. Diese Entscheidung wird durch den folgenden Satz auf die Untersuchung von Skalarprodukten zurückgeführt.

▌ S. 11.5 *Die Matrix* $\boldsymbol{A}$ *enthält genau dann* $p - 2$ *linear unabhängige Zeilenvektoren, die zu den verschiedenen Fundamentallösungen* x^i *und* x^j *von* (11.9) *orthogonal sind, wenn keine von* x^i *und* x^j *verschiedene Fundamentallösung* x^k *existiert, die orthogonal zu allen Zeilenvektoren von* $\boldsymbol{A}$ *ist, zu denen* x^j *und* x^i *gleichzeitig orthogonal sind.* ▌

▌ Bws. Die Notwendigkeit der Bedingung folgt aus Punkt 3° in Lemma 11.5. Wir zeigen die Hinlänglichkeit. Dazu seien $x^i, x^j \in V(\mathfrak{K})$ derart gewählt, daß $x^k \notin L^{\perp}(i, j)$ für alle anderen $x^k \in V(\mathfrak{K})$ gilt. Wir haben $\dim L(i, j) \geqq p - 2$ zu zeigen. Es sei

$$K = \mathfrak{K} \cap L^{\perp}(i, j) .$$

K ist ein polyedrischer Kegel mit dem maximalen Unterraum L, da $L \subseteq \mathfrak{K}$ und nach Punkt 2° aus Lemma 11.5 auch $L \subseteq L^{\perp}(i, j)$. Ein Fundamentalsystem von K besteht offenbar aus genau jenen Vektoren $x^k \in V(\mathfrak{K})$ für die $x^k \in L^{\perp}(i, j)$ gilt; also bilden $\{x^i, x^j\}$ ein Fundamentalsystem von K; mithin haben wir nach Satz 11.1:

$$K = \{x \in E_n \mid x = y + t_1 x^i + t_2 x^j,\ t_1 \geqq 0,\ t_2 \geqq 0,\ y \in L\} .$$

Wenn (o. B. d. A.)

$$\sum_{\alpha=1}^{n} a_{r\alpha} x_\alpha \leqq 0 , \qquad r = 1, \ldots, s \quad (s < m)$$

das maximale Teilsystem von (11.4) ist, das sowohl für $x = x^i$ als auch für $x = x^j$ in Gleichungen übergeht, so können wir K auch als Lösungskegel des Systems

$$\sum_{\alpha=1}^{n} a_{r\alpha} x_\alpha \leqq 0 , \qquad r = 1, \ldots, m$$

$$-\sum_{\alpha=1}^{n} a_{r\alpha} x_\alpha \leqq 0 , \qquad r = 1, \ldots, s$$

auffassen. Es sei $y^0 \in E_n$ orthogonal zu x^i und x^j. Dann ist

$$\sum_{\alpha=1}^{n} y_\alpha^0 x_\alpha \leqq 0$$

für alle $x \in K$. Mit der zweiten Darstellung des Kegels K wenden wir den Satz von Farkas an, wonach sich y^0 in der Form

$$y_\alpha^0 = \sum_{r=1}^{m} a_{r\alpha} u_r^0 - \sum_{k=1}^{s} a_{k\alpha} v_k^0 , \qquad \alpha = 1, \ldots, n \tag{11.14}$$

mit $u_r^0 \geqq 0$, $r = 1, \ldots, m$ und $v_k^0 \geqq 0$, $k = 1, \ldots, s$ darstellen läßt. Da y^0 orthogonal zu x^i und x^j sein sollte, folgt

$$\sum_{\alpha=1}^{n} \sum_{r=1}^{m} a_{r\alpha} u_r^0 x_\alpha^l - \sum_{\alpha=1}^{n} \sum_{k=1}^{s} a_{k\alpha} v_k^0 x_\alpha^l = 0 , \qquad l = i, j ,$$

woraus wir wegen

$$\sum_{\alpha=1}^{n} a_{k\alpha} x_\alpha^l = 0 , \qquad k = 1, \ldots, s$$

erhalten, daß

$$\sum_{k=s+1}^{m} \left(\sum_{\alpha=1}^{n} a_{k\alpha} x_\alpha^l \right) u_k^0 = 0$$

gelten muß. Wenn wir diese Gleichung für $l = i$ und $l = j$ aufschreiben und beide addieren, erhalten wir eine Gleichung, in der sämtliche Koeffizienten der u_k^0 negativ sind, womit sich $u_k^0 = 0$, $k = s + 1, \ldots, m$ ergibt. Hiermit reduziert sich (11.14) zu

$$y_\alpha^0 = \sum_{k=1}^{s} a_{k\alpha} (u_k^0 - v_k^0) , \qquad \alpha = 1, \ldots, n ,$$

d. h. $y^0 \in L(i, j)$. Wir bemerken, daß y^0 ein beliebiger, zu x^i und x^j orthogonaler Vektor war. Also ist das orthogonale Komplement zu dem von L, x^i und x^j aufgespannten Unterraum in $L(i, j)$ enthalten. Nach Behauptung 1° von Lemma 11.5 hat der von L, x^i und x^j aufgespannte Unterraum die Dimension $n - p + 2$; folglich hat das orthogonale Komplement die Dimension $p - 2$, also ist $\dim L(i, j) \geqq p - 2$, was zu beweisen war. ▮

Die soeben bewiesenen Sätze 11.3, 11.4 und 11.5 haben für die Begründung von Lösungsverfahren bei parametrischen Optimierungsproblemen eine fundamentale Bedeutung. Sie beschreiben ein Verfahren zur Berechnung einer Basis des maximalen Unterraumes von polyedrischen Kegeln und aller Kanten in diesem Unterraum. Zusammen mit Satz 11.2 liefern diese Sätze auch ein Verfahren zur Berechnung aller Ecken und unbeschränkten Kanten eines konvexen Polyeders. Für die später zu betrachtenden Lösungsverfahren benötigen wir diese Sätze auch in einer modifzierten Form, nämlich für polyedrische Kegel, deren Punkte nichtnegative Lösungen eines homogenen linearen Gleichungssystems sind. Dazu müssen wir eine Basis des maximalen Unterraumes von

$$\sum_{\alpha=1}^{n} a_{r\alpha} x_\alpha \leqq 0 , \qquad r = 1, \ldots, m; \qquad \sum_{\alpha=1}^{n} a_\alpha x_\alpha = 0 \tag{11.15}$$

und ein Fundamentalsystem bestimmen unter der Voraussetzung, daß eine Basis des maximalen Unterraums von (11.9) und ein Fundamentalsystem von (11.9) bereits bekannt sind. Man sieht sofort, daß für den Übergang von (11.9) zu (11.15) folgendes gilt:

S. 11.6 *Die Aussagen von Satz 11.3 und Satz 11.5 bleiben beim Übergang von (11.9) zu (11.15) gültig. Im Falle 1° von Satz 11.4 gehören alle und nur die Vektoren $\boldsymbol{x}^k \in V(\mathfrak{K})$ mit $\boldsymbol{a}^T \boldsymbol{x}^k = 0$ und die dort angegebenen Vektoren $\boldsymbol{z}(i, j)$ zum Fundamentalsystem von (11.15). Im Falle 2° von Satz 11.4 sind es die dort angegebenen Vektoren ohne den Vektor $\boldsymbol{y}^0$.*

Damit wird es möglich, ein fast einheitliches Konstruktionsverfahren für Fundamentalsysteme von Gleichungs- und Ungleichungssystemen zu entwickeln. Dieses Verfahren wird im nächsten Abschnitt (nebst Rechenschema) angegeben.

11.3. Konstruktion von Fundamentalsystemen

Wir geben zuerst das Verfahren für ein System der Form

$$\sum_{\alpha=1}^{n} a_{r\alpha} x_\alpha \leqq 0 , \qquad r = 1, \ldots, m \tag{11.16}$$

an und bemerken anschließend die Modifizierung für das System

$$\left.\begin{aligned} \sum_{\alpha=1}^{n} a_{r\alpha} x_\alpha &= 0 , \qquad r = 1, \ldots, m \\ x_\alpha &\geqq 0 , \qquad \alpha = 1, \ldots, q; \qquad (q \leqq n) . \end{aligned}\right\} \tag{11.17}$$

Die Koeffizientenmatrix $\boldsymbol{A} = (a_{r\alpha})_{m,n}$ möge in (11.16) den Rang p haben. In den für uns interessanten Anwendungen wird p mit der Variablenanzahl im System übereinstimmen. Die Idee des Verfahrens zur Konstruktion eines Fundamentalsystems und einer Basis des maximalen Unterraumes von (11.16) besteht auf Grund der Ergebnisse des vorigen Abschnittes in folgendem. Wir wählen aus (11.16) ein Teilsystem, wozu wir sofort Basis und Fundamentalsystem angeben können. Die triviale Ungleichung

$$\sum_{\alpha=1}^{n} 0 \cdot x_\alpha \leqq 0$$

hat als Basis ihres maximalen Unterraumes etwa die n Einheitsvektoren $e^j \in E_n$ mit $e^j_\alpha = \delta_{j\alpha}$ $(\alpha, j = 1, \ldots, n)$, während ihr Fundamentalsystem leer ist. Da die triviale Ungleichung als zu jedem System gehörig betrachtet werden kann, ist es stets möglich, ein Teilsystem mit bekannter Basis und bekanntem Fundamentalsystem auszuwählen. Zu diesem Teilsystem fügen wir eine nicht darin enthaltene Ungleichung aus (11.16) hinzu und können sodann nach Satz 11.3, 11.4 und 11.5 eine Basis des zugehörenden maximalen Unterraumes und ein Fundamentalsystem angeben. Danach wird wieder eine noch nicht berücksichtigte Ungleichung aus (11.16) hinzugenommen usw. bis nach endlich vielen

Schritten alle diese Ungleichungen berücksichtigt wurden. Wir gehen zur Beschreibung des Verfahrens über. Ausgangspunkt sind dabei das Tableau

$$T^0 = (T_1^0 \mid T_3^0) = \left[\begin{array}{cccc|ccc} 1 & 0 & \cdots & 0 & a_{11} & \cdots & a_{m1} \\ 0 & 1 & \cdots & 0 & a_{12} & \cdots & a_{m2} \\ \cdot & \cdot & \cdots & \cdot & \cdot & \cdots & \cdot \\ 0 & 0 & \cdots & 1 & a_{1n} & \cdots & a_{mn} \end{array}\right]$$

und zwei Mengen B^0, F^0. Zur Vereinfachung bezeichnen wir mit $|M|$ die Anzahl der Elemente in der Menge M. Die Menge B^0 enthält genau jene Zeilen z^i von T^0, deren Zeilenvektoren in T_1^0 zur Basis des maximalen Unterraumes gehören, während F^0 alle Zeilen z^i von T^0 enthält, deren Zeilenvektoren in T_1^0 Fundamentallösungen sind; es ist hier $|B^0| + |F^0| = n$, $B^0 = \{z^1, \ldots, z^n\}$ und $|F^0| = 0$, d. h., die Menge F^0 ist leer. Wir bemerken, daß durch die Angabe von B^0 und F^0 das Tableau T^0 vollständig bestimmt ist. Wir wählen in T_3^0 eine beliebige Spalte $\boldsymbol{a}$ aus, die wir Führungsspalte nennen wollen. Das Tableau T^1 erhalten wir in folgender Weise, wobei zwei sich ausschließende Fälle zu unterscheiden sind, die genau den Fällen in den Sätzen 11.3 und 11.4 entsprechen:

Fall 1: Es gilt $a_i = 0$ für alle $z^i \in B^0$.

Fall 2: Es existiert ein i_0 mit $a_{i_0} \neq 0$.

Im ersten Fall bleibt bei unserem Übergang von T^0 nach T^1 nichts zu tun, denn es gilt nach Satz 11.3 und Satz 11.4: $T^1 = T^0$, $B^1 = B^0$, $F^1 = F^0$.
Im Falle 2 gehört wegen $F^0 = \emptyset$ lediglich die i_0-te Zeile von T^0 zu F^1, falls $a_{i_0} < 0$; anderenfalls (d. h. $a_{i_0} > 0$) gehört die mit -1 multiplizierte i_0-te Zeile von T^0 zu F^1. Wenn wir mit z^i die Zeilen von T^0 bezeichnen, so gilt:

$$B^1 = \{z_*^i \mid z_*^i = a_{i_0} z^i - a_i z^{i_0}, \quad z^i \in B^0 \setminus \{z^{i_0}\}\}.$$

Aus den Zeilen in F^1 und B^1 kann nun das Tableau T^1 hergestellt werden.

Nach diesem Anfangsschritt beschreiben wir den Übergang vom Tableau T^k zum Tableau T^{k+1}. Dazu seien

$$T^k = (T_1^k \mid T_2^k \mid T_3^k) = \left[\begin{array}{ccc|ccc|ccc} x_{11}^k & \cdots & x_{1n}^k & a_{11}^k & \cdots & a_{k1}^k & a_{k+1,1}^k & \cdots & a_{m1}^k \\ \cdot & \cdots & \cdot & \cdot & \cdots & \cdot & \cdot & \cdots & \cdot \\ x_{s1}^k & \cdots & x_{sn}^k & a_{1s}^k & \cdots & a_{ks}^k & a_{k+1,s}^k & \cdots & a_{ms}^k \end{array}\right]$$

das Tableau aus dem k-ten Schritt und B^k, F^k die zugehörende Aufteilung der Zeilen von T^k. In diesem Tableau bilden die Spalten des Teiltableaus T_2^k sämtliche ehemaligen Führungsspalten; wir nehmen o. B. d. A. an, daß dies die ersten k Spalten aus dem Teiltableau T_3^0 waren. Wir wählen eine Führungsspalte $\boldsymbol{a}$ aus dem Teiltableau T_3^k und unterscheiden wiederum zwei Fälle:

Fall 1. Es gilt: $a_i = 0$ für alle $z^i \in B^k$.

Fall 2. Es existiert ein i_0 mit $a_{i_0} \neq 0$ und $z^{i_0} \in B^k$.

Im zweiten Falle besteht T^{k+1} aus den beiden Zeilenmengen

$$B^{k+1} = \{z^i_* \mid z^i_* = a_{i_0} z^i - a_i z^{i_0}, \quad z^i \in B^k \setminus \{z^{i_0}\}\}$$

und

$$F^{k+1} = \begin{cases} \{z^{i_0}\} \cup \{z^i_* \mid z^i_* = a_i z^{i_0} - a_{i_0} z^i,\ z^i \in F^k\}, & \text{falls} \quad a_{i_0} < 0 \\ \{-z^{i_0}\} \cup \{z^i_* \mid z^i_* = a_{i_0} z^i - a_i z^{i_0},\ z^i \in F^k\}, & \text{falls} \quad a_{i_0} > 0 . \end{cases}$$

Für den ersten Fall definieren wir die Indexmenge $S(i)$ mit $z^i \in F^k$, als Menge aller Spaltenindices aus $(T^k_1 \mid T^k_2)$, die in der i-ten Zeile des Tableaus Nullelemente haben. Dann besteht T^{k+1} aus den beiden Zeilenmengen $B^{k+1} = B^k$ und

$$F^{k+1} = \{z^i \in F^k \mid a_i \leqq 0\}$$

$$\cup \left\{ z_* \mid z_* = |a_j|\, z^i + |a_i|\, z^j;\ z^i, z^j \in F^k;\ \frac{a_i}{a_j} < 0; \right.$$

$$\left. S(i) \cap S(j) \not\subseteq S(l) \text{ für alle } z^l \in F^k,\ l \neq i, j \right\}.$$

In beiden Fällen ist das Tableau T^{k+1} fertiggestellt.

Das Verfahren endet nach endlich vielen Schritten, nämlich dann, wenn $B^k = F^k = \emptyset$ oder $k = m$ ist. Im ersten Falle ist das Ausgangssystem nur trivial lösbar; andernfalls liefert das Teiltableau T^m_1 von T^m ein Fundamentalsystem von (11.16) und eine Basis des maximalen linearen Unterraumes. Um dies zu beweisen, genügt es zu zeigen:

▌ L. 11.6 *Es seien* $y^1, \ldots, y^l$ *die Vektoren, deren Komponenten aus den ersten* n *Elementen der Zeilen* z^i *von* T^k *mit* $z^i \in B^k$ *gebildet werden* ($l = |B^k|$) *und* $x^1, \ldots, x^h$ *die entsprechenden Vektoren mit* $z^i \in F^k$ ($h = |F^k|$). *Dann bildet* $\{y^1, \ldots, y^l\}$ *eine Basis des maximalen Unterraumes von*

$$\sum_{\alpha=1}^{n} a_{r\alpha} x_\alpha \leqq 0, \qquad r = 1, \ldots, k$$

$$x_\alpha \geqq 0, \qquad \alpha \in F^0,$$

und $\{x^1, \ldots, x^h\}$ *ist ein Fundamentalsystem davon.* ▌

▌ Bws. Vergleicht man den Algorithmus mit den Sätzen 11.3 bis 11.5, so genügt es für die Behauptung des Lemmas, die Formeln

$$\sum_{\alpha=1}^{n} a_{r\alpha} x^k_{i\alpha} = a^k_{k+1,i}, \qquad i = 1, \ldots, s; \qquad r = 1, \ldots, m \tag{11.18}$$

nachzuweisen. Diese zeigen wir durch Induktion über k. Für $k = 0$ ist (11.18) offenbar richtig. Nehmen wir also (11.18) für richtig an und untersuchen das Tableau T^{k+1}. Für alle Zeilen von T^{k+1}, die aus T^k übernommen werden, gilt die Behauptung nach Voraussetzung. Es sei z^l_* eine Zeile von T^{k+1}, die durch Kombination zweier Zeilen z^i und z^j aus T^k entsteht.

Entsprechend der Konstruktionsvorschrift geschieht dies in der Form

$$z^l_* = a\, z^i + b\, z^j,$$

d. h.

$$x_{l\alpha}^{k+1} = a\,x_{i\alpha}^k + b\,x_{j\alpha}^k\,, \qquad \alpha = 1, \ldots, n;$$

$$a_{rl}^{k+1} = a \cdot a_{ri}^k + b\,a_{rj}^k = a \cdot \sum_{\alpha=1}^{n} a_{r\alpha}\,x_{i\alpha}^k + b \cdot \sum_{\alpha=1}^{n} a_{r\alpha}\,x_{j\alpha}^k$$

$$= \sum_{\alpha=1}^{n} a_{r\alpha}\,(a\,x_{i\alpha}^k + b\,x_{j\alpha}^k) = \sum_{\alpha=1}^{n} a_{r\alpha}\,x_l^{k+1}\,, \qquad r = 1, \ldots, m\,.$$

Damit sind die Gleichungen (11.18) bewiesen. ∎

Dieses Lemma begründet das obige Verfahren auf Grund der Sätze 11.3 bis 11.5 vollständig. Wenden wir uns nun der Anwendung des Verfahrens auf das System (11.17) zu. Bereits im Anfangsschnitt ergibt sich eine Änderung: Es gehören nämlich die ersten q Zeilen von T^0 zur Menge F^0 (wegen $x_\alpha \geqq 0$, $\alpha = 1, \ldots, q$) und die restlichen Zeilen von T^0 sind zu B^0 zu zählen. Im übrigen ändert sich gemäß Satz 11.6 in der Konstruktionsvorschrift von F^{k+1} ($k \geqq 0$) nur soviel, daß die Zeilen $z^i \in F^k$ mit $a_i < 0$ nicht zu F^{k+1} gehören; ansonsten bleibt der Übergang von T^k zu T^{k+1} bei Anwendung des Verfahrens auf System (11.17) unverändert. Es soll das obige Verfahren mit der Wahl zwischen Gleichungen und Ungleichungen in formaler Weise beschrieben werden. Wir bezeichnen diesen Algorithmus mit

***ALI*:**

Vorgegeben seien das Anfangstableau

$$T^0 = \left|\begin{array}{cccc|cccc} 1 & 0 & \cdots & 0 & p_{11}^0 & p_{21}^0 & \cdots & p_{q1}^0 \\ 0 & 1 & \cdots & 0 & p_{12}^0 & p_{22}^0 & \cdots & p_{q2}^0 \\ \cdot & \cdot & \cdots & \cdot & \cdot & \cdot & \cdots & \cdot \\ 0 & 0 & \cdots & 1 & p_{1d}^0 & p_{2d}^0 & \cdots & p_{qd}^0 \end{array}\right|$$

zwei Indexmengen B^0, F^0 (von denen eine leer sein kann) mit $B^0 \cap F^0 = \emptyset$ und $B^0 \cup F^0 = \{1, \ldots, d\}$ sowie eine Kennziffer v mit $v = 0$ oder $v = 1$; dabei wird bei $v = 0$ ein Gleichungssystem und bei $v = 1$ ein Ungleichungssystem der Form (11.16) zugrundegelegt.

Schritt 0:

$k := 0;\quad w := d;$

Schritt 1:

Es seien

$$T^k = \left|\begin{array}{ccc|ccc|ccc} x_{11}^k & \cdots & x_{d1}^k & p_{11}^k & \cdots & p_{k1}^k & p_{k+1,1}^k & \cdots & p_{q1}^k \\ \cdot & \cdots & \cdot & \cdot & \cdots & \cdot & \cdot & \cdots & \cdot \\ x_{1w}^k & \cdots & x_{dw}^k & p_{1w}^k & \cdots & p_{kw}^k & p_{k+1,w}^k & \cdots & p_{qw}^k \end{array}\right|$$

das Tableau, B^k und F^k die Indexmengen aus dem k-ten Schritt.

Falls $p^k_{k+1,i} = 0$ für alle $i \in B^k$, so Schritt 2;
Es sei $i_0 \in B^k$ und $p^k_{k+1,i_0} \neq 0$; wenn $p^k_{k+1,i_0} > 0$, so multipliziere man alle Elemente der i_0-ten Zeile von T^k mit -1; $B^{k+1} := B^k \setminus \{i_0\}$; $F^{k+1} := F^k \cup \{i_0\}$; $u := w$;
Für jedes $i \neq i_0$ $(1 \leqq i \leqq w)$: Man trage die Zeile $z(i_0, i) \in E_{d+q}$ mit

$$z_\alpha(i_0, i) = \begin{cases} p^k_{k+1,i}\, x^k_{\alpha i_0} - p^k_{k+1,i_0}\, x^k_{\alpha i}\,, & \alpha = 1, \ldots, d; \\ p^k_{k+1,i}\, p^k_{\alpha-d,i_0} - p^k_{k+1,i_0}\, p^k_{\alpha-d,i}\,, & \alpha = d+1, \ldots, d+q \end{cases}$$

in T^{k+1} ein; wenn $v = 1$, so übertrage man die i_0-te Zeile von T^k in T^{k+1} sonst $F^{k+1} := F^{k+1} \setminus \{i_0\}$, $u := u - 1$; Schritt 4.

Schritt 2:
Man übertrage alle Zeilen i mit $i \in B^k$ in T^{k+1}; $B^{k+1} := B^k$; $u := |B^k|$;
man bestimme

$$N^+ = \{i \mid p^k_{k+1,i} > 0\}\,,$$
$$N^0 = \{l \in F^k \mid p^k_{k+1,l} = 0\}\,,$$
$$N^- = \{j \mid p^k_{k+1,j} < 0\}\,.$$

Wenn $v = 0$, so trage man sämtliche Zeilen l von T^k mit $l \in N^0$ in T^{k+1} ein, speichere die neuen Teilenindices in F^{k+1} und $u := u + |N^0|$;
Wenn $v = 1$, so trage man sämtliche Zeilen l von T^k mit $l \in N^0 \cup N^-$ in T^{k+1} ein, speichere die neuen Zeilenindices in F^{k+1} und $u := u + |N^0| + |N^-|$;
wenn $|N^+| = 0$ oder $|N^-| = 0$, so Schritt 4.

Schritt 3:
Für jedes $i \in F^k$ sei

$$S(i) = \{\alpha \in F^\circ \mid x^k_{\alpha i} = 0\} \cup \{d + \alpha \mid p^k_{\alpha i} = 0\,, \quad 1 \leqq \alpha \leqq k\};$$

man bestimme

$$I^* = \{(i, j) \in N^+ \times N^- \mid S(i) \cap S(j) \nsubseteq S(l) \text{ für alle } l \in F^k \setminus \{i, j\}\};$$

zu jedem $(i, j) \in I^*$ wähle man zwei positive Zahlen a, b mit

$$a\, p^k_{k+1,i} + b\, p^k_{k+1,j} = 0\,,$$

trage die Zeile $z(i, j) \in E_{d+q}$ mit den Komponenten

$$z_\alpha(i, j) = \begin{cases} a\, x^k_{\alpha i} + b\, x^k_{\alpha j}\,, & \alpha = 1, \ldots, d \\ a\, p^k_{\alpha-d,i} + b\, p^k_{\alpha-d,j}\,, & \alpha = d+1, \ldots, d+q \end{cases}$$

in das Tableau T^{k+1} ein, speichere die entsprechende Zeilennummer in F^{k+1}; $u := u + |I^*|$.

Schritt 4:
$k := k + 1$; wenn $u = 0$, so Schritt 5;
wenn $k < q$, so $w := u$ und Schritt 1, sonst Schritt 6.

Schritt 5:

Das Ausgangssystem ist nur trivial lösbar; Schritt 7.

Schritt 6:

Die Vektoren

$$x^i = (x^k_{1i}, \ldots, x^k_{di})^T, \qquad i \in F^k$$

bilden ein Fundamentalsystem und die Vektoren

$$y^j = (x^k_{1j}, \ldots, x^k_{dj})^T, \qquad j \in B^k$$

eine Basis des maximalen Unterraumes vom Ausgangssystem.

Schritt 7:

Ende.

Wenn wir den verbal dargestellten Algorithmus am Anfang des Abschnittes berücksichtigen, erkennen wir, daß dieser Algorithmus im Falle $v = 1$ ein Fundamentalsystem und eine Basis des maximalen Unterraumes von

$$\sum_{\alpha=1}^{d} p_{r\alpha} y_\alpha \leqq 0, \qquad r = 1, \ldots, q$$
$$y_\alpha \geqq 0, \qquad \alpha \in F^0$$

liefert und im Falle $v = 0$ ein Fundamentalsystem und eine Basis des maximalen Unterraumes von

$$\sum_{\alpha=1}^{d} p_{r\alpha} y_\alpha = 0, \qquad r = 1, \ldots, q$$
$$y_\alpha \geqq 0, \qquad \alpha \in F^0,$$

sofern überhaupt nichttriviale Lösungen existieren. Wir bemerken, daß man durch eine geringe Modifizierung am Anfang von Schritt 3 des Algorithmus auch eine Basis des maximalen Unterraumes und ein Fundamentalsystem für vollständige gemischte Systeme

$$\sum_{\alpha=1}^{n} p_{r\alpha} x_\alpha \leqq 0, \qquad r \in I_1$$
$$\sum_{\alpha=1}^{n} p_{r\alpha} x_\alpha = 0, \qquad r \in I_2$$
$$x_\alpha \geqq 0, \qquad \alpha \in F^0$$

bestimmen kann.

Im Schritt 3 des Algorithmus wird die Bestimmung der Indexmenge I^* numerisch sehr aufwendig sein. Es erhebt sich daher die Frage, ob man die noch fehlenden Zeilen von T^{k+1} nach einer anderen Bedingung bestimmen kann, die am Ende sichert, daß wir ein System von Vektoren erhalten, in welchem ein Fundamentalsystem enthalten ist, d. h. ein Erzeugendensystem. Natürlich könnte man die Menge I^* durch die Menge

$$\hat{I} = \{(i, j) \mid i \in N^+, j \in N^-\}$$

ersetzen und wäre sicher, ein Erzeugendensystem zu erhalten. Doch die Menge $\hat{I}$ läßt sich leicht wesentlich einschränken. Dazu betrachten wir die beiden Systeme

$$\left.\begin{array}{ll} \sum_{\alpha=1}^{d} p_{r\alpha}\, y_\alpha \leqq 0\,, & r = 1, \ldots, k \\ y_\alpha \geqq 0\,, & \alpha \in F^0 \end{array}\right\} \tag{11.19}$$

und

$$\left.\begin{array}{ll} \sum_{\alpha=1}^{d} p_{r\alpha}\, y_\alpha \leqq 0\,, & r = 1, \ldots, k \\ y_\alpha \geqq 0\,, & \alpha \in F^0 \\ \sum_{\alpha=1}^{d} p_{k+1,\alpha}\, y_\alpha \leqq 0\,, & \end{array}\right\} \tag{11.20}$$

sowie das dem System (11.19) zugeordnete Tableau $T^k = (T_1^k \mid T_2^k \mid T_3^k)$. Das System (11.19) habe den Rang p, offenbar ist $p \geqq |F^0|$. Wir bemerken zunächst, daß die Indexmenge $S(i)$ mindestens $p - 1$ Elemente enthält, d. h. $|S(i)| \geqq p - 1$, da die Indices aus $S(i)$ wegen Lemma 11.6 gerade jene Ungleichungen aus (11.19) definieren, die für den i-ten Zeilenvektor von T_1^k als Gleichung erfüllt sind. Wir haben somit den Rang p_k von (11.19) zu bestimmen. Der Rang von (11.19) für $k = 0$ ist $p_0 = |F^0|$. Beim Übergang von (11.19) zu (11.20) erhalten wir den Rang von (11.20) in folgender Weise: Wenn der Vektor $(p_{k+1,1}, \ldots, p_{k+1,d})^T$ orthogonal zu allen Vektoren aus der Basis des maximalen Unterraumes von (11.19) ist, d. h. $p_{k+1,i}^k = 0$ für alle $i \in B^k$ und $B^k \neq \emptyset$, so haben (11.19) und (11.20) gleichen Rang, d. h. $p_{k+1} = p_k$. Falls die Voraussetzung nicht erfüllt ist und $B^k \neq \emptyset$, so erhöht sich der Rang um $1 : p_{k+1} = p_k + 1$. Betrachten wir nun den Fall $B^k = \emptyset$; dann hat das System (11.19) den maximalen Rang d, und es ist $|S(i)| \geqq d - 1$. Wenn keine Fundamentallösung von (11.19) die in (11.20) hinzugefügte Ungleichung als strenge Ungleichung erfüllt (d. h. $p_{k+1,i}^k \geqq 0$ für alle i), so ist offenbar jede Fundamentallösung von (11.20) auch Fundamentallösung von (11.19), da hier wegen $N^- = \emptyset$ die Menge I^* leer ist. In diesem Falle haben also die Indexmengen $S(i)$ bezüglich des Tableaus T^{k+1} mindestens d verschiedene Indices, wobei die letzte Spalte von T_2^{k+1} nur Nullelemente enthält, d. h., es gilt $(d + k + 1) \in S(i)$ für alle i. Im Laufe des Verfahrens bleiben die Nullelemente in dieser Spalte erhalten. Sind daher $T^{k_1}, \ldots, T^{k_s}$ mit $k_1 < k_2 < \cdots < k_s$ alle vorangegangenen Tableaus mit $p_{k_\nu+1,i}^{k_\nu} \geqq 0$ (für $\nu = 1, \ldots, s$ und alle i), so enthält jede Indexmenge $S(i)$ bezüglich des Tableaus T^k mindestens $d + s - 1$ Elemente:

$$|S(i)| \geqq d + s - 1\,.$$

Wäre daher der Parameter s bekannt, so könnte man im obigen Algorithmus ***A L I*** die Menge I^* im Falle $B^k = \emptyset$ durch die Menge

$$\{(i, j) \in N^+ \times N^- \mid |S(i) \cap S(j)| \geqq d + s - 2\}$$

ersetzen und im Falle $B^k \neq \emptyset$ durch die Menge

$$\{(i, j) \in N^+ \times N^- \mid |S(i) \cap S(j)| \geqq p_k + s - 2\}$$

d. h. in beiden Fällen durch die gleiche Menge.

Die untere Schranke für die Anzahl der Elemente in $S(i) \cap S(j)$ läßt sich noch weiter verschärfen. Dazu betrachten wir den Fall, daß jede Fundamentallösung von (11.19) auch Fundamentallösung von (11.20) ist, d. h. $p^k_{k+1,i} \leqq 0$ für alle i. Hier ist die hinzugefügte Ungleichung überflüssig und braucht daher bei der Definition der Indexmengen $S(i)$ nicht berücksichtigt zu werden oder aber der entsprechende Index kommt in jeder Indexmenge $S(i)$ vor. Wir wählen die letzte Variante und setzen somit im Falle $N^+ = \emptyset$ sämtliche Elemente der Führungsspalte gleich Null. Wenn dies bis zum k-ten Schritt insgesamt t-mal geschehen ist, so haben wir im Schritt 3 anstelle der Menge I^* die Menge

$$\{(i, j) \in N^+ \times N^- \mid |S(i) \cap S(j)| \geqq p_k + s + t - 2\}$$

zu benutzen und sind sicher, am Ende ein Erzeugendensystem zu erhalten, sofern überhaupt wesentliche Lösungen existieren.

Wir geben nun den Algorithmus mit den hier angemerkten Änderungen zu ***AL I*** an und werden ihn ***AL II*** nennen.

AL II:

Vorgegeben seien ein Anfangstableau

$$T^0 = \begin{array}{|cccc|cccc|} 1 & 0 & \cdots & 0 & p^0_{11} & p^0_{21} & \cdots & p^0_{q1} \\ 0 & 1 & \cdots & 0 & p^0_{12} & p^0_{22} & \cdots & p^0_{q2} \\ \cdot & \cdot & \cdots & \cdot & \cdot & \cdot & \cdots & \cdot \\ 0 & 0 & \cdots & 1 & p^0_{1d} & p^0_{2d} & \cdots & p^0_{qd} \end{array}$$

zwei Indexmengen B^0, F^0 (von denen eine leer sein kann) mit $B^0 \cap F^0 = \emptyset$ und $B^0 \cup F^0 = \{1, \ldots, d\}$ sowie eine Kennziffer v mit $v = 0$ oder $v = 1$.

Schritt 0:

$k := 0;\quad w := d;\quad p := |F^0|;$

Schritt 1:

Es seien

$$T^k = \begin{array}{|ccc|ccc|ccc|} x^k_{11} & \cdots & x^k_{d1} & p^k_{11} & \cdots & p^k_{k1} & p^k_{k+1,1} & \cdots & p^k_{q1} \\ \cdot & \cdots & \cdot & \cdot & \cdots & \cdot & \cdot & \cdots & \cdot \\ x^k_{1w} & \cdots & x^k_{dw} & p^k_{1w} & \cdots & p^k_{kw} & p^k_{k+1,w} & \cdots & p^k_{qw} \end{array}$$

das Tableau, B^k und F^k die Indexmengen aus dem k-ten Schritt.

Falls $p^k_{k+1,i} = 0$ für alle $i \in B^k$, so Schritt 2; $p := p + 1$; es sei $i_0 \in B^k$ und $p^k_{k+1,i_0} \neq 0$; wenn $p^k_{k+1,i_0} > 0$, so multipliziere man alle Elemente der i_0-ten Zeile von T^k mit -1;

$B^{k+1} := B^k \setminus \{i_0\}$; $F^{k+1} := F^k \cup \{i_0\}$; $u := w$;

für jedes $i \neq i_0$ $(1 \leqq i \leqq w)$ übertrage man die Zeile $z(i_0, i) \in E_{d+q}$ mit den Komponenten

$$z_\alpha(i_0, i) = \begin{cases} p^k_{k+1,i}\, x^k_{\alpha i_0} - p^k_{k+1,i_0}\, x^k_{\alpha i}\,, & \alpha = 1, \ldots, d; \\ p^k_{k+1,i}\, p^k_{\alpha-d,i_0} - p^k_{k+1,i_0}\, p^k_{\alpha-d,i}\,, & \alpha = d+1, \ldots, d+q; \end{cases}$$

nach T^{k+1}; wenn $v = 1$, so übertrage man die i_0-te Zeile von T^k nach T^{k+1}; Schritt 4,

$$\text{sonst } F^{k+1} := F^{k+1} \setminus \{i_0\}\,, \quad u := u - 1;$$

Schritt 2:

Man übertrage alle Zeilen i mit $i \in B^k$ nach T^{k+1}; $B^{k+1} := B^k$; $u := |B^k|$; es seien

$$N^+ = \{i \mid p^k_{k+1,i} > 0\}\,,$$
$$N^0 = \{l \in F^k \mid p^k_{k+1,l} = 0\}\,,$$
$$N^- = \{j \mid p^k_{k+1,j} < 0\}\,.$$

Wenn $v = 0$, so trage man sämtliche Zeilen l von T^k mit $l \in N^0$ in T^{k+1} ein, speichere die neuen Zeilenindices in F^{k+1} und $u := u + |N^0|$;

wenn $v = 1$, so trage man sämtliche Zeilen l von T^k mit $l \in N^0 \cup N^-$ in T^{k+1} ein, speichere die neuen Zeilenindices in F^{k+1} und $u := u + |N^0| + |N^-|$;

wenn $|N^+| = 0$ oder $|N^-| = 0$, so ersetze man alle Elemente der $(d + k + 1)$-ten Spalte von T^{k+1} durch Null, $p := p + 1$ und Schritt 4.

Schritt 3:

Es sei für jedes $i \in N^+ \cup N^-$

$$S(i) = \{\alpha \in F^\circ \mid x^k_{\alpha i} = 0\} \cup \{d + \alpha \mid p^k_{\alpha i} = 0\,, \quad 1 \leqq \alpha \leqq k\}\,.$$

Zu jedem $(i, j) \in I^* = \{(i, j) \in N^+ \times N^- \mid |S(i) \cap S(j)| \geqq p - 2\}$ wähle man zwei positive Zahlen a, b mit

$$a\, p^k_{k+1,i} + b\, p^k_{k+1,j} = 0\,,$$

trage die Zeile $z(i, j) \in E_{d+q}$ mit den Komponenten

$$z_\alpha(i, j) = \begin{cases} a\, x^k_{\alpha i} + b\, x^k_{\alpha j}\,, & \alpha = 1, \ldots, d; \\ a\, p^k_{\alpha-d,i} + b\, p^k_{\alpha-d,j}\,, & \alpha = d+1, \ldots, d+q\,, \end{cases}$$

in das Tableau T^{k+1} ein, speichere die entsprechende Zeilennummer in F^{k+1}; $u := u + |I^*|$

Schritt 4:
$k := k + 1$; wenn $u = 0$, so Schritt 5;
wenn $k < q$, so $w := u$ und Schritt 1, sonst Schritt 6.

Schritt 5:
Das Ausgangssystem ist nur trivial lösbar; Schritt 7.

Schritt 6:
Die Vektoren

$$\boldsymbol{x}^i = (x^k_{1i}, \dots, x^k_{di})^T, \qquad i \in F^k$$

bilden ein Erzeugendensystem und die Vektoren

$$\boldsymbol{y}^j = (x^k_{1j}, \dots, x^k_{dj})^T, \qquad j \in B^k$$

eine Basis des maximalen Unterraumes vom Ausgangssystem.

Schritt 7:
Ende.

Wir wollen die beiden Algorithmen ***AL I*** und ***AL II*** an zwei Beispielen veranschaulichen. Die zur Indexmenge B^k gehörenden Zeilen in T^k werden markiert, während die zu F^k gehörenden Zeilen unmarkiert bleiben. Jedem der Tableaus T^k werden noch (im allgemeinen) drei Hilfsspalten beigefügt. Die erste Spalte enthält die Zeilennummern, die zweite enthält die Indices jener beiden Zeilen des vorangegangenen Tableaus, aus denen die betreffende Zeile kombiniert wurde. Zur Kombination von Zeilen werden jeweils nur die Faktoren $p^k_{k+1,i}$ benutzt. Die letzte Hilfsspalte enthält daher den größten gemeinsamen Teiler ($\neq 1$), den die Elemente einer solchen Zeilenkombination besitzen und der herausdividiert wurde. Die Nullelemente sind in den Tableaus fortgelassen. Mit diesen Zusatzinformationen geben wir die Tableaus in den folgenden Beispielen an.

Beispiel 1:

$$\begin{aligned}
x_1 - x_2 + 3x_3 - 8x_4 &\leqq 0, \\
-x_1 + 2x_2 - x_3 + x_4 &\leqq 0, \\
2x_1 - x_2 - 2x_3 + x_4 &\leqq 0, \\
-3x_1 + x_2 - x_3 + 6x_4 &\leqq 0, \\
x_1 + x_2 - 3x_3 + 2x_4 &\leqq 0.
\end{aligned}$$

Das Anfangstableau lautet hier

$$T^0 = \left[\begin{array}{cccc|ccccc} 1 & & & & 1 & -1 & 2 & -3 & 1 \\ & 1 & & & -1 & 2 & -1 & 1 & 1 \\ & & 1 & & 3 & -1 & -2 & -1 & -3 \\ & & & 1 & -8 & 1 & 1 & 6 & 2 \end{array}\right] \quad \begin{array}{|c|} 1^* \\ 2^* \\ 3^* \\ 4^* \end{array}$$

und es ist $v = 1$ zu setzen, da ein Ungleichungssystem vorliegt. Bei Anwendung von ***AL I*** erhält man die folgende Tableaufolge.

$T^1 =$

1	1				1	1	−2	2	1*	1,2
	3	1			5	−5	2		2*	3,2
	−8		1		−15	9	−2	−6	3*	4,2
	1			−1	2	−1	1	1	4	2

;

$T^2 =$

−5	−2	1				−10	12	−10	1*	1,2
15	7		1			24	−32	24	2*	1,3
−2	−1			−1		−3	5	−3	3	1,4
−1	−1				−1	−1	2	−2	4	1

;

$T^3 =$

15	11	12	5				−16		1*	1,2	2
−5	−4	−3		−10			14		2	1,3	
−5	−8	−1			−10		8	−10	3	1,4	
−5	−2	1				−10	12	−10	4	1	

;

$T^4 =$

13	9	12	7	−16					1	1,2	10
1	−1	2	1		−4			−4	2	1,3	40
5	5	8	3			−8		−8	3	1,4	20
15	11	12	5				−16		4	1	

;

wegen $B^4 = \emptyset$ folgt Schritt 2 und danach wegen $N^+ = \emptyset$ Schritt 4; wodurch wir zu Schritt 6 gelangen. Die Vektoren

$$\boldsymbol{x}^1 = (13, 9, 12, 7)^T, \quad \boldsymbol{x}^2 = (1, -1, 2, 1)^T,$$
$$\boldsymbol{x}^3 = (5, 5, 8, 3)^T, \quad \boldsymbol{x}^4 = (15, 11, 12, 5)^T$$

bilden ein Fundamentalsystem, während der maximale Unterraum nur aus dem Nullpunkt besteht.

Beispiel 2:

$$\begin{aligned}
x_1 - x_2 + 3x_3 - 8x_4 + 5x_5 &\leqq 0,\\
-x_1 + 2x_2 - x_3 + x_4 - x_5 &\leqq 0,\\
2x_1 - x_2 - 2x_3 + x_4 &\leqq 0,\\
-3x_1 + x_2 - x_3 + 6x_4 - 3x_5 &\leqq 0,\\
x_1 + x_2 - 3x_3 + 2x_4 - x_5 &\leqq 0,\\
x_1, x_2, x_3, x_4, x_5 &\geqq 0.
\end{aligned}$$

Als Anfangstableau haben wir

$T^0 =$

1					1	−1	2	−3	1	1
	1				−1	2	−1	1	1	2
		1			3	−1	−2	−1	−3	3
			1		−8	1	1	6	2	4
				1	5	−1		−3	−1	5

.

Hierbei ist $B^0 = \emptyset$ und $v = 1$ zu setzen. Wir wenden wieder ***AL I*** an und erhalten die nachstehende Tableaufolge. Im Verfahren tritt bei jedem Tableau T^k jeweils nur die Konstruktionsvorschrift von T^{k+1} gemäß Schritt 2 und 3 ein, da $B^k = \emptyset$ für alle k gilt. Die Vereinigung aller Paare von Indices, die hinter den Zeilen des Tableaus stehen, geben die Indexmenge I^* aus dem 3. Schritt.

$T^1 =$

	1				−1	2	−1	1	1	1	2
			1		−8	1	1	6	2	2	4
1	1					1	1	−2	2	3	1,2
	3	1				5	−5	2		4	3,2
	5			1		9	−5	2	4	5	5,2
8			1			−7	17	−18	10	6	1,4
		8	3			−5	−13	10	−18	7	3,4
			5	8		−3	5	6	2	8	5,4

$T^2 =$

8			1			−7	17	−18	10	1	6	
		8	3			−5	−13	10	−18	2	7	
			5	8		−3	5	6	2	3	8	
1			1		−7		3	3	3	4	2,6	8
15	7		1				24	−32	24	5	3,6	
		1	1		−5		−1	5	1	6	2,7	8
	1	3	1				−6	4	−6	7	4,7	3
			1	1	−3		1	3	1	8	2,8	8
	1		3	5			2	4	2	9	5,8	15

$T^3 =$

		8	3			−5	−13	10	−18	1		
		1	1		−5		−1	5	−1	2		
	1	3	1				−6	4	−6	3	7	
13		17	8			−22		−8	−22	4	1,2	8
		5	10	13		−8		16	−8	5	3,2	8
1		3	4		−22			18		6	4,6	
		1	2	1	−8			8		7	8,6	
15	11	12	5					−16		8	5,7	6
	4	3	10	15				16		9	9,7	2

$T^4 =$

13		17	8			−22		−8	−22	1	4	
15	11	12	5					−16		2	8	
5		9	4			−10	−4		−14	3	1,4	26
2		3	2	1		−4			−4	4	5,4	104
11		15	8		−8	−18			−2	5	6,4	22
5	5	8	3				−8		−8	6	3,8	12
13	9	12	7		−16					7	6,8	22
1	1	1	1	1						8	9,8	15

wegen $N^+ = \emptyset$ folgt aus Schritt 2: $T^5 = T^4$ und danach Schritt 6:

Die Vektoren

$$\boldsymbol{x}^1 = (13, 0, 17, 8, 0)^T \; ; \qquad \boldsymbol{x}^2 = (15, 11, 12, 5, 0)^T$$
$$\boldsymbol{x}^3 = (5, 0, 9, 4, 0)^T \; ; \qquad \boldsymbol{x}^4 = (2, 0, 3, 2, 1)^T$$
$$\boldsymbol{x}^5 = (11, 0, 15, 8, 0)^T \; ; \qquad \boldsymbol{x}^6 = (5, 5, 8, 3, 0)^T$$
$$\boldsymbol{x}^7 = (13, 9, 12, 7, 0)^T \; ; \qquad \boldsymbol{x}^8 = (1, 1, 1, 1, 1)^T$$

bilden das gesuchte Fundamentalsystem.

Der Leser mag sich überzeugen, daß der Algorithmus ***AL II*** bei diesem Beispiel das gleiche Vektorsystem liefert.

Es sei noch bemerkt, daß man im Gegensatz zum obigen Vorgehen eine beliebige Spalte aus I_3^k als Führungsspalte wählen kann. Die modifizierte Wahl der Führungsspalte in ***A L I*** und ***A L II*** kann die Zeilenanzahl in den Tableaus unter Umständen sehr beeinflussen.

11.4. Lösungsverfahren für die Probleme $P(\lambda, o)$ und $P(o, \mu)$

Nach den Untersuchungen in den vorangegangenen Abschnitten wenden wir uns den parametrischen Optimierungsproblemen aus Kapitel 6 zu, nämlich

$$P(\boldsymbol{\lambda}, \boldsymbol{o})\colon \max \{F(\boldsymbol{x}) \mid \boldsymbol{x} \in \mathfrak{M}(\boldsymbol{\lambda})\}$$

mit

$$F(\boldsymbol{x}) = \sum_{\alpha=1}^{n} c_\alpha x_\alpha$$

und

$$\mathfrak{M}(\boldsymbol{\lambda}) = \left\{\boldsymbol{x} \in E_n \mid \sum_{\alpha=1}^{n} a_{r\alpha} x_\alpha = \lambda_r,\ r = 1, \ldots, m;\ x_\alpha \geqq 0,\ \alpha = 1, \ldots, n\right\},$$

sowie

$$P(\boldsymbol{o}, \boldsymbol{\mu})\colon \max \{F(\boldsymbol{x}, \boldsymbol{\mu}) \mid \boldsymbol{x} \in \mathfrak{M}\}$$

mit

$$F(\boldsymbol{x}, \boldsymbol{\mu}) = \sum_{\alpha=1}^{n} \mu_\alpha x_\alpha, \qquad \mathfrak{M} = \mathfrak{M}(\boldsymbol{b}) \quad (\boldsymbol{b} \in E_m, \text{fixiert}),$$

wobei wir weitgehend die dort eingeführte Bezeichnungsweise benutzen. Wie üblich habe die Koeffizientenmatrix $\boldsymbol{A}$ den maximalen Rang m $(m < n)$. Auf Grund der qualitativen Ergebnisse aus Kapitel 6 verstehen wir unter einem Lösungsverfahren für diese Probleme einen Algorithmus, der

1. die Lösbarkeitsmenge $\boldsymbol{A}_{\lambda o}(\boldsymbol{A}_{o\mu})$,
2. die Lösungsfunktion $\varphi(\boldsymbol{\lambda})$ $(\varphi(\boldsymbol{\mu}))$,
3. sämtliche (oder gewisse) Einteilungskegel $\mathfrak{A}^i_{\lambda o}$ $(\mathfrak{A}^i_{o\mu})$ der Einteilung von $\mathfrak{A}_{\lambda o}(\mathfrak{A}_{o\mu})$

und schließlich

4. die einem Einteilungskegel zugeordnete Optimalmenge

$$\mathfrak{M}_{\text{opt}}(\boldsymbol{\lambda}) \; (\mathfrak{M}_{\text{opt}}(\boldsymbol{\mu}))$$

liefert.

Wir gehen sogleich zur Beschreibung eines Lösungsverfahrens für das Problem $P(\boldsymbol{\lambda}, \boldsymbol{o})$ über und setzen voraus, daß der Restriktionsbereich

$$\mathfrak{N} = \left\{\boldsymbol{u} \in E_m \mid \sum_{r=1}^{m} a_{r\alpha} u_r \geqq c_\alpha, \ \alpha = 1, \ldots, n\right\}$$

nicht leer ist. Wir bezeichnen mit $I(\boldsymbol{u}^0)$ für $\boldsymbol{u}^0 \in \mathfrak{N}$ die Indexmenge

$$I(\boldsymbol{u}^0) = \left\{\alpha \mid \sum_{r=1}^{m} a_{r\alpha} u_r^0 = c_\alpha\right\}.$$

Das Verfahren besteht aus den folgenden drei Hauptschritten.

Schritt 1:
Man bestimme eine Menge $\mathfrak{N}^0$ von Eckpunkten des konvexen Polyeders $\mathfrak{N}$.

Schritt 2:
Man bestimme die Lösbarkeitsmenge $\mathfrak{A}_{\lambda o}$ des Problems $P(\boldsymbol{\lambda}, \boldsymbol{o})$.

Schritt 3:
Zu jedem Eckpunkt $\boldsymbol{u}^0 \in \mathfrak{N}^0$ bestimme man ein Fundamentalsystem (oder Erzeugendensystem) von

$$-\sum_{r=1}^{m} a_{r\alpha} u_r \leqq 0, \qquad \alpha \in I(\boldsymbol{u}^0), \tag{11.21}$$

das wir mit $V(\boldsymbol{u}^0)$ bezeichnen.

Wir bemerken, daß die Koeffizientenmatrix des Systems (11.21) den maximalen Rang m hat, da $\boldsymbol{u}^0$ Eckpunkt ist und somit m linear unabhängige Ungleichungen in Gleichungen überführt. Daher besteht der maximale Unterraum von (11.21) nur aus dem Nullvektor.

Diese drei Hauptschritte liefern alle von einem Lösungsverfahren im obigen Sinne geforderten Informationen. Nach Definition eines Fundamentalsystems enthält $V(\boldsymbol{u}^0)$ alle und nur die verschiedenen Vektoren in Richtung der Kanten des Lösungskegels von (11.21) und damit auch in Richtung der Kanten des Polyeders $\mathfrak{N}$ im Eckpunkt $\boldsymbol{u}^0$. Nach Satz 6.6 lassen sich die Einteilungskegel der Einteilung von $\mathfrak{A}_{\lambda o}$ in der Form

$$\sum_{r=1}^{m} v_r^i \lambda_r \geqq 0 \qquad \boldsymbol{v}^i \in V(\boldsymbol{u}^0)$$

darstellen, wobei $\boldsymbol{u}^0$ alle Ecken von $\mathfrak{N}$ durchläuft. Nach Satz 6.6 gilt für die Lösungsfunktion von $P(\boldsymbol{\lambda}, \boldsymbol{o})$ über einem Einteilungskegel zur Ecke $\boldsymbol{u}^0$:

$$\varphi(\boldsymbol{\lambda}) = \sum_{r=1}^{m} u_r^0 \lambda_r .$$

Wir zeigen: Wenn $\mathfrak{A}_{\lambda o}^0$ Einteilungskegel zur Ecke $\boldsymbol{u}^0$ ist, so ist

$$\bar{I}(\boldsymbol{u}^0) = \{1, \ldots, n\} \setminus I(\boldsymbol{u}^0)$$

die charakteristische Indexmenge bezüglich des Einteilungskegels $\mathfrak{A}_{\lambda o}^0$. Dazu sei $\boldsymbol{\lambda} \in \operatorname{int} \mathfrak{A}_{\lambda o}^0$.

Nach Satz 6.11 gilt $\mathfrak{N}_{\text{opt}}(\boldsymbol{\lambda}^0) = \{\boldsymbol{u}^0\}$ und daher

$$\sum_{r=1}^{m} a_{r\alpha} u_r^0 = c_\alpha , \qquad \alpha \in I(\boldsymbol{u}^0) ,$$

$$\sum_{r=1}^{m} a_{r\alpha} u_r^0 > c_\alpha , \qquad \alpha \in \bar{I}(\boldsymbol{u}^0) .$$

Andererseits ist nach dem Dualitätssatz ein Vektor $\boldsymbol{x}^0 \in \mathfrak{M}(\boldsymbol{\lambda}^0)$ dann und nur dann optimal, wenn

$$\sum_{\alpha=1}^{n} \sum_{r=1}^{m} (a_{r\alpha} u_r^0 - c_\alpha) x_\alpha^0 = 0$$

gilt. Hieraus folgt unmittelbar

$$\mathfrak{M}_{\text{opt}}(\boldsymbol{\lambda}^0) = \{\boldsymbol{x} \in \mathfrak{M}(\boldsymbol{\lambda}_0) \mid x_\alpha \geqq 0,\ \alpha \in I(\boldsymbol{u}^0);\ x_\alpha = 0,\ \alpha \in \bar{I}(\boldsymbol{u}^0)\} .$$

Somit erhalten wir durch den Schritt 1 des Verfahrens gleichzeitig die charakteristische Indexmenge zu einem Einteilungskegel und damit auch die ihm zugeordnete Optimalmenge.

Den numerischen Aufwand bei der Bestimmung der Fundamentalsysteme von (11.21) für jedes $\boldsymbol{u}^0 \in \mathfrak{N}^0$ kann man wesentlich reduzieren, indem man die Grundmenge $\mathfrak{N}^0$ in paarweise disjunkte Teilmengen $\mathfrak{N}_1^0, \ldots, \mathfrak{N}_s^0$ aufteilt. Ein solcher Aufteilungsalgorithmus kann z. B. so aussehen (wir nennen ihn ***AUF I***):

AUF I:

Man wähle eine beliebige Ecke $\boldsymbol{u}^1 \in \mathfrak{N}^0$ (wir nennen sie *Kernecke*), eine Indexmenge $I_1 \subseteq I(\boldsymbol{u}^1)$ und setze

$$\mathfrak{N}_1^0 = \{\boldsymbol{u} \in \mathfrak{N}^0 \mid I_1 \subseteq I(\boldsymbol{u}^1)\}$$

Sind $\mathfrak{N}_1^0, \ldots, \mathfrak{N}_k^0$ bereits konstruiert und ist

$$\mathfrak{N}^0 \setminus \bigcup_{i=1}^{k} \mathfrak{N}_i^0 \neq \emptyset ,$$

so wähle man eine Kernecke $u^{k+1} \in \mathfrak{N}^0 \setminus \bigcup_{i=1}^{k} \mathfrak{N}_i^0$, eine Indexmenge $I_{k+1} \subseteq I(u^{k+1})$ und setze

$$\mathfrak{N}_{k+1}^0 = \left\{ u \in \mathfrak{N}^0 \setminus \bigcup_{i=1}^{k} \mathfrak{N}_i^0 \mid I_{k+1} \subseteq I(u^{k+1}) \right\} .$$

Dieser Algorithmus ist endlich, da $\mathfrak{N}^0$ endlich ist und jedes $\mathfrak{N}_k^0$ mindestens ein Element enthält, nämlich die Kernecke u^k.

Betrachten wir nun eine Teilmenge $\mathfrak{N}_k^0$ und die den Ecken aus $\mathfrak{N}_k^0$ zugeordneten Systeme

$$- \sum_{r=1}^{m} a_{r\alpha} u_r \leqq 0 , \qquad \alpha \in I(u) \tag{11.22}$$

für jedes $u \in \mathfrak{N}_k^0$. Jedes System (11.22) hat mit dem System

$$- \sum_{r=1}^{m} a_{r\alpha} u_r \leqq 0 , \qquad \alpha \in I(u^k)$$

zur Kernecke $u^k \in \mathfrak{N}_k^0$ das System

$$- \sum_{r=1}^{m} a_{r\alpha} u_r \leqq 0 , \qquad \alpha \in I_k , \tag{11.23}$$

gemeinsam. An dieser Stelle scheint eine geometrische Interpretation des Aufteilungsalgorithmus angebracht. Dazu sei $|I_k| = m - 1$ und die Zeilenvektoren der Koeffizientenmatrix von (11.23) seien linear unabhängig. In diesem Falle sieht man leicht, daß $\mathfrak{N}_k^0$ höchstens zwei Punkte enthält, die benachbarte Ecken des Polyeders $\mathfrak{N}$ sind.

Wir fassen sämtliche Systeme (11.22) zu einem zusammen; dabei sei $\mathfrak{N}_k^0 = \{u^{k1}, \ldots, u^{k s_k}\}$ und $|I_k| = t_k$:

$$\left. \begin{aligned} - \sum_{r=1}^{m} a_{r\alpha} u_r \leqq 0 , \qquad & \alpha \in I_k \\ - \sum_{r=1}^{m} a_{r\alpha} u_r \leqq 0 , \qquad & \alpha \in I(u^{ki}) \setminus I_k , \qquad i = 1, \ldots, s_k . \end{aligned} \right\} \tag{11.24}$$

Hierauf wenden wir einen der beiden Algorithmen ***AL I*** oder ***AL II*** mit folgender Zusatzregel an, die wir ***Z I*** nennen wollen:

Z I:

Bei Anwendung von ***AL I*** oder ***AL II*** auf das System (11.24) wähle man zunächst als Führungsspalten α nur solche mit $\alpha \in I_k$. Dabei entsteht am Ende das Tableau T^{t_k}. Ausgehend vom Tableau T^{t_k} wähle man nur solche Führungsspalten α mit $\alpha \in I(u^{k1}) \setminus I_k$; es entsteht am Ende ein Tableau T^{σ_1} mit $\sigma_1 = |I(u^{k1})|$, welches ein Erzeugendensystem $V(\boldsymbol{u}^{k1})$ von (11.22) für $\boldsymbol{u} = \boldsymbol{u}^{k1}$ liefert. Wählen wir — beginnend mit dem Tableau T^{t_k} — nur Führungsspalten α mit $\alpha \in I(\boldsymbol{u}^{k2}) \setminus I_k$, so entsteht schließlich ein Tableau T^{σ_2} mit $\sigma_2 = |I(\boldsymbol{u}^{k2})|$, woraus man ein Erzeugendensystem $V(\boldsymbol{u}^{k2})$ abliest usw.

Wir erhalten somit durch wiederholten Rückgang auf das Tableau T^{t_k} für jedes $\boldsymbol{u} \in \mathfrak{N}_k^0$ im Algorithmus ***AL I*** ein Fundamentalsystem von (11.22) und im Algorithmus ***AL II*** ein Erzeugendensystem von (11.22).

Ausgangspunkt unserer Betrachtungen war die Kenntnis einer Grundmenge $\mathfrak{N}^0$ von Ecken des Polyeders $\mathfrak{N}$. Solche Grundmenge kann man sich auf verschiedene Weise beschaffen. Wir schildern hier zwei Möglichkeiten.

Fall 1: $\mathfrak{N}^0$ soll alle Ecken des Polyeders $\mathfrak{N}$ enthalten. Dann betrachten wir das System

$$\left.\begin{aligned} -\sum_{r=1}^{m} a_{r\alpha} u_r + t\, c_\alpha &\leqq 0\,, \qquad \alpha = 1, \ldots, u \\ -t \quad &\leqq 0\,. \end{aligned}\right\} \tag{11.25}$$

mit dem Algorithmus ***AL I*** kann man ein Fundamentalsystem $\hat{V}(\mathfrak{N})$ hiervon bestimmen. Es sei

$$\hat{V}(\mathfrak{N}) = \left\{\begin{pmatrix}\boldsymbol{v}^1\\0\end{pmatrix}, \ldots, \begin{pmatrix}\boldsymbol{v}^l\\0\end{pmatrix}, \begin{pmatrix}\boldsymbol{u}^1\\1\end{pmatrix}, \ldots, \begin{pmatrix}\boldsymbol{u}^h\\1\end{pmatrix}\right\}, \tag{11.26}$$

ein solches. Nach Satz 11.2 gilt dann

$$\mathfrak{N}^0 = \{\boldsymbol{u}^1, \ldots, \boldsymbol{u}^h\} \tag{11.27}$$

und mit Satz 11.2 und Satz 6.5 folgt für die Lösbarkeitsmenge des Problems $\boldsymbol{P}_{\lambda\,o}$

$$\mathfrak{A}_{\lambda\,o} = \left\{\boldsymbol{\lambda} \in E_m \mid \sum_{r=1}^{m} v_r^j \lambda_r \geqq 0,\; j = 1, \ldots, l\right\}. \tag{11.28}$$

Also erhalten wir durch den Algorithmus ***AL I*** in diesem Falle gleichzeitig alle Eckpunkte und die Lösbarkeitsmenge $\mathfrak{A}_{\lambda\,o}$.

Fall 2: Es sei $\boldsymbol{\lambda}^0 \in \mathfrak{A}_{\lambda\,o}$ aus einem Einteilungskegel $\mathfrak{A}_{\lambda\,o}^0$ vorgegeben. Man möchte neben $\mathfrak{A}_{\lambda\,o}^0$ auch alle benachbarten Einteilungskegel bestimmen. Nach Satz 6.7 bedeutet dies, daß $\mathfrak{N}^0$ aus einer Ecke $\boldsymbol{u}^0$ und allen zu $\boldsymbol{u}^0$ benachbarten Ecken von $\mathfrak{N}$ besteht. Um in diesem Falle die Eckpunktmenge $\mathfrak{N}^0$ zu bestimmen, kann man die Simplexmethode heranziehen, da man aus einem optimalen Simplextableau für das Problem

$$\min\left\{\sum_{r=1}^{m} \lambda_r^0 u_r \mid \sum_{r=1}^{m} a_{r\alpha} u_r \geqq c_\alpha,\; \alpha = 1, \ldots, n\right\} \tag{11.29}$$

eine (optimale) Ecke $\boldsymbol{u}^0$ und dazu alle benachbarten Ecken gewinnen kann[1]), womit $\mathfrak{N}^0$ hergestellt wäre. Wir bemerken, daß in diesem Falle die Lösbarkeitsmenge $\mathfrak{A}_{\lambda\,o}$ durch Bestimmung eines Erzeugendensystems oder eines Fundamental-

[1]) Falls u^0 nicht entartet ist.

systems von

$$-\sum_{r=1}^{m} a_{r\alpha} u_r \leqq 0\,, \qquad \alpha = 1, \ldots, n \tag{11.30}$$

gewonnen werden muß.

Zusammenfassend besteht das Lösungsverfahren für $P(\lambda, o)$ — wir nennen es $AL[P(\lambda, o)]$ — aus den folgenden Schritten.

Schritt 1: (Bestimmung einer Grundmenge $\mathfrak{N}^0$ von Ecken des konvexen Polyeders $\mathfrak{N}$):

Variante 1 ($\mathfrak{N}^0$ besteht aus allen Ecken von $\mathfrak{N}$):
Man wende ***AL I*** auf das System (11.25) an, wobei $v = 1$ und $F^0 = \{m + 1\}$ zu setzen sind. Als Ergebnis erhält man nach eventueller Normierung der letzten Komponente das Fundamentalsystem $\hat{V}(\mathfrak{N})$ aus (11.26), so daß für $\mathfrak{N}^0$ (11.27) und für $\mathfrak{A}_{\lambda o}$ die Darstellung (11.28) gilt.

Variante 2 ($\mathfrak{N}^0$ besteht aus allen zu einer Ecke u^0 benachbarten Ecken):
Man löse für ein festes $\lambda^0 \in \mathfrak{A}_{\lambda o}$ das Problem (11.29) (etwa nach der Simplexmethode) und bestimme alle zu einer optimalen Ecke u^0 benachbarten Ecken; in $\mathfrak{N}^0$ werden u^0 und die benachbarten Ecken aufgenommen. Man wende auf (11.30) ***AL I*** oder ***AL II*** an, wobei $v = 1$ und $F^0 = \emptyset$ zu setzen sind. Als Ergebnis erhält man im Tableau T_1^n ein System von Vektoren $v^1, \ldots, v^l$, so daß für $\mathfrak{A}_{\lambda o}$ die Darstellung (11.28) gilt.

Schritt 2 (Bestimmung der Einteilungskegel):
Es sei

$$\mathfrak{N}^0 = \{u^1, \ldots, u^h\}\,.$$

Man wende auf $\mathfrak{N}^0$ den Aufteilungsalgorithmus ***AUF I*** an; das Ergebnis sei

$$\mathfrak{N}^0 = \bigcup_{k=1}^{s} \mathfrak{N}_k^0\,.$$

Für jedes k ($1 \leqq k \leqq s$) bilde man das System (11.24) und wende hierauf ***AL I*** oder ***AL II*** mit $v = 1$ und $F^0 = \emptyset$ an, wobei die Zusatzregel ***Z I*** zu berücksichtigen ist. Als Ergebnis erhält man zu jedem $u^{ki} \in \mathfrak{N}_k^0$ ein Fundamentalsystem bzw. Erzeugendensystem $V(u^{ki})$ von (11.22) für $u = u^{ki}$.

Der Lösungskegel von

$$\sum_{r=1}^{m} v_r^j \lambda_r \geqq 0\,, \qquad v^j \in V(u^{ki})$$

ist ein Einteilungskegel der Einteilung von $\mathfrak{A}_{\lambda o}$; die Lösungsfunktion lautet über diesem Einteilungskegel

$$\varphi(\lambda) = \sum_{r=1}^{m} u_r^{ki} \lambda_r$$

und die Optimalmenge hat die Darstellung

$$\mathfrak{M}_{\text{opt}}(\boldsymbol{\lambda}) = \Big\{\boldsymbol{x} \in E_n \;\Big|\; \sum_{\alpha \in I(\boldsymbol{u}^{ki})} a_{r\alpha}\, x_\alpha = \lambda_r,\ r = 1, \ldots, m;\quad x_\alpha \geqq 0,\ \alpha \in I(\boldsymbol{u}^{ki});\quad x_\alpha = 0,\ \alpha \in \bar{I}(\boldsymbol{u}^{ki})\Big\}.$$

Wir veranschaulichen das Verfahren $\boldsymbol{AL}[P(\boldsymbol{\lambda}, \boldsymbol{o})]$ an dem Beispiel

$$\begin{aligned} \max \{-x_2 - x_3 - 3x_4 \mid x_1 - 2x_2 + x_3 - x_4 + x_5 &= \lambda_1, \\ 2x_1 + 3x_2 - x_3 + 2x_4 + x_6 &= \lambda_2, \\ -x_1 + 2x_2 + 3x_3 - 3x_4 + x_7 &= \lambda_3, \\ x_1, \ldots, x_7 &\geqq 0\} \end{aligned}$$

und fordern das $\mathfrak{N}^0$ alle Ecken von $\mathfrak{N}$ enthalten soll.

Schritt 1: (Variante 1) Wir haben $\boldsymbol{AL\,I}$ auf das System

$$\begin{aligned} -u_1 - 2u_2 + u_3 \phantom{{}-t} &\leqq 0, \\ 2u_1 - 3u_2 - 2u_3 - t &\leqq 0, \\ -u_1 + u_2 - 3u_3 - t &\leqq 0, \\ u_1 - 2u_2 + 3u_3 - 3t &\leqq 0, \\ u_1, u_2, u_3, t &\geqq 0 \end{aligned}$$

anzuwenden. Aus dem Anfangstableau

$T^0 =$

1				−1	2	−1	1	1
	1			−2	−3	1	−2	2
		1		1	−2	−3	3	3
			1		−1	−1	−3	4

ergibt sich mit $\boldsymbol{AL\,I}$ die Tableaufolge (es ist $v = 1$ und $B^0 = \emptyset$):

$T^1 =$

1				−1	2	−1	1	1	1
	1			−2	−3	1	−2	2	2
			1		−1	−1	−3	3	4
1		1				−4	4	4	1,3
	1	2			−7	−5	4	5	2,3

;

$T^2 =$

	1			−2	−3	1	−2	1	2
			1		−1	−1	−3	2	3
1		1				−4	4	3	4
	1	2			−7	−5	4	4	5
3	2			−7		−1	−1	5	1,2
1			2	−1		−3	−5	6	1,3

;

$T^3 =$

			1		−1	−1	−3	1	2
1		1				−4	4	2	3
	1	2			−7	−5	4	3	4
3	2			−7		−1	−1	4	5
1			2	−1		−3	−5	5	6
	1		1	−2	−4		−5	6	1,2
	3	1		−5	−11		−3	7	1,4
1	1			−3	−1		−1	8	1,5

;

$T^4 =$

			1		−1	−1	−3	1	1	
3	2			−7		−1	−1	2	4	
1			2	−1		−3	−5	3	5	
	1		1	−2	−4		−5	4	6	
	3	1			−5	−11	−3	5	7	
1	1			−3	−1		−1	6	8	
3		3	4		−4	−16		7	1,2	
13	8	1		−28		−8		8	4,2	
9		5	8	−4		−32		9	5,2	
	3	6	4		−25	−19		10	1,3	
	3	2		−4	−13	−3		11	7,3	5
1	2	3		4	5	6	7			

.

Aus T^4 lesen wir ab:

$$\mathfrak{N}^0 = \left\{\begin{pmatrix}0\\0\\0\end{pmatrix}, \frac{1}{2}\begin{pmatrix}1\\0\\0\end{pmatrix}, \begin{pmatrix}0\\1\\0\end{pmatrix}, \frac{1}{4}\begin{pmatrix}3\\0\\3\end{pmatrix}, \frac{1}{8}\begin{pmatrix}9\\0\\5\end{pmatrix}, \frac{1}{4}\begin{pmatrix}0\\3\\6\end{pmatrix}\right\},$$

$$\hat{V}(\mathfrak{N}) = \left\{\begin{pmatrix}3\\2\\0\end{pmatrix}, \begin{pmatrix}0\\3\\1\end{pmatrix}, \begin{pmatrix}1\\1\\0\end{pmatrix}, \begin{pmatrix}13\\8\\1\end{pmatrix}, \begin{pmatrix}0\\3\\2\end{pmatrix}\right\}.$$

Damit ist die Lösbarkeitsmenge $\mathfrak{A}_{\lambda o}$ der Lösungskegel des Systems

$$3\lambda_1 + 2\lambda_2 \geqq 0\,, \qquad 3\lambda_2 + \lambda_3 \geqq 0\,, \qquad \lambda_1 + \lambda_2 \geqq 0$$
$$13\lambda_1 + 8\lambda_2 + \lambda_3 \geqq 0\,, \qquad 3\lambda_2 + 2\lambda_3 \geqq 0\,.$$

Wir bemerken, daß auch hier — wie man sich leicht überzeugt — der Algorithmus ***AL II*** zum gleichen Endtableau T^4 führt.

Wir numerieren die Ecken aus $\mathfrak{N}^0$ in der Reihenfolge ihres Auftretens im Tableau T^4.

Schritt 2: Es ist zunächst ***AUF I*** auf die Grundmenge $\mathfrak{N}^0$ anzuwenden:
Wir wählen als Kernecke $\boldsymbol{u}^1 = (0, 0, 0)^T$ und $I_1 = \{1, 3\}$ [1]; es folgt

$$\mathfrak{N}_1^0 = \{\boldsymbol{u}^1, \boldsymbol{u}^3\} = \{(0, 0, 0)^T, (0, 1, 0)^T\ ;$$

[1]) Wir numerieren die Ungleichungen in der unterhalb des letzten Tableaus T^4 angegebenen Weise.

mit $u^2 = (1, 0, 0)^T$ und $I_2 = \{2, 5\}$ folgt

$$\mathfrak{N}_2^0 = \left\{(1, 0, 0)^T, \ \frac{1}{8}(9, 0, 5)^T\right\} = \{u^2, u^5\};$$

mit

$$\mathfrak{N}_3^0 = \left\{\frac{1}{4}(3, 0, 3)^T; \ \frac{1}{4}(0, 3, 6)^T\right\} = \{u^4, u^6\}$$

bleibt die letzte Teilmenge von $\mathfrak{N}^0$, wozu die Indexmenge $I_3 = \{4, 6\}$ gehört.

Die Systeme (11.24) lauten bei dieser Aufteilung von $\mathfrak{N}^0$:

System 1:

$$\begin{array}{ll} & u_1 \geqq 0\,, \qquad u_2 \geqq 0\,; \\ u_2 \geqq 0\,, & -u_1 - 2u_2 + u_3 \leqq 0\,; \\ & -u_1 + u_2 - 3u_3 \leqq 0\,; \end{array}$$

System 2:

$$\begin{array}{ll} u_2 \geqq 0\,, & 2u_1 - 3u_2 - 2u_3 \leqq 0\,; \\ u_3 \geqq 0\,; & \\ u_1 - 2u_2 + 3u_3 \leqq 0\,; & \end{array}$$

System 3:

$$\begin{array}{ll} -u_1 - 2u_2 + u_3 \leqq 0\,, & u_1 - 2u_2 + 3u_3 \leqq 0\,; \\ u_2 \geqq 0\,; & \\ u_1 \geqq 0\,. & \end{array}$$

In der ersten Zeile jedes dieser Systeme haben wir die gemeinsamen Ungleichungen geschrieben, wie es in (11.24) bereits angedeutet ist.

Es ist nun auf jedes der Systeme 1, 2, 3 der Algorithmus ***AL II*** anzuwenden. Für System 1 ergibt sich dabei folgende Tableaufolge unter Beachtung der Zusatzregel ***Z I***:

$$T^0 = \left|\begin{array}{ccc|c:c|}1 & & & -1 & -1 \\ & 1 & & -2 & 1 \\ & & 1 & 1 & -3\end{array}\right| \ \left|\begin{array}{c}1 \\ 2^* \\ 3\end{array}\right| ;$$

$$T^{1,1} = \left|\begin{array}{ccc|c|}1 & & & -1 \\ & 1 & & -2 \\ & & 1 & 1\end{array}\right| \ \left|\begin{array}{c}1 \\ 2 \\ 3\end{array}\right| ; \qquad T^{1,2} = \left|\begin{array}{ccc|c|}& -1 & & -1 \\ 1 & 1 & & \\ & 3 & 1 & \end{array}\right| \ \left|\begin{array}{c|c}1 & 2 \\ 2 & 1{,}2 \\ 3 & 3{,}2\end{array}\right| ;$$

$$T^{2,1} = \left|\begin{array}{ccc|c|}1 & & & -1 \\ & 1 & & -2 \\ & 1 & 2 & \\ 1 & & 1 & \end{array}\right| \ \left|\begin{array}{c|c}1 & 1 \\ 2 & 2 \\ 3 & 2{,}3 \\ 4 & 1{,}3\end{array}\right| .$$

Aus $T^{2,1}$ lesen wir das der Ecke u^1 zugeordnete Erzeugendensystem ab und damit den ersten Einteilungskegel

$$\mathfrak{A}_{\lambda o}^1 = \{\lambda \in E_3 \mid \lambda_1 \geqq 0; \ \lambda_2 \geqq 0; \ \lambda_2 + 2\lambda_3 \geqq 0; \ \lambda_1 + \lambda_3 \geqq 0\}\,.$$

Hierzu gehört entsprechend Schritt 2 die Optimalmenge

$$\mathfrak{M}^1_{\text{opt}}(\boldsymbol{\lambda}) = \{\boldsymbol{x} \in E_7 \mid x_1 + x_5 = \lambda_1;\ 2\,x_1 + x_6 = \lambda_2\,;\ -x_1 + x_7 = \lambda_3;\ x_1, x_5, x_6, x_7 \geqq 0;\ x_2 = x_3 = x_4 = 0\}\,.$$

Das Tableau $T^{1,2}$ liefert den Einteilungskegel $\mathfrak{A}^3_{\lambda o}$ bezüglich der Ecke $\boldsymbol{u}^3 \in \mathfrak{N}^0$:

$$\mathfrak{A}^3_{\lambda o} = \{\boldsymbol{\lambda} \in E_3 \mid \lambda_2 \leqq 0;\ \lambda_1 + \lambda_2 \geqq 0;\ 3\,\lambda_2 + \lambda_3 \geqq 0\}\,.$$

Die zugeordnete Optimalmenge lautet

$$\mathfrak{M}^3_{\text{opt}}(\boldsymbol{\lambda}) = \{\boldsymbol{x} \in E_7 \mid x_3 + x_5 = \lambda_1;\ -x_3 = \lambda_2;\ 3\,x_3 + x_7 = \lambda_3;\ x_3, x_5, x_7 \geqq 0;\ x_1 = x_2 = x_4 = x_6 = 0\}\,.$$

Damit ist System 1 abgearbeitet und wir wenden ***AL II*** mit der Zusatzregel ***Z I*** auf System 2 an:

$$T^0 = \left|\begin{array}{ccc|c:cc} 1 & & & 2 & & 1 \\ & 1 & & -3 & & -2 \\ & & 1 & -2 & -1 & 3 \end{array}\right| \ \left|\begin{array}{c} 1* \\ 2 \\ 3* \end{array}\right|\,;$$

$$T^1 = \left|\begin{array}{ccc|c|cc} & & 1 & -2 & -1 & 3 \\ 1 & & 1 & & -1 & 4 \\ & 2 & -3 & & 3 & -13 \end{array}\right| \ \left|\begin{array}{c|c} 1 & 3 \\ 2* & 1{,}3 \\ 3 & 2{,}3 \end{array}\right|\,;$$

$$T^{2,1} = \left|\begin{array}{ccc|cc} 1 & & 1 & & -1 \\ -1 & & & -2 & \\ 3 & 2 & & & \end{array}\right| \ \left|\begin{array}{c|c} 1 & 2 \\ 2 & 1{,}2 \\ 3 & 3{,}2 \end{array}\right|\,;$$

$$T^{2,2} = \left|\begin{array}{ccc|cc} -1 & & -1 & & -4 \\ -3 & & 1 & -8 & \\ 13 & -8 & 1 & & \end{array}\right| \ \left|\begin{array}{c|c} 1 & 2 \\ 2 & 1{,}2 \\ 3 & 3{,}2 \end{array}\right|\,.$$

Als Einteilungskegel $\mathfrak{A}^2_{\lambda o}$, $\mathfrak{A}^5_{\lambda o}$ zu den Ecken $\boldsymbol{u}^2, \boldsymbol{u}^5$ aus $\mathfrak{N}^0_2$ lesen wir aus den Tableaus $T^{2,1}$ und $T^{2,2}$ ab:

$$\mathfrak{A}^2_{\lambda o} = \{\boldsymbol{\lambda} \in E_3 \mid \lambda_1 + \lambda_3 \geqq 0;\ \lambda_1 \leqq 0;\ 3\,\lambda_1 + 2\,\lambda_2 \geqq 0\}\,,$$

$$\mathfrak{A}^5_{\lambda o} = \{\boldsymbol{\lambda} \in E_3 \mid \lambda_1 + \lambda_3 \leqq 0;\ -3\,\lambda_1 + \lambda_3 \geqq 0;\ 13\,\lambda_1 - 8\,\lambda_2 + \lambda_3 \geqq 0\}\,.$$

Die zugehörenden Optimalmengen lauten:

$$\mathfrak{M}^2_{\text{opt}}(\boldsymbol{\lambda}) = \{\boldsymbol{x} \in E_7 \mid -2\,x_2 = \lambda_1;\ 3\,x_2 + x_6 = \lambda_2;\ 2\,x_2 + x_7 = \lambda_3;\ x_2, x_6, x_7 \geqq 0;\ x_1 = x_3 = x_4 = x_5 = 0\}\,,$$

$$\mathfrak{M}^5_{\text{opt}}(\boldsymbol{\lambda}) = \{\boldsymbol{x} \in E_7 \mid -2\,x_2 - x_4 = \lambda_1;\ 3\,x_2 + 2\,x_4 + x_6 = \lambda_2\,;\ 2\,x_2 - 3\,x_4 = \lambda_3;\ x_2, x_4, x_6 \geqq 0;\ x_1 = x_3 = x_5 = x_7 = 0\}\,.$$

Es bleibt noch die Anwendung von ***AL II*** auf das System 3:

$$T^0 = \left|\begin{array}{ccc|cc:cc}
1 & & & -1 & 1 & & -1 \\
 & 1 & & -2 & -2 & -1 & \\
 & & 1 & 1 & 3 & &
\end{array}\right| \quad \left|\begin{array}{c} 1* \\ 2* \\ 3* \end{array}\right| ;$$

$$T^1 = \left|\begin{array}{ccc|c|c:cc}
1 & & & -1 & 1 & & -1 \\
-2 & 1 & & & -4 & -1 & 2 \\
 & 1 & 2 & & 4 & -1 &
\end{array}\right| \quad \left|\begin{array}{c|c} 1 & 1 \\ 2* & 1{,}2 \\ 3* & 1{,}3 \end{array}\right| ;$$

$$T^2 = \left|\begin{array}{ccc|cc|cc}
-2 & 1 & & & -4 & -1 & 2 \\
2 & 1 & & -4 & & -1 & -2 \\
1 & 1 & 1 & & & -1 & 1
\end{array}\right| \quad \left|\begin{array}{c|c} 1 & 2 \\ 2 & 1{,}2 \\ 3* & 3{,}2 \end{array}\right| ;$$

$$T^{3,1} = \left|\begin{array}{ccc|ccc}
-1 & 1 & 1 & & & -1 \\
-1 & & -1 & & -4 & \\
3 & & -1 & -4 & &
\end{array}\right| \quad \left|\begin{array}{c|c} 1 & 3 \\ 2 & 1{,}3 \\ 3 & 2{,}3 \end{array}\right| ;$$

$$T^{3,2} = \left|\begin{array}{ccc|ccc}
1 & -1 & -1 & & & -1 \\
 & -1 & -2 & & -4 & \\
 & 3 & 2 & -4 & &
\end{array}\right| \quad \left|\begin{array}{c|c} 1 & 3 \\ 2 & 1{,}3 \\ 3 & 2{,}3 \end{array}\right| .$$

Hieraus erhalten wir als letzte Einteilungskegel

$$\mathfrak{A}^4_{\lambda o} = \{\boldsymbol{\lambda} \in E_3 \mid -\lambda_1 + \lambda_2 + \lambda_3 \geqq 0;\ \lambda_1 + \lambda_3 \leqq 0;\ 3\,\lambda_1 - \lambda_3 \leqq 0\}\,,$$

$$\mathfrak{A}^6_{\lambda o} = \{\boldsymbol{\lambda} \in E_3 \mid \lambda_1 - \lambda_2 - \lambda_3 \geqq 0;\ \lambda_2 + 2\,\lambda_3 \leqq 0;\ 3\,\lambda_2 + 2\,\lambda_3 \geqq 0\}$$

mit den Optimalmengen

$$\mathfrak{M}^4_{\text{opt}}(\boldsymbol{\lambda}) = \{\boldsymbol{x} \in E_7 \mid x_1 - x_4 = \lambda_1;\ 2\,x_1 + 2\,x_4 + x_6 = \lambda_2;\ -x_1 - 3\,x_4 = \lambda_3;$$
$$x_1, x_4, x_6 \geqq 0;\ x_2 = x_3 = x_5 = x_7 = 0\}$$

und

$$\mathfrak{M}^6_{\text{opt}}(\boldsymbol{\lambda}) = \{\boldsymbol{x} \in E_7 \mid x_1 - x_4 + x_5 = \lambda_1;\ 2\,x_1 + 2\,x_4 = \lambda_2;\ -x_1 - 3\,x_4 = \lambda_3;$$
$$x_1, x_4, x_5 \geqq 0\,;\ \ x_2 = x_3 = x_6 = x_7 = 0\}\,.$$

Zum Abschluß dieses Beispiels geben wir die Lösungsfunktion $\varphi(\boldsymbol{\lambda})$ über $\mathfrak{A}_{\lambda o}$ an:

$$\varphi(\boldsymbol{\lambda}) = \begin{cases}
0\,, & \boldsymbol{\lambda} \in \mathfrak{A}^1_{\lambda o} \\
\frac{1}{2}\lambda_1\,, & \boldsymbol{\lambda} \in \mathfrak{A}^2_{\lambda o} \\
\lambda_2\,, & \boldsymbol{\lambda} \in \mathfrak{A}^3_{\lambda o} \\
\frac{3}{4}\lambda_1 + \frac{3}{4}\lambda_3\,, & \boldsymbol{\lambda} \in \mathfrak{A}^4_{\lambda o} \\
\frac{9}{8}\lambda_1 + \frac{5}{8}\lambda_3\,, & \boldsymbol{\lambda} \in \mathfrak{A}^5_{\lambda o} \\
\frac{3}{4}\lambda_2 + \frac{3}{2}\lambda_3\,, & \boldsymbol{\lambda} \in \mathfrak{A}^6_{\lambda o}
\end{cases}$$

Ein Lösungsverfahren für das Problem $P(\boldsymbol{o}, \boldsymbol{\mu})$ wird analog zu dem Lösungsverfahren für das Problem $P(\boldsymbol{\lambda}, \boldsymbol{o})$ aufgebaut sein. Wir können uns daher auf die Darstellung des Verfahrens beschränken. Wir bezeichnen hier mit $I(\boldsymbol{x}^0)$ für $\boldsymbol{x}^0 \in \mathfrak{M}$ die Indexmenge zu den Nullkomponenten von $\boldsymbol{x}^0$:

$$I(\boldsymbol{x}^0) = \{\alpha \mid x_\alpha^0 = 0\} .$$

Wie beim Problem $P(\boldsymbol{\lambda}, \boldsymbol{o})$ besteht das Lösungsverfahren für $P(\boldsymbol{o}, \boldsymbol{\mu})$ aus drei Hauptschritten:

Schritt 1:

Man bestimme eine Menge $\mathfrak{M}^0$ von Ecken des konvexen Polyeders

$$\mathfrak{M} = \left\{\boldsymbol{x} \in E_n \mid \sum_{\alpha=1}^{n} a_{r\alpha}\, x_\alpha = b_r,\ r = 1, \ldots, m;\ x_\alpha \geqq 0,\ \alpha = 1, \ldots, n\right\}$$

Schritt 2:

Man bestimme die Lösbarkeitsmenge $\mathfrak{A}_{\boldsymbol{o}\mu}$ des Problems $P(\boldsymbol{o}, \boldsymbol{\mu})$.

Schritt 3:

Zu jedem Eckpunkt $\boldsymbol{x}^0 \in \mathfrak{M}^0$ bestimme man ein Fundamentalsystem oder Erzeugendensystem von

$$\left.\begin{array}{ll} \sum_{\alpha=1}^{n} a_{r\alpha}\, x_\alpha = 0\,, & r = 1, \ldots, m \\ x_\alpha \geqq 0\,, & \alpha \in I(\boldsymbol{x}^0)\,, \end{array}\right\} \tag{11.31}$$

das wir mit $V(\boldsymbol{x}^0)$ bezeichnen.

Mit diesen drei Hauptschritten erhalten wir alle von einem Lösungsverfahren geforderten Informationen. Die Einteilungskegel der Einteilung von $\mathfrak{A}_{\boldsymbol{o}\mu}$ lassen sich in der Form

$$\sum_{\alpha=1}^{n} z_\alpha\, \mu_\alpha \leqq 0\,, \qquad \boldsymbol{z} \in V(\boldsymbol{x}^0)$$

darstellen, wobei $\boldsymbol{x}^0$ alle Ecken von $\mathfrak{M}$ durchläuft. Die Lösungsfunktion $\varphi(\boldsymbol{\mu})$ lautet über einem Einteilungskegel zur Ecke $\boldsymbol{x}^0$:

$$\varphi(\boldsymbol{\mu}) = \sum_{\alpha=1}^{n} x_\alpha^0\, \mu_\alpha;$$

und die Optimalmenge ist im Innern jedes Einteilungskegels einelementig.

Wir beschränken uns daher bei dem Lösungsverfahren für $P(\boldsymbol{o}, \boldsymbol{\mu})$ auf die Konstruktion der Lösbarkeitsmenge $\mathfrak{A}_{\boldsymbol{o}\mu}$ und der Einteilungskegel zu den Ecken aus $\mathfrak{M}^0$. Der eigentliche Kernpunkt dabei ist wieder die Reduzierung des Rechenaufwandes unter Berücksichtigung von Zusammenhängen, die zwischen den verschiedenen Systemen der Form (11.31) bestehen. Die Grundmenge $\mathfrak{M}^0$ von Ecken des Polyeders $\mathfrak{M}$ kann zunächst nach dem Algorithmus ***AUF I*** in paarweise disjunkte Teilmengen $\mathfrak{M}_1^0, \ldots, \mathfrak{M}_s^0$ aufgeteilt werden.

Danach gehört zu jeder Teilmenge $\mathfrak{M}_l^0$ eine Indexmenge I_l mit $I_l \subseteq I(\boldsymbol{x}^0)$ für jedes $\boldsymbol{x}^0 \in \mathfrak{M}_l^0$. Es sei

$$\mathfrak{M}_l^0 = \{\boldsymbol{x}^{l1}, \ldots, \boldsymbol{x}^{l s_l}\}.$$

Die Systeme

$$\left.\begin{array}{ll} \sum_{\alpha=1}^{n} a_{r\alpha} x_\alpha = 0\,, & r = 1, \ldots, m \\ x_\alpha \geqq 0\,, & \alpha \in I(\boldsymbol{x}^{li}) \end{array}\right\} \tag{11.32}$$

für $i = 1, \ldots, s_l$ enthalten alle das System

$$\left.\begin{array}{ll} \sum_{\alpha=1}^{n} a_{r\alpha} x_\alpha = 0\,, & r = 1, \ldots, m \\ x_\alpha \geqq 0\,, & \alpha \in I_l\,. \end{array}\right\} \tag{11.33}$$

Wir ordnen allen Systemen (11.32) für $i = 1, \ldots, s_l$ formal *ein System* zu:

$$\left.\begin{array}{llll} \sum_{\alpha=1}^{n} a_{r\alpha} x_\alpha = 0\,, & r = 1, \ldots, m\,; & x_\alpha \geqq 0\,, & \alpha \in I_l \\ x_\alpha \geqq 0\,, & \alpha \in I(\boldsymbol{x}^{li}) \setminus I_l\,, & i = 1, \ldots, s_l & \end{array}\right\} \tag{11.34}$$

und wenden hierauf ***AL I*** oder ***AL II*** an mit der Zusatzregel

Z II:

Das Anfangstableau sei

$$T^0 = \left[\begin{array}{cccc|ccc} 1 & & & & a_{11} & \ldots & a_{m1} \\ & 1 & & & a_{12} & \ldots & a_{m2} \\ & & \ddots & & \ldots & \ldots & \ldots \\ & & & 1 & a_{1n} & \ldots & a_{mn} \end{array}\right].$$

$F^0 = I_l$ und $v = 0$. Im Endtableau $T^m = (T_1^m \mid T_2^m)$ enthält T_2^m nur Nullelemente. Aus T^m bilden wir die Tableaus

$$T^{m,i} = (T_1^m \mid \hat{T}^i)\,, \qquad i = 1, \ldots, S_l\,.$$

Das Teiltableau $\hat{T}^i$ besteht dabei aus allen mit -1 multiplizierten Spalten α aus T_1^m mit $\alpha \in I(\boldsymbol{x}^{li}) \setminus I_l$. Auf jedes $T^{m,i}$ wenden wir ***AL I*** oder ***AL II*** mit $F^{m,i} = F^m$ und $v = 1$ an.

Unter Berücksichtigung von Lemma 11.6 und dessen Beweis sieht man leicht, daß wir am Ende ein Erzeugendensystem von (11.32) erhalten.

Zusammenfassend besteht das Lösungsverfahren für $P(\boldsymbol{o}, \boldsymbol{\mu})$ — wir nennen es $\boldsymbol{AL}[P(\boldsymbol{o}, \boldsymbol{\mu})]$ — aus den folgenden Schritten.

$\boldsymbol{AL}[P(\boldsymbol{o}, \boldsymbol{\mu})]$:

Schritt 1 (Bestimmung einer Grundmenge $\mathfrak{M}^0$ von Ecken des konvexen Polyeders $\mathfrak{M}$):

Variante 1 ($\mathfrak{M}^0$ besteht aus allen Ecken von $\mathfrak{M}$):
Man wende ***AL I*** auf das System

$$\begin{aligned} \sum_{\alpha=1}^{n} a_{r\alpha} x_\alpha - t\, b_r &= 0\,, \qquad r = 1, \ldots, m \\ x_\alpha &\geqq 0\,, \qquad \alpha = 1, \ldots, n \\ t &\geqq 0 \end{aligned}$$

an, wobei $v = 0$ und $B^0 = \emptyset$ zu setzen sind. Als Ergebnis erhält man (nach eventueller Normierung der t-Komponente) ein Fundamentalsystem

$$\hat{V}(\mathfrak{M}) = \left\{\begin{pmatrix} \boldsymbol{y}^1 \\ 0 \end{pmatrix}, \ldots, \begin{pmatrix} \boldsymbol{y}^s \\ 0 \end{pmatrix}, \begin{pmatrix} \boldsymbol{x}^1 \\ 1 \end{pmatrix}, \ldots, \begin{pmatrix} \boldsymbol{x}^h \\ 1 \end{pmatrix}\right\},$$

so daß

$$\mathfrak{M}^0 = \{\boldsymbol{x}^1, \ldots, \boldsymbol{x}^h\}$$

und

$$\mathfrak{A}_{o\mu} = \left\{\boldsymbol{\mu} \in E_n \mid \sum_{\alpha=1}^{n} y_\alpha^i \mu_\alpha \leqq 0,\ i = 1, \ldots, s\right\} \tag{11.35}$$

gilt.

Variante 2 ($\mathfrak{M}^0$ besteht aus allen zu einer Ecke $\boldsymbol{x}^0$ benachbarten Ecken):
Man löse für ein festes $\boldsymbol{\mu}^0 \in \mathfrak{A}_{o\mu}$ das Problem

$$\max\left\{\sum_{\alpha=1}^{n} \mu_\alpha^0 x_\alpha \mid \boldsymbol{x} \in \mathfrak{M}\right\}$$

(etwa nach der Simplexmethode) und bestimme alle zu einer optimalen Ecke $\boldsymbol{x}^0$ benachbarten Ecken; in $\mathfrak{M}^0$ werden $\boldsymbol{x}^0$ und die benachbarten Ecken aufgenommen. Man wende auf das System

$$\begin{aligned} \sum_{\alpha=1}^{n} a_{r\alpha} x_\alpha &= 0\,, \qquad r = 1, \ldots, m \\ x_\alpha &\geqq 0\,, \qquad \alpha = 1, \ldots, n \end{aligned}$$

den Algorithmus ***AL I*** oder ***AL II*** mit $v = 0$ und $B^0 = \emptyset$ an. Als Ergebnis erhält man ein System von Vektoren $\boldsymbol{y}^1, \ldots, \boldsymbol{y}^s$, so daß für $\mathfrak{A}_{o\mu}$ die Darstellung (11.35) gilt.

Schritt 2 (Bestimmung der Einteilungskegel):
Es sei

$$\mathfrak{M}^0 = \{\boldsymbol{x}^1, \ldots, \boldsymbol{x}^h\}\,.$$

Man wende auf $\mathfrak{M}^0$ den Aufteilungsalgorithmus ***AUF I*** an, wobei unter der Indexmenge $I(\boldsymbol{x})$ die Menge

$$I(\boldsymbol{x}) = \{\alpha \mid x_\alpha = 0\}$$

zu verstehen ist. Das Ergebnis sei

$$\mathfrak{M}^0 = \bigcup_{l=1}^{s} \mathfrak{M}_l^0\,.$$

Für jedes $l\,(1 \leqq l \leqq s)$ bilde man das System (11.34) und wende hierauf ***AL I*** bzw. ***AL II*** an, wobei die Zusatzregel ***Z II*** zu berücksichtigen ist. Als Ergebnis erhält man zu jedem $\boldsymbol{x}^{li} \in \mathfrak{M}_l^0$ ein Erzeugendensystem $V(\boldsymbol{x}^{li})$.

Der Lösungskegel von

$$\sum_{\alpha=1}^{n} z_\alpha \mu_\alpha \leqq 0\,, \qquad \boldsymbol{z} \in V(\boldsymbol{x}^{li})$$

ist ein Einteilungskegel der regulären Einteilung von $\mathfrak{A}_{o\mu}$. Als Beispiel wählen wir das Problem

$$\max\left\{\sum_{\alpha=1}^{7} \mu_\alpha x_\alpha \mid \begin{aligned} x_1 - 2\,x_2 + x_3 - x_4 + x_5 &= 0,\\ 2\,x_1 + 3\,x_2 - x_3 + 2\,x_4 + x_6 &= 5,\\ -\,x_1 + 2\,x_2 + 3\,x_3 - 3\,x_4 + x_7 &= 5,\\ x_1, x_2, \ldots, x_7 &\geqq 0\end{aligned}\right\}$$

und verlangen, daß $\mathfrak{M}^0$ eine Ecke $\boldsymbol{x}^0$ und alle dazu benachbarten Ecken enthalten soll. Wir wählen als Anfangsvektor $\boldsymbol{\mu}^0 = (3, 4, 7, -3, 0, 0, 0)^T$.

Schritt 1 (Variante 2):

Das optimale Simplextableau entnehmen wir dem Beispiel zum Algorithmus $\boldsymbol{AL}[P(0, \eta)]$ in 2.3. Es lautet

		x_1	x_2	x_3	x_6
	$\frac{15}{2}$	6	$\frac{17}{2}$	$\frac{11}{2}$	$\frac{3}{2}$
x_5	$\frac{5}{2}$	$\boxed{2}$	$-\frac{1}{2}$	$\boxed{\frac{1}{2}}$	$\boxed{\frac{1}{2}}$
x_4	$\frac{5}{2}$	1	$\boxed{\frac{3}{2}}$	$-\frac{1}{2}$	$\frac{1}{2}$
x_7	$\frac{25}{2}$	2	$\frac{13}{2}$	$\frac{3}{2}$	$\frac{3}{2}$

Wir entnehmen daraus $\boldsymbol{x}^0$ und die benachbarten Ecken:

$$\mathfrak{M}^0 = \{\boldsymbol{x}^1, \boldsymbol{x}^2, \boldsymbol{x}^3, \boldsymbol{x}^4, \boldsymbol{x}^5\}$$

mit

$$\boldsymbol{x}^1 = \boldsymbol{x}^0 = \frac{5}{2}(0, 0, 0, 1, 1, 0, 5)^T\,; \qquad \boldsymbol{x}^2 = \frac{5}{4}(1, 0, 0, 1, 0, 0, 8)^T\,;$$

$$\boldsymbol{x}^3 = \frac{5}{3}(0, 1, 0, 0, 2, 0, 1)^T\,; \qquad \boldsymbol{x}^4 = 5\,(0, 0, 1, 1, 0, 0, 1)^T\,;$$

$$\boldsymbol{x}^5 = 5\,(0, 0, 0, 0, 0, 1, 1)^T\,.$$

Wir wenden ***AL II*** auf das System

$$\begin{aligned} x_1 - 2\,x_2 + x_3 - x_4 + x_5 &= 0\,, \\ 2\,x_1 + 3\,x_2 - x_3 + 2\,x_4 + x_6 &= 0\,, \\ -\,x_1 + 2\,x_2 + 3\,x_3 - 3\,x_4 + x_7 &= 0\,, \\ x_1, \ldots, x_7 &\geqq 0 \end{aligned}$$

an und erhalten die nachstehende Tableaufolge.

$$T^0 = \left[\begin{array}{ccccccc|ccc} 1 & & & & & & & 1 & 2 & -1 \\ & 1 & & & & & & -2 & 3 & 2 \\ & & 1 & & & & & 1 & -1 & 3 \\ & & & 1 & & & & -1 & 2 & -3 \\ & & & & 1 & & & 1 & & \\ & & & & & 1 & & & 1 & \\ & & & & & & 1 & & & 1 \end{array}\right] \left[\begin{array}{c} 1 \\ 2 \\ 3 \\ 4 \\ 5 \\ 6 \\ 7 \end{array}\right];$$

$$T^1 = \left[\begin{array}{cccccc|c|cc} & & & & 1 & & & 1 & \\ & & & & & 1 & & & 1 \\ 1 & & 1 & & & & & 4 & -4 \\ & 1 & 2 & & & & & 7 & -4 \\ & & 1 & 1 & & & & 2 & -3 \end{array}\right] \left[\begin{array}{c|c} 1 & 6 \\ 2 & 7 \\ 3 & 4{,}1 \\ 4 & 4{,}2 \\ 5 & 4{,}5 \end{array}\right]$$

$$T^2 = \left[\begin{array}{cccccc|c|c} & & & & & 1 & & 1 \end{array}\right] \left[\begin{array}{c|c} 1 & 2 \end{array}\right]$$

Da $|N^-| = 0$ und $u = 0$ für T^3 folgt

Schritt 5: Das Ausgangssystem ist nur trivial lösbar. Folglich besteht die Lösbarkeitsmenge $\mathfrak{A}_{o\mu}$ des Beispiels aus dem ganzen Raum E_7:

$$\mathfrak{A}_{o\mu} = E_7 \;^{1)}$$

Schritt 2 (Bestimmung der Einteilungskegel zu den Ecken aus $\mathfrak{M}^0$):
Es ist ***AUF I*** auf $\mathfrak{M}^0$ anzuwenden.
Wir wählen einmal $\boldsymbol{x}^1$ als Kernecke und die Indexmenge $I_1 = \{1, 3, 6\}$; daraus folgt

$$\mathfrak{M}_1^0 = \{\boldsymbol{x}^1, \boldsymbol{x}^3\} = \left\{\frac{5}{2}(0, 0, 0, 1, 1, 0, 5)^T\,,\ \frac{5}{3}(0, 1, 0, 0, 2, 0, 1)^T\right\};$$

mit $\boldsymbol{x}^2$ als Kenrecke und $I_2 = \{2, 5\}$ haben wir als $\mathfrak{M}_2^0$ die Restmenge:

$$\begin{aligned} \mathfrak{M}_2^0 &= \{\boldsymbol{x}^2, \boldsymbol{x}^4, \boldsymbol{x}^5\} \\ &= \left\{\frac{5}{4}(1, 0, 0, 1, 0, 0, 8)^T;\ 5\,(0, 0, 1, 1, 0, 0, 1)^T;\ 5\,(0, 0, 0, 0, 0, 1, 1)^T\right\}. \end{aligned}$$

[1]) Insbesondere ist daher $\mathfrak{M}$ beschränkt.

Das der Menge $\mathfrak{M}_1^0$ zugeordnete System (11.33) lautet:

System 1:

$$\begin{aligned} x_1 - 2\,x_2 + x_3 - x_4 + x_5 &= 0\,,\\ 2\,x_1 + 3\,x_2 - x_3 + 2\,x_4 + x_6 &= 0\,,\\ -\,x_1 + 2\,x_2 + 3\,x_3 - 3\,x_4 + x_7 &= 0\,,\\ x_1, x_3, x_6 &\geqq 0\,;\\ x_2 &\geqq 0\,;\\ x_4 &\geqq 0\,. \end{aligned}$$

Für $\mathfrak{M}_2^0$ ergibt sich das

System 2:

$$\begin{aligned} x_1 - 2\,x_2 + x_3 - x_4 + x_5 &= 0\,,\\ 2\,x_1 + 3\,x_2 - x_3 + 2\,x_4 + x_6 &= 0\,,\\ -\,x_1 + 2\,x_2 + 3\,x_3 - 3\,x_4 + x_7 &= 0\,,\\ x_2, x_5 &\geqq 0\,;\\ x_1, x_6 &\geqq 0\,;\\ x_1, x_3, x_4 &\geqq 0\,. \end{aligned}$$

Wir wenden ***AL II*** mit der Zusatzregel ***Z II*** auf System 1 an und erhalten die Tableaufolge:

$$T^0 = \left|\begin{array}{ccccccc|ccc|} 1 & & & & & & & 1 & 2 & -1\\ & 1 & & & & & & -2 & 3 & 2\\ & & 1 & & & & & 1 & -1 & 3\\ & & & 1 & & & & -1 & 2 & -3\\ & & & & 1 & & & 1 & & \\ & & & & & 1 & & & 1 & \\ & & & & & & 1 & & & 1 \end{array}\right. \quad \left|\begin{array}{l} 1\\ 2^*\\ 3\\ 4^*\\ 5^*\\ 6\\ 7^* \end{array}\right| ;$$

$$T^1 = \left|\begin{array}{ccccccc|c|cc|} 1 & & & & -1 & & & & 2 & -1\\ & 1 & & & 2 & & & & 3 & 2\\ & & 1 & & -1 & & & & -1 & 3\\ & & & 1 & 1 & & & & 2 & -3\\ & & & & & 1 & & & 1 & \\ & & & & & & 1 & & & 1 \end{array}\right. \quad \left|\begin{array}{l|l} 1 & 1{,}5\\ 2^* & 2{,}5\\ 3 & 3{,}5\\ 4^* & 4{,}5\\ 5 & 6{,}5\\ 6^* & 7{,}5 \end{array}\right| ;$$

$$T^2 = \left|\begin{array}{ccccccc|c|c|} 1 & & & -1 & -2 & & & & 2\\ & 2 & & -3 & 1 & & & & 13\\ & & 2 & 1 & -1 & & & & 3\\ & & & -1 & -1 & 2 & & & 3\\ & & & & & & 1 & & 1 \end{array}\right. \quad \left|\begin{array}{l|l|l} 1 & 1{,}4 & 2\\ 2^* & 2{,}4 & \\ 3 & 3{,}4 & \\ 4 & 5{,}4 & \\ 5^* & 6{,}4 & 2 \end{array}\right| ;$$

$T^3 =$

1			−1	−2		−2		1	1,5
	2		−3	1		−13		2*	2,5
		2	1	−1		−3		3	3,5
			−1	−1	2	−3		4	4,5

;

$T^{3,1} =$

1			−1	−2		−2		1
	2		−3	1		−13	−2	2*
		2	1	−1		−3		3
			−1	−1	2	−3		4

;

$$T^{4,1} = T^{3,1} ;$$

$T^{3,2} =$

1			−1	−2		−2	1	1
	2		−3	1		−13	3	2*
		2	1	−1		−3	−1	3
			−1	−1	2	−3	1	4

;

$T^{4,2} =$

	−2		3	−1		13	−3	1	2	
3	−2			−7		7		2	1,2	
	1	3		−2		−11		3	3,2	2
	−1			−4	3	2		4	4,2	2

.

Aus dem Tableau $T^{4,1}$ lesen wir den Einteilungskegel zur Ecke x^1 ab: $\mathfrak{A}^1_{o\mu}$ ist der Lösungskegel des Systems

$$\begin{aligned}
\mu_1 \qquad\qquad - \mu_4 - 2\mu_5 \qquad\quad - 2\mu_7 &\leqq 0 ,\\
2\mu_2 \qquad - 3\mu_4 + \mu_5 \qquad\quad - 13\mu_7 &\leqq 0 ,\\
2\mu_3 + \mu_4 - \mu_5 \qquad\quad - 3\mu_7 &\leqq 0 ,\\
- \mu_4 - \mu_5 + 2\mu_6 - 3\mu_7 &\leqq 0 .
\end{aligned}$$

Das Tableau $T^{4,2}$ liefert den Einteilungskegel $\mathfrak{A}^3_{o\mu}$ zur Ecke x^3: $\mathfrak{A}^3_{o\mu}$ ist Lösungskegel des Systems

$$\begin{aligned}
2\mu_2 \qquad - 3\mu_4 + \mu_5 \qquad\quad - 13\mu_7 &\geqq 0 ,\\
3\mu_1 - 2\mu_2 \qquad\qquad - 7\mu_5 \qquad\quad + \mu_7 &\leqq 0 ,\\
\mu_2 + 3\mu_3 \qquad\qquad - 2\mu_5 \qquad\quad - 11\mu_7 &\leqq 0 ,\\
- \mu_2 \qquad\qquad - 4\mu_5 + 3\mu_6 + 2\mu_7 &\leqq 0 .
\end{aligned}$$

Wir bemerken, daß keine Ungleichung in diesen Systemen überflüssig ist.

Die Anwendung von ***AL II*** auf System 2 unter der Zusatzregel ***Z II*** liefern folgende Tableaus:

$T^0 =$

1							1	2	−1	1*
	1						−2	3	2	2
		1					1	−1	3	3*
			1				−1	2	−3	4*
				1			1			5
					1			1		6*
						1			1	7*

;

$T^1 =$

1		−1						3	−4	1*	1,3
	1	2						1	8	2	2,3
		1	1					1		3*	4,3
		−1		1				1	−3	4	5,3
					1			1		5*	6,3
						1			1	6*	7,3

;

$T^2 =$

1		−1			−3			−4	1*	1,5
	1	2			−1			8	2	2,5
		1	1		−1				3*	3,5
		−1		1	−1			−3	4	4,5
						1		1	5*	6,5

;

$T^3 =$

1		−1			−3	4	1*	1,5
	1	2			−1	−8	2	2,5
		1	1		−1		3*	3,5
		−1		1	−1	3	4	4,5

;

$T^{3,1} =$

1		−1			−3	4	1	3	1*
	1	2			−1	−8	2	1	2
		1	1		−1		−1	1	3*
		−1		1	−1	3	1	1	4

;

$T^{4,1} =$

−1		1			3	−4	−1	−3	1	1
−2	1	4			5	−16		−1	2	1,2
1			1		−4	4		4	3*	1,3
−1				1	2	−1		−2	4	1,4

;

$T^{5,1} =$

−1			−1		4	−4		−4	1	3
−1		4	3			−4	−4		2	1,3
−7	4	16	1		16	−60			3	2,3
−1			1	2		2			4	4,3

.

Aus diesem Tableau lesen wir den Einteilungskegel $\mathfrak{A}^2_{o\mu}$ zur Ecke $\boldsymbol{x}^2$ ab: $\mathfrak{A}^2_{o\mu}$ ist Lösungskegel des Systems

$$\begin{array}{rl}
-\mu_1 - \mu_4 + 4\mu_6 - 4\mu_7 & \leqq 0\,, \\
-\mu_1 + 4\mu_3 + 3\mu_4 - 4\mu_7 & \leqq 0\,, \\
-7\mu_1 + 4\mu_2 + 16\mu_3 + \mu_4 + 16\mu_6 - 60\mu_7 & \leqq 0\,, \\
\mu_1 - \mu_4 - 2\mu_5 - 2\mu_7 & \geqq 0\,.
\end{array}$$

Wir kehren zum Tableau T^3 zurück und fügen die Spalten, die dem System $x_\alpha \geqq 0$, $\alpha \in I(\boldsymbol{x}^4) \setminus I_2$, d. h.

$$x_1 \geqq 0\,, \qquad x_6 \geqq 0$$

entsprechen, hinzu:

$$T^{3,2} = \left|\begin{array}{ccccccc|cc||c|}
1 & & -1 & & & -3 & 4 & -1 & 3 & 1^* \\
 & 1 & 2 & & & -1 & -8 & & 1 & 2 \\
 & & 1 & 1 & & -1 & & & 1 & 3^* \\
 & & -1 & & 1 & -1 & 3 & & 1 & 4
\end{array}\right.;$$

$$T^{4,2} = \left|\begin{array}{ccccccc|c|c||c|c|}
1 & & -1 & & & -3 & 4 & -1 & 3 & 1 & 1 \\
 & 1 & 2 & & & -1 & -8 & & 1 & 2 & 1{,}2 \\
 & & 1 & 1 & & -1 & & & 1 & 3^* & 1{,}3 \\
 & & -1 & & 1 & -1 & 3 & & 1 & 4 & 1{,}4
\end{array}\right.;$$

$$T^{5,2} = \left|\begin{array}{ccccccc|cc||c|c|}
 & & -1 & -1 & & 1 & & & -1 & 1 & 3 \\
1 & & -4 & -3 & & & 4 & -1 & & 2 & 1{,}3 \\
 & 1 & 1 & -1 & & & -8 & & & 3 & 2{,}3 \\
 & & -2 & -1 & 1 & & 3 & & & 4 & 4{,}3
\end{array}\right..$$

Folglich ist der Einteilungskegel $\mathfrak{A}^4_{o\mu}$ zur Ecke $\boldsymbol{x}^4$ Lösungskegel des Systems

$$\begin{array}{rl}
-\mu_3 - \mu_4 + \mu_6 & \leqq 0\,, \\
\mu_1 - 4\mu_3 - 3\mu_4 + 4\mu_7 & \leqq 0\,, \\
\mu_2 + \mu_3 - \mu_4 - 8\mu_7 & \leqq 0\,, \\
2\mu_3 + \mu_4 - \mu_5 - 3\mu_7 & \geqq 0\,.
\end{array}$$

Schließlich haben wir noch den Einteilungskegel $\mathfrak{A}^5_{o\mu}$ zur Ecke $\boldsymbol{x}^5$ zu bestimmen, wozu die Spalten zum System

$$x_1 \geqq 0\,, \quad x_3 \geqq 0\,, \quad x_4 \geqq 0$$

an das Tableau T_1^3 anzufügen sind:

$$T^{3,3} = \left|\begin{array}{ccccccc|ccc||c|c|}
1 & & -1 & & & -3 & 4 & -1 & 1 & & 1^* & 1 \\
 & 1 & 2 & & & -1 & -8 & & -2 & & 2 & 1{,}2 \\
 & & 1 & 1 & & -1 & & & -1 & -1 & 3^* & 1{,}3 \\
 & & -1 & & 1 & -1 & 3 & & 1 & & 4 & 1{,}4
\end{array}\right.;$$

$T^{4,3} =$

1		−1			−3	4	−1	1		1	1
	1	2			−1	−8		−2		2	1,2
		1	1		−1			−1	−1	3*	1,3
		−1		1	−1	3		1		4	1,4

;

$T^{5,3} =$

		1	1		−1			−1	−1	1	3
1			1		−4	4	−1		−1	2	1,3
	1		−2		1	−8			2	3	2,3
			1	1	−2	3			−1	4	4,3

;

$T^{6,3} =$

		1	1		−1			−1	−1	1	1
1			1		−4	4	−1		−1	2	2
			1	1	−2	3			−1	3	4
	1	2			−1	−8		−2		4	1,3
2	1			−7			−2			5	2,3
				2	−3	−2				6	4,3

.

Das Tableau $T^{6,3}$ liefert uns den letzten Einteilungskegel $\mathfrak{A}^5_{o\mu}$ als Lösungskegel von

$$\begin{aligned}
\mu_3 + \mu_4 \qquad - \mu_6 \qquad &\leqq 0\,,\\
\mu_1 \qquad + \mu_4 \qquad - 4\,\mu_6 + 4\,\mu_7 &\leqq 0\,,\\
- \mu_4 - \mu_5 + 2\,\mu_6 - 3\,\mu_7 &\geqq 0\,,\\
\mu_2 + 2\,\mu_3 \qquad - \mu_6 - 8\,\mu_7 &\leqq 0\,,\\
2\,\mu_1 + \mu_2 \qquad - 7\,\mu_5 \qquad &\leqq 0\,,\\
2\,\mu_5 - 3\,\mu_6 - 2\,\mu_7 &\leqq 0\,.
\end{aligned}$$

Damit ist das Lösungsverfahren beendet.

Die Ungleichungen mit „$\geqq$" sind mit „$\leqq$" auch in dem System zu $\mathfrak{A}^1_{o\mu}$ enthalten und zeigen damit, daß die Kegel $\mathfrak{A}^2_{o\mu}, \ldots, \mathfrak{A}^5_{o\mu}$ zu $\mathfrak{A}^1_{o\mu}$ benachbart sind.

11.5. Lösungsverfahren für das Problem $P(\boldsymbol{\lambda}, \boldsymbol{\mu})$

Wir betrachten das parametrische Optimierungsproblem

$$P(\boldsymbol{\lambda}, \boldsymbol{\mu})\colon \max\,\{F(\boldsymbol{x}, \boldsymbol{\mu}) \mid \boldsymbol{x} \in \mathfrak{M}(\boldsymbol{\lambda})\}\,, \qquad \boldsymbol{\lambda} \in E_m\,, \qquad \boldsymbol{\mu} \in E_n$$

mit

$$F(\boldsymbol{x}, \boldsymbol{\mu}) = \sum_{\alpha=1}^{n} \mu_\alpha\, x_\alpha$$

und

$$\mathfrak{M}(\lambda) = \left\{x \in E_n \mid \sum_{\alpha=1}^{n} a_{r\alpha} x_\alpha = \lambda_r,\ r = 1, \ldots, m;\ x_\alpha \geqq 0,\ \alpha = 1, \ldots, n\right\},$$

wo die Koeffizientenmatrix $A = (a_{r\alpha})_{m,n}$ den maximalen Rang m $(m < n)$ haben möge. Grundlage unserer Untersuchungen sind die qualitativen Ergebnisse aus Kapitel 8. Wenn $V(\mathfrak{M})$ ein Erzeugendensystem des Lösungskegels $\mathfrak{K}(\mathfrak{M})$ von

$$\left.\begin{aligned} \sum_{\alpha=1}^{n} a_{r\alpha} x_\alpha &= 0\,, \qquad r = 1, \ldots, m \\ x_\alpha &\geqq 0\,, \qquad \alpha = 1, \ldots, n \end{aligned}\right\} \tag{11.36}$$

darstellt und $V(\mathfrak{N})$ ein Erzeugendensystem des Lösungskegels $\mathfrak{K}(\mathfrak{N})$ von

$$\sum_{r=1}^{m} a_{r\alpha} u_r \geqq 0\,, \qquad \alpha = 1, \ldots, n\,, \tag{11.37}$$

so hat die Lösbarkeitsmenge für das Problem $P(\lambda, \mu)$ die Darstellung

$$\mathfrak{A}_{\lambda\mu} = \left\{(\lambda, \mu) \in E_m \times E_n \mid \sum_{\alpha=1}^{n} y_\alpha \mu_\alpha \leqq 0,\ y \in V(\mathfrak{M});\ \sum_{r=1}^{m} v_r \lambda_r \geqq 0,\ v \in V(\mathfrak{N})\right\}$$

d. h.

$$\mathfrak{A}_{\lambda\mu} = \mathfrak{A}_{\lambda o} \times \mathfrak{A}_{o\mu}\,.$$

Durch Anwendung von ***AL I*** oder ***AL II*** auf die beiden Systeme (11.36) und (11.37) kann man die Vektorsysteme $V(\mathfrak{M})$ und $V(\mathfrak{N})$ bestimmen. Der folgende Satz zeigt uns, wie man den Rechenaufwand reduzieren kann, wenn eines der beiden Systeme $V(\mathfrak{M})$ oder $V(\mathfrak{N})$ bekannt ist.

▌S. 11.7 *Es sei*

$$V(\mathfrak{N}) = \{v^1, \ldots, v^h\}$$

ein Erzeugendensystem für den Lösungskegel $\mathfrak{K}(\mathfrak{N})$ *von* (11.37), $w \in E_n$ *mit*

$$w_\alpha = \sum_{r=1}^{m} \sum_{i=1}^{h} a_{r\alpha} v_r^i\,, \qquad \alpha = 1, \ldots, n$$

und $I(w) = \{\alpha \mid w_\alpha = 0\}$.

Wenn das Problem $P_{\lambda\mu}$ *für* $\mu = \mu^0 \in E_n$ *lösbar ist, so ist es auch lösbar für alle Parametervektoren* $\mu \in E_n$ *mit* $\mu_\alpha = \mu_\alpha^0$ *für* $\alpha \in I(w)$ *und beliebigen übrigen Komponenten.* ▌

▌Bws. Im Hinblick auf die Darstellung der Lösbarkeitsmenge $\mathfrak{A}_{\lambda\mu}$ genügt es zu zeigen, daß $y_\alpha^0 = 0$ für alle $\alpha \notin I(w)$ gilt, sofern $y^0 \in V(\mathfrak{M})$ ist.

Das System

$$\begin{aligned} \sum_{r=1}^{m} \sum_{\alpha=1}^{n} a_{r\alpha} v_r^i x_\alpha &= 0\,, \qquad i = 1, \ldots, h \\ x_\alpha &\geqq 0\,, \qquad \alpha = 1, \ldots, n \end{aligned}$$

besteht aus Linearkombinationen von Gleichungen aus (11.36), also ist $\mathfrak{K}(\mathfrak{M})$ in dem Lösungskegel dieses Systems enthalten. Wenn $\boldsymbol{y}^0 \in V(\mathfrak{M})$, so folgt daraus

$$\left.\begin{aligned} \sum_{r=1}^{m} \sum_{\alpha=1}^{n} a_{r\alpha} v_r^i y_\alpha^0 &= 0\,, \qquad i = 1, \ldots, h \\ y_\alpha^0 &\geqq 0\,, \qquad \alpha = 1, \ldots, n\,. \end{aligned}\right\} \tag{11.38}$$

wegen

$$\sum_{r=1}^{m} a_{r\alpha} v_r^i \geqq 0\,, \qquad r = 1, \ldots, m\,; \qquad i = 1, \ldots, h$$

erhalten wir somit $y_\alpha^0 = 0$, falls

$$\sum_{r=1}^{m} a_{r\alpha} v_r^i > 0\,,$$

d. h. $y_\alpha^0 = 0$ für alle $\alpha \notin I(\boldsymbol{w})$. ∎

Wenn wir ein Erzeugendensystem $V(\mathfrak{N})$ für $\mathfrak{K}(\mathfrak{N})$ konstruiert haben und ***AL I*** oder ***AL II*** auf das System

$$\begin{aligned} \sum_{\alpha \in I(\boldsymbol{w})} a_{r\alpha} x_\alpha &= 0\,, \qquad r = 1, \ldots, m \\ x_\alpha &\geqq 0\,, \qquad \alpha \in I(\boldsymbol{w}) \end{aligned}$$

anwenden, erhalten wir aus einem Erzeugendensystem dafür nach Satz 11.7 sofort ein Erzeugendensystem für $\mathfrak{K}(\mathfrak{M})$.

Um die Einteilungskegel der dem Problem $P(\boldsymbol{\lambda}, \boldsymbol{\mu})$ zugeordneten Einteilung der Lösbarkeitsmenge $\mathfrak{A}_{\lambda\mu}$ zu bestimmen, hätten wir entsprechend der in Kapitel 8 dargelegten Theorie zunächst alle regulären Untermatrizen m-ter Ordnung der Matrix $\boldsymbol{A}$ zu bestimmen. Es wäre leicht möglich, hierfür einen lexikographischen Suchalgorithmus anzugeben, der jedoch nur theoretisches Interesse beanspruchen könnte. Wir wollen uns hier nur für alle zu einem Einteilungskegel in einem gewissen Sinne benachbarte Einteilungskegel interessieren, zumal hierbei auf die bewährte Simplexmethode zurückgegriffen werden kann.

Es seien (o. B. d. A.) die Teilmatrix

$$\tilde{\boldsymbol{A}} = \begin{pmatrix} a_{11} & \cdots & a_{1m} \\ \cdots & \cdots & \cdots \\ a_{m1} & \cdots & a_{mm} \end{pmatrix}$$

eine reguläre Untermatrix m-ter Ordnung von $\boldsymbol{A}$ und $\tilde{a}_{ir}$ die Elemente von $\tilde{\boldsymbol{A}}^{-1}$.

Dann bildet nach Kapitel 8 die Menge

$$\begin{aligned} \tilde{\mathfrak{A}}_{\lambda\mu} = \Big\{(\boldsymbol{\lambda}, \boldsymbol{\mu}) \in E_m \times E_n \mid & \sum_{i=1}^{m} a_{ri} y_i = \lambda_r,\ r = 1, \ldots, m;\ y_i \geqq 0,\ i = 1, \ldots, m; \\ & \sum_{r=1}^{m} a_{ri} u_r = \mu_i,\ i = 1, \ldots, m; \\ & \sum_{r=1}^{m} a_{r\alpha} u_r \geqq \mu_\alpha,\ \alpha = m+1, \ldots, n\Big\} \end{aligned}$$

einen Einteilungskegel der zu $P(\boldsymbol{\lambda}, \boldsymbol{\mu})$ gehörenden Einteilung der Lösbarkeitsmenge mit der charakteristischen Indexmenge $\{m+1, \ldots, n\}$. Wegen der Regularität von $\mathfrak{A}$ können wir $\tilde{\mathfrak{A}}_{\lambda\mu}$ auch implizit darstellen:

$$\tilde{\mathfrak{A}}_{\lambda\mu} = \Big\{(\boldsymbol{\lambda}, \boldsymbol{\mu}) \in E_m \times E_n \mid \sum_{r=1}^{m} \tilde{a}_{ir} \lambda_r \geqq 0, \ i = 1, \ldots, m;$$
$$\sum_{i=1}^{m} \sum_{r=1}^{m} \tilde{a}_{ir} a_{r\alpha} \mu_i \geqq \mu_\alpha, \ \alpha = m+1, \ldots, n\Big\}.$$

Es sei $(\boldsymbol{\lambda}^0, \boldsymbol{\mu}^0) \in \operatorname{int} \tilde{\mathfrak{A}}_{\lambda\mu}$. Dann ist der Punkt $\boldsymbol{x}^0 \in E_n$ mit

$$x_i^0 = \sum_{r=1}^{m} \tilde{a}_{ir} \lambda_r^0, \qquad i = 1, \ldots, m$$
$$x_\alpha^0 = 0, \qquad \alpha = m+1, \ldots, n$$

der einzige optimale Basispunkt des Problems $P(\boldsymbol{\lambda}, \boldsymbol{\mu})$ für $\boldsymbol{\lambda} = \boldsymbol{\lambda}^0$, $\boldsymbol{\mu} = \boldsymbol{\mu}^0$. Wenn wir uns vorstellen, das Problem

$$\max \{F(\boldsymbol{x}, \boldsymbol{\mu}^0) \mid \boldsymbol{x} \in \mathfrak{M}(\boldsymbol{\lambda}^0)\}$$

durch Einführen von künstlichen Variablen $z_{n+1}, \ldots, z_{m+n}$ gelöst zu haben, so erhalten wir den optimalen Basispunkt $\boldsymbol{x}^0$ aus dem Simplextableau

		z_{n+1}	$\ldots$	z_{n+m}	x_{m+1}	$\ldots$	x_n
	d_{00}	d_{01}	$\ldots$	d_{0m}	$d_{0,m+1}$	$\ldots$	d_{0n}
x_1	d_{10}	d_{11}	$\ldots$	d_{1m}	$d_{1,m+1}$	$\ldots$	d_{1n}
$\ldots$	$\ldots$	$\ldots$	$\ldots$	$\ldots$	$\ldots$	$\ldots$	$\ldots$
x_m	d_{m0}	d_{m1}	$\ldots$	d_{nm}	$d_{m,m+1}$	$\ldots$	d_{mn}

Wegen $(\boldsymbol{\lambda}^0, \boldsymbol{\mu}^0) \in \operatorname{int} \tilde{\mathfrak{A}}_{\lambda\mu}$ ist hier

$$d_{0\alpha} > 0, \qquad \alpha = 1, \ldots, n$$
$$d_{r0} > 0, \qquad r = 1, \ldots, m.$$

Da dieses Tableau insbesondere die Auflösung des Systems

$$z_{n+r} = \lambda_r^0 - \sum_{\alpha=1}^{n} a_{r\alpha} x_\alpha, \qquad r = 1, \ldots, m$$

nach den Variablen $x_1, \ldots, x_m$ darstellt,

$$x_i = d_{i0} - \sum_{r=1}^{m} d_{ir} z_{n+r} - \sum_{\alpha=m+1}^{n} d_{r\alpha} x_\alpha, \qquad i = 1, \ldots, m,$$

müssen wegen der Eindeutigkeit dieser Darstellung die Koeffizienten der z_{n+r} mit den Elementen $\tilde{a}_{ir}$ der zu $\boldsymbol{A}$ inversen Matrix übereinstimmen, d. h. $d_{ir} = \tilde{a}_{ir}$ während außerdem

$$d_{i\alpha} = \sum_{r=1}^{m} \tilde{a}_{ir} a_{r\alpha}, \qquad i = 1, \ldots, m; \qquad \alpha = m+1, \ldots, n$$

gilt.

Folglich können wir aus dem Endtableau den zur charakteristischen Indexmenge $\{m+1, \ldots, n\}$ gehörenden Einteilungskegel $\tilde{\mathfrak{A}}_{\lambda\mu}$ der Einteilung von $\mathfrak{A}_{\lambda\mu}$ sofort ablesen:

$$\tilde{\mathfrak{A}}_{\lambda\mu} = \Big\{(\boldsymbol{\lambda}, \boldsymbol{\mu}) \in E_m \times E_n \mid \sum_{r=1}^{m} d_{ir}\lambda_r \geqq 0, \; i = 1, \ldots, m$$
$$\sum_{i=1}^{m} d_{i\alpha}\mu_i \geqq \mu_\alpha, \; \alpha = m+1, \ldots, n\Big\}.$$

Wir nennen einen Einteilungskegel $\hat{\mathfrak{A}}_{\lambda\mu}$ zu $\tilde{\mathfrak{A}}_{\lambda\mu}$ benachbart, wenn die zugeordnete charakteristische Indexmenge mit der zu $\tilde{\mathfrak{A}}_{\lambda\mu}$ gehörenden Indexmenge genau $n - m - 1$ gemeinsame Indices hat.

Aus dem obigen Simplextableau können wir sofort alle zu $\tilde{\mathfrak{A}}_{\lambda\mu}$ benachbarten Einteilungskegel ablesen. Ist nämlich $d_{ks} > 0$ $(1 \leqq k \leqq m, m+1 \leqq s \leqq n)$, so ist

$$\hat{\mathfrak{A}}_{\lambda\mu} = \Big\{(\boldsymbol{\lambda}, \boldsymbol{\mu}) \in E_m \times E_n \mid \sum_{r=1}^{m} d_{ir}^{*}\lambda_r \geqq 0, \; i = 1, \ldots, m;$$
$$\sum_{\substack{i=1\\ i\neq k}}^{m} d_{i\alpha}^{*}\mu_i + d_{k\alpha}^{*}\mu_s \geqq \mu_\alpha, \; \alpha = m+1, \ldots, n; \; \alpha \neq s;$$
$$\sum_{\substack{i=1\\ i\neq k}}^{m} d_{is}^{*}\mu_i + d_{ks}^{*}\mu_s \geqq \mu_k\Big\}$$

mit

$$d_{i\alpha}^{*} = \left\{\begin{array}{lll} d_{i\alpha} - \dfrac{d_{k\alpha}\cdot d_{is}}{d_{ks}}, & i \neq k; & \alpha \neq s \\ -\dfrac{d_{is}}{d_{ks}}, & i \neq k, & \alpha = s \\ \dfrac{d_{k\alpha}}{d_{ks}}, & i = k, & \alpha \neq s \\ \dfrac{1}{d_{ks}}, & i = k, & \alpha = s \end{array}\right\} \tag{11.39}$$

ein zu $\tilde{\mathfrak{A}}_{\lambda\mu}$ benachbarter Einteilungskegel und man erhält alle benachbarten Einteilungskegel auf diese Weise. Somit können wir für das Problem $P(\boldsymbol{\lambda}, \boldsymbol{\mu})$ das folgende Lösungsverfahren — wir nennen es $\boldsymbol{AL}[P(\boldsymbol{\lambda}, \boldsymbol{\mu})]$ — aufstellen.

$\boldsymbol{AL}[P(\boldsymbol{\lambda}, \boldsymbol{\mu})]$:

Schritt 1:

Man bestimme durch Anwendung von ***AL I*** oder ***AL II*** ein Erzeugendensystem

$$V(\mathfrak{N}) = \{\boldsymbol{v}^1, \ldots, \boldsymbol{v}^h\}$$

des Lösungskegels $\mathfrak{K}(\mathfrak{N})$ von (11.37).

Schritt 2:

Es sei $\boldsymbol{w} \in E_n$ mit

$$w_\alpha = \sum_{r=1}^{m} \sum_{i=1}^{h} a_{r\alpha} v_r^i , \qquad \alpha = 1, \ldots, n$$

und

$$I(\boldsymbol{w}) = \{\alpha \mid w_\alpha = 0\} .$$

Man wende ***AL I*** oder ***AL II*** auf das System

$$\sum_{\alpha \in I(\boldsymbol{w})} a_{r\alpha} x_\alpha = 0 , \qquad r = 1, \ldots, m$$
$$x_\alpha \geqq 0 , \qquad \alpha \in I(\boldsymbol{w})$$

an. Es sei $\{\boldsymbol{z}^1, \ldots, \boldsymbol{z}^l\}$ ein Erzeugendensystem davon. Daraus bilde man die Vektoren $\boldsymbol{y}^1, \ldots, \boldsymbol{y}^l \in E_n$ mit

$$y_\alpha^j = \begin{cases} z_\alpha^j , & \alpha \in I(\boldsymbol{w}) \\ 0 , & \text{sonst} \end{cases} \qquad j = 1, \ldots, l .$$

Schritt 3:

Die Lösbarkeitsmenge $\mathfrak{A}_{\lambda\mu}$ von $P(\boldsymbol{\lambda}, \boldsymbol{\mu})$ ist der Lösungskegel von

$$\sum_{r=1}^{m} v_r^i \lambda_r \geqq 0 , \qquad i = 1, \ldots, h$$

$$\sum_{\alpha=1}^{n} y_\alpha^j \mu_\alpha \leqq 0 , \qquad j = 1, \ldots, l .$$

Schritt 4:

Für vorgegebenes $(\boldsymbol{\lambda}^0, \boldsymbol{\mu}^0) \in \mathfrak{A}_{\lambda\mu}$ löse man mit der Simplexmethode durch Einführen von künstlichen Variablen z_{n+r} das Problem

$$\max \{F(\boldsymbol{x}, \boldsymbol{\mu}^0) \mid \boldsymbol{x} \in \mathfrak{M}(\boldsymbol{\lambda}^0)\} .$$

Schritt 5:

Es seien

		z_{n+1}	$\ldots$	z_{m+n}	x_{j_1}	$\ldots$	$x_{j_{n-m}}$
	d_{00}	d_{01}	$\ldots$	d_{0m}	$d_{0,m+1}$	$\ldots$	d_{0n}
x_{i_1}	d_{10}	d_{11}	$\ldots$	d_{1m}	$d_{1,m+1}$	$\ldots$	d_{1n}
$\ldots$	$\ldots$	$\ldots$	$\ldots$	$\ldots$	$\ldots$	$\ldots$	$\ldots$
x_{i_m}	d_{m0}	d_{m1}	$\ldots$	d_{mm}	$d_{m,m+1}$	$\ldots$	d_{mn}

ein optimales Simplextableau zu dem Problem aus Schritt 4 mit dem optimalen Basispunkt $\boldsymbol{x}^0 \in E_n$ und

$$I^* = \{(k, s) \mid d_{ks} \neq 0 , \qquad 1 \leqq k \leqq m ; \qquad m + 1 \leqq s \leqq n\} .$$

Dann sind die Lösungskegel der folgenden Systeme Einteilungskegel der zum Problem $P(\boldsymbol{\lambda}, \boldsymbol{\mu})$ gehörenden Einteilung der Lösbarkeitsmenge $\mathfrak{A}_{\lambda\mu}$:

1^c:

$$\sum_{r=1}^{m} d_{ir}\lambda_r \geqq 0\,, \qquad i = 1, \ldots, m$$

$$\sum_{\nu=1}^{m} d_{\nu,\,m+\alpha}\,\mu_{i_\nu} \geqq \mu_{j_\alpha}\,, \qquad \alpha = 1, \ldots, n-m\,.$$

2^c: Für jedes $(k, s) \in I^*$:

$$\sum_{r=1}^{m} d^*_{ir}\,\lambda_r \geqq 0\,, \qquad i = 1, \ldots, m$$

$$\sum_{\substack{\nu=1\\ \nu\neq k}}^{m} d^*_{\nu,\,m+\alpha}\,\mu_{i_\nu} + d^*_{k,\,m+\alpha}\,\mu_{j_{s-m}} \geqq \mu_{j_\alpha}\,, \qquad \alpha = 1, \ldots, n-m\,; \quad \alpha \neq s-m$$

$$\sum_{\substack{\nu=1\\ \nu\neq k}}^{m} d^*_{\nu,\,m+\alpha}\,\mu_{i_\nu} + d^*_{ks}\,\mu_{j_{s-m}} \geqq \mu_{i_k}\,,$$

wobei die $d^*_{i\alpha}$ $(i = 1, \ldots, m;\ \alpha = 1, \ldots, m)$ die Bedeutung aus (11.39) haben.

Als Beispiel für diesen Algorithmus wählen wir das Problem

$$\max\left\{\sum_{\alpha=1}^{7}\mu_\alpha x_\alpha \;\middle|\; \begin{aligned} x_1 - 2x_2 + x_3 - x_4 + x_5 &= \lambda_1\,,\\ 2x_1 + 3x_2 - x_3 + 2x_4 + x_6 &= \lambda_2\,,\\ -x_1 + 2x_2 + 3x_3 - 3x_4 + x_7 &= \lambda_3\,,\\ x_1, \ldots, x_7 &\geqq 0 \end{aligned}\right\}$$

mit $\boldsymbol{\lambda}^0 = (3, 1, 2)^T$ und $\boldsymbol{\mu}^0 = (1, -4, -3, -17, 0, 0, 0)^T$

Schritt 1: Da $\mathfrak{A}_{\lambda\mu} = \mathfrak{A}_{\lambda o} \times \mathfrak{A}_{o\mu}$ gilt, können wir $\mathfrak{A}_{\lambda o}$ aus dem Beispiel zu $\boldsymbol{AL}[P(\boldsymbol{\lambda}, \boldsymbol{o})]$ ablesen:

$$\mathfrak{A}_{\lambda o} = \{\boldsymbol{\lambda} \in E_3 \mid 3\lambda_1 + 2\lambda_2 \geqq 0\,; \quad 3\lambda_2 + \lambda_3 \geqq 0\,, \quad \lambda_1 + \lambda_2 \geqq 0\,,$$
$$13\lambda_1 + 8\lambda_2 + \lambda_3 \geqq 0\,, \qquad 3\lambda_2 + 2\lambda_3 \geqq 0\}\,.$$

Schritt 2: In unserem Falle ist $I(\boldsymbol{w}) = \emptyset$ und daher $\mathfrak{A}_{o\mu} = E_7$ in Übereinstimmung mit dem Beispiel zu $\boldsymbol{AL}[P(\boldsymbol{o}, \boldsymbol{\mu})]$

Schritt 3: Wir haben aus Schritt 1 und Schritt 2:

$$\mathfrak{A}_{\lambda\mu} = \mathfrak{A}_{\lambda o} \times E_7$$

Schritt 4: Es ist das Problem

$$\begin{aligned}\max \{x_1 - 4\,x_2 - 3\,x_3 - 17\,x_4 \\ - M\,(z_1 + z_2 + z_3) \mid \quad & x_1 - 2\,x_2 + x_3 - x_4 + x_5 + z_1 = 3\,, \\ & 2\,x_1 + 3\,x_2 - x_3 + 2\,x_4 + x_6 + z_2 = 1\,, \\ & -x_1 + 2\,x_2 + 3\,x_3 - 3\,x_4 + x_7 + z_3 = 2\,, \\ & x_1, \ldots, x_7, z_1, z_2, z_3 \geqq 0\}\end{aligned}$$

mit der Simplexmethode zu lösen, wobei $M \geqq 0$ beliebig groß gewählt sei. Nachfolgend geben wir die Tableaufolge an und setzen $M = 0$.

		x_1	x_2	x_3	x_4	x_5	x_6	x_7
	0	-1	4	3	17	0	0	0
z_1	3	1	-2	1	-1	1	0	0
z_2	1	$\boxed{2}$	3	-1	2	0	1	0
z_3	2	1	2	3	-3	0	0	1

;

		z_2	x_2	x_3	x_4	x_5	x_6	x_7
	1	$\frac{1}{2}$	$\frac{11}{2}$	$\frac{5}{2}$	18	0	$\frac{1}{2}$	0
z_1	$\frac{5}{2}$	$-\frac{1}{2}$	$-\frac{7}{2}$	$\frac{3}{2}$	-2	1	$-\frac{1}{2}$	0
x_1	$\frac{1}{2}$	$\frac{1}{2}$	$\frac{3}{2}$	$-\frac{1}{2}$	1	0	$\frac{1}{2}$	0
z_3	$\frac{5}{2}$	$\frac{1}{2}$	$\frac{7}{2}$	$\frac{5}{2}$	-2	0	$\frac{1}{2}$	1

.

Der Austausch von x_5 gegen z_3 und x_7 gegen z_3 liefert das Endtableau:

		z_2	x_2	x_3	x_4	z_1	x_6	z_3
	1	$\frac{1}{2}$	$\frac{11}{2}$	$\frac{5}{2}$	18	0	$\frac{1}{2}$	0
x_5	$\frac{5}{2}$	$-\frac{1}{2}$	$-\frac{7}{2}$	$\frac{3}{2}$	-2	1	$-\frac{1}{2}$	0
x_1	$\frac{1}{2}$	$\frac{1}{2}$	$\frac{3}{2}$	$-\frac{1}{2}$	1	0	$\frac{1}{2}$	0
x_7	$\frac{5}{2}$	$\frac{1}{2}$	$\frac{7}{2}$	$\frac{5}{2}$	-2	0	$\frac{1}{2}$	1

(11.40)

Schritt 5: Die Menge I^* besteht nach (11.40) aus den folgenden Indexpaaren:

$$\begin{aligned} I^* = \{&(1,2);(1,3);(1,4);(1,6);\\ &(2,2);(2,3);(2,4);(2,6);\\ &(3,2);(3,3);(3,4);(3,6)\}\,. \end{aligned}$$

Aus (11.40) erhalten wir nachstehenden Einteilungskegel:

$$\begin{aligned} \mathfrak{A}^1_{\lambda\mu} = \{(\boldsymbol{\lambda},\boldsymbol{\mu}) \in E_3 \times E_7 \mid 2\lambda_1 - \lambda_2 \geqq 0\,;\ \lambda_2 \geqq 0;\ \lambda_2 + 2\lambda_3 \geqq 0;\\ 3\mu_1 - 7\mu_5 + 7\mu_7 \geqq 2\mu_2\,;\\ -\mu_1 + 3\mu_5 + 5\mu_7 \geqq 2\mu_3\,;\\ \mu_1 - 2\mu_5 - 2\mu_7 \geqq \mu_4\,;\\ \mu_1 - \mu_5 + \mu_7 \geqq \mu_6\}\,. \end{aligned}$$

Für die Berechnung der benachbarten Einteilungskegel $\mathfrak{A}^2_{\lambda\mu}, \ldots, \mathfrak{A}^{13}_{\lambda\mu}$ genügt es, ein reduziertes Tableau zu betrachten:

	λ_1	μ_2	μ_3	μ_4	λ_1	μ_6	λ_3
μ_5	$-\frac{1}{2}$	$-\frac{7}{2}$	$\frac{3}{2}$	-2	1	$-\frac{1}{2}$	0
μ_1	$\frac{1}{2}$	$\frac{3}{2}$	$-\frac{1}{2}$	1	0	$\frac{1}{2}$	0
μ_7	$\frac{1}{2}$	$\frac{7}{2}$	$\frac{5}{2}$	-2	0	$\frac{1}{2}$	1

(11.41)

Führen wir an diesem Tableau mit einem beliebigen Zentralelement $d_{ks}(k,s) \in I^*$ einen Austauschschritt aus, so läßt sich der zugehörende Einteilungskegel direkt ablesen. Wir demonstrieren dies mit dem Zentralelement $d_{12} = -\frac{7}{2}$:

	λ_2	μ_5	μ_3	μ_4	λ_1	μ_6	λ_3
μ_2	$\frac{1}{7}$	$\frac{2}{7}$	$-\frac{3}{7}$	$\frac{4}{7}$	$-\frac{2}{7}$	$\frac{1}{7}$	0
μ_1	$\frac{2}{7}$	$-\frac{3}{7}$	$\frac{1}{7}$	$\frac{2}{7}$	$\frac{3}{7}$	$\frac{2}{7}$	0
μ_7	0	-1	4	-4	1	0	1

.

Daraus folgt der Einteilungskegel

$$\begin{aligned} \mathfrak{A}^2_{\lambda\mu} = \{(\boldsymbol{\lambda},\boldsymbol{\mu}) \in E_m \times E_n \mid -2\lambda_1 + \lambda_2 \geqq 0;\ 3\lambda_1 + 2\lambda_2 \geqq 0;\ \lambda_1 + \lambda_3 \geqq 0\,;\\ \mu_1 - 3\mu_2 + 4\mu_7 \geqq 7\mu_3\,;\\ 2\mu_1 + 4\mu_2 - 4\mu_7 \geqq 7\mu_4\,;\\ -3\mu_1 + 2\mu_2 - \mu_7 \geqq 7\mu_5\,;\\ 2\mu_1 + \mu_2 \geqq 7\mu_6\}\,. \end{aligned}$$

Der Leser kann leicht die übrigen Einteilungskegel aus dem Tableau (11.41) berechnen.

Wir bemerken noch, daß man aus dem letzten Tableau auch die zu $\mathfrak{A}^2_{\lambda\mu}$ gehörende Optimalmenge ablesen kann:

$$\mathfrak{M}^2_{\text{opt}}(\lambda, \mu) = \{x \in E_7 \mid 7\,x_1 = 3\,\lambda_1 + 2\,\lambda_2\,; \quad 7\,x_2 = -\,2\,\lambda_1 + \lambda_2\,;$$
$$x_7 = \lambda_1 + \lambda_3\,; \quad x_3 = x_4 = x_5 = x_6 = 0\}\,.$$

LITERATURVERZEICHNIS

[1] Abadie, J., Programmes linéaires: paramétrisation du second membre. Note E. D. R., H. R. 3861.

[2] Abadie, J., Williams, R. C., Dual and parametric-methods in decomposition, in Wolfe, Ph., Graves(eds), R. L., Recent Advances in Math. Program. McGraw Hill, New York 1963, p. 149–158.

[3] Abrham, J., Über die Stabilität von Lösungen im Transportproblem der linearen Programmierung. Czechosl. math. J. 8 (83), Nr. 1, 131–138 (1958).

[4] Aggarwal, S. P., Stability of the solution to a linear fractional functional programming problem. Z. angew. Math. Mech. **46**, 343–349 (1966).

[5] –, Parametric linear fractional functionals programming. Metrika **12**, 107–114 (1968).

[6] Aggarwal, S. P., Kanti Swarup, Fractional functionals programming with a quadratic constraint. Operations Res. **14**, 950–956 (1966).

[7] Albach, H., Investigationsentscheidungen im Mehrproduktunternehmen, in Angermann, A. (Hrsg.): Betriebsführung und Operations Research. Nowack Verlag, Frankfurt/M., 24–48 (1963).

[8] Arutjunjan, J. V., Über ein Problem der gebrochen-linearen parametrischen Programmierung. Primen. noveĭš. mat. Metod (Kibernet.) v èkon. Energet., Erevan 1969, 129–140 (Russisch).

[9] Auslender, A., La méthode géométrique en programmation linéaire. Application à l'étude de la dégénérescence et des problèmes paramétriques, Thèse de 3e cycle, Fac. Sci. Grenoble 1964.

[10] –, Algorithmes des programmes linéaires et paramétriques. I, Chiffres R. F. T. I. 8, 135–155 (1965).

[10a] –, Algorithmes et programmes linéaires et paramétriques. II: Algorithme géométrique des programmes paramétriques. Chiffres, R. F. T. I. 8, 225–239 (1965).

[11] Balaş, E., Hammer, P. L., (Ivănescu), On the transportation problem. I: The transportation problem with interchangeable centres. Acad. Republ. popul. Romîne, Studii Cerc. mat. **11**, 439–450 (1960) (Rumänisch).

[12] Balaş, E., Ivănescu, P. (Hammer), Transportation problems with variable data. Revue Math. pures appl. **6**, 713–734 (1961).

[13] –, Au sujet du problème des transports. II: Problème des transports avec paramètres, Studii Cerc. mat. **2**, 413–427 (1961).

[14] –, On the transportation problem. I, Cahiers Centre Étud. Rech. opérat. **4**, 98–116 (1962).

[15] –, On the transportation problem. II, Cahiers Centre Étud. Rech. opérat. **4**, 131–160 (1962).

[16] –, Au sujet du problème des transports. VI: Stabilité des solutions optima par rapport aux variations des coûts. Comun. Acad. Republ. popul. Romîne **13**, 249–251 (1963) (Rumänisch).

[17] Barankin, E. W., Dorfman, R., On quadratic programming. Univ. California Publ. Statist. **2**, 285–317 (1958).

[18] Barnett, S., Stability of the solution to a linear programming problem, Operat. Res. Quart. **13**, 219–228 (1962).

[19] –, A simple class of parametric linear programming problems. Operations Res. **16**, (1968), 1160–1165 (1969).

[20] Beale, E. M. L., Numerical methods, Nonlinear Programm. NATO Summer School, Menton 1964, 133–206 (1967).

[21] Bector, C. R., Indefinite cubic programming with standard errors in objective function. Unternehmensforsch. **12**, 113–120 (1968).

[22] Benayoun, R., Tergny, J., Critères multiples en programmation mathématique: une solution dans le cas linéaire. Revue Franç. Inform. Rech. opérat. **3**, Nr. V-2, 31–56 (1969).

[23] –, Mathematical programming with multi-objective functions: a solution by P. O. P. (progressive orientation procedure). Metra **9**, 279–299, 317, 325, 329, 333 (1970).

[24] Bereanu, B., A property of convex piecewise linear functions with applications to mathematical programming. Unternehmensforsch. **9**, 112–119 (1965).

[25] Bidlingmaier, J., Unternehmerische Zielkonflikte und Ansätze zu ihrer Lösung. Z. Betriebswirtschaft **38**, 149–176 (1968).

[26] Bloech, J., Zum Problem der nachträglichen Änderung industrieller Produktionsprogramme. Z. Betriebswirtschaft **36**, 186–197 (1966).

[27] Bod, P., Lineare Optimierung im Falle mehrerer gleichzeitig gegebener Zielfunktionen. Publ. math. Inst. Hungar. Acad. Sci. **8**, Ser. B 541–556 (1963) (Ungarisch).

[28] –, Lineare Optimierung mittels simultan gegebener Zielfunktionen. Colloqu. Appl. Math. Econom., Budapest 1963, 55–60 (1965).

[29] Boot, J. C. G., On sensitivity analysis in convex quadratic programming problems, Operations Res. **11**, 771–786 (1963).

[30] –, Quadratic programming. Algorithms-Anomalies-Applications, (Studies in Mathematical and Managerial Economics Vol. 2), Amsterdam: North Holland Publishing Cy. 1964. Franz. Übersetzung Paris, Dunod 1968.

[31] Briskin, L. E., A method of unifying multiple objective functions. Management Sci. Ser. Appl. **12**, B 406–B 416 (1966).

[32] Candler, W., A modified simplex solution for linear programming with variable capital restrictions. J. Farm Economics **38**, 940–955 (1956).

[33] Carpentier, J., A method for solving linear programming problems in which the cost depends nonlinearly on a parameter. Électricté de Françe, Diréction de Études et Recherches, May 1959.

[34] Černikova, N. V., Algorithmus zur Ermittlung der Menge aller Lösungen einer Aufgabe der linearen Programmierung. Žurn. vyčislit. Mat. mat. Fiz. **8**, 1387–1395 (1968) (Russisch).

[35] Černov, Ju. P., Über ein Problem der stückweise linearen parametrischen Optimierung. Izvestija Akad. Nauk Kirgis. SSR **1970**, Nr. 3, 20–27 (1970) (Russisch).

[36] Charnes, A., Cooper, W. W., Management models and industrial applications of linear programming. I, II. Wiley & Sons, New York 1961.

[37] –, Systems evaluation and repricing theorems. Management Sci. **9**, 33–49 (1963).

[38] Courtillot, M., Programmation linéaire. Étude de la modification de tous les paramètres. Méthode de résolution séquentielle. C. r. Acad. Sci., Paris **247**, 670–673 (1958).

[39] –, Study of the variation of all parameters of a linear program and study of a linear program in the case of a linear relation between the terms of the second member. Proc. second internat. Conf. Operat. Res., Aix-en-Prov. 1960, Engl. Univ. Press London 1961, p. 292.

[40] –, On varying all the parameters in a linear programming problem and sequential solution of a linear programming problem, Operations Res. **10**, 471–475 (1962).

[41] –, Paramétrisation de la matrice. Monographie de Recherche opérationelle **1**, 93–98 (1964).
[42] Cybura, A., Gomułka, I., Über das Problem der gleichzeitigen Optimierung mehrerer Zielfunktionen. Zagad. ekon. Roln. **1967**, Nr. 4, 23–37 (1967) (Polnisch).
[43] Danilina, G. P., Bovel', V. S., Ein nichtlineares Modell mit mehreren Zielfunktionen. Vestnik Akad. Nauk Kazah. SSR **25**, Nr. 2 (286), 63–65 (1969) (Russisch).
[44] Dan, S., Parametrische lineare Programmierung. J.-bücher Nat.-Ökon. Statist. **182**, 49–58 (1968).
[45] Dantzig, G. B., Linear programming and extensions (A RAND Corp. Res. Study) Lineare Programmierung und Erweiterungen (Deutsche Bearbeitung: A. Jaeger). Princeton, N. J.: Princeton Univ. Press 1963. Springer-Verlag, Berlin–Heidelberg–New York 1966.
[46] –, Large scale linear programming. Math. Decision Sci., Part 1, Providence, R. I., Amer. Math. Soc. 1968, 77–92.
[47] Dinkelbach, W., Unternehmerische Entscheidungen bei mehrfacher Zielsetzung. Z. Betriebswirtschaft **32**, 739–747 (1962).
[48] –, On nonlinear fractional programming. Management Sci., Ser. A **13**, 492–498 (1967).
[49] –, Sensitivitätsanalysen und parametrische Programmierung (Ökonometrie und Unternehmensforschung. XII). Springer-Verlag, Berlin–Heidelberg–New York 1969.
[50] Dinkelbach, W., Hagelschuer, P., On multiparametric linear programming. Operations Research Verfahren **6**, 86–92 (1969).
[51] Dombrowskij, R., Das Transportproblem mit parametrischen Restriktionen. Przegl. statyst. **15**, 104–116 (1968) (Polnisch).
[52] Drăgan, I., On a class of problems of parametric programming. Studii Cerc. mat. **17**, 445–449 (1965) (Rumänisch).
[53] –, Un algorithme pour la résolution des certains problèmes paramétriques, avec un seul paramètre contenu dans la fonction économique. Revue Roumaine Math. pur appl. **11**, 447–451 (1966).
[54] –, Der Algorithmus von Beale in der rationalen linearen parametrischen Programmierung. Stud. Cerc. Mat. **18**, 1525–1528 (1966) (Rumänisch).
[55] –, L'algorithme primal du simplexe pour certains problèmes paramétriques. Revue Roumaine Math. pur. appl. **4**, (1966).
[56] –, Sur la structure des domaines d'optimalité du paramètre, pour les programmes lineaires uniparamétriques rationels. An. şti. Univ. Iaşi, Secţ. Ia. Mat. **13**, 177–192 (1967).
[57] Dragomirescu, M., Sensitivity analysis in linear programming. Studii Cerc. mat. **20**, 965–967 (1968) (Rumänisch).
[58] Dumitru, V., Ionescu, V., Eine Bemerkung über allgemeine Parametrisierung. Stud. Cerc. Calcul Econ. Cibern. econ. **1966**, Nr. 5/6, 167–174 (1966) (Rumänisch).
[59] Eckenrode, R. T., Weighting multiple criteria. Management Sci. **12**, 180–192 (1966).
[60] Elmaghraby, S. E., Sensitivity analysis of multiterminal flow networks. Operations Res. **12**, 680–688 (1964).
[61] Evans, J. P., Gould, F. J., Stability in nonlinear programming. Operations Res. **18**, 107–118 (1970).
[62] Findeisen, W., Parametric optimization by primal method in a two-level system. Archiwum Automat. Telemech. **12**, 391–404 (1967).
[63] –, Parametric optimization by primal method in mutlilevel systems. IEEE Trans. Syst. Sci. Cybernet. **4**, 155–164 (1968).
[64] Finkel'šteĭn, B. V., Über die Methode der Inversion der Matrix der Koeffizienten der Gesamtkosten im Falle der Änderung der Technologie in einigen Produktions-

zweigen. In Trudy naučn. Soveščan. Primen. mat. metod. v ékonom. Issledovan. Planirovan. 4–8 Apr. 1960. 4: Lin. Programm. Moskva: Izdat. Akad. Nauk SSSR 1961, 115–119 (Russisch).

[65] –, Verallgemeinerung parametrischer Probleme der linearen Optimierung. Èkon. mat. Met. **1**, 442–450 (1965) (Russisch).

[66] Fischer, M., Some aspects of sensitivity in the problem of parametric linear programming. Ekon.-mat. Obzor **4**, 337–350 (1968) (Tschechisch).

[67] Frank, C. R., Parametric programming in integers. Operations Res. Verfahren **3**, (1967).

[68] Fuentes-Mora, M. D., Wintgen, G., Ausartung bei der parametrischen Optimierung. 12. internat. wiss. Kolloqu. techn. Hochschule Ilmenau 1967, H. 1, 29–34.

[69] Fulkerson, D. R., Increasing the capacity of a network: the parametric budget problem. Management Sci. **5**, 472–483 (1959).

[70] Gál, T., Contribution to linear system programming. Changes in coefficient a_{ij} in a system matrix of a simplex problem of linear programming. Ekon.-mat. Obzor **3**, 446–456 (1967) (Tschechisch).

[71] –, Linear system programming. 2: Changes in coefficients a_{ij} of basic structural variables in a simplex problem of linear programming. Ekon.-mat. Obzor **4**, 76–91 (1968) (Tschechisch).

[72] –, Linear system programming. 3: Changes in all coefficients a_{ij} of basic and non basic structural variables in a simplex problem of linear programming. Ekon.-mat. Obzor **4**, 190–201 (1968) (Tschechisch).

[73] –, A method for systematic simultaneous parametrization of vectors b and c in LP-problems. Ekon.-mat. Obzor **6**, 161–175 (1970).

[74] Gál, T., Habr, J., Linear system programming. 4: Economico-mathematical aspects of degenerations. Ekon.-mat. Obzor **4**, 320–336 (1968) (Tschechisch).

[75] Gál, T., Nedoma, J., Mehrparametrische lineare Optimierung mit Parametern in den rechten Seiten der Restriktionen oder in den Zielfunktionskoeffizienten. Szigma **2**, 213–237 (1969) (Ungarisch).

[76] Gass, S. I., Linear programming: methods and applications, (russ. Übersetzung: Moskva 1961) McGraw-Hill Book Company, Inc. New York–Toronto–London 1958.

[77] Gass, S., Saaty, T. L., The computational algorithm for the parametric objective function. Naval Res. Logist. Quart. **2**, 39–45 (1955).

[78] –, The parametric objective function. II. Operations Res. **3**, 395–401 (1955).

[79] Gauthier, J. M., Paramétrisation de la fonction économique d'un programme linéaire: un algorithme construit en utilisant le principe de décomposition de Dantzig et Wolfe. Revue franç. Rech. opér. **6**, Nr. 22, 1–20 (1962).

[80] Genuys, F., Paramétrisation du second membre et de la fonction économique, in Huard, P.: Mathématique des programmes économiques, Paris 1964, pp. 55–62 = Monographies de Recherche opérationelle **1**, 55–62 (1964).

[81] Geoffrion, A. M., A parametric programming solution to the vector maximum problem, with applications to decisions under uncertainity, Ph. D. Dissertation, Operations Res. Progr., Stanford Univ., Febr. 1965 – Working Paper Nr. 68, Western Sic. Institute, Univ. of Calif., Los Angeles – Stanford, Cal.: Graduate School of Business, Tech. Rep. No. 11, 1965.

[82] –, Strictly concave parametric programming, part I: Basic theory. Management Sci., Ser. A **13**, 244–253 (1966).

[83] –, Strictly concave parametric programming, part II: Additional theory and computational considerations. Management Sci., Ser. A **13**, 359–370 (1967).

[84] –, Stochastic programming with aspiration or fractile criteria. Management Sci., Ser. A **13**, 672–679 (1967).

[85] GODFREY, H. T., SPIVEY, A. W., STILLWAGON, G. B., Production and market planning with parametric programming. Indust. Manag. Review **10**, 61–75 (1968).

[86] GODUNOV, B. A., Einige Probleme der parametrischen linearen Optimierung. Trudy 2. Zim. Školy mat. Programm. smežn. Vopr. **2**, Moskva 1969, 445–469 (Russisch).

[87] GOL'ŠTEĬN, E. G., Über die Möglichkeit einer erweiterten Anwendung einzelner Methoden der linearen Programmierung. In Planirovanie i èkon.-mat. Met. Nauka, Moskva 1964, 409–423 (Russisch).

[88] GOL'ŠTEĬN, E. G., JUDIN, D. B., Neue Richtungen in der linearen Programmierung. Sovetsk. Radio, Moskva 1966 (Russisch).

[89] GOL'ŠTEĬN, E. G., MOVŠOVIČ, S. M., Über einige moderne Richtungen in der mathematischen Programmierung. Èkon. mat. Metod. **3**, 766–778 (1967) (Russisch).

[90] –, Stetige Parameterabhängigkeit der Lösungsmenge eines Minimaxproblems. Èkon. mat. Metod. **4**, 920–930 (1968) (Russisch).

[91] GRABOWSKI, W., Einige Eigenschaften parametrischer linearer Programmierungsprobleme. Przeglad. Statyst. **14**, 267–278 (1967) (Polnisch).

[92] –, Eine Lösungsmethode für parametrische lineare Programmierungsprobleme. Przegl. statyst. **16**, 159–173 (1969) (Polnisch).

[93] GRAVES, R. L., Parametric linear programming, in GRAVES, R. L., and P. WOLFE (eds.): Recent advances in mathematical programming. McGraw-Hill Book Cy. New-York–Toronto–London 1960, 201–210.

[94] GRAVES, R. L., WOLFE, P., (eds.), Recent advances in mathematical programming. McGraw-Hill Book Cy. New-York–Toronto–London 1960.

[95] GRIGORIADIS, M. D., RITTER, K., A parametric method for semidefinite quadratic programs. SIAM J. Control. **7**, 559–577 (1969).

[96] GRIGORIADIS, M. D., WALKER, W. F., A treatment of transportation problems by primal partition programming. Management Sci., Theory **14**, 565–599 (1968).

[97] GRYGAROVÁ (SOKOLOVÁ), L., Qualitative Untersuchung des I. Optimierungsproblems in mehrparametrischer Programmierung. Apl. Mat. **15**, 276–295 (1970).

[98] GUDDAT, J., Behandlung parametrischer quadratischer Optimierungsprobleme mit der Methode von Beale. Math. Operationsforsch. Statist. **1**, 81–86 (1970).

[99] GUDDAT, J., TAMMER, K., Eine Modifikation der Methode von Theil und van de Panne zur Lösung einparametrischer quadratischer Optimierungsprobleme. Math. Operationsforsch. Statist. **1**, 199–206 (1970).

[100] HARTLEY, H. O., LOFTSGARD, L. D., Linear programming with variable restraints. Iowa State Coll. J. Sci. **2**, 161–172 (1958).

[101] HESS, H.-D., Anwendung einer parametrischen linearen Programmierung in einem chemischen Betrieb. Industr. Organisation **35**, 76–77 (1966).

[102] HOLLATZ, H., Lineare Optimierungsprobleme mit optimalen Vektoren von gleicher Struktur. Operationsforsch. math. Statistik **1** (Schriftenr. Inst. Math. Deutsch. Akad. Wiss. Berlin, R. B., H. 8) 35–45 (1968).

[103] HOLLATZ, H., Zur algorithmischen Behandlung der Stabilität linearer Optimierungsprobleme. Wiss. Z. Hochschule Architektur Bauwesen Weimar **16**, 243–245 (1969).

[104] HOLLATZ, H., Die Konstruktion lösbarer Optimierungsprobleme. Math. Operationsforsch. Statist. **1**, 255–263 (1970).

[105] HOLLATZ, H., WEINERT, H., Ein Algorithmus zur Lösung des doppelt-einparametrischen linearen Optimierungsproblems. Math. Operationsforsch. Statist. **2**, 181–197 (1971).

[106] HOUSE, W. C., Sensitivity analysis – a case study of the pipeline industry. The Engineering Economist **12**, 155–166 (1966).

[107] –, Use of sensitivity analysis in capital budgeting. Management Services **4**, No. 5, 37–40 (1967).

[108] Huard, P., Programmation mathématique convexe. Revue Franç. Inform. Rech. opérat. **2**, 43–59 (1968).

[109] Ibragimov, I. A., Kaplan, G. A., Korš, B. S., Die Anwendung der Methode der parametrischen Programmierung zur Lösung einer Klasse von Optimierungsproblemen. Izvestija vysš. učebn. Zaved., Neft' i Gaz **1968**, Nr. 5, 92–96 (1968) (Russisch).

[110] Ivănescu (Hammer), P. L.: Researches on the transportation problem. Mat. Vesnik, n. Ser. **3** (18), 187–201 (1966).

[111] –, Parametrische Transportprobleme, in Bader, H. (Hrsg.) u. a., Mathematik und Wirtschaft **5**, 135–145, Verlag Die Wirtschaft, Berlin 1968.

[112] Jagannathan, R., A simplex-type algorithm for linear and quadratic programming – A parametric procedure. Econometrica **34**, 460–471 (1966).

[113] –, On some properties of programming problems in parametric form pertaining to fractional programming. Management Sci., Ser. A **12**, 609–615 (1966).

[114] Jagel' (Jägel), A., Grundlegende Eigenschaften der Maximumfunktion an einer Klasse parametrischer linearer Programmierungsprobleme. Izvestija Akad. Nauk Èston. SSR, Ser. fiz.-mat. techn. Nauk **1964**, 382–402 (1964) (Russisch).

[115] –, Eine Charakteristik des Gebietes der zulässigen Parameter bei einer Klasse von Problemen der parametrischen linearen Programmierung. Izvestija Akad. Nauk Èston. SSR, Ser. fiz.-mat. tehn. Nauk **1965**, 223–232 (1965) (Russisch).

[116] –, Über ein allgemeines Problem der parametrischen linearen Programmierung. Trudy vyčisl. Centra Tartu Univ. **13**, 54–69 (1968) (Russisch).

[117] Jasilionis, R. Ju., Über die Eigenschaften der Gleichgewichtslösungen einer Klasse von komplizierten Aufgaben. Litov. mat. Sbornik **8**, 179–184 (1968) (Russisch).

[118] Jensen, R. E., Sensitivity analysis and integer linear programming. Accounting Review **43**, 425–446 (1968).

[119] Judin, D. B., Goldstein, E. G., Lineare Optimierung I. Akademie-Verlag, Berlin 1968.

[120] Jüttler, H., Ein lineares Modell mit mehreren Zielfunktionen. Ekon. mat. Met. **3**, 397–406 (1967) (Russisch).

[121] Karabegov, V.-K. I., A parametric problem in linear programming. U. S. S. R. Comput. Math. math. Phys. **3** (1963), 725–741 (1965); Übersetzung von Žurn. vyčislit. Mat. mat. Fiz. **3**, 547–558 (1963).

[122] Kaška, J., On one problem of parametric programming. Conf. E. S./T. I. M. S., Warszawa 1966 = Ekon.-mat. Obzor **3**, 298–307 (1967) (Tschechisch).

[123] Kaška, J., Píšek, M., Parametrische quadratische Programmierung. Ekon.-mat. Obzor **1**, 383–390 (1965) (Tschechisch).

[124] Kazarjan, N. G., Sukiasjan, S. A., Ein Lösungsalgorithmus für das einfachste parametrische lineare Optimierungsproblem. Trudy vyčislit. Centra Akad. Nauk. Armjan. SSR Erevan gos. Univ. **2**, mat. Vopros. Kib. vyčislit. Tehn. 17–21 (1964) (Russisch).

[125] Kelley jr., J. E., Parametric programming and the primal-dual algorithm. Operations Res. **7**, 327–334 (1959).

[126] Klahr, C. N., Multiple objectives in mathematical programming. Operations Res. **6**, 849–855 (1958).

[127] Krasner, N. J., Über die Überführung gewisser nichtlinearer Programmierungsprobleme in lineare parametrische. Voprosy optimal'n. Programm v. proisvodstv Zadač., Voronež 1968, 42–46 (Russisch).

[128] Krasner, N. J., Pisareva, T. I., Das Auffinden relativ-optimaler Lösungen und die Lösung parametrischer linearer Optimierungsprobleme. Voprosy optimal'n. Programmir. v. proizv. Zadač. Nr. 3, Voronež 88–98 (1969) (Russisch).

[129] Kurata, R., Notes on parametric quadratic programming. J. Operations Res. Japan **8**, 150–153 (1966).

[130] Kurata, S., Primal-dual method of parametric programming and Iri's theory on network flow problems. J. Operations Res. Japan **2**, 104–144 (1965).

[131] Lasčenko, N. E., One problem of parametric programming. Èkon. mat. Met. **2**, 448–451 (1966) (Russisch).

[132] Ljom, Kju Sen, Parametrische quadratische Programmierung. Suchak ka Mulli **11**, 2–7 (1967) (Koreanisch).

[133] Maghout, K., Une méthode pour la résolution des programmes linéaires. Programmes paramétriques, C. r. Acad. Sci., Paris **250**, 2837–2839 (1960).

[134] Manjurov, D. M., Über eine Klasse von Aufgaben der parametrischen linearen Programmierung. Akad. Nauk. Azerbaĭdž. SSR, Izvestija, Ser. fiz.-tehn. mat. Nauk **1966**, Nr. 4, 62–66 (1966) (Russisch).

[135] –, Über ein Problem des quadratischen parametrischen Programmierens. Akad. Nauk Azerbaĭdž. SSR, Izvestija, Ser. fiz.-tehn. mat. Nauk **1966**, Nr. 6, 66–68 (1967) (Russisch).

[136] –, Untersuchung des Problems der linearen Quotientenoptimierung bei Variation gewisser Parameter. Izvestija Akad. Nauk Azerbaĭdž. SSR, Ser. fiz.-techn. mat. Nauk **1968**, Nr. 4, 89–95 (1968) (Russisch).

[137] –, Parametrische Blockoptimierung. Voprosy vyčislit. Mat. 157–167 (1968) (Russisch).

[138] Manne, A. S., Note on parametric linear programming. RAND-Corp. Rev. P-468 (1953).

[139] Marunová, E., The non-unique solution of linear programming problems with the linear parametrization of the requirements vector. Ekon.-Mat. Obzor **6**, 409–420 (1970) (Tschechisch).

[140] Maurin, H., Paramétrisation générale d'un programme linéaire. Revue franç, Rech. opér. **8**, Nr. 32, 277–292 (1964).

[141] Melikadze, N. L., Die Optimierung einer mehrparametrischen Funktion. Soobšč. Akad. Nauk Gruzin. SSR **54**, 41–44 (1969) (Russisch).

[142] Mihoc, Gh., und I. Nădejde, Mathematische Programmierung. I: Parametrische und nichtlineare Programmierung. Editura Ştiinţifică, Bucureşti 1966 (Rumänisch).

[143] Moeseke, P. van, Tintner, G., Base duality theorem for stochastic and parametric programming. Unternehmensforsch. **8**, 75–79 (1964).

[144] Müller-Merbach, H., A parametric linear programming approach for the project cost curves. Operations Res. Center, Univ. of Calif., Berkeley, Working Paper 1964.

[145] –, Lineare Planungsrechnung mit parametrisch veränderten Koeffizienten der Bedingungsmatrix. Ablauf- und Planungsforsch. **8**, 341–354 (1967).

[146] –, Optimale Projektbeschleunigung durch parametrische lineare Planungsrechnung. Elektron. Datenverarb. **9**, 33–39 (1967).

[147] –, Sensibilitätsanalyse von Transportproblemen der linearen Planungsrechnung (mit ALGOL-Programm). Elektron. Datenverarb. **10**, 184–188 (1968).

[148] Nesterenko, L. I., Prjažinskaja, V. G., Vergleichende Analyse der Lösungsstabilität einer Aufgabe der linearen Programmierung. Optim. Planirov., Novosibirsk **3**, 81–97 (1966) (Russisch).

[149] Noltemeier, W., Bemerkungen zur Parametrisierung und zum Verteilungsproblem bei speziellen graphentheoretischen Algorithmen. Operations-Res. Verfahren **6**, 181–185 (1969).

[150] –, Sensitivitätsanalyse bei diskreten linearen Entscheidungsmodellen. Operations-Res.-Verfahren. **8**, 202–210 (1970).

[151] –, Sensitivitätsanalyse bei diskreten linearen Optimierungs problemen. (Lecture Notes in Operations Research and Mathematical Systems Economics, Computer Science, Information and Control, Vol. 30) Springer-Verlag, Berlin–Heidelberg–New York 1970.

[152] Nožička, F., Guddat, H., Hollatz, H., Theorie der linearen Optimierung. Akademie-Verlag, Berlin 1972.

[153] NYKOWSKI, I., Das duale zweiparametrische lineare Programmierungsproblem. I, II. Przeglad. Statyst. **12,** 203–217, 311–323 (1965) (Polnisch).

[154] –, Das Linearproblem mit zweiparametrischer Zielfunktion. Èkon. mat. Met. **2,** 548–557 (1966) (Russisch).

[155] OEHLSCHLÄGEL, D., Parameterabhängige konvexe Optimierungsprobleme. Wiss. Z. techn. Hochschule Chemie Varl Schorlemmer-Leuna,Merseburg **10,** 28–34 (1968).

[156] OEHLSCHLÄGEL, D., Ein Lösungsverfahren für parameter-abhängige, nichtlineare. konvexe Optimierungsprobleme. Wiss. Z. techn. Hochschule Chemie Carl Schorlemmer Leuna-Merseburg **10,** 325–330 (1968).

[157] OSPANOV, S. S., Die kanonische Form für lineare Programmierungsprobleme mit Parametern. Materialy li naučn.-teor. Konf. molod. Matematikov Mehanikov, Alma Ata 1969, 177–179 (Russisch).

[158] –, Über Multi-Kriterium-Probleme der linearen Optimierung. Mat. Voprosy Formul. èkon. Modeli, Novosibirsk 1970, 118–123 (Russisch).

[159] PANNE, C. VAN DE, An alternative interpretation of the primal-dual method and some related parametric methods. Internat. econom. Review **9,** 87–99 (1968).

[160] PANNE, C. VAN DE, WHINSTON, A., An alternative interpretation of the primal-dual method and some related parametric methods. Univ. of Virginia, Dpt. of Economics, O. N. R. Res. Memo. Nr. **1,** 1965 (Clearing house: AD 624499).

[161] RADZIKOWSKI, O., Die Berücksichtigung mehrerer Zielfunktionen bei Aufgaben der linearen Optimierung. Wirtschaftswissenschaft **1967,** 797–806 (1967).

[162] RAPOPORT, R. I., BUJANOVSKII, L. A., VAHUTINSKII, I. J., KAC, S. A., SLOBODKIN, V. M., Stabilitätsanalyse bei Extremalproblemen mit Restriktionen. Metodol. Modelin. Process. Funktionir. bol'ših sistem, Moskva 1968, 74–86 (Russisch).

[163] RASTRIGIN, L. A., RIPA, K. K., Stetiger Selbsttrainingsalgorithmus bei mehrparametrischer Optimierung nach der Random-Search-Methode. Avotmat. vyčislit. Tehn., Riga **10,** 55–76 (1965) (Russisch).

[164] REINSCHKE, K., Ein Lösungsverfahren der parametrischen linearen Optimierung. Wiss. Z. Hochschule Architektur Bauwesen Weimar **16,** 284–286 (1969).

[165] RITTER, K., Ein Verfahren zur Lösung parameter-abhängiger, nichtlinearer Maximumprobleme. Unternehmensforsch. **6,** 149–166 (1962).

[166] –, Über Probleme parameterabhängiger Planungsrechnung (DVL-Bericht Nr. 238). Vereinigte Universitäts- und Fachbuchhandlungen: O. Müller-Trewendt & Garnier-H. Sach GmbH., Köln 1963.

[167] –, A method for solving nonlinear maximum-problems depending on parameters. Naval Res. Logist. Quart **14,** 147–162 (1967).

[168] –, A parametric method for solving certain nonconcave maximum problems. J. Computer System Sci. **1,** 44–54 (1967).

[169] ROCKAFELLAR, R. T., Duality and stability in extremum problems involving convex functions. Pacific. J. Math. **21,** 167–187 (1967).

[170] ROST, D., SCHMUNTZSCH, S., Ermittlung optimaler Futterrationen für Mastschweine unter Berücksichtigung variierender Kosten einiger Futtermittel (Anwendung von Modellen der linearen parametrischen Optimierung). Kühn-Archiv **84,** 311–327 (1970).

[171] RUDEANU, S., Programmation bivalente à plusieurs fonctions économiques. Revue Franç. Inform. Rech. opérat. **3,** Nr. V-2, 13–30 (1969).

[172] RYBAŠOV, M. V., DUDNIKOV, E. E., Parametric method of solving fractional programming problems with analog computers. Soviet Phys., Doklady **10,** 218–282 (1965), Übersetzung von Doklady Akad. Nauk SSSR **161,** 1289–1290 (1965).

[173] SAATY, T. L., Coefficient perturbation of a constrained extremum. Operations Res. **7,** 294–302 (1959).

[174] SAATY, T., GASS, S., Parametric objective function. I. Operations Res. **2,** 316–319 (1954).

[175] SARKISJAN, S. D., Über ein parametrisches lineares Optimierungsproblem mit nichtlinear parameterabhängiger Zielfunktion. Trudy vyčislit. Centra Akad. Nauk Armjan. SSR Erevan gosudarst. Univ. **2**, mat. Voprosy Kibernet. vyčislit. Tehn. 10–16 (1964) (Russisch).

[176] SCHMUNTZSCH, S., Methodische Untersuchungen zur parametrischen Optimierung (dargestellt an einem Beispiel zur Berechnung ertragsabhängiger Futterrationen). Agrarökonomik **9**, 478–489 (1966).

[177] SCHMUNTZSCH, S., ROST, D., Ermittlung optimaler lebendgewichtsabhängiger Futterrationen für Mastschweine mit Hilfe der Regressionsrechnung und der linearen parametrischen Optimierung. Wiss. Beiträge Martin-Luther-Univ. Halle-Wittenberg **1968**/16 (S. 4), 161–189 (1968).

[178] SCHREITER, D., Die parametrische Linearprogrammierung – Anwendungsmöglichkeiten und Lösungsalgorithmus. Wirtschaftswissenschaft **12**, 1300–1324 (1964).

[179] SEIFFART, E., Ein Lösungsalgorithmus eines parametrischen Verteilungsproblems. Ekon.-mat. Obzor **2**, 263–270 (1966).

[180] SENGUPTA, J. K., Recursive contraints and stochastic linear programming. Metrika **10**, 6–12 (1966).

[181] SEN GUPTA, J. K., and TINTNER, G., On the stability of solutions under recursive programming. Unternehmensforsch. **10**, 1–14 (1966).

[182] SHETTY, C. M., Sensitivity analysis in linear programming. J. industr. Engineering **10**, 379–386 (1959).

[183] –, Solving linear programming problems with variable parameters. J. industr. Engineering **10**, 433–438 (1959).

[184] –, On analyses of the solution to a linear programming problem. Operational Res. Quart. **12**, 89–104 (1961).

[185] SIMONS, E., A note on parametric linear programming. Management Sci. **8**, 355–358 (1962).

[186] SOKOLOVÁ (GRYGAROVÁ), Linear multi-parametric programming problem. Ekon.-mat. Obzor **4**, 44–68 (1968) (Tschechisch).

[187] SOLICH, R., Lineare Optimierungsprobleme mit mehreren Zielfunktionen. Przegl. statyst. **16**, 351–360 (1969) (Polnisch).

[188] SOMMERMEIER, K., Die parametrische Optimierung bei linearer Abhängigkeit der Koeffizienten einer Reihe von einem Parameter. Wiss. Z. Hochschule f. Ökonomie, Berlin **1968**, 171–181 (1968).

[189] ŠOR, N. Z., ŠČEPAKIN, M. B., Das Mehretappenproblem der stochastischen Programmierung in parametrischer Form. Trudy Sem. Teor. optimal'n. Rešeniĭ, Vyp. 3, Kiev 1969, 64–73 (Russisch).

[190] SURIN, S. S., Über die Stabilität der optimalen Lösungen im verallgemeinerten Transportproblem. Mat. Modeli Metody optim. Planirov., Novosibirsk 99–102 (Russisch).

[191] SUZUKI, Y., Note on linear programming. Ann. Inst. statist. Math. **10**, 89–105 (1959).

[192] SWARUP, K., On varying all the parameters in a linear fractional functionals programming problem. Metrika **13**, 196–205 (1968).

[193] ŚWIATYCKI, A., Transport problems for variable function of demand and supply. Zastosowania Mat. **7**, 291–306 (1964) (Polnisch).

[194] SZWARC, W., The stability of the transportation problem. Mathematica, Cluj **4** (27) (1962), 397–400 (1964).

[195] TEMEL'T (THAEMELT), V., Über den Parameterraum des allgemeinen Problems der linearen Programmierung. Sibir. mat. Žurn. **8**, 680–686 (1967) (Russisch).

[196] –, Dualität unendlich dimensionaler Aufgaben der linearen Programmierung und einige Grenzfragen. Kibernetika, Kiev **1969**, Nr. 4, 80–87 (1969) (Russisch).

[197] TIHONOV, A. N., KARMANOV, V. G., RUDNEVA, T. L., Über die Stabilität von Aufgaben der linearen Programmierung. Vyčislit. Metody Programm. **12**, 3–9 (1969) (Russisch).

[198] Vardanjan, V. B.: Über die Lösung eines parametrischen Problems der linearen Programmierung. Trudy vyčislit. Centra Akad. Nauk Armjan. SSR Erevan gosudarst. Univ. 2, mat. Voprosy Kibernet. vycislit. Tehn. 5–9 (1964) (Russisch).

[199] Webb, K. W., The mathematical theory of sensitivity. Eighteenth. nat. Meeting Operations Res. Soc. America, Detroit, Mich. (mimeo) 1960 Abstract: Operations Res. 8, B-120–B-121 (1960).

[200] –, Some aspects of the Saaty linear programming sensitivity equation. Operations Res. **10**, 266–267 (1962).

[201] Weinert, H., Probleme der zweifach-mehrparametrischen linearen Optimierung. Wiss. Z. Hochschule Architektur Bauwesen Weimar **16**, 307–309 (1969).

[202] –, Probleme der linearen Optimierung mit nichtlinear einparametrischen Koeffizienten in der Zielfunktion. Math. Operationsforsch. Statist. **1**, 21–43 (1970).

[203] –, Doppelt-einparametrische lineare Optimierung. I: Unabhängige Parameter. Math. Operationsforsch. Statist. **1**, 173–197 (1970).

[204] –, Doppelt-einparametrische lineare Optimierung. II: Abhängige Parameter. Math. Operationsforsch. Statist. **2**, 19–39 (1971).

[205] Willner, L. B., On parametric linear programming. SIAM J. appl. Math. **15**, 1253–1257 (1967).

[206] Wintgen, G., Methoden zur einfachen Berücksichtigung von Veränderungen in der Zielfunktion oder in den Einschränkungen bei Problemen der Linearprogrammierung. Wiss. Z. Hochschule Architektur Bauwesen Weimar **8**, 486–491 (1961).

[207] –, Indifferente Optimierungsprobleme. Operations Research-Verfahren **6**, 233–236 (1969).

[208] Žak, S. V., Litver, E. L., Über einige Fragen der parametrischen linearen Programmierung. Voprosy vyčislit. Mat. vyčislit Tehn., Rostov-na-Dony, Rostov Univ. 1965, 8–22 (Russisch).

[209] Žaldak, M. I., Kovbasenko, B. S., Über eine Aufgabe der quadratischen Programmierung. Dopovidi Akad. Nauk Ukrain. RSR **1965**, 990–993 (1965) (Ukrainisch).

Neuere Arbeiten:

[210] Nožička, F., Über eine Klasse von linearen einparametrischen Optimierungsproblemen. Math. Operationsforschung u. Statistik **3** (1972) 3, 159–194.

[211] Nožička, F., Lineare parametrische Optimierung ein Problem der Stabilität der optimalen Lösung. Konference o matematickych metodach v ekonomii, Praha 1972, 45–82.

[212] Nožička, F., Ein geometrischer Beweis des Dualitätssatzes der linearen Optimierung. Math. Operationsforschung und Statistik **2** (1971) 4, 3–17.

[213] Tammer, K., Einige Bemerkungen zur M-Methode der linearen Optimierung. Ekonomicko-Mathematicky Obzor. **7** (1971) 4, 419–425.

[214] Tammer, K., Die Abhängigkeit eines quadratischen Optimierungsproblems von einem Parameter in der Zielfunktion. Math. Operationsforschung u. Stat. (eingereicht 1972).

[215] Hollatz, H., Parametrische Optimierung in linearen Räumen. Math. Operationsforschung u. Statist. **4** (1973), 2, 107–125.

FSC
www.fsc.org
MIX
Papier | Fördert
gute Waldnutzung
FSC® C083411

Kolibri 360 GmbH
Ferdinand-Jühlke-Straße 7
99095 Erfurt, Deutschland
produktsicherheit@kolibri360.de